JN412054

개정

건축구조학

신 창 훈

기문당

머리말

건축의 여러 구법은 과거에서 현재까지 각 시대의 건축 형태와 기술들이 모여 집성된 것으로 표현된 것이다. 요즈음과 같이 산업사회의 급속한 발전과 생활수준의 향상으로 다양한 구조체의 공간을 요구하는 경향이 많아져 건축에 사용되는 각종 재료와 골조구조방식, 구법 등에 대해서 정확하고 합리적인 이해가 필요하다.

건축구조학은 여러 재료를 사용한 다양한 종류의 건축물들에 대해 기초에서 지붕, 그리고 실·내외 마감까지 모든 각 부위의 기능과 역할을 이해할 수 있도록 하여 건축물을 안전하고, 구획된 공간이 쾌적하며, 경제적인 건축물을 세울 수 있도록 하는 학문이다.

이 책은 가장 합리적인 골조구조 방식들과 건물 각 부위의 기능, 재료, 마감 등을 설명하였고, 최근 가장 많이 사용되어지는 철근콘크리트와 철골구조 등에 대해서는 부재의 설계들도 이해할 수 있도록 많은 지면을 할애하였다.

이 개정판은 구조에서 사용하는 힘의 단위와 철근콘크리트 규준의 개정, 철골구조 규정의 개정에 맞게 내용을 수정하고 보완하여 좀더 정확하게 구조의 내용을 전달할 수 있도록 개정하였다.

자료 수집에서 선배님들의 저서와 외국 서적을 참조하였으며, 그림과 내용 등 추가하고 싶은 것들이 많았으나 앞으로 계속 보완하여 좀더 도움이 되는 책이 되도록 노력할 것이다.

끝으로 이 책이 나오기까지 여러 조언을 해주신 여러 교수님과 자료 수집을 도와준 박승권 조교, 학생들, 그리고 출판해주신 기문당 사장님께 감사드립니다.

2016.1

저 자

차 례

Building Construction

5장 블록구조(Block construction)

6장 돌구조(Stone construction)

7장 목구조

8장 지 붕

9장 문 · 창문

10장 하중과 구조설계법

11장 철근콘크리트 구조

12장 철골구조(Steel structure)

13장 입체구조(Space structure)

14장 방수 · 방습 · 배수

15장 계단(Stairs)

16장 온돌 · 벽난로 · 굴뚝

17장 단열, 방음

18장 구조물의 마감

19장 건축물의 보수 · 보강

1장

건축구조 총론

1장 건축구조 총론

건축물은 인류의 시대변천사와 함께 발전되어 왔다. 원시시대는 비, 눈, 추위, 외부로부터의 침입 등을 막고 생활하기 편리한 장소로서 자연 속의 동굴을 선택하였을 것이며, 이후 농작물 경작을 위해 물이 있는 평야로 이동하면서 인간은 처음으로 건축물인 주거공간을 만들었다.

선사시대 사람들이 건축물에 사용한 건축 재료인 흙, 나무, 석재는 모두 자연에서 선택되어 사용되었으며, 구조물의 완성까지는 수많은 시행착오를 거치며 발전되어 왔다. 이는 건축물의 입지선택, 사용재료, 구조체의 균형과 형상들이 매우 중요하다는 것을 배울 수 있을 것이다.

청동기, 철기시대를 거치면서 목재 · 석재나 철재를 가공하기가 용이해져서 목조건축물, 석조건축물, 그리고 오래 전부터 이용되던 흙도 진흙을 쌓아서 만든 사벽, 햇볕에 말려서 만든 벽돌, 불로 구운 벽돌 건축물로 발전되었다.

근대공업의 발달에 따라 시멘트와 강재의 생산으로 19세기 후반에 철근콘크리트구조가 20세기에 철골구조, 현재에 이르러 초고층 건축물 등 대단위 규모의 건축물들이 대두되었다.

이와 같이 구조는 거주환경에 의해 다양한 재료를 사용하여 변화하고 발달되어져 왔고, 자연환경과 사회규모에 어울리는 주거공간을 만들어 왔다.

구조의 기본개념은 자연 속의 나무로부터 쉽게 설명할 수 있다. 나무의 키가 작거나 크거나, 나무의 줄기가 수평으로 많이 분포하고 잎이 무성하거나 반대인 경우나, 이들 나무는 비 바람, 눈 등과 같은 자연환경을 견디어낸다.

수직으로 작용되는 중력(축력)에 견디기 위해서는 나무는 상부에서 하부로 부재의 단면이 증대되어 있으며, 나무가 쓰러지는 것(전도)이나 땅에 묻히는 것(침하)을 방지하기 위해 나무의 뿌리(기초)는 나무의 형상이나 규모에 맞게, 그리고 지반이 무르고 단단함의 종류에 따라 뿌리는 넓게, 그리고 깊숙이 퍼져 있다.

자연은 인간에게 안전한 구조물의 기본원리와 단면형상과 크기를 다양하게 보여주고 있다.

1.1 건축물의 구조계획

건축물의 기능은 인간을 외부의 침입이나 자연환경(추위, 바람, 소음 등)으로부터 보호하는 것과 실내공간의 쾌적한 주거환경을 위해 햇볕과 공기의 유입이 가능하도록 창호와 부수설비들이 설치되어야 하며, 구획된 주거공간을 사용하는 데 불편함이 없어야 한다. 구조물은 사용하는 동안 충분한 내구성을 가지고 있어야 한다.

또, 건축의 필요조건으로 경제성이 고려된다. 경제성은 건축물의 안전, 내구성, 외관, 사용재료 등의 영향을 받기 때문에 적절한 구조형식을 가져야 한다.

건축물은 계획의 시작부터 기능, 환경, 조형미, 시공 등 종합적인 검토가 필요하다. 그리고 현대기술의 발달로 새로운 형태의 건축공간, 구조형식이 가능해져 계획과정부터 구조계획적인 고려가 수반되는 것이 바람직하다.

1.1.1 안전성

건축물의 안전성은 건물 설계시와 건물의 외부로부터 발생된다. 건물 설계시 하중은 대부분 표준적인 설계기준에 의해 규정되어 있고, 구조물에 작용하는 고정하중, 활하중과 외력조건 등에 충분한 강성을 확보하여 안전성을 갖도록 해야 한다.

건물의 외부로부터 안전성을 위협하는 요인은 기초와 지반조건의 변화에서 온다. 지반의 부동침하에 의한 불안정, 그리고 지진이나 비바람 등의 현상에 의해 지반이 약해져서 건물이 다른 지반층으로 미끄러지는 현상 등이다. 구조물은 사용되는 동안 원래의 기능을 지속적으로 확보할 수 있도록 충분한 내구성도 가지고 있어야 한다.

안전성을 확보하기 위해서는 건축물에 작용하중, 외력조건과 기초와 지반파괴에 대한 예방대책이 이루어져야 한다.

1.1.2 기능성

건축물의 기능은 구획된 주거공간을 사용하는 데 불편함을 주어서는 안 된다. 건축물은 날씨의 변화, 일조통풍 등 자연환경, 의장(색상, 형태 등)과 골조계획의 합리성으로 쾌적한 거주성을 확보해야 한다.

만약 건축물이 외력에 대해 너무 연성이 크게 되면 거주성에 좋지 않은 영향을 미칠 수 있다. 단, 외부진동과 분진에 민감한 구조물이나 지진시 안전한 건축물은 방진, 분진, 내진설계 등에 의해 설계가 이루어져야 하며, 사용성 측면에서 부재의 처짐에 대해서도 충분히 고려해야 한다. 그러므로 모든 건축물은 사용목적에 맞는 기능성을 가지고 있어야 한다.

1.1.3 경제성

건축물은 인간생활에 의해 발생되고 발전되어 왔으며, 모든 새로운 건축재료의 생산과 새로운 공법 개발은 경제성이 우선시된다.

건축물의 공사비는 사용재료, 노동력, 고용조건 등에 영향을 받는다. 현대건축물에서는 경제성이 구조물의 안전, 용도, 외관, 형상 등 모든 것을 좌우한다. 특수한 건축물, 조형물, 기념물 등을 제외한 일반건축물의 골조공사비는 총공사비의 20~30% 정도이므로 뼈대골조에 소요되는 비용을 줄이더라도 전체 공사비에 큰 영향을 주지 않기 때문에 총공사비용에서 최고의 경제성을 발휘하도록 최적 설계가 불가피하다.

건축물의 경제성은 건물 건립시의 총 건축공사 비용뿐만 아니라 건물은 사용상의 노후화가 진행되므로 사용성과 내구성능을 확보하기 위해서는 유지관리가 되어져야만 하기 때문에 이 유지관리비용도 건축물의 경제성에 포함되어야 한다.

가장 합리적인 건축물의 경제성은 건물의 기능과 성능, 유지관리 등을 고려한 건축구조형식이 검토되어져야 한다.

1.2 건축구조재료

건축구조는 구조재료의 특성에 따라 건축물의 규모와 용도 등이 결정된다. 고대에는 흙, 나무, 돌 등 천연재료를 이용한 구조가 발전되어 왔으며, 현대에는 콘크리트, 철, 집성목재 등의 출현으로 다양한 구조가 가능해졌다. 건축물에 가장 합리적인 구조를 선택하기 위해서는 구조의 특성을 이해할 줄 알아야 한다.

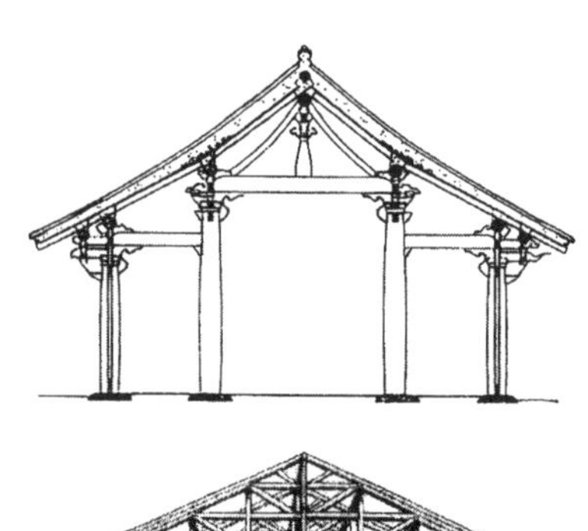

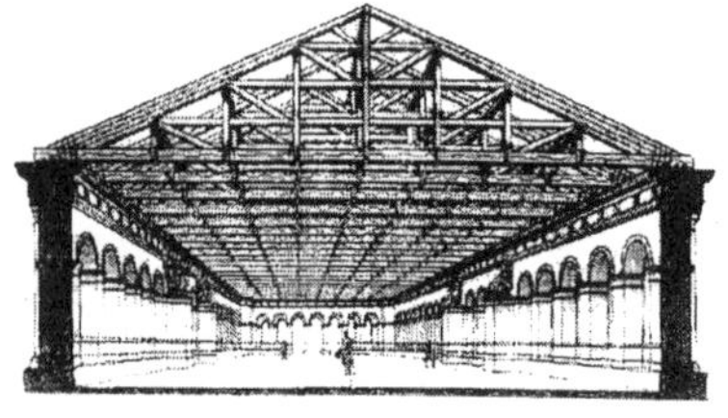

그림 1-1 목구조

1.2.1 목구조(Timber construction)

건축물의 기둥 · 보 · 벽체 · 지붕틀 등 주요 구조부를 목재로 구성한 구조체를 목구조라 하며, 대표적인 가구식구조이다.

목재는 비중에 비해 강도가 크며, 큰 변형에 대한 에너지 흡수 능력이 뛰어나 지진 같은 큰 위험에도 다른 구조에 비해 붕괴위험이 적으며, 가공성이 좋고 조립이 용이하며, 마감면이 아름답기 때문에 고대에서부터 현대에 이른 지금까지도 소규모 건축물에 사용되고 있다.

(1) 가구식구조(Frame construction)

기둥, 보, 마루틀, 지붕틀 등 뼈대구조를 힘의 크기에 따라 단면을 달리하여 목재로 짜서 가구식으로 입체화하여 구조체를 엮어 만든 것을 가구식구조라 한다. 이 구법은 우리나라에 널리 사용되어온 구조법이다.

목구조에서 기둥의 노출 여부에 따라 심벽과 평벽으로 구분하며, 사용하는 목재의 치수를 기본값인 일정한 크기(50×100mm, two-by-four inch)로 짜서 필요에 따라 기본치수의 배수값으로 부재를 구성하여 구조체를 이루는 방법을 경골식 목구조라 한다.

(2) 판식구조(Wood panel construction)

각재 양면에 목조 벽체를 만들거나 창문 및 문이 달린 벽체 등 여러 형태의 벽체를 제작하여 이 벽체들을 짜 맞추어서 공간을 구성하는 뼈대구조를 판식구조라 한다, 최근에는 이들 벽체를 맞추어 설치하면 건축물의 공간을 형성할 수 있는 부품조립식이 있다. 이 부품조립식 제품은 제조회사에 따라 형태는 다르지만 규격이 일정하여 설계의 다양성과 공간구성에 신축성이 있다.

1.2.2 조적조(Masonry structure)

건축물의 기초, 벽체 등을 벽돌, 시멘트 블록, 돌 등의 재료를 모르타르로 쌓아서 구조체를 구성하는 구조를 조적조라 한다. 이 구조는(사용하는 개체들은 압축력에는 강하나 인장력에 대해서는 취약하다) 일반적으로 시공법은 간단하나 횡력(풍압력, 지진력 등)에 취약하기 때문에 고층이나 대규모 건축물로는 적합하지 않다. 조적조에는 벽돌구조, 시멘트 블록구조, 돌구조가 있다.

(1) 벽돌구조(Brick construction)

벽돌은 붉은벽돌, 시멘트벽돌, 내화벽돌 등이 있다.

붉은벽돌은 입자가 고운 진흙을 잘 이겨서 생벽돌을 만들고 이를 600℃~1,100℃의 온도로 구운 것이며, 시멘트벽돌은 시멘트와 모래를 일정비율로 혼합하여 압축기로 성형한 후 15일 이상 양생한 것이다. 내화벽돌은 규조토가 주성분이며 강도는 크지 않으나 열에 강해서 아궁이, 벽난로, 굴뚝의 연도에 사용된다.

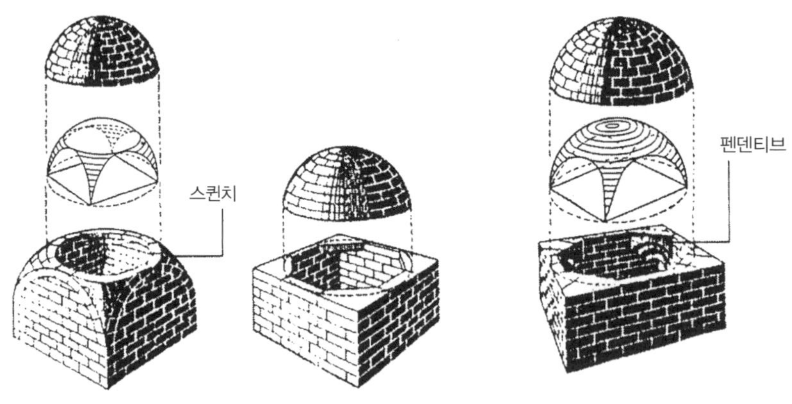

그림 1-2 벽돌구조

(2) 시멘트블록구조(Cement block construction)

시멘트블록을 만드는 방법은 시멘트벽돌과 동일하다. 시멘트블록의 종류는 기본블록과 인방블록, 마구리블록, 직각블록(모퉁이, 겹새막이블록), 장식블록이 있다.

일반적인 블록쌓기는 비내력벽인 칸막이벽이나 겹벽의 안쪽쌓기, 담장쌓기에 많이 사용하고, 내력벽쌓기를 할 때는 내력을 높이기 위해 블록 속에 철근과 콘크리트로 보강한 보강블록구조로 한다.

(3) 돌구조(Stone construction)

석재는 압축에 강하고 내구성, 내화성이 좋고, 외관이 장중하고 미려하여 많이 사용되는 재료이다.

그림 1-3 돌구조

석조구조물은 돌만으로 쌓는 돌쌓기 벽체와 시멘트벽돌, 블록, 철근콘크리트 벽체에 얇게 켠 돌판을 붙이는 돌붙임 벽체로 구분되며, 최근에는 벽체 크기의 콘크리트판에 돌판을 붙인 패널을 공장에서 미리 제작하여 구조물의 뼈대에 조립하는 커튼월공법도 사용된다.

1.2.3 철근콘크리트구조(Reinforced concrete)

철근콘크리트(Reinforced Concrete, R.C)는 보강된 콘크리트를 의미한다. 콘크리트는 압축에는 매우 강하지만 인장에는 매우 약하다. 이러한 특성으로 인하여 온도변화나 건조수축에 의해 균열 발생이 쉽고, 충격에 대해서도 파손되기 쉬운 결점이 있다. 그러므로 콘크리트의 단점을 보완하기 위해 연성이 풍부하고 인장과 압축, 전단 등이 좋은 재료인 철근을 콘크리트에 삽입하고 일체화시켜서 외력에 저항할 수 있도록 한 일체식구조의 대표적인 구조이다.

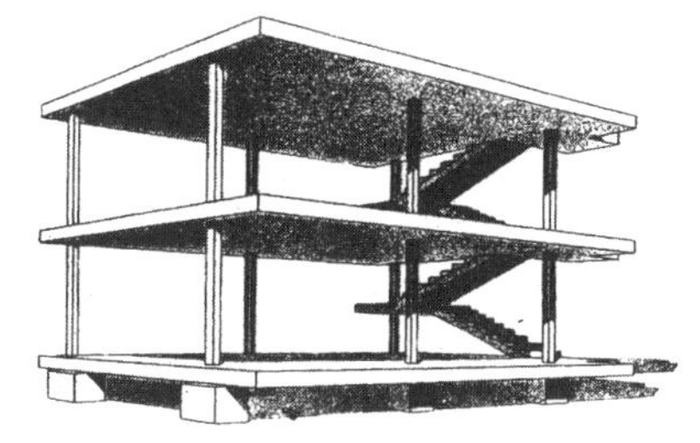

그림 1-4 철근콘크리트구조

이질적인 두 재료인 콘크리트와 철근을 결합시켜 만든 철근콘크리트구조는 각종 하중작용에 충분한 저항성능을 가지며, 내구성이 매우 좋은 구조물을 얻을 수 있다.

1.2.4 철골구조(Steel structure)

철골구조는 고층건물이나 비행기 격납고와 같은 대규모 건축물에서부터 창고, 주거용 주택 등 경미한 건축물까지 매우 다양하고 광범위하게 사용되고 있으며, 공장생산부재의 현장조립에 의한 현장작업의 경감, 시공시간의 단축 등의 장점을 가지고 있어 최근 그 수요가 매우 급증하고 있다.

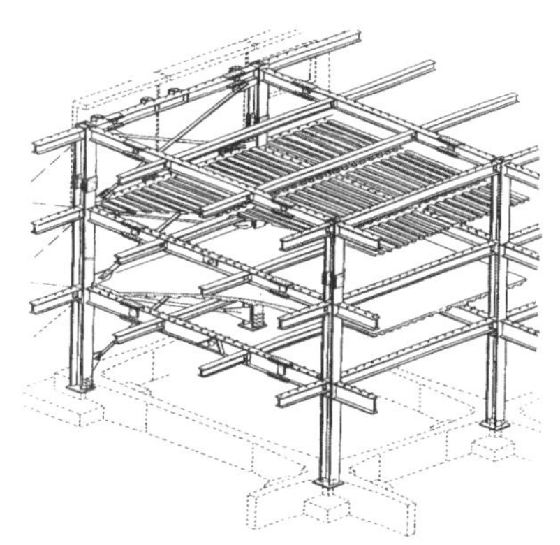

그림 1-5 철골구조

뼈대골조는 압연형강이나 용접형강을 사용한 라멘형식과 트러스형식으로 구분되지만 장스팬을 지지하기 위해서는 아치, 쉘, 입체트러스 등 여러 가지 구법이 있다. 철골은 강도가 크기 때문에 부재가 가늘고 길게 되기 때문에 좌굴 위험이 많다.

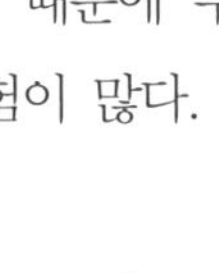

1.2.5 철골 · 철근콘크리트구조(Steel framed reinforced concrete construction)

철골구조 주요구조부재의 뼈대에 철근을 배근하고 콘크리트를 타설하여 하나의 부재로 만든 구조로 철골의 단점인 열에 의한 강도저하, 변형, 좌굴, 부재의 부식, 진동 등을 철근콘크리트를 사용하여 보완된 구조체이다.

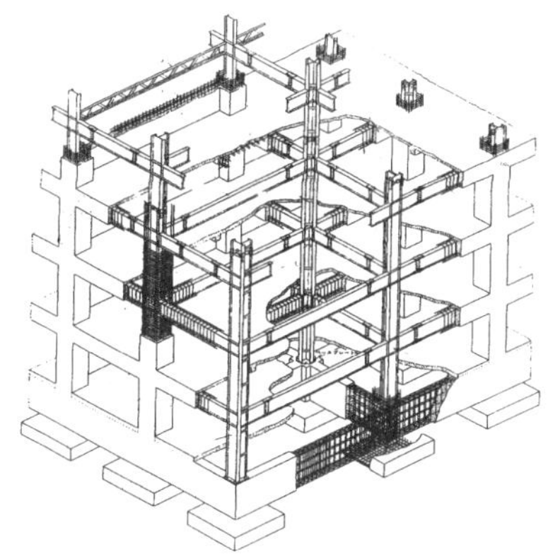

그림 1-6 철골 · 철근콘크리트구조

1.3 건축구조형식

건축물에 요구되는 기능, 용도, 규모, 평면, 입면의 형태 등에 따라 구조형식은 선택된다. 작용하는 하중, 장스팬의 건축물 또는 고층 건축물들은 구조의 형식 선정이 매우 중요하다.

1.3.1 평면골조구조(Plate structure)

(1) 뼈대골조구조(Framed structure)

기둥, 벽체 등 수직부재와 수평부재인 보, 바닥구조부재로 구성되어 하중이나 외력에 견딜 수 있도록 구성된 구조를 뼈대골조구조라 한다. 대부분의 모든 건축물의 기본 구조형식이다.

기둥과 보의 접합은 강접합되어 있으며, 기둥의 주각은 고정이나 힌지로 되어 있다.

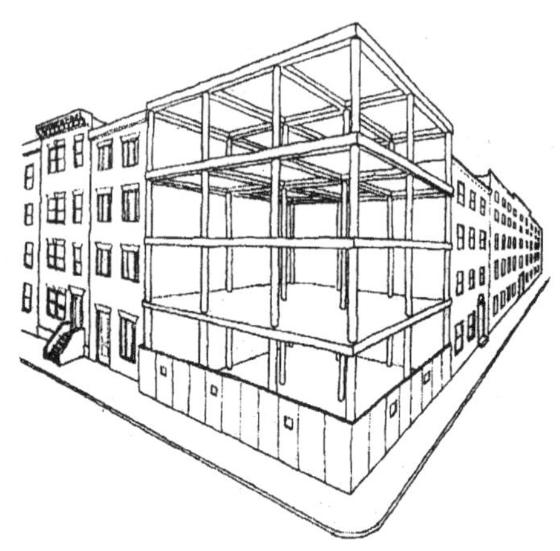

그림 1-7 철근콘크리트 뼈대골조구조

(2) 아치구조(Arch structure)

압축력에 강한 재료인 벽돌, 석재, 콘크리트 등을 이용해서 하중과 외력에 적합한 구조법인 아치구조형식을 만들었다. 일반적으로 아치부재에는 압축력만이 작용되고, 주각 부분에는 수평반력이 작용하기 때문에 무거운 재료를 사용하거나 또 하나의 작은 아치(첨탑), 부축벽(붙임기둥)을 설치하여 구조적인 문제를 해결하였다. 아치구조는 볼트(아치를 연속시켜서 터널모양으로 한 것이 서로 교차된 아치), 돔(아치를 회전시켜 만든 반구형)으로 발전되어 간다.

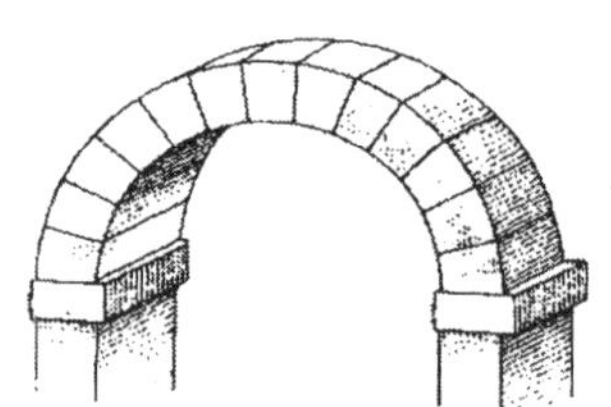

a) 원형 아치

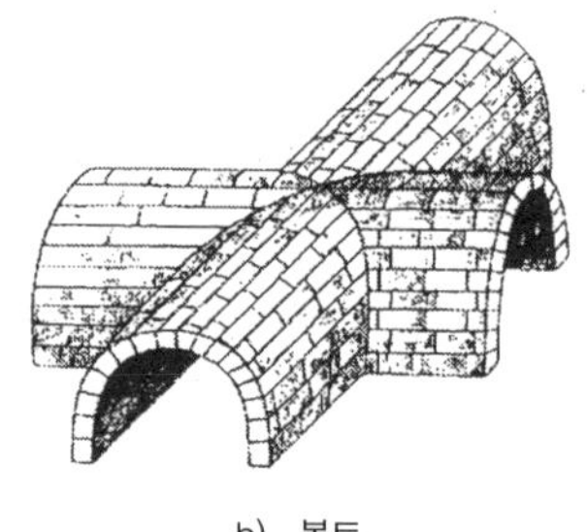

b) 볼트

그림 1-8 아치구조

(3) 평면트러스(Plate truss)

가장 안정적인 도형은 삼각형이다. 이 삼각형 속에 작은 삼각형으로 나누어서 엮어 동일 평면상에 부재를 배열한 것을 평면트러스라 한다. 트러스는 건축물 지붕구조의 기본골격이다.

빗물, 눈, 미관상 지붕에 구배(경사)를 주면 기울어진 지붕면(ㅅ자보)이 벌어지는 힘을 막기 위해 평보를 설치하고, 평보의 처짐을 막기 위해 왕대공 부재를 삽입하게 되며, ㅅ자보의 처짐을 해결하기 위해 빗대공을 설치하고, 또 달대공을 설치하여 이와 같이 자연스럽게 트러스구조는 발전하게 되었다.

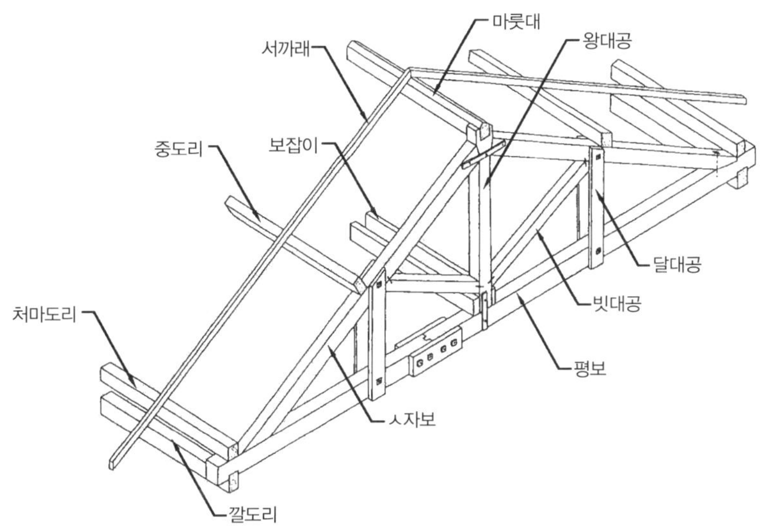

그림 1-9 목조 왕대공 트러스

1.3.2 입체골조구조(Space structure)

구조물은 어떠한 것이라도 3차원적인 형태를 가지고 있으며, 이것들은 모두 사실상 입체구조이다. 뼈대골조구조인 목구조, 석조건물, 철골구조, 아치구조 등은 모두 입체적인 것이지만 이것들은 이론적으로는 비입체계, 즉 평면골조구조에 속하는 것이다.

입체골조구조는 입체성을 무시하면 입체구조로서의 기본개념이 성립되지 않는 구조, 힘의 흐름과 건물의 형태가 입체적인 기능에서 명확해지는 구조를 말한다.

얇은 막이나 판에 입체적인 구부림을 주어 높은 강도를 얻으려 할 때에는 입체구조가 가지는 3차원성을 이용한다.

(1) 입체트러스구조(Space truss structure)

입체트러스는 여러 개의 단일부재를 입체적으로 구성한 것으로서 각 부재는 인장 또는 압축의 축력을 받아서 입체적인 평형계를 만들고 있으며, 평면트러스를 조합하여 만든 기본적인 것부터 매우 복잡한 곡면으로 구성되는 것 등 매우 다양하다.

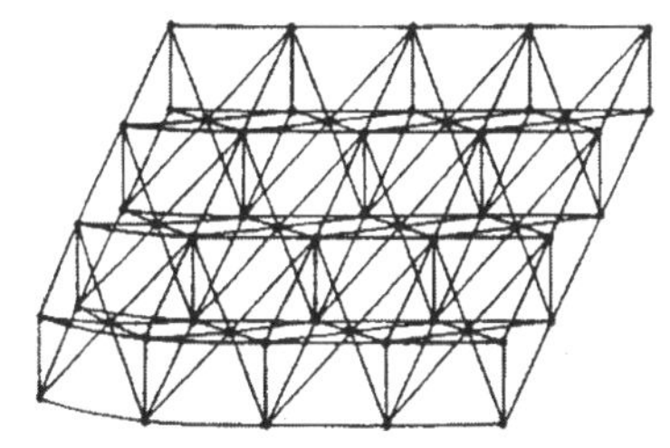

그림 1-10 입체트러스구조

입체트러스의 부재들은 서로 교차해서 단일부재로서 좌굴길이를 작게 하고 서로 보강되었으며, 절점은 모든 방향에 이동이 구속되어 하중과 외력에 대해 균형을 유지하면서 전체 구조체의 지지효율을 높이고 있다.

(2) 절판구조(Folded plate structure)

평면판을 접음으로써 단면2차모멘트 값을 크게 하여 높은 지지능력을 얻을 수 있는 구조가 절판구조이다.

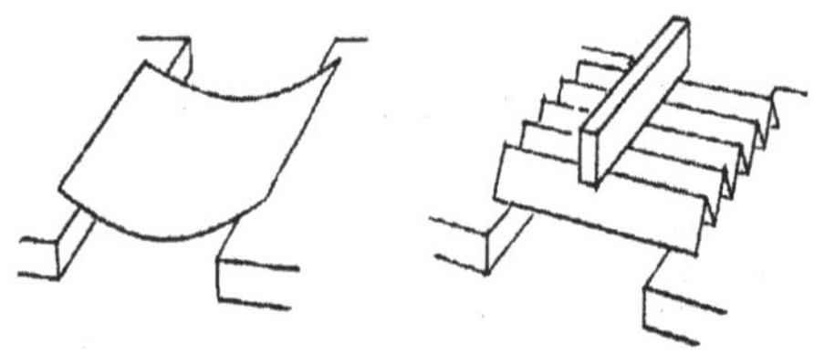

그림 1-11 절판구조

한 장의 종이를 단순지지점에 걸쳐 놓으면 힘없이 처지고 말 것이다. 이 종이를 지지점 방향으로 접어서 나란한 주름을 잡아주면 견고해지며, 주름이 이동되거나 펴지지 않기 위해서는 양 끝면에 스티프너를 대어주면 부재가 얇으면서도 매우 큰 힘에 견딜 수 있는 절판구조가 성립된다. 각각의 평면요소는 면내에서의 인장과 압축 및 전단과 면외의 휨을 만든다. 이 구조는 대공간의 지붕구조로 적합하며, 재료로는 철근콘크리트가 사용되고 있다.

(3) 쉘구조(Shell structure)

쉘은 껍질을 의미하며 자연 속에서는 조개껍질, 과일껍질, 알껍질, 곤충의 껍질 등 여러 종류의 형태이며 강하고 견고하다는 것이 쉘을 구성하는 재료의 특색이다.

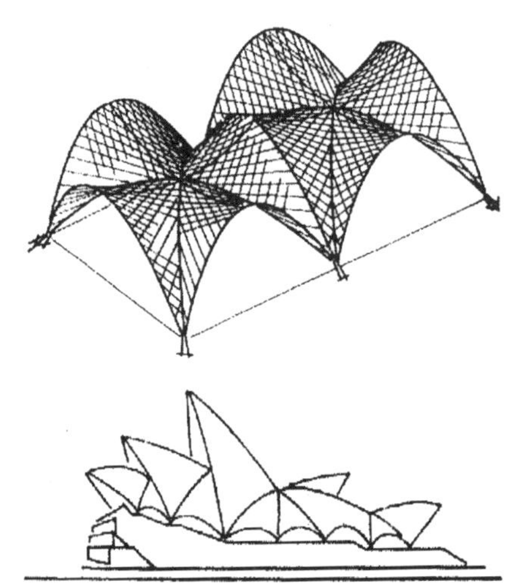

그림 1-12 쉘구조

쉘구조는 지금까지의 건축물 형태와는 익숙지 않은 골조 형식이다. 이 구조의 형식에 의해 구조물은 매우 다양하고 자유로운 형태로 이루어질 수 있다.

쉘의 판두께는 원칙적으로 스팬에 비해 매우 얇은 것을 요구하며, 이는 구조이론을 세우기 쉽게 하기 위해서이다. 쉘은 면내의 힘만이 존재하는 막 응력상태에서 출발한다.

또, 판의 두께가 모든 방향으로 균일해야 한다. 판의 두께변화는 힘의 불균일성을 가지고 오기 때문이다. 이 구조의 구조물은 가볍고, 내력이 커서 대규모의 공간 구조물 등에 사용된다.

(4) 막구조(Pneumatic structure)

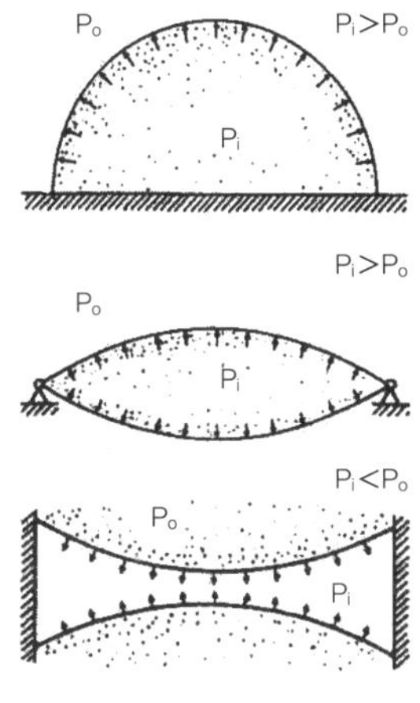

그림 1-13 막구조

가볍고 질긴 얇은 막상의 구성재료로 곡면이나 평면으로 공간을 구성하는 구조형식이며, 면내력에 의해서 힘을 전달하는 방식이다.

막구조는 막 내외의 공기압력차를 이용하는 공기막구조와 뼈대살과 같이 강한 프레임의 반력을 이용하여 막에 초기장력을 도입하는 방법의 장력막구조, 골조구조에 막을 붙이는 방법의 골조막구조로 나눌 수 있다.

이와 같은 막의 형태는 곡률, 비틀림에 의한 기하학적인 면에 의해 결정되어진다.

(5) 케이블구조(Suspension structure)

케이블, 망 또는 금속판 등으로 만든 구조로 부재에 생기는 응력은 인장응력만이 작용되는 구조형식이다. 케이블구조의 종류는 지붕구조에 적용하여 현수교와 비슷한 한 방향으로 휜 현수지붕의 강성은 하중, 휨강성이 있는 구조재에 의해 얻어지는 현수지붕구조, 교차된 케이블이 말안장 모양으로 휜 곡면을 긴장시킴으로써 입체적인 강성을 얻는 역방향으로 휜 케이블 망구조, 배의 돛대처럼 봉과 케이블의 조합구조, 마지막으로 텐트형태 그대로가 구조를 나타내고 있는 텐트구조 등은 구조가 직접적인 형태로 표현된 구조형식이다.

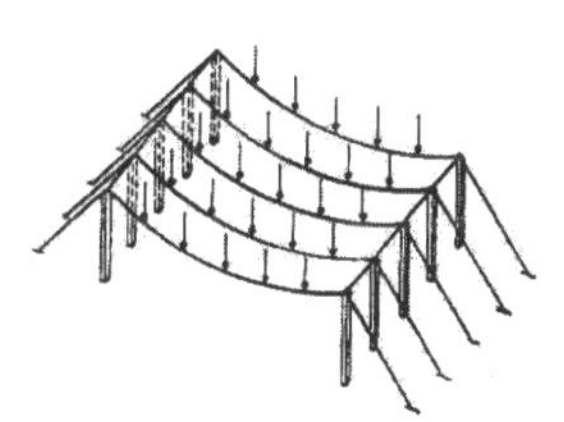

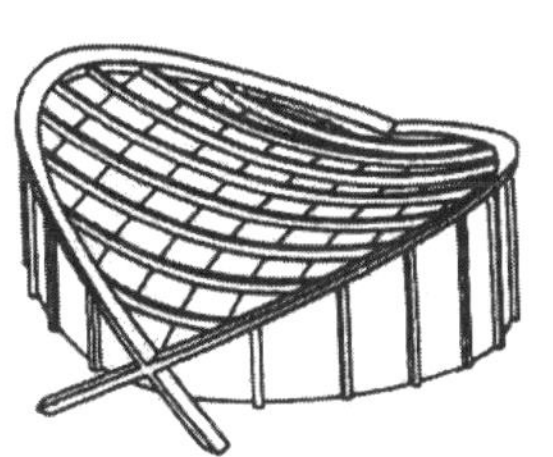

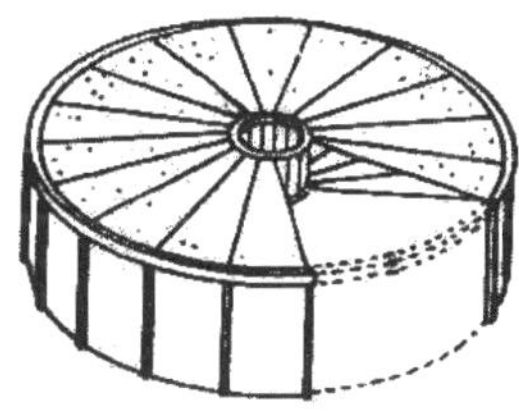

그림 1-14 케이블구조

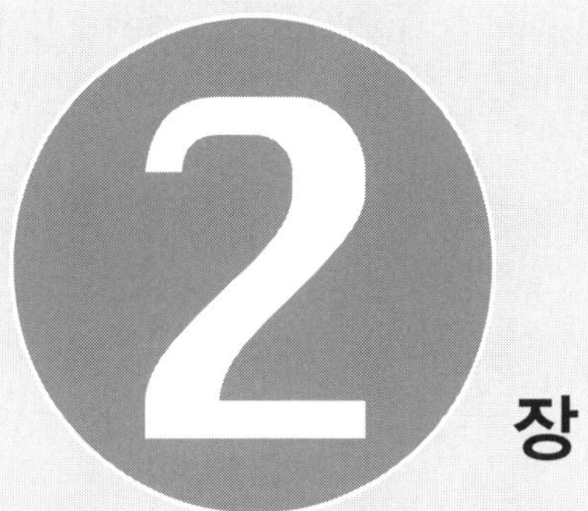

기초공사를 위한 토공사

2장 기초공사를 위한 토공사

기초는 구조물의 상부하중을 지반으로 안전하게 전달할 목적으로 만드는 구조체이다. 이 구조체에 전달된 힘은 일반적으로 지반의 지질이 암반인 경우를 제외하고 거의 모든 지반은 압축되어 침하하게 된다. 이 침하량이 매우 적거나 모든 면이 균일하면 구조체에 주는 영향은 미미하다. 그러나 침하량이 매우 심하거나 불균일하며, 구조체에 균열이 생기고, 개구부가 뒤틀리며 심하면 구조체의 기둥, 벽체가 수직을 벗어나 무너질 수도 있다. 그러므로 구조물 하부 구조체의 안정성은 매우 중요하다.

구조물의 하부구조 안정성을 위해서는 구조물 설계시 토층의 두께, 암반의 위치, 지반의 분류, 현장의 지하수 상태 등 필요한 모든 지반 성질을 파악하기 위해 지반조사를 확실히 하여야 한다. 이 지반조사에 의해서 구조물의 하부구조를 구축하기 위해 대지를 조성하고, 터파기(굴토)를 한다. 터파기는 주위의 여건이나 흙의 성질에 의해 적절한 흙막이공사가 필요하다.

2.1 지반의 종류와 흙의 성질

2.1.1 지반(Ground soil)의 종류

건축물을 지탱하는 지반은 크게 보아 암반과 흙으로 구분되며 흙은 자갈, 모래, 실트, 진흙, 롬 등으로 이루어져 있다. 지반구성은 2종류 이상의 흙들이 섞여 있으므로 균등성이 없고, 고정적인 성질도 없으므로 하중이나 외력에 의해 변화하기 쉽고 각기 다른 성질과 강도를 가진다.

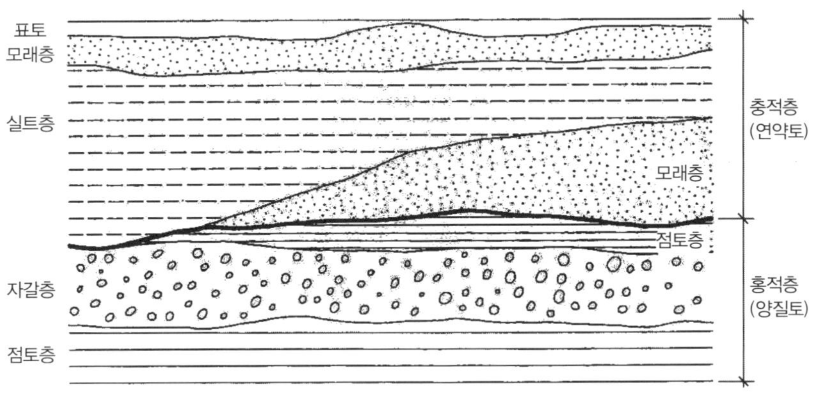

그림 2-1 지층의 구성

(1) 암반(Rock)

대부분의 암반은 안산암계열과 수성암계열로 구성되어 있으며, 그 암반들은 강도의 차이는 있으나 매우 안정적이고 견고한 지반이다.

(2) 자갈(Gravel)

암석이 풍화나 침식에 의해서 부서진 것으로 입도의 크기는 2mm 이상 60mm 이하인 것을 자갈이라 한다.

건축에서 사용하는 굵은골재는 5mm체에 85% 이상 남는 골재로 최대치수 35mm 이하인 것을 자갈이라 한다.

(3) 모래(Sand)

암반이나 자갈이 풍화 및 침식작용에 의해 만들어진 것으로 입도의 크기는 2mm 이하 0.05mm 이상인 것을 모래라 한다. 단, 입도 크기가 2.5mm~5mm 정도의 것을 왕모래, 굵은 모래라 한다.

(4) 실트(Silt)

크기가 모래보다 작아 육안으로 헤아릴 수는 없으나 보통 잔모래와 비슷하고 알의 형태는 구형에 가깝고 끈기는 없는 상태의 것을 실트라 한다. 입도의 크기는 0.05mm~0.005mm이다.

(5) 진흙(Clay)

실트보다 작은 크기의 미세한 분말형태이며 끈끈한 교질성이 있고 물이 잘 투과되지 않는다. 입도의 크기는 0.005mm 이하로 매우 미세하다.

(6) 롬(Loam)

모래, 실트, 진흙이 혼합된 것을 롬이라 하며 혼합된 주성분의 양에 따라 모래질 롬, 실트질 롬이 있으며, 흔히 개흙이라 한다.

(7) 부식토

롬에 풀, 나뭇잎, 부패물 등 유기질이 혼합된 것을 부식토라 한다.

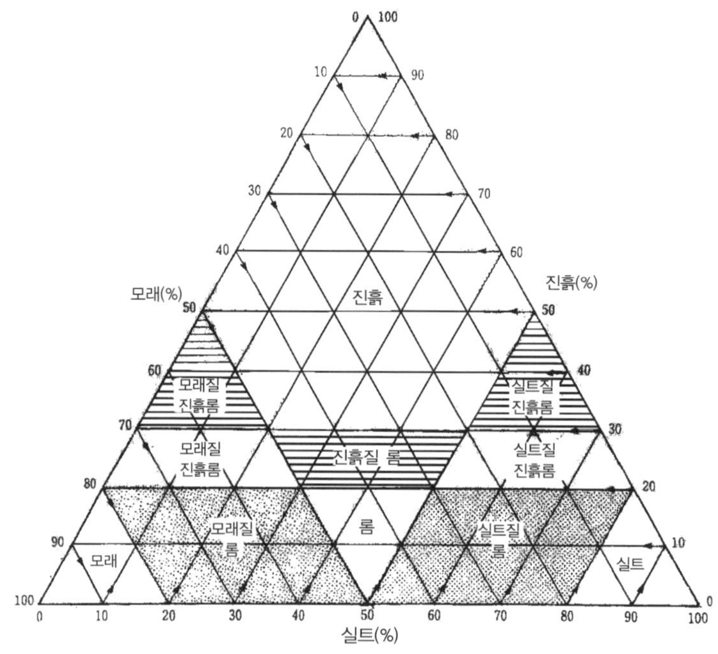

그림 2-2 흙의 분류

2.1.2 흙의 성질

흙의 구성은 실질적 부분인 흙입자와 그 입자간극 사이에 포함되어 있는 물과 공기로 이루어져 있다. 흙은 모래, 실트, 진흙의 혼합 정도에 따라 2종류로 분류한다. 예를 들면 모래질 진흙롬은 모래 50~80%, 실트 0~30%, 진흙 20~30%로 구성되어 있는 흙을 말한다. 또 모래 30~50%, 실트 30~50%, 진흙 0~20%로 구성된 흙은 롬이라 한다. 지반은 일반적으로 모래질 지반과 진흙질 지반으로 나누어진다. 이 지반의 성질에 따라 지지력, 토압이 다르다.

모래질 지반(사질지반)은 모래 성분이 많고 점착력이 적거나 아주 무시할 정도의 지반이고, 진흙질 지반은 진흙성분이 많고 내부마찰각이 작거나 무시할 정도의 지반을 말한다.

이 모래질지반과 진흙질지반에 구조체의 하부구조인 기초판 밑면에 작용되는 지반의 반력인 접지압의 분포값은 모래질(사질토) 지반에서는 중앙부 접지압 값이 제일 큰 값이고 연단부로 갈수록 점점 작은값의 U형 접지압 분포를 보여주며, 진흙질(점성토) 지반의 접지압 분포값은 중앙부 접지압 값이 제일 작고, 연단부로 갈수록 조금씩 접지압 값은 커지는 ∩형의 접지압 분포를 한다.

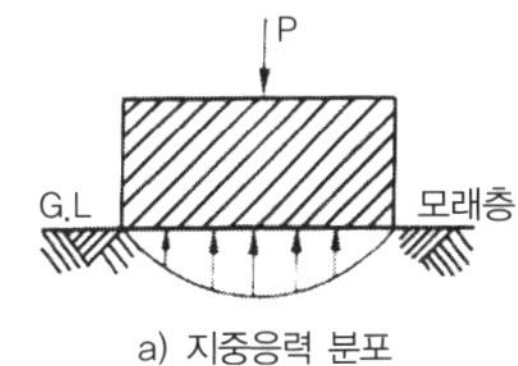

a) 지중응력 분포

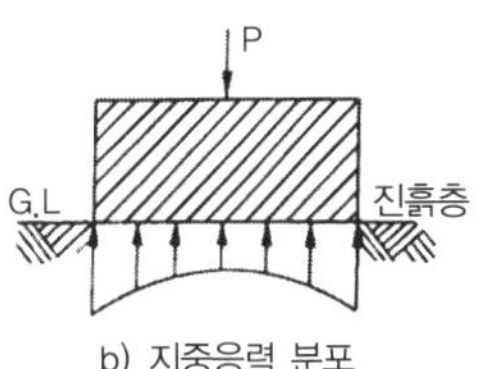

b) 지중응력 분포

그림 2-3 접지압분포

2.2 지반조사

구조체의 기초와 지중구조물의 설계 및 시공 등에 필요한 지반의 자료를 얻기 위한 지반조사는 토층의 두께, 분포도, 암반의 위치 등 지반의 구성 상태와 지층의 물리적 및 역학적 성질, 지하수 위치 등의 탐지를 목적으로 한다.

지반조사는 많은 시간과 비용이 소요되므로 공사의 규모와 지층의 종류, 구조물의 중요도에 따라 조사의 규모와 내용을 결정하며, 조사계획은 지반조사 목적에 따라 적당한 방법 등을 선정하고 최소한의 기간과 비용으로 이루어져야 한다.

2.2.1 지반조사방법(Soil survey of site method)

(1) 사전조사

건축물의 공사규모와 구조물의 중요도 등 사전예비지식에 의해 지반의 지형, 지표의 시료채취, 주변환경 및 기존 구조물의 상태 등 일반적이고 개략적인 것을 조사한다.

(2) 예비조사

대지 내의 지반구성 상태와 토질에 관한 자료수집 등에 의해 건축물의 배치 위치, 지반의 지지층, 기초구조의 형식 등 기본설계에 필요한 자료를 설계자에게 제공하기 위한 조사이다.

예비조사는 본조사의 방법과 규모 등 기본계획을 세우는 데 필요하며, 그 방법으로는 보링조사와 표준관입시험 등이 있다. 지반의 조건 등에 의한 제반 사항이 명확해질 때는 사전조사와 예비조사만으로 지반조사를 결정하는 경우도 있다.

(3) 본조사

예비조사에서 본조사의 방법과 규모 등 기본계획에 의해 필요한 조사사항을 정하고 조사방법을 결정하고 선택한다. 조사방법에는 보링조사와 표준관입시험, 토질시험 등이 있다.

일반건축물의 조사지점은 건축물의 모서리점 4곳과 건축물 예상위치 평면의 수평축과 수직축으로 30m 구간 간격마다 조사하는 것을 표준으로 하지만 지반면의 변화가 심할 때는 조사지점의 간격을 조밀하게 집중 조사할 필요가 있다.

조사깊이는 기초구조의 형식에 따라 하거나 건축물을 지지하는 지층까지 한다. 동일지층에서 독립기초의 침하는 기초판 밑에서 75% 정도 일어나기 때문에 기초판 폭의 1.5배 깊이의 흙이 압축되므로 기초판 폭의 2~3배까지 한다. 온통기초로 할 경우는 건축물 폭의 2배, 지지말뚝은 지지지반보다도 5~10m 더 깊게 조사한다. 조사사항은 단위체적 중량, 함수비, 입도분포 등의 물리적 성질과 점착력, 내부마찰각, 압축지수 등의 역학적인 성질, 재하시험, 말뚝시험 등 종합적인 특성을 조사한다.

(4) 추가조사

추가조사는 건축물을 추정한 기초구조형식이나 지반의 지지층이 예상과 달리 부적당하거나 본조사의 결과 지반면의 변화가 심한 곳 등을 보강하고, 보완하기 위하여 재조사와 보충조사를 실시한다.

2.2.2 지하탐사법

(1) 시험파기(Trial pit)

건축물이 소규모이어서 중량이 비교적 적고, 지반의 굳은 층이 얕을 때 사용하는 방법이다. 건물의 예상위치 내에 우물파기와 같은 방법으로 구덩이를 3m 내외의 깊이로 파서 지층의 생김새, 토질의 종류, 용수량의 유무와 상수면 등을 조사하는 방법이다. 터파보기라고도 한다.

(2) 짚어보기(Probing)

지반의 굳은 층이 비교적 얕을 때 조사하는 방법으로 지름이 0.9~2.5cm 정도의 쇠막대의 끝을 뾰족하게 만들어 인력으로 지중에 꽂아 내릴 때 쇠막대가 지중에 들어가는 느낌으로 굳은 지층의 위치와 지내력을 추정하는 방법이다. 이 방법은 경험이 많은 사람일수록 지층을 비교적 정확하게 판단한다. 이 조사는 예비조사에 속하며 건축물의 규모가 소규모인 건물의 지반조사에 사용한다.

(3) 물리적 탐사법(Geophysical prospecting underground)

넓은 지역의 연약층 깊이, 암반의 위치 등 지층의 구성 상태를 개략적으로 조사할 때 사용하고, 흙의 역학적 성질인 흙의 압축강도, 점착력 등을 판별하기는 곤란하지만 지층변화의 심도를 파악하는 데 편리하다. 물리적 탐사법은 탄성파식 지하탐사법과 전기저항탐사법이 있다. 탄성파식 지하탐사법은 물질의 밀도에 따라 완성파의 속도가 변한다는 원리를 이용하여 지표면에 무거운 추를 낙하시키거나 작은 폭발을 일으켜 인공으로 진동을 발생시켜 각 지점에 전달된 시간을 측정하여 지하구조를 판별하는 방법이다.

전기저항탐사법을 전기저항의 차이를 이용해서 두 지점 간의 전위차를 측정하여 지층의 상태 및 구조를 조사하는 방법이다.

2.2.3 보링(Boring)

보링조사는 지반조사 방법 중 가장 많이 사용되는 조사법이다. 지반의 깊은 곳까지 조사하기 위해 땅속 깊이 굴착하는 방법으로 지층 확인, 시료 채취, 지하수 위치 등을 정확하게 조사할 수 있으며, 이 방법에는 수세식 보링, 회전식 보링, 충격식 보링이 있다.

(1) 수세식 보링(Wash boring)

지반에 내외관을 박을 때 관 끝의 비트로 흙을 부수고 내관을 통해 압력수를 내뿜어서 외관 밑의 토사를 내관과 외관 사이로 물과 함께 올려 지상의 침전통에 침전시켜 토사를 채취하는 방법이다. 이 방법은 연질층 지반에 사용하며, 지반깊이 30m 정도까지 탐사가 가능하다.

(2) 회전식 보링(Rotary boring)

중공의 코어튜브를 회전시켜 지반을 뚫고 지층의 원상태에 가까운 샘플을 연속적으로 채취하는 방법을 말한다. 이 방법은 보링 중 지층분석을 가장 정확히 할 수 있다.

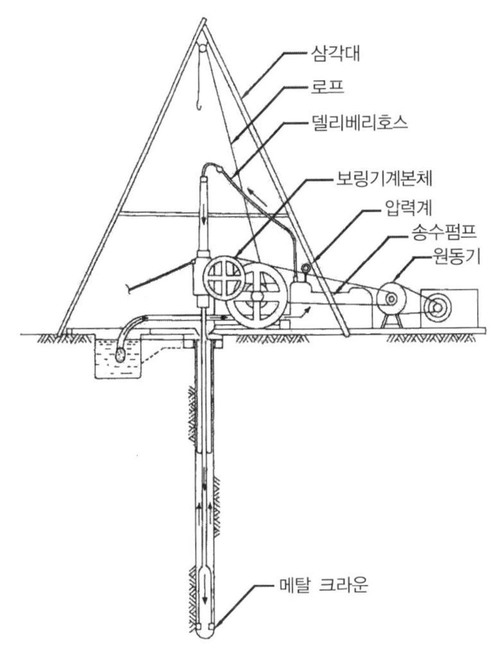

그림 2-4 회전식 보링장치

(3) 충격식 보링(Percussion boring)

지반에 지름 10cm, 두께 6mm, 길이 1.5m의 케이싱 철관을 박고 관 속에 굴착용 비트를 단 보링로드를 회전시키면서 상하로 충격을 주어 지반을 뚫고 토사채취 용구를 사용해서 시료를 채취하는 방법이다. 이 방법은 간편하고 저렴하여 가장 널리 사용되고 있다.

2.2.4 사운딩(Sounding)

사운딩은 지반의 저항력, 물리적 성질을 측정하기 위해 로드에 저항체를 붙여 지중에 넣고 관입시키거나 회전시켜 지층의 저항 정도에 의해 탐사하는 방법을 말한다.

(1) 표준관입시험(Standard penetration test)

표준관입시험은 지층의 구성을 정량적으로 알기 위한 시험방법이며, 보링로드 끝에 스플리트 스푼 샘플러(중량 6.8kg, 길이 80cm)를 연결하여 보링구멍 속에 내리고 지층 2m 정도마다 또 지층이 바뀔 때마다 무게 63.5kg의 추를 75cm 높이에서 떨어뜨려 30cm 깊이까지 관입시키는 데 필요한 타격횟수 N치를 구하여 토질의 지지력을 알아보는 데 사용하며, 스플리트 스푼 샘플러로부터 지층의 시료를 채취하여 지질주상도를 작성한다.

지질주상도에는 작업내용과 보링번호 및 형태, 보링기어, 종류, 보링일시, 지층의 구성형태, 지하수위 위치, 표준관입 저항치(N)와 심도, 채취된 흙시료의 형태 등을 기록하며, 표준재하시험 결과인 N치를 설계에 이용한다.

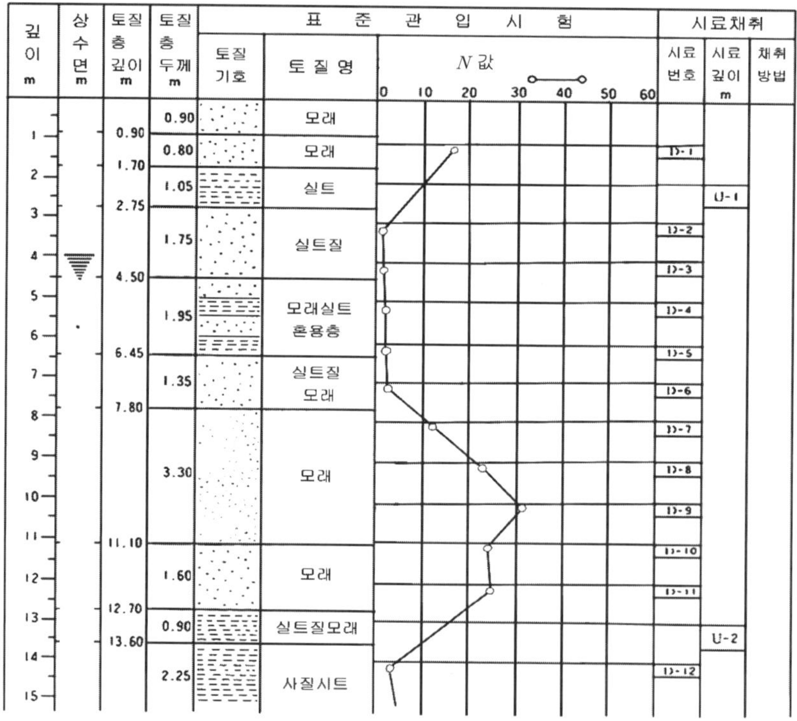

그림 2-5 지질 주상도

사질토지반일 때는 N값으로 상대밀도, 내부 마찰각, 지지력계수, 탄성계수, 허용지지력을 구할 수 있으며, 점성토지반에서는 연약하거나 굳은 정도의 컨시스턴시와 일축압축강도, 점착력, 허용지지력 등을 구할 수 있으나 사질토에 비해 편차가 커서 신뢰도가 낮다.

표준관입시험은 기초지반의 조사방법으로 적용범위가 넓고 간편하다는 장점으로 인해 널리 사용되고 이용가치가 높지만 시험방법 및 장비가 정밀하지 않고 시험자와 장비, 보링과정 등에 큰 영향을 받으므로 신뢰도가 낮은 편이어서 유의해야 한다.

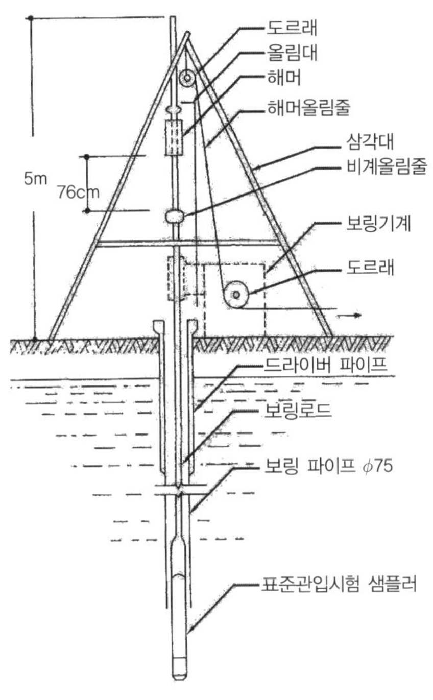

그림 2-6 표준관입시험장치

(2) 스웨덴식 관입시험(Swedish sounding)

로드 끝에 길이 20cm의 스크루 포인트를 매단 스웨덴식 시험기를 사용하여 하중을 5, 10, 25, 50, 75, 100kg으로 재하판에 점차적으로 증가시켜 관입량을 측정하고, 100kg에서 멈춘 이후에는 회전시켜서 반회전마다 관입량을 측정하고, 25cm 깊이로 관입하는 회전수를 측정하여 상대밀도를 탐사하는 방법이다.

(3) 베인시험(Vane test)

+자형 저항날개를 로드 하부에 붙여 지반에 눌러 회전시켜 박으면서 그때의 저항값으로 지층의 전단강도를 구하는 시험방법이다. 연약한 점토질 지반에 사용하는 시험방법이다.

2.2.5 지하수위(Water table)

지하수위는 지층의 상태에 따라 다르기 때문에 동일한 지하수위라고는 말할 수 없다. 지층이 점토질 지반 등의 불투수층 상하에 있는 지층구조에서는 변화가 심하므로 지하수위 분포에 대해 조사할 필요가 있다. 지층 속에 지하수가 항상 변동 없이 고여 있는 수면을 상수면이라 하며 그 위치는 지역에 따라 다르고 계절에 따라 변동된다.

지질주상도에는 지하수위 위치가 기록되어 있다. 이 수위와 실제의 지하수위의 위치는 항상 일치한다고 할 수 없다. 모래질 지반의 보링에 의한 공내 수위값은 실제 지하수 위치와 거의 같은 값으로 나타내지만 점토질 지반의 지하수위 값은 보링에 의한 공내 수위값보다도 높게 측정된다. 지하수가 흐르는 위치에 지하구조체를 만들게 되면 지하수위 흐름을 막아 지하수위의 위치가 상승되어 물의 부력과 횡력이 작용하므로 지하구조체를 만들 때는 항상 고려되어야 한다.

2.3 재하시험(Loading test)

구조물에 재하판이나 시험말뚝 또는 기초구조물 등에 하중을 작용시켜 지반의 지내력, 구조적 안전성을 측정하는 방법을 말한다.

2.3.1 지내력(Bearing power of soil)

건축물을 지반이 안전하게 지지해주는 힘을 지내력이라 하며, 건축물의 중량값보다 지내력값이 적으면 건축물은 변형되거나 침하되어 구조적 안전성을 해치게 된다. 지반의 지내력은 흙의 밀도, 내부마찰각 등에 의해 정해지므로 확실한 지내력을 구하기 위해서는 시험을 실시하여야 하며, 지반이 단위면적당 부담할 수 있는 하중에 안전율을 적용한 것을 허용지내력이라 한다. 허용지내력 값은 재하시험이나 토질시험에서 측정한 값으로 얻는다. 건축물의 하중은 지반에 연직방향으로 작용하며 지반의 저항강도는 전단에 의해 결정된다.

표 2-1 지반의 허용지내력도

<table>
<tr><th colspan="2" rowspan="2">지반의 종류</th><th colspan="2">허용지내력도(t/m^2)</th></tr>
<tr><th>장기응력</th><th>단기응력</th></tr>
<tr><td>경 암 반</td><td>화강암 · 섬록암 · 편마암 · 안산암 등의 화성암 및 굳은 역암 등의 암반</td><td>400</td><td rowspan="14">장기응력에 대한 허용응력도의 각 수치의 2배로 한다.</td></tr>
<tr><td rowspan="2">연 암 반</td><td>판암 · 편암 등의 수성암</td><td>200</td></tr>
<tr><td>혈암 · 토단반 등의 암반</td><td>100</td></tr>
<tr><td rowspan="2">자 갈</td><td>밀실한 것</td><td>60</td></tr>
<tr><td>밀실하지 않은 것</td><td>30</td></tr>
<tr><td rowspan="2">자갈모래 반 섞 임</td><td>밀실한 것</td><td>50</td></tr>
<tr><td>밀실하지 않은 것</td><td>20</td></tr>
<tr><td rowspan="2">모 래</td><td>굳은 알, 밀실한 것</td><td>40</td></tr>
<tr><td>굳은 알, 밀실하지 않은 것</td><td>10</td></tr>
<tr><td rowspan="2">모래섞인 진흙 · 롬</td><td>굳고 밀실한 것</td><td>30</td></tr>
<tr><td>무르고 밀실하지 않은 것</td><td>15</td></tr>
<tr><td rowspan="2">진 흙</td><td>굳은 것</td><td>25</td></tr>
<tr><td>연한 것</td><td>10</td></tr>
</table>

2.3.2 평판재하시험(Plate load test)

기초를 직접기초로 할 경우 지반의 지내력 값을 구하기 위해 재하시험을 한다. 재하시험은 실제 구조물의 기초가 놓이는 밑면까지 터 파기를 하고 지반을 수평하게 모래를 고르게 깔고 재하판을 설치한다. 재하판은 크기 30~80cm 각 판에 두께 20mm 이상의 철판을 사용한다. 재하판 위에 유압잭(jack)을 설치하고 하중장치와 조합시켜 필요한 반력값들을 얻는다. 이 하중장치로 하중을 가하면서 침하량을 다이얼게이지로 측정하고 재하는 단계적으로 하며 1ton 이하나 예정재하 하중의 1/5 이하로 한다. 1시간의 연침하량이 0.01mm 이하일 때 다음 재하를 한다.

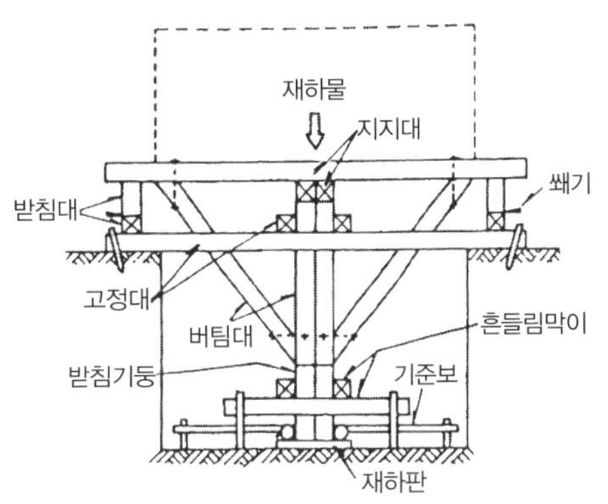

그림 2-7 평판 재하시험

재하시험에 의해 각각의 하중과 침하량을 이용하여 하중-침하곡선을 그리고 시험결과를 이용하여 항복하중과 극한하중(파괴하중)을 구하며 이 값에 안전율을 고려하여 지내력을 산정한다. 허용지내력값은 총침하량이 20mm일 때의 전하중이나 항복하중의 1/2값, 극한(파괴)하중의 1/3값 중 작은 값을 단기하중에 대한 허용지내력도라 하고 그 값의 1/2값을 장기허용지내력도라 한다.

2.3.3 말뚝시험(Piling test)

말뚝은 구조물의 하중을 지반에 전달하여 지반이 하중을 지지할 수 있도록 설계한다. 말뚝의 지지력은 말뚝의 선단부를 통해 단단한 지지층에 하중을 전달시키는 선단지지말뚝과 지반의 단단한 지지층이 매우 깊을 경우는 말뚝의 선단부를 지지층까지 박기에는 말뚝의 길이가 매우 길어 비경제적이고 시공상의 문제들이 발생되므로 지반의 주면 마찰력값을 계산하여 구조물의 지지력 값보다 크거나 같은 값으로 설계하는 마찰말뚝이 있다.

말뚝설계는 지지력값을 구한 것이 기본이 되며 항타말뚝일 때는 항타설계가 더해진다. 말뚝의 지지력 설계는 지반에 말뚝을 박을 때 지지력값과 말뚝의 길이를 구하는 것이다. 항타설계는 지지력 설계에서 얻은 지지력값을 얻기 위해 항타방법과 관입성 등을 검토하는 것이다. 재하시험에 의한 지내력값은 직접 지내력시험 값이며, 말뚝시험에 의한 지내력값은 간접 지내력 값이라 할 수 있다.

(1) 말뚝박기시험

건축물의 용도, 규모, 구조, 지질조사결과에 의해 기초구조를 말뚝기초로 계획하면 말뚝박기시험을 하여 말뚝의 지지력과 말뚝의 길이를 결정한다.

말뚝박기는 낙하법과 타격법이 있다. 낙하법은 떨공이를 장치하고 윈치로 일정 높이까지 끌어올려 자유낙하시켜 박는 떨공이에 의한 자연낙하법과 타격법은 디젤해머나 단동, 복동 공기추를 이용하는 것이 있다. 공이 또는 해머의 무게는 말뚝무게의 2~3배 정도이며, 시험말뚝을 박을 때는 실제 사용말뚝과 동일한 조건으로 3개 이상 박아 평균값을 취한다. 말뚝박기는 휴식시간 없이 연속적으로 박아야 하며, 공이나 해머의 낙하높이는 가벼운 것은 3~5m, 무거운 것은 1~2m로 한다.

시험말뚝은 정확한 위치에 수직으로 박으며 최종관입량은 5회 또는 10회 타격한 평균값을 적용하고 소정의 침하량에 도달하면 그 이상 무리하게 박지 않는다.

최종관입량 측정은 말뚝박기가 최종단계에 근접한 시기에 말뚝에 용지를 붙여 관입량을 기록한다. 말뚝의 허용지지력 산정은 말뚝의 종류, 지반상황, 말뚝 박는 기계의 종류 등에 따라 계산방법을 달리한다.

표 2-2 말뚝의 허용지지력

장기응력에 대한 허용지지력	단기응력에 대한 허용지지력
Ra = F / 5S+0.1(복동해머) Ra = W · H / 5S+0.1(옹이, 단동해머) Ra = $\frac{1}{3}$ · (ef · F / S · k/2)(강재말뚝)	장기응력에 대한 허용지지력의 2배

여기에서 Ra : 항타공식에서 구해지는 허용지지력

F : 해머의 타격에너지 (t · m)

디젤해머 F : 2W · H, 드롭해머 F : W · H

W : 해머의 중량

H : 해머의 낙하높이

S : 말뚝의 최종관입량

(2) 시험말뚝의 재하시험

말뚝의 지지력을 정확히 알 수 있는 방법은 말뚝재하시험이다. 재하시험은 말뚝머리에 중량물을 재하하는 방법이며 중량은 지반의 극한지지력이나 예상 장기설계하중의 2~3배로 하여 5번 나누어 재하한다. 처음 재하하고 1시간이 경과하고 30분간 0.1mm 이하 침하할 때 다음 재하를 한다.

말뚝의 지지력은 흙의 종류에 따라 응집력이 다르므로 말뚝을 박은 후 7일 이후 재하시험을 한다. 말뚝재하시험은 정재하시험이 주로 사용되어 왔지만 최근에는 동재하시험을 적극 활용하고 있으며 말뚝의 품질관리, 품질확인 목적으로 발전되고 있다.

동재하시험은 시험말뚝에 스트레인게이지(변형률 측정)와 가속도계(Accelerometer)를 부착하여 말뚝항타시 파형에 의해 지지력, 항타응력, 효율성 등을 측정하여 합리적인 항타방안을 구하는 방법이며, 처음 동재하시험을 실시했던 동일 말뚝에 재항타 동재하시험을 실시하여 시간경과 효과를 확인하고, 이를 말뚝설계에 반영한다.

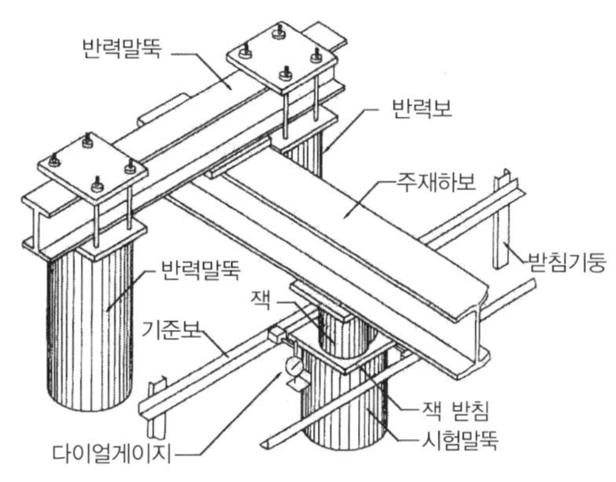

그림 2-8 재하시험장치

(3) 시간경과 효과

항타말뚝에서 시간경과 효과에 대해서는 과거에는 전혀 고려치 않았다. 시공 직후의 말뚝 지지력만에 의해 지지력값을 산정하므로 지지력값이 과소평가되어 말뚝길이가 길어지고, 말뚝 시공개수도 많아지는 단점이 있었다. 그러나 실제말뚝은 시간이 지남에 따라 일반적으로 지지력이 크게 증가하여 설계지지력보다 훨씬 큰 값을 보일 때가 많다. 항타 후 말뚝의 지지력은 증가되거나 감소하는 시간경과 효과가 발생된다. 일반적으로 말뚝은 항타시 이완 교란된 지반이 항타 후 지반이 안정되어 강도를 회복하여 마찰지지력이 증가되며, 시간경과는 항타 후 1주일 정도면 대부분 지지력이 증가되고 5주 이후까지도 지속적으로 지지력이 증가된다.

일반적으로 모든 지반인 점성토와 사질토지반에서는 시간경과 효과에 의해 지지력이 증가되어진다. 그러나 말뚝의 지지력이 시공직후 설계 지지력을 가지다가 시간경과 후 말뚝의 지지력이 감소되어 구조물에 심각한 문제를 발생시키기도 한다.

말뚝지지력의 감소는 항타 후 연약지반에서 군말뚝의 솟음현상인 히빙에 의해 말뚝이 지지층에 도달했다가 뜨고 말뚝선단 지지력이 급속히 감소하게 되기 때문에 재항타를 하여 지지층에 근접시켜야 한다. 이 현상은 퇴적암층에서 발생되며, 심할 경우에는 폐단형 말뚝 대신 개단형의 H형 말뚝 등으로 공법 변경이 필요하다.

2.4 터파기(Trench digging)

2.4.1 대지정리(Site clearing)

지표면에는 나무뿌리, 쓰레기 등이 땅에 매설되어 있어서 기초파기에 장애가 되는 장애물들을 제거한 다음 대지 안의 표토를 걷어내고 설계도서에 의해 지반을 수평지게 터고르기를 한다. 대지정리는 건축공사를 진행하는데 지장이 없고 자재반입, 굴토 반입 등에 필요한 가설도로 위치, 자재야적창고, 현장사무소, 전기실 등 건설공사에 필요한 제반 사항을 고려하여 한다.

2.4.2 줄쳐보기(Setting)

건축물의 배치도에 의해 실제 크기의 건축물 평면 형태와 같이 석회로 선을 그리거나 줄을 쳐서 도로 및 인접 건축물과의 관계, 건축공사에 필요한 자재반입, 굴토의 반입, 자재야적창고 등 건축공사 작업에 불편한 점은 없는지, 건축공사로 인해서 생기는 재해 및 안전대책의 검토, 기준점의 위치, 규준틀의 위치 등을 선정하는 데 줄쳐보기(줄치기)를 한다.

2.4.3 기준점(Bench mark)

건축물의 위치와 모든 건축공사 높이에 기준이 되는 위치점을 기준점(B.M)이라 한다. 지반의 이동이나 침하가 없고, 건축공사에 장애되지 않는 위치에 말뚝 및 각석을 설치하거나 기존 공작물 등에 기준점을 표시한다. 기준점은 이동이나 침하, 건설공사 중 훼손되지 않도록 보호조치를 해야 한다.

2.4.4 수평규준틀 · 수평보기(Sight rail · Levelling)

건축물의 배치도에 의한 줄쳐보기 선에서부터 1~2m 떨어진 곳에 건물의 위치를 표시하고 기초공사의 기준이 되는 수평규준틀을 설치한다. 건축물 모서리에는 T자 모양의 귀규준틀과 벽체에는 一자형의 평규준틀을 설치한다.

규준틀은 각재와 수평띠장으로 이루어져 있으며, 각재의 치수는 6cm로 하고 건축공사의 작업에 지장이 없고, 이동이나 침하가 생기지 않도록 깊게 박으며, 각재머리는 외부로부터의 힘에 의해 변형되었을 때 쉽게 확인할 수 있도록 엇비치기로 한다. 수평띠장은 두께 2cm, 너비 10cm널을 규준틀 각재의 수평선에 맞추어 고정시키고 띠장에는 기초나 벽체의 중심선 위치와 두께를 표시하고 실을 띄워 기초나 벽체 공사의 기준이 되게 한다.

수평면을 측정하는 것을 수평보기라 하며 측정기구는 레벨, 트랜싯을 사용하고 소규모 건축공사에서는 막대로 된 수평기를 사용한다.

2.4.5 기초파기(Trench digging)

건축물의 기초공사를 위해서는 기초구조의 종류나 현상에 따라 땅을 파는 일을 기초파기 또는 터파기라 한다. 기초파기를 하면 지반의 형상이나 평형상태가 흐트러지므로 지반의 안정상태를 유지시키기 위해 흙막이 등의 구조물을 설치해야 한다.

기초파기에는 기초구조의 형상에 따라 독립기초 밑에는 구덩이파기, 벽식 구조나 벽체, 지중보 밑에는 긴 도랑 모양의 줄기초 파기, 건축물의 지하층 전부를 파는 온통파기가 있다. 기초파기의 폭과 깊이는 설계도서에 준하여 작업되지만 기초파기 폭은 기초구조를 만들기 위한 작업공간이 필요하기 때문에 기초면에서 0.5~1m 이상의 충분한 작업공간을 두어야 한다.

2.4.6 흙의 휴식각(Angle of repose)

기초공사를 위해서는 지반을 굴착하게 된다. 이 굴착한 면이 무너져 내리지 않게 하려면 굴착면을 그 흙의 휴식각 이하가 되게 경사면을 주어야 한다. 이 굴착면과 수평면은 일정한

표 2-3 흙의 휴식각

토 질		휴 식 각	파 내 기 경 사 각	무게(t/m³)	부피 증가(%)	비 고
모 래	건 조	25~40°	40~70°	1.7~1.9	0	
	보 통	30~45	60	1.8~2.0	15	
	습 윤	20~30	40	2.0~2.2	0	
보 통 흙	건 조	20~45	40	1.6~1.8	12~20	
	보 통	30~45	50	1.8~2.0	15~20	
	습 윤	15~30	50	1.8~2.0	20~25	
자 갈	일 반	30~40	60	1.7~2.0	5~15	
	모래, 진흙	20~38	40	1.7~1.9	5~10	
	반 석 이					
진 흙	건 조	20~45	80	1.6	12~15	
	보 통	30~45	70	1.8	15~20	
	습 윤	15~30	40	2.0	20~25	
암 반	연 암	—	—	2.4	25~60	
	경 암	—	—	2.6	79~90	

주) 깊이가 1.0m 미만일 때 20cm 더 넓게 함.
깊이가 2.0m 미만일 때 30cm 더 넓게 함.
깊이가 4.0m 미만일 때 40cm 더 넓게 함.
깊이가 4.0m 이상일 때 50cm 더 넓게 함.

각도를 이룬다. 이 각도를 그 흙의 휴식각(안식각)이라 한다. 흙의 휴식각은 지반의 종류에 따라 다르고, 흙의 마찰력, 응집력 및 부착력이 작용되며 이런 힘은 함수량에 따라 변화하게 된다. 기초파기에서 굴착경사는 흙막이를 하지 않을 경우 휴식각의 2배나 기초파기 윗면은 밑면 폭보다 굴착 깊이의 1/3~2/5 정도 더 넓게 해야 한다.

2.4.7 경사 오픈컷 공법(Sloped open cut method)

비교적 넓은 대지에서 기초공사에 사용하는 방법이며 지반 굴착작업이 단순하고 굴착면이 안정구배(흙의 휴식각 2배 이상)가 유지되도록 하며, 굴착경사면이 길면 일정 길이마다 단을 둔다.

지반이 점토질일 경우에는 경사면이 붕괴될 수 있으므로 경사면을 보호해야 하며, 지하수위는 항상 굴착저면보다 낮도록 수위를 처리해야 한다. 이 경사 오픈컷 공법은 흙막이벽이나 버팀대, 띠장 등이 없어 경제적이고, 공기단축이 가능하나 굴착깊이가 제한되는 단점이 있다.

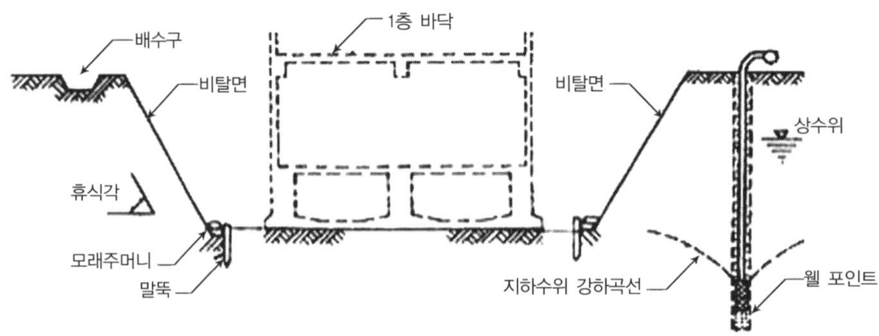

그림 2-9 경사면 오픈컷 공법

2.4.8 흙막이(Sheeting)

기초구조물을 시공하기 위해서는 굴착공사를 하게 된다. 굴착면의 경사(흙의 휴식각)를 주기에 충분한 여분의 대지가 없거나 지반이 연질층이어서 지반을 굴착할 때 지하수 및 진동에 의해 굴착면이 무너질 때는 흙막이를 설치해야 한다.

흙막이는 터파기를 안전하게 하기 위한 것으로 충분한 강성을 가지도록 설계되어야 하며, 공사 중 흙막이 뒷면의 토립자 유출이나 배수에 의한 인접지반의 침하 및 붕괴, 주위 건축물의 균열, 지하매설물인 상·하수도관의 파손 등 피해를 주는 일이 많으므로 설계시 충분한 사전검토가 선행되어야 한다.

(1) 자립식 흙막이공법

흙막이 구조물이 토압에 의한 횡력에 지지되도록 설계한 흙막이이며, 지반이 단단하고 얕은 터파기를 할 때 사용된다. H형강이나 I형강의 어미말뚝을 충분히 자립할 수 있는 깊이까지 박고 흙막이 나무널을 수평으로 한 장씩 끼워 넣어 흙막이를 구성한다. 이 방법은 띠장이나 버팀대 등 지보공이 없어 공기단축과 공사비가 비교적 저렴하여 많이 사용한다.

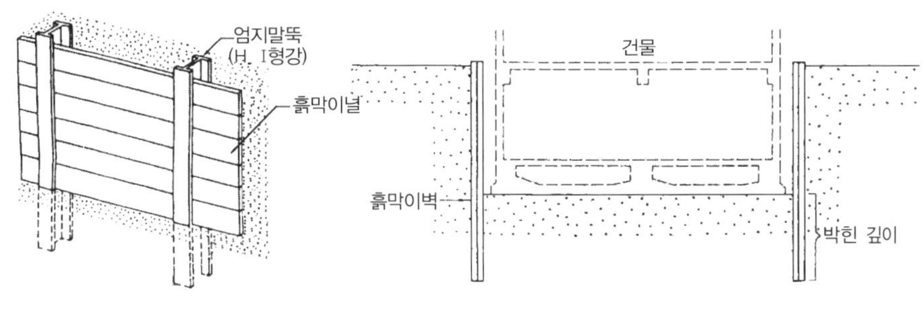

그림 2-10 자립공법

(2) 버팀대식 흙막이공법

자립흙막이만으로 흙막이공사가 불가능할 경우 지반굴착 벽면에 흙막이를 설치하고 터파기를 진행하면서 필요한 위치에 띠장, 버팀대, 받침기둥, 귀잡이 등 지보공으로 토압을 지지하며 굴착하는 공법으로 가장 많이 사용되고 있는 공법이다. 이 공법은 시공이 비교적 간편하며 안전관리가 용이하나 작업공간의 제한과 한편의 길이가 50m 정도인 크기와 형상에 제한을 받게 된다.

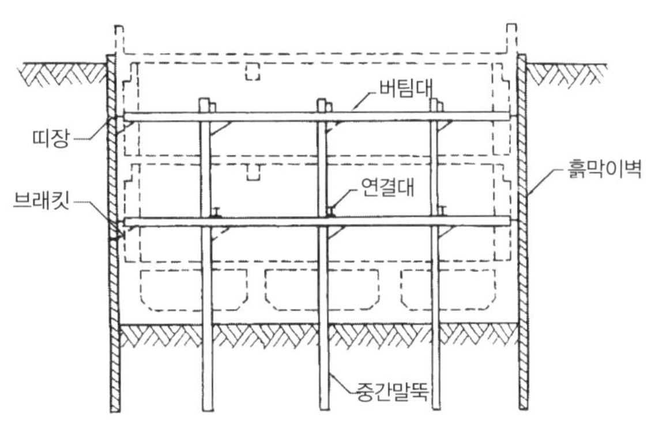

그림 2-11 버팀대공법

(3) 어스앵커식 흙막이공법

흙막이에 띠장, 버팀대 등을 대신하여 굴착 주변 지반에 어스앵커를 설치하여 흙막이에 작용하는 외력을 어스앵커의 인발력으로 지지하는 공법이다. 굴착평면이나 굴착깊이, 넓은 대지나 경사진 대지 등 버팀대의 설치가 곤란한 경우에 사용되며 어스앵커를 정착시킬 수 있는 지반이 흙막이 이면에 있으므로 시가지공사에서는 사용하기 곤란한 점이 있고, 연약층이 많이 분포된 지반에서는 어스앵커의 길이를 길게 해야 한다.

이 방법은 버팀대 등의 장해물이 없으므로 굴착작업이나 지하구조물 공사에 작업능률이 좋으며 굴착형상에 제약을 받지 않으나 앵커를 정착시키기 위해 적당한 정착지반이 필요하다.

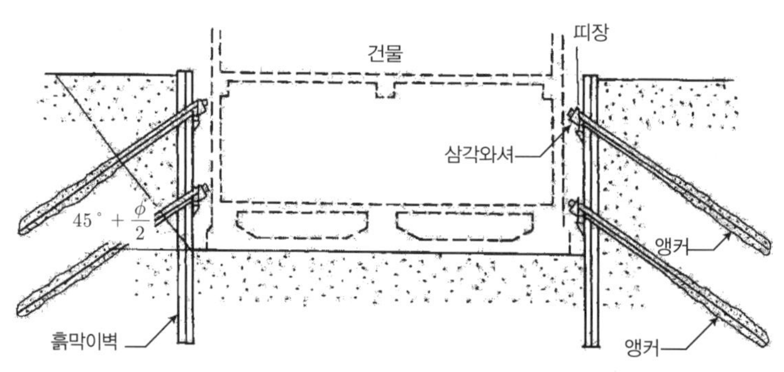

그림 2-12 어스 앵커공법

2.4.9 아일랜드 컷(Island cut)공법

기초구조의 굴착 위치인 흙파기면에 따라 흙막이가 자립할 수 있도록 자립흙막이구조를 설치한 후 흙막이 주변부의 흙은 남겨두면서 중앙부의 흙을 경사 오픈 컷공법으로 예정기초지반의 깊이까지 굴착한 후, 이 중앙부에 기초구조체를 만든 다음 이 구조체를 버팀대의 반력지지체로 이용하여 흙막이벽에 버팀대를 가설하고 주변부의 흙을 굴착하고, 중앙부의 기초구조체에 연결하여 기초구조물을 완성시키는 방법이다.

흙막이벽에 가설하는 버팀대 방법은 중앙부의 기초구조체에 사면 버팀이나 수평버팀으로 가설한다. 이 방법은 지보공이 적게 들고 넓은 면적의 굴착이 가능하나 연약지반일 때 굴착사면의 안정에 문제가 있고 굴착깊이는 10m 내외로 한다.

2.4.10 트렌치 컷(Trench cut)공법

아일랜드 컷공법과는 반대의 순으로 흙파기면에 따라 버팀대식 공법으로 흙막이를 설치하고 흙막이 주변부의 흙을 굴착하고 그 부분에 기초구조물을 먼저 축조한 후, 이 기초구조물을 흙막이로 이용하여 중앙부의 나머지 부분을 굴착하여 외주부의 기초구조물과 연결하여 중앙부의 기초구조물을 완성하는 방법이다. 이 방법은 연약한 지반상태의 넓은 면적을 깊게 굴착할 때 적합하며, 흙막이를 2중으로 하여야 하므로 굴착면이 작은 경우는 작업성이 나쁘고, 공기가 길고 복잡하다.

2.4.11 역타(Top-Down)공법

건축물 하부구조인 벽체와 기둥 위치에 직접 현장타설로 지하구조체를 만든다. 지하층의 외부옹벽을 만들어 본 구조물의 벽체로 사용하고, 지하층의 기둥은 충분한 지내력을 받을 수 있는 지층에 현장타설 제자리 말뚝을 만들어서 벽체와 기둥들을 보로 연결하고 슬래브를 쳐서 1층 바닥 구조물을 만들어 터파기공사와 병행하면서 지하층 상부에서 하부로 내려가면서 지하구조물을 완성하면서 지상구조물의 작업도 동시에 진행되기 때문에 공기를 단축할 수 있으며 일반 흙막이공법보다 공사비는 증가되나 부지 이용의 효율을 극대화할 수 있다. 지하연속벽을 이용한 역타공법의 병행시공은 연약지반이나 지반의 파악이 어려운 지역, 인접건물이 밀집된 도심지의 대규모 현장에서 구조적 안정성을 가지는 공법이다.

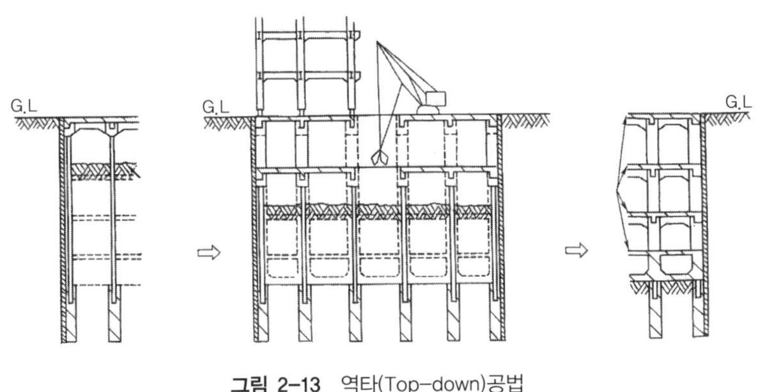

그림 2-13 역타(Top-down)공법

2.5 흙막이벽

흙막이벽은 지반의 굴착이나 성토할 때 흙이 붕괴되지 않고 지탱하기 위한 구조물을 말한다. 옹벽이나 석축과 같이 그 지반의 안정을 목적으로 설치하는 것과 지반굴착 시 자연사면의 굴착이 어려우므로 지하구조물 구축의 필요에 따라 가설 흙막이벽을 설치한다.

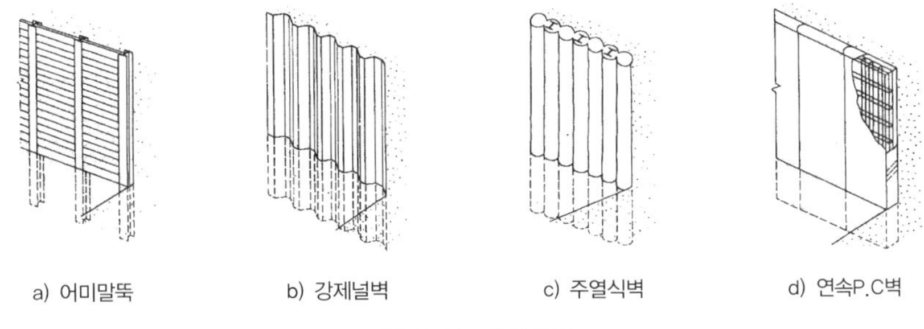

그림 2-14 흙막이벽

흙막이벽은 여러 종류가 있고 공법의 특성과 형태를 갖고 있다. 각 공법의 구성요소 및 시공과정 등을 이해하면 실제 적용 가능성과 효율성을 정확히 판단할 수 있다. 또 건축물의 형상, 부지조건, 지반의 상태 및 주위 환경조건을 고려하면 가장 안전하고 경제적인 흙막이벽을 선정할 수 있다.

2.5.1 줄기초 흙막이벽

줄기초 흙막이는 벽체 밑에 줄기초를 두거나 지하에 구거를 설치하기 위해 지반을 일정 단면의 연속선으로 굴착하기 위해 사용되며 줄기초의 폭은 1~2m 내외, 깊이는 2~3m 정도 굴착시 굴착사면의 안정을 위해 널판재와 각재를 띠장, 버팀대로 사용하여 흙막이벽을 구축하는 방법이다. 흙막이 널판재 두께는 3~5cm, 띠장이나 버팀대는 9cm 각재로 한다.

2.5.2 버팀대식 흙막이벽

지반굴착면에 흙막이벽을 설치하고 터파기를 진행하면서 토압에 의한 안전성을 갖기 위해 띠장, 버팀대, 받침기둥, 귀잡이보 등 지보공을 설치하면서 터파기를 하는 방법이다.

흙막이의 버팀대를 경사지게 하는 빗버팀대식과 수평으로 하는 수평버팀대식이 있다. 버팀대를 경사지게 하는 빗버팀대식은 터파기 중앙부에 버팀말뚝을 설치하고 이 버팀말뚝에 버팀대를 지지하고 고정시킨다. 수평버팀대식은 소규모 건축물의 터파기에서 주로 사용되며 그 형상은 트렌치 컷공법의 처음 흙막이 주변부의 흙을 굴착하는 방법과 같다.

2.5.3 어미말뚝식 흙막이벽

흙막이벽을 만들기 위해서 지반에 H형강이나 I형강 등의 말뚝을 토압에 의한 횡력에 충분히 견딜 수 있도록 박는데, 이 말뚝을 어미말뚝이라 하며 말뚝의 간격은 1.5m 정도로 하고 지반을 굴착해가면서 어미말뚝 사이에 두께 6cm의 나무널을 끼워 넣으면서 흙막이벽을 설치한다. 또 최근에는 나무널 대신에 철판을 접어서 만든 철재 패널을 끼워 넣기도 한다.

어미말뚝박기는 일반적으로 디젤 해머를 사용하여 항타하지만 진동이나 소음 등의 문제가 생길 경우에는 어스오거를 이용하여 천공한 후 말뚝을 박는다.

이 방법은 공사비가 저렴하고 시공이 간편하므로 가장 많이 사용되며 자재의 재사용도 가능해서 경제적이지만 벽체의 변형이 크고 토사유출 가능성이 크므로 주의해야 한다.

2.5.4 강제널말뚝식 흙막이벽

흙막이에 토압이나 수압이 매우 크게 작용되는 곳에서는 강제널말뚝식 흙막이벽이 사용된다. 이 말뚝들은 연결부를 맞물리게 조립하여 타격이나 유압공법으로 박지만 소음의 문제가 생길 경우에는 어스오거를 이용한 압입공법도 사용한다.

강제널말뚝식 흙막이벽은 말뚝판재가 특수한 단면형태를 하고 있으므로 내력이 매우 커서 토압에 대한 저항이 크고, 연결부를 연결하여 쉽게 박을 수 있고 수밀성이 좋으므로 작업성이 좋다. 또 반복 사용(약 20회)이 가능하여 대규모 공사에 유리하다. 그러나 작업시 연결부에 대한 세심한 주의가 필요하다. 연결부가 이탈하면 전체 흙막이벽이 붕괴될 우려가 있으며, 사질토에서는 타격에 의한 진동의 영향으로 지반침하 등이 생기므로 주의해야 한다.

2.5.5 소일시멘트 주열식 흙막이벽

주열식 지중벽의 일종으로 계획된 깊이까지 전용 어스오거를 사용하여 천공한 후 시멘트와 흙을 배합한 소일시멘트를 오거의 선단으로부터 배출하여 벽체를 만들고 형강이나 철근을 보강재로 삽입하여 벽을 만든다. 각 공들은 10cm 정도 겹쳐 천공하고 전용 천공장비로 시공하므로 공기가 짧고, 차수 효과가 우수하여 많이 사용되고 있다. 소음과 진동이 작으나 오거를 사용하여 천공하므로 자갈층이나 암반층의 시공이 곤란하다.

2.5.6 기성널 주열식 흙막이벽

어스오거를 사용하여 천공한 후 기성제품인 P.C 콘크리트의 벽판이나 강관파일 등을 이용하여 흙막이벽을 설치하는 방법이다. 연약지반의 흙막이, 차수벽 등으로 사용되며, 건축물의 지하외벽으로도 사용되며 시공시 소음과 진동이 적으며, 인접 건물의 경계선까지 시공 가능하고 깊은 흙막이벽을 조성할 수 있다. 이 흙막이벽은 강성이 높고 변형이 적으며 주변 지반에 영향을 주지 않고 길이를 자유롭게 조정 가능하다.

기성널 주열식 흙막이벽은 먼저 굴착한 후 말뚝 박는 시멘트 밀크 삽입 후 P.C월(Wall) 말뚝공법이나 ONS주열식 공법, 연속굴착 후 벤토나이트 모르타르 삽입 후 일반 기본 말뚝을 박는 방법인 TIW공법 등이 있다.

2.5.7 지중연속벽식 흙막이벽

어스오거, 크램쉘, 베노트 등으로 굴착하면서 성질이 백토와 비슷한 팽창성 아교질 진흙인 벤토나이트 용액을 주입하여 굴착벽면의 붕괴를 방지하면서 굴착한 후 철근의 짠 망인 철근망을 삽입하고 콘크리트를 타설한 주열식벽을 지중연속벽식 흙막이벽이라 한다.

지중연속벽은 단면계수 값이 크기 때문에 토압 및 수압에 대해 견디는 힘이 크고, 지하층 외벽구조체로도 사용된다. 강도와 강성이 좋기 때문에 연약지반층에 생기는 흙막이벽의 변형이나 이면의 침하를 최소로 억제시키며, 차수성이 우수하고 깊은 굴착도 가능하지만 공사비가 고가이고 장비 규모가 커서 철저한 시공관리가 필요하다.

2.5.8 흙막이벽 설계

흙막이벽은 지반굴착시 굴착면이 붕괴되지 않도록 설치한 구조물이다. 이 흙막이벽에는 토압과 수압이 동시에 흙막이벽의 측압으로 작용되므로 안전성을 검토하고 적합한 설계가 이루어져야 한다.

흙막이벽의 부재인 말뚝, 띠장, 버팀재 등은 작용하는 측압에 안정되게 해야 하고 굴착면에 발생하는 보일링현상이나 히빙현상에 충분한 안정성 검토가 이루어지고, 시공시 예상되는 흙막이벽 배면의 침하, 인접건물의 피해 등 안전사고에 대한 대책을 강구해야 한다.

(1) 흙막이구조물에 적용되는 토압

흙막이벽은 지반의 안정을 목적으로 설치하는 옹벽이나 건축물의 벽체로 사용하는 지중연속벽식 흙막이와 지하구조물 구축의 필요에 따라 설치한 가설흙막이벽으로 구분한다. 옹벽이나 지중연속벽식 흙막이와 같은 강성벽체와 가설흙막이벽에 적용하는 토압분포는 서로 다르다.

1) 옹벽 등 강성벽체에 작용하는 토압

강성벽체에 작용하는 토압분포는 정수압분포와 같은 흙파기면이 밑면인 직각삼각형 형태를 하고 굴착길이에 비례하여 토압분포는 증가된다. 이 분포의 합력은 점착력이 있는 흙일 경우에는 벽에 토압이 작용하여 벽이 움직이기 시작할 때의 주동토압과 벽의 뒷채움을 하고 뒷채움의 흙이 압축되어 붕괴를 일으킬 때 작용하는 수동토압으로 나누어 구한다. 이들 합력의 작용점은 강성벽체의 하단부로부터 1/3의 높이, 즉 삼각형의 무게 중심 위치에 있다.

2) 가설흙막이벽에 작용하는 토압

가설흙막이벽에 작용하는 토압분포는 강성벽체에 작용하는 토압분포인 직각삼각형 분포를 사용하지 않는다. 가설 흙막이벽의 토압분포는 일반적으로 포물선 형상의 분포를 하고 있으며, 여러 학자에 의해 제안된 토압분포도는 다양한 형태로 보여준다. 그러나 흙막이 부재 검토 시 사용하는 토압분포도는 경험에 의해 가장 일반적으로 사각형 분포나 사다리꼴 토압분포를 사용한다.

3) 어미말뚝의 근입 깊이에 적용하는 토압

어미말뚝의 근입 깊이 계산은 토압이 작용할 때의 주동토압과 뒷채움 흙이 압축되어 붕괴할 때의 수동토압의 극한평형상태를 이루는 깊이점을 구해서 이 깊이 값의 1.2배 이상 되게 근입깊이를 해야 한다. 그러나 굴착하면 흙의 교란이 심한 연약지층일 때는 안전율을 고려하여 근입깊이를 충분히 하여야 한다.

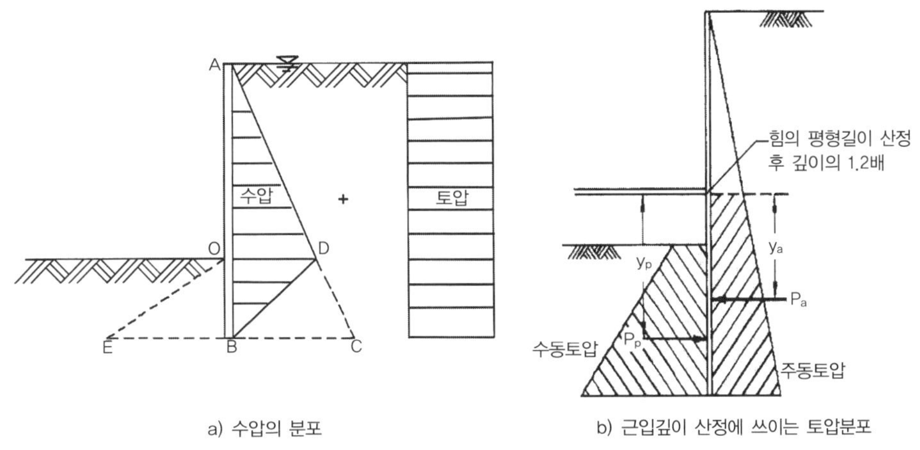

a) 수압의 분포　　b) 근입깊이 산정에 쓰이는 토압분포

그림 2-15 흙막이에 작용되는 토압 · 수압

4) 수압의 분포

흙막이벽에 작용하는 수압분포는 지하수위 위치에서 터파기 밑면까지의 직각삼각형 수압분포와 터파기 밑면에서 흙막이벽 근입깊이까지의 직각삼각형 수압분포가 합한 삼각형의 형태로 수압은 분포된다. 흙막이벽에 지하수위가 있을 때는 토압과 수압을 동시에 고려한 흙막이 설계가 요구된다.

(2) 굴착지반의 안전대책

굴착이나 흙막이공법 선정 등을 할 경우에는 굴착지반의 안정성에 대해 검토를 해야 한다. 연약한 점토지반에서는 히빙현상이나 지하수위가 높은 모래질 지반에서는 보일링현상, 파이핑현상, 팽창현상 등에 대한 발생 위험성을 검토할 필요가 있다.

1) 히빙(Heaving)현상

점성토지반에서는 굴착에 의한 흙막이벽의 뒷면에 있는 흙의 중량과 지표 위의 활하중의 중량에 못견뎌 저면 흙이 붕괴되고 흙막이 뒷면의 흙이 우회하여 들어가서 토착 밑면이 융기하는 히빙현상이 발생하게 된다.

연약지반에서 히빙파괴의 대책으로는 강성이 큰 흙막이벽을 경질층까지 밑넣기를 충분히 하거나 지반개량으로 흙의 전단강도를 높이는 방법 등이 있다.

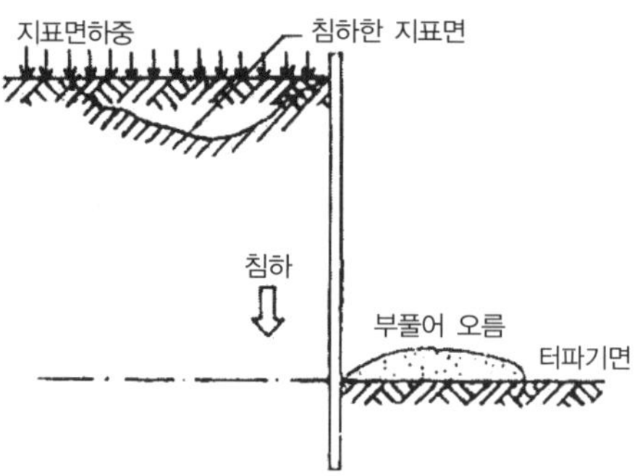

그림 2-16 히빙(Heaving)현상

2) 보일링(Boilling)현상

지하수위가 얕고 투구성이 높은 세립 사질토에서 차수성 있는 흙막이벽을 사용하여 굴착할 경우 지반수위와 흙막이벽 저면과의 수위차에 의해 물은 흙막이벽의 저면을 파고들어 기초파기면에 흙입자가 지하수에 함께 용출하는 현상을 말한다. 보일링현상의 대책으로는 널말뚝의 밑넣기를 충분히 하고, 웰포인트, 딥웰에 의해 지하수위를 낮추어 물의 압력을 감소시키는 방법 등이 있다.

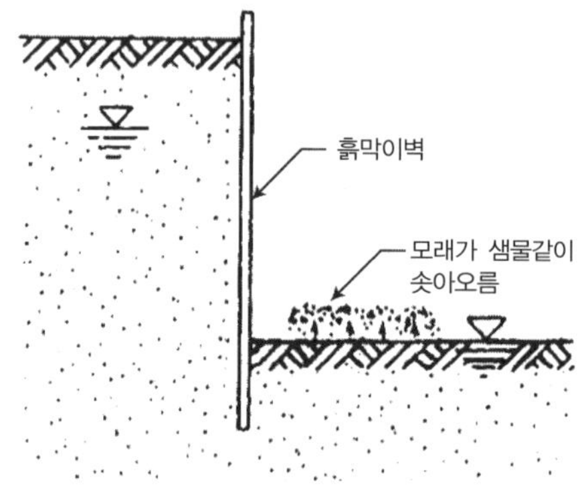

그림 2-17 보일링(Boilling)현상

3) 팽창(Swelling)현상

점성토층 지반에서 굴착 밑면 아래에 피압지하수의 수압보다 상부에 있는 터파기 밑면에 덮인 흙의 중량이 작을 때 굴착에 따른 상재압의 감소로 굴착 밑면이 지하수의 수압에 의해 부풀어 오르는 현상을 말한다. 이 현상은 피압수에 의한 히빙이나 지반의 융기, 팽창현상이라 한다.

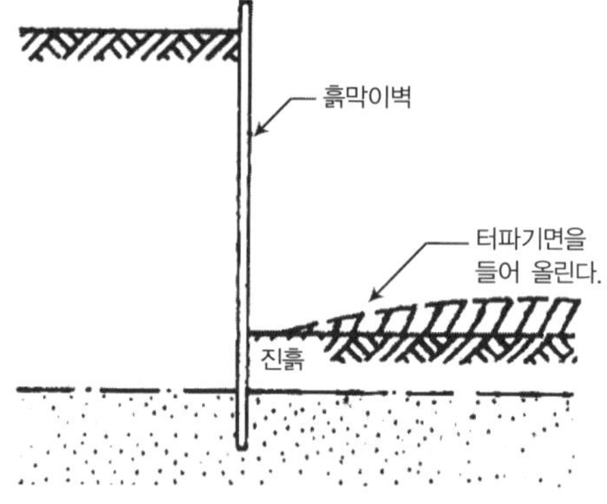

그림 2-18 팽창현상

4) 파이핑(Piping)현상

굴착면의 흙막이벽에 대한 수밀성, 이음새, 구멍 등이 불량하여 널말뚝의 틈새로 물과 토사가 흘러들거나 굴착지반면보다 낮은 곳에서는 기초 저면의 모래지반을 들어 올리는 현상을 파이핑현상이라고 한다. 이러한 파이핑현상에 대한 방지대책으로는 흙막이벽의 강성을 높이고 수밀성을 양호하게 해야 한다.

2.6 배수공법 및 지반개량

건축물의 기초구조를 구축하기 위해서는 터파기를 해야 한다. 이 터파기작업을 원활히 하기 위해 지하수를 처리하는 배수공사나 차수공사를 해야 하며 지반이 점토나 실트와 같은 미세한 입자의 흙이나 간극이 큰 유기질토, 느슨한 모래지반, 지하수위가 높고 구조물의 안정과 침하가 생기는 지반을 연약지반이라 한다.

연약지반층에서 건축물의 공사는 지반의 지내력값이 작고 침하에 의한 변형이 크기 때문에 지반개량을 하여야 한다.

2.6.1 배수공법

기초구조를 구축하기 위해 터파기를 할 때 지반굴착 지하수위면이 있으면 터파기 작업이 곤란하기 때문에 지하수를 배수공법이나 차수공법에 의해 처리하여야 원활한 굴착과 기초구조물을 구축할 수 있다. 지하수를 처리하는 배수공법에는 중력식 배수법과 강제식 배수법이 있으며 차수벽을 설치하는 차수공법도 있다.

(1) 중력식 배수

중력의 작용에 의해서 낮은 곳에 모인 물을 처리하여 지하수위를 저하시키는 방법을 중력식 배수공법이라 한다. 이 중력식 배수공법에는 집수정공법과 암거배수공법, 지멘스웰공법 등이 있다.

1) 집수정, 암거공법

터파기 굴착공사에 지장이 없는 곳에 깊이 2~3m로 수로를 설치하고, 이 수로를 통해 흐르는 물을 한 곳에 모으는 집수통을 만들어 집수통에 모인 지하수를 수중펌프로 사용하여 외부로 배출시키는 방법이며 설치가 간단하고 저렴하여 소규모 건축현장에서 사용된다.

건축물의 대지조건이 경사지인 경우에는 공사에 지장이 없는 곳에 지하수의 흐름을 유도할 암거를 땅 속에 구축하여 터파기공사에 지장이 없게 지하수를 외부로 유도하여 배출시키는 방법을 암거배수공법이라 한다.

2) 지멘스웰공법

터파기공사에 지장이 없는 주위에 우물을 5m 정도 간격으로 여러 개를 터파기 저면보다 깊게 파고 각각의 우물을 스트레이너관으로 연결하여 설치하고 집수관에 연결해서 지하수를 외부로 배출시키는 방법을 지멘스웰공법이라 하며 웰포인트공법의 발달로 사용빈도가 줄어들고 있다.

(2) 강제식 배수

강제식 배수는 중력의 작용에 의한 지하수의 저하만으로 배수작업이 충분하지 않을 경우 모터펌프 등을 이용해서 집수된 물을 강제로 배수하여 지하수위를 저하시키는 방법이다. 강제로 배수하는 공법에는 웰포인트공법과 딥웰공법, 전기침투공법 등이 있으나 웰포인트공법이 가장 일반적으로 사용된다.

1) 웰포인트공법(Well point method)

지반굴착시 모래층 또는 모래 섞인 자갈층에 도달하면 지하수가 많이 나온다. 일반적으로 지하수는 토질을 약화시키고 흙막이에 대한 측압을 증가시켜 지반굴착이 어려워진다.

흙파기 주변에 웰포인트의 집수기구를 예상 지반굴토 저면 이하에 박고 강제로 지하수를 배출시켜 상수면을 예정기초 지면 이하로 내려서 기초공사를 하는 방법이다.

7~8m 이하의 얕은 지하수일 때 지중에 양수관(웰포인트)을 1~2m 간격으로 박고 진공펌프 등을 사용하여 강제적으로 지하수를 뽑아 올려 배수하는 방법이다. 또한 굴착깊이가 깊어지면 여러 대의 펌프를 계단식으로 배열하는 방법을 쓰게 된다.

2) 딥웰공법(Deep well drainage method)

터파기공사에 지장이 없는 곳에 8m 이상의 깊은 우물을 파고 스트레이너관을 단 파이프를 삽입하고 그 속에 수중펌프를 달아 지하수를 배수하는 방법이며, 파이프와 우물벽 사이에 필터층을 두어 집수효과와 파이프에 이물질이 붙어 구멍을 막는 것을 방지한다.

3) 전기침투공법(Electroosmosis method)

연약지반에서는 일반적으로 지하수위가 높고, 흙의 간극이 커서 지반의 안정과 침하 등의 문제가 발생된다. 이런 지반에 한 쌍의 전극을 매설하고 직류전류를 흐르게 하면 지반 속의 공극수들이 음극(−)방향으로 이동하여 모이게 된다. 이런 성질을 이용하여 포화상태에 있는 연약지반의 지하수를 집수통에 모아 수중펌프를 이용해 배수하는 방법이다.

2.6.2 지반개량(Soil improvement)

배수방법은 투수성이 좋은 지반에서 지하수를 중력이나 강제로 배수하지만 지반개량은 연약지반의 점토나 실트로부터 수분을 탈수시켜 지반을 안정시키는 방법이다.

지반개량에는 여러 개량공법이 있으므로 지반의 조건이나 이용 목적에 맞게 사용해야 한다. 개량공법에는 재하공법, 강제 압밀공법, 다짐공법, 고결공법, 지수공법, 치환공법 등이 있다.

(1) 강제압밀공법

강제압밀공법은 지반을 외부의 힘에 의해 압밀하여 지하수를 탈수시켜 지반의 안정과 강도를 증가시키는 방법이다.

1) 재하공법

연약지반에서 터파기 전에 구조물의 예상하중을 고려하여 개량할 지반 위에 흙을 성토하여 지반을 압밀시켜 안정시키는 방법이다. 이 공법은 건축공사의 착공 등 시간적인 여유가 있을 때 사용되며, 일반적으로 배수공법인 웰포인트공법이나 탈수공법인 샌드드레인공법과 병행하여 사용한다.

2) 버티컬드레인공법

지반에 구멍지름 0.15~0.5m, 깊이 20~25m의 구멍간격에 따라 구멍 속에 배수재를 채워 넣어 간극수를 강재배수시켜서 지반 속의 간극비를 감소시켜 흙의 강도를 증가시키는 방법을 버티컬드레인공법이라 한다. 점토층에 투수성이 좋은 배수재를 삽입하므로 배수거리를 짧게 하여 압밀을 촉진시키는 방법이며 사용하는 배수재에 의해 sand(모래) drain공법, pack(모래+합성섬유 pack) drain공법 및 paper(종이, 합성섬유) drain공법 등이 있다.

① Sand(모래) drain공법

연약한 점토질 지반에 배수거리(1~1.5m)를 짧게 하여 직경 0.5m 정도의 샌드 파일을 설치하고 개량지반 위에 하중을 적재하여 지반중의 수분을 샌드 파일을 통해 배수시켜 지하수위를 낮추게 된다. 샌드 드레인공법은 지반시공깊이 25~30m까지 개량할 수 있으며 배수재료는 양질의 모래가 다량 필요하며 점토의 소성유동으로 인해 모래 말뚝절단이나 모래말뚝을 만들면서 자연적으로 생기는 이음자리의 위치 등에 절단이 생겨서 배수가 불가능해지므로 시공 시에 고려해야 한다. 또 이 방법은 지반의 투수효과가 좋고 점토층에 모래말뚝 기둥을

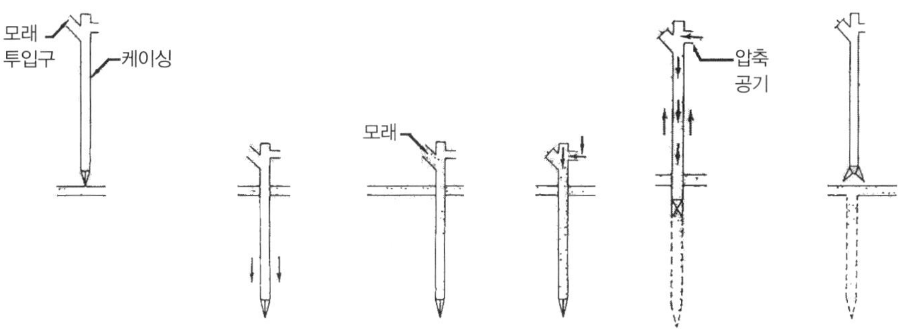

그림 2-19 Sand-drain공법

삽입하므로 지반의 개량효과가 매우 좋으며 시공 사례와 경험이 풍부하지만 시공속도가 매우 느리다.

② Pack(모래+pack) drain 공법

지반개량방법은 Sand drain공법과 같으나 배수재로 사용하는 양질의 모래를 다량 확보가 용이하지 않을 경우에는 직경 0.15m의 합성섬유팩에 모래를 충전시켜 사용·설치하며 지반 시공깊이는 20~25m 정도이다. 연약지반의 분포 심도가 불규칙한 지반구조에서는 사용이 곤란하지만 배수재 이음 위치의 절단 가능성이 거의 없고, 시공속도가 빠르고 현장관리가 용이하다.

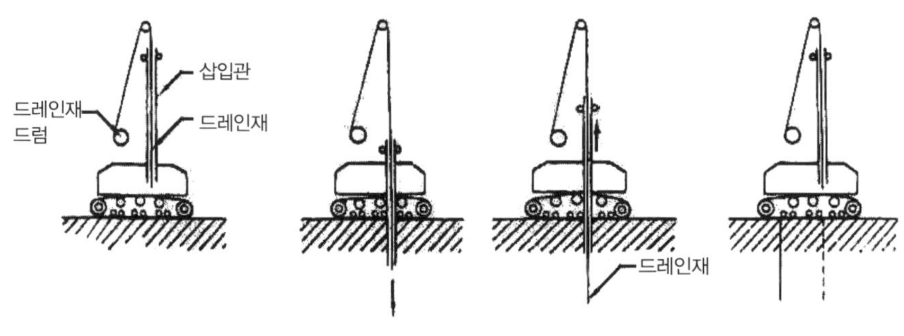

그림 2-20 Pack-drain공법

③ Paper(종이, 합성섬유) drain공법

Sand drain공법, Pack drain공법과 같은 지반개량 방법은 동일하나 배수재로 투수성이 좋은 종이 및 합성섬유질제품을 사용하여 지반의 점토층 내에 수직으로 삽입하여 배수시키는 방법이다. 지반시공 깊이는 20m 정도이고, 시공 장비가 비교적 가벼워서 사용이 용이하고 시공경험이 많으며 재료 구하기가 쉽고 공사비가 저렴하다. 그러나 일반적으로 설계에 사용하는 드레인 효과가 다소 더디게 나타난다.

3) 생석회 말뚝공법

생석회 말뚝공법은 샌드파일의 모래를 생석회로 대체하여 시공하는 말뚝공법이며 생석회의 성분인 산화칼슘(CaO)을 흙 속에 채워 넣어 흙 속의 수분과 반응하여 소석회($Ca(OH)_2$)로 변화할 때 흡수, 팽창작용을 이용한 방법이다. 이 공법은 빠른 시일 내 확실한 효과를 얻

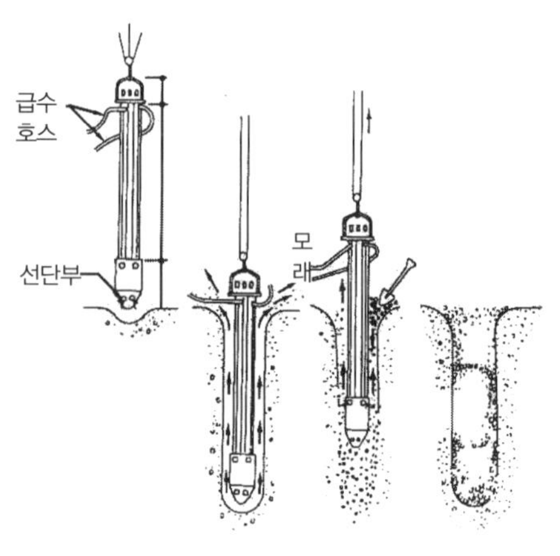

그림 2-21 생석회 말뚝공법

을 수 있기 때문에 공기가 단축되지만 $CaO+H_2O=Ca(OH)_2$ 반응에는 발열을 수반하므로 시공 시 이에 주의를 요한다.

(2) 다짐, 고결, 치환공법

사질토에 물리적이나 기계적인 힘을 가하여 흙의 밀도를 높여서 지반을 다지는 방법이다.

모래입자는 견고하기 때문에 밀실한 다짐만 확실히 하면 공극비가 작아져 밀실한 지반을 얻을 수 있다.

모래층을 정적인 압력으로 다짐하기보다 압력을 충격적 또는 진동적으로 가하는 방법이 다짐효과가 크다. 이 공법은 짧은 시간에 토입자 사이에 간극수를 배출할 수 있으므로 투수성이 좋은 사질토의 지반개량에 많이 사용된다.

1) 바이브로 플로테이션(Vibro flotation)공법

바이브로 플로테이션공법은 일반적인 모래질 지반의 물다짐이나 진동다짐 효과를 지중에서 행하는 방법이다.

플로트 선단으로부터 물을 분사하면서 플로트를 진동시켜 지반을 굴착하고, 소정의 굴착 깊이에 도달하면 모래, 자갈을 보충하여 다짐하면서 플로트를 뽑아 올린다. 1.5m 간격으로 구멍을 굴착하여 모래, 자갈을 충전하여 다지며, 지반의 굴착 깊이는 8m 정도로 한다. 이 공법과 원리는 거의 비슷하나 굴착깊이를 2배 이상 다짐할 수 있는 바이브로 컴포저공법도 있다.

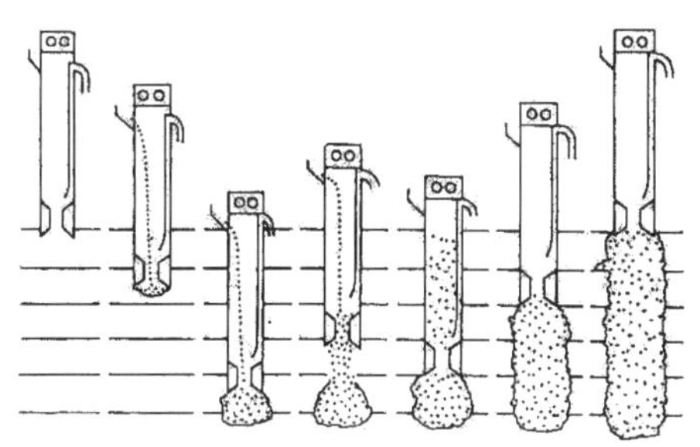

그림 2-22 바이브로 플로테이션(Vibro floatation)공법

2) 안정제공법

연약한 토질에 석회와 시멘트를 혼합하여 흙의 성질을 개량하는 방법을 토질안정제공법이라 하며 안정재의 재료에 따라 석회계 안정재공법과 시멘트계 안정재공법으로 구분하고 있다.

지반개량의 깊이 정도에 따라 이 공법은 표층안정, 중층안정, 심층안정으로 나누어서 구분하지만 일반적으로 사용되는 방법은 표층안정이다. 지표면에서 1~2m 정도의 범위 내에서 사용하는 방법으로 안정재를 첨가 혼합하고 그 화학적 고결작용을 이용하여 지반의 강도와 변형특성, 내구성 등의 안정성을 개선하는 지반개량공법을 말한다.

안정재는 그 종류가 매우 다양하고 수요도 급속히 증가하고 있는 실정이지만 일반적으로 시멘트계 안정재가 주로 활용되고 있으며 시멘트의 특정 성분을 증가 또는 감소시켜서 고화의 효과를 증대시킬 수 있는 유효성분을 첨가하여 토질의 종류, 시공방법, 경제성에 맞게 선택하여 사용해야 한다. 안정재에 의한 연약지반개량 시공에서의 중요한 점은 안정재를 적정량 균질하게 혼합하는 것과 다짐시 소정의 시간 내에 원하는 밀도를 상회하도록 해야 한다.

안정재의 살포방식은 분체방식과 슬러리방식이 있으며 분체방식은 직접 살포하고 슬러리방식은 슬러리 플랜트에서 물과 혼합 후 펌프를 통해 압송하여 살포하며 불도저, 스태빌라이저 등을 이용하여 고화재와 대상토를 혼합한다. 1회 혼합깊이는 30~120cm 정도의 깊이로 혼합한다.

심층안정의 시공방법은 처리기를 지반 개량할 위치에 설치하고 처리기를 소정의 깊이까지 관입시키면서 안정재를 배출하고 교반의 칼날을 회전시키면서 처리기를 빼낸다.

심층안정의 목적은 기초지반의 지지력 개선, 터널굴착에 의한 붕괴방지 및 용수방지, 굴착지반 부근의 기존 건축물의 보호 및 침하방지, 지하굴착의 히빙 방지, 보일링 방지 등에 있다.

3) 치환공법

건축물 침하에 의한 안전성 문제는 지반이 연약층인 경우가 대부분이다. 이 연약지반의 지내력을 높이기 위해 연약층의 일부나 전부를 제거하고 양질의 점토나 모래, 자갈, 소일시멘트, 빈배합 콘크리트 등으로 치환하는 방법이다. 치환에 사용하는 재료들은 상부구조물이 안정될 수 있도록 충분한 다짐을 하여 지반이 소정의 지내력을 가지도록 한다.

3장 기초(Foundation)

3장 기초(Foundation)

기초는 건축물의 상부구조물 하중을 지반에 안전하게 전달하고 지반침하 및 파괴 등에 의한 손상을 방지할 목적으로 만든 구조물이다. 상부구조가 안정되기 위해서는 기초구조가 지반조건에 안정되게 설계되어야 한다.

기초의 설계는 상부구조물의 규모나 형상, 구조형식, 대지 주변의 상황 등을 고려하여 지반조건 및 시공조건에 적합하게 선택되어야 한다. 일반적으로 상부구조 설계, 지반예비조사가 끝나면 실시하지만 바람직한 방법은 상부구조의 계획 단계에서 지반예비조사의 지반조건을 고려하여 상부구조와 기초를 동시에 고려한 기본설계를 수립하는 것이 시공성과 공기단축, 경제성 등 가장 합리적인 기초설계 방법이다.

기초는 기초판과 지정으로 구분되며 기초판은 상부구조 하중을 직접 지반에 전달하는 구조체이며, 기초판이 지반에 하중을 안전하게 전달되게 기초판의 밑면 보강으로 지정을 만든다. 지정에는 지반의 내력을 높이기 위해 잡석다짐과 기초판 자체를 보강하는 말뚝지정 등이 있다.

3.1 기초의 종류

기초는 지지지반에 따라 얕은기초나 깊은기초로 구분된다. 얕은기초는 상부구조의 하중을 지지하는 지층이 지반에 얕게 위치하고 온통기초나 푸팅기초를 지반에 직접 접하게 하는 구조이다. 깊은 기초는 상부구조의 하중을 말뚝이나 탑다운공법 등의 제자리 콘크리트 말뚝 등을 이용하여 지반의 깊은 지층에 지지시키는 구조이다. 일반적으로 얕은기초를 직접기초, 깊은기초를 간접기초라고도 한다.

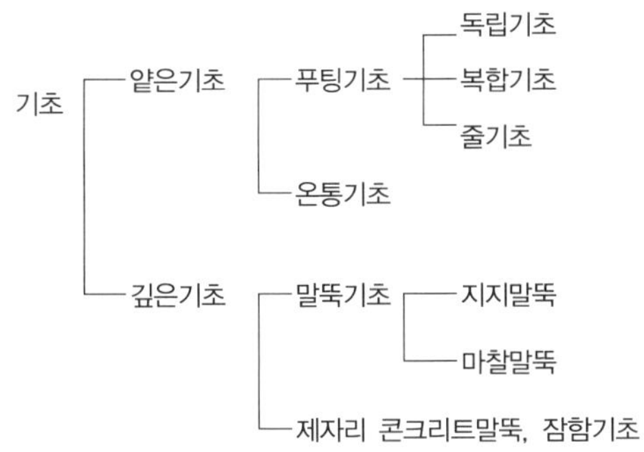

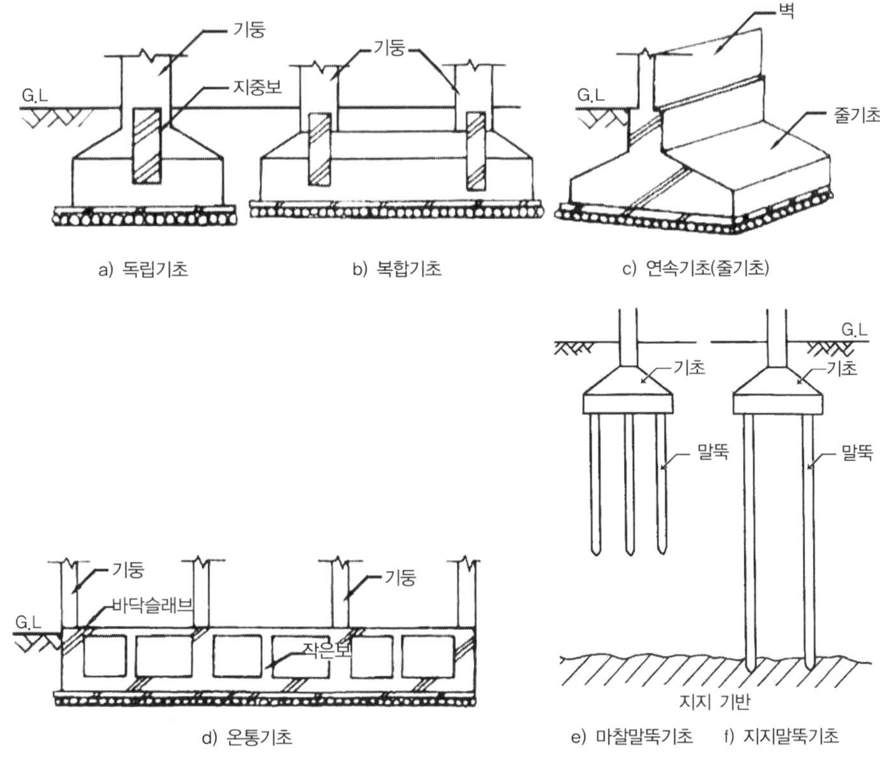

그림 3-1 기초의 종류

지반의 표토는 지중온도가 0℃ 이하가 되면 흙간극 사이의 물이 결빙되어 흙의 체적이 증가되고 내압력이 발생되어 기초에 피해를 준다. 이 결빙되는 층을 동결선이라 하며 지반이 결빙되는 깊이는 지역의 기후조건에 따라 다르므로 기초는 항상 동결선 이하에 두어 안정시켜야 한다. 얕은기초는 일반적으로 지반의 표토를 걷어내고 터파기를 하고 잡석지정이나 자갈지정 위에 밑창콘크리트를 친 후 기초구조물을 만든다.

3.2 기초공사 계획

3.2.1 기초공사의 사전조사

기초공사를 시작할 때 설계도서에 의하여 공사내용을 파악하고, 지반성상 등을 검토한다. 이는 지하수의 상황이나 지지하는 지반이 일정하지 않고 매우 단단한 경질 지층이거나 매우 약한 연약지반층 등의 존재에 따라 시공능률이 저하되거나 시공 불가능한 상황이 발생할 수 있기 때문에 필요에 의해 지반조사를 추가해야 한다. 예를 들면 경질지반의 존재는 타격공법에 있어 말뚝의 파손, 프리보링공법에서는 굴착공이 휘는 등의 우려가 있고, 케이싱공법에서는 케이싱의 진동에 의해 모래층이 압밀되는 현상으로 케이싱을 뽑아 올릴 수 없는 경우도 있다. 또 잠함기초공법에서는 용수의 상황에 따라 공법을 변경해야 하는 경우도 있다. 그러므로 지반상황을 파악한 후에 검토하는 것이 매우 필요하다.

3.2.2 부지내 및 주변의 상황

기존의 구조물 및 매설물은 기초공사 전에 철거하여 공사에 장해가 되지 않도록 하고, 부지 내에 고저차가 있는 경우에는 이를 정지하는 등 대형 시공기계가 주행 또는 작업할 수 있도록 가설도로가 필요하다.

계획 설계된 공법이 주변의 도로상황, 근린상황 등에 적합한지를 검토해야 하며, 도로에 높이 및 중량 제한이 있거나 도로가 좁은 경우에는 시공기계의 반입이 불가능한 경우도 있고, 기성말뚝의 반입에도 문제가 발생할 수 있다. 그러므로 부지 주변의 상황도 충분히 검토해야 한다.

3.2.3 가설설비 · 시공관리

기초공사에 필요한 가설설비는 전력, 급배수설비, 가설도로 등을 들 수 있다. 대부분의 공사현장에서는 많은 물을 사용하는 경우가 많고, 용수 및 사용한 물의 처리방법에 대해서도 검토할 필요가 있다. 말뚝의 시공기계는 일반적으로 대형이고 주행, 작업에 충분한 강도를 갖는 가설도로를 계획하여야 한다.

지반의 조건이나 시공기계의 능률에 따라 공정계획은 결정되며 비슷한 조건의 시공실적 등을 기준으로 세심히 검토를 거쳐 공정계획을 세워야 한다. 기초공사는 공사착공 후 곧바로 시공되는 경우가 많으므로 가설설비, 자재, 장비 등을 미리 확보해 두어야 한다.

말뚝은 시공된 후에 품질 확인이 곤란하며, 시공시의 관리방법에 대해서도 공사착수 전에 충분히 검토를 하고, 항타기록 등을 확인하여 검토되어야 한다. 시공기록표는 말뚝 전체에 대해 실시하고 그 성능을 확인토록 한다.

3.3 지정(Soil ground)

지정은 기초를 안전하게 지지하기 위하여 기초를 보강하거나 지반의 내력을 보강하는 것을 말한다. 지정의 형태는 규모나 형상, 지반의 조건상태, 지하수의 위치 등에 따라 얕은지정과 깊은 지정으로 구분한다. 얕은지정은 모래지정, 자갈 및 잡석지정, 긴 주춧돌지정, 밑창 콘크리트 지정 등이 있고 깊은지정은 기성 콘크리트 말뚝지정과 제자리 콘크리트 말뚝지정 등이 있다.

3.3.1 얕은지정

(1) 모래지정(Sand Foundation)

지반이 약하고 건축물의 자중도 비교적 가벼울 때 잘 다져진 모래의 내력(耐力)을 이용한 것으로 터파기 바닥을 소요의 깊이까지 파고 두께 30cm마다 모래를 깔고 물다짐을 한다. 이렇게 반복하여 1m 정도의 모래층을 만들고 그 위에 기초구조를 만든다. 모래에 물을 부어 잘 다지면 매우 견실한 지층이 되고 충분한 지내력을 얻을 수 있으며, 이런 다짐을 물다짐이라 한다. 모래가 유실될 우려가 있으면 흙막이를 한다.

(2) 자갈(Grovel foundation) 및 잡석지정

터파기를 하고 밑면의 흙을 잘 고른 후 자갈이나 잡석과 모래를 섞어서 깔고 치밀한 다짐을 하여 지반을 조성하는 방법이며, 자갈지정은 5cm 정도 크기의 막자갈을 사용하고 잡석지정은 지름 10~20cm 정도의 막생긴 돌로서 경질화강암 · 안산암 등을 깨뜨려 옆세워서 깔고 작은 자갈로 틈막이를 한 후 충분한 다짐을 한다. 다짐은 달고나 진동다짐기를 사용하며 다짐할 때는 가장자리에서 중앙으로 다짐한다.

(3) 긴 주춧돌 지정

굳은 지층이 비교적 깊이 있을 때 기초구덩이 밑면에 잡석지정이나 자갈지정을 한 위에 긴 주춧돌을 세운다. 화강석을 다듬어 사용하거나 콘크리트로 깊게 하는 경우도 있다.

(4) 밑창 콘크리트 지정

잡석지정이나 자갈지정 등의 위에는 기초 저부의 먹매김 등을 위하여 두께 5~6cm 정도 무근콘크리트를 다져넣은 것으로 콘크리트 배합은 시멘트 1 : 모래 3 : 자갈 6을 사용한다.

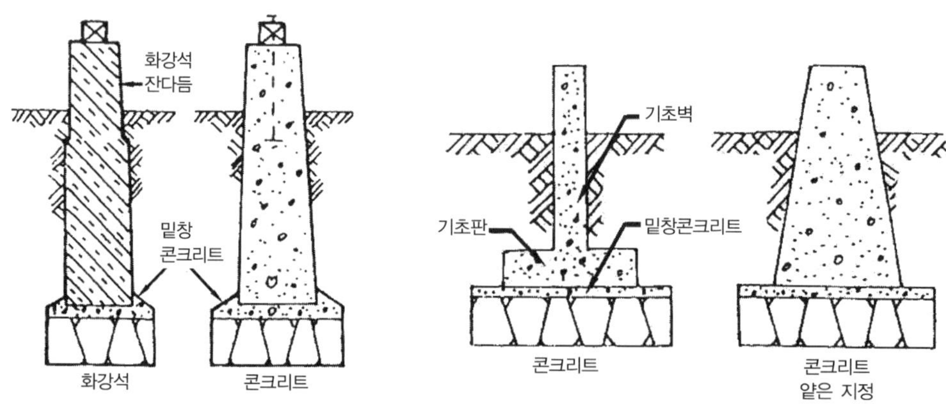

그림 3-2 얕은지정

3.3.2 깊은지정

(1) 나무말뚝지정(Wooden pile)

나무말뚝에는 소나무의 육송, 미송 등과 같이 곧은 생통나무를 사용한다. 통나무는 껍질을 벗기고 큰 옹이·혹 등을 제거하고 말뚝머리는 박을 때의 파손을 막기 위하여 쇠가락지(Pile collar) 두겁(Piling cap)을 씌우고, 아래 끝면은 삼각발이나 사각뿔 형태로 깎아 쓰거나 철재로 캡을 씌워서 보호하기도 한다.

말뚝박기는 달고를 사용하거나 쇠메를 사용하며, 말뚝의 간격은 직경의 2.5배 이상 또는 60cm 이상이어야 한다. 말뚝은 항상 상수면 이하 위치에 존재되어야만 하고 잡석다짐은 말뚝머리보다 낮은 곳에 위치되도록 하여 말뚝머리가 직접 기초판에 연결되도록 해야 한다.

(2) 철근콘크리트 말뚝지정

1) 콘크리트 제품(P.C) 말뚝(Precast concrete pile)

공장에서 생산된 철근콘크리트 말뚝을 P.C(Precast Concrete)말뚝이라 하며 여러 종류의 단면형태가 있으나 대부분 원형을 사용한다. P.C말뚝 지름은 30~80cm이고 깊이는 5~15m 정도이다. 말뚝은 원심력을 이용하여 형틀에서 제조된 중공(中空)형이며 강도가 높고, 재질이 균등하여 신뢰성이 좋은 철근콘크리트 말뚝이다.

2) 제자리 콘크리트 말뚝지정(Cast-in-place concrete pile)

공사현장에서 지반에 어스오거를 이용하여 구멍을 뚫고 조립한 철근을 구멍 속에 넣고 콘크리트를 타설하고 양생한 말뚝을 제자리 콘크리트 말뚝이나 현장타설 말뚝이라 한다. 이 말뚝은 지반의 지지층 변화에 따라 길이를 자유롭게 조정할 수 있어 대단위 규모의 건축물에 많이 사용되고 있다.

(3) 강말뚝지정(Steel pile)

건축물의 규모가 매우 커서 P.C말뚝만으로는 설계가 불가능할 경우 강말뚝에 의해 건축물을 지지시키는 방법이다. 최근에 건축물의 규모가 커져서 많이 사용되고 있다. 강말뚝에는 H형강과 강관을 일반적으로 많이 사용하고 있으며, H형강에 철근콘크리트를 씌운 철골철근콘크리트 말뚝으로 사용되고, 강관은 콘크리트를 충전한 것을 사용하며, 특히 강관은 모든 방향의 강성이 같아서 좋다.

3.4 얕은기초(Shallow foundation)

상부구조의 하중을 지지하는 지층이 지반에 얕게 위치하고 지반에 직접 기초구조를 접하게 하는 구조이며, 얕은기초를 직접기초라 하고 푸팅기초와 온통기초로 구분할 수 있다. 또 푸팅기초는 독립기초, 복합기초, 줄기초로 나눈다.

얕은기초는 일반적으로 지반의 표토층을 걷어내고 터파기를 하여 그 밑면에 잡석지정이나 자갈지정을 하고 밑창 콘크리트를 친 위에 기초 구조물을 만든다.

3.4.1 독립기초(Pad foundation)

기둥 하나를 지지할 목적으로 매 기둥마다 한 개씩의 구덩이 파기를 하여 기초를 만드는 것을 독립기초라 하며 소규모 건축물의 하부구조에 사용된다. 그러나 건축물의 하부구조인 기초 침하가 일정하지 않고, 서로 각기 움직이는 구조이므로 각각의 기초를 연결하고 묶어서 하나의 구조물을 만들 목적으로 지중보를 설치한다. 이 지중보의 역할은 독립기초들을 묶어서 기초구조의 강성을 크게 하고, 건축물의 부동침하를 방지한다. 독립기초판의 형상은 정사각형이나 직사각형이고 특수한 경우에는 다각형이나 원형의 형태도 있다.

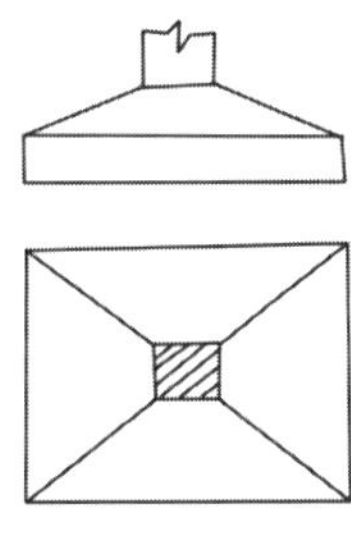

그림 3-3 독립기초

3.4.2 복합기초(Combined foundation)

건축물의 기둥이 직압력이나 모멘트 값이 커서 주변 기둥과의 기초판이 서로 맞물린 경우나 기둥의 간격이 좁아 각각의 기초판을 설치하기 곤란한 경우에 복합기초를 설치한다. 복합기초는 2개 이상의 기둥들이 한 개의 기초판에 지지되는 기초

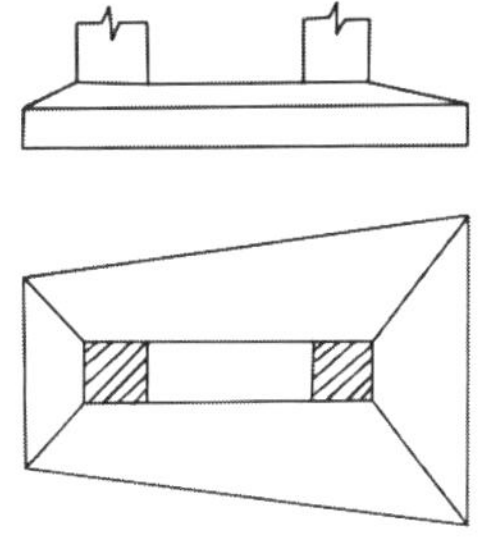

그림 3-4 복합기초

구조형상이다.

이 복합기초는 편심이 작용되지 않게 고려하여 설계되어야 하며, 외관형상은 하나의 기초판이지만 각각의 기둥에 맞는 기초배근들을 가지고 있다. 기초판의 형상은 기둥들에 작용하는 하중이 각각 다르므로 일반적으로 사다리꼴 형태이다.

3.4.3 연속기초(Strip foundation)

내력벽체들을 지지할 목적으로 벽체들의 선과 동일한 위치 밑에 한 줄로 연속적으로 기초구조를 만든 것을 연속기초라 한다. 연속기초는 벽식구조나 기둥이 좁은 일정한 간격으로 나열되어 있을 때 또는 조적구조의 하부기초에 사용되며 줄기초라고도 한다.

3.4.4 온통기초(Raft foundation)

건축물의 밑면이나 밑면보다 크게 터파기를 하여 전체를 하나의 기초판 형태로 구성하는 기초구조를 온통기초라 한다. 건축물의 규모가 크면 기둥에 작용하중이 매우 커져서 다른 기초형태로는 기초설계가 곤란할 경우이거나 작용하중에 비해 지반의 지내력값이 작을 경우 또는 수압이 작용될 때 일반적으로 사용되는 기초형태를 온통기초라 한다. 이 온통기초는 높은 춤을 가진 하나의 기초판 속에 기초보와 기초슬래브로 구성되며, 온통기초의 종류는 슬래브형, 슬래브보형, 중공슬래브형이 있다.

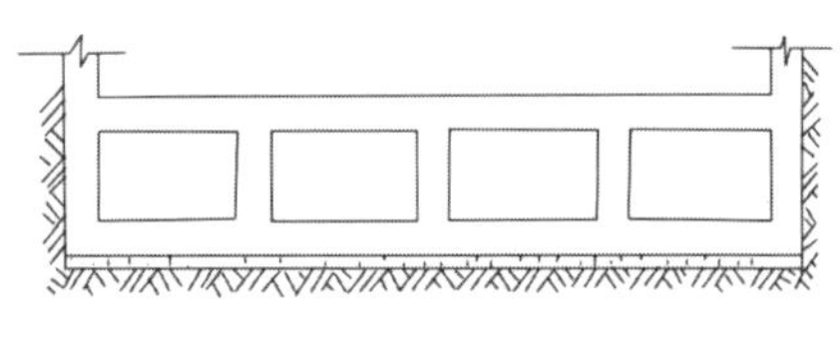

그림 3-5 온통기초

3.4.5 기초판 구성재

(1) 돌기초

돌기초는 일반적으로 한식목구조 건물이나 소규모 목조 건축물의 기초구조에 사용되며 호박돌기초와 주춧돌기초로 나눈다.

호박돌기초는 지름이 20~50cm 정도의 가공되지 않은 자연석을 잘 다진 모래나 자갈, 잡석지정 위에 놓고 기둥, 토대, 동바리 등을 지지하는 구조이다.

주춧돌기초는 암석을 길이 60cm 이내, 밑면 30~40cm각, 윗면 20~30cm 각인 밑면이 크고 윗면이 작은 짧은 사각기둥의 형태로 가공하여 잘 다져진 지정 위에 기둥, 토대를 지지하기 위한 기초구조이다.

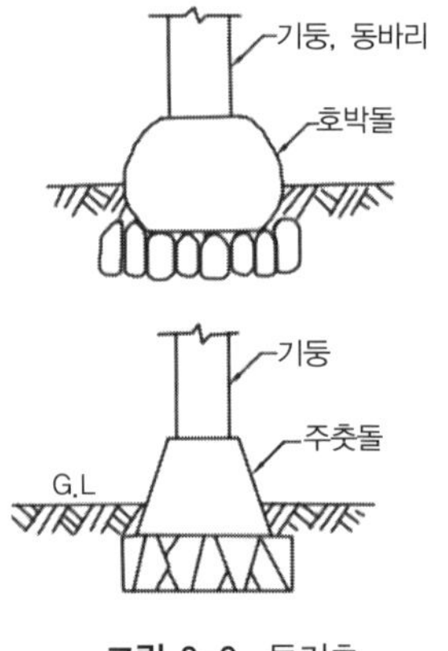

그림 3-6 돌기초

목구조의 기둥을 고정시키기 위해 기초 상부면에 구멍을 파거나 촉을 꽂게 만들어 사용하였으며, 길이를 길게 한 주춧돌을 장대주춧돌이라 한다. 이 주춧돌기초는 벽돌을 쌓아서 사용하거나 콘크리트로 만들어 사용되기도 한다.

(2) 벽돌기초

벽돌기초는 지반을 잘 다져 지정을 만들고 지정 위에 밑창콘크리트를 친 후 벽체 두께의 2배 이상 되고 넓힌 경사가 60℃ 이내가 되도록 벽돌을 쌓아서 기초구조를 만드는 방법이며, 이 벽돌기초는 벽돌조에만 일반적으로 사용된다.

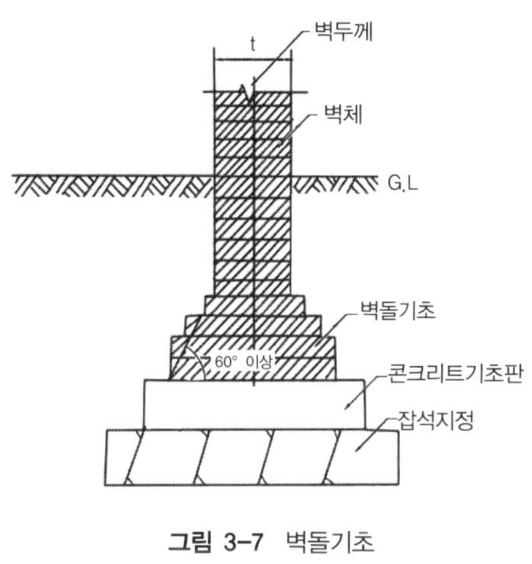

그림 3-7 벽돌기초

기초의 구성형태는 줄기초이며, 기초구조의 형상이 강하지 않으므로 부동침하에 의한 벽체의 균열이 생기기 쉽고 이로 인해 구조물에 큰 손상을 줄 수 있다. 벽돌은 습기를 빨아들이는 성질이 있어 기초구조물을 타고 습기가 상부구조로 전달되기 때문에 지반에서 30cm 위치에 방습켜를 설치하여 습기가 상부로 올라오는 것을 차단해야 한다.

(3) 철근콘크리트기초

건축물의 상부에서 전달되는 하중을 지반이 지지할 수 있는 지내력값 이하가 되도록 하중을 분산시키는 기능을 가진 구조를 기초라고 한다.

안전하고 잘 설계된 기초에서도 지반 위에 구축된 건축물의 자중에 의해 최소한의 지반침하는 피할 수 없다. 침하량을 작게 하기 위해서는 충분한 지내력을 가진 지층에 기초를 설치하고 기초 저변 면적을 크게 하여 지반의 지압을 작게 해야 한다.

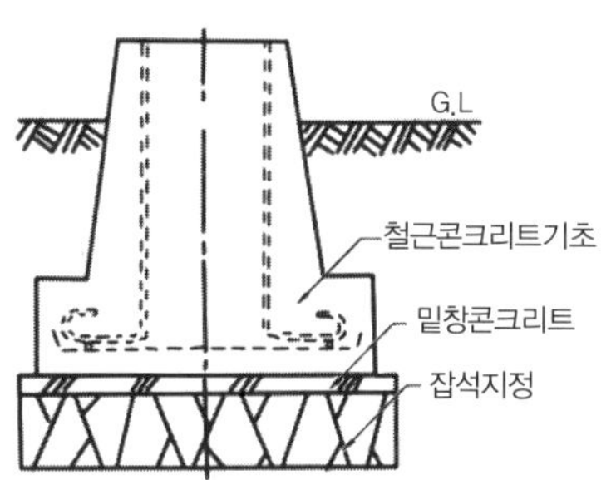

그림 3-8 철근콘크리트기초

기초저변 면적을 크게 하려면 충분히 강한 재료를 사용해야 전단파괴 및 휨파괴에 견딜 수 있으므로 철근콘크리트기초는 지반을 잘 다지고 잡석이나 자갈지정 위에 밑창 콘크리트를 친 후 철근콘크리트기초 구조를 만든다.

(4) 철골철근콘크리트기초

건축물이 대규모이므로 작용하중이 매우 클 때는 철근콘크리트기초만으로 해결할 수 없는 경우 철골철근콘크리트기초 구조로 만든다. 기둥에 작용되는 힘은 베이스 플레이트에서 I형강이나 H형강에 전달되고 이 전달된 힘은 하부의 받침 형강들에 의해 넓게 분산 분포되게 설계한다. 철골철근콘크리트기초는 지반을 잘 다지고 자갈이나 잡석지정 위에 밑창콘크리트를 친 후 철근과 철골을 배열하고 고정한 후 콘크리트를 타설하여 서로 일체화시킨 구조이다.

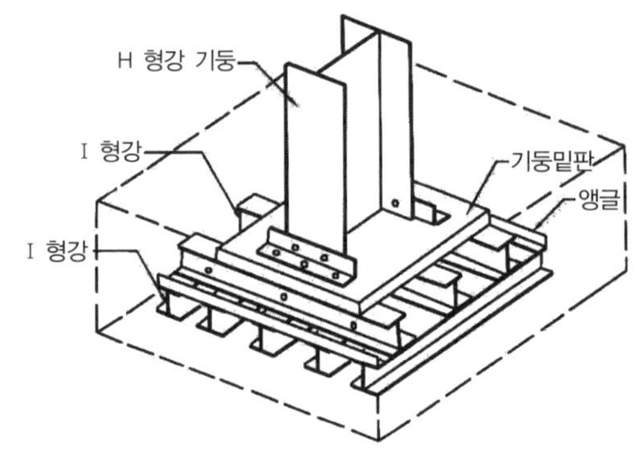

그림 3-9 철골철근콘크리트기초

3.5 말뚝기초(Pile foundation)

3.5.1 말뚝의 설계개념

말뚝기초는 구조물의 하중을 충분한 강도를 가진 지반에 전달하여 지반이 하중을 지지할 수 있도록 설계한다.

말뚝의 하단부를 통해 단단한 지지층에 하중을 전달시키는 지지말뚝(End-bearing pile)과 단단한 지지층이 매우 깊게 있기 때문에 하단부를 지지층까지 내리면 말뚝의 길이가 매우 길어져 비경제적이 되므로 주면부의 마찰력을 계산하여 설계지지력을 충족시키면 말뚝의 하단부가 지지층에 도달되지 않더라도 말뚝의 마찰력에 의해 구조물을 지지하는 방법인 마찰말뚝(Friction pile)이 있다.

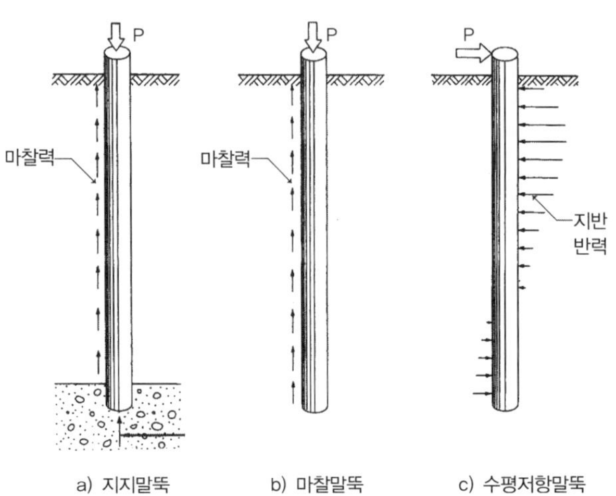

그림 3-10 말뚝과 지지조건

3.5.2 기성콘크리트말뚝(Precast concrete pile)

(1) 철근콘크리트말뚝(P.C말뚝)

공장에서 원심력을 이용하여 형틀에서 제조된 중공형의 철근콘크리트말뚝을 P.C(Precast Concrete)말뚝이라 하며 원심력을 사용함으로써 콘크리트 여분의 물을 탈수하여 강도에 영향을 주는 물·시멘트비(w/c)를 작게 할 수 있어 치밀하고 강도가 매우 큰 콘크리트말뚝을 만들 수 있다.

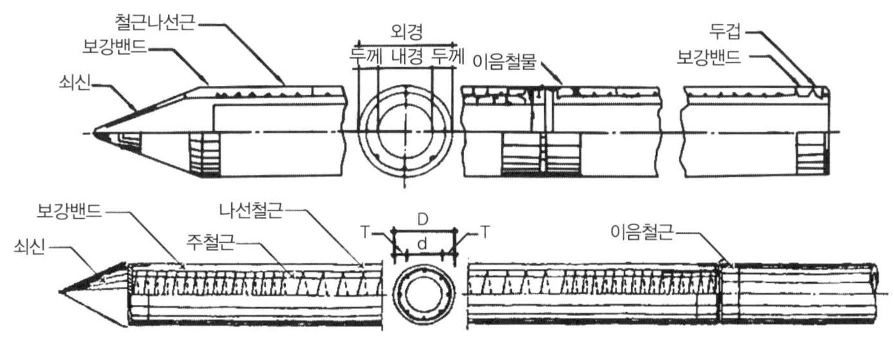

그림 3-11 기성말뚝의 형상

말뚝의 지름은 30~80cm이고 길이는 5~15m 정도이며 말뚝제품을 구입하기가 용이하고 재질이 균등하여 신뢰성이 높고 이음도 간단하게 할 수 있으나 말뚝의 중량이 크고 길이가 길어서 운반이나 자재야적 등을 취급할 때는 말뚝에 균열이 발생할 수 있으므로 주의해야 한다.

(2) 프리스트레스트 콘크리트 말뚝(PSC말뚝)

철근콘크리트말뚝의 휨모멘트, 인장력에 대한 강도를 더욱 높이기 위해 콘크리트에 프리스트레스를 준 것이 PSC(Prestressed Concrete)말뚝이며, 원심력을 이용하는 P.C말뚝과 동일한 방법으로 공장에서 형틀에 의해 제조되지만 PSC말뚝은 PSC강선(피아노선)에 미리 인장력을 준 후 콘크리트를 부어넣어 경화시킨 후 PSC강선의 인장장치를 떼어내어 콘크리트에 프리스트레스를 도입하는 프리텐션방법이 주로 사용되고 있다. PSC말뚝의 직경은 30~80cm이고, 길이는 5~15m 정도이며, 재질이 균등하고 신뢰성이 좋고, 휨강성이 매우 커서 휨에 대한 변형은 적으나 절단 및 두부정리가 어렵고 특히 프리스트레스트제품들은 운반이나 말뚝의 취급 등에 수의해야 한다.

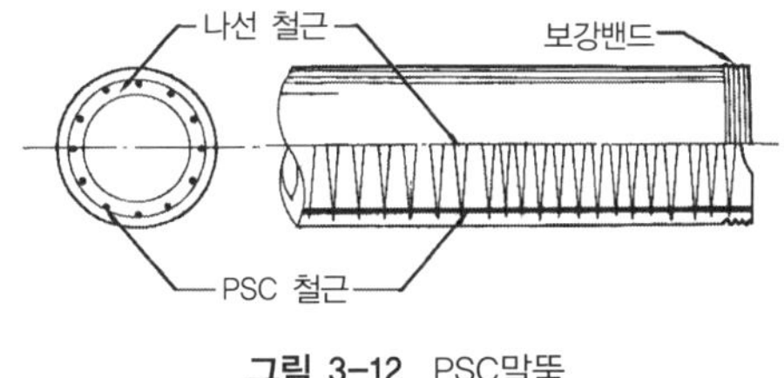

그림 3-12 PSC말뚝

(3) 고강도 프리스트레스 콘크리트 말뚝(PHC말뚝)

철근콘크리트 말뚝 제작 시 고성능감수제 등을 첨가하거나 고온 · 고압증기양생을 이용하여 만든 고강도 콘크리트에 프리스트레스를 도입하여 제조한 말뚝으로 설계기준강도 80MPa 이상의 것을 말한다. 말뚝의 직경은 30~80cm이고, 길이는 5~15m 정도이며, 일반 말뚝들에 비해 허용압축응력이 매우 크고, 높은 지지력을 얻을 수 있으며 내부식성이 우수하고 타격에 강하지만 운반 및 취급에 주의해야 하고 절단 및 두부정리가 어렵다.

3.5.3 강말뚝(Steel pile)

강말뚝은 단면형상에 따라 강관말뚝과 H형강말뚝으로 대별할 수 있다. 강관말뚝은 강관과 콘크리트를 하나로 합성하여 만들며, H형강은 대부분 가설구조물에 많이 사용되고 있으며 기초말뚝으로도 사용되고 있다.

강말뚝은 강제이기 때문에 균질한 재료를 대량으로 얻을 수 있고 신뢰성이 높으며 휨강성이 크고 자중이 RC말뚝에 비해 가벼워 운반취급이 용이하다. 표준관입시험 N값 50 정도의 경질지반에도 사용할 수 있으나 지중에서 부식하기 쉬우며 재료비가 높은 편이다.

(1) 강관말뚝

강관 속에 콘크리트를 타설한 말뚝으로 고온 · 고압증기양생 중에 팽창 반응하는 득수혼화제를 사용하여 강관과 내측의 콘크리트를 일체화한 것이다. 인장에 강한 강관과 압축에 강한 콘크리트를 합성한 것으로 말뚝의 수평내력을 증가시킨 것이다. 외경은 30~60cm 정도이고, 강관의 두께는 0.45~1.9cm의 것이 사용되고 있다. 강관말뚝은 타격관입성이 비교적 좋고 허용압축력과 인장응력이 크고, 절단이 용이하며 운반 및 취급이 용이하지만 재료비가 비싸며 말뚝머리의 정리가 어렵고 비용이 크다.

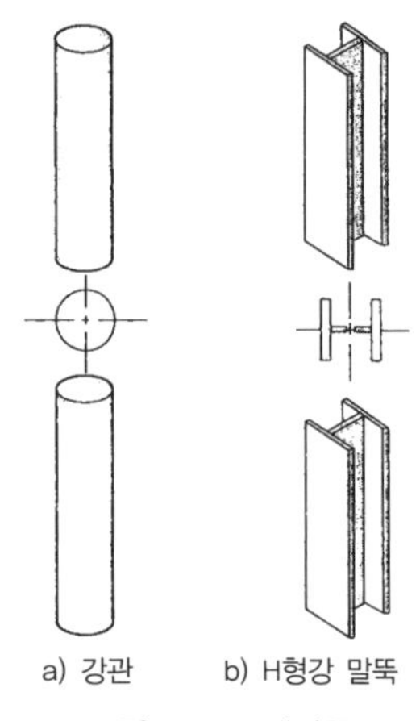

그림 3-13 강말뚝

(2) 고강도 H형강 말뚝

공장에서 생산되므로 균질한 재료를 얻을 수 있으며, 신뢰성은 좋지만 지중에서 부식되므로 사용재의 두께보다 2mm 정도를 고려하여 사용한다.

고강도 H형강 말뚝은 타격관입성이 매우 좋으며 지지력이 커서 경제적인 설계 및 시공이 가능하고 허용압축 및 인장력이 크고 절단 및 두부정리가 용이하고 운반, 취급이 좋다.

3.5.4 말뚝의 이음 · 선단 · 머리

(1) 말뚝의 이음

말뚝은 운반 및 취급 때문에 길이에 제약을 받는다. 따라서 이음하여 사용되는 경우가 많은데, 이음 부위가 약점이 되어서는 그 성능을 발휘할 수 없다. 말뚝의 이음에는 충전이음, 볼트이음, 용접이음 등이 있다.

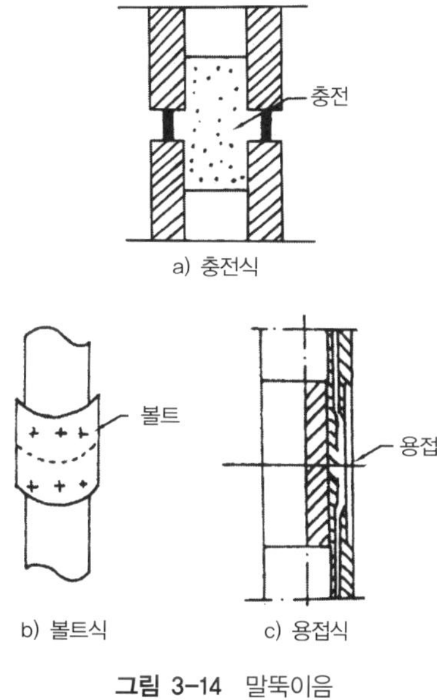

그림 3-14 말뚝이음

말뚝의 충전이음은 말뚝의 철근을 따내어 용접하고 연결부 역할을 하는 스틸슬리브(Steel sleeve)를 제작하여 중간부위를 접어서 파일에 넣은 다음 콘크리트를 충진시켜 잇는 방법이다. 볼트이음방법은 특수 커플러(coupler)를 사용하여 볼트로 채우는 방식으로 이음 부위의 강도가 크고 신뢰할 수 있지만 고가이며 볼트의 내식성이 문제가 된다. 그리고 용접이음 방법은 수동용접과 반자동용접이 사용되고 있으며, 시공의 특수성, 현장조건을 고려하여 반자동용접이 많이 사용되고 있다. 강관말뚝의 이음은 강판을 둥글게 말아 말뚝에 덧대어 용접하는 방법을 사용하고 있으며, P.C말뚝은 말뚝 상호 간의 철근을 용접하고 다시 외부에 보강철판을 덧대어 용접해서 잇는다. 이음에 대한 강성은 우수하지만 용접 부위에 대한 부식을 고려하여 이음을 하여야 한다.

(2) 말뚝의 선단

콘크리트말뚝의 선단형태는 개방형, 폐쇄형, 확대형 등이 있고, 이 선단의 형태는 시공법에 따라 선정할 필요가 있으며 일반적으로 타격법에 의한 경우에는 폐단(閉端)말뚝을 사용하고 지지지반이 경사진 경우 말뚝이 미끄러질 우려가 있어서 선단에 특별하게 고안된 슈스를 사용하는 경우도 있다. 압입공법에 의한 경우에는 폐단형 말뚝, 내부굴착공법에 의한 말뚝박기를 할 때는 개방형 말뚝이 사용되고, 특수한 말뚝으로는 선단지름이 큰 확대형이 있다.

(3) 말뚝머리

기초판과 말뚝이 일체되기 위해서는 말뚝을 박은 후에는 말뚝의 철근, 강말뚝은 커버플레이트 등과 기초판의 철근을 연결하거나 묶어서 하나의 구조체 개념으로 설계된다. 말뚝머리와 기초의 접합은 설계조건에 따라 말뚝머리의 배근 및 매설깊이가 변한다. 기성콘크리트말뚝의 머리는 파일커터 등을 사용하여 말뚝에 균열이나 파손 등이 생기지 않도록 절단해야 한다. 말뚝을 절단할 때 본체에 균열이 생기면 응력이 손실되거나 철근이 부식되어 설계내력을 상실하게 되므로 주의해야 한다.

3.5.5 말뚝의 배치계획

말뚝의 배치계획은 기초형식과 말뚝 수에 따라 정열식과 마름모식으로 배열한다.

여러 개의 말뚝을 박을 때에는 말뚝의 종류와 지반상태에 따라 말뚝의 최소 간격은 말뚝머리 지름의 2.5배 이상으로 하며 나무말뚝은 60cm 이상, 기성콘크리트말뚝은 75cm 이상, 강말뚝 및 제자리 콘크리트말뚝은 90cm 이상으로 하고, 가장자리 말뚝은 연단부에서 1.25배 이상 떨어뜨려 기초판의 지압파괴를 방지해야 한다.

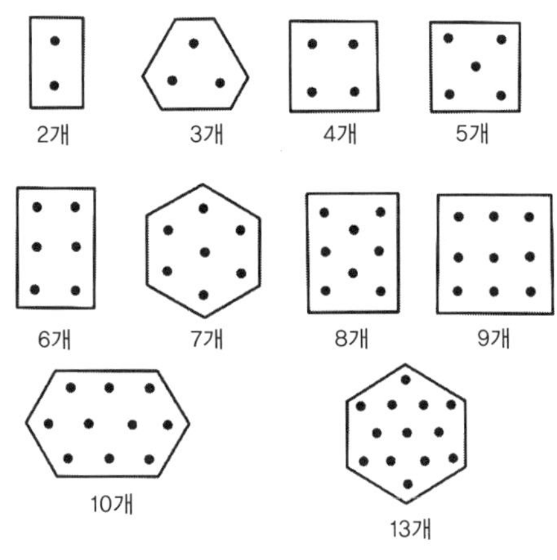

그림 3-15 말뚝의 배치

3.5.6 말뚝의 설치

(1) 타격에 의한 말뚝박기

말뚝은 타격공법으로 박는 것이 일반적이나 타격시의 소음, 진동에 의한 건설공해가 발생되기 때문에 시공현장의 조건을 고려하여 사용해야 한다. 말뚝을 시공하는 지반 및 장비조건이 다르기 때문에 획일적인 기준에 의하여 말뚝을 시공하면 지지력 미달, 말뚝 파손과 같은 문제를 발생시키기 때문에 말뚝의 설계지지력을 확보하기 위해 원하는 지지층까지 말뚝이 파손되지 않도록 말뚝을 박아야 한다.

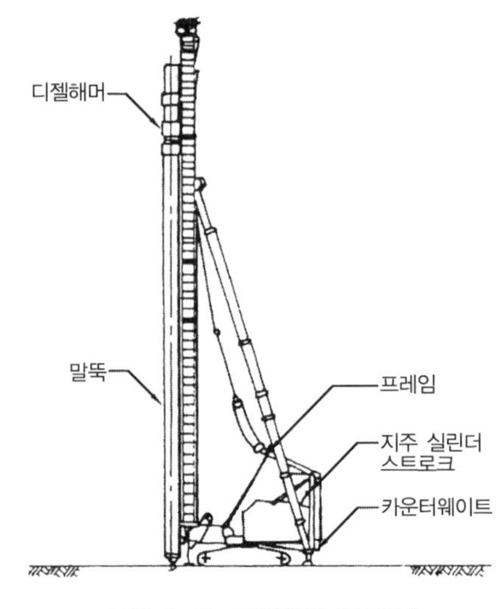

그림 3-16 디젤해머 시공기계

최적의 타격에 의한 말뚝박기는 획일적인 기준보다는 현장조건을 고려한 해석 방법과 동재하시험을 통하여 각 현장에 맞는 기준을 사용해야 한다. 적정 타격에너지는 현장조건을 고려한 해석방법이나 동재하시험결과 허용타격응력을 만족시키는 값이어야 하고 같은 타격에너지면 가급적 무거운 해머를 사용하고 낙하고는 작게 하는 것이 말뚝 손상을 방지할 수 있다. 디젤파일해머, 유압파일해머, 드롭해머 등은 해머를 사용하여 콘크리트 말뚝을 지중에 세워 수직으로 해머를 낙하시켜 말뚝을 박는다.

말뚝이 지지지반에 도달되었다고 생각될 때, 해머의 낙하높이와 침하를 측정하여 지지력을 확인한다. 말뚝박기공법은 지반을 느슨하게 하지 않고 때려 박을 수 있으며, 지지층까지의 관입상황을 쉽게 확인할 수 있다.

(2) 보링에 의한 말뚝박기

보링에 의한 말뚝박기공법은 타격에 의한 말뚝박기로 발생하는 소음과 진동을 줄이고자 사용되는 공법으로 지반을 소정의 깊이까지 어스오거를 이용하여 선굴착하고 시멘트 밀크를 주입한 뒤에 말뚝을 삽입하고 타격하여 마무리하는 공법이다. 보링에 의한 말뚝박기 방법은 마무리 정도에 따라 보링·타격 병용방법과 동일한 방법이나 타격의 정도를 경타로 하는 방법이 있다. 국내에서는 타격시의 소음과 진동을 줄이고자 경타에 의한 방법이 일반적으로 사용되고 있다.

보링에 의한 말뚝박기 순서는 어스오거를 사용하여 지반 지지층면의 말뚝지름 3배까지 굴착하고 선굴착된 구멍에 어스오거 선단에서 시멘트 밀크를 계속해서 주입하면서 어스오거를 서서히 뽑아낸다. 말뚝 주변부에는 주변 고정액을 주입하고 말뚝삽입 후 말뚝이 지지층에 고정되도록 말뚝을 가볍게 경타하여 마무리한다.

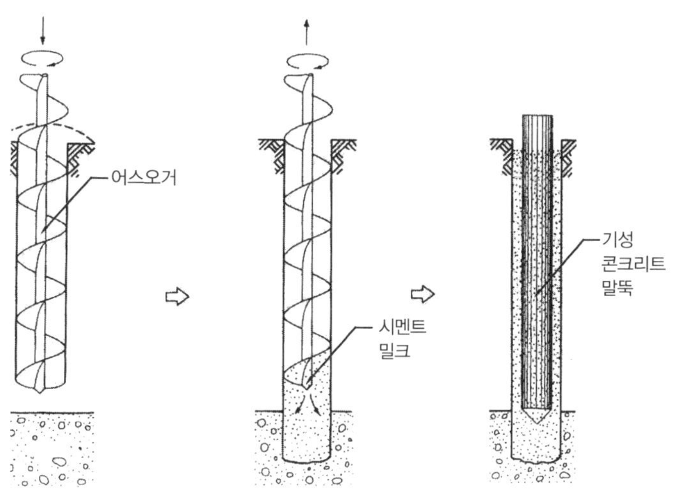

그림 3-17 프리보링 말뚝박기

(3) Water jet공법

Water jet공법은 기성콘크리트말뚝의 선단이나 말뚝에 병행하여 제트파이프를 설치하여 고압수를 분출시켜 지반을 고르게 해가면서 말뚝을 타격 또는 압입시키는 공법이며 많은 양의 물을 사용하기 때문에 대용량의 급수설비가 필요하고, 물을 배수하는 설비가 설치되지 않으면 토질이 물러져서 말뚝이 자립할 수 없거나 충분한 소요내력을 얻을 수 없게 된다. 이 공법을 사용하면 진동 또는 소음이 적다. 또 말뚝머리에 진동기를 장착하여 진동을 주어 말뚝을 박거나 말뚝선단에 추를 붙이고 말뚝을 회전시키면서 압입에 의해 말뚝박기를 하고, 진동이나 압입이 용이하게 선단에 Water jet공법을 범용하여 사용하는 진동공법과 회전압입공법이 있다.

(4) 중공굴착공법

말뚝의 중공부에 어스오거를 삽입하여 말뚝 선단부에서 굴착해 가면서 말뚝을 박는 공법이다. 이 중공굴착공법에 의한 말뚝박기 순서는 말뚝의 중공부에 오거를 삽입하여 지반 0.5m 정도까지 관입시켜 말뚝의 수직도를 확인하고 설치한 후 어스오거로 굴착하면서 자중과 압밀에 의해 말뚝을 박고, 오거를 빼올리면서 오거의 선단으로부터 시멘트 밀크를 주입하고 주입이 종료된 후에 압입장치로 말뚝을 지중에 밀어 박는다.

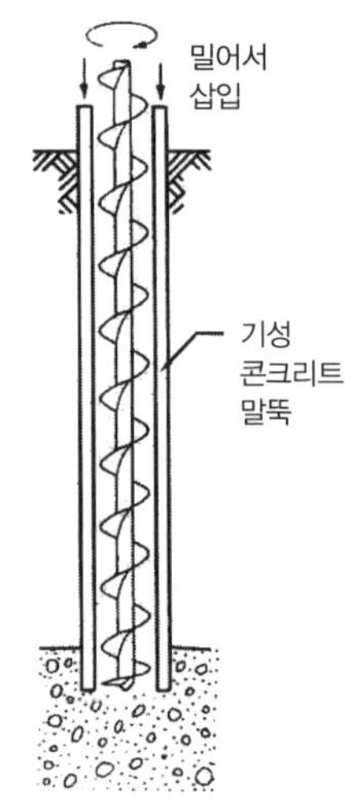

그림 3-18 중공굴착공법

3.5.7 말뚝 설치시 문제점

말뚝박기 시공중 발생되는 문제점은 타격에 의한 말뚝박기에서는 지지층 미달과 타격에 의한 말뚝의 균열이나 파손, 그리고 지반의 연약층에서 말뚝의 솟음이다. 보링에 의한 말뚝박기에서는 말뚝의 선단 지지력 약화와 주면부의 지지력 약화 등이며, 이런 문제들이 발생되면 말뚝의 설계지지력을 얻기가 어려워 기초설계가 부실해져 부동침하의 원인이 되고 건축물의 사용상 문제가 발생하게 된다.

(1) 말뚝의 지지층 미달 현상

지반조사를 충분히 하지 못하고 개략적인 추정치에 의해 지지층을 결정하기 때문에 설계에서 결정된 지지층과 실제 지지층이 다를 수 있으며, 지반이 전부 암반이나 조밀한 모래층, 자갈층 등이 분포하여 말뚝 관입이 어려운 경우가 많이 발생하고 있다. 이런 경우에는 지반조사의 잘못된 지지층 추정을 검증할 수 있는 것이 시험말뚝박기이다. 시험말뚝박기를 할 때 동재하시험 및 최종관입량 측정에 의해 설계에서 결정된 지지층을 검증하여 확인하고 수정하여야 하며 관입이 어려운 지반인 경우는 말뚝박기의 공법 변경이나 말뚝을 관입성이 좋은 강말뚝을 사용하는 방법도 고려해야 한다.

(2) 타격에 의한 말뚝박기의 균열, 파손 현상

말뚝에 균열이나 파손의 원인은 타격횟수나 너무 큰 해머를 사용할 때 나타난다. 말뚝이 견딜 수 있는 것보다 큰 타격에너지로 타격하여 말뚝에 수직균열이나 말뚝머리의 파손, 말뚝 선단의 파손과 같은 균열이 발생한다. 말뚝머리 파손은 흔히 현장에서 볼 수 없으며 육안으로는 관찰되지 않지만 선단부가 단단한 층에 닿았는데도 계속해서 타격할 때 발생한다. 그리고 말뚝에 수평균열이 가는 것은 연약지반에서 말뚝박기를 할 때 타격 중 인장파가 발생하여 말뚝을 위 아래로 당기는 힘이 발생하기 때문이다. 콘크리트는 압축력에는 강하지만 인장력에는 매우 취약하기 때문에 쉽게 말뚝에 수평균열이 발생된다.

타격에 의한 말뚝박기의 균열, 파손이 발생될 때는 말뚝이 동재하시험을 통하여 말뚝에 발생하는 압축응력이 말뚝의 재질에 따른 허용타격응력 값을 초과하지 않도록 타격에너지를 재조정하여 무리한 타격으로 인한 균열을 방지할 수 있다. 말뚝의 동재하시험 방법은 말뚝의 균열발생 여부를 직접 측정할 수 있는 시험방법이며 간접적으로 타격응력을 계산하여 균열이나 파손을 예측할 수 있다.

(3) 타격에 의한 말뚝박기의 솟음현상

타격에 의한 말뚝박기의 솟음현상은 연약지반에서 폐단형 말뚝을 타격에 의해 말뚝박기를 할 때 발생하며, 말뚝이 지지층에 닿았다가 다시 뜨기 때문에 말뚝의 선단지지력이 급격히 감소하게 된다. 말뚝의 솟음현상을 방지하기 위해서는 선단 폐단형 말뚝을 선단 개방형이나 강말뚝인 형강말뚝과 강관말뚝으로 변경하여 시공하거나 보링에 의한 말뚝박기를 시공하면 말뚝의 솟음현상을 방지할 수 있다.

공법을 변경하지 않을 경우에는 말뚝박기 후에 솟은 말뚝에 대해 재타격을 하여 재타격으로 인해 주변 말뚝들의 추가적인 솟음현상이 발생하는지 관찰하고 솟음현상이 다시 발생되면 말뚝박는 공법을 변경해야 한다.

(4) 보링에 의한 말뚝박기의 선단지지력 약화현상

선단지지력 약화현상은 지지층을 잘못 판단하여 실제 지지층에 말뚝의 선단이 미달되었거나 공벽 유지가 잘 되지 않아서 선단부에 미끄럼이 발생된 경우이다. 말뚝의 선단이 지지층에 도달하지 못하는 이유는 설계적 측면에서는 부정확한 지반조사에 의해 지지층을 잘못 판단하기 때문이다. 지지층 미달 방지를 위해 시험말뚝박기를 할 때 말뚝의 동재하시험을 하여 말단 선단부가 지지층에 도달하였는지 확인하고 타격공시값에 의해 상호검증하고 말뚝박기 중에 수시로 최종 관입량을 측정하여 선단지지력이 확보되는지 확인하며 말뚝박기를 한다.

미끄럼이 발생되어 지지력 약화현상은 모래층이나 모래 자갈층, 사질 성분의 풍화토층에서 미끄럼이 많이 발생되며, 미끄럼 발생이 약할 경우에는 말뚝에 최종타격을 확실하게 하여 말뚝의 선단이 굴착바닥면에 고정되도록 해야 하며, 미끄럼이 과도하게 발생하면 케이싱을 사용하여 말뚝의 선단부가 굴착선에 고정되도록 해야 한다.

(5) 보링에 의한 말뚝박기의 주면 마찰력의 약화현상

말뚝의 주면 마찰력 약화현상의 원인은 어스오거를 사용하여 굴착한 구멍이 말뚝의 직경보다 작아서 시멘트 밀크의 두께가 얇을 때와 말뚝의 한 쪽면에만 시멘트 밀크가 몰릴 경우 또, 시멘트 밀크가 굴착구멍 밖으로 새나가거나 흙과 시멘트 밀크가 섞여서 강도가 약화된 경우에도 주면 마찰력 약화현상이 발생된다.

시멘트 밀크의 두께가 얇아서 생기는 현상은 말뚝 직경보다 어스오거를 이용한 굴착구멍이 10cm 이상 크게 시방서에 규정되어 있으므로 말뚝의 직경에 대한 오거의 직경이 10cm 이상되는지 확인하여 시공하면 이 현상을 방지할 수 있다. 시멘트 밀크의 편중현상을 방지하려면 말뚝을 삽입할 때 말뚝을 굴착구멍의 중심에서 수직도를 잘 유지하여 삽입하여야 한다.

시멘트 밀크가 굴착구멍 밖으로 새거나 흙과 시멘트 밀크가 섞여서 강도가 약화될 때는 어스오거로 지반을 굴착할 때 말뚝 주변부에는 주변 고정액을 주입하고 어스오거를 뽑아낼 때 어스오거 선단에서 시멘트 밀크를 계속 주입하면서 천천히 주의하여 뽑아내어 공벽 유지가 잘 되도록 주의해야 한다. 시멘트 밀크의 누수는 시멘트 밀크의 물·시멘트비를 낮게 조정하여 주입하고 잘 성형될 때까지 계속하여 재주입한다.

3.6 제자리 콘크리트 말뚝(Cast-in-place concrete pile)

기초구조의 말뚝을 기성콘크리트 제품 말뚝(P.C말뚝)을 사용하지 않고 현장에서 어스오거를 이용하여 지반을 굴착한 후 굴착구멍에 미리 조립된 철근을 내리고 콘크리트를 타설하여 말뚝을 만드는 방법을 제자리 콘크리트 말뚝이라 한다. 이 말뚝은 지지층의 변화에 따른 소요길이와 필요한 말뚝내력만큼 단면의 크기를 자유롭게 할 수 있는 특징이 있으며 최대깊이 30m 정도까지도 시공이 가능하다.

3.6.1 레이몬드 말뚝공법(Raymond pile method)

얇은 강판으로 끝이 가늘고 뾰족한 원추형 캡슐의 내관과 외관을 만들고 외관의 표면에 스크루 형태의 주층을 주고, 내관에는 내관 캡슐에 꼭 맞는 심대를 만들어 일체화시킨 후, 땅 속에 박아 넣고 내관을 뽑아낸 후 외관 속에 콘크리트를 채워 넣어 말뚝을 만드는 방법을 말한다.

말뚝길이는 10m 정도로 하며 한 개당 말뚝의 지지력은 300kN 정도이며 사질토지반에서 사용되는 공법이다.

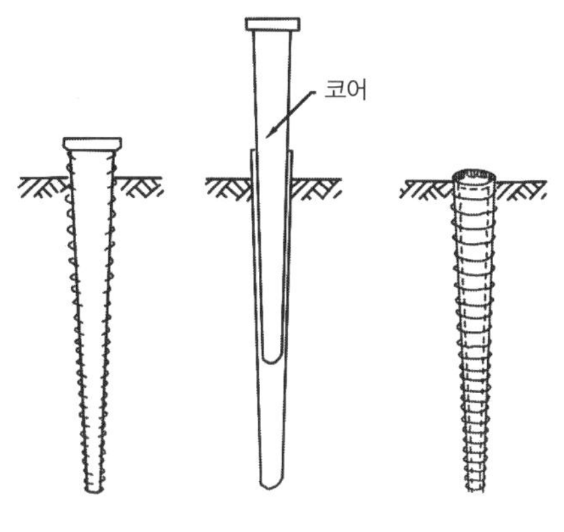

그림 3-19 레이몬드 말뚝

3.6.2 페데스탈 말뚝공법(Pedestal pile method)

내관과 외관으로 된 2중 강관을 지반의 지지층 위치까지 박아 넣고 내관을 빼낸 후 외관 속에 콘크리트를 부어 넣으면서 내관을 다시 외관 속에 집어넣어 상하로 움직이며 다져서 콘크리트를 외관 밑으로 밀어내어 말뚝 끝단에 구근을 만든다.

말뚝의 직경이 굵으면 내외관 사이에 조립된 철근을 2중관 속에 내려넣고 외관을 천천히 끌어 올리면서 콘크리트 붓기와 다지기를 하여 말뚝을 만드는 방법이다. 이 말뚝은 중대형의 구조물 하부에 사용되며 말뚝지름은 60~120cm 정도이고, 말뚝길이는 최대 30~40m까지 가능하고 지지력은 300~500kN 정도이다.

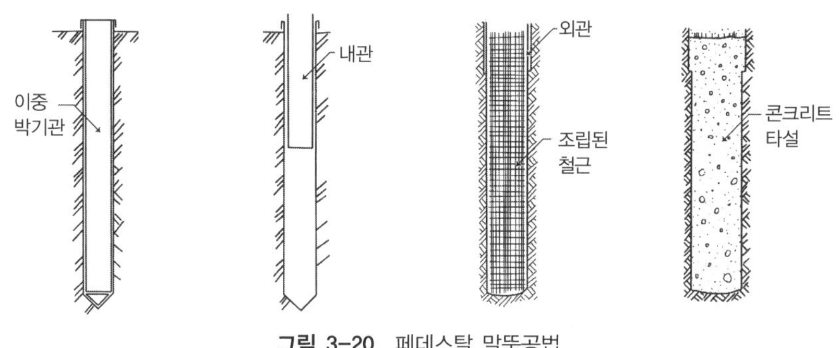

그림 3-20 페데스탈 말뚝공법

3.6.3 어스드릴 말뚝공법(Earth drill pile method)

지반의 굴착 및 배토는 회전 버킷에 의해 지반의 표토층까지 판 후 케이싱을 삽입하여 설치하고, 계속해서 회전버킷으로 굴착할 때 굴착벽면이 무너질 우려가 있을 때는 벤토나이트

안정액을 주입하여 벽면을 안정시키면서 지반의 지지층까지 굴착한다. 굴착이 끝난 후에는 조립된 철근을 굴착 구멍에 넣고 트레미트관을 사용하여 콘크리트를 타설하면서 케이싱을 뽑아내어 말뚝을 만드는 방법이다.

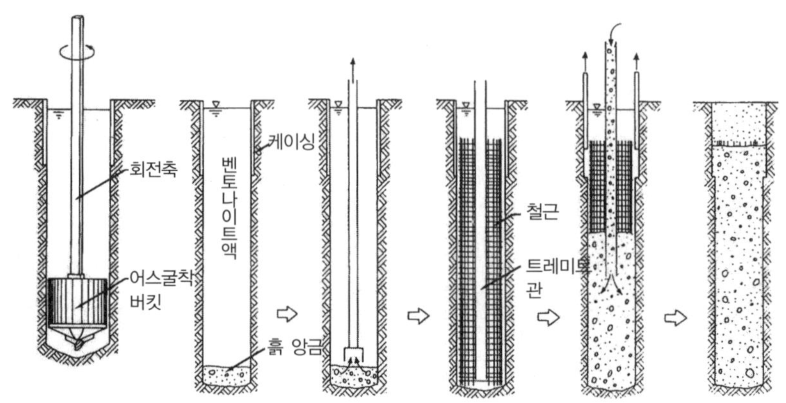

그림 3-21 어스드릴 말뚝공법

3.6.4 베노토 말뚝공법(Benoto pile method)

지반을 굴착할 때 케이싱 튜브의 끝단에 날을 단 특수한 케이싱 튜브를 상하로 요동시키면서 압밀장치로 지반에 압밀하여 밀어 넣으면서 해머글러브를 케이싱 속에 낙하시켜 내부의 토사를 굴착 배출하면서 지반의 지지층까지 파고 난 후 조립된 철근을 굴착구멍에 삽입하고 케이싱을 뽑아 올리면서 트레미트관을 통해 콘크리트를 타설하여 말뚝을 만드는 방법이다.

말뚝의 직경은 1~2m 정도이며 시공깊이는 일반적으로 25~35m까지 하고 최대 시공깊이는 50~60m까지도 가능하다.

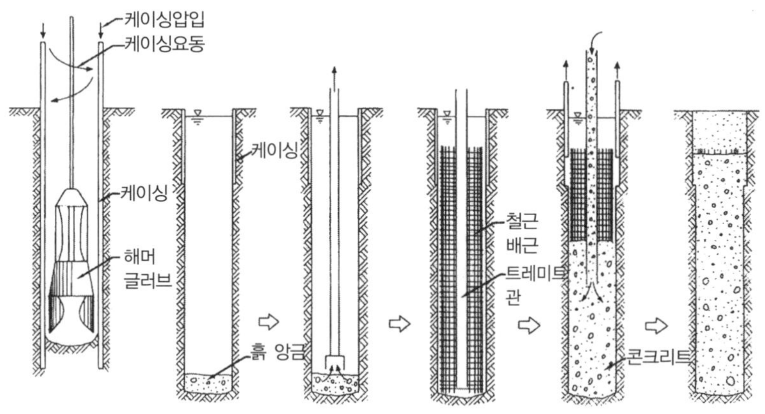

그림 3-22 베노토 말뚝공법

3.6.5 리버스 서큘레이션 드릴 말뚝공법(R.C.D 말뚝공법)

지반을 굴착할 때 비트를 회전시켜 굴착하고, 지반의 표토층에 스탠드파이프의 케이싱을 설치하고 계속 굴착하면서 물을 채워주고, 이 수압에 의해 굴착벽면을 안정시키면서 지반의 지지층까지 굴착하고, 배토는 로드 속을 흐르는 순화수와 함께 배출되어 지상의 침전통에서 토사와 이수로 분리되며, 이수는 순환수로 계속 사용된다.

굴착구멍 밑의 미끄럼을 거두어 내고 조립된 철근을 삽입하고 트레미트관을 사용하여 콘크리트를 타설한다. 이 공법은 점성토지반에서 사용되며 말뚝의 직경은 1~3m 정도이며 시공 깊이는 30~50m 정도까지 한다.

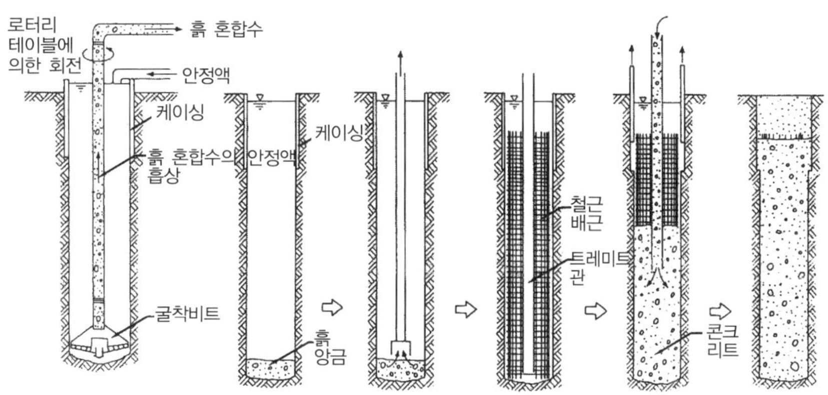

그림 3-23 리버스 서큘레이션 드릴 말뚝공법

3.6.6 심초기초

대규모 건축물의 큰 하중을 받는 기둥의 기초로 사용되는 심초기초는 대형 강관이나 철근콘크리트 원통을 기초의 위치에 두고, 내부의 지반을 해머글러브를 이용하여 굴착하면서 강관이나 원통을 자중이나 압밀에 의해 지반에 박으면서 지반의 지지층까지 굴착하고, 조립된 철근을 구멍에 삽입하고 트레미트관을 사용하여 콘크리트를 타설하여 말뚝기초를 만드는 방법이다.

심초기초의 의미는 기계시공의 범위를 벗어나서 인력으로 굴착하고 버킷으로 배토하여 지름이 큰 제자리콘크리트말뚝을 만드는 방법이며 피어기초, 깊은 우물통기초라고도 한다.

3.6.7 잠함기초

잠함기초는 지반의 지지층의 성질이나 지하수의 양에 따라 건축물의 규모 등에 의해 개방잠함공법과 용기잠함공법으로 구분한다.

(1) 개방잠함공법

건축물의 지하구조체를 지상에서 만들고 건축물 내부의 지반을 굴착하여 구조체를 예정 지지층 지반까지 침하시킨 후 지상구조체를 완성시키는 방법이며, 도심지의 인접건물 속에서 시공할 수 있고 진동이나 소음 등을 줄일 수 있는 방법이다.

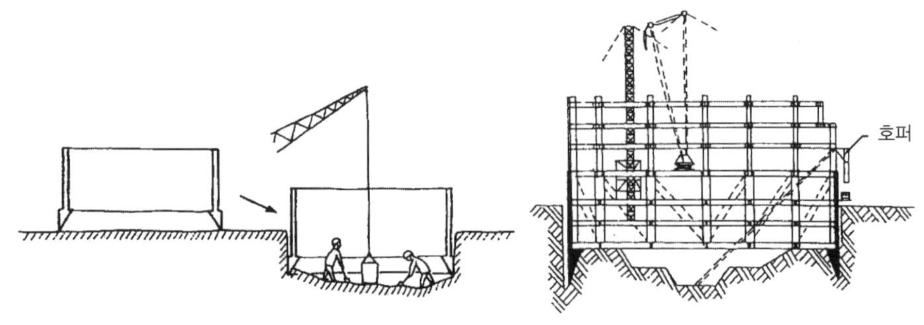

그림 3-24 개방잠함공법

(2) 용기잠함공법

지하수 양이 많은 지역에서는 개방잠함공법의 작업이 곤란하므로 지하구조체 하부에 밀실한 작업실을 만들어두고, 이곳에 압축공기를 불어넣어 지하수가 작업실에 들어오지 못하게 하고 굴착을 진행하는 방법이며, 작업실 천장에 2중문을 설치하고 기압조정실을 두고 이곳으로 사람의 출입과 흙을 반출시킨다.

지하구조체가 예정된 지지층 지반에 도달하면 작업실을 콘크리트로 채워 마무리한다.

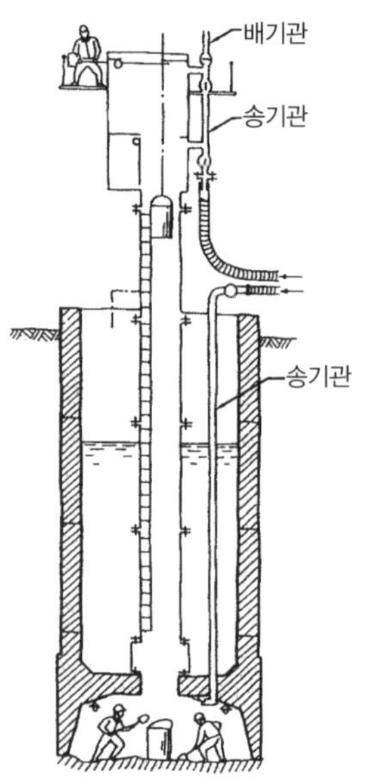

그림 3-25 용기잠함공법

3.6.8 주열식 지하연속벽공법

도심지의 밀집된 빌딩군 속에서 주위 건물에 대한 피해를 줄이고 구조적인 안정성을 확보하여 건축공사의 진동이나 소음을 피할 목적으로 주열식 지하연속벽공법을 사용한다.

건축물의 고층화에 따른 깊은 기초의 요구에 의해 어스오거, 크램쉘, 베노토, 로터리커터 등을 사용하여 굴착하면서 안정액을 사용하여 굴착벽면의 붕괴를 방지하고, 지반의 지지층 또는 소정의 깊이에 도달하면 굴착구멍에 조립된 철근이나 철근망을 삽입한 후, 콘크리트를 타설하여 말뚝을 만든다.

연속된 벽 형태의 구조체를 지중에 구축하여 하나의 말뚝군으로 사용하기도 하며, 흙막이벽이나 지주의 벽을 겸용한 기초구조로도 사용되고 있다.

(1) PIP(Packed In Place)말뚝공법

지반을 어스오거 등을 사용하여 지반의 지지층이나 소정의 깊이까지 굴착한 후 흙과 어스오거를 뽑아 올리면서 오거의 중심 선단부를 통해 모르타르나 콩자갈 콘크리트를 주입하여 말뚝을 연속적으로 만드는 방법이다.

(2) CIP(Cast In Place)말뚝공법

지반을 어스오거를 사용하여 굴착한 후 오거를 뽑아내고 조립된 철근이나 H형강을 삽입하고 콘크리트를 타설하여 말뚝지름 40~60cm 정도 지지말뚝을 연속적으로 만드는 방법이다. 이 방법은 인접구조물에 영향이 적고 사용 장비가 소규모이며 불규칙한 평면형에 적합하다.

(3) MIP(Mixed In Place)말뚝공법

어스오거를 사용하여 지반을 굴착한 후 오거를 뽑아 올리면서 오거의 중심 선단부를 통해 모르타르나 콩자갈 콘크리트를 분출하며 흙과 혼합시켜 소일 콘크리트 말뚝을 연속적으로 만드는 방법이다.

3.7 언더피닝(Underpinning)

도심지의 기존 건축물에 근접하여 새로운 건축물을 구축할 때 기존 건축물의 기초저면보다 깊은 하부구조를 가지는 건축물을 건축하려면 깊은 터파기와 지하수위를 개선하게 되어 주변건축물의 지내력 약화 및 재하수면의 이동으로 인해 기존 건축물의 기초 침하나 이동을 가져와 건축물에 균열 또는 사용상의 문제가 생기게 되고 심하면 건축물 붕괴까지도 우려된다. 또 기존 기초에 인접하여 좀더 깊은 지하구조물을 구축하거나 건축물의 증축 및 용도 변경에 의해 활하중이 증가되어 건축물의 하중이 증가될 때, 이런 경우에도 기존 건축물의 기초지반을 강화시키는 기초 보강방법을 해야 건축물을 안정시킬 수 있다. 이런 경우의 기초보강방법을 언더피닝이라 한다.

3.7.1 언더피닝공법

(1) 말뚝보강공법

기존 건축물에 근접하여 터파기를 할 경우 기존 건물의 기둥이나 벽체의 토대 및 기초구조물 밑에 소형 어스오거를 사용해서 구멍을 굴착하고 현장에서 제자리철근콘크리트말뚝을 만들어서 지지시키는 방법과 P.C파일이나 강말뚝을 박고 기초를 다시 만들어 보강하는 방법이 사용되고 있다. 소규모 건축물인 기존 건축물과의 디피기작업 위치까지에 여유공간이 있는 경우에는 기존 건축물의 주변 하부에 안정재를 주입하여 주위 지반을 안정시키고 흙막이 널말뚝을 2중으로 하여 지반 침하와 물의 이동을 막는 차수벽으로 보강하는 방법도 있다.

(2) 벽체보강공법

소규모 건축물의 줄기초구조 보강공법은 작업구간을 짧게 나누어서 시공해야 벽체나 문, 창틀 부위에 균열이 생기지 않는다. 기존 기초의 종류와 지지층 토질의 종류, 벽체 하중을 고려하여 기초 하부나 주위에 안정재를 사용하거나 기존 기초를 깊고 크게 만들거나 말뚝을

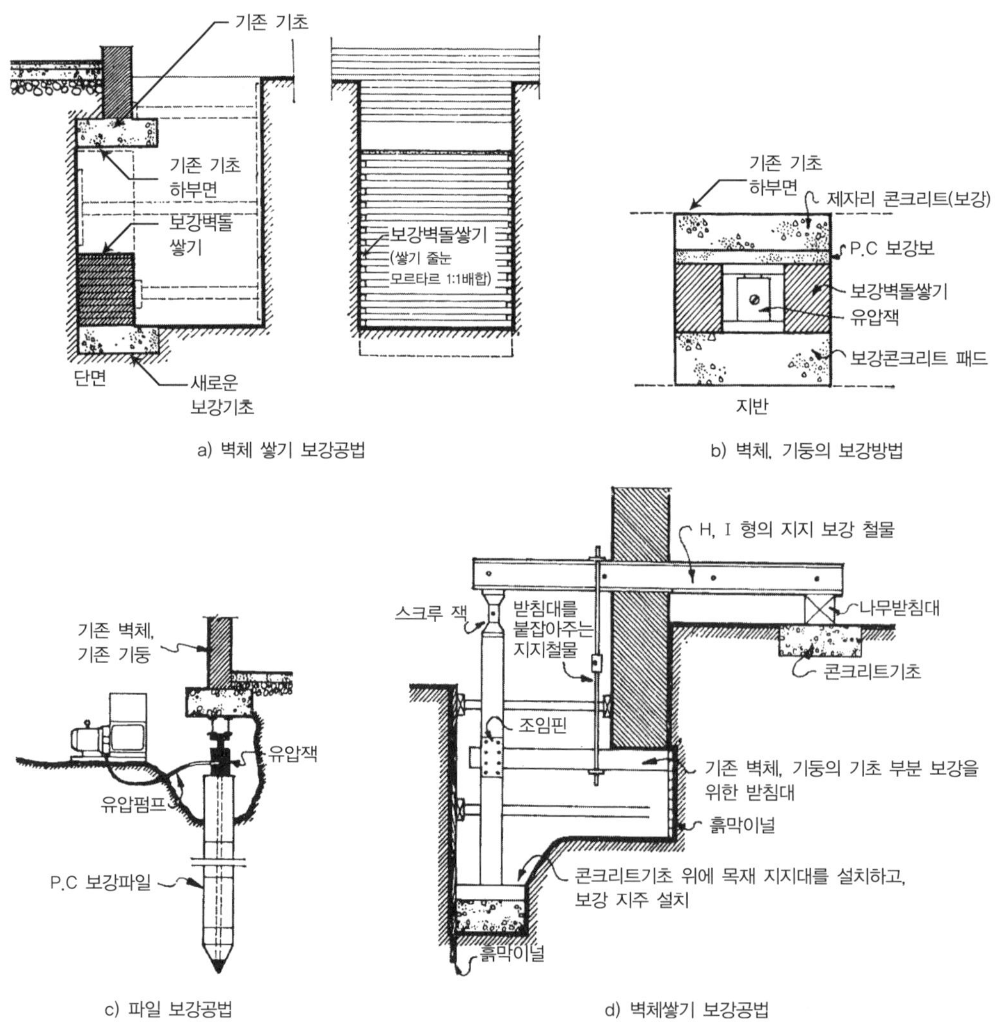

그림 3-26 벽체, 기둥의 언더피닝

박는 등 보강방법을 결정하고, 벽체의 안정을 위해 작업구간을 구획하여 선보강 부위와 후보강 부위에 따른 작업순서를 정하여 보강작업을 한다.

(3) 주열식 지하연속벽 보강공법

주열식 지하연속벽공법은 도심지의 밀집된 주위 건물에 대한 피해를 최소한으로 줄이기 위한 방법으로 가장 좋은 방법이다. 그러나 지하연속벽 시공시 지하의 강한 암반층 때문에 굴착이 불가능하거나 공사가 너무 지연되기 때문에 계획 설계된 깊이보다 낮은 위치의 상부 암반층까지 연속벽체를 구축하고, 지하터파기와 병행하여 연속벽의 하부벽면 구조를 보강처리(언더피닝)하면서 진행하는 방법이다.

연속벽의 지지력은 말뚝이 부담하게 보강하고, 암반의 균열이나 절리는 콘크리트, 앵커로 보강하며, 굴착공사를 하고 연속벽의 강성을 크게 하기 위해 드라이 에어리어와 같은 보강용 덧댐벽체를 추가로 설치하기도 한다.

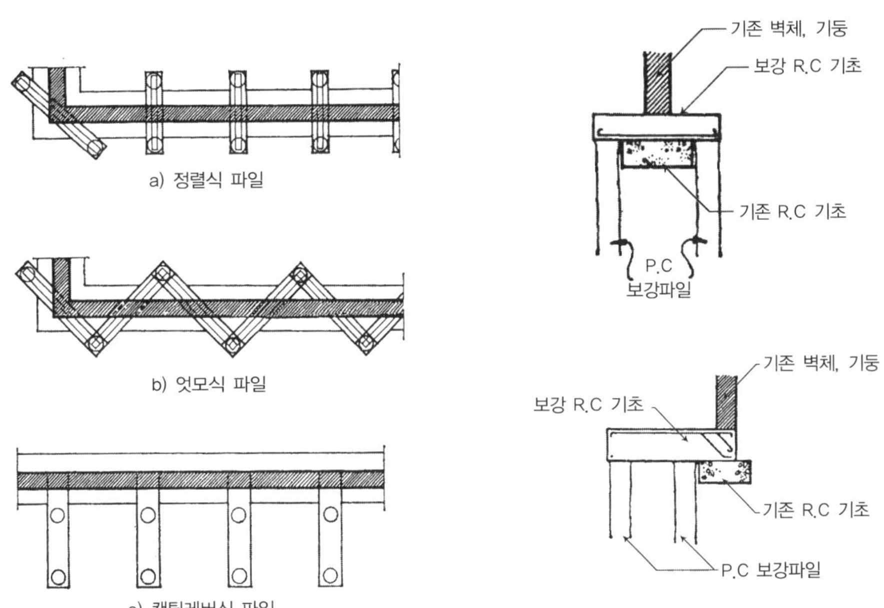

그림 3-27 말뚝보강 언더피닝

뻑돌구조(Brick construction)

4장 벽돌구조(Brick construction)

벽돌은 점토를 일정한 형태와 크기로 성형하고 건조시킨 후 가마에 넣어 구어낸 것을 말하며 강도와 내구성은 대부분 굽는 온도에 따라 다르다. 벽돌은 질감이 다양하고, 다양한 벽돌의 색상과 표면의 거친 형상들에 의해 주위환경과 잘 조화되고 아름다우며 방한·방서적인 구조이다.

벽돌구조는 벽돌을 모르타르로 쌓아 벽체를 만들고 지붕과 바닥을 목조, 철근콘크리트 등으로 구성한다. 벽돌구조는 압축력에 내해 매우 강하고 내화·내구적이다. 그러나 수평력에 대해서는 매우 약한 구조형태이므로 주의하지 않으면 안 된다.

4.1 벽돌(Brick)

벽돌조의 초기에는 소성하지 않은 천연 건조된 벽돌들을 사용하였으나 그리스, 로마시대에 이르러서 불에 구운 소성벽돌이 사용되고 아치 및 볼트, 돔 등의 벽돌조 구축법이 발전되어 왔으며 벽돌조는 철근콘크리트구조가 나오기 이전까지 돌구조와 함께 모든 건축물의 기본구조로 사용되었다.

벽돌은 점토를 빚어서 구운 붉은벽돌(적벽돌)과 시멘트와 모래, 물을 일정한 비율로 혼합하여 만든 시멘트벽돌로 구분된다. 붉은벽돌은 고운 진흙을 잘 이겨서 생벽돌을 만들어 600℃~1,100℃의 온도에서 구워 만들며, 온도에 따라 종류도 다양하고, 생벽돌을 만들 때는 압축기로 찍어낸 벽돌이 모양도 일정하고 강도도 크다.

일반적으로 시멘트벽돌은 외부에 노출시키지 않고 치장재료를 이용해서 벽면을 마감하거나 모르타르로 마감시킨다.

4.1.1 벽돌의 치수

가장 일반적으로 사용하는 벽돌 표준치수는 길이 190mm, 마구리 90mm, 두께 57mm이며, 길이 210mm, 마구리 100mm, 두께 60mm인 기존형도 있다. 벽돌길이는 벽돌마구리 2개에 줄눈폭을 합한(90mm+10mm+90mm) 값이 되고, 벽돌 3장의 두께에 줄눈폭 2개를 합하면 벽돌길이가 된다. 따라서 벽돌의 정확한 벽돌두께는 [(190mm−20mm)/3]=56.7mm이다.

벽돌길이를 마구리와 두께의 일정 비율값으로 정한 이유는 막힘줄눈쌓기를 위해서이며, 표준벽돌의 길이를 190mm로 정한 이유는 설계도면에 표시되는 벽체길이, 개구부(문, 창) 폭이 100mm 단위로 설계되므로 벽체를 쌓을 때 가능하면 벽돌을 쪼개지 않고 쌓기 위해서이다.

힘, $N = kg(무게) \times m/s^2$ (중력가속도)

$9.81N = 1kg \times 9.81m/s^2$

구조물 설계는 9.81배 → 10배로 설계한다.

* 1kg → 10 N이다.

표 4-1 벽돌의 치수

	길이(mm)	폭(mm)	두께(mm)
표준형 벽돌	190	90	57
일반형 벽돌	210	100	60

4.1.2 벽돌의 종류

벽돌은 시멘트벽돌과 붉은벽돌이 있다. 시멘트벽돌은 시멘트와 왕모래를 혼합해서 압축기로 성형한 후 물을 뿌려가며 최소 15일 이상 양생시킨 것이다. 우리 K·S규격에서 시멘트벽돌의 압축강도는 $50kg/cm^2$($\fallingdotseq 5N/mm^2$) 이상으로 규정하고 있다.

붉은벽돌은 진흙을 잘 이겨 생벽돌을 만든 후 600~1,100℃ 정도의 온도로 구운 것이다. 벽돌은 찍어낸 벽돌과 잘라낸 벽돌이 있으며 찍어낸 벽돌이 잘라낸 벽돌보다 면이 거칠지 않고 강도가 크다. 좋은 벽돌이란 잘 구워진 벽돌이어야 한다. 잘 구워진 벽돌은 압축력에 강하고, 흡수율이 작아서 백화현상도 생기지 않는다. 이 좋은 벽돌은 색이 짙고 윤기가 나고 서로 부딪쳐보면 청음소리가 난다. 또 치수가 균일해야 하고 벽돌의 각 모서리와 면이 바르고 깨진 부분이 없어야 한다. 치수가 균일해야 벽돌쌓기가 쉽고 벽체의 쌓은 모양도 보기 좋다. 우리나라에서 생산되는 붉은벽돌은 보통벽돌, 변색벽돌, 전벽돌, 유공벽돌, 오지벽돌, 과소벽돌, 내화벽돌이 있다.

1) 보통벽돌

일반 붉은벽돌은 점토에 모래를 가하거나 석회를 가하여 구운 것으로 벽돌색이 적색, 적갈색을 띠는 것은 점토에 포함된 산화철 때문이다. 벽돌의 등급은 흡수율과 압축강도에 따라 1급, 2급, 3급 또는 상품, 중품, 하품으로 구분한다. 일반적인 1급(상품)은 흡수율이 8% 압축강도 21N/mm^{2}이고 형상이 바르고 갈라짐과 흠이 극히 적은 것이다.

2) 변색벽돌

벽돌을 구울 때 비교적 열을 많이 주어 표면의 색상이 검보라색이 많이 섞여 있는 벽돌이다. 열에 많이 구워졌기 때문에 압축강도가 강하므로 구조적으로 매우 좋은 벽돌이며 변색벽돌의 1급 상품은 벽돌면이 바르고 치수가 일정하다.

3) 전벽돌

벽돌을 구울 때 열을 적게 받은 벽돌로 벽돌면은 바르고 치수는 일정하지만 압축강도는 매우 약하다. 벽돌 표면의 색상이 검은색 또는 진한 회색을 띠고, 고풍을 내기 위해 구조물의 일부에 사용하기도 하며 고궁이나 초기 조적구조물 보수 등에 사용한다.

4) 유공벽돌

벽돌에 구멍이 나 있으며 구멍의 수와 구멍 크기가 다양하고 색상은 일반 보통벽돌과 같다. 벽돌벽체를 유공벽돌로 쌓으면 구멍을 이용하여 철근보강이 쉬워져 수평력에 강한 구조체를 만들 수 있으며 유공벽돌은 경량, 방음, 방열성을 가진다.

5) 오지벽돌

오지벽돌은 치장벽돌이라 하며 벽돌치장면의 1면 또는 접한 이웃면까지 유약을 발라서 고온으로 구운 벽돌이다. 유약을 바른 면의 색상은 매우 다양한 색상과 문양이 있으며, 벽돌의 모서리, 면 등이 바르고, 비흡수성이며 강도도 높지만 값이 비싸다.

6) 과소벽돌

벽돌을 구울 때 열을 지나치게 받아서 벽돌의 면과 모서리가 일그러지고 면이 찢어진 벽돌을 말하며, 문둥벽돌이라 한다. 색상은 짙은 검보라색이며 압축강도가 매우 크다. 모서리나 면이 고르지 못하므로 주로 장식을 위해 사용되며 힘을 많이 받는 구조물에 좋다.

7) 내화벽돌

규조토를 원료로 하여 소성한 벽돌이며 색상은 연탄재 색상이다. 이 벽돌은 강도는 크지 않으나 열(1,500~2,000℃)에 강하므로 불이 직접 면하는 굴뚝의 연로, 벽난로 등에 사용된다. 기본치수는 230×114×65mm이며, 벽돌을 쌓을 때 모르타르는 내화성인 규석분말에 점성이 강한 내화점토를 혼합하여 사용하여야 한다.

4.1.3 토막벽돌

벽돌로 벽체를 쌓을 때 거의 대부분 온장벽돌을 사용하지만 막힘줄눈의 벽체를 쌓기 위해서는 필요에 따라 토막벽돌을 끼워서 쌓는다. 온장벽돌을 일정한 크기로 깨뜨려서 사용하는 벽돌을 토막벽돌이라 한다. 벽돌 한 장을 온장이라 하고, 온장의 길이면을 기준으로 깨는 것을 토막이라 하며 온장의 마구리면을 기준으로 깨뜨리는 것을 절이라 한다. 토막에는 칠오토막, 반토막, 이오토막이 있고, 절에는 반절과 반반절이 있다.

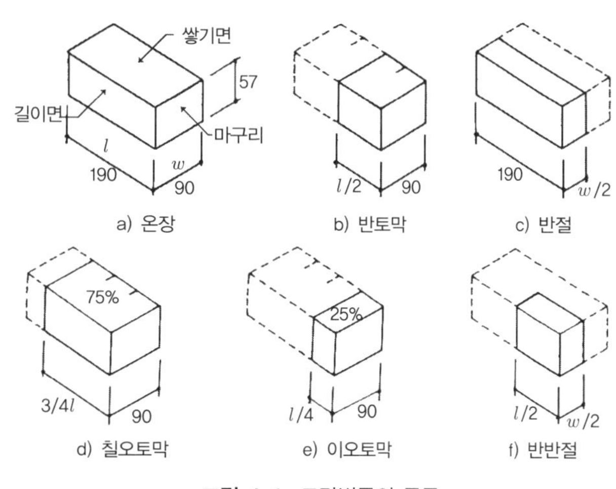

그림 4-1 토막벽돌의 종류

4.1.4 벽돌나누기

벽돌 벽체를 쌓으면 문이나 창문 등의 개구부 치수와 벽체길이 등을 고려한 설계가 이루어져야 벽돌을 가능한 한 토막내어 사용하는 일이 없게 된다. 벽체를 쌓기 전에 벽돌을 벽길이에 맞추어 놓아 보는 것을 벽돌나누기라 한다.

벽돌나누기에서 벽돌 1장의 길이는 벽돌길이 190mm에 줄눈 10mm을 합한 200mm라 생각하여 개구부의 폭과 높이, 벽체의 전길이와 전높이, 벽돌에 묻어쌓는 나무벽돌, 석재, 볼트 등을 고려하면 벽돌을 토막내어 사용하는 일이 적으므로 쌓는 시간과 벽돌의 손실량이 적으며, 외관상 줄눈도 보기 좋게 잘 맞는다.

4.1.5 모르타르(Mortar)

모르타르는 벽돌쌓기의 접착제이며, 모르타르 배합은 일반적으로 시멘트와 모래를 1 : 3의 용적배합비로 사용한다. 벽돌쌓기의 줄눈용 모르타르 배합비는 1 : 3으로 하고 아치쌓기 등 특수한 부분의 모르타르 배합비는 1 : 2로 하여 벽체마감인 치장줄눈의 모르타르 배합비는

1 : 1로 한다. 모르타르에 방수제와 혼화제를 넣어 방수 등의 목적으로도 사용되며 백색 시멘트와 안료를 사용하여 착색줄눈으로 하는 경우도 있다. 모르타르의 비빔은 모래는 체로 치고 시멘트를 잘 섞어 건비빔을 하여 두었다가 벽돌을 쌓을 때에 물을 부어, 잘 반죽하여 바로 사용하도록 한다. 모르타르는 물을 섞어 비빔한 후 1시간 후부터 굳기 시작하여 10시간이 경과되면 굳기가 끝나므로 굳기 시작한 모르타르를 사용해서는 안 된다.

4.2 벽돌쌓기

벽돌벽체의 두께는 치수로 표현하지만 일반적으로 벽돌길이면을 기본단위로 하여 벽체두께가 벽돌의 길이면(190mm)일 때를 한 장 쌓기라 하고, 1.0B쌓기라 하며, 벽체두께가 마구리면(90mm)일 때를 반장쌓기라 하고, 0.5B쌓기라 한다.

벽돌을 쌓을 때는 쌓을 위치에 수평규준틀과 수직규준틀을 모서리에 설치하여 벽돌을 쌓을 때 줄눈과 높이를 항상 일정하게 쌓도록 해야 한다. 수직규준틀에는 벽돌 줄눈금을 먹으로 긋고 필요한 사항, 벽돌켜수 등을 표시하고 이동되거나 변형이 되지 않게 설치하고 고정시킨다.

4.2.1 벽돌쌓기의 준비

벽돌은 쌓기 전에 벽돌에 묻은 흙, 먼지 등을 청소하고 접착이 잘 되도록 2~3일 전에 물을 뿌려두어 표면을 건조시킨 후 사용한다. 그러나 시멘트 벽돌은 쌓기 전에 물축이기를 하지 않고 벽돌을 쌓은 직후 물뿌리개로 모르타르가 씻기지 않도록 주의하면서 물을 뿌린다. 그 이유는 쌓은 후 모르타르가 경화하는 데 벽돌이 모르타르의 물기를 빼앗아가 모르타르가 양생할 수 없기 때문이다.

4.2.2 벽돌쌓기 일반 주의사항

벽돌은 규준틀에 의해서 벽돌 나누기를 하여 토막벽돌에 의해서 손실률이 생기지 않도록 하고 수직, 수평 규준틀에 의해 높이가 정확히 맞도록 쌓는다. 가로줄눈의 모르타르는 일정한 두께를 펴서 바르고, 세로줄눈의 모르타르는 벽돌 마구리면에 모르타르를 발라 쌓는다. 벽돌 쌓기는 벽체면을 균등한 높이가 되도록 벽면을 돌아가면서 쌓고, 하루쌓기 높이는 18켜 정도(1.2m)로 하고 최고 22켜(1.5m) 이내로 하며, 벽체를 다 쌓지 못한 경우는 다음에 이어 쌓을 수 있도록 벽체면을 층단 내어쌓기, 이 내어쌓기를 한다.

벽돌은 쌓은 후 줄눈 모르타르가 굳기 전에 줄눈흙손으로 빈틈없이 줄눈 누르기를 해야 한다. 치장벽돌 벽면일 때는 벽돌 쌓는 일이 끝나면 벽돌 벽면을 청소하고, 가능한 빨리 줄눈이 굳기 전에 치장줄눈파기를 한다.

4.2.3 줄눈(Masonry joint)

벽돌을 쌓을 때 벽돌과 벽돌 사이의 모르타르를 줄눈(Joint)이라 하며, 줄눈에는 수평줄눈과 수직줄눈이 있다. 줄눈의 치수는 공사 내용에 따라 다를 수도 있지만 일반적으로 10mm를 표준으로 하고 가장 많이 사용한다. 벽돌로 쌓은 벽체면의 줄눈형상이 수직으로 통한 줄눈을 통줄눈이라 하고, 계단과 같이 연속적으로 올려 있는 줄눈을 막힌줄눈이라 한다.

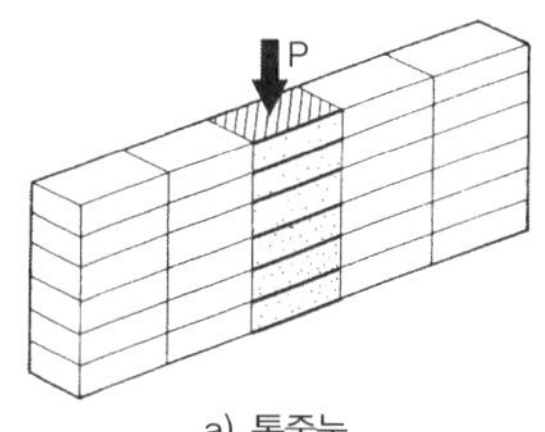

a) 통줄눈

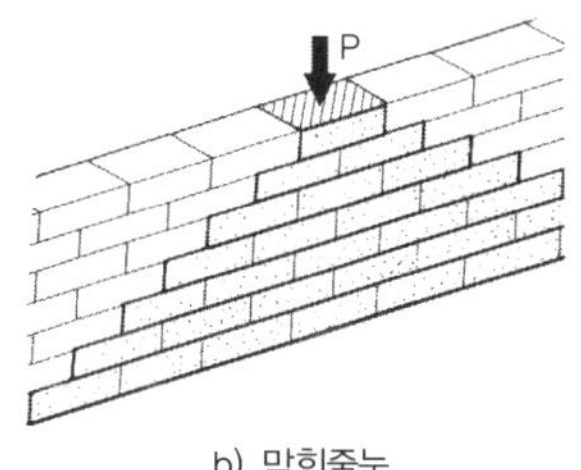

b) 막힌줄눈

그림 4-2 벽돌의 줄눈

통줄눈은 쌓은 벽체가 물림이 없어 서로 연결되지 않아 하중분산이 되지 않으므로 내력벽에는 사용할 수 없으며 벽체가 부동침하되고, 수평력이 작용되면 쉽게 넘어지게 된다.

막힌줄눈으로 쌓은 벽체는 외부에서 주어진 하중이 연속적으로 물려 있는 벽돌에 작용하여 힘이 분산되어 기초면까지 넓게 분포되므로 큰 힘에 견딜 수 있는 구조형태이며 부동침하, 수평력에 대한 저항력이 매우 크다.

벽돌을 쌓은 후 물이 스며들 틈을 없애거나 벽돌과 줄눈 색을 조화시키기 위해 치장줄눈을 한다. 치장줄눈은 벽돌을 쌓아 가면서 줄눈 모르타르가 아주 굳기 전에 벽면에서 20~25mm 깊게 파 두었다가 색소를 첨가한 방수 모르타르를 줄눈흙손으로 줄눈면을 마감한다.

마감형태에 따라 치장줄눈은 평줄눈, 빗줄눈, 오목줄눈, 볼록줄눈 등이 있다. 평줄눈은 벽체에서 줄눈이 조금 들어가 있고 매 벽돌면이 돌출되어 있어 전체 벽면이 보기가 좋다. 빗줄눈은 줄눈의 상부가 벽체면 보다 들어가 있는 경사면을 가지는 줄눈이며 이 빗줄눈은 불규칙한 벽돌의 줄눈 폭을 고르게 보이게 한다.

오목줄눈은 벽면에서 줄눈이 반원으로 오목하게 들어간 줄눈이며 볼록줄눈은 오목줄눈의 반대로 반원이 벽면에 볼록 나온 줄눈이다. 오목줄눈은 줄눈이 좁게 보이며, 볼록줄눈은 줄눈틈새를 치밀하게 막는 효과가 있다.

4.2.4 벽돌쌓기 방법

벽돌쌓기 방법은 벽체의 입면 배열 상태를 보고 말한다. 길이쌓기(Stretching bond)는 벽돌의 길이면만 보이도록 쌓는 방법으로 막힌줄눈 쌓기가 되게 하기 위해 벽면의 첫 번째와 끝면에 벽돌이 마구리면이어야 한다.

마구리쌓기(Heading bond)는 벽돌의 마구리면만 보이도록 쌓는 방법인데 일반 벽체에서는 막힌줄눈으로 쌓기 위해 벽면의 양 끝단에서 두 번째 벽돌은 반절을 넣어 쌓는다.

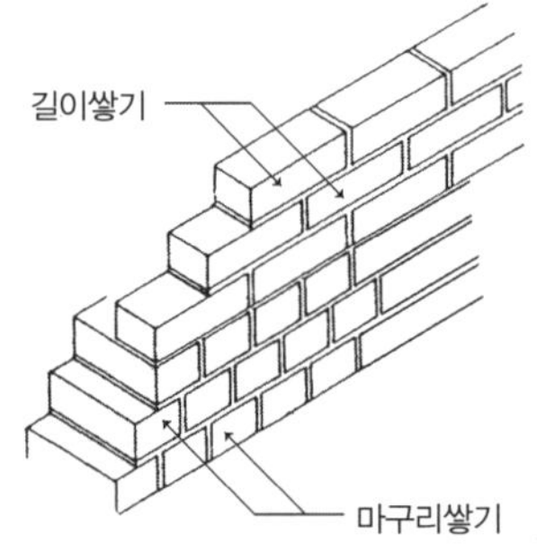

그림 4-3 길이쌓기, 마구리쌓기

(1) 영식쌓기(English bond)

기초 위에 모르타르를 수평으로 깔고, 시작은 길이쌓기, 마구리쌓기 중 어느 쌓기나 먼저 해도 되지만 항상 길이켜와 마구리켜가 교대로 쌓이는 방법이다.

영식쌓기 벽돌 배열은 마구리쌓기 켜에서 벽체길이에 관계없이 벽체 양끝의 두 번째 벽돌은 항상 반절을 넣어 쌓는다. 이와 같이 반절을 넣어 쌓는 이유는 막힌줄눈으로 벽체를 쌓기와 벽체 내부에 수직줄눈이 생기지 않게 하기 위해서이다. 영식쌓기는 시공이 간단하고 벽체가 막힌줄눈만 가지므로 내력벽을 쌓을 때 가장 널리 사용되는 방법이다.

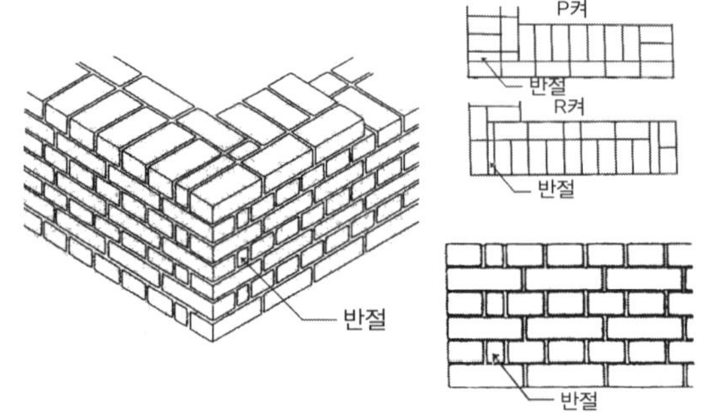

그림 4-4 영식쌓기

(2) 화란식쌓기(Dutch bond)

영식쌓기와 같이 길이쌓기 켜와 마구리쌓기 켜가 교대로 번갈아 쌓이게 되지만 벽체의 시작과 끝단에서 길이쌓기 켜에서 첫 벽돌을 칠오토막으로 넣고 쌓는 방법이다.

이 화란식쌓기는 1.0B쌓기에서는 통줄눈이 생기지 않으나 1.5B 이상 쌓기에서는 벽체면 내부에 통줄눈이 많이 생기므로 주의해야 한다.

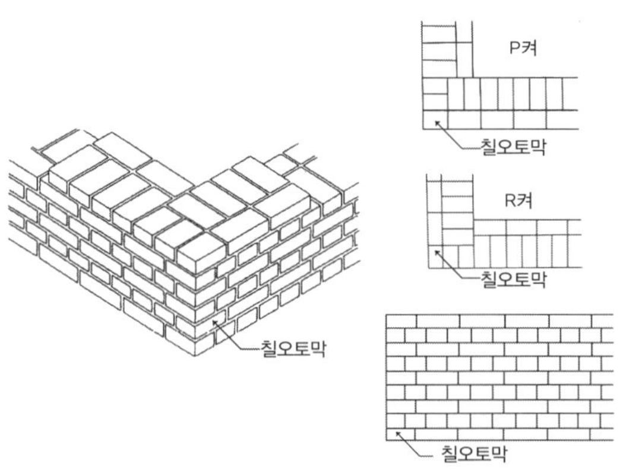

그림 4-5 화란식쌓기

이렇게 쌓는 방법은 영식쌓기보다는 덜 견고하고, 길이쌓기 켜의 수직줄눈이 위 켜와 아래 켜가 동일한 위치에 놓이지 않을 수도 있지만 일하기 쉽고 모서리가 견고하므로 우리나라에서 많이 사용되는 벽돌쌓기 방법이다.

(3) 불식쌓기(Flemish bond)

벽체의 동일 켜에서 길이면과 마구리면이 번갈아 교대로 쌓는 방법이다. 이 쌓기 방법도 벽체면에서 첫 번째 마구리 벽돌 다음에 반듯이 반절이 놓인다. 이 불식쌓기는 통줄눈이 많이 생겨 구조적으로 견고하지는 않지만 벽돌 쌓은 외벽면에 亞자를 연속적으로 배열되게 보여 주므로 매우 아름답다.

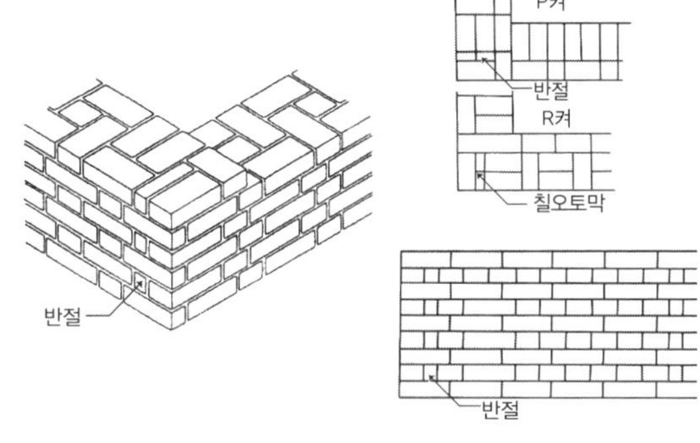

그림 4-6 불식쌓기

불식쌓기는 벽체 앞뒷면의 모든 켜가 길이면, 마구리면이 교대로 쌓은 양면 불식(Double flemish)쌓기와 앞면은 불식쌓기, 뒷면은 영식쌓기를 한 한면 불식(Single flemish)쌓기로 한 것도 있다.

(4) 미식쌓기(American bond)

벽체의 앞면은 치장벽돌로 길이쌓기를 하고, 뒷면은 영식쌓기를 한다. 치장벽돌로 5켜는 길이쌓기를 하고 다음 켜는 마구리쌓기를 하여 뒷벽에 물려서 쌓는 방법이다. 주택에서 외부 노출벽은 붉은벽돌로 쌓고, 내부 벽체는 시멘트 벽돌을 사용할 때 많이 사용하는 방법이다.

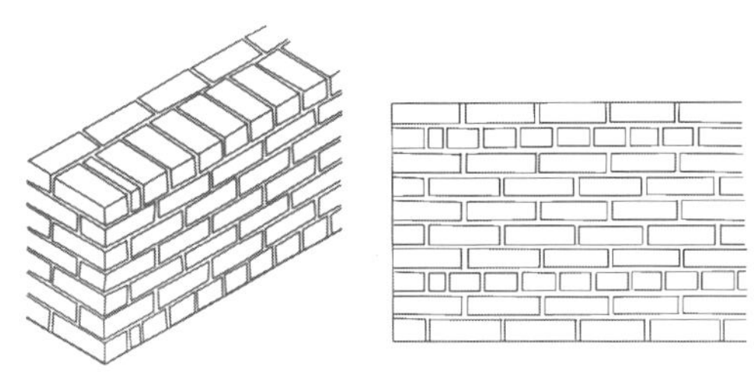

그림 4-7 미식쌓기

(5) 기타 쌓기

벽돌쌓기는 이 밖에도 특수한 목적, 의장 등 벽체의 일부를 특수한 쌓기를 한다. 이 특수한 쌓기 방법은 힘을 받는 내력벽에는 사용하지 않는다.

① 모서리 · 교차부 쌓기

벽의 직각 모서리는 ㄴ자형으로, 교차부는 T자형으로 서로 맞닿는 면에는 한 켜 걸름으로 벽돌길이의 반이 벽에 물려서 쌓아야 통줄눈이 생기지 않고 견고하게 물려 쌓을 수 있다.

② 모쌓기

모쌓기는 벽돌의 190×57(mm) 길이면이 치장면이 되도록 벽돌을 눕혀서 쌓는 방법이다. 이 쌓기는 미서기문을 열었을 때 벽 속에 들어가 보이지 않게 하는 크기가 작고 좁은 비내력에 사용된다.

벽돌쌓기 중 가장 얇은 벽체 쌓기 방법이다.

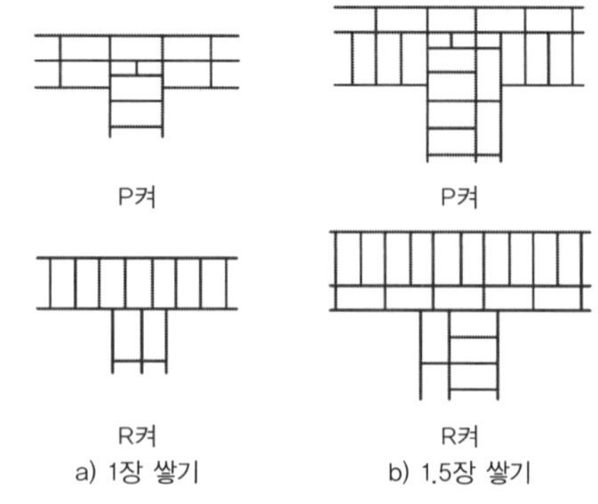

a) 1장 쌓기 b) 1.5장 쌓기

그림 4-8 T형 교차부

③ 세워쌓기

세워쌓기는 벽돌의 90×57(mm) 마구리면이 치장면이 되도록 벽돌을 수직으로 세워쌓는 방법이다. 창대의 옆세워쌓기는 벽면보다 1/4B 내밀어 쌓고 물흘림 물매로 15° 정도 경사를 두어 쌓고 줄눈은 방수처리를 해야 한다.

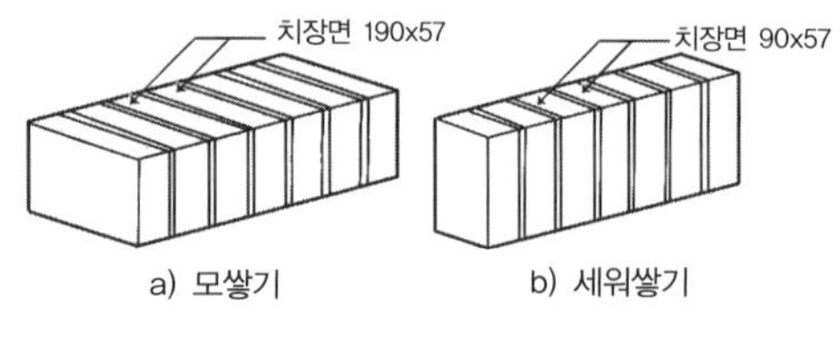

a) 모쌓기 b) 세워쌓기

그림 4-9 모쌓기 · 세워쌓기

④ 무늬쌓기

무늬쌓기는 벽돌을 1/8B, 1/4B 정도 벽면에 돌출되게 요철을 두어 글씨, 무늬 등을 만들면서 쌓는 방법이다.

이 무늬쌓기는 벽면에 변화와 요철을 주어 장식적인 효과를 얻을 수 있다.

무늬쌓기는 벽돌을 세워 쌓는 바구니무늬쌓기 방법, 경사지게 쌓는 경사무늬쌓기, 오늬무늬쌓기 방법, 처마, 담 등의 내쌓기를 할 때 45° 모서리 면이 돌출되게 쌓는 엇모쌓기 방법 등이 있다.

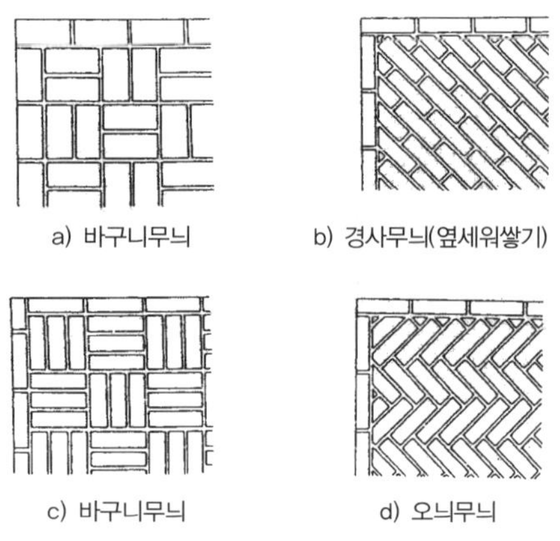
a) 바구니무늬 b) 경사무늬(옆세워쌓기)

c) 바구니무늬 d) 오늬무늬

그림 4-10 무늬쌓기

⑤ 영롱쌓기

벽면에 구멍을 내어 장식할 목적이거나 마루 밑의 환기를 위해 구멍을 내며 쌓는 방법이다. 구멍의 모양은 ㅁ사각형, −일자형, +십자형 등이 있다.

4.3 벽돌벽

4.3.1 벽돌 기초 쌓기

벽체의 하중을 기초에 분산시키기 위해 벽돌벽쌓기에서는 벽체두께보다 기초판에 면한 기초 벽돌이 2배 되게 내쌓기하여 60° 경사 단형이 되게 쌓고 최종 밑면은 2켜 쌓기로 한다.

잡석지정, 철근콘크리트 기초판의 폭은 기초벽돌면보다 좌우로 10cm 정도 돌출시키고 기초판의 두께는 기초판 폭의 1/3 정도 값 또는 15cm 이상으로 하며, 잡석지정의 두께는 30cm로 한다.

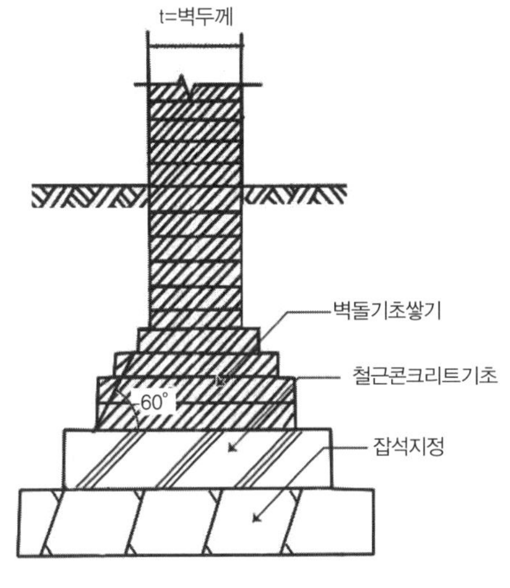

그림 4-11 벽돌기초쌓기

4.3.2 내쌓기(corbel)

벽돌벽체에 마루틀을 짜대기 위해 장선받이틀을 만들거나 인방을 받치는 틀, 방화벽으로 처마 부분을 가리기 위해서는 벽면을 돌출시켜 내쌓기를 해야 한다. 내쌓기는 매켜 돌출시킬 때는 1/8B로 하고, 2켜씩 돌출시킬 때는 1/4B로 한다.

최대 내쌓기 한도는 2.0B이며 전체 내쌓음은 벽체 두께를 초과할 수 없다. 내쌓기의 마무리는 항상 2켜 내쌓기로 하고 벽돌쌓기는 마구리쌓기로 해야 충분한 강도를 가질 수 있다.

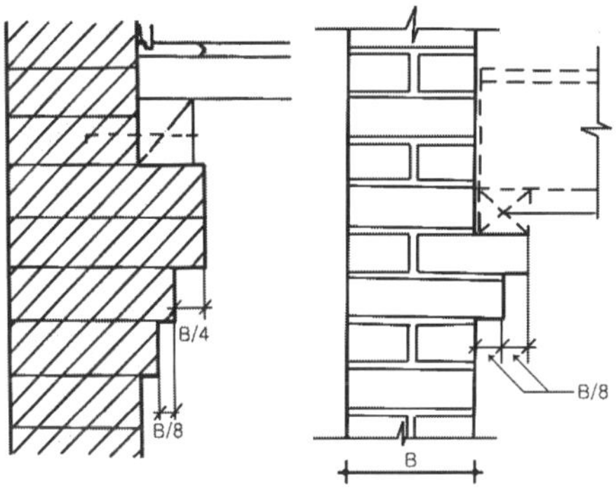

그림 4-12 벽돌내쌓기

4.3.3 들여쌓기(Offset)

기초에서부터 두꺼운 벽체를 쌓아 올리다가 벽면에 장선, 보 등의 받침대인 깔도리를 놓기 위해 벽두께 면을 줄여서 벽두께를 얇게 쌓는 방법이다. 또 무거운 자중이나 벽체의 벽돌량을 줄이기 위해서는 들여쌓기를 한다.

4.3.4 공간쌓기(Cavity wall)

공간쌓기는 겹벽쌓기, 2중벽쌓기라고도 하며 벽돌벽면이 바깥벽면(외벽)과 내부벽면(내벽) 사이에 공간층을 만드는 구조를 공간쌓기라 한다. 이 공간쌓기벽은 벽체가 가져야 할 최상의 구조라 할 수 있다.

일반적으로 벽돌벽의 외벽은 단열, 차음 효과가 좋아 필히 공간쌓기구조로 해야 하고, 최근에는 내벽도 방음효과가 좋아 많이 사용된다.

공간쌓기구조는 하나의 벽체가 외벽(바깥벽면), 밀폐된 공간층, 내벽(건물 내부 벽면)으로 구성되어 있다.

(1) 공간층(Cavity)

공간층은 완전히 밀폐된 공간이어야 한다. 공간층이 밀폐되면 대류 작용이 생기지 않으므로 단열효과와 방음효과가 매우 크다. 공간층은 일반적으로 50mm를 가장 많이 사용하고 최대 150mm까지로 한다. 공간층을 50mm 미만으로 하는 것은 단열효과가 떨어진다. 공간층을 유지하기 위해 바깥벽과 내벽을 잇는 철물을 연결쇠(wall tie)라 한다. 연결쇠는 바깥벽이 넘어지지 않도록 내벽에 걸쳐 잡아주는 역할을 한다. 연결쇠는 견고하게 양쪽 벽에 잘 물릴 수 있는 모양이어야 하고, 바깥벽체를 타고 스며드는 물이 내벽에 미치지 못하는 형태로 만들어지며 녹슬지 않아야 한다.

연결쇠를 철사로 만들 때는 지름 3mm 이상 철선을 8자 형태로 구부리고 양 끝단을 중앙에서 꼬아서 내린다. 이와 같이 만드는 이유는 빗물이 내벽에 전달되지 않고 공간층에 떨어지도록 하기 위함이다. 연결쇠의 길이는 200~250mm, 폭은 60~90mm이나 벽체 두께에 따라 조절할 수 있다. 연결쇠는 수평간격 800mm(벽돌 길이 4장), 수직간격 400mm(벽돌 6켜) 간격으로 서로 엇갈리게 놓이게 해야 한다. 또 벽면의 모퉁이, 개구부 등 집중하중이 많이 작용하는 개소는 연결쇠의 수직간격을 250mm(벽돌 4켜) 미만이 되게 설치하여야 한다.

(2) 공간쌓기(Cavity wall)

공간쌓기는 바깥벽, 공간층, 내벽으로 구성된다. 벽돌벽은 일반적으로 바깥벽은 치장쌓기를 하므로 붉은벽돌을 사용하고 내부벽은 실내를 마감하므로 시멘트 벽돌쌓기를 한다.

기초 위에 공간쌓기 벽체를 쌓을 때는 지표면보다 최소 5cm 이상 높게 하고, 이 공간층에는 모르타르, 콘크리트(1 : 2 : 4로 최대 골대 크기 20mm 미만인 것)를 채워야 한다. 이와 같이 지표면보다 높게 채우는 것은 지하수로 고여 있다 얼게 되면 팽창되어 벽면이 손상되는 것을 방지할 목적으로 한다.

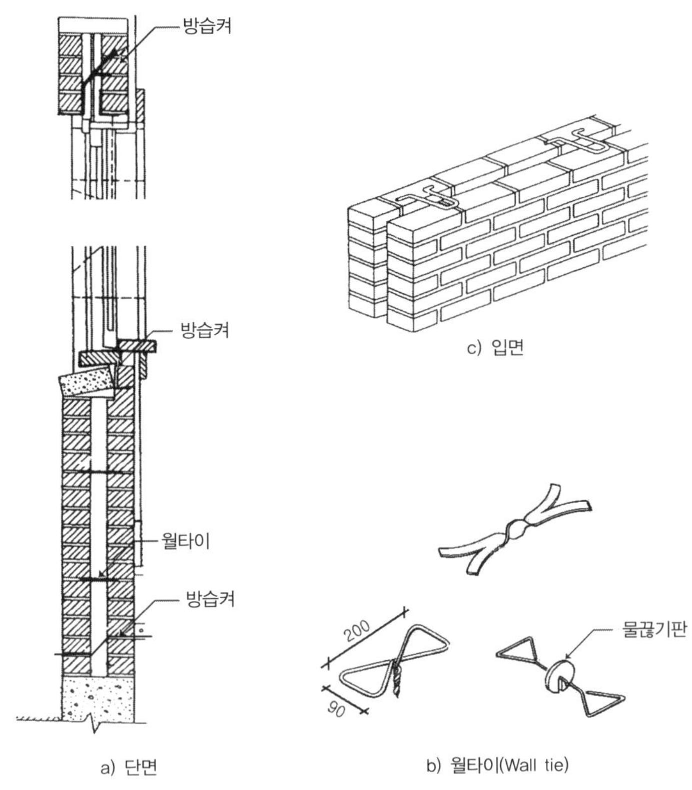

그림 4-13 공간쌓기

(3) 방습켜(Damp Proof course)

벽면이 모세현상에 의해 젖는 것을 막기 위해서 방습켜, 방습층을 둔다. 방습켜를 수평방향으로 두면 수평방습켜, 수직방향으로 두면 수직방습켜라 하고 지표면에서 벽체를 타고 올라오는 습기를 막는 수평방습켜를 주 방습켜라 한다.

방습켜는 동판, 납판, 아스팔트, 아스팔트 루핑지 등이 있다. 아스팔트 루핑지는 사용이 간편하고 가격이 싸기 때문에 방습켜에 가장 많이 사용된다. 아스팔트 루핑지는 폭이 900mm인 두루마리로 말려 있으며 서로 붙지 않도록 한 면은 활석가루 다른 면은 모래가 입혀져 있다.

아스팔트 루핑지는 모르타르와 접착이 잘되며 방습켜로 사용할 경우 벽체가 미끄러지는 현상도 없다. 또 아스팔트 루핑지를 이어서 사용할 때는 100mm 이상 겹쳐서 사용해야 한다.

주 방습켜의 위치는 지면보다 150~300mm 정도에 설치한다. 공간쌓기의 주 방습켜는 바깥벽과 내벽을 각각 따로 설치하고, 공간층의 밑바닥에서 방습켜까지는 최소 150mm 이상 차이 있게 설치해야 공사중 모르타르가 떨어져서 주 방습켜 위에까지 쌓이는 것을 막을 수 있다.

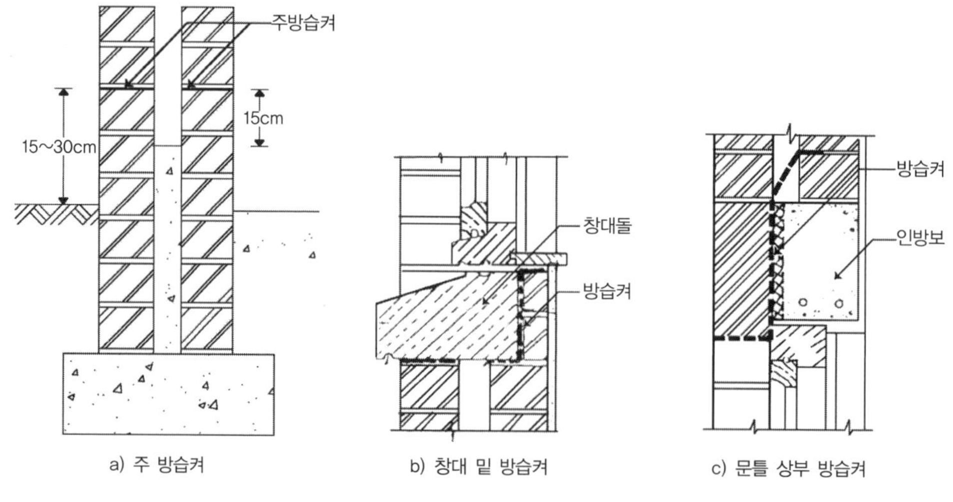

그림 4-14 각 부위 방습켜

벽체에서 방습켜 설치는 벽돌 위에 먼저 모르타르를 펴고 방습켜를 놓은 후 다시 모르타르를 편 후 벽돌쌓기를 계속한다. 주 방습켜를 설치하고 깔도리 밑이나 목재 창대 밑에도 방습켜를 깔아서 목재의 썩음을 막아야 하며, 개구부의 인방보에도 인방보 크기보다 좌우로 150mm 이상 크게 방습켜를 넣고 테두리 보 하단에도 방습켜를 둔다.

개구부의 벽체가 마감되는 마구리 부분에서 공간쌓기의 바깥벽과 내벽이 이어지는 곳에는 수직 방습켜를 설치하여 문틀과 벽면 틈새로 모세현상에 의해 스며드는 빗물을 막기 위한 물끊기 홈까지 방습켜를 끼워서 설치해야 내벽이 습기에 의해 젖는 것을 막을 수 있다.

(4) 공간쌓기의 주의사항

① 벽돌쌓기에서 수직, 수평줄눈에 빈 공간이 생기지 않도록 잘 쌓아서 밀폐된 공간층을 만들어 공기층에 대류작용이 생기지 않도록 해야 한다. 벽체의 바깥벽 줄눈을 블록치장줄눈으로 마감하면 바깥벽체를 밀실하게 할 수 있다.

② 벽체 공간층에 면한 하부의 바깥벽 또는 내벽에 청소하기 쉽게 군데군데 벽돌을 임시쌓기(dry bond)를 하고 벽체를 쌓은 후 벽체쌓기한 벽돌을 빼놓고 청소한 후, 빼어놓은 벽돌을 모르타르로 완벽하게 끼워서 쌓는다.

③ 벽체의 모퉁이, 개구부 벽체마감 부분, 인방, 테두리보 등은 바깥벽과 내벽이 방습켜로 나누어 연결되어야 한다.

④ 공간쌓기의 바깥벽체를 관통하는 수도, 전기, 하수관 등은 내벽쪽이 높고 바깥벽 쪽이 낮게 물매를 잡아서 설치하고 아스팔트로 철저히 안팎으로 틈막이를 한다. 그러나 굴뚝연도의 물매는 건물 내부로 경사지게 되므로 틈막이에 특히 주의해야 한다.

⑤ 공간쌓기에 상부층(윗층) 슬래브, 테두리보, 지붕 슬래브 콘크리트 등을 칠 때는 공간층에 콘크리트가 흘러 들어가지 않도록 공간층을 잘 막아야 한다. 일반적으로 이 부분은 방습켜를 두는 곳이므로 아스팔트 루핑지를 깔아서 사용한다.

⑥ 바깥벽체의 잘못으로 스며드는 빗물이나 결로현상에 의해 물이 공간층에 고이는 것을 방지하기 위해 주 방습켜 하부에 물구멍(Weep hole)을 설치한다. 물구멍은 지름 5mm 정도 되게 공간층에서 바깥벽 쪽으로 물매를 두어 수직줄눈에 설치한다.

⑦ 단열재를 공간쌓기의 공간층에 넣으려면 연결쇠에 플라스틱이 달린 것으로 단열재판과 바깥벽 사이에 최소 20mm의 공간층이 생기도록 단열재판을 내벽에 밀착시킨다. 단열재판을 바깥벽과 내벽 어느 쪽에 부착시켜도 열손실량은 같으나 내벽에 부착하는 것이 방 안의 온도를 올리는 데 효율적이다.

4.3.5 단내어쌓기(Raking back) · 이내어쌓기(Toothing)

벽체를 쌓기 하루 작업을 마무리하고 다음에 작업을 하기 위해서 벽체는 층단으로 계단과 같이 내어쌓기를 한다. 이 쌓기 방법을 단내어쌓기라 한다. 계단과 같이 내어쌓는 것은 나중에 쌓는 벽돌과 물림이 되어 막힌줄눈 쌓기가 되도록 하기 위해서이다. 이내어쌓기는 벽돌쌓기작업을 끝마치고, 나중에 기존 벽체에 이어서 벽체를 쌓고자 할 때 이미 쌓은 벽체와 나중에 쌓을 벽체에 물림을 주기 위해 벽체 마구리를 한 켜 걸러 톱니모양으로 내밀어 쌓는 방법이다.

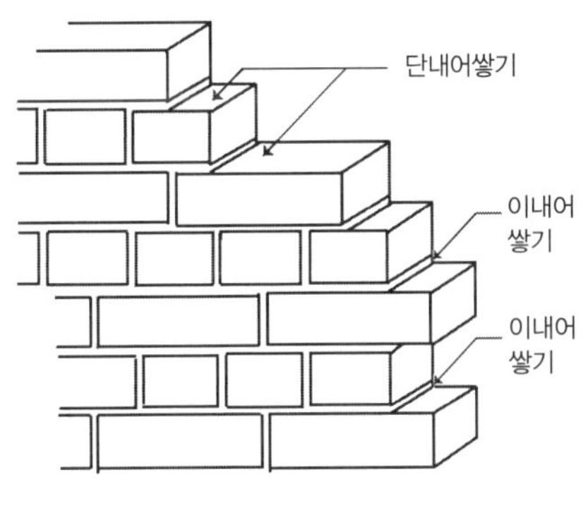

그림 4-15 단내어 · 이내어쌓기

4.3.6 벽체 따내기(Indent)

벽체 마구리에 이내어쌓을 수 있도록 되어 있지 않거나 기존 벽돌 벽면에 이어서 새로운 칸막이 벽체를 만들고자 할 때는 기존의 벽면에 벽돌을 물려서 쌓기 위해 한 켜 걸러 톱니모양으로 기존 마구리 벽체면을 파내는 것을 벽체 따내기라 한다.

4.3.7 벽체의 백화현상

붉은벽돌 쌓기로 벽돌쌓기를 한 후, 벽체 표면에 흰 가루의 풍화물이 생기는데, 이것을 백화(Efflorescence)현상이라 한다. 이것은 벽체를 쌓을 때 줄눈 모르타르의 수분과 시멘트 모르타르의 알칼리성분, 벽돌의 황산나트륨, 탄산칼슘 등과 화학반응하여 발생된다. 붉은벽돌 표면에 얼룩 흰 반점이 보여 외관상 좋지 않고 오지벽돌의 표면을 손상시키는 경우도 있다. 이 백화현상은 깨끗한 물로 씻어 제거할 수 있지만 제거되지 않는 것은 물에 염산을 묽게 희석하여 제거하고 깨끗한 물로 여러 번 씻어 주어야 한다.

백화현상을 방지하기 위해서는 벽돌을 쌓을 때 줄눈을 치밀하게 눌러 쌓아서 빗물이 벽돌 내부로 스며드는 것을 방지하고, 벽돌은 잘 구워진 질 좋은 벽돌을 사용하면 줄일 수 있다. 벽체에 면해서 처마, 차양, 루버 등을 두어 빗물이 직접 벽체를 타고 흐르지 않도록 한다.

4.3.8 벽체쌓기 유의사항

(1) 벽체의 높이 · 벽체 길이

벽돌 건축물의 높이(지표면에서 지붕면까지)는 14m 이하로 하고, 한 층의 높이는 4m 이하로 한다. 건축물의 폭은 건축물 높이의 1/2 이상이 되어야 하고, 지하실을 제외한 3층 이하로 한다. 벽길이는 벽에 연결된 이웃 대린벽, 칸막이벽, 보강기둥 등의 중심간 거리를 말하며, 이 벽길이는 11m 미만이다. 벽길이가 10m 이상이면 벽길이 10m마다 부축벽, 보강기둥을 두어야 한다. 내력벽으로 둘러싸인 각실의 넓이는 80m^{2}를 초과할 수 없으며, 내력벽이 3면인 실은 30m^2 미만으로 한다.

(2) 벽체의 두께

벽돌 벽체의 내력벽 최소 두께는 1.0B(190mm) 이상으로 하고, 2층일 때 아래층의 벽체두께는 윗층 벽체두께보다 0.5B(90mm) 이상 두껍게 한다. 칸막이벽체의 두께는 0.5B(90mm)로 한다. 보강기둥은 벽체에 물려서 쌓인 두께가 벽체두께의 3배 이상으로 하고 1.0B 이상으로 한다.

(3) 개구부 · 기타

창문, 문 등의 개구부 폭의 총합은 벽체길이의 1/3 이하로 해야 하므로 벽돌조에서 개구부는 폭이 좁고 일정한 위치에 균등하게 배열된 것이 좋다. 개구부 상호간의 수평거리는 벽체두께의 2배 이상이 되게 하고, 상부, 하부 개구부의 수직거리는 60cm 이상 떨어져 있어야 하고 큰 집중하중이 작용되지 않게 하여야 한다.

철근콘크리트 슬래브가 벽체에 받쳐지는 폭은 최소 100mm 이상 되게 하고, 지간이 6m 이상인 보, 장선 등은 벽체가 직접 받도록 해서는 안 된다. 또 벽체에 전기선관, 수도관 등을 매입하기 위해 홈을 팔 때는 수평 홈 깊이는 벽체두께의 1/6 이하, 수직 홈 깊이는 벽체두께의 1/3 이하로 한다.

4.4 개구부

벽돌벽 쌓기에서 환기와 채광을 위한 창문이나 공간의 출입에 필요한 문을 개구부라 한다. 개구부에는 인방, 아치, 창대, 문턱, 개구부 받이벽이 있다.

4.4.1 인방(Lintel)

개구부의 지간이 짧은 문틀, 창문틀에 직접 벽돌쌓기를 하는 경우 개구부 윗틀이 벽돌무게에 의해 문틀, 창문틀이 쳐져서 여닫기가 힘들게 된다. 또 개구부 상부의 양 모서리에 45°의 틈이 벌어지는 일이 생기는데 개구부 양 옆 벽체가 개구부 위 벽체보다 수평줄눈이 많아 수축량이 커서 개구부 옆 벽이 내려앉기 때문이다. 이런 문제에는 개구부에 인방을 설치하여 해결한다.

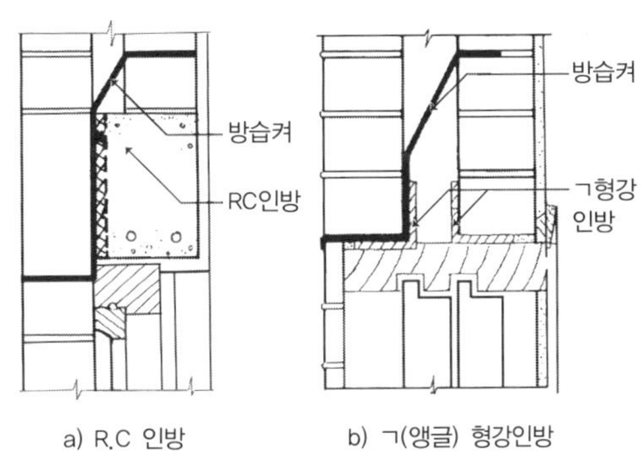

그림 4-16 인방(방습켜)

개구부의 상부 벽체를 받쳐서 창, 문에 하중이 작용되지 않도록 하는 수평부재를 인방이라 한다. 인방은 벽돌, 돌, 철근콘크리트, 철골의 앵글(angle) 등을 사용한다.

인방보의 춤은 일반적으로 개구부 크기에 비례하여 인방춤을 높여야 한다. 인방이 받쳐주는 벽체 하중은 개구부 순폭에 1.1배를 곱한 값을 밑면으로 하는 등변삼각형의 벽량 무게로 한다. 벽돌인방은 지간이 75cm를 초과하면 개구부를 보강하여야 한다.

개구부가 커서 인방을 철근콘크리트보로 할 때는 벽체의 벽돌쌓기가 중단되지 않도록 미리 개구부에 맞는 철근콘크리트 인방보를 만들어 두었다가 사용한다. 이 철근콘크리트 인방보는 미리 만들었기 때문에 조기수축이 끝난 상태이므로 벽돌벽체와의 틈새도 생기지 않는다. 철근콘크리트 인방보는 양 벽면에 최소 150mm 이상 물리도록 하고, 인방보의 춤은 벽체의 벽돌높이에 일치되어 줄눈이 맞게 놓여야 한다. 최근에는 철근콘크리트 인방보가 치장벽면에 노출되지 않도록 벽 속에 숨겨 설치한다.

4.4.2 아치(Arch)

아치는 벽돌, 돌을 개구부 위에 쌓아 올려서 개구부 상부의 하중을 벽체에 지지 전달하는 구조이다. 아치는 아치틀 상부의 수직압력이 아치 부재축선을 따라 좌우로 나누어져 직압력으로만 전달되며 부재에는 압축력만이 작용되는 구조이다. 그러므로 아치부재인 벽돌이나 돌은 이 부재축선에 수직방향으로 맞추어 쌓아야 하고, 줄눈은 모두 중심점에 모여야 한다.

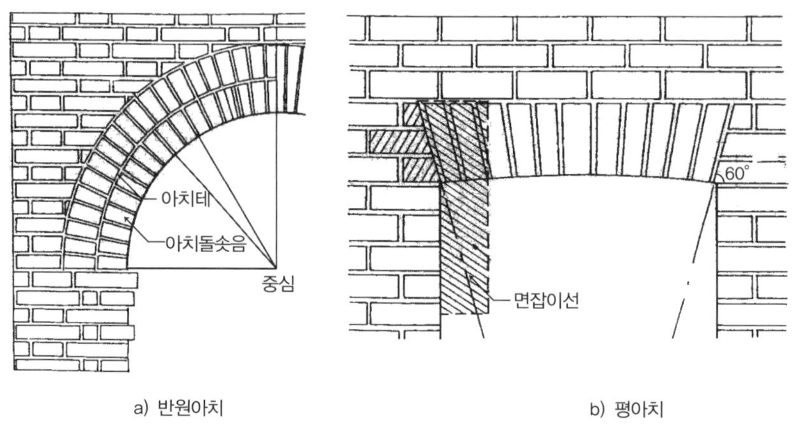

a) 반원아치 b) 평아치

그림 4-17 아치

(1) 아치 틀기 종류

개구부 상부에는 아치를 틀고 벽돌쌓기를 한다. 아치벽돌을 쐐기모양으로 주문 제작하여 사용한 쐐기아치(Gauged arch)와 벽돌을 다듬지 않고 그대로 사용하고 줄눈을 쐐기모양으로 해서 틀어올린 막아치(Rough arch)가 있다. 이 막아치는 개구부를 노출시키지 않고 미장마감을 하는 곳에 사용된다.

(2) 아치 모양의 종류

아치 모양의 종류는 여러 가지가 있으나 주로 사용되는 것은 평아치, 결원아치, 반원아치 등이 있다.

① 평아치(Flat arch)

인방보와 같은 개념의 아치이다. 이 평아치는 지간이 1.0m 미만일 때 사용하며 지간이 그 이상일 때는 아치 뒷면에 인방보를 설치해야 한다. 평아치가 시작되는 경사각은 일반적으로 60°로 하고, 아치 등(아치 상부)은 벽체의 수평줄눈과 일직선이 되게 해야 보기가 좋다.

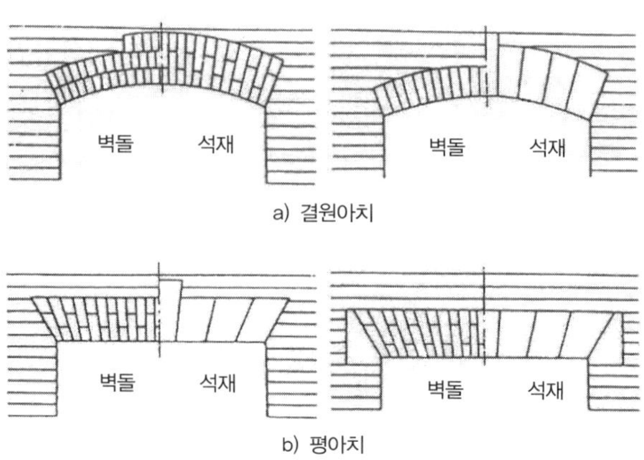

a) 결원아치

b) 평아치

평아치 밑면을 일직선으로 해도 아치가 처져 보이고, 처짐이 조금이라도 일어나면 매우 처져 보이기 때문에 평아치 밑면은 지간 1m마다 아치춤 크기에 따라 중앙면을 10~20mm 치켜 올려야 한다.

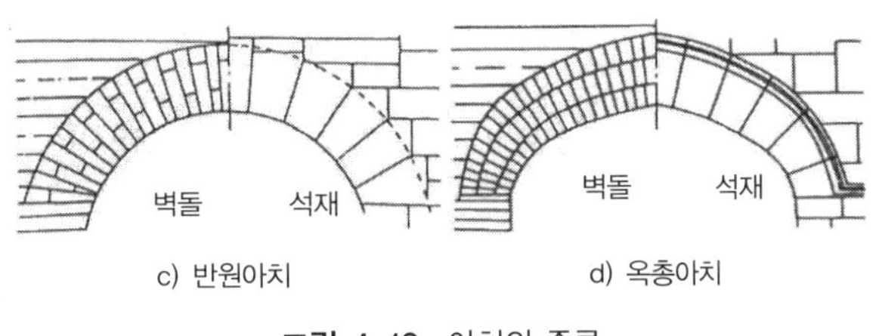

그림 4-18 아치의 종류

② 결원아치(Segmental arch) · 반원아치(Semicircular arch)

아치의 호가 원의 일부인 형태를 결원아치(Segmental arch)라 한다. 평아치의 상부는 일직선이나 이 결원아치는 일직선 줄눈에 원의 일부인 원호가 삽입된 모양으로 벽면에 부드러운 곡선의 변화를 준다. 또 아치의 호가 반원인 것을 반원아치(Semicircular arch)라 하며 이 반원아치는 매우 안정적이고 자연스러우며 우아한 느낌을 주는 아치이다.

결원아치, 반원아치의 아치벽돌 틀은 모두 아치원의 중심점을 향하고 있어야 한다. 반원아치의 중앙 부위를 뾰족하게 변화시켜 준 튜더아치, 아치호를 길쭉한 포물선 모양으로 한 고딕아치 등도 있다.

(3) 아치쌓기

아치를 쌓은 개구부 밑에 이동, 변형이 생기지 않도록 나무로 아치모양의 가설 받침틀을 만든다. 아치벽돌을 양쪽의 끝단부터 좌우 균등하게 대칭되도록 쌓고 마지막에는 이맛돌(Voussiors)을 끼워 아치를 완성하고 받침틀은 모르타르가 완전히 굳은 다음 떼어낸다.

아치쌓기에 사용하는 모르타르의 배합은 1 : 2로 하고 사춤모르타르는 빈틈 없이 채워 바르게 쌓으며, 쌓은 후에는 충격을 주지 않고 보양하여 굳은 후 벽체쌓기를 한다.

4.4.3 창대(Window sill, sill)

창대는 창문을 받쳐주며 창문틀 밑의 벽체를 보호할 목적으로 사용한다. 창에서 씻겨 내려온 빗물은 창대, 창대 밑의 벽체를 통해 집안으로 들어오기 쉬우므로 창대는 빗물이 스며드는 것을 막을 수 있는 구조이어야 한다.

창대로 사용되는 재료는 벽돌, 콘크리트, 돌 등이 있다.

(1) 벽돌창대

벽돌창대는 빗물이 밖으로 흘러내리도록 벽돌길이(190mm)에 10mm 경사지게(10°~15° 정도) 물흘림 물매를 주고 벽돌은 잘 구어진 불침투성인 것으로 모쌓기를 한다. 벽돌의 줄눈은 가능한 좁게 하고 방수모르타르를 마감하여 줄눈으로 스며드는 물을 막아야 한다.

모쌓기한 벽돌은 벽면보다 최소 30mm 이상 돌출시켜서 흘러내리는 빗물이 창대 밑 벽에 영향을 주지 않도록 한다. 벽면보다 돌출시키는 것을 물끊기라 한다.

(2) 콘크리트 · 돌 창대

콘크리트 · 돌 창대는 벽돌공사가 지연되지 않도록 미리 만들어 두었다가 사용하도록 하고, 창대에는 윗면은 경사지게 10~15°의 물흘림 물매를 만들고 벽에 닿는 하부면은 물끊기홈을 만들어야 한다. 창대의 두께는 벽체의 수평줄눈과 일치되게 벽돌 켜 높이에 맞게 정해야 하고, 창대 좌우 벽체에 최소 150mm 이상 물리도록 해야 한다.

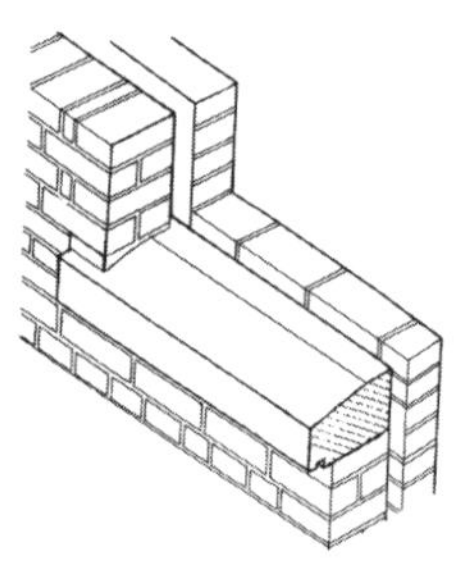

그림 4-19 창대

콘크리트 · 돌 창대는 벽면에 물리는 양 끝부분에만 모르타르를 깔고 창대 중앙부에는 탄력 성질(아스팔트 루핑지 등)의 것을 놓고 나중에 치장줄눈마감만 한다. 중앙부에도 모르타르를 깔면 벽에 물리는 창대에 양 끝단에서 실리는 벽체 무게에 눌려서 창대 중간부가 부러지게 되므로 창대 중앙부에는 비워 놓든가 탄력 성질을 가지는 물체를 받쳐둔다.

돌창대는 물흘림 물매면과 앞의 돌표면은 물갈기를 하고, 콘크리트 창대는 표면을 고운 모르타르로 마감하거나 동판, 납판으로 마감하는 경우도 있다.

4.4.4 문턱(Threshold)

외부 출입문인 현관에는 문턱을 두는 것이 원칙이지만 건물의 실내 문에는 바닥면, 마루의 고저차를 없애기 위해 안 두는 경우도 있다. 문짝의 밑 부분을 문턱이라 한다. 문턱은 외부와 실내, 방과 마루, 방을 나누고 구획하며 문 밑으로 스며드는 바람, 빗물, 소음 등을 차단하는 역할을 한다. 문턱의 사용재료는 목재, 콘크리트, 돌, 철재 등이 있으며 건물의 실내에서는 문밑틀을 문틀로 사용한다.

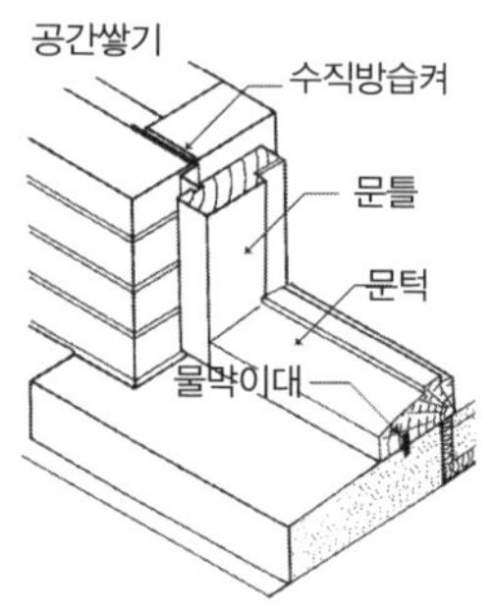

그림 4-20 문턱

외부 출입문턱은 일반적으로 빗물이 집안으로 스며들지 않도록 문턱을 기준으로 실외와 실내에 턱을 두고, 문턱에는 물흘림 물매를 만들고 빗물이 스며드는 것을 방지할 목적으로 물막이대를 설치하는 경우도 있다. 물막이대는 재질이 부식되지 않는 재질인 동, 납 등 가늘고 긴 띠로 만들어서 반은 문턱 하부의 홈에 끼워 넣고, 반은 문턱 밑면 홈에 끼워 모르타르로 고정시킨다.

4.4.5 개구부 틀받이벽(Jamb)

창문, 문 좌우에 접한 벽체를 틀받이벽이라 하고 창, 문의 상부 하중을 벽체에 분산시키고 전달한다. 창문틀, 문틀은 도면에 의해 정확한 위치를 확인한 후 배치하고, 개구부 틀받이벽 쌓기를 하며 창틀, 문틀도 위치에 맞추어 놓고, 고정시키는 꺾쇠, ㄱ자쇠, 대못 등으로 연결하여 이동이나 변형이 없게 하고, 벽돌 쌓은 면에 충격을 주지 않도록 해야 한다.

이와 같은 방법을 먼저세우기라 하며, 먼저세우기 창틀, 문틀 대신에 가설재창틀, 문틀을 사용하여 벽체쌓기를 끝낸 후에 가설재를 털어내고 본래의 창틀, 문틀을 끼우는 것을 나중쌓기라 한다. 개구부 턱틀받이(Rebated jamb)는 창문틀이나 문틀을 실외쪽에서 감싸서 쌓기 때문에 창문틀, 문틀 주위로 스며드는 비바람을 막기 위한 가장 합리적인 구조이다.

4.4.6 나무벽돌(Wood bat)

벽돌벽쌓기를 할 때 문틀, 창문틀, 벽체마감 등을 고정시킬 목적으로 벽돌벽에 벽돌모양의 나무를 필요한 개소에 미리 넣어서 쌓아두고, 이곳에 꺾쇠, ㄱ자쇠, 대못을 사용하여 고정시킨다.

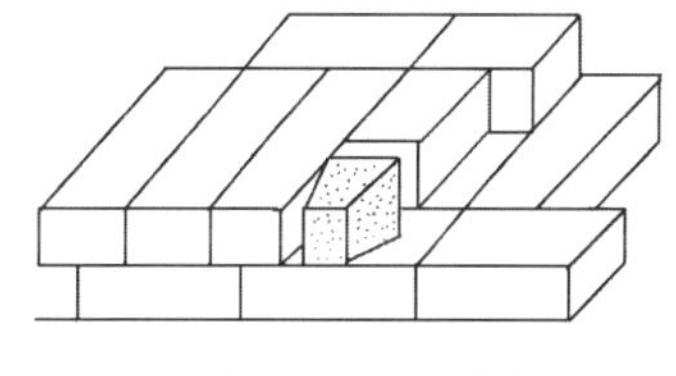

그림 4-21 나무벽돌

이 벽돌모양의 나무를 나무벽돌이라 하고, 크기는 벽돌 반토막으로 한다. 이 나무벽돌 윗면은 90mm, 앞면은 60mm, 춤은 57mm인 쐐기모양으로 하여 벽돌쌓기를 할 때 삽입하여 쌓는다. 쐐기모양으로 하는 것은 힘을 받는 부재에 의해 나무벽돌이 빠져나오는 것을 방지할 목적이다.

4.4.7 테두리보(Wall girder)

조적조인 벽돌, 블록 등의 상부에 설치한 철근콘크리트 보를 테두리보라 한다.

테두리보는 조적조인 벽체를 하나로 묶어 벽면이 강성을 가질 수 있도록 하며, 보 상부의 지붕틀과 같은 국부하중에 대해 하중을 균등하게 벽면에 분포시켜 수직균열을 방지하고, 직접하중은 테두리보가 받고, 내력벽은 보에서 분산된 간접하중을 받을 수 있도록 한다. 테두리 보의 최소두께는 내력벽두께 이상으로 하고, 보의 춤은 벽체두께의 1.5배 이상으로 한다. 테두리보에는 지붕틀이 접합될 수 있도록 미리 앵커볼트와 같은 고정철물을 매입해 둔다.

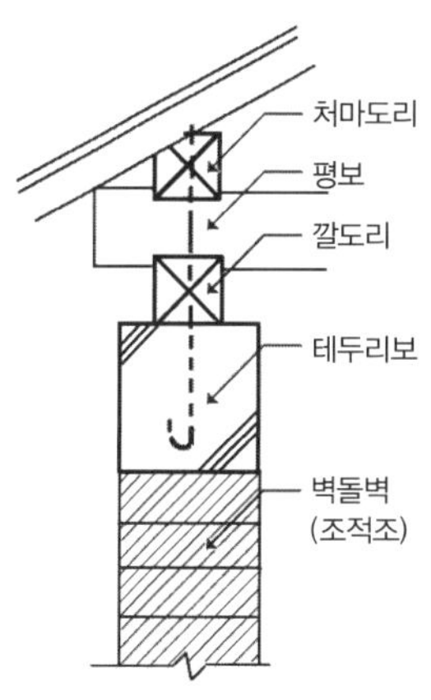

그림 4-22 테두리보

블록구조(Block construction)

5장 블록구조(Block construction)

벽돌보다 큰 블록은 모르타르로 만들어 벽체를 쌓는 조적방법이다. 블록구조는 시공이 간편하여 공기가 단축되고 공사비용을 절감할 수 있으며, 경량이며 내화, 내구적인 장점이 있으나 횡력에 매우 약하고 균열이 생기기 쉬운 단점이 있다.

블록구조는 일반적인 소규모 건축물에 사용되고 블록의 빈 공간을 철근콘크리트로 보강하면 횡력에 견딜 수 있는 충분한 강도를 가지므로 블록구조는 보강하여 사용하고 있다.

5.1 블록구조

5.1.1 블록구조의 종류

(1) 일반블록구조(Masonry block structure)

일반블록구조는 블록을 모르타르로 쌓아올려서 벽체를 구성하는 것이다. 지붕틀 상부에서 작용되는 하중을 기초에 전달하는 내력벽으로 사용할 때는 소규모 건축물에 적용하고, 주로 힘을 받아 주지 않는 칸막이벽이나 담장 등에 사용한다.

일반블록구조는 조적식 블록조 또는 단순블록구조라고도 한다.

(2) 보강블록구조(Reinforced block structure)

보강블록구조는 블록을 모르타르 줄눈에 의해 쌓으면서 벽체의 모서리 부분, 대린벽 부분, 개구부 등에 보강할 목적으로 블록 빈속에 철근을 가로·세로로 배근하고 여기에 콘크리트를 부어넣어 사춤하여 보강한 블록구조이다.

이 보강한 블록구조는 어느 정도 횡력에도 견딜 수 있어 3, 4층까지도 건축할 수 있다.

보강블록구조는 철근배근과 조립이 용이하고 벽체 상하를 일체성으로 축조할 목적으로 통줄눈으로 시공한다.

(3) 거푸집블록구조(Form block structure)

거푸집블록구조는 철근콘크리트의 거푸집 대신에 살두께가 얇고 속이 비어 있는 ㄱ자형, ㄷ자형, ㅁ자형 등의 블록을 기둥과 보의 위치에 쌓아 놓고, 가로철근과 세로철근을 배근한 후 콘크리트를 타설한 철근콘크리트 라멘식의 블록구조이다.

거푸집블록구조는 통줄눈으로 벽체쌓기를 하며, 벽체의 수평과 수직에 일정한 등간격으로 거푸집블록을 놓고 철근을 배근하고, 콘크리트를 부어넣어 블록 벽체에 철근콘크리트 기둥과 보가 삽입되어 있는 형상을 하고 있다.

5.1.2 블록의 종류

(1) 블록의 형상

우리나라에서 사용하는 KS규격 블록은 길이 390mm, 높이 190mm, 두께는 190mm, 150mm, 120mm, 100mm가 있으며, 치수에 의해 구분할 때 블록의 두께로서 블록을 호칭한다. 190mm블록, 150mm블록, 120mm블록, 100mm블록이라 한다.

표 5-1 블록의 치수

	길이(mm)	높이(mm)	두께(mm)
390 190	390	190	190 150 120 100

블록의 형식에는 BI형, BM형, BS형이 있다. BI형은 미국에서 개발된 형식으로 우리나라에서도 가장 많이 사용되는 블록이다. BM형은 BI형보다 가로·세로 치수를 크게 한 것이고, BS형은 BI형보다 두께치수를 크게 하며, 보강블록 ㄱ자형, ㄷ자형 등과 같이 사용할 수 있도록 한 것이다.

블록제작은 시멘트와 모래로 만든 것과 콩자갈을 사용한 콘크리트로 만든 것이 있으나 우리나라에서는 시멘트와 모래를 사용하여 속빈블록을 만들어 사용하고 있다. 블록의 길이 390mm는 벽돌길이 2장에 줄눈 1개를 더한 값이며, 블록의 높이 190mm는 벽돌 3켜에 줄눈 2개를 더한 값과 같게 하여 블록을 벽돌과 서로 어울려서 쌓을 수 있도록 블록치수를 정해 놓은 것이다.

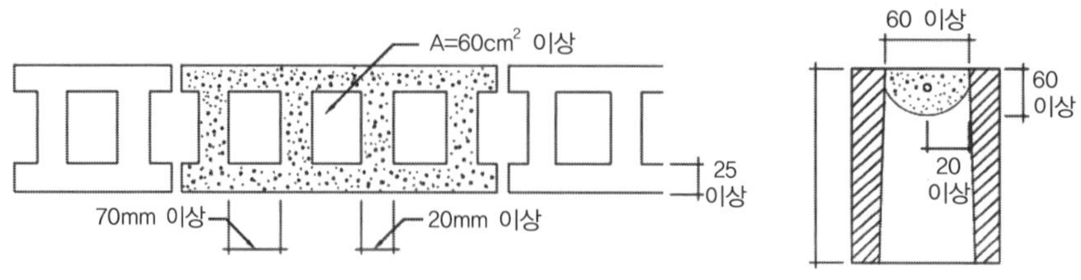

그림 5-1 블록의 살두께 · 수평철근용 블록

(2) 블록의 강도

블록의 압축강도는 평균파괴강도의 80% 이상이어야 한다. 블록의 평균파괴강도는 28kg/cm^2 (≒2.8N/mm^2) 이상이어야 한다.

우리나라 KS 규격에서는 1급블록 80kg/cm^2(≒8.0N/mm^2), 2급블록 60kg/cm^2(≒6.0N/mm^2), 3급블록 40kg/cm^2(≒4.0N/mm^2)이다. 여기에서 압축강도는 전단면(길이×두께)이다. 전단면적이란 블록의 빈속 단면적도 포함한 값을 말한다.

(3) 각종 블록의 종류

일반적인 블록벽체 쌓기는 블록 기본형과 기본형의 반토막인 반블록을 사용한다. 벽체의 모서리, 붙임기둥은 한 면 마구리 블록이나 양면 마구리 블록을 사용하고 창문틀, 문틀 상부에는 인방블록을 사용하여 보강한다.

창문, 문틀 옆면의 개구부 틀받이벽에는 틀받이블록, 창틀에는 창대블록을 사용하며 블록 벽체에 내 · 외부 장식을 할 때는 장식블록을 사용한다.

보강블록구조로 세로철근의 배근은 기본형 블록벽의 수직 빈공간을 이용하고, 가로철근의 배근은 가로근 등 블록을 사용하여 배근하고 콘크리트로 사춤한다.

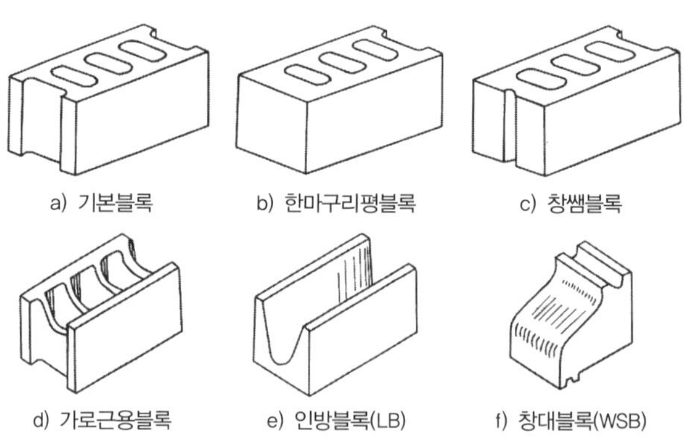

그림 5-2 블록의 종류

5.2 블록쌓기

블록쌓기는 벽돌쌓기에 비해 시간과 비용이 절약된다. 일반적으로 벽돌벽체쌓기 소요시간의 절반 정도면 블록으로 동일한 벽체면을 쌓을 수 있다.

이는 블록 한 개의 면적이 표준벽돌 6장의 크기와 같기 때문이다.

5.2.1 블록쌓기 유의사항

블록쌓기 벽체높이, 개구부높이는 블록 1장 높이 200mm(블록높이 190mm+줄눈 10mm)단위, 벽체길이, 개구부길이는 블록 1장 길이 400mm(블록길이 390mm+줄눈 10mm) 또는 반블록 단위로 설계하여 블록쌓기를 할 때 블록을 깨서 사용하는 것을 줄이도록 해야 한다.

블록쌓기에 사용되는 모르타르는 시멘트 : 석회 : 모래=1 : 2 : 9로 하고 이 배합비보다 강한 모르타르를 사용해서는 안 된다. 이는 수축에 의한 응력을 줄눈에 분포시켜 벽체의 갈라짐을 막기 위해서이다. 블록의 흙, 먼지 등은 제거하고 모르타르면은 적당히 물을 적셔서 사용하면 모르타르의 수분이 블록에 흡수되지 않아 견고하게 쌓을 수 있다. 건축물의 모서리에 세로규준틀을 세우고, 벽체 중심선, 블록면선을 먹줄치고 수평실을 띄워 모서리, 기준이 되는 곳의 블록을 먼저 쌓고 수평실에 맞추어 먼저 쌓은 블록을 기준으로 모서리부터 벽체 중심부로 차례로 쌓는다.

5.2.2 일반블록구조(Masonry block structure)

벽체높이나 개구부높이는 블록 1개당 높이인 200mm 단위, 폭은 블록길이 400mm 단위, 반블록 단위로 설계하여 블록쌓기를 할 때 블록을 깨서 사용하는 노동과 시간, 재료 낭비가 없도록 해야 한다.

(1) 블록벽체쌓기

일반블록구조의 벽쌓기는 모두 길이쌓기로 하고, 특별한 보강을 위한 경우를 제외하고는 막힌줄눈으로 하며, 블록의 물림은 블록 반길이 물림쌓기가 기본이다. 모서리, 벽체가 교차하는 T형부에서는 블록길이의 1/4(97.5mm) 물림으로도 할 수 있으나 최소한 블록길이의 1/6(65mm) 이하로 물림을 해서는 안 된다.

블록은 빈속경사로 높이방향의 위아래 살두께에 5mm 정도의 차이가 있으며 벽체쌓기를 할 때 살두께가 두꺼운 쪽을 위로 오게 쌓아야 쌓기가 쉽다. 가로줄눈 모르타르는 블록의 빈속을 제외한 면에, 세로줄눈 모르타르는 쌓는 블록에 접합될 면에 붙여 줄눈이 고르게 수평·수직되게 쌓는다.

블록은 수평실에 맞추어서 줄눈바르게 쌓는다. 또 모르타르의 수분이 블록에 흡수되지 않도록 모르타르가 접촉되는 블록살 부분만 적셔서 쌓으면 모르타르가 양생하는 데 도움을 주어서 견고해진다. 블록은 공간의 벽체면에 균등한 높이로 쌓아가며, 하루 블록쌓기 높이는 1.6m(블록 8켜) 이내를 표준으로 한다.

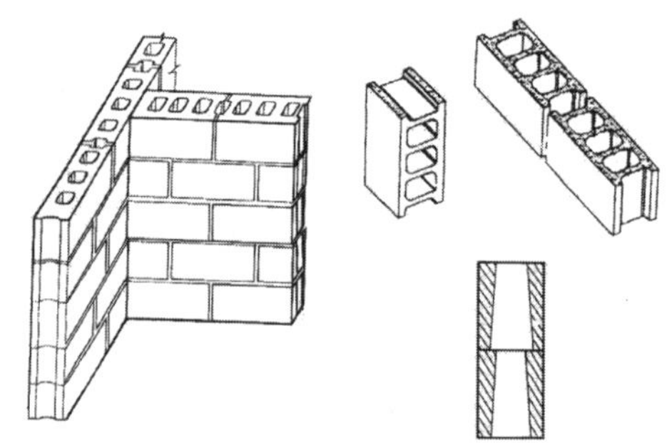

그림 5-3 일반블록쌓기

블록벽체를 쌓은 후 줄눈을 줄눈누르기를 하거나 치장줄눈을 하고자 할 때는 줄눈파기를 하고 줄눈흙손을 사용하여 빈틈없이 눌러서 매끄럽게 치장줄눈마무리를 한다.

(2) 블록벽체 모서리 · 벽교차부

블록쌓기에서 블록은 건조수축이 매우 크기 때문에 벽체가 신축에 대응할 수 있도록 벽체쌓기를 하여야 한다.

블록은 내력벽체의 모서리는 한 면 마구리블록을 사용하여 위 아래켜가 서로 물리게 쌓고, 벽체 모서리와 벽교차부 등을 보강하기 위해 모서리나 교차부의 서로 마주한 블록면의 살을 따내어 접한 부분에 구멍을 내고, 모르타르나 잔골재 콘크리트를 사용하여 사춤하면 블록을 사용한 튼튼한 모서리와 교차부를 만들 수 있다. 모서리 및 교차부에는 수직철근, 수평철근을 사용하여 보강해야 한다. 칸막이벽체인 벽과 붙임기둥, 벽과 벽의 교차부에서는 물림을 두지 않고 맞댄이음쌓기를 하여 맞댄이음으로 인한 수직줄눈이 벽체의 신축을 조절할 수 있다.

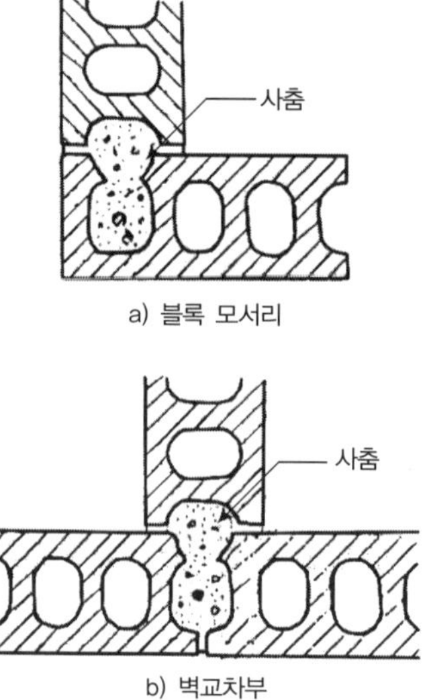

그림 5-4 블록 모서리 · 교차부 쌓기

신축(伸縮)에 의해 벽체에 틈새가 생기지 않게 하려면 양생이 잘된 블록을 사용하고 블록벽길이 6m마다 신축줄눈을 넣어야 한다.

(3) 인방(Lintel)

블록쌓기 개구부 인방보는 미리 만들어 둔 기성콘크리트 인방보와 인방블록 보강쌓기를 한다. 벽체 블록 인방보의 폭은 벽체두께와 동일하게 하고, 춤은 폭의 1.5배 이상이 되도록 한다.

블록쌓기에서 개구부 부분의 인방보는 미리 철근콘크리트로 만들어 두었다가 필요시 사용할 수 있도록 하여야 한다. 기성콘크리트 인방보는 개구부의 양쪽 벽면으로 150mm 이상 물려쌓아서 개구부 상부에서 전달되는 하중에 충분히 견딜 수 있도록 하며, 기성콘크리트 인방보의 양쪽 개구부 끝단에 구멍 또는 홈을 두어 개구부 옆 벽체에 수직보강철근을 세우고 잔골재 콘크리트로 사춤을 하여 보강한다. 또 인방블록은 벽면에 줄눈이 바르게 쌓고, 블록면은 벽면에 턱지지 않게 한다. 개구부 좌우 벽면에 150mm 이상 물리게 하며 인방보의 주근을 인방블록에 배근하고, 늑근을 300mm 이내 간격으로 배근한다.

인방블록에 물축이기를 적당히 한 후 잔골재 콘크리트를 부어 넣는다. 보의 주근은 개구부 양쪽면에 40d 이상 정착시킨다. 인방보 상부에 테두리보가 있을 때는 테두리보에 개구부를 보강하는 세로철근과 인방보 위치에 가로철근을 배근하고 연결시켜 일체화하거나 테두리보가 인방보를 대신할 때도 있다.

(4) 테두리보(Wall girder)

각층의 벽체 상부에 철근콘크리트 보를 만들어 일체화시켜 벽체의 강성을 높인 것을 테두리보라 한다. 테두리보는 지붕틀, 바닥판 등의 하중을 벽체에 균등하게 분포시키며, 횡력에 의한 벽체 균열을 방지할 목적으로도 만든다.

테두리보 밑의 블록 빈속은 모르타르나 콘크리트로 사춤을 하고, 모서리, 벽·교차부 위치의 테두리보 주근 정착은 서로 직각으로 구부려 겹치거나 밑에 있는 블록 빈속에 정착시킨다. 테두리보의 폭은 블록벽체 두께와 동일하게 하고, 보의 춤은 벽체두께의 1.5배 이상으로 하여 충분히 상부하중을 받을 수 있도록 설계되어야 한다.

(5) 벽체보강 및 배관

블록벽면의 개구부 상·하부 모서리 부분에는 벽체내력이 차이가 나서 벽면이 갈라지거나 틈이 많이 생기므로 이 부분에는 철근이나 앵글로 보강해야 하며, 벽 내력차를 없애기 위해 개구부를 층단위로 설계하기도 한다. 수도관, 배수관, 전기매립관 등 배관용 블록을 사용할 때 이외에는 노출배근으로 하고 부득이 묻기 위해서 벽면에 홈을 팔 때는 수평홈은 벽체두께의 1/6 이하로 하고, 수직홈은 1/4 이하로 하며, 블록의 빈속에 모르타르나 콘크리트를 사춤해야 한다.

5.2.3 보강블록구조(Reinforced block structure)

일반적인 조적식 구조의 내력벽체는 막힌줄눈쌓기를 해야 하지만 보강블록구조는 내력벽체를 통줄눈으로 쌓아서 블록의 빈속에 가로, 세로로 보강근을 배근하고 콘크리트를 사춤하여 보강하면 외력에 견딜 수 있는 보강블록구조를 만들 수 있다.

(1) 벽체보강 세로철근

보강블록구조의 세로철근은 벽체의 기초를 만들 때 기초의 주근에 미리 연결하여 80cm(블록길이 방향 2장) 간격으로 고정시키고, 철근을 수직배근하여 기초 표면에 철근을 돌출시키고 벽체블록을 쌓으면서 용접하여 배근하고, 기초에서 상부층의 테두리보까지 세로철근을 직통시키고 테두리보에 철근지름의 40배(40d) 이상 정착시켜야 한다. 이 세로철근은 기초에서 이음 없이 상부테두리보까지 배근하는 것이 원칙이지만 시공상의 어려움으로 기초에 돌출시킨 철근에 맞댐용접하여 사용하는 것이 일반적이다.

세로철근을 배근하고 잔골재 콘크리트로 사춤하며, 피복두께는 2cm 이상으로 한다.

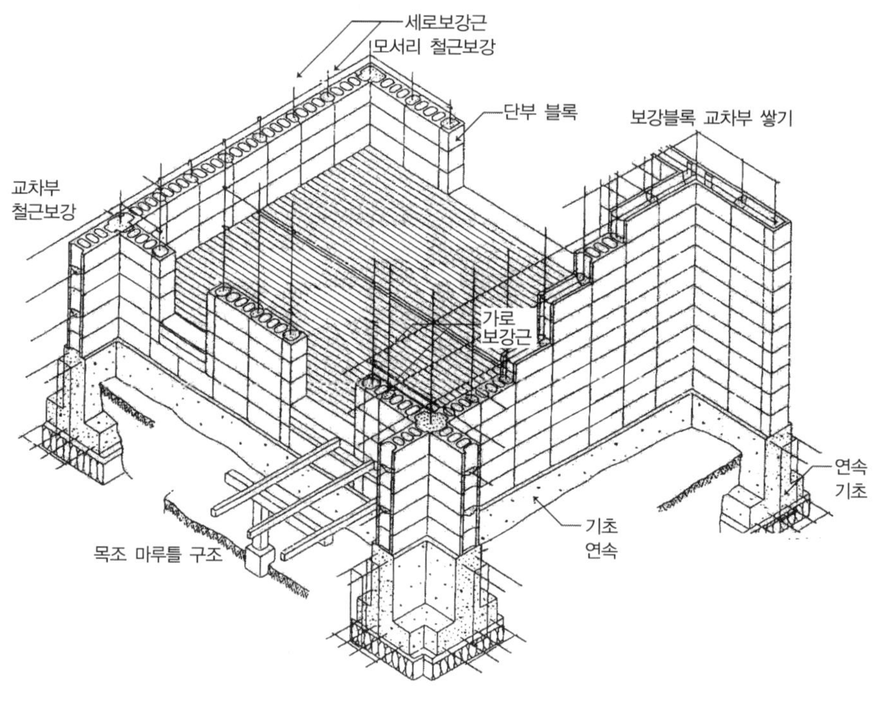

그림 5-5 보강블록구조

(2) 벽체보강 가로철근

벽체보강 가로철근의 간격은 80cm(블록높이 방향 4장)로 배근한다. 가로철근은 겹침이음 용접을 하여 사용하며 중요한 이음 위치에서는 180° 갈구리를 만들어 40d 이상 겹침이음을 하고 세로철근과 교차부는 결속선으로 모두 묶어야 한다.

모서리에서 가로철근 단부는 수평방향으로 구부려서 세로철근에 걸쳐 연결시키고 철근의 40d 이상 정착시킨다. 그러나 정착시킬 여유공간이 없는 경우에는 가로철근의 끝단을 갈구리로 하여 세로철근에 걸고 결속선으로 묶는다.

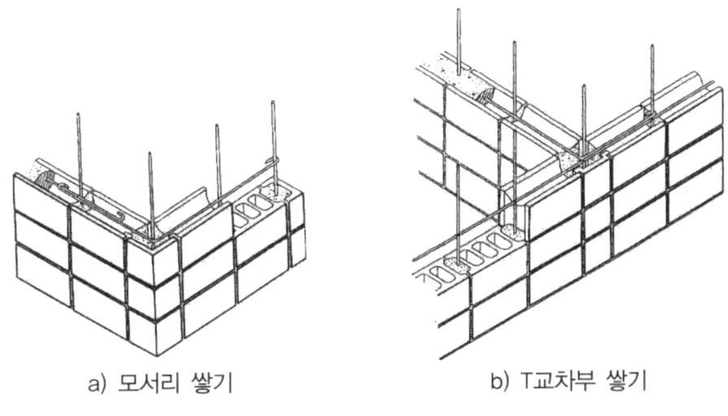

그림 5-6 보강블록 모서리 · 벽 T교차부 쌓기

(3) 사춤

블록쌓기의 모서리, 벽교차부 이음에는 블록의 빈속에 모르타르, 콘크리트를 채워 넣는 사춤을 해야 한다. 사춤모르타르는 1 : 3, 사춤콘크리트는 1 : 2 : 4(콩자갈)의 배합비로 한다.

작은 블록 빈속에 채워 넣어야 하므로 10mm체를 통과하는 자갈을 사용해야 한다. 사춤은 60cm(블록 3켜) 이내마다 콘크리트를 부어넣고 구멍이나 틈이 생기지 않도록 잘 다지면서 채워 넣고 철근이 이동, 변형되지 않게 하며 콘크리트를 이어붓기하는 위치는 블록 윗면에서 5cm 정도 밑에 둔다.

(4) 보강블록쌓기

보강블록쌓기는 줄눈을 통줄눈으로 쌓아서 블록의 빈속이 일매지게 연결되어 철근의 배근과 사춤을 원활히 할 수 있도록 하며, 블록쌓기방법은 일반블록쌓기와 동일하다.

보강블록쌓기에서 모서리 부분이나 벽교차부에 철근을 배근하고 거푸집이나 모서리블록, 벽교차부(T형) 블록을 짜놓고 제자리 콘크리트치기를 할 때도 있다. 일반적으로 보강블록쌓기를 할 때는 블록쌓기를 먼저하고 보강할 부위에 콘크리트를 나중에 타설한다.

5.2.4 거푸집 블록구조(Form block structure)

거푸집 블록구조는 철근콘크리트 라멘구조와 블록구조가 합한 구조형상이다. 블록벽체쌓기는 통줄눈으로 벽체를 쌓으며, 필요한 개소에 기둥과 보를 만드는 구조이다.

철근콘크리트 거푸집 대신에 블록의 살두께가 얇고 속이 빈 ㅁ자형, ㄱ자형, ㄷ자형, T자형의 블록을 이용하여 일정한 등간격으로 배열하고 수직철근과 수평철근을 배근한 후 콩자갈 콘크리트를 사춤한 구조이다. 이 거푸집 블록구조는 일정한 등간격으로 배열된 기둥과 보에 의해 건축물이 지지되는 구조이므로 철근을 배근하고 콘크리트를 타설할 때 잘 다져서 공간이나 틈이 생기지 않게 하고 철근의 이동, 변형이 없게 하여야 한다.

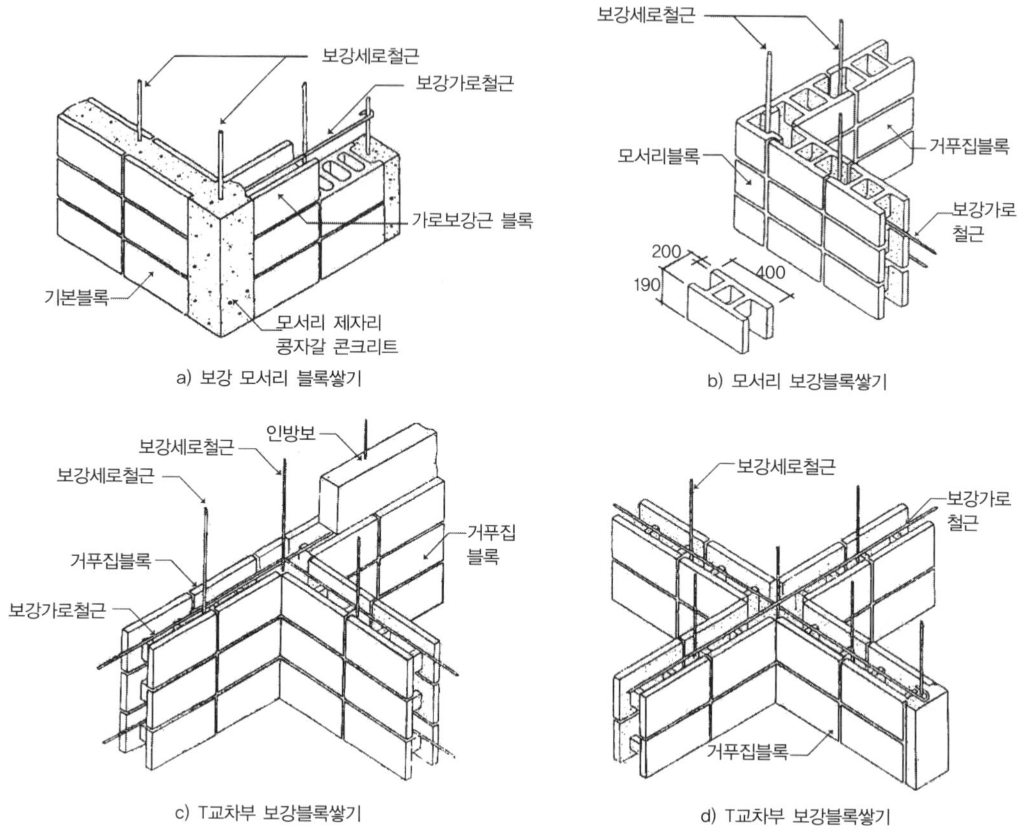

그림 5-7 거푸집 블록쌓기

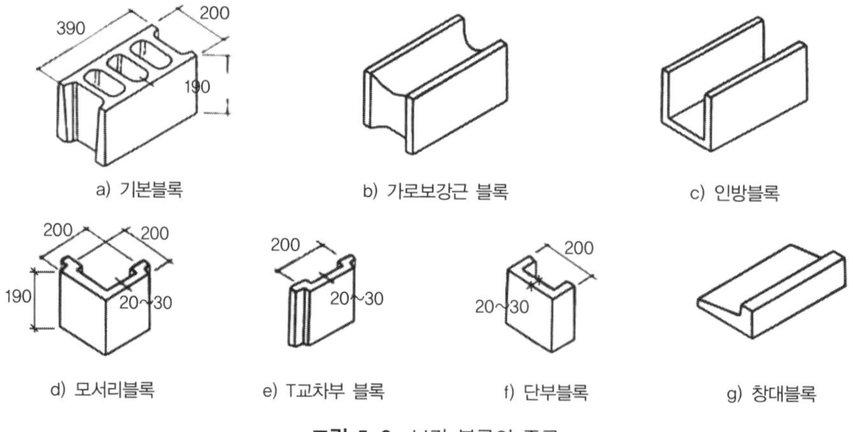

그림 5-8 보강 블록의 종류

6장

돌구조(Stone construction)

6장 돌구조(Stone construction)

돌을 일정한 크기로 잘라서 쌓아올려 조적식 벽체를 구성한 것을 돌구조라 한다.

석재는 20세기 이전 건축물에 사용된 지배적인 건축재료였으나 철근콘크리트, 철골구조의 발달로 주 건축재료로의 사용은 격감되어 최근에는 석재만을 사용한 돌구조는 거의 없으며, 건축물의 내·외장재로 사용하는 경우가 많다.

석재는 압축강도가 크고 내구성, 내마모성, 내화학성이 우수하며, 같은 종류의 석재도 산지에 따라 다양한 색조와 외관을 나타내고 질감이 나양하다. 돌구조는 외관이 장중하고 미려한 광택을 가지며 방한, 방서적이다. 그러나 석재는 압축강도에 비해 인장강도가 매우 작고, 장대재(長大材)를 얻기 어려워 가구재로 사용이 곤란하다.

또 석재는 가공성이 좋지 않고 화열에 닿으면 화강암 등은 균열이 발생되어 파괴되며, 횡력에 약하고, 시공도 까다로우며 공사기간이 길고 고가이다.

6.1 석재(Stone)

석재란 건축공사에 사용한 돌을 말하며, 20세기 이전에는 구조용, 장식용으로 사용되는 매우 중요한 건축재료였으나 근래에는 철근콘크리트, 철골구조 등이 발달됨으로써 구조용재보다 장식용재로 많이 사용된다.

6.1.1 석재의 종류

돌은 화성암, 수성암, 변성암으로 크게 구분한다.

(1) 화성암(Igneous rocks)

화성암은 뜨거운 온도에서 용융된 암석인 마그마의 고결작용으로 형성된 암석을 화성암이라 한다. 응결상태에 따라 화강암, 안산암, 화산암 등이 있다. 이 암석도 압축강도가 크고 치밀하며 무겁다. 500℃~600℃의 화염에 닿으면 균열이 생기고 강도도 떨어져 파괴되기 쉽다.

① 화강암(Gramits)

화강암은 쑥돌이라 하며 바탕색은 장석, 반점은 운모의 색으로 나타내며 압축강도, 내마모성, 내구성, 광택 등이 좋고 흡수성이 작으며, 대재를 얻을 수 있고 가공성이 좋다. 그러나 입상의 결정광물로 되어 있어 팽창계수가 달라 화열을 받으며 균열이 생기고 붕괴된다.

화강암은 압축강도가 커서 구조용재로 사용된다.

② 안산암(Andesite)

안산암은 국내 분포가 가장 많고, 석질은 화강암에 버금갈 정도로 단단하여 구조용재로 많이 사용한다. 안산암은 색상이 좋지 않으며 갈아도 광택이 나지 않고, 돌결이 심하여 대재를 얻을 수 없으며 가공성도 떨어진다.

③ 화산암

화산에서 분출된 암장이 급속히 냉각되어 가스가 방출하면서 응고된 다공질의 유리질로 부석이라고도 한다. 이 암석은 회백색이고 비중은 0.7~0.8로 경량이어서 경량콘크리트 골재로 매우 우수하다. 또 열전도율이 작고, 내화성이 크며 내산성이어서 단열재로도 우수하다.

(2) 수성암(Sedimentary rocks)

화성암의 풍화물, 유기물 등의 기타 광물질이 땅속에 퇴적되어 높은 지열과 지압으로 응고된 것이다. 수성암은 연질이며 강도가 약하고 풍화, 변색의 우려가 있으나 석회암을 제외하고는 비교적 화열에 강하다.

① 석회암(Lime stone)

석회암은 화성암 중에 포함되어 있는 석회분, 동·식물의 잔해 중 석회분이 물에 녹아 바다 속에 침전되어 퇴적·응고된 것이다. 주성분은 탄산석회($CaCO_3$)로서 백색이나 회백색이다. 석질은 치밀하고 강도가 크나 내화성은 적고 화학적으로 산에는 약하다. 사용용도는 석회, 시멘트원료, 깐자갈로 도로포장에 사용한다.

② 점판암(Clay slate stone)

진흙이 수중에 침전되어 큰 압력을 받아 응결된 것을 이판암이라 하고 이것이 더 큰 압력을 받아 생긴 것을 점판암이라 한다. 석질이 치밀하고, 박판으로 채취할 수 있으며, 색상은 청회색이나 흑색으로 흡수율이 작고 대기 중에서 변색, 변질되지 않는다.

얇게 층을 지어 벗겨지므로 천연슬레이트라 하여 지붕이나 외벽마감에 사용되고 비석, 숫돌, 벼루 등으로도 이용된다.

③ 사암(Sand stone)

모래가 침전이나 퇴적되어 점토 등의 고결재에 의해 큰 압력을 받아 경화된 암석이다. 사질에 따라 석영질, 운모질, 화강암질, 철질 등 여러 종류가 있으나 사암 중 철질사암은 철분의 산화 정도에 따라 흑색, 황갈색, 적색을 띠며 풍화된다. 동유럽의 석조건축물 등에는 이 철질사암을 사용했기 때문에 건물 외관이 흑색, 황갈색 등을 띠고 있는 석조건축물이 많다.

함유광물에 따라 암석의 질, 내구성, 강도의 차이가 크다. 일반적인 사암은 석질이 연하고 가벼우며 가공하기 쉽고 내화성이 크지만 흡수율이 크고 풍화하기 쉬우며 외관에 좋지 않다. 구조용 재료는 적합하지 않지만 가공이 용이하므로 실내장식재, 내화재 등으로 사용하나 풍화되기 쉬우므로 주의해야 한다.

④ 응회암(Tuff)

화산분출물인 화산회, 화산사 등이 퇴적되어 고결된 것이며, 암석의 파편, 생물의 화석 등이 섞여 있다. 일반적으로 석질은 연하고 다공질로서 흡수율이 크므로 동해를 받기 쉽지만 내화성이 좋고 강도는 떨어진다. 색상은 회색이나 담록색이다. 석재의 값이 싸고, 가공 · 취급이 용이하여 구조용재 이외의 곳에 주로 사용된다.

(3) 변성암(Matamorphic rocks)

화성암, 수성암이 높은 열과 압력, 그리고 화학작용 등을 받아 변질된 것을 변성암이라 하며 이 암석의 광물질 성분들이 일정방향으로 배열되어 있다.

① 대리석(Marble)

석회암이 열을 받아 변성되어 결정화된 것으로 주성분은 탄산석회이다. 대리석은 순수한 흰색 면에 회색, 검정, 보라, 초록, 빨강, 분홍 등의 색상이 부분적으로 약간 삽입되어 있고 종류도 다양하며, 물갈기를 하면 아름다운 광택을 낸다.

강도는 매우 크지만 불에는 약하고 풍화되기 쉽다. 또 내산성이 부족하여 외장용으로는 부적합하다.

대리석은 석질이 치밀하고 외관이 미려하기 때문에 실내장식재 중 최고급의 재료이다. 대리석 중 트래버틴(travertine)은 탄산석회를 포함한 물에서 침전·생성된 것으로 다공질이며 황갈색의 반문이 있어 연마하면 우아한 광택이 나서 고급실내장식재로 사용된다. 대리석은 지중해연안, 영국, 북미 등 여러 지역에서 생산되지만 이탈리아산이 가장 우수하다.

② 사문암(Serpentine)

사문암은 감람석이 변질된 것인데, 섬록암이 변질된 것도 있다. 색상은 암녹색(검은 녹색) 바탕에 흑백색의 아름다운 무늬가 있으며, 석질은 굳고 연마하면 광택을 나타낸다.

실내장식용으로 많이 사용되고 있다. 실외에는 풍화되어 광택이 사라진다.

6.1.2 석재의 성질

(1) 석재의 강도

일반적으로 석재는 강도가 큰 것일수록 내구성도 크게 나타난다. 강도는 비중에 비례하므로 비중의 크기로 석재의 강도와 내구성도 추정하여 알 수 있다. 석재의 강도 중에서 압축강도가 가장 크고 인장강도는 압축강도의 1/10~1/20 정도이므로 강도를 말하면 압축강도를 나타낸다.

석재의 중량이 크거나 공극률이 적거나 결정도와 결합상태가 좋을수록 압축강도는 크고, 함수율이 높을수록 압축강도는 저하한다.

(2) 석재의 비중 · 흡수율

석재의 비중은 조암광물의 비율, 공극 등에 따라 다르며, 석재의 강도는 비중에 비례한다. 그러므로 비중의 크기로 강도와 내구성을 알 수 있다. 일반적으로 석재의 비중은 겉보기 비중을 말하며 2.5~3.0 정도이다.

석재의 흡수율은 내구성과 관계가 있다. 흡수된 양을 알면 석재분자 간의 공극률을 알 수 있으며 흡수율이 크다는 것은 다공성이므로 동해나 풍화를 받기 쉽다.

(3) 석재의 내화성

석재의 내화성은 석재의 종류에 따라 다르나 일반적으로 500℃가 넘으면 열전도율이 작은 석재는 국부적으로 열응력이 발생되고, 조암광물의 팽창계수 차이로 변색이나 균열이 생기고 일정온도 이상이 되면 용해 및 화학적 열분해에 의해 파괴에 이른다.

화강암은 500~550℃를 넘으면 석영분이 팽창하여 균열이 생기고 변색되며 강도가 매우 크게 저하하면서 700℃에 이르면 붕괴한다. 석회암과 대리석은 500℃ 정도에서 석재 표면의 윤기가 없어지며 700℃을 넘으면 탄산석회가 일산화칼륨으로 변하면서 가루로 되며, 안산암·사암·응회암 등은 화열에는 변색될 뿐 강하며 900℃~1,200℃까지도 충분히 견딜 수 있다.

(4) 석재의 화학적 성질

건축물에 사용되는 대부분의 석재는 공기 또는 우수 속에 포함된 황산, 탄산, 암모니아 등이 석재에 끼치는 화학작용을 말한다.

화성암, 변성암은 조직이 치밀하고 흡수율이 작아 내구력이 크고, 수성암은 흡수율이 커서 동해를 받기 쉽다. 석재 중 규산분을 많이 함유한 것은 내산성이 크고, 석회분을 포함한 것은 내산성이 적기 때문에 변성암인 대리석, 사문암 등은 내장재로 사용되어야 한다.

6.2 석재의 채석·가공

6.2.1 석재의 채석

석재를 자연상태로 매장되어 있는 천연암반을 사용 가능하도록 일정한 크기로 채굴하여 가공하는 곳으로 운반하는 것을 채석이라 한다. 채석은 석재에 자연적으로 생긴 균열인 절리와 암석을 쪼개기 쉬운 면인 석목을 이용한다.

재질이 단단한 석재인 화강암은 석목에 따라 구멍을 뚫고 폭약을 채워 폭파시키는 발파법을 사용하여 대재(大才)를 얻고, 이 대재에 석목에 따라 작은 구멍을 일렬로 뚫고 이 구멍에 철제 쐐기를 박아 쪼개는 것을 부리쪼개기라 한다.

응회암, 대리석과 같은 연석은 대재(大才) 둘레에 홈을 파서 석재를 쪼개는 구절을 사용하기도 하며, 연석인 암석에 3~6mm 강철선을 꼬아 만든 톱날을 가진 전동톱으로 모래 섞인 물을 주입하며 암석을 절단하는 톱쪼갬이 있다.

6.2.2 석재의 가공

채석한 암석은 사용 용도에 맞게 표면마감을 하여 사용하게 된다. 석재의 표면마무리는 거친마감과 고운마감이 있으며 석재공구들을 사용하여 표면가공 정도를 마감한다.

(1) 혹두기(Knobbing)

쇠메망치로 돌 표면을 큰 요철이 없게 대충 거칠게 다듬는 정도의 마무리이다. 표면의 거친 정도에 따라 큰혹두기, 중혹두기, 작은혹두기로 나눈다. 석재의 가공 정도는 조금씩 차이가 있으므로 모든 석재가공은 샘플(견본품)을 만들어 두는 것이 좋다.

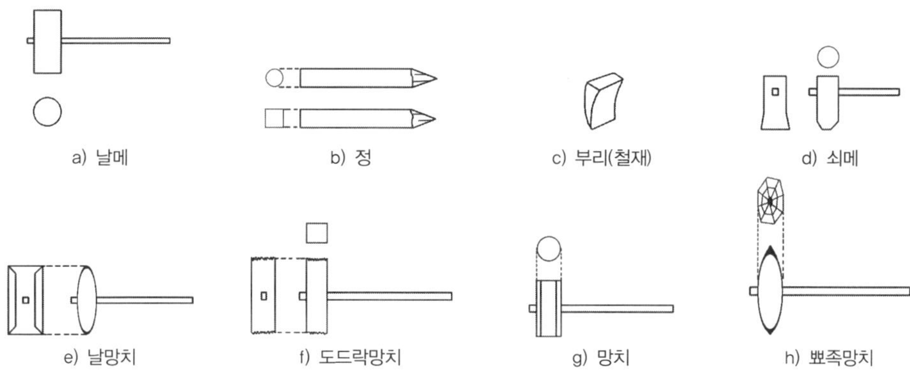

그림 6-1 석재가공 공구 종류

(2) 정다듬(Chiseled work)

혹두기한 거친 석재표면을 정으로 쪼아서 표면을 요철 없이 평활한 면을 가지는 마무리 정도이며, 표면의 거친 정도에 따라 거친정다듬, 중정다듬, 고운정다듬으로 구분한다.

(3) 도드락다듬(Bush hammered course)

망치면에 작은 네모뿔 날이 박힌 도드락망치로 석재 표면을 다듬어서 더욱 평활하게 하는 것이며, 이 다듬 방법은 석재 표면에 잔 충격을 주어 사용 도중 부서질 수도 있다. 잔다듬, 물갈기 마무리를 할 때는 도드락다듬 자국이 남게 되어 사용하지 않는다.

(4) 잔다듬(Pabbed gimish)

정다듬한 면을 양날망치로 일정한 방향으로 여러 번 쪼아서 석재 표면을 곱게 다듬는 것을 말한다.

(5) 물갈기(Rubbing)

잔다듬면이나 톱켜기면을 금강사, 카보런덤, 모래 등이 섞인 물을 주면서 연마기로 갈면 표면이 매끄럽고 광택이 난다. 연마 정도에 따라 거친갈기, 본갈기, 광내기의 순으로 마무리하며, 광택을 낼 때는 산화석을 펠트에 발라서 연마한다.

6.2.3 석재 제품

(1) 암면(Rock wood)

내열성을 가진 현무암, 안산암, 사문암 등은 암면의 원료로 사용된다. 이 암석들은 용융시켜 노즐로 분출시키면서 고압공기로 불어 날리면 섬유모양이 된다. 이것은 단열, 보온, 흡음 등에 우수하고 내화성도 있어 절연재로 널리 사용된다. 제품으로는 암면펠트, 암면판, 암면 흡음판 등이 있다.

(2) 질석(Vermiculite)

질석은 흑운모를 800℃~1,000℃로 가열하면 부피가 5~6배로 팽창된 다공질의 경량골재로 가볍고 단열성이 크며, 색상은 금은색을 띤다. 제품은 콘크리트 블록, 모르타르, 콘크리트판, 벽돌 등이 있으며 보온, 방음 등에 사용한다.

(3) 펄라이트(Perlite)

까만 유리질의 화산 분출물인 흑요석, 진주석을 분쇄하여 약 1,000℃의 고열로 가열하면 크게 팽창해서 구형의 경량골재가 된다. 제법, 용도는 질석과 동일하다.

(4) 석재의 시장 기성품

① 잡석(雜石) · 호박돌

잡석은 지름이 200mm 정도의 깨낸 돌을 말하며, 기초가 놓일 곳의 지반을 단단히 할 목적으로 다짐하여 만든 지정에 사용한다. 호박돌은 지름이 200~300mm 정도의 둥글넓적한 늙은 호박모양의 돌을 말하며, 간단한 목조의 기초로 사용한다.

② 간사(間砂) · 견치석(犬齒石)

간사는 한 면이 200~300mm 정도의 거칠고 네모진 막생긴 돌을 말하며, 낮은 석축이나 간단한 돌쌓기에 사용한다. 견치석은 채석장에서 한 면이 300mm 정도인 4각뿔 모양으로 만든 것으로 흙막이, 방축 등의 석축을 쌓을 때 괴용으로 사용한다.

③ 사괴석(四塊石)

사괴석은 한식 건물의 바람석(벽체), 화방(火防)단(돌담)을 쌓는데 사용하는 한 면이 150~250mm인 4각형의 돌이다. 사괴석이란 한 짐에 네 덩어리를 짊어질 만한 돌이라는 말이다.

④ 각석(角石)

각석은 장대석(長臺石)이나 장석(長石)이라 하며, 단면은 300~600mm 사각형이고 길이는 600~1,500mm 정도가 기초재, 기둥재, 보재로 주로 사용된다.

⑤ 판석(板石) · 구들장(溫突石)

판석은 너비가 300~600mm, 길이 600~900mm 정도의 크기에 두께가 150~200mm 정도인 것이다. 일반적으로 판재란 두께에 비해 폭이 큰 것들을 말한다.

구들장은 온돌구조에서 두둑 위에 넓은 판석을 놓는 것을 구들장이라 하고, 아랫목에는 구들장보다 2배 이상 크고 두꺼운 함실장을 놓는다. 이 구들장의 크기는 너비 300~400mm, 길이 400~600mm, 두께가 60mm 내 · 외 정도를 사용한다.

6.3 돌벽쌓기

벽체를 석재만으로 쌓아올린 조적식구조를 돌구조라 한다. 이와 같이 벽체를 석재만으로 쌓는 돌구조는 최근에는 거의 없으며, 대부분 벽돌, 블록, 철근콘크리트 등의 타구조물 벽체에 얇은 돌판을 붙이는 돌부침벽이다.

6.3.1 돌벽쌓기의 종류

(1) 거친돌쌓기(Rubble masonry)

다듬지 않은 자연석을 그대로 쌓거나 자연석을 적당한 크기로 쪼개서 돌이 생긴 대로 불규칙하게 쌓은 것을 거친돌쌓기라 하고, 막줄눈쌓기와 바른켜줄눈쌓기가 있다. 막줄눈쌓기는 돌의 크기가 제멋대로 모두 다르기 때문에 수평줄눈이 벽체면에 제멋대로 연결되어 일직선 줄눈이 없는 쌓기이다. 바른켜줄눈쌓기는 막줄눈쌓기와 비슷하지만 줄눈이 가끔은 일직선으로 이어지는 쌓기이다.

거친돌쌓기는 벽체면이 자연스럽고 중량감이 있어 구조물이 안정감 있게 보이므로 주위환경과 잘 어울리는 전원주택, 담장 등에 사용된다.

(2) 다듬돌쌓기(Ashler masonry)

석재를 원하는 크기로 톱으로 자르고, 이 돌들로 벽체의 모서리, 서로 맞댐면들을 다듬어 벽체 쌓는 것을 다듬돌쌓기라 한다. 이 쌓기방법은 외관이 좋고 쌓은 수직줄눈이 막힌줄눈이므로 튼튼하여 대부분 이 쌓기를 사용한다. 다듬돌쌓기에는 막쌓기와 바른층쌓기가 있으나 벽체 쌓기는 막힌줄눈을 가지고 있는 바른층쌓기를 한다.

6.3.2 줄눈 · 접합철물

(1) 줄눈(Joint)

돌쌓기 모르타르의 배합비는 시멘트 1 : 모래 3의 용적배합비로 하고, 치장줄눈의 배합비는 1 : 1로 하여 사용하며, 필요할 경우 색소를 첨가하기도 한다. 돌쌓기의 줄눈은 돌의 가공 정도에 따라 다르다. 돌의 가공 정도가 거친 것은 줄눈두께가 두껍고, 고운 것은 줄눈두께가 얇다.

맞댄줄눈일 때 1~2mm, 잔다듬은 3~6mm 정도로 하고, 정다듬일 때는 6~9mm, 거친돌 막쌓기일 때는 10~20mm 정도로 한다.

줄눈의 모양은 벽돌쌓기 줄눈과 같으며 돌의 가공 정도가 고운 물갈기는 맞댄 줄눈으로 하고, 거친 정다듬 정도는 줄눈을 보여주는 쌓기를 한다.

- 쐐기 · 굄(Wedge, Supporter) : 맞댐면 돌쌓기에서 모르타르가, 돌무게가 무거워 빠져나오므로 나무쐐기를 받쳐서 일정한 모르타르의 줄눈폭을 유지하기 위해 사용한다. 굄과 쐐기는 일반적으로 목재로 만들어 사용하고, 돌판이 큰 것들은 중량이 크므로 납제품 쐐기나 아연도금한 철제쐐기를 사용한다.

(2) 접합철물

돌벽쌓기에서 돌무게가 무겁기 때문에 모르타르만에 의한 접합은 신뢰할 수 없기 때문에 보강연결철물을 사용하여야 한다.

① 촉(Dowel)

돌벽쌓기에서 상 · 하 맞댄면 양쪽에 구멍을 파고 철제 촉을 꽂고 모르타르를 촉 주위에 채워 고정시킨다. 촉의 크기는 돌벽에 사용하는 돌 한 장의 크기에 따라 정해지지만 일반적으로 ϕ10~15mm에 길이 50~100mm로 한다. 촉은 상하부재를 접합시키고 벽체에 연결된 수직 · 수평철근이나 앵커볼트에 연결쇠로 묶어 고정시킬 목적으로 사용한다.

② 꺾쇠 · 은장(Clamp)

돌이음에는 꺾쇠나 은장을 사용한다. 꺾쇠의 모양은 ┌─┐으로 이음할 좌 · 우의 돌에 꺾쇠의 크기와 두께만큼 구멍을 파고 윗면은 맞댄이음을 하였을 때 돌출되지 않고 마감되게 꺾쇠자리를 파고 끼워 넣고 모르타르를 채워 고정시킨다.

은장의 모양은 양쪽에 쐐기를 붙여놓은 ⋈ 모양이다. 이음할 좌 · 우 돌에 은장구멍을 파 놓고 벽체를 쌓은 다음 청동이나 납을 녹여 직접 부어넣어 고정시키는 방법이다. 이 은장은 돌구조쌓기에서 사용되었던 방법들이고, 돌붙임벽쌓기에서는 꺾쇠를 주로 사용한다. 꺾쇠의 크기는 ϕ10~15mm이고 길이는 30~50mm 정도이다.

③ 연결철물

돌붙임벽을 철근콘크리트 벽체에 고정시키기 위해 상 · 하 연결촉과 벽체에 고정된 수직 · 수평철근이나 앵커볼트를 연결시켜 묶어 고정시키는 철물을 연결철물이라 한다. 이 연결철물은 ϕ4~6mm 정도로 사용한다.

6.3.3 돌벽쌓기법

(1) 돌나누기

돌나누기의 설계도는 축척을 1/50으로 하고 돌의 크기, 줄눈, 개구부의 위치, 벽체길이 등을 상세히 하는 것으로 벽돌나누기와 같다. 돌쌓기를 하기 전에 설계도에서 연결철물인 촉, 꺾쇠 등의 구멍 위치와 전기배선 구멍 등 석재를 가공할 때 꼭 챙겨야 할 것들을 검토하고 확인하여야 한다.

돌의 크기와 돌의 가로, 세로 비율은 건축물의 크기인 전체 가로, 세로의 비율에 맞게 설계되어야 자연미와 안정감을 동시에 얻을 수 있다.

(2) 돌구조쌓기

돌구조쌓기를 할 때는 건물의 모서리에 세로규준틀을 세우고, 벽체의 중심선과 외곽선을 먹줄 친 후 수평실을 치고, 이 실줄에 맞추어서 모서리 및 기준이 되는 위치에서부터 돌쌓기를 시작하고 먼저 쌓은 돌벽을 기준으로 차례차례 쌓는다. 기초 위에 밑돌을 놓을 때는 보강연결철물을 확인한 후, 먹줄에 맞추어 모르타르를 깔고 나무쐐기 등 괴임을 받치면서 밑돌을 올려놓고, 수평으로 돌벽체를 쌓아간다. 밑켜 위에 윗켜를 놓을 때는 보강연결철물인 촉, 꺾쇠, 은장 등을 설계도서에 맞게 설치하고, 모르타르를 고정시키고 쐐기나 괴임을 받치면서 상부 윗켜를 계속해서 쌓아간다.

돌벽쌓기 하루 높이는 1m 이내를 표준으로 하고 모르타르가 굳으면 나무쐐기는 빼내고 모르타르로 메워서 마감한다.

견고하고 튼튼한 돌구조쌓기 벽체는 벽체두께, 높이, 길이는 벽돌쌓기법에 준하고, 벽체모서리와 벽마구리에는 큰돌로 쌓고, 벽체두께 방향으로 깊게 물리는 큰돌을 많이 사용하여 서로 물림이 잘 되어야 한다. 벽체두께에 걸쳐 쌓는 큰돌을 온물림돌(Through)이라 하고 벽체두께에 반 이상 물리는 돌을 반물림돌(Bonders)이라 한다.

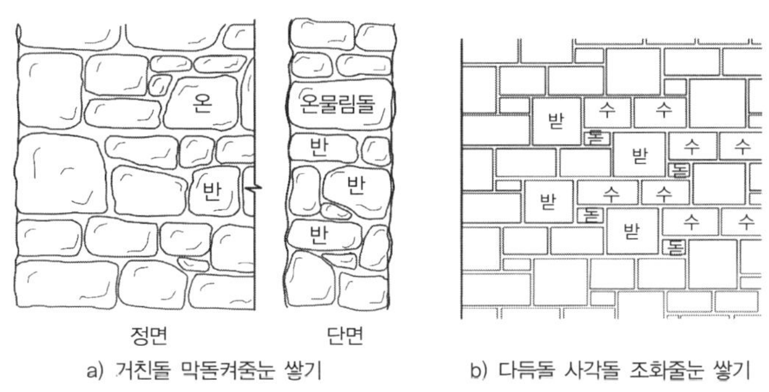

a) 거친돌 막돌켜줄눈 쌓기 b) 다듬돌 사각돌 조화줄눈 쌓기

그림 6–2 돌벽쌓기법

거친돌쌓기에서 벽체 1m^{2}에는 온물림돌 1장이나 반물림돌 2장 정도면 견고한 벽체로 본다. 온물림돌은 밖으로 약간 기울여 쌓는데, 이것을 속물매(Water shoot)라 하고 빗물이 실내로 들어오는 것을 방지한다.

다듬돌쌓기는 가공한 돌의 크기가 일정한 크기로 쌓는 방법을 다듬돌 바른층쌓기라 하고, 가공한 돌의 크기가 각기 다른 돌을 쌓는 방법을 다듬돌 막쌓기라 한다.

다듬돌 조화 쌓기는 크기가 다른 돌로 막줄눈쌓기한 것이 반복적으로 벽체면에 쌓아 올라가는 방법이다. 온물림돌 크기의 받침돌(Snecks), 온물림돌 크기의 1/2 정도이며 가로가 길고 세로가 짧은 직사각형 모양의 수평돌(Levellers), 수평돌의 절반 정도 크기이며 정사각형인 돋움돌(Risers)로 구분하여 받침돌 1장, 수평돌 2장, 돋움돌 1장을 한 조(그림 6-2,b)로 하고 받침돌을 놓으면 좌·우에 수평돌을 끼우고 돋움돌은 받침돌과 수평돌 사이에 끼워 쌓는 방법을 말한다.

(3) 돌붙임벽 쌓기

내력벽이 조적조인 구조일 때 돌붙임벽쌓기는 내력벽과 돌붙임벽을 동시에 같이 쌓기를 하여 일정한 위치마다 턱을 두고 철물로 보강하여 연결하고, 모르타르나 콩자갈 콘크리트로 사춤하여 일체화시키는 것이 가장 이상적인 방법이다.

철근콘크리트 벽체에 돌붙임벽 쌓기일 때는 돌구조 쌓기와 같다. 세로규준틀을 세우고 이 틀에 맞추어 수평실을 치고, 모서리나 기준이 되는 위치부터 모르타르를 깔고, 굄을 놓으면서 돌을 수직과 수평이 맞게 해야 줄눈이 정확하게 맞게 된다.

윗켜는 밑켜에 고정되게 설계도서에 의해 보강연결철물을 설치하고 쌓아가며, 벽체와 돌부침벽 사이는 사춤을 한다. 사춤은 모르타르나 콩자갈 콘크리트로 하며, 사춤을 할 때는 서로 맞댄 면에 물축이기를 하고 줄눈에 깨끗한 헝겊을 끼워서 빈틈없게 하여 모르타르나 콩자갈 콘크리트가 스며나오지 않도록 해야 한다.

사춤재가 굳기 시작하면 헝겊을 제거하고 모르타르로 메워서 마감하고 돌붙임 벽쌓기가 끝나면 모르타르를 제거하고 깨끗한 물로 벽면을 청소한다.

실내의 대리석 붙임벽쌓기 등은 쌓기가 끝나면 벽체 표면의 오염이나 흠집이 생기는 것을 막기 위해 깨끗한 물로 모르타르나 불순물을 제거한 후, 질긴 창호지나 백지를 돌표면에 붙여 보존한 후, 공사가 끝나면 석재면에 붙여 놓은 보호재를 제거하고 청소하여 마무리한다. 벽체에 돌붙임벽의 보강연결 철물구조는 벽체와 돌붙임벽 사이에 수직, 수평 철근을 배근하거나 벽체에 앵커볼트를 설치하여 돌붙임벽의 수직연결재인 촉과 연결철물로 묶어서 고정시키며 돌과 돌의 수평연결은 꺾쇠를 사용하는 것이 가장 보편적인 방법이다.

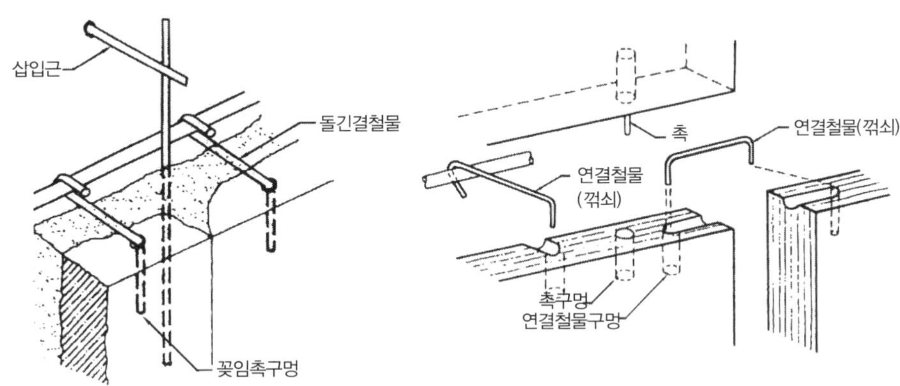

그림 6-3 돌붙임벽 쌓기

6.3.4 돌벽쌓기의 일반사항

돌은 판상으로 쪼개지기 쉬운 절리와 결이 있다. 돌의 결면은 수성암이 가장 뚜렷하게 나타나고, 화성암도 결면을 알 수 있으나 변성암은 결면을 구분하기 어렵다. 돌쌓기를 할 때는 결면에 유의하여 쌓아야만 쪼개짐을 예방할 수 있다.

돌벽체를 쌓을 때 무게가 결면에 수직되게 작용되도록 결면이 수평되게 돌을 놓아야 한다. 돌출 부분의 상부면에는 방수물매를 두어 먼지가 쌓이거나 고인물이 줄눈으로부터 벽체 내부로 스며들지 않도록 해야 한다.

6.3.5 부분 돌쌓기

(1) 아치(Arch)

개구부 상부의 수직하중을 수평력으로 바꾸어 틀받이벽이나 벽체에 힘을 전달하는 것을 아치(Arch)라 한다. 수직하중을 수평력으로 전환하려면 아치돌이 쐐기모양을 하고 있어야 한다.

돌아치의 종류는 평아치, 결원아치, 반원아치 등이 있으며, 아치 줄눈선은 아치 중심점에 모이게 한다. 아치를 틀 때는 임시틀(Centre)을 만들고, 받침 양 끝단에는 쐐기를 서로 반대로 2개 겹친 겹쐐기를 하여 받친다.

이 겹쐐기는 좌우높이 조절이 쉽게 가능하며, 마지막 이맛돌(key stone)을 끼워놓고, 모르타르가 굳기 전에 쐐기를 조절하여 10mm 정도 내려주면 아치돌들이 내려앉으면서 서로 잘 물리게 자리잡이(Easing)를 한다.

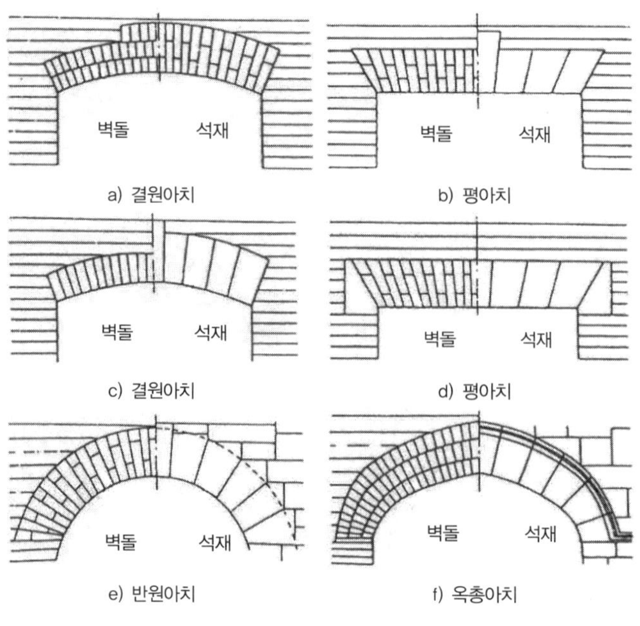

그림 6-4 아치의 종류

(2) 인방돌(Lintel stone)

개구부인 창·문 등의 상부 개구부틀 위에 보를 설치하여 개구부 위 벽체 무게를 받게 하여 개구부에는 하중이 작용되지 않게 하는 수평부재를 인방이라 하고, 재질을 돌로 한 것을 인방돌이라 한다. 돌은 인장과 휨에 매우 약한 부재이므로 인방보 부재로는 적합하지 않다. 그러므로 돌인방은 개구부 폭이 보통 1m 미만인 곳에만 사용되고 있으며 인방보가 없는 돌구조물의 창은 폭이 좁고 길이가 긴 오르내리창으로 되어 있다.

개구부 폭이 크면(1m 이상) 벽체 내부에 철근콘크리트, 철골의 인방보를 설치하고, 노출된 외부에는 아치를 트는 방법들이 일반적으로 사용된다.

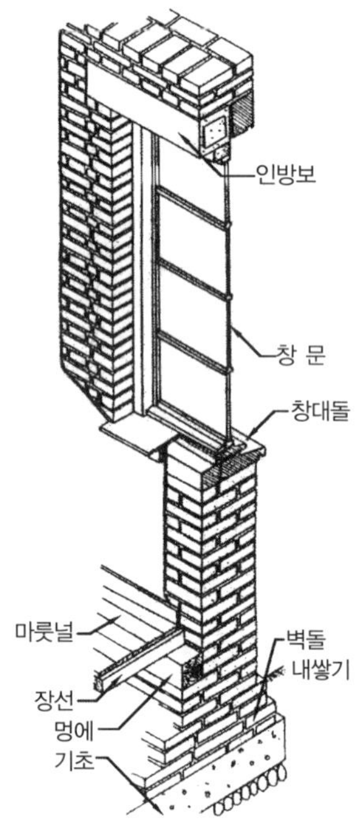

그림 6-5 인방보 · 창대돌

(3) 창대돌(Window sill stone)

창대돌은 창틀 밑에 설치하고, 창문을 받치고 빗물이 스며드는 것을 방지하며 창문 밑 벽체를 보호하는 부재를 말한다. 창대돌 윗면에는 빗물이 창문 안쪽으로 흘러들어 오지 못하도록 물돌림 턱을 두고, 윗면 앞쪽으로는 빗물이 흘러내릴 수 있게 경사를 둔 방수물매(Weathered)를 설치한다.

창대돌 하부면 바깥쪽에는 물끊기홈(Water dripping)을 파서, 창틀 밑 벽체에 흘러드는 빗물을 끊어 주어야 한다.

이 창대돌의 위쪽면은 물갈기마감을 해야 먼지나 불순물이 돌틈에 끼지 않아 풍화가 적게 생긴다.

창대돌은 양쪽 벽체에 150mm 이상 겹쳐서 물리도록 하고, 개구부의 좌우벽체에 작용되는 하중의 불균형이나 부동침하 등에 의해 창대돌이 부러질 수 있으므로 양쪽 벽면에 겹쳐 물리는 양끝단에만 모르타르를 깔고, 중앙부에는 탄성물체를 깔아만 놓고, 줄눈으로만 마감해야 한다.

(4) 턱틀받이벽(Jamb stone)

창문틀, 문틀의 좌우에 개구부를 감싸고 있는 벽체를 턱틀받이벽이라 하고, 개구부 상부의 하중을 개구부 밑벽체에 전달하는 구조이다.

이 턱틀받이벽은 창문틀, 문틀과 어우러지게 한 장식적인 의미도 있으며, 개구부인 창문틀, 문틀 등의 주위로부터 실내로 들어오려는 비바람을 막아주기 위한 구조이다.

(5) 문지방돌(Door sill stone)

출입문의 문틀 하부 밑면에 까는 돌을 문지방돌이라 하고, 출입문에는 문턱을 두는 것이 원칙이다. 그러나 건축물 내부에 설치할 때는 안 둘 수도 있다.

문턱은 실내와 실외를 구분하고 문설주를 고정시키며, 문 밑으로 스며드는 빗물, 바람, 소음 등을 막는 역할을 한다. 외부출입 문턱은 창대와 같이 방수물매를 두고, 밑면에는 물막이대(그림 4-20 문턱)를 설치해야 한다.

(6) 돌림띠(Cornice)

벽체면에 수평방향으로 내민 장식띠를 돌림띠라 하며, 돌림띠 형태는 물끊기 홈을 가진 장식띠이다. 돌림띠 중 층의 중간에 설치한 것을 허리돌림띠, 벽체 상부에 설치한 것을 처마돌림띠라 한다.

(7) 두겁돌(Copings stone)

두겁은 돌출된 벽체 상부, 난간벽, 울타리벽 등의 최상 부위에 설치하여 하부벽체에 빗물이 벽체 내부로 스며들지 않도록 하고, 먼지 등을 씻은 더러운 빗물이 벽체면에 얼룩지지 않게 하기 위해 실시한다.

두겁의 윗면은 빗물이 흘러내리도록 방수물매를 두고, 밑면 끝단에는 물끊기 홈을 둔다. 두겁돌의 벽체와 연결은 촉으로 하고, 두겁돌들은 꺾쇠를 사용하여 서로 연결한다.

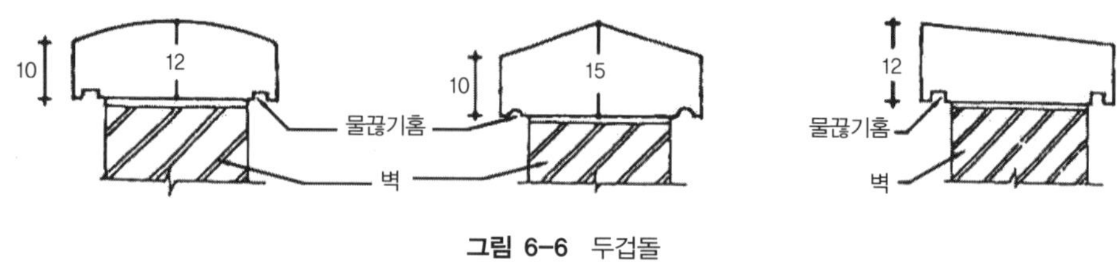

그림 6-6 두겁돌

7장

목구조

7장 목구조

건축물의 주요 구조부인 기둥 · 보 · 지붕 · 마루 등을 목재로 만든 것을 목조 또는 목구조라 한다. 목구조는 인류가 제일 먼저 사용한 건축형태이며, 철근콘크리트, 철골구조 등이 사용되는 요즈음에도 목재만이 가지는 많은 이점이 있어 계속 사용되고 있다.

목재의 장점은 재질이 부드럽고 따뜻한 느낌을 주며, 외관이 아름다워 사람에게 친근감을 주고, 가벼우므로 취급하기 쉽고, 가공하기도 자유롭다. 무게에 비해 강도와 탄성이 크고, 열전도율이 작아 방한 · 방시적이며 소리의 흡수나 차단성이 좋다.

목재의 단점은 균질한 재질을 얻기가 어렵고, 흡수성이 매우 커서 신축 · 변형이 크며, 불에 타기 쉬운 가연성이고, 부패하기 쉽다. 그러므로 목재는 잘 건조시키고, 방부처리를 하여 썩지 않게 해야 하고, 불연재로 피복하여 내화성을 갖도록 하고, 가능하면 원목 사용을 줄이고 합판 등과 같은 가공제품이나 집성목재를 사용하여 단점을 보완토록 하여야 한다.

7.1 목재

목재는 일반적으로 침엽수와 활엽수로 나눈다. 침엽수는 온대 이북지방에 분포하며, 소나무, 전나무 등과 같이 잎이 가는 나무이며, 연목(연한 나무)이라 하고, 곧고 긴 재제를 얻기 쉽고, 비교적 가볍고 가공성이 좋아 구조재로 많이 사용한다.

활엽수는 열대에서 온대에 걸쳐 분포하고, 침엽수에 비해 단단한 것이 많아 경목(단단한 나무, 굳은 나무)이라 하고, 박달나무, 느티나무, 단풍나무 등과 같이 낙엽수이며, 종류가 다양하고 목리(내부섬유 등 구성요소가 줄모양으로 보이는 것)가 곧은 것이 적어 가구재, 창호재, 장식재 등으로 사용된다.

7.1.1 나무조직

건축에서 무른 나무는 소나무와 같은 침엽수를 말하고, 굳은 나무는 떡갈나무와 같은 활엽수(낙엽수)를 말한다. 그러나 이와 같은 분류는 일반적인 관습에서 나온 것이며, 실제로 나무의 단단함에 의한 것은 아니다. 침엽수인 향나무는 재질이 단단한데도 무른 나무에 속하며, 활엽수인 오동나무는 재질이 무른데도 굳은 나무에 속해 있다.

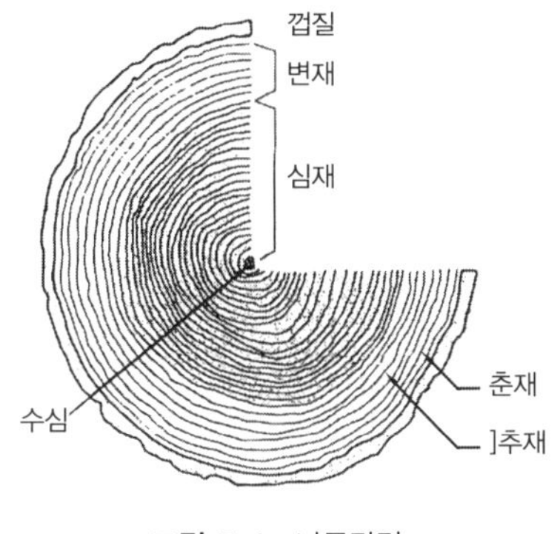

그림 7-1 나무단면

나무의 성질은 목재의 성장이나 조직과 관계가 있다. 목재의 단면에는 중앙부에 수심, 심재, 변재, 그리고 춘재와 추재, 나이테 등이 있다.

수심은 나무의 중심부이며 자라면서 없어진다. 제재(製材)를 하여 자세히 살펴보면 단면방향으로 실금이 가 있고 색상이 좀 연하다. 이 수심 부분은 강도가 매우 약하므로 힘을 받는 부재로 사용할 수 없다. 나무단면 중심부에 색상이 짙은 부분은 나무가 성장기능을 상실한 부분이며 이를 심재라 한다.

심재는 나무의 향기와 고유의 색상을 지니며 강도도 높아서 목재에서 가장 좋은 부분이다. 심재 바깥 부분은 변재라 하고 나무즙이 많아서 벌레나 곰팡이가 생기기 쉬운 부분이며 잘 건조시키면 강도도 좋아진다.

목재 단면의 수심(樹心)을 중심으로 동심원 같은 둥근테가 있는데, 이를 나이테 또는 연륜이라 한다. 이 나이테는 춘재와 추재에 의해 생긴다. 춘재(春材)는 봄에서 여름에 걸쳐 빨리 자라서 재질이 무르며, 색상이 연하고, 추재(秋材)는 가을부터 더디게 자라서 재질이 조밀하고 색상이 짙은 부분을 말한다. 일반적으로 온대지방의 나무들은 나이테가 뚜렷하지만, 열대지방의 나무들은 나이테를 육안으로 구분하기가 어렵다.

7.1.2 목재의 성질

(1) 벌목과 제재

건축용재로 사용되는 나무는 성숙기에 도달한 것을 벌목해서 사용한다. 성숙기 전에 벌목하면 변재가 많아 견고하지 못하고, 성숙기가 지나 목재의 노년기에 벌목하면 목재가 부스러지기 쉬운 성질을 갖고, 중심부는 삭는 등 약하기 때문이다.

나무의 성숙기는 일반적인 경우 50~100년이고, 가장 좋은 벌목 시기는 가을이나 겨울이다. 이 시기에는 수분 증발로 인해 수축이 적기 때문이다. 나무는 동일한 수종이라도 지름이 굵은나무를 제재한 목재가 좋으며, 제재방법에 따라 목재의 나뭇결에 의한 외형, 건조수축에 대한 변형 등이 달라진다. 목재의 제재방법은 판켜기, 접선켜기, 방사켜기가 있다.

① 판켜기

원목을 일정한 방법으로 나란히 켜는 방법을 판켜기라 한다. 이 판켜기는 목재의 손실이 가장 적은 경제적인 제재법이지만 제재된 목재는 수축에 의한 변형이 크다.

a) 판켜기

② 접선켜기

원목 나이테의 접선방향을 기준으로 원목의 원형에 4회씩 회전하면서 켜는 방법을 접선켜기라 한다. 나이테가 뚜렷한 나무에서 아름다운 나무 무늬를 얻을 수 있는 제재법이지만 변형이 매우 심하므로 얇은판으로 켜서 이용한다.

b) 접선켜기

③ 방사켜기

원목을 크게 수직과 수평으로 4등분하고, 나이테에 직각방향이 되게 켜는 방법을 방사켜기라 한다. 이 켜기는 제재한 목재의 변형이 적고, 곡선에 의한 고운무늬를 얻을 수 있는 제재법이다. 목제 손실이 많지만 변형이 적고 무늬가 좋아 고급목재로 사용된다. 제재된 목재면의 나이테무늬를 나뭇결이라 하고, 이 나뭇결에는 곧은 결(정목, 柾目), 널결(판목, 板目)이 있다.

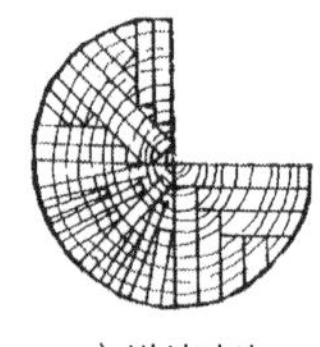

c) 방사켜기

그림 7-2 목재제재법

㉠ 곧은결(정목, 柾目)

목재를 수심을 포함한 나이테의 직각방향면으로 제재하면 목재면의 나이테는 거의 평행선에 가깝다. 곧은결 각재(角材)는 사용 후 변형이 가장 적으며, 4면 정목이라 한다.

㉡ 널결(판목, 板目)

나이테의 접선방향면을 널결이라 한다. 외관을 중요시 하는 장식재는 얇게 켜서 사용하고, 다른 부재들은 변형이 너무 크므로 고려하여 사용하여야 한다. 제재방법에서 접선켜기는 모두 널결목이고, 방사켜기는 모두 곧은 결목이 되며 판켜기는 일부는 널결목, 나머지는 곧은결목이 된다.

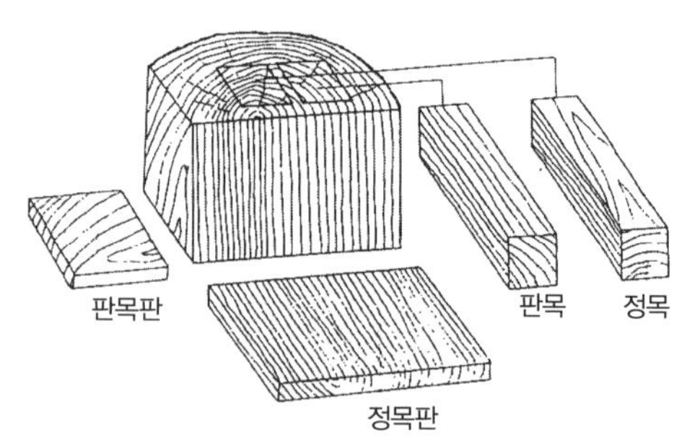

그림 7-3 정목과 판목

(2) 목재의 변형

목재의 수축변형은 목재에 포함된 수분 때문이다. 목재의 함수율이 섬유포화상태(목재섬유세포 내부에는 수분포화상태 세포와 세포 사이의 공극에는 수분이 건조된 상태)의 범위에서는 목재의 수축이나 팽창 변형의 증감은 거의 없으나 함수율이 기건, 전건상태가 되면 거의 직선적으로 수축변형이 일어난다. 그러므로 함수율의 변동이 없으면 수축이나 팽창변형은 일어나지 않는다.

목재는 수분이 증발함에 따라 길이방향(성장방향), 지름방향, 나이테방향으로 각각 양을 달리하여 수축변형이 생긴다. 목재의 함수율을 대기 중의 평균습도와 일치시키면 목재의 변형은 거의 없으므로 목재는 기건상태(목재가 대기의 온도, 습도와 평형된 수분을 함유한 상태)로 건조하여 사용하는 것이 좋다. 우리나라의 목재기건 함수율은 15%±2%이다.

(3) 목재의 강도

목재의 강도는 섬유방향에 대한 가력방향과 함수율, 비중에 따라 다르다. 목재의 역학적 성질에서 강도와 탄성은 가력방향과 섬유방향과의 관계에 따라 매우 큰 차이를 나타낸다.

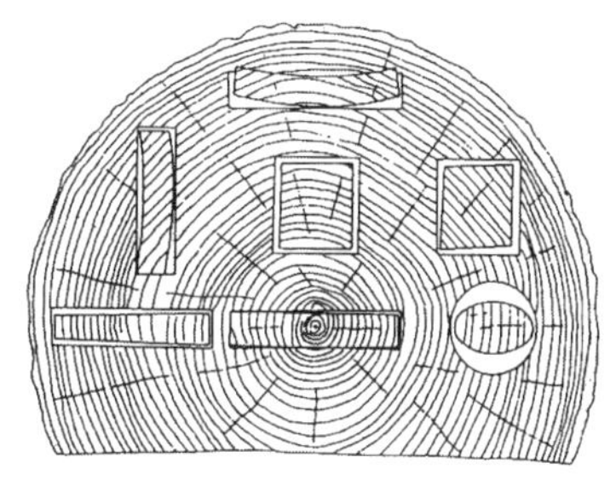

그림 7-4 목재의 변형

목재의 압축, 인장, 휨강도는 응력방향이 섬유방향에 평행한 경우에는 강도가 최대값이 되고, 섬유방향에 수직일 때 강도는 최소값이 된다. 그리고 목재의 전단강도는 섬유방향에 직각으로 응력이 작용할 때 최대값이 되고, 섬유방향과 평행되게 응력이 작용되면 최소값이 된다. 목재의 압축, 인장강도는 섬유방향의 평행과 직각이 약 10배 정도 차이가 나므로 주의해서 사용하여야 하고, 전단강도는 압축과 인장의 값이 정반대 값을 보이므로 목재의 접합부나 이음에 주의하지 않으면 안 된다.

7.1.3 목재의 종류

목조건축의 부재는 기둥, 보, 마루, 마루틀, 지붕틀, 마감재 등이 있으며, 이 부재들은 건축물에 사용되는 용도에 따라 구분 · 사용되어야 한다. 목재를 사용 용도로 구분하면 구조재, 수장재, 창호재, 가구재로 구분한다.

(1) 구조재(構造材)

건축물의 주요구조부를 이루는 부재는 큰 하중을 받는다. 기둥과 보 같이 건축물의 뼈대를 이루는 부재들은 곧고 긴 부재를 얻을 수 있는 침엽수 중 소나무, 낙엽송, 외국산 소나무 등을 사용하고 옹이, 썩음 등 흠이 적은 것을 기건상태로 건조하여 사용한다.

(2) 수장재(修粧材)

치장할 목적으로 사용하는 부재를 수장재 또는 치장재라 한다. 이 부재들은 구조재의 마감을 위해 사용되므로 나뭇결, 색상, 광택 등을 고려하여 선택되어야 한다. 나뭇결은 널결을 사용하여 아름다운 무늬와 색상을 갖는 마호가니, 흑단, 단풍나무 등 활엽수와 적송, 홍송 등 침엽수를 사용한다.

(3) 창호재 · 가구재

창호재 · 가구재는 나뭇결이 곧은결인 각재를 잘 건조시켜 변형이 생기지 않게 사용하여야 한다. 나뭇결이 고른 4면 정목을 사용하면 가장 좋다. 목재는 곧은결(정목)을 사용하고, 건조는 기건상태로 하여 변형이 최소가 되게 하여야 한다. 사용되는 나무는 수장재와 같이 마호가니, 흑단, 단풍나무, 적송, 흑송 등이다.

7.1.4 목재의 규격

목재는 원목을 필요한 형태로 제재하여 목구조공사에 사용한나. 목재의 제재목은 각재와 널재가 있다. 목재를 일반적으로 많이 사용되는 일정규격의 단면 크기와 길이로 미리 제재해 둔 것을 기성재, 정척물이라 하고, 주문에 따라 제재하는 것을 주문재, 난척물이라 한다.

목재의 길이가 1.8m를 기준으로 1.8m 이하인 것은 단척물, 1.8m 이상인 것은 장척물이라 한다.

(1) 각재(角材, Quarterings)

단면의 형태가 정사각형인 것으로 30×30mm 이상인 것을 30mm각이라 하며, 아직도 옛 단위인 '치'를 써서 1치는 30mm이므로 1치각이라고도 부른다. 일반적으로 각재의 단면 최소치수는 30mm각이며, 일반구조용 각재는 90mm각, 105mm각, 120mm각을 기본으로 사용한다. 또 반각재는 폭이 두께의 2배 이하인 것을 말한다.

(2) 널재(Boards)

단면의 폭이 두께의 3배 이상인 부재로 최소폭은 100mm 이상인 것을 널재라 한다. 널재의 두께는 6mm부터 3mm 간격이 있으며, 최대두께는 36mm까지이다. 또 폭은 100~240mm이다. 반널은 폭이 두께의 2~3배 정도인 것을 말한다.

(3) 통나무(Log)

가공하지 않은 원목을 통나무라 하며, 통나무의 치수는 작은 마구리 원목의 상부 마구리의 지름치수를 말한다. 통나무 최소지름치수는 90mm이고, 길이는 1.8m 이상이다.

7.1.5 목재량

목재량은 부피로 계산하며, 단위는 m^3이다. 우리나라에서는 목재의 부피단위로 재(材)를 사용했으며, 1재는 가로, 세로 1치(寸)각으로 12자(尺) 길이를 말한다. 1칸(間)이란 기둥과 기둥 사이를 말하며, 가로축과 세로축의 1주칸(株間)을 1칸이라는 면적의 단위로도 사용된다. 일반적으로 1주칸은 2.4m(8자) 정도이고, 궁궐이나 불전 등은 3m~3.6m(10자~12자)를 말한다.

$$1재(材) = 가로\ 1치 \times 세로\ 1치 \times 길이\ 12자 = 0.00324m^3$$

서양에서는 목재의 부피단위로 보드 피트(Board feet)를 사용하였으며, 1보드 피트는 가로, 세로 1인치(inch)각에 길이 12피트(feet)이다.

$$1보드\ 피트(bf) = 가로\ 1\,inch \times 세로\ 1\,inch \times 길이\ 12\,feet = 0.00228m^3$$

7.2 목재의 접합

목구조는 구조체를 구성하는 하나하나의 목재부재 강도도 중요하지만 구조체를 연결하는 목재의 연결방법이 매우 중요하다. 목재에서 부재를 부재의 도심축에 일직선으로 연결하는 것을 이음이라 하고, 부재와 부재의 연결축이 경사지거나 직각되게 연결시키는 것을 맞춤이라 하며, 이 이음과 맞춤을 접합이라 한다.

이 목재접합부에는 압축, 인장, 휨모멘트, 전단 등의 힘이 작용되는데, 접합부에 한 종류의 힘만 받는 부재는 거의 없으며 항상 둘 이상의 힘이 작용되므로 이음과 맞춤방법을 잘 선택하여 사용하여야 한다. 접합부는 항상 응력이 가장 작은 곳에 두어야 하고, 한 곳에 이음과 맞춤이 집중되지 않게 하여야 한다.

목재는 가능한 한 단면결손이 최소가 되는 이음과 맞춤방법을 하여야 하고, 접합방법이 단순하고 간단한 것을 선택하며, 접합부는 정확하게 가공하여 힘의 전달이 원활한 이음과 맞춤이 되어야 한다.

7.2.1 목재의 이음

(1) 이음위치의 종류

부재와 부재를 부재축에 일직선으로 연결하는 것을 이음이라 하고, 이 이음할 부재의 지지조건이나 부재의 이음 위치 등에 따라 심이음, 내이음, 베개이음으로 구분한다.

① 심이음(Center joint)

지지하는 기둥부재의 중심에 보이음부재의 중심이 놓이는 이음위치를 심이음이라 한다.

② 내이음(Out of center joint)

지지하는 기둥부재의 중심 밖에서 보이음부재의 중심이 놓이는 이음위치를 내이음이라 한다. 이 내이음은 내민보를 이용하면 단순보일 때 단면보다 작은 단면을 가지고도 설계가 가능해지는 것을 생각해 볼 수 있는 이음이다. 그러나 지지기둥 밖에서 이음이 있으므로 이 부분이 취약해지는 단점이 있다.

③ 베개이음(Bolster beam joint)

지지하는 기둥부재 위에 도리방향의 보를 놓고 이 기둥부재와 도리방향의 보 중심에 보이음부재의 중심이 놓이는 이음방법을 베개이음이라 한다.

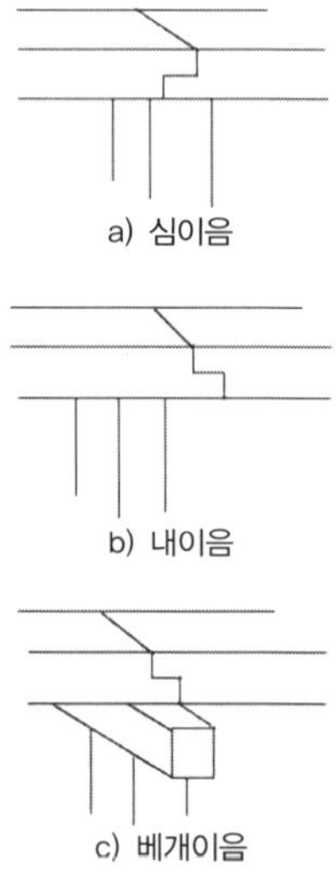

그림 7-5 이음의 위치

(2) 맞댄이음(Butt joint)

이음할 2부재의 면을 직각으로 서로 맞대어 2부재의 부재축이 일치되게 연결하는 이음방법이다. 이 이음은 단순히 2부재를 맞대놓고 나무나 철판의 덧판을 대고 못이나 볼트로 고정시키는 것이다.

이 맞댄이음은 압축력, 인장력이 작용되는 부재의 이음방법에 사용한다.

(3) 겹친이음(Lap joint)

이음할 2부재를 단순히 겹쳐 놓고 못이나 볼트로 고정시키는 이음방법을 겹침이음이라

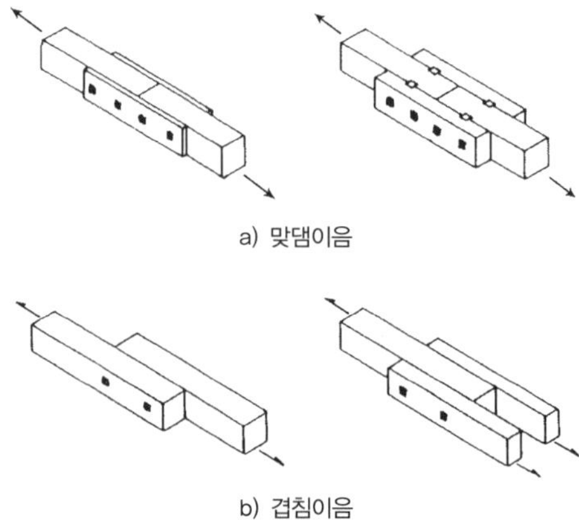

그림 7-6 맞댐 · 겹침이음

한다. 이 이음의 보강은 겹친 면에 산지, 듀벨 등을 사용하면 더 견고한 이음을 할 수 있다.

이 겹침이음은 한 면 겹침이음과 양면 겹침이음이 있다. 한 면 겹침이음은 겹친면의 2부재축이 일치되지 않아 편심모멘트가 작용되므로 이 이음을 사용할 때는 주의하여야 한다.

(4) 따낸이음

이음할 2부재가 서로 맞물려지도록 2부재를 홈내어 짜맞추어서 연결하는 방법을 따낸이음이라 한다. 이 이음 부위를 더욱 견고히 보강하기 위해 산지, 촉, 볼트 등을 사용한다.

① 반턱이음(Rebated joint)

2부재의 단면춤의 반절씩을 따낸이음을 반턱이음, 턱이음, 턱걸이이음이라 한다. 이음이 단순하고 간단하여 부재의 연결이나 접합에 많이 사용되며, 보강철물을 이용하여 고정시킨다.

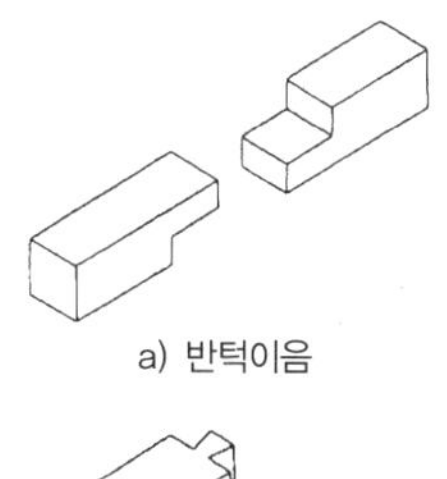

a) 반턱이음

② 주먹장이음(Dovetail joint)

2부재가 서로 물려지도록 부재의 한쪽은 쐐기모양의 주먹장을 만들고, 또 한 면은 주먹장 홈을 만들어서 끼워 맞추면 빠지지 않는 매우 튼튼한 구조의 이음방법이다. 이 이음은 큰 힘을 받는 부재이음에 가장 많이 사용되며, 주먹장이음, 턱걸이 주먹장이음이 있다.

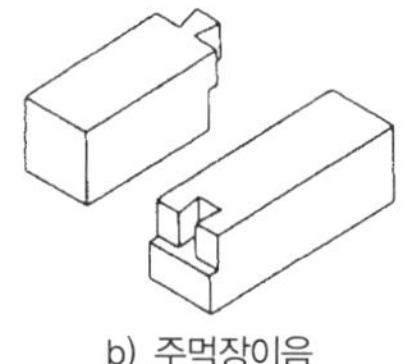

b) 주먹장이음

이 주먹장이음에서 주먹장에 목을 달아 길게 뽑아 메뚜기처럼 만들고, 이 메뚜기 모양의 홈을 파서 이음하는 방법을 메뚜기장이음이라 하며 주먹장이음보다 더욱 튼튼하고 견고한 이음방법이다.

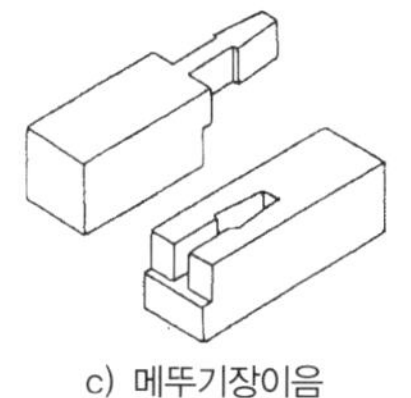

c) 메뚜기장이음

③ 엇걸이이음(Scarf joint)

이음할 2부재의 이음길이는 부재춤의 3~4배 정도로 하며, 부재단면의 가로면을 기준으로 세로로 빗갈지게 사선으로 절개하여 연결할 부재 양 끝단에 턱솔과 턱솔홈을 만들고 사선으로 비스듬한 중간 부분에 반턱을 두어서 이음을 맞추면, 맞춤면이 되빠짐이 생기지 않게 고정시킨 이음방법이다.

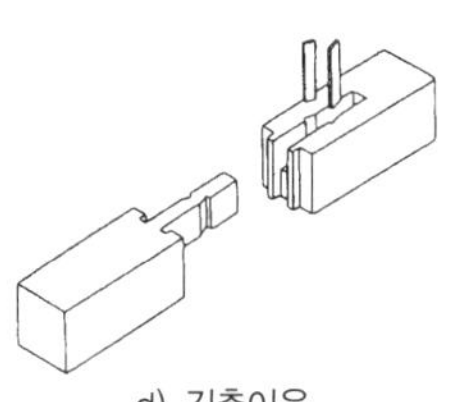

d) 긴촉이음

2부재의 맞댄면 반턱홈에 촉을 박아 보강한 이음을 엇걸이촉이음이라 하고, 맞댄면의 바깥쪽 면에 이음을 보강하기 위한 홈을 파고 신지를 2개 이상 박는 엇걸이산지이음과 이음의 중간부 반

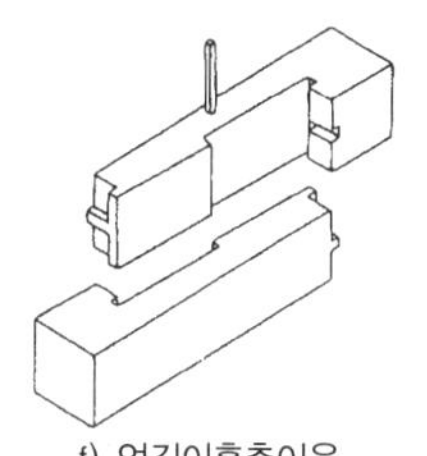

f) 엇길이홈촉이음

그림 7–7 이음의 종류

턱에 홈을 만들고 촉을 박는 엇걸이홈촉이음도 있다.

부재의 중요한 이음은 이 엇걸이이음으로 하며, 보부재의 휨에 가장 튼튼한 이음방법이다.

④ 빗걸이이음(Splayed joint)

부재 연결방법은 엇걸이이음과 비슷하게 보이지만 이 이음은 부재단면의 세로면을 기준으로 가로로 사선으로 절개하여 턱솔 없이 2단턱만을 두고 포개놓은 이음방법으로 고정시키기 위해 산지, 볼트 등으로 보강하는 이음이다.

⑤ 턱솔이음(Tongue and grooved joint)

이음할 맞댄면의 이동을 억제시키기 위해 한 면은 턱솔을 내고, 다른 면은 턱솔홈을 만들어 끼워 맞추는 이음방법으로 −자형턱솔, +자형턱솔, ㄱ자형턱솔, ㄷ자형턱솔 등이 있으며 지지대 상부에 놓이는 보부재의 이음에 주로 사용되며 보강덧판을 대고 못, 볼트로 고정시킨다.

⑥ 빗이음(Splayed joint)

이음할 맞댄면을 서로 빗갈지게 잘라 이은 이음이며, 이음길이는 부재춤의 1.5~2.0배 정도이며, 이 빗이음은 지지대 상부의 중심점에 놓이는 부재에 사용하며 보강물을 사용하여 고정시킨다.

⑦ 엇빗이음(Herringbone joint)

빗이음을 두 갈래로 빗갈지게 잘라서 이은 이음방법으로 사용한다. 이 음길이는 빗이음과 같이 부재춤의 1.5~2.0배 정도이며, 부재단면이 작은 치장재의 이음에 사용한다.

⑧ 은장이음(Cramp joint)

이음할 맞댄면의 양쪽에 주먹장홈(⋈)을 만들고 단단한 나무로 주먹장홈에 맞게 주먹장을 만들어 끼워 맞추는 이음방법이며, 이 이음은 부재의 뒤틀림에 견디는 구조형상이다.

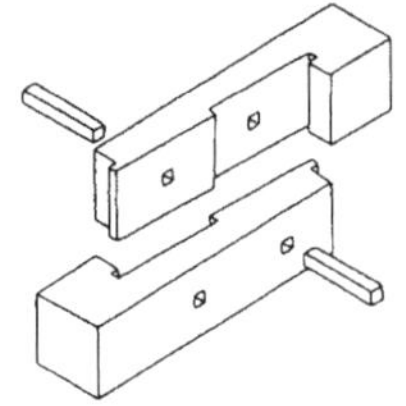

g) 엇걸이산지이음

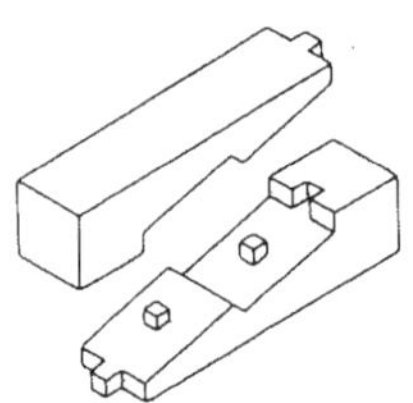

h) 빗걸이홈이음

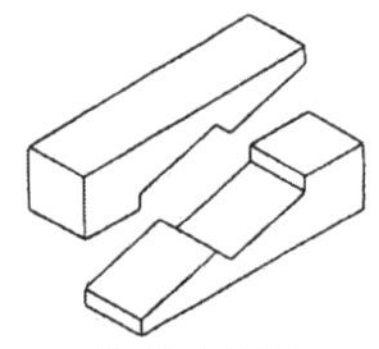

i) 빗걸이이음

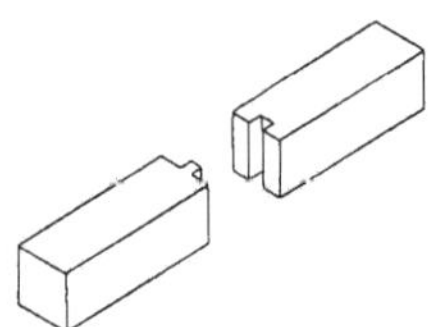

j) 턱솔이음

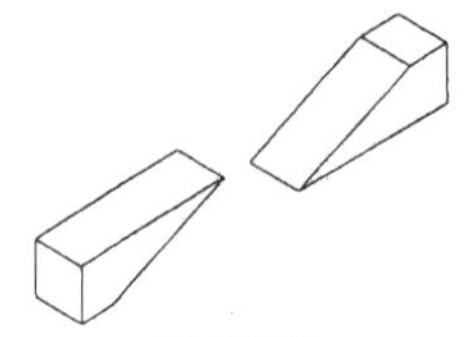

k) 빗이음

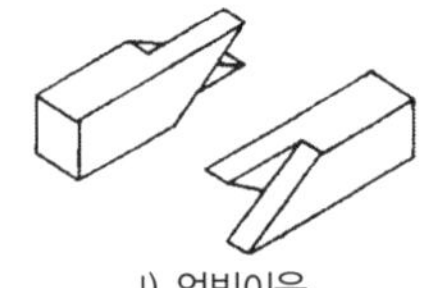

l) 엇빗이음

그림 7-7 이음의 종류(계속)

7.2.2 목재의 맞춤

목구조의 연결방법 중 맞춤은 매우 중요하다. 맞춤이란 부재의 연결축이 경사지거나 직각되게 부재가 연결되는 것을 말한다. 맞춤은 부재에 작용되는 응력이 작은 곳에 두어야 하고, 한 곳에 집중되지 않고, 단면결손이 가장 적은 맞춤방법을 선택하여야 한다. 맞춤에는 간단한 기본맞춤과 주먹장맞춤, 거멀맞춤, 장부맞춤, 연귀 등이 있다.

(1) 간단한 기본맞춤

① 허리맞춤

일직선 부재의 허리 부분(중간)에 직교하는 부재를 맞대어 놓고 못이나 기타 철물로 보강하는 맞춤방법이다.

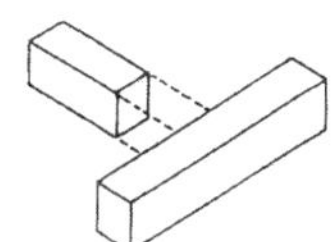

a) 허리맞춤

② 통맞춤

직교하는 2부재의 단면 차이가 클 때는 큰 단면 부재에 작은 단면 크기의 구멍을 만들어서 통으로 끼워넣는 맞춤을 말한다.

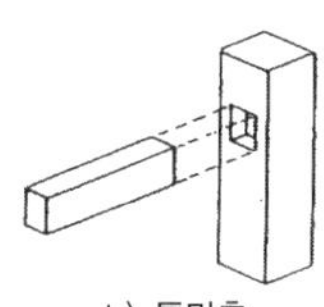

b) 통맞춤

③ 가름장맞춤

2부재의 단면차가 클 때 큰 단면 부재의 중앙부를 따내어 집게 모양의 2갈래로 하여 작은 단면 부재를 사이에 끼워 넣는 맞춤방법이다.

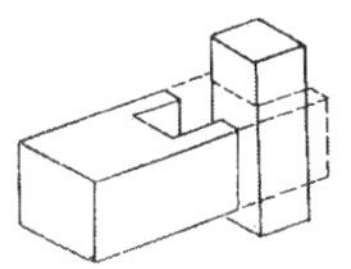

c) 가름장맞춤

④ 반턱맞춤

부재와 부재가 만나는 곳에 부재춤의 반절씩을 따내어 턱을 만들어 맞춤하는 방법이다.

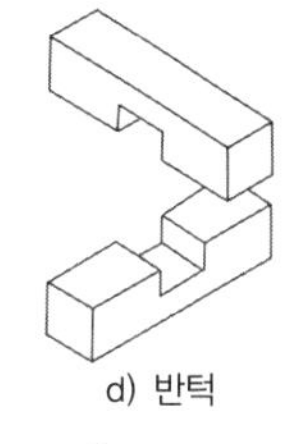

d) 반턱

⑤ 걸침턱맞춤

직교하는 2부재의 맞댄면을 서로 따내어서 물리게 한 맞춤방법이다. 이 맞춤은 2부재의 좌우이동을 막고 간격을 일정하게 유지할 수 있다. 맞춤방법은 같지만 접합면을 동일한 경사각으로 깎아서 맞댄 빗걸침턱 맞춤도 있다.

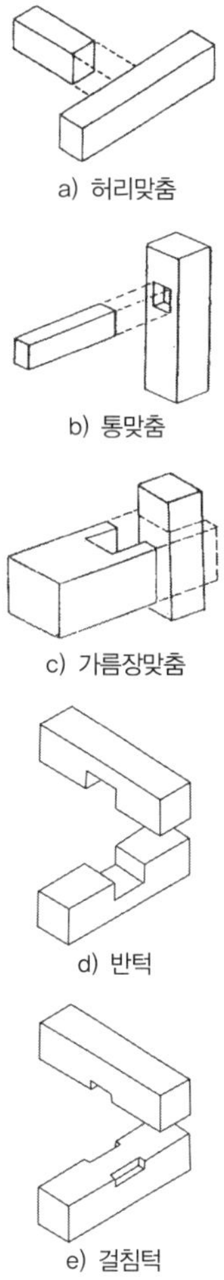

e) 걸침턱

그림 7-8 간단한 기본 맞춤

(2) 주먹장맞춤

동일 위치에 직교하는 2부재가 서로 물려서 빠지지 않도록 부재 한 쪽은 쐐기모양의 주먹장을 만들고 다른 부재는 주먹장 홈을 만들어 끼워 맞추면 절대 빠지지 않는 맞춤방법이다.

이 주먹장 맞춤방법에는 턱걸이 주먹장맞춤, 턱솔주먹장맞춤, 걸침주먹장맞춤 등이 있다.

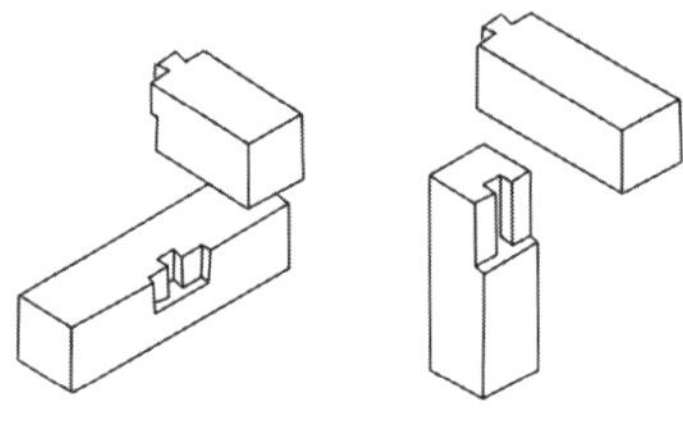
그림 7-9 주먹장 맞춤

(3) 거멀맞춤 · 갈퀴맞춤

① 거멀맞춤

상하로 교차되는 직교하는 2부재 중 아래쪽 부재의 양 옆면에 세모지게 파서 주먹장 모양을 만들고, 맞대지는 위쪽 부재에는 주먹장홈을 만들어서 끼워 맞추는 맞춤방법을 말한다. 이 거멀맞춤은 일정한 간격 유지와 좌우이동이 전혀 없는 맞춤구조형태이다.

② 갈퀴맞춤

이 갈퀴맞춤은 통맞춤과 같이 단면이 큰 부재에 작은 단면 크기의 구멍을 만들고, 작은 단면의 끼움 끝단에 경사지게 단을 만들어 구멍에 끼워 넣고, 쐐기를 박아서 되빠지지 않게 고정시키는 맞춤방법이다.

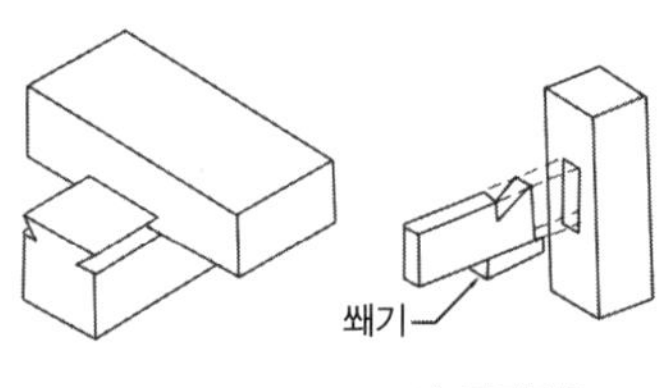

그림 7-10 거멀맞춤 · 갈퀴맞춤

(4) 빗턱장부맞춤 · 안장맞춤

① 빗턱장부맞춤

수직부재에 수평부재를 달아낼 때 사용하는 맞춤방법으로 접합할 위치의 수직부재에 사선으로 비스듬히 경사지게 따내 중앙부에 장부홈을 만들어서 수평부재의 끝단을 수직부재 홈에 맞추어 따내고 장부를 만들어 끼워 맞춘 것을 말한다. 이 빗턱장부 맞춤은 목구조의 통재기둥에 바닥보나 층도리를 달아낼 때 사용하는 맞춤이다.

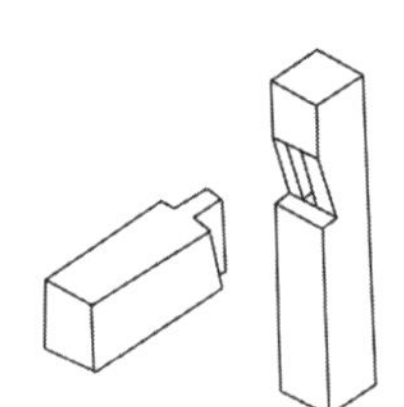
그림 7-11 빗턱장부맞춤

② 안장맞춤

트러스의 평보에 ㅅ자보가 매달릴 때 사용되는 맞춤형태이며, 수평부재에 경사진 부재가 연결될 때 이 안장맞춤을 사용한다. 수평부재에 사선부재가 끼워져 미끄러지지 않게 턱을 두고 사선으로 양쪽 면을 빗갈지게 자르고, 중앙부는 돌출시킨 턱을 만들어주고 사선부재는 수평부재에 끼워지게 턱을 만들고 사선으로 빗갈지게 자르고 중앙부에 홈을 만들어서 2부재를 서로 끼워 맞추면 빠지지 않게 만든 맞춤방법이다.

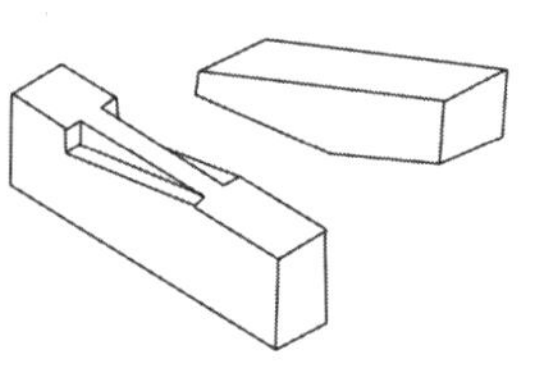
그림 7-12 안장맞춤

(5) 장부맞춤

직교하는 2부재의 연결방법 중 수직부재에는 장부구멍을 내고, 수평부재는 장부구멍에 맞게 단면의 일부를 촉과 같이(장부) 남겨두고, 나머지는 따내어서 2부재를 끼워 맞추고, 장부에 산지나 벌림쐐기를 박아서 빠져나오지 못하도록 하는 맞춤을 말한다.

① 짧은장부(반다지장부)

장부길이가 끼워 맞출 부재 폭의 1/3이나 1/2 정도의 깊이로 맞추어지는 짧게 만든 장부를 말하며, 반다지장부라고도 한다.

② 긴장부(내다지장부)

장부길이가 끼워 맞춘 부재 폭보다 긴 장부를 말하며, 내다지장부라고도 한다. 긴장부를 끼워 맞춤을 하고 돌출된 장부 끝단에 산지나 쐐기를 박아 빠져나오지 못하도록 하는 맞춤이 일반적으로 사용된다.

③ 평장부

장부의 단면형태가 一자형으로 만들어진 것을 평장부라 하며, 일반적인 장부맞춤에 가장 많이 사용된다. 一자형 장부가 2개로 나란히 배열되어 있는 것을 쌍장부라 하고, 4개가 배열된 것을 두쌍장부라 한다. 힘을 많이 받는 곳의 장부맞춤은 일반적으로 쌍장부맞춤을 한다.

④ 턱장부

평장부의 장부에 턱을 만든 것을 턱장부라 하고, 장부의 양쪽 면에 턱을 둔 것을 쌍턱장부, 턱장부 면에 턱솔을 가진 것을 턱솔턱장부라 한다.

⑤ 부채장부

장부의 단면모양이 한 면은 부채처럼 넓고, 반대면은 좁게 되어 끼워 맞춘 후 장부구멍이 터져도 장부가 빠져나오기 힘들게 만든 맞춤을 말한다.

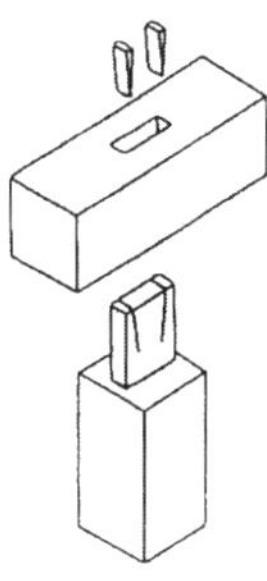
a) 긴장부

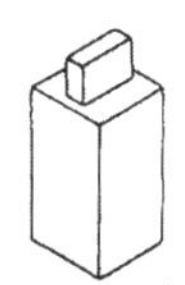
b) 짧은장부

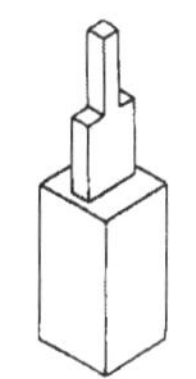
c) 쌍턱장부

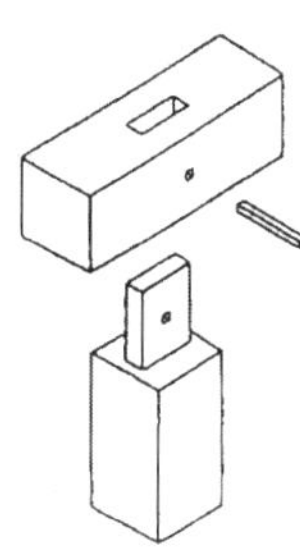
d) 긴장부산지맞춤

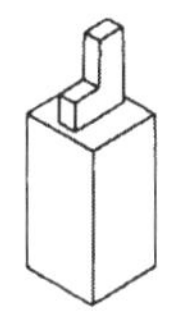
e) 턱장부

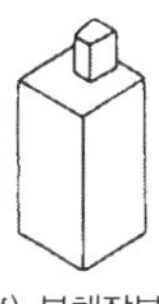
f) 부채장부

그림 7-13 각종 장부맞춤

⑥ 지옥장부

짧은 장부 끝단에 쐐기를 미리 박아두고 장부구멍에 끼워 넣고 쳐박으면 벌림쐐기모양으로 장부가 벌어져 장부홈을 꽉물고 있으므로 장부가 빠져나오지 못하도록 하는 맞춤방법이다.

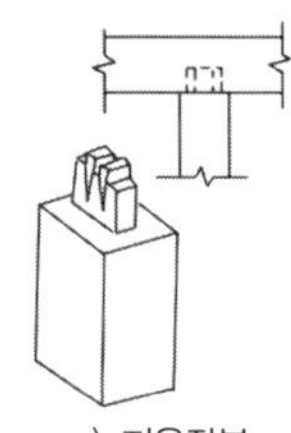
g) 지옥장부

⑦ 가름장 장부

왕대공 트러스에서 왕대공 부재는 늘어나는 인장부재이기 때문에 상부머리 형태는 가름장 장부를 가진다. 장부 끝단을 양쪽 중간을 따내어 3갈래의 장부를 가지고 있으며, 이곳에 마룻대를 끼워 맞춘다.

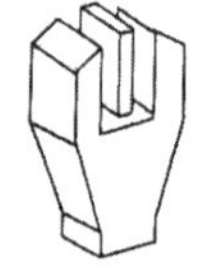
h) 가름장 장부

그림 7-13 각종 장부맞춤(계속)

(6) 연귀맞춤

일반적으로 직교하는 2부재의 마구리면을 감추고 튼튼한 맞춤을 위해 접합되는 2면을 45° 사선으로 연결된 모양이다. 이 모양을 연귀라 하고 연귀, 반연귀, 안팎촉연귀, 사개연귀 등이 있다.

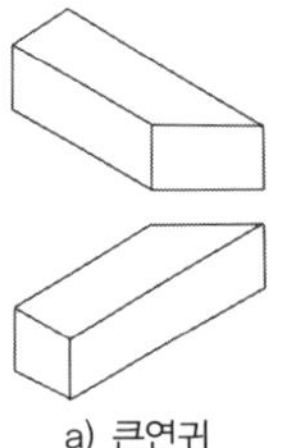
a) 큰연귀

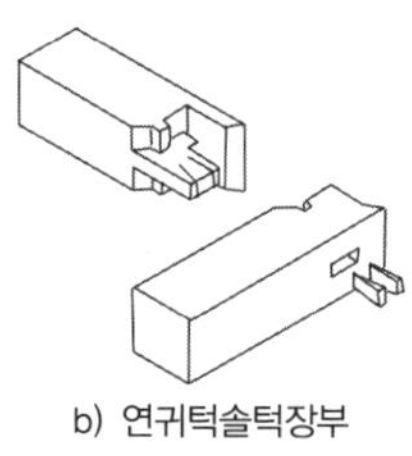
b) 연귀턱솔턱장부

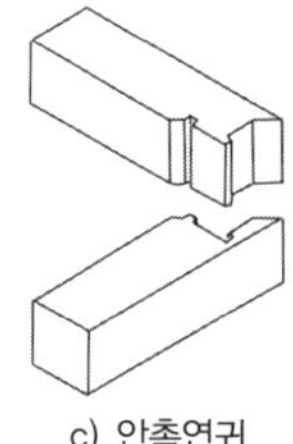
c) 안촉연귀

그림 7-14 연귀맞춤

7.2.3 쪽매이음

널재를 옆으로 나란히 맞대어서 연결하여 넓은 판재를 만드는 것을 쪽매이음이라 한다. 목재는 습기와 온도에 따라 신축변형에 의한 뒤틀림이 매우 크므로 널재를 이은 쪽매이음은 벌어지기 쉬우므로 줄눈을 미리 만들거나 강력한 접착방법이 필요하다.

① 맞댄쪽매이음

널재를 서로 맞대놓고 보강철물인 못을 사용하여 연결하는 방법이다. 이 맞댄쪽매이음은 수축변형에 의해 틈이 생기는 쪽매이음 방법이다. 틈이 벌어져도 되는 경미한 널판이나 툇마루, 창고마루, 2중마루의 하부마루 등에 사용된다.

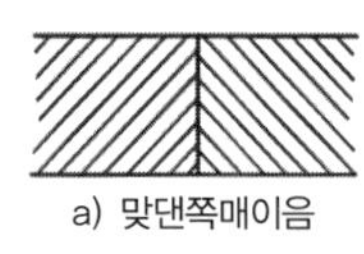
a) 맞댄쪽매이음

b) 반턱쪽매이음

그림 7-15 쪽매의 종류

② 반턱쪽매이음

널재가 맞닿는 양쪽면을 반턱지게 가공하여 2널재를 서로 겹쳐놓고 못을 사용하여 연결하는 쪽매이음이다. 이 반턱쪽매이음은 널재의 두께가 얇아서 제혀, 오늬, 딴혀 등으로 가공이 쉽지 않을 때는 이 쪽매이음이 주로 사용된다.

③ 빗댄쪽매이음

널재가 맞닿는 양쪽면을 빗갈지게 사선으로 가공하여 서로 겹쳐놓고 빗못치기를 하여 연결하는 쪽매이음이다. 이 빗댄쪽매이음은 목재의 수축에 의해 생기는 틈새를 없애기 위해 사용하는 쪽매이음방법이며, 접착재를 사용할 때 접착면의 면적을 넓게 하여 접착력을 크게 할 때도 이 쪽매이음을 사용한다.

④ 제혀쪽매이음

널재가 맞닿는 한쪽 면에는 홈을 파고, 다른쪽 면에는 혀를 내어 끼워 맞추는 쪽매이음 방법이다. 이 제혀쪽매이음은 혀 위에 빗못치기를 하므로 진동이 있는 마룻널의 쪽매이음에도 매우 이상적이다. 또 이 쪽매이음은 수축변형에 의한 틈새를 보이지 않게 하고 뒤틀림까지도 방지하는 이음이다. 제혀에 빗못치기를 할 때 혀가 상하지 않게 하기 위해 제혀를 빗갈지게 하여 좀 더 돌출시켜 혀가 상하지 않고 빗못치기가 쉽도록 한 빗제혀쪽매이음, 혀 솔기를 화살촉 모양으로 한 오늬쪽매이음이 있다.

c) 빗댄쪽매이음

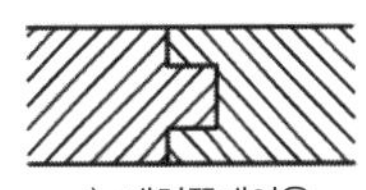
d) 제혀쪽매이음

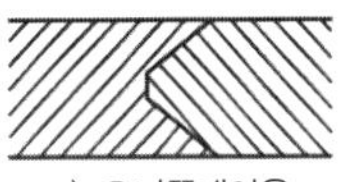
e) 오늬쪽매이음

f) 딴혀쪽매이음

g) 틈막이대 쪽매이음

그림 7-15 쪽매의 종류(계속)

⑤ 딴혀쪽매이음

널재가 맞닿는 양쪽 면에 홈을 파고, 혀는 따로 널재보다 좀 더 굳은 나무로 만들어서 끼워대고 맞추어 연결하는 이음방법이다. 이 딴혀쪽매이음은 혀와 홈에 빗못치기를 하고 끼워 이음한다. 이 쪽매이음은 널이 두껍고 값이 비싼 널재일 때 제혀에 의한 재료의 손실을 최소화하기 위해 사용하는 이음이다.

⑥ 틈막이대 쪽매이음

널재가 맞닿는 면에는 양쪽 널재에 반턱을 내고 따로 반턱두께의 틈막이대를 맞닿는 접합면 밑에 끼워 까는 쪽매이음방법이다. 이 쪽매이음은 널재의 두께가 얇아서 다른 쪽매이음의 가공이 쉽지 않을 때 사용한다.

7.2.4 접합부 보강재

목재의 이음, 맞춤에는 일반적으로 보강재를 사용하며, 접합부가 안전하게 외부의 힘에 견딜 수 있도록 만들어야 한다. 보강재는 산지, 주먹장, 쐐기와 같은 나무보강재와 못, 나사못, 볼트, 듀벨, 띠쇠, 꺾쇠, 안장쇠 등의 철물보강재가 있다.

나무보강재는 단단한 나무재질의 것을 사용하고, 철물보강재는 녹이 스는 것을 방지하기 위하여 도금이나 페인트칠, 아스팔트용액에 담갔다가 사용한다. 또 보강을 위한 보조재인 아교와 합성수지 계통의 교착재와 보강재를 같이 사용하기도 한다.

(1) 나무보강재

① 산지

나무로 원형이나 사각형의 가늘고 길게 다듬어서 이음이나 맞춤의 접합부 사이에 끼워 넣어 움직이지 않도록 고정시키거나 2부재의 접합면에 구멍을 내고 쳐 박아서 고정시키는 보강재를 산지라 하고, 이 산지는 이음이나 맞춤의 되빠짐이나 변위 등을 고정시키기 위해 사용한다.

② 쐐기

나무를 삼각형 모양으로 빗갈쳐서 만든 것을 쐐기라 한다. 이 쐐기는 장부맞춤에서 장부를 홀에 끼워 넣은 후 장부에 홈을 내고 쐐기를 쳐 박아서 장부의 되빠짐을 막고 고정시키는데 주로 사용되며, 이를 벌림쐐기라 한다.

③ 주먹장

이음이나 맞춤의 2부재가 한 쪽은 쐐기모양의 주먹장을 만들고, 다른 쪽은 주먹장 홈을 만들어서 끼워 맞추면 절대 되빠짐이 없는 맞춤방법으로, 동일 위치에 직교하는 주먹장맞춤과 상하로 교차되어 직교하는 거멀맞춤이 있다.

(2) 금속보강재

① 못(Nail)

목재의 접합부 보강에 사용하는 못은 일반못, 가시못, 치장을 위한 합금못 등을 사용한다. 접합부에 사용되는 못의 길이는 나무두께의 2.5~3.0으로 하고, 마구리에 사용할 때는 3.0~3.5배로 하며, 사용하는 못지름의 6배 이상 나무두께가 필요하다. 접합부에 못을 박을 때 경미한 곳을 최소 2개 이상 박는 것을 제외하고는 1개소당 4개 이상 박아야 한다.

마룻널과 같이 울림이 있는 곳은 못이 진동에 의해 솟아오르는 것을 방지할 목적으로 가시못을 사용하며, 치장을 위한 합금못을 사용하거나 못 사용을 감추기 위해 작은 머리 못이나 못을 쭈그려 쓰기도 한다.

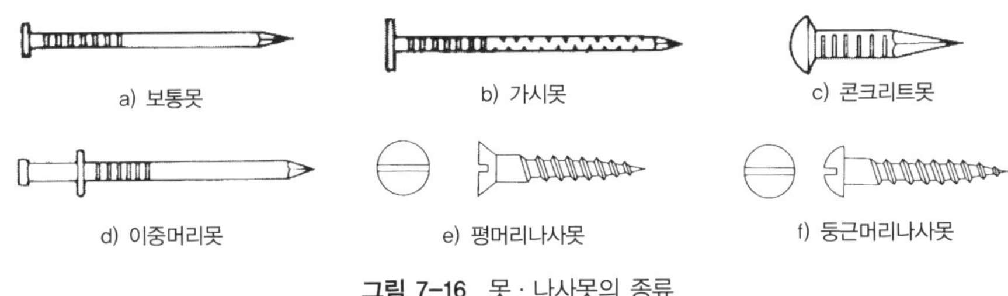

그림 7-16 못 · 나사못의 종류

② 나사못(Wood screw)

나사못은 철재와 합금재가 있으며 철재는 구조용재로 사용하고 합금재인 동재, 황동재 등은 치장재로 사용한다. 나사못은 사용용도에 따라 머리모양을 택한다. 둥근머리나 평머리나사못은 일반적인 용도로 사용하며, 나사못머리가 사각이나 육각머리인 것은 큰 응력을 받는 곳에 사용한다. 나사못은 못보다 접합결속력이 강하고 머리를 때려서 박지 않기 때문에 진동없이 회전시켜 박으며 박은자리도 깔끔하다.

③ 볼트(Bolt)

볼트는 접합물을 결속시키는 데 사용하며, 볼트, 너트, 와셔가 하나의 볼트 접합물을 구성한다. 접합부에 구멍을 내고 볼트를 끼우고 너트를 조이면 너트가 목재면을 파고들기 때문에 이것을 방지할 목적으로 와셔를 끼워서 사용한다. 와셔는 얇은 철판을 원형으로 볼트와 너트의 접합면보다 3배 정도 큰 것을 사용하며 사각형 또는 삼각형의 것도 있다. 볼트는 모양에 따라 일반볼트와 앵커볼트, 주걱볼트 등이 있어 필요에 의해 사용한다.

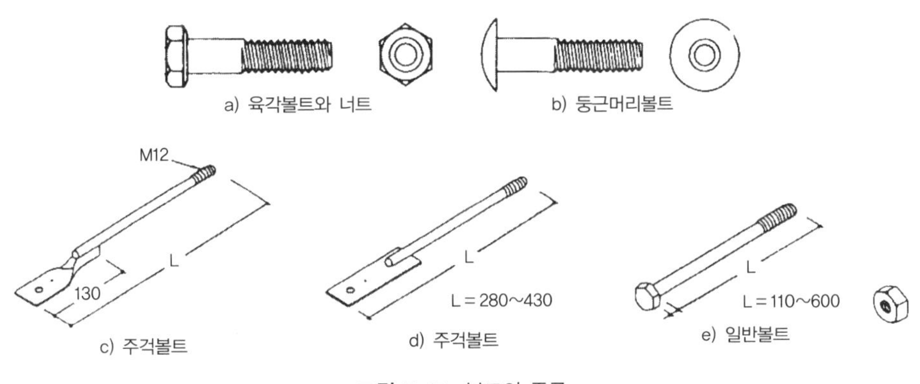

그림 7-17 볼트의 종류

④ 듀벨(Dubel, dowel)

듀벨은 접합부에 볼트와 함께 사용된다. 목재 접합부의 볼트구멍을 중심으로 듀벨을 끼우고 볼트를 조어서 부재 상호 간의 미끄럼 방지 목적으로 사용한다. 이와 같이 접합하면 듀벨이 넓은면에 걸쳐 전단에 저항함으로써 접합재 상호 간의 변위를 방지하는 강접합이 된다. 듀벨은 압입식과 파넣기식이 있으며 압입식 듀벨을 사용할 때는 부재에 균열이 생기지 않도록 듀벨의 모양에 따라 충분한 부재 단면과 여유길이를 두어야 한다. 듀벨은 동일 섬유상을 피해서 적당한 등간격으로 배치하고, 빗방향 응력이 작용하는 곳은 균열을 피하기 위해 듀벨과 부재 끝단을 충분히 둔다.

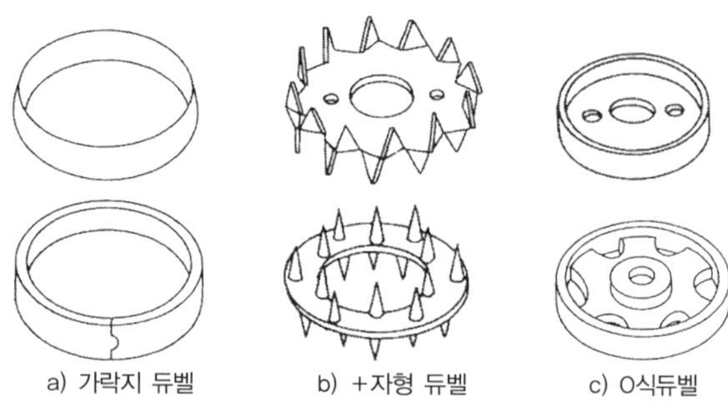

그림 7-18 듀벨의 종류

⑤ 꺾쇠

철근을 ㄷ자형으로 구부리고 끝단을 뾰족하게 만든 것을 꺾쇠라 한다. 꺾쇠의 종류는 일반꺾쇠와 엇꺾쇠, 주걱꺾쇠가 있다. 일반꺾쇠는 구부린 갈고리 끝단이 ㄷ자형으로 동일 방향인 것을 말하고, 엇꺾쇠는 구부린 갈고리 끝단의 방향이 서로 반대인 ┌─┘ 모양인 것이다.

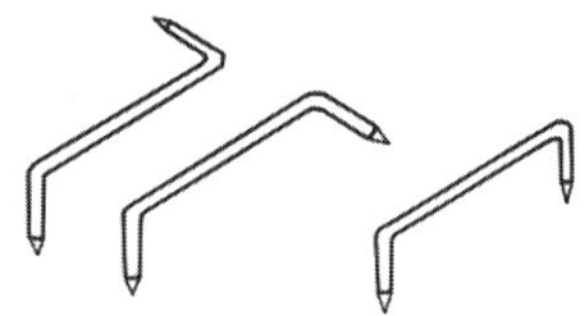

그림 7-19 꺾쇠

주걱꺾쇠는 한쪽은 구부린 갈고리 끝단이고 다른쪽은 평판을 만들어 못구멍이나 볼트구멍을 만든 것을 말한다.

⑥ 띠쇠 · ㄱ자쇠

철판을 일장형의 띠형태로 자르고 못구멍이나 볼트구멍을 뚫어서 이음 및 맞춤에 사용하는 것을 띠쇠라 한다. 띠쇠의 철판두께는 일반적으로 3mm 이상을 사용하고 못이나 볼트는 한 부재에 최소 2개 이상을 사용해야 하므로 하나의 띠쇠에는 최소 4개 이상을 박아야 한다. 이 띠쇠를 ㄱ자로 구부린 것을 ㄱ자쇠라 하며, 외곽모서리의 가로부재의 맞춤이나 수직부재와 수평부재의 맞춤에 사용한다.

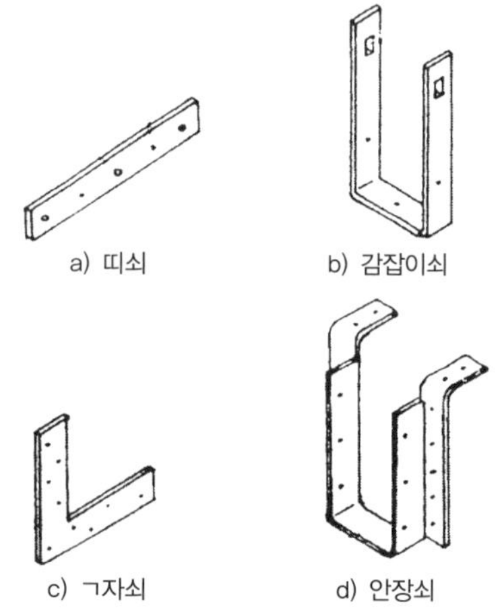

그림 7-20 띠쇠 · 감잡이쇠 · ㄱ자쇠 · 안장쇠

⑦ 감잡이쇠 · 안장쇠

철판을 ㄩ자 모양으로 자르고 못구멍이나 볼트구멍을 만든 것을 감잡이쇠라 한다. 감잡이쇠는 기존 부재에 다른 부재를 달아낼 때 사용된다. 예를 들면 평보에 대공을 달아낼 때와 평보에 ㅅ자보를 얹을 때 등이다.

안장쇠는 감잡이쇠에 맬방의 안장이 달린 것이다. 그래서 맬방안장을 다른 부재에 걸쳐 놓고 ㄩ자 모양에 부재를 매다는 형상이다. 예를 들면 가더(큰보)에 빔(작은보)을 매달 때 안장쇠(그림 7-34)를 사용한다.

⑧ 교착제

교착제는 힘을 받는 구조용 부재에 직접 사용하여 힘을 전달하기 보다는 간접적으로 보강하는 데 사용되며, 주로 가벼운 부재의 이음이나 맞춤에 사용되는 정도이다. 교착제는 아교, 카세인, 합성수지 등이 있으며 합성수지 계통이 우수하다.

목재는 충분히 건조된 것을 사용하고 접착면은 밀착되게 하고 충분히 압축시켜 사용하며, 부재의 무게가 있거나 치장목적 이외에는 보강물과 함께 사용해야 한다.

7.3 목구조의 종류

목구조에는 각각의 부재를 외부에서 작용하는 힘에 반해 받는 힘의 크기에 따라 부재단면 크기, 즉 부재의 굵기를 달리하여 목구조를 구성하는 한식(韓式)구조와 일식(日式)구조가 있으며, 모든 목구조의 부재를 Two by Four(2″×4″) 개념, 즉 50×100mm의 표준단면으로 힘의 크기에 따라 표준단면의 일정비율 만큼 증가시켜 목구조를 구성하는 경골식(輕骨式)구조가 있다.

경골식구조는 재료가 절약되고 공장이나 현장에서 별도의 특별한 가공 없이 조립구축되므로 시공이 간편하고 쉽기 때문에 최근에 우리나라에서도 많이 보급되고 있는 추세이다.

목구조는 주요구조부를 구성하는 방법에 따라 가구식구조, 판식구조, 집성목재구조로 분류한다.

(1) 가구식구조

가구식구조란 뼈대구조를 말한다. 기둥과 보, 그리고 지붕틀로 구성되는 뼈대구조의 부재를 이음과 맞춤 등의 접합에 의해 구조체를 구성하는 뼈대골조구조형식을 가구식구조라 한다. 목구조의 한식구조, 일식구조, 경골구조 등은 모두 가구식구조에 속한다.

(2) 판식구조

기둥 대신 벽체가 힘을 받아 구조물을 지탱하는 구조의 형식을 판식구조라 한다. 목구조의 평기둥과 평기둥 사이에 샛기둥을 일정한 등간격으로 배열하고, 가새를 넣어 하나의 벽체를 완성시켜 이 벽체가 기둥을 대신하여 수직력에 견디는 구조의 골조형상을 말한다. 이 판식구조는 공장에서 제작되어 현장에서는 벽, 바닥, 지붕 등을 조립하여 설치되는 목구조물중 하나의 형식이다.

(3) 집성목재구조

집성재란 제재판재 또는 작은 각재 등의 부재를 서로 섬유방향을 평행하게 하여 길이, 폭, 두께방향으로 접착제를 사용하여 집성시킨 것을 말한다. 이 집성재를 집성목재, 집적목재라 한다. 집성목재는 설계상 요구되는 치수와 형태(곡률을 갖는 아치재 등)의 재료인 대단면 부재, 만곡재, 장대재 등을 비교적 용이하게 제조할 수 있으며, 일반적인 목재제품이 갖는 결함을 제거·분산시킬 수 있으므로 강도의 편차가 적다. 또 충분히 건조된 건조재를 사용하므로 비틀림과 변형 등이 거의 없으며, 설계강도에 따라 단면과 치수를 변화시킨 제품을 만들 수도 있다.

이와 같은 집성부재들을 사용하여 보, 기둥, 트러스, 아치재, 교량, 대형구조물 등 뼈대를 구성한 것을 집성목재구조라 한다.

7.3.1 목구조의 뼈대골조

목구조의 뼈대골조는 건축물의 외부와 내부의 공간구획에 따라 기둥, 보, 벽체 등이 배열·구성되며, 건축물에 작용하는 모든 하중에 대해서도 견딜 수 있는 구조로 이루어져야 한다.

목구조의 모든 부재들은 작용되는 힘에 충분히 견딜 수 있도록 하고, 부재의 이음과 맞춤인 접합방법도 고려된 설계가 되어야 한다. 목구조의 뼈대골조는 토대, 기둥, 층도리, 깔도리, 처마도리, 기둥밑둥잡이, 인방, 꿸대, 가새, 귀잡이, 버팀대 등으로 구성된다.

(1) 목구조의 줄기초

목구조의 기초는 기둥이 배열되는 축이나 벽체가 놓이는 곳에 줄기초로 배열한다. 기초의 위치는 부식토 두께와 동결선 깊이 밑에 두어야 하며, 기초폭은 건축물의 하중과 허용지내력에 의해 정해진다.

일반적인 2층 주택의 하중은 줄기초 1m에 건축물하중이 3t/m(30kN/m) 정도이고, 건축물이 놓일 대지의 허용지내력이 $10t/m^2(100kN/m^2)$이므로 줄기초 폭은 3/10=0.3m이다. 그러므

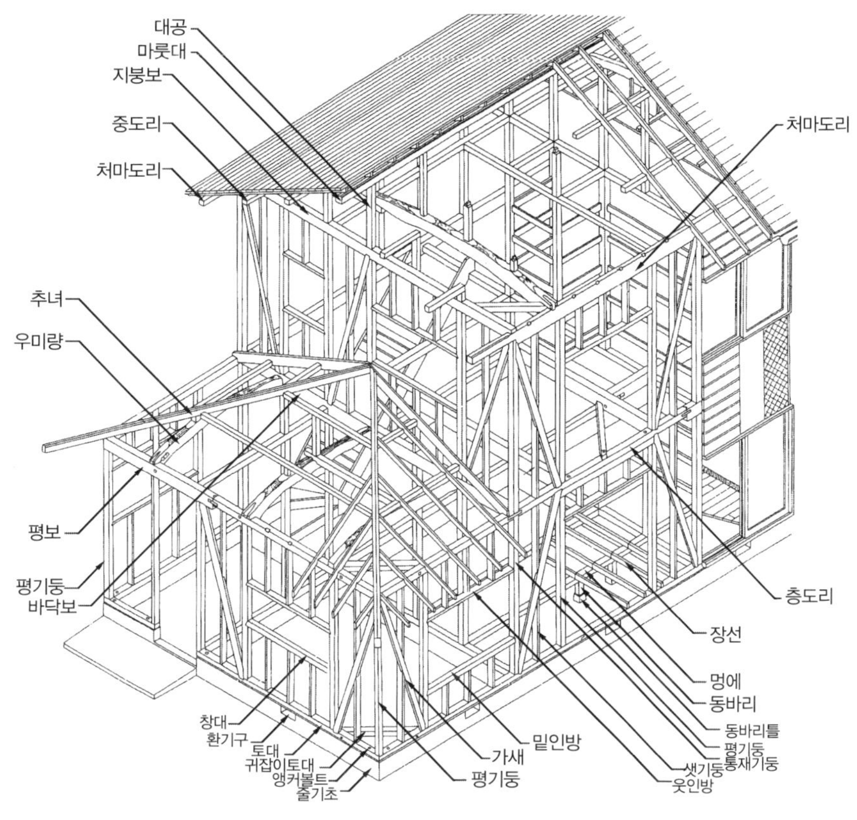

그림 7-21 목구조의 뼈대골조

로 기초폭은 30cm~35cm가 필요하다. 기초의 두께는 기초판에 기둥 부위에서 45° 방향으로 파괴되는 전단파괴나 휨파괴를 막기 위해 최소 150mm 이상, 기초폭의 1.5배 이상으로 해야 하며, 지반의 성질이 일반적으로 동일하지 않아 부동침하가 생길 수 있으므로 철근콘크리트 줄기초로 해야 한다.

철근은 벽선을 따라 수평배근하고 또 이 벽선철근에 직각되게 수직철근도 배근해야 한다. 콘크리트의 배합비는 1 : 3 : 6으로 하고 기초는 지표면 위로 20cm 정도 돌출시켜 빗물이 튀어 올라 부재가 부식되지 않게 해야 한다.

기초에는 토대를 고정시키는 지름 ϕ13mm 앵커볼트를 최소 150mm 이상 묻어야 한다. 앵커볼트의 위치는 기초 모서리 끝과 기둥의 위치, 토대의 이음 위치 이외의 곳에 두고 앵커볼트 중심간격은 2.4m 이하로 한다.

(2) 토대(Sill plate)

토대는 줄기초 위에 놓여 건물 상부에서 전달되는 하중을 기초에 분산·전달시키고, 기둥을 고정시키며 벽을 받치는 뼈대가 된다. 목소선축물의 외벽을 받쳐주는 토대를 바깥도대,

건축물의 내부 칸막이벽을 받쳐주는 토대를 칸막이토대라 하고, 직교되게 만나는 모든 토대는 45° 귀잡이 토대를 넣어서 토대의 변형을 막는다. 토대를 콘크리트의 기초 위에 고정시킬 때는 기초 표면이 고르지 않기 때문에 모르타르를 깔고 토대가 기초에 밀착되게 해야 하고, 기초에 미리 묻어둔 앵커볼트에 고정시킨다.

토대는 수평이어야 토대 위에 세워지는 기둥, 샛기둥이 정확한 위치에 연직되게 세울 수 있으며, 앵커볼트로 토대를 고정시킬 때는 목재의 신축에 의한 응력이 생기지 않도록 토대에 뚫는 구멍은 앵커볼트 지름보다 3~5mm 정도 크게 뚫는다. 토대를 콘크리트기초 위에 고정시킬 때는 기초에서 모세현상에 의해 올라오는 수분에 토대가 젖지 않도록 토대 밑에는 방습켜를 깔아 습기를 막아야 하고, 앵커볼트로 방습켜가 뚫리는 부분은 아스팔트, 코킹재로 틈을 잘 메워서 앵커볼트를 타고 물이 올라오는 현상을 차단해야 한다. 이 방습켜가 없으면 토대의 이음이나 맞춤 등의 접합부가 변형되고 썩기 쉽다. 따라서 토대 자체에 방부제를 칠하는 경우도 있다.

토대의 크기는 기둥과 같은 크기 및 기둥보다 큰 치수로 하고, 토대와 토대의 이음은 변형이 없고 이음이 빠지지 않는 턱걸이 주먹장 이음 또는 엇걸이 산지이음 등으로 하여 견고하게 해야 한다.

칸막이 토대와의 맞춤은 바깥 토대에 통넣은 주먹장맞춤으로 하고, 모서리에는 턱솔넣은 장부맞춤으로 하여 토대가 이음으로 인한 변형이 생기지 않도록 한다.

귀잡이 토대는 45°로 길이 1m 정도로 빗턱통넣고 볼트로 조임하거나 좁은널일 때는 토대 윗면에 따넣고 덧대고 못을 박는다. 귀잡이 토대 치수는 토대와 동일한 치수 또는 1/2 정도로 한다. 토대의 일반적인 치수는 105×105mm 이상의 각재를 사용하며, 기둥과 샛기둥은 토대에 짧은 장부맞춤으로 고정시킨다.

(3) 기둥(Post, Column)

기둥은 지붕, 2층 바닥, 마루 등의 하중을 지지하고 토대에 전달하는 수직재이다. 기둥에는 통재기둥, 평기둥, 샛기둥으로 구분할 수 있으며 통재기둥, 평기둥은 구조물의 대부분 하중을 지지하고 샛기둥은 매우 작은 부분의 하중을 지탱한다.

통재기둥과 평기둥은 건축물의 모서리, 칸막이벽과의 교차부, 집중하중이 작용되는 곳에 설치하며, 벽체를 이룰 때는 2m 정도의 간격으로 배치하며, 벽체 없이 기둥에 의해 지지되는 구조일 때는 기둥이 부담하는 하중을 작게 하기 위해 기둥의 간격을 좁게 한다.

① 통재기둥

통재기둥은 목조건축물의 아래층에서 최상층 처마도리나 박공보 밑까지 하나의 부재로 된

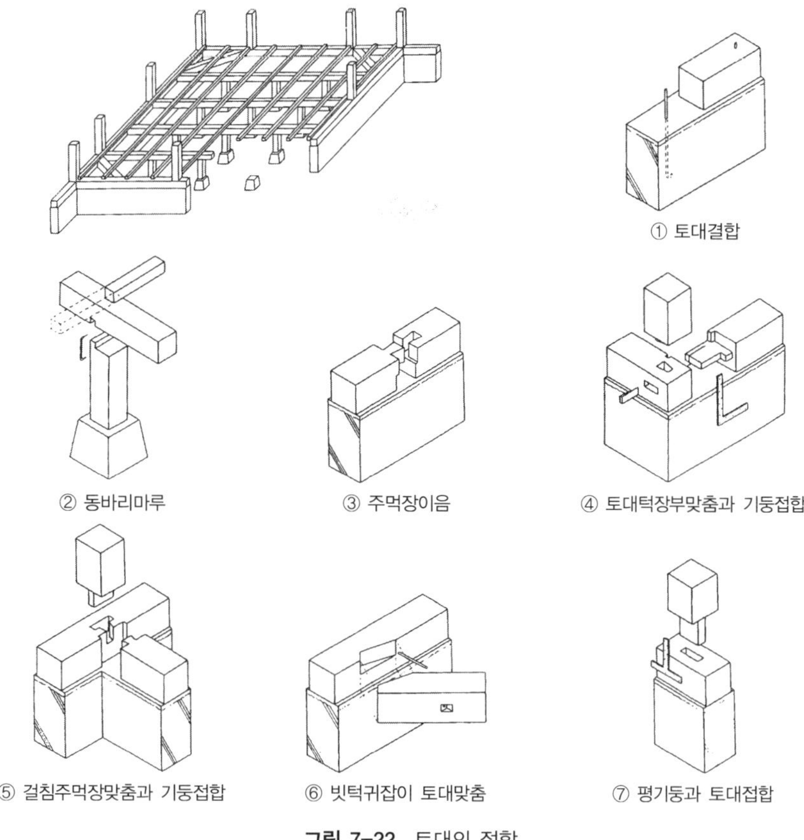

그림 7-22 토대의 접합

기둥을 말하며, 목조건축물의 모서리, 외벽과 칸막이벽의 교차부 등에 일정한 등간격으로 배치한다. 통재기둥은 구조물의 상부와 하부를 일체화시켜 주고 뼈대골조의 규준틀재 역할과 수평력에 견디는 역할도 하므로 보부재와 허리맞춤을 할 때는 기둥에 빗턱장부맞춤을 하고 보강철물로 보강한다.

토대에 통재기둥을 세울 때는 짧은 장부맞춤을 하고 띠쇠 등으로 보강하고, 통재기둥 상부는 도리에 짧은 장부맞춤을 하고 보강철물로 보강한다.

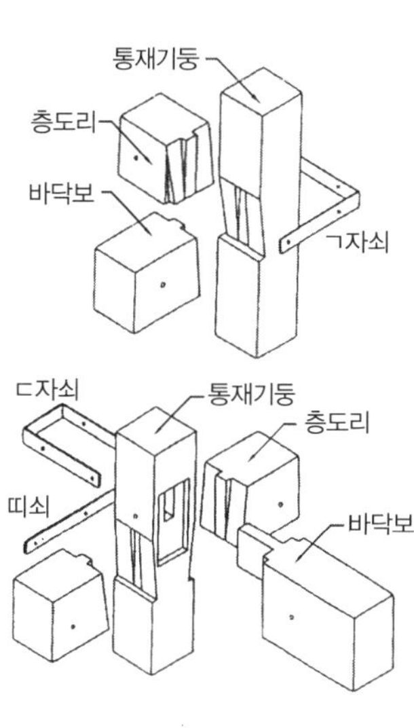

그림 7-23 통재기둥과 보의 접합

② 평기둥

평기둥은 각층마다 설치되는 기둥을 말한다. 일반적으로 수평부재에 의해 구획되는 수직부재를 평기둥이라 한다. 토대와 층도리 사이의 수직부재, 층도리와 깔도리 또는 처마도리 사이의 수직부재 등이 이에 속한다. 평기둥 상하의 가로부재와의 맞춤은 짧은 장부맞춤을 기본으로 하며 보강철물인 꺾쇠, 볼트, 띠쇠 등으로 보강한다.

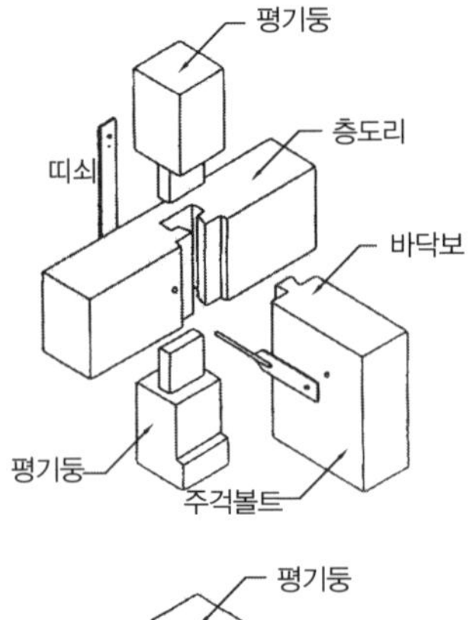

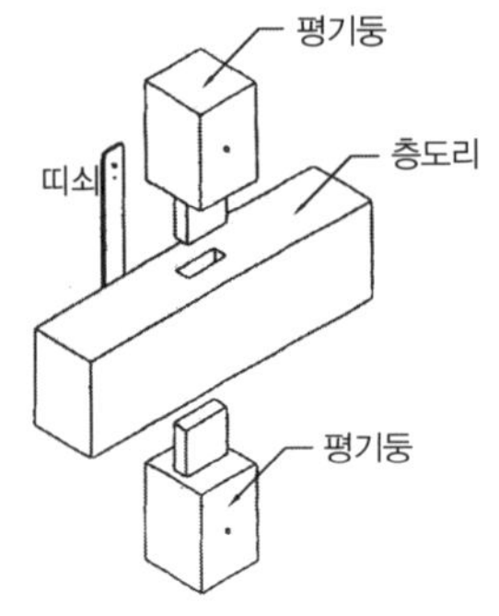

그림 7-24 평기둥과 보의 접합

③ 샛기둥

기둥과 기둥 사이에 일정한 등간격으로 배열하여 벽체를 구성하는 기본 뼈대가 되고, 가새의 휨을 방지하는 역할을 하는 부재를 샛기둥이라 한다. 샛기둥은 기둥 단면의 1/2~1/3 정도 단면으로 400~600mm 등간격으로 배열하고, 상부와 하부의 수평부재와의 맞춤은 짧은 장부에 못치기하여 고정시킨다.

④ 목조 기둥의 형태

목조 기둥 단면 형식의 대부분은 원형기둥과 각형기둥이다.

㉠ 원형기둥은 원통형 기둥과 민흘림기둥, 배흘림기둥

- 원통형기둥 : 기둥의 머리와 기둥의 몸, 기둥뿌리의 직경 크기가 동일한 기둥
- 민흘림기둥 : 통나무의 생김새를 그대로 하여 위는 가늘고 밑 부분은 굵은 자연상태 그대로의 나무기둥
- 배흘림기둥 : 기둥 위쪽 부분이 기둥에서 제일 가늘고, 기둥 중간부에서 가장 굵고, 기둥 밑 부분은 기둥 중간부보다 가늘게 하여 목조기둥의 자연미와 인공미를 함께 느낄 수 있도록 한 기둥이다. 이 배흘림기둥의 최대 직경위치는 기둥 밑으로부터 기둥 길이의 1/3되는 곳 상부로 1척(30cm) 범위에 두는 것이 일반적이다. 이 배흘림, 원형기둥의 몸을 배불린 형식으로 하여, 착시현상에 의해서 기둥몸이 가늘게 보이는 현상을 교정하기 위한 방법이다.

㉡ 각형기둥은 4각기둥과 6각기둥, 8각기둥 등이 있으며, 각형기둥 중 4각형의 방형기둥이 가장 많이 사용되고, 8각형기둥, 6각형기둥 순으로 사용된다. 목조건축에서 규모가 큰 건물의 기둥은 원형기둥을 대부분 사용하고 각형기둥은 큰 건물의 부속건물 기둥에 사용되어지고 있다. 이 각형기둥에도 민흘림이나 배흘림을 두어 각형기둥에 안정감을 더해주기 위해 사용한다.

- 4각형기둥 : 기둥단면의 형태가 정사각형이나 직사각형 모양을 가지는 기둥
  원형기둥과 병용해서 사용될 때는 건축물의 선변부에는 사용하지 않고 측면이나 내부에 사용된다.
- 6각형기둥 : 건물의 평면형식이 6각형인 정자 건물에서 6각형기둥이 사용된다. 그러나 흔히 사용하는 기둥의 형태는 아니다.
- 8각형기둥 : 평면형식이 8각형으로 된 건물에서 8각형의 기둥이 사용되어지며, 이 기둥은 구조부분만 아니라 장식을 목적으로 하는 의장적인 기둥으로도 볼 수 있다.

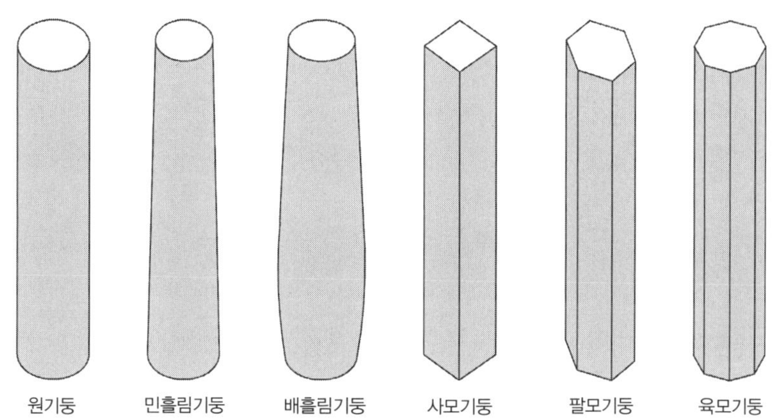

그림 7-25 기둥의 단면형태별 종류

(4) 층도리(Girth)

층도리는 통재기둥과 통재기둥을 연결하며 샛기둥 또는 평기둥 위에 놓이고, 2층 바닥면에 수평으로 놓이는 가로부재이다.

이 층도리는 바닥보를 받고 2층 평기둥을 붙잡아 준다. 층도리의 폭은 일반적으로 기둥폭 크기와 같이 하고 춤은 폭의 1.5~2.0배 정도로 한다. 그러나 층도리가 큰 하중을 받을 때는 적당한 크기의 덧도리를 대고 보강철물로 보강해야 한다. 층도리는 기둥 사이에서는 잇지 않고 하나의 부재로 사용하는 것이 원칙이지만 부득이 이음을 할 경우에는 엇걸이이음을 하고 보강철물로 보강한다.

모서리에서 층도리와 통재기둥의 맞춤은 빗턱통넣고 내다지 장부맞춤이나 빗턱통넣고 짧은 장부맞춤으로 하여 띠쇠 또는 ㄱ자쇠를 쓰고 가시못치기를 한다.

통재기둥의 좌우에 층도리맞춤일 때는 빗턱 내다지 반장부로 맞춤하거나 빗턱짧은장부맞춤을 하여 띠쇠를 양면에 대고 보강물로 보강한다. 좌우의 보높이가 다를 경우에는 감잡이쇠, 주걱볼트를 사용하고, 덧도리를 사용하여 보강물로 보강한다.

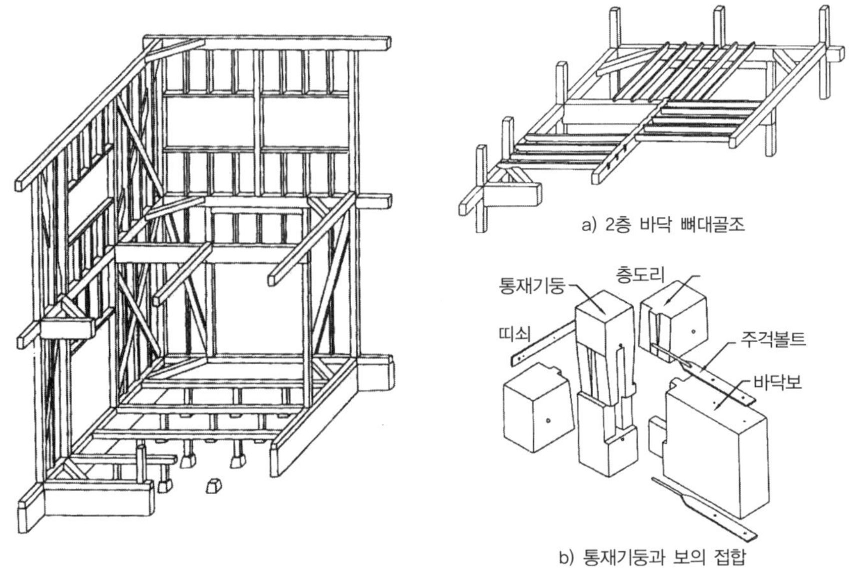

그림 7-26 목구조의 기본 뼈대구조

(5) 깔도리(Wall plate)

깔도리는 기둥의 상부를 연결하여 지붕틀의 하중을 받아 기둥에 전달할 목적으로 설치한다. 깔도리의 폭은 기둥폭과 같이 사용하고, 춤은 1.5~2.0배 정도 사용하는 것이 일반적이다. 깔도리가 사용되는 곳의 스팬(자간)이 클 때나 중간부에 지중보를 받을 때는 덧도리와 보강철물을 대고 볼트를 보강한다.

깔도리의 이음은 엇걸이산지이음으로 하고 보강철물을 덧대고 볼트로 보강한다. 깔도리와 모서리기둥의 맞춤에는 빗턱짧은장부맞춤으로 하고 감잡이쇠를 대고 볼트로 보강한다.

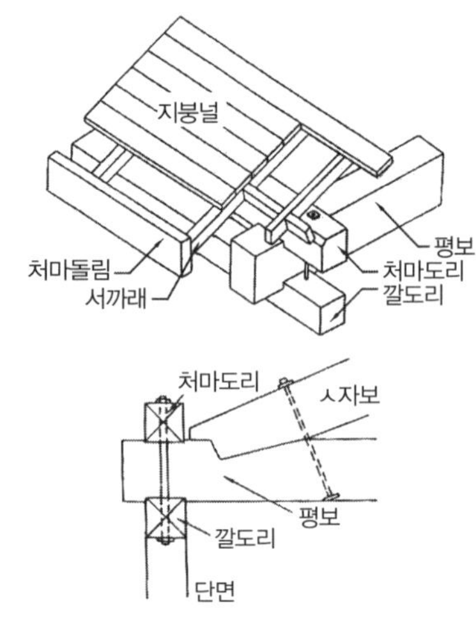

그림 7-27 처마뼈대골조구조

(6) 처마도리(Pole plate)

목구조의 기둥과 지붕의 연결을 보면 기둥의 상부에 깔도리를 설치하여 지붕틀의 하중을 받아 기둥과 벽체에 분산·지지하며, 깔도리 위에 지붕틀인 평보를 설치하고, 평보 위에 처마도리를 깔도리와 동일한 방향으로 걸쳐댄다.

처마도리의 부재치수는 깔도리 또는 기둥과 같은 정도의 치수로 하고 기둥의 중심선에 깔도리, 트러스의 평보와 ㅅ자보의 중심, 처마도리의 중심선이 기둥중심의 동일선에 일치되게 놓여야 한다. 처마도리의 이음은 깔도리와 같이 엇걸이산지이음으로 하며, 깔도리 또는 처마도리의 이음은 동일개소에 두지 않는다.

깔도리와 처마도리를 평보 양 옆에서 볼트로 조이거나 또는 기둥 옆에서 주걱볼트로 깔도리와 처마도리를 뚫고 볼트로 조인다. 처마도리의 상부면은 서까래를 걸치기 위해 물매깎기 또는 서까래 자리따기를 하여 고정시킨다.

(7) 기둥 밑잡이(Plinth)

기둥 밑잡이는 기둥 사이를 연결하여 기둥 밑의 변형과 이동을 방지하고, 기둥들을 일체화시키며, 층보의 전도를 방지할 목적으로 설치하는 수평부재이고, 마루구조의 장선, 멍에걸이가 된다. 기둥 밑잡이의 크기 치수는 일반적으로 기둥의 단면 치수와 동일하게 사용하며, 이음과 맞춤은 층도리와 같다. 2층의 기둥 밑잡이에 평기둥을 설치할 때는 기둥밑잡이에 긴장부꽂이로 하고, 기둥 밑잡이와 층도리 사이에는 기둥 위치마다 동바리를 설치해야 하지만 거의 대부분 층도리에 직접 기둥을 세우거나 기둥 밑잡이를 기둥의 양 옆면에 걸쳐대고 보강철물인 볼트로 조임한다.

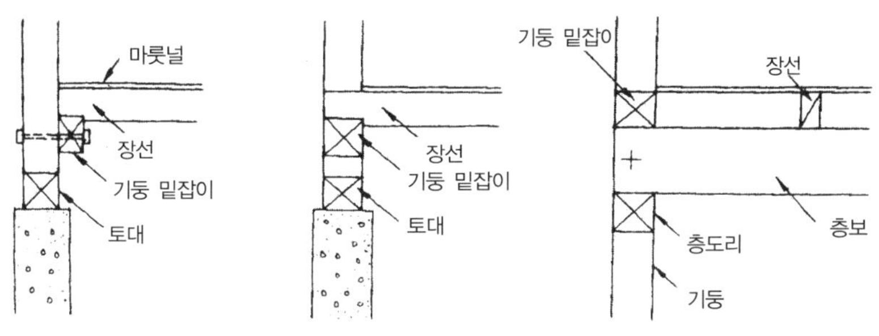

그림 7-28 기둥 밑잡이

(8) 인방(Lintel)

개구부인 문 또는 창문의 상부에 수평으로 설치된 부재를 인방이라 하며, 개구부의 상부하중을 받아 기둥 또는 벽체에 개구부 상부하중을 전달할 목적으로 설치된 수평부재를 말한다. 목구조에서 기둥과 기둥 사이, 기둥과 샛기둥 사이, 샛기둥과 샛기둥 사이의 개구부 상부에 설치되는 수평부재이며, 벽체의 뼈대골조, 문틀, 창틀의 역할도 한다. 개구부 상부에 설치되는 수평부재를 인방이라 하고, 하부에 설치되는 수평부재를 창틀에서는 창대, 문틀에서는 문지방이라 한다.

인방 단면치수는 기본적으로 기둥의 단면치수와 동일하게 사용하며, 기둥간격이 2m 이상일 때는 중간에 달대공을 설치하여 보강하고, 기둥에 맞춤은 인방재의 양끝단은 빗턱 또는 통넣고 장부맞춤으로 하여 끼워 맞추고 꺾쇠, 띠쇠 등의 보강철물을 대고 볼트로 조여서 보강한다.

(9) 평벽 · 심벽(Even, Core wall)

목구조의 벽체는 평벽과 심벽으로 구분할 수 있다. 평벽은 기둥과 기둥 사이에 일정한 등간격으로 샛기둥을 넣고 기둥 바깥쪽으로 판벽 또는 바름벽을 만들어서 기둥이 벽체 속에 있어 외관상 벽면만 보이는 구조를 말하고, 심벽은 기둥의 중심선을 기준으로 벽체를 쳐서 기둥 사이에 벽체가 걸쳐 있는 형상을 보여준다.

한식구조에서는 심벽으로 벽체를 구성하고, 양식구조는 평벽으로 벽체를 구성하며, 일반적인 목구조에서 바깥벽체는 평벽, 내부벽체는 심벽으로 하는 절충식도 많이 사용되고 있다.

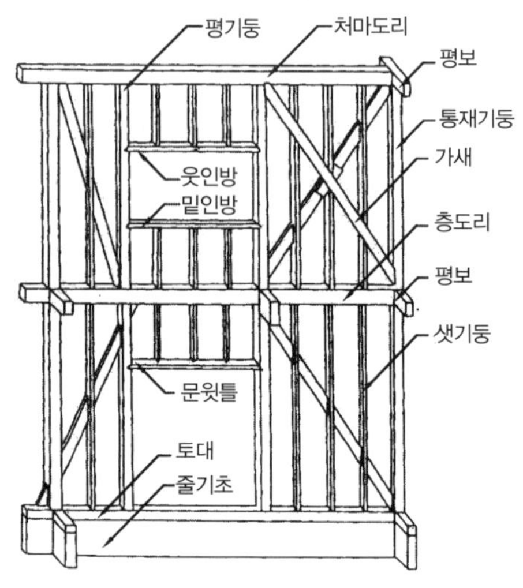

그림 7-29 평벽뼈대의 골조구조

(10) 꿸대(Batten)

꿸대는 심벽의 뼈대로 기둥과 기둥 사이에 100×20mm 정도의 판재를 가로로 꿰뚫어서 외를 엮는 힘살을 말한다. 이 꿸대는 층마다 3~5개 정도를 수평으로 설치하고, 기둥과 기둥 사이의 간격이 넓을 때는 세로로 꿸대를 설치하기도 하며, 맞춤은 기둥에 내리맞춤 또는 메뚜기장으로 한다.

(11) 가새(Bracing)

목구조는 가구식 뼈대골조구조이므로 기둥과 보로 이루어진 사각형 형태의 기본골조이다. 이 사각형은 횡력(수평력)을 받으면 쉽게 변형되므로 이 사각형 도형을 안정적인 도형인 삼각형을 만들어 횡력에 대한 저항력을 키우고, 도형이 변형되지 않도록 사재를 넣는데, 이 사재를 가새라 한다. 가새는 횡력의 방향에 따라 인장력 또는 압축력을 받으므로 합리적인 부재구성과 적합한 맞춤을 해야 한다. 가새에 압축력이 주어지면 압축가새, 인장력이 주어지면 인장가새라 하며, 가새의 경사는 45°에 가까울수록 유리하고, 횡력이 크면 기둥보다 가새에 큰 응력이 생긴다.

중요 건축물에서는 횡력의 방향에 따라 부재력 압축과 인장이 변화하므로 한 방향의 가새로 하지 않고 X자형 가새를 취하여 압축과 인장에 모두 견디어 주는 구조로 한다.

(12) 버팀대(Angle brace)

건축물의 모양 또는 기능상 가새를 설치할 수 없는 곳에는 버팀대를 사용한다. 수평력에 대한 버팀대의 내력은 가새의 내력만큼은 못하지만, 가새보다 설치가 쉽기 때문에 많이 사용된다. 버팀대는 도리보와 바닥보를 기둥에 삼각형으로 잡아 주는 것이다.

다시 말하면 3차 도형면인 x, y축의 평면에 수직축 z를 가정하면 x와 z축면, y와 z축면을 고정시키기 위해 설치하는 것이 버팀대이다.

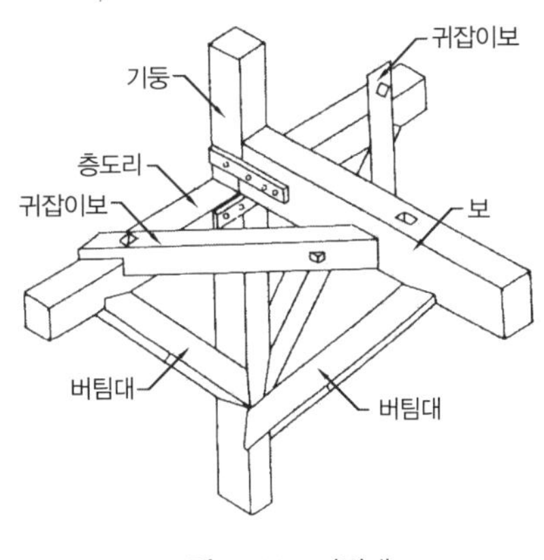

그림 7-30 버팀대

버팀대의 단면치수는 기둥 단면과 같이 하거나 기둥 단면의 2/3 정도 작은 단면을 사용하고 맞춤은 빗턱맞춤을 하며 보강철물로 보강한다.

7.4 마루구조

마루는 견고하고 고정되어서 흔들리거나 출렁거리지 않고 안정적이어야 하며, 소음이 나서는 안 된다.

목조마루의 지간이 10m 미만일 때 처짐은 지간/300값 이하이고, 또 마루는 수평면이어야 한다. 일반적으로 마루의 경사도는 3/1,000 이하로 되어야 한다. 목조마루는 시공오류 또는 변형에 의한 요철(凹凸)이 있어서는 안 되고, 목재의 신축에 의한 틈새가 생겨서는 안 된다. 마루 밑에는 방습기능을 할 수 있도록 방수층, 방습층을 두어 마루틀에 습기가 올라오지 않도록 해야 한다. 방습층이 없을 경우에는 바닥콘크리트면에서 최소 200mm 이상 치켜 올려 마루틀을 놓고, 마루 밑의 환기를 위해 외벽에 환기구멍을 뚫고 방충망을 설치한다.

7.4.1 1층 마루구조

상점, 실내체육관, 창고 등의 마루구조는 마루 바닥면이 지표면에 낮게 할 필요가 있으며, 사무실, 주택 등의 마루 바닥면은 위생상 지표면에서 어느 정도 높게 하여야 한다.

사무실, 주택 등은 지표면에서 일반적으로 450mm 이상 높게 할 때가 많으며, 이와 같은 용도로 사용되는 마루구조는 일반적인 표준하중만을 고려하여 설계 가능하다.

상점, 실내체육관, 창고 등은 매우 큰 적재하중, 진동, 그리고 충격하중 등을 고려하여 부재를 설계해야 하고, 용도에 따라서는 처짐 또는 마멸 등에 대한 것도 고려되어야 한다.

(1) 동바리 마루구조

동바리 마루구조는 호박돌 또는 동바리돌 위에 동바리를 세우고 동바리 위에 멍에를 걸쳐 대고, 멍에 위에 직각방향으로 장선을 걸쳐 댄 후 마룻널을 설치하는 방법이다.

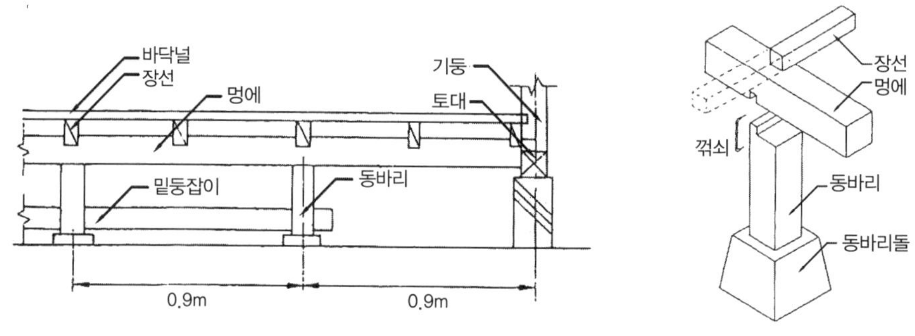

그림 7-31 동바리 마루구조

① 호박돌, 동바리돌(Footing of floor post)

동바리를 세우기 위해 밑에 놓는 작은 기초를 일반적으로 호박돌이라 한다. 이 호박돌의 치수는 지름 250mm 내외의 평평하고 둥근돌처럼 늙은 호박과 같다고 하여 일반적으로 호박돌이라 한다. 이 호박돌을 멍에의 간격(0.9m 정도)에 따라 잡석다짐 위에 놓고 동바리를 세운다.

② 동바리(Floor post)

동바리 단면치수는 일반적으로 동바리 상부에 놓이는 멍에의 단면치수와 같게 사용하고, 동바리와 멍에의 맞춤은 짧은 장부로 하고 큰못과 꺾쇠치기로 보강한다. 동바리가 안정되게 멍에방향과 장선방향으로 기둥 밑둥잡이를 설치한다.

기둥 밑둥잡이의 단면치수는 20×100mm이고, 이 판재를 동바리의 옆면에 대거나 따넣고 못치기하며, 동바리의 길이가 길어서 높게 될 때는 버팀대식의 기둥 밑둥잡이를 댄다.

③ 멍에(Binder, Girder)

동바리 위에 놓이는 멍에의 간격은 90cm 정도로 하고, 단면의 치수는 100mm 각 내외의 각재를 사용하며, 토대높이와 같게 설치하는 것이 일반적이다.

멍에는 길이방향이 긴 쪽으로 걸쳐대고, 이음은 반턱주먹장식 이음 또는 메뚜기장 내이음으로 하여 보강물로 보강하고, 토대에는 주먹장 걸침, 짧은장부맞춤을 하고 못 또는 볼트로 보강한다. 멍에의 기능은 상부부재의 처짐과 진동을 방지하기 위하여 장선 또는 보를 받쳐주는 부재이다. 보의 역할을 하므로 충분한 단면치수를 가져야 하고, 기초 또는 높은 동바리돌에는 앵커볼트로 고정시키며, 동바리에는 짧은 장부맞춤 또는 턱솔장부맞춤을 하고 보강철물을 대고 못이나 볼트로 고정시킨다.

④ 장선(Floor joist)

멍에 위에 직각방향으로 걸쳐대어서 마룻널을 붙잡아 주는 부재를 장선이라 한다. 장선의 간격은 45cm 정도로 하고, 장선의 단면치수는 60mm각재를 사용한다.

장선의 이음은 멍에 위에서 맞댄이음 또는 턱솔이음으로 하고 못치기를 하며, 이음자리는 한 곳에 집중되지 않게 엇갈리게 한다. 장선 끝단을 토대 위에 얹을 경우에는 기둥에 옆대어 못치기하고, 장선받이에는 턱걸침을 하고 못치기를 한다. 장선의 기능은 마루의 하중을 받아서 멍에에 분산 · 전달하고, 마루를 수평으로 깔 수 있도록 받쳐주고, 마룻널을 고정시켜준다. 장선은 멍에의 직각방향 또는 길이가 짧은변 쪽으로 설치되어야 부재단면이 절감된다.

⑤ 마룻널(Floor board)

마룻널의 두께는 장선의 간격에 따라 차이가 있으나 일반적인 45cm 정도의 장선간격에는 마룻널 두께가 18~25mm 정도를 사용한다. 마룻널의 쪽매는 맞댄쪽매, 반턱쪽매, 틈막이쪽매, 빗쪽매, 오니쪽매, 제혀쪽매, 딴혀쪽매 등이 있다.

맞댄쪽매, 반턱쪽매, 틈막이쪽매, 빗쪽매 등은 못을 널재 위에 치게 되므로 마룻널의 진동으로 못이 솟아오르게 되는 단점이 있으나 오니쪽매, 제혀쏙매, 딴혀쪽매들은 못치기를 이음부재 속에서 하게 되므로 못이 솟아오르는 단점을 해결할 수 있는 쪽매방법이다.

마룻널은 서로 조여 대어서 틈서리를 없게 하고, 혀 위에 숨은 빗못치기를 하여 장선 위에 항상 엇갈리게 잇는다. 마룻널재의 마구리면에도 혀를 두면 장선 위가 아닌 곳에서도 이음을 할 수 있다.

⑥ 환기구

마루 밑은 습기가 차기 쉬워 목재가 썩기 쉬우므로 환기구를 두어 공기를 순환시킴으로써 통풍이 원활하게 되도록 한다. 외부 벽체 밑 기초 벽면에는 5m마다 300cm^2 이상의 환기구를 만들고, 방충망을 설치해야 한다. 환기구는 가로가 긴 형태로 하여 기초 상부에 설치하여 빗물의 유입을 막고 최소한 2개 이상을 두어 통풍이 잘되게 해야 한다.

(2) 납작마루구조(Flet floor)

공장, 창고 또는 임시건물 등에 마루를 놓을 때는 잡석다짐을 15~25cm 정도로 깔고 위에 밑창콘크리트를 10cm 정도 깐 후, 100mm 각재의 멍에를 50cm 간격으로 깔고 마룻널을 깔거나 100mm 각재의 멍에를 90cm 간격으로 깔고, 위에 직각방향으로 60mm 각재의 장선을 45cm 간격으로 올려놓고 그 위에 널재를 깐 것을 납작마루구조라 한다.

7.4.2 2층 마루구조

2층 마루구조는 통재기둥과 통재기둥 사이에 층도리와 바닥보에 장선을 걸치고, 그 위에 마룻널을 깔아 2층 바닥을 만든다. 2층 바닥인 마루는 홑마루틀구조, 보마루틀구조, 그리고 짠마루틀구조로 구분한다.

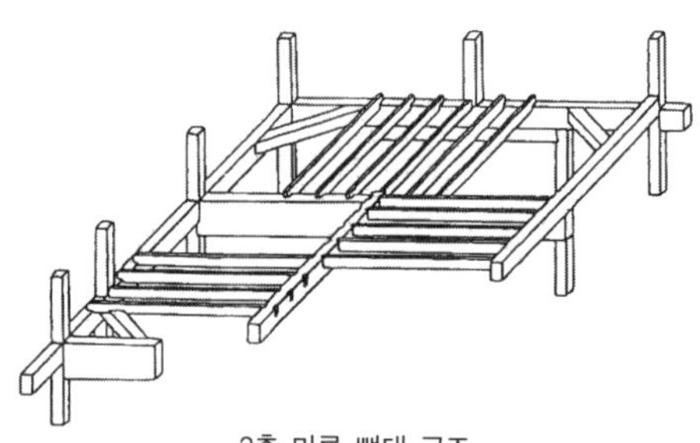

2층 마루 뼈대 구조

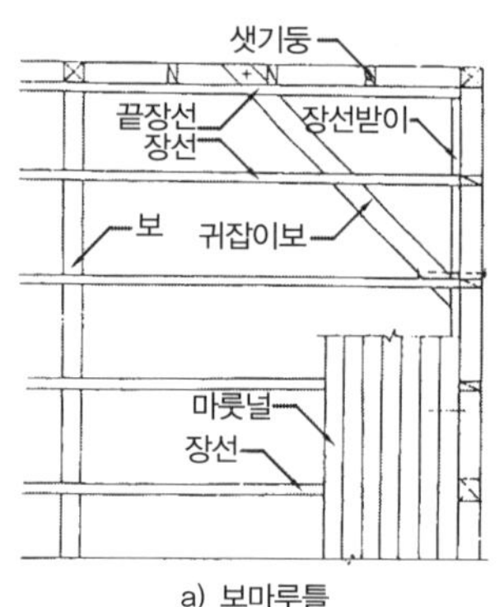

a) 보마루틀

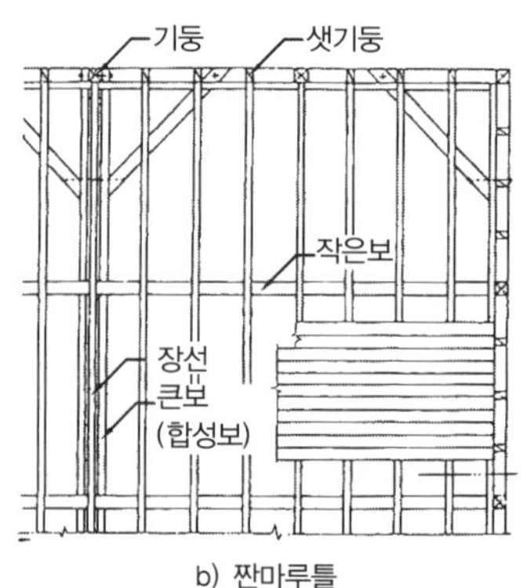

b) 짠마루틀

그림 7-32 2층마루틀구조

(1) 홑마루틀구조

복도 또는 폭이 좁은 마루와 같이 작은 지간(간사이)에서 바닥보는 부재 없이 곧바로 층도리와 칸막이도리에 직접 장선을 걸쳐대고, 그 위에 마룻널을 깔아 마루틀을 만든다. 이와 같은 마루틀을 홑마루틀 또는 장선마루틀이라 한다. 이 홑마루틀은 작은 지간에서만 사용되고 층도리, 칸막이도리에 걸쳐대는 장선의 치수는 일반적으로 60mm 각재를 45cm 간격으로 놓고, 장선받이(층도리, 칸막이도리)에 턱걸침을 하고 못치기를 한다.

장선부재를 정각재를 사용하지 않고, 춤이 높은 평각재를 사용하면 옆흔들림과 옆휨을 막기 위해 가새로 보강해야 한다.

(2) 보마루틀구조

층도리와 바닥보에 장선을 걸쳐 마룻널을 깐 구조를 보마루틀구조라 하며, 지간(간사이)이 2.4m~2.7m 정도 이상일 때 바닥보의 간격을

1.8m~2.1m로 걸쳐대고, 장선을 놓고 마룻널을 깔아 마루틀을 완성한다.

여기에서 사용하는 보는 주어진 하중에 의해 계산되어야 하지만 일반적으로 주택 또는 작은 사무실 등 보의 약산식 방법은 보의 단면폭을 100mm로 하고, 춤은 간사이의 1/12~1/13 정도를 사용하면 된다.

① 바닥보

통재기둥에 연결되는 바닥보는 기둥의 단면결손을 최소화하기 위해 빗턱 짧은장부맞춤에 띠쇠, 감잡이쇠 등의 보강철물을 덧대고 또는 볼트로 보강한다. 바닥보의 이음은 받침기둥 중심선 위에서 빗걸이이음 또는 턱솔이음을 하여 띠쇠 또는 덧판으로 보강하고 못이나 볼트로 조인다. 보의 폭이 기둥폭보다 클 때는 가름장맞춤을 하거나 보를 배합보로 설계한다.

평기둥 상부에 층도리를 올려놓고 짧은장부맞춤을 하고 띠쇠, 꺾쇠, 볼트 등으로 보강하고, 독립된 기둥으로 받쳐질 때는 긴장부맞춤을 하고 산지치기 또는 쐐기를 쳐서 고정시키고 버팀대를 사용하여 보강한다.

이 독립된 기둥 위에서 바닥보의 이음은 이음받침대를 대고 심이음으로 주먹장이음 또는 +자 턱솔이음으로 하고 보강철물인 띠쇠를 덧대고 못 또는 볼트를 친다.

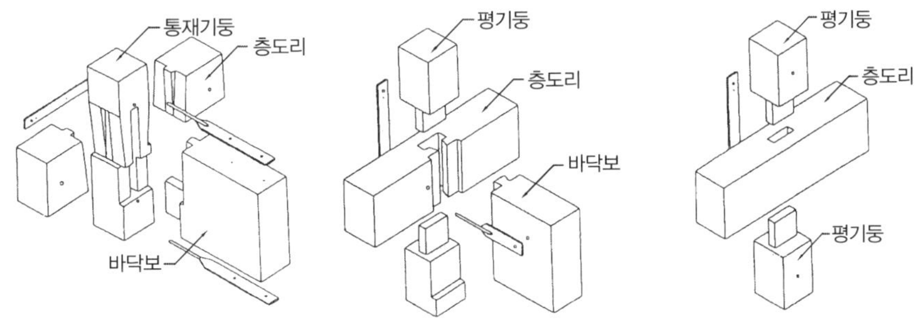

그림 7-33 기둥과 보의 접합

② 장선

마룻널을 붙잡아 주는 부재를 장선이라 하고, 장선의 간격은 45cm로 하며, 장선의 단면은 60mm 각재를 사용한다. 장선의 이음은 바닥보의 중심에서 맞댄이음 또는 턱솔이음으로 하고 못치기를 하고 이음자리는 엇갈리게 한다.

보와 장선의 윗면을 일치시킬 때는 장선을 하나 건너씩 걸침턱 주먹장 맞춤으로 파넣고 못, 꺾쇠로 고정시킨다.

(3) 짠마루틀구조

지간이 6m 이상으로 매우 크면 일반적인 보마루틀구조로는 구조적인 문제를 해결하기가 어렵기 때문에 큰보를 3.0m 정도의 간격으로 걸고, 이 큰보에 직각방향으로 작은보를 1.5m 정도 간격으로 보낸 그 위에 장선을 걸치고 마룻널을 까는 마루틀을 짠 마루틀구조라 한다.

① 큰보(Girder)

큰보의 이음과 맞춤은 보마루틀의 바닥보와 같으나 작은보에 의해 큰보에 집중하중이 작용되어 큰 힘을 받게 되므로 기둥과의 접합 부위는 덧기둥과 버팀대를 사용하여 보강해야 한다.

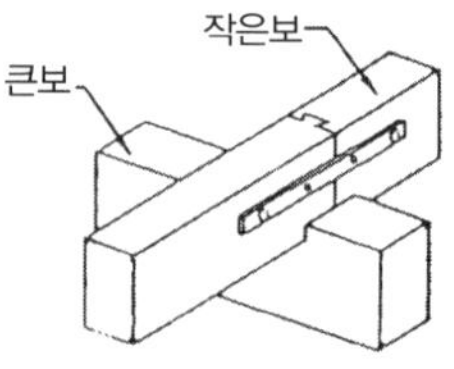

② 작은보(Beam)

큰보 위에 작은보를 걸칠 때는 걸침턱맞춤을 하고, 이음은 큰보의 중심선에 맞댄이음 또는 턱솔이음을 하고, 양면에 띠쇠를 덧대고 볼트나 못치기를 한다. 큰보와 작은보를 윗면에 동일하게 맞출 때는 큰보에 작은보를 걸침턱 주먹장맞춤을 하고 보강철물로 보강하거나 안장쇠를 사용하여 연결하고 못이나 볼트로 보강한다.

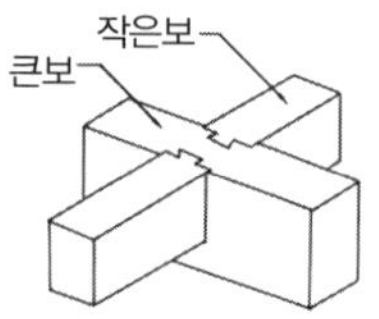

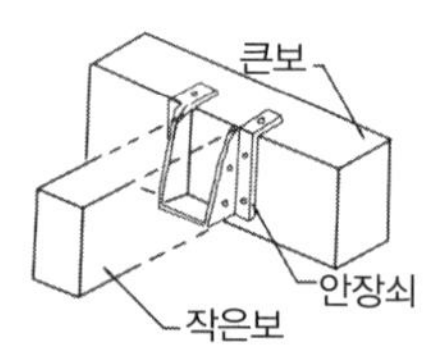

그림 7-34 큰보(Girder)와 작은보(Beam)의 맞춤

③ 장선

보마루틀구조의 장선과 같다.

7.4.3 합성보

지간이 크거나 하중이 크게 작용되면 보의 단면도 크게 되지 않으면 안 된다. 이런 경우에는 보를 단일부재보로 하지 않고 작은 단면의 여러 개의 부재를 하나의 보로 조합한 특수보, 합성보 또는 조립보를 만들어서 사용하게 된다.

(1) 배합보(Coupled beam)

기둥의 양쪽 바깥면에 폭에 비해 춤이 큰 2부재를 끼워 고정시키고, 두 각재 사이에 기둥과 같은 치수의 보춤 크기인 끼움목을 0.9~1.2m(3자~4자) 간격으로 끼워대고 볼트조임을 하여 조합한 보를 배합보라 한다.

이 배합보는 통재기둥의 단면결손을 최소화하고, 큰 휨모멘트와 뒤틀림모멘트 등에 매우 큰 저항을 할 수 있는 구조이다. 이와 같은 배합보를 철골의 형강인 채널(Channel)을 기둥 양면에 대고 만든 보, 그리고 상판과 하판에 패널을 사용하고 그 사이에 철근을 일정한 사재 형태로 구부려서 트러스를 짜고 기둥 옆면에 철판을 덧대고 트러스 짠 것을 배치하는 방법들을 사용한다.

(2) 포갬보

각재를 상하로 2~3개 정도 포개서 겹쳐놓고 산지 또는 듀벨을 끼우고 볼트로 조임하여 단일보와 같은 거동을 하는 보를 포갬보 또는 겹침보라 한다. 이 보에 산지, 듀벨을 끼우는 이유는 수평력이나 전단력에 의한 미끄럼을 방지할 목적으로 설치한다. 이 포갬보는 단일부재에 비해 2개 포갬보는 25% 정도, 3개 포갬보는 40% 정도의 강도가 감소됨을 고려하여 설계해야 한다.

(3) 트러스보

트러스보는 상현재와 하현재 사이에 작은 부재들을 수직재와 사재로 사용하여 트러스보를 짠 것을 말한다. 이 트러스보는 지간이 매우 큰 곳에 사용 가능하고, 경제적이지만 보춤이 지간의 1/10 정도로 매우 커서 공간에 구조재가 차지하는 것이 너무 큰 것이 단점이다. 또 나무보를 상현재로 사용하고 지간의 중간 또는 3등분점에 동바리를 대고 볼트로 조이고, 하현재는 케이블 철선으로 보의 양끝단과 동바리 끝단을 연결하여 하나의 조립합성보를 만들어 사용한다. 이와 같은 보는 매우 큰 힘에 견딜 수 있는 구조이다.

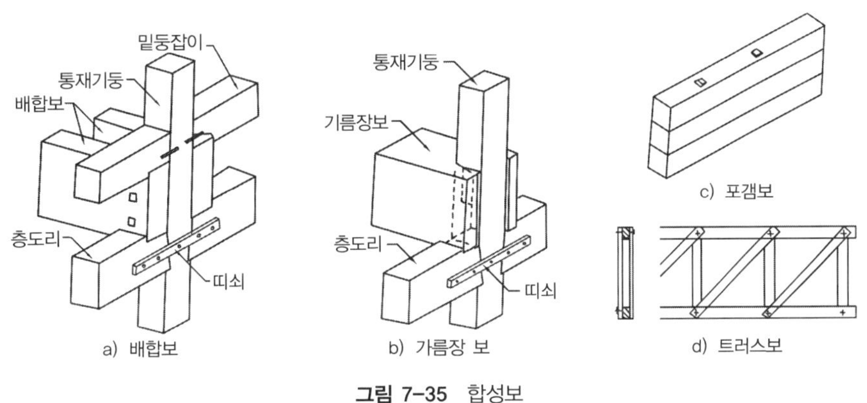

그림 7-35 합성보

7.4.4 마룻널깔기

마룻널을 장선에 붙여대는 것을 마룻널깔기라 한다. 이 마룻널재는 휘어지기 쉬우므로 널재의 폭은 넓은 것보다 보통 10cm 정도의 것이 가장 보편적으로 사용되는 치수이며, 두께는 대패질한 면이 18~24mm인 것을 사용한다.

못의 길이는 널재두께의 3배 정도를 장선의 위치마다 박는다. 이 마룻널재는 충분히 건조시킨 기건상태의 것을 사용해야 변형이 없다. 마룻널재는 모든 장선을 정확히 걸친 후, 수평실을 치고 높은 면은 깎아내고 낮은 면은 받침을 넣어 올려서 수평면을 만든 다음, 마룻널을 장선에 틈서리가 나지 않도록 조이면서 못을 박는다.

마룻널쪽매에는 마룻널재 위에 못을 박는 맞댄쪽매, 반턱쪽매, 틈막이쪽매, 빗댄쪽매가 있고, 마룻널재의 혀에 사선으로 못을 박는 제혀쪽매, 딴혀쪽매, 오니쪽매 등이 있다. 마룻널재 위에서 못을 박는 쪽매는 보행으로 인한 진동에 의해 못이 솟아오르는 단점이 있으므로 널재의 혀에 사선으로 못을 쳐서 못이 마룻널 사이에 감춰져 보이지 않고 진동에 의해 솟아오르지도 않는 제혀, 딴혀, 오니쪽매가 가장 이상적인 마룻널쪽매의 마감이라 할 수 있다.

7.5 지붕구조

건축물의 지붕틀은 비바람을 막을 수 있는 구조이어야 한다. 이 비바람을 막기 위해서는 지붕틀 물매(지붕경사도)를 잘 잡아야 한다.

지붕잇기에 사용되는 재료의 종류에 따라 지붕물매를 조절할 수 있으며, 지붕틀구조는 견고하고 내구성 있는 구조이어야 한다. 비 또는 바람, 그리고 눈 등의 하중에 대해 충분히 견딜 수 있는 구조이고, 변형이나 처짐이 생겨서는 안 된다. 지붕재료에 따른 지붕수명은 다음과 같다.

아스팔트 지붕 ………… 20년
시멘트기와 지붕 ………… 20~30년
아스팔트 싱글(shingle) 지붕 ………… 20~30년
알루미늄 지붕 ………… 50년
오지기와 지붕 ………… 100년
납, 동판 지붕 ………… 200~300년

표 7-1 지붕재료에 따른 최소물매

지붕재료	물매(수평 1m에 대한 높이 (mm))	수평에 대한 각도
아스팔트, 납판, 동판, 알루미늄	30	$1\frac{3}{4}°$
아스팔트펠트, 골판 플라스틱 등	100	$5\frac{3}{4}°$
슬레이트	670	$33\frac{2}{3}°$
외기와	450	24°
기타 기와	780~1000	37~45°

지붕틀은 단열구조로 되어야 한다. 집안의 열이 지붕틀로부터 빼앗기지 않기 위해 지붕과 천장 사이에 밀폐된 공간층을 만들거나 천장 상부에 단열재를 깔거나 환기가 되지 않게 설치하는 것들은 단열구조를 만들어 열의 이동을 막기 위함이다.

지붕틀은 내화구조로 만들어야 화재시 피난할 수 있도록 최소 시간(6시간 정도) 인화되지 않는 재료와 구조를 가져야 한다. 그리고 지붕틀은 보기가 좋아야 한다.

7.5.1 지붕틀

(1) 지붕의 종류

지붕의 형태는 건축물의 종류, 크기, 용도, 규모, 건물이 위치한 주위의 환경과 조건 등에 따라 결정될 것이다.

지붕모양은 한 가지 형태의 지붕틀로 이루어지기 보다는 2~3가지 이상의 지붕틀구조를 조합하고 혼용하여 사용되는 것이 일반적이다. 지붕모양은 지붕틀구조 형태가 가능하면 단순하고 합리적으로 설계되어야 좋은 지붕틀구조라 할 수 있다.

지붕모양은 외쪽지붕, 박공지붕, 모임지붕, 합각지붕, 평지붕, 맨사드지붕, 솟을지붕, 톱날지붕 등이 있다.

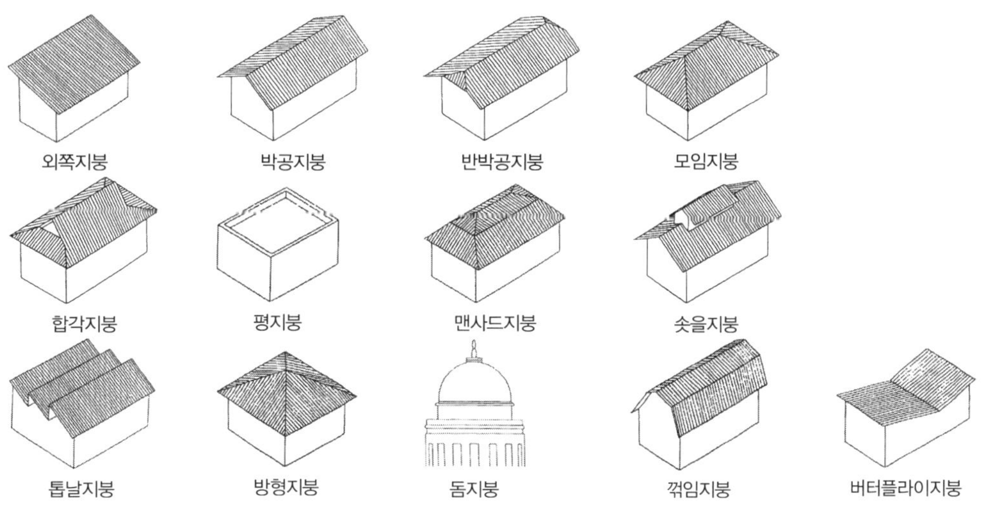

그림 7-36 지붕의 종류

① 외쪽지붕(shed roof)

외쪽지붕은 소규모 건축물의 지붕구조로 사용되고 한쪽 방향으로만 경사진 지붕구조이다.

② 박공지붕(Gabled roof)

지붕마룻대를 기준으로 양쪽면으로 경사진 지붕구조로 간단하고 보기 좋아서 일반적인 건축물의 지붕틀구조로 많이 사용된다. 이 지붕틀구조에서 지붕마룻대의 양끝을 조금 접어서 지붕면을 만든 것을 반박공지붕이라 한다.

보기 좋은 박공지붕틀은 박공지붕일 때는 대칭인 것이 비대칭보다 보기에 좋고, 지붕물매는 최소 47.5°(≒1,090/1,000) 이상으로 해야 보기 좋으며 가장 보기 좋은 물매는 54.45°(≒1,420/1,000)이다. 1층 주택과 같이 벽체면적이 작을 때는 지붕물매를 30°(≒577/1,000) 정도로 해도 무난하다. 지붕물매를 크게 하면 벽체면적보다 지붕면적이 커지기 때문에 주택의 경우 지붕면적은 전체 면적의 40% 이하로 하면 보기 좋다.

③ 모임지붕(Hipped roof)

각각의 외벽 모서리 점에서 45°로 치켜올려 겹쳐진 점에서 수평으로 지붕마룻대선을 그려서 구획하는 면을 경사지게 지붕면으로 잡고, 수평선 위치에는 지붕마룻대를 설치한 지붕틀을 모임지붕이라 한다. 일반적으로 추녀마루가 용마룻대에 모인 지붕을 말한다.

④ 합각지붕(Gable roof)

지붕의 상단부에는 박공지붕의 형태를 하고, 밑부분은 모임지붕의 경사면을 가지고 있는 지붕형태이다. 일반적인 전통한옥구조가 이에 속한다.

⑤ 평지붕(Flat roof)

지붕면의 경사도가 10° 미만인 거의 수평으로 된 지붕이다. 이 지붕구조는 빗물을 흘려보내기 위해 3/100(≒2°) 이상의 물매를 가지고 있어야 한다.

⑥ 맨사드지붕(Mansard roof)

모임지붕의 면을 여러 면으로 나누어 상부 부분의 물매는 작게 하고, 하부 부분의 물매는 크게 하여 지붕면에 변화를 준 지붕구조이다.

⑦ 솟을지붕(Monitor roof)

박공지붕 위에 다시 작은 박공지붕을 만들어 채광과 통풍을 위한 지붕구조이다. 이 솟을지붕은 소규모 공장건물의 지붕구조로 주로 환기의 주목적으로 만든 지붕구조이다.

⑧ 톱날지붕(Saw tooth roof)

외쪽지붕이 한 방향의 물매로 톱날과 같이 연속적으로 나열되어 있는 지붕구조이다. 이 톱날지붕은 주로 채광을 주목적으로 사용하는 대규모 공장 건축물의 지붕구조이다.

⑨ 네모지붕 · 방형지붕(Pyramide roof)

정사각형에 가까운 지붕구조의 중앙점을 기준으로 각 모서리면으로 지붕틀이 설치된 지붕구조이다.

⑩ 돔(Dome)

지붕이 반구형, 다시 말하면 축구공의 절반을 올려놓은 것 같은 모양의 지붕구조를 돔이라 한다.

(2) 지붕물매(Slope of roof)

지붕물매는 지붕의 경사도를 말한다. 빗물의 흐름이 잘되게 하기 위해 지붕에 적당한 경사를 두는 것을 지붕물매라 한다. 지붕물매는 수평거리 10에 대한 직각삼각형의 높이값으로 표시하고 단위는 무단위이다. 지붕경사도는 수평에 대한 각도로도 표시한다.

지붕이 단지 빗물처리만을 고려한다면 지붕물매를 크게 하는 것이 유리하지만 지붕의 풍압 감소, 지붕재료의 절감 등을 고려하면 지붕물매는 작게 하는 것이 좋다. 그러나 지붕면적과 건축면적이 일정한 비율이 되어야 보기 좋은 건축물이 되기 때문에 적당한 비율의 지붕물매가 필요하다.

우리나라에서는 수평거리 10cm에 대한 높이로 물매를 표시한다. 3cm 물매, 4.5cm 물매라고 하면 3 ◺ 10, 4.5 ◺ 10 등을 의미한다.

표 7-2 지붕재료에 따른 표준물매값

지붕재료	물매값(cm)
함석, 기와가락	2.5~3.5
아스팔트 루핑	2.0~3.5
기　　와	4.0~5.0
석면슬레이트	5.0
골석면슬레이트, 함석골판	3.0

7.5.2 지붕틀구조

지붕의 모양과 형태에 맞게 지붕뼈대를 짠 것을 지붕틀구조라 한다. 지붕 상부의 하중을 받아서 기둥 또는 벽체에 힘을 안전하게 전달할 수 있는 지붕틀구조이어야 한다.

이 지붕틀구조는 평면의 모양에 따라 달라진다. 지붕틀구조의 형상은 한식, 절충식, 양식구조 등이 있다.

(1) 절충식 지붕틀구조

한식 지붕틀구조 또는 절충식 지붕틀구조는 지중보를 걸쳐 놓고 이 보 위에 동자기둥을 세운 위에 종보를 걸치고 대공을 세우고 지붕을 받치는 중도리와 마룻대를 설치한 다음 서까래를 대고 지붕널을 깐다.

지붕의 하중은 서까래를 통해 마룻대, 중도리를 통해 수직부재로 전달되고 다시 지붕보를 통해 기둥이나 벽체로 분산·전달된다. 이 절충식 지붕틀구조는 작업이 간단하고, 공사비가 저렴하므로 소규모 건축물의 지붕틀구조로 많이 사용된다.

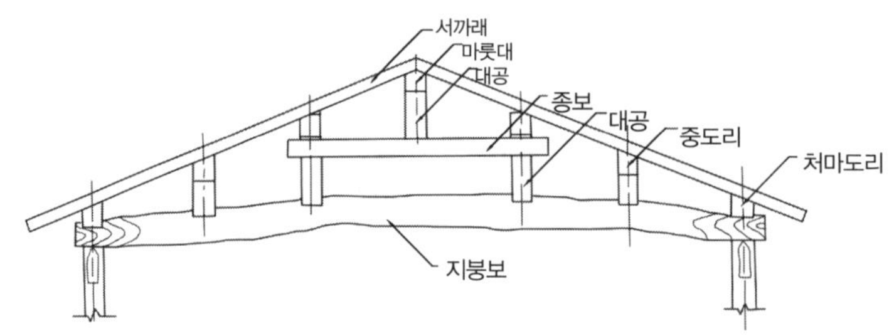

그림 7-37 절충식 지붕틀구조

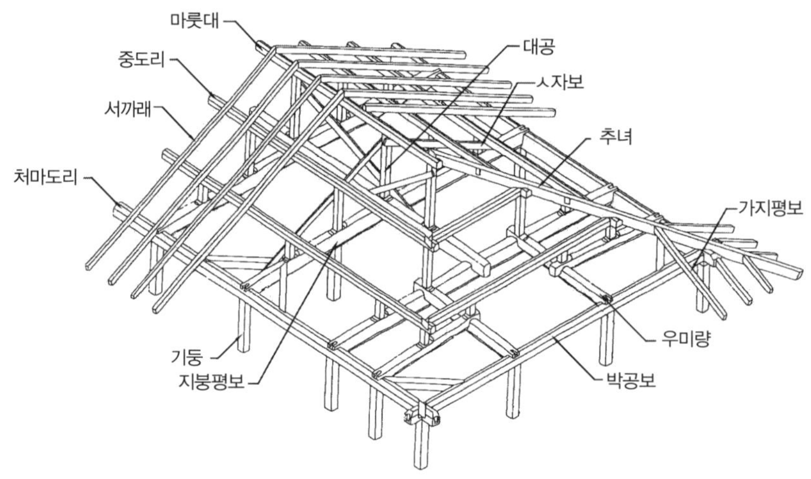

그림 7-38 모임 지붕틀구조

① 지붕보(Tie beam)

지붕보는 기둥 또는 벽체 상부의 처마도리에 1.8m 정도의 간격으로 걸쳐대고, 지붕의 하중을 받아 처마도리, 그리고 기둥 또는 벽체에 하중을 분산·전달한다. 지붕보의 단면치수는 지붕에 작용되는 하중의 크기와 보의 지간에 따라 단면을 계산하여 정한다. 일반적으로 보의 지간이 4m일 때는 지름 15cm 정도, 보의 지간이 5m일 때는 18cm 정도, 보의 지간이 6m일 때는 21cm 정도의 통나무를 사용하면 된다. 지붕보는 처마도리 위에 걸침턱 주먹장으로 맞춤하고, 주걱볼트로 지붕보와 처마도리를 연결한다. 지붕보를 기둥 상단 부위에 상턱장부맞춤으로 걸치고, 지붕보 위에 처마도리는 턱걸침으로 건너 대어서 주걱볼트로 기둥과 처마도리를 같이 연결하기로 한다.

지붕하중이 크고 지간이 넓어서 단일재로 지붕보를 설치하기가 곤란할 때는 지간의 1/3 보를 걸쳐대고 베개이음을 한다. 지붕보의 베개이음은 빗걸이이음, 맞대놓고 덧판이음으로 하고 보강철물로 보강한다.

② 동자기둥 · 대공(Purlin post, stud)

지붕보 위에 짧은 기둥(동자기둥)을 세워 종보를 받치고 종보 위에 중도리를 놓고 지붕틀을 붙잡아 주고, 종보의 중간에 대공을 세우고 마룻대를 놓고 서까래를 보낸 후에 지붕널을 깐다. 종보를 받치는 부재를 동자기둥이라 하고, 마룻대를 지지하는 부재를 대공이라 한다. 동자기둥과 대공의 부재치수는 9cm 각재를 사용하며, 부재간격은 90cm(3자) 정도로 한다. 동자기둥과 대공의 맞춤은 상부와 하부를 짧은 장부맞춤으로 하고 못을 박거나 철물로 보강한다.

③ 지붕꿸대

지붕틀구조의 부재들을 서로 붙잡아서 일체화시키고, 동자기둥, 대공, 종보, 가새 등을 서로 연결시켜 흔들림을 방지하는 부재를 꿸대라 한다. 이 꿸대는 수평방향, 빗방향 또는 X자형으로 붙여대며, 동자기둥이나 대공에 옆대고 못질하거나 두께가 두꺼울 때는 볼트죔도 한다.

④ 종보(Straining beam)

지붕의 경사가 매우 가파르고 지간이 큰 경우에는 동자기둥 또는 대공의 부재길이가 길게 되므로 이 부재를 짧게 하여 안정감을 갖도록 하고자 하거나 지붕틀 속의 공간을 활용하고자 할 때는 귀 낮은 동자기둥 사이에 종보를 걸고 중앙에 대공을 걸치고 마룻대를 놓고 서까래를 걸친 후에 지붕널을 깔게 된다. 이 동자기둥에 놓이는 보를 종보라 하고 지붕보와 같이 한다.

⑤ 중도리 · 지붕마룻대

㉠ 중도리(Purlin)

지붕재료의 무게로 인하여 서까래 또는 ㅅ자보의 처짐을 줄이기 위한 부재를 중도리라 한다. 중도리는 동자기둥 위에 걸쳐대고 서까래와 지붕널을 받쳐 주어야 하므로 중도리의 윗면은 서까레맞이따기를 하거나 물매에 맞게 빗따내기를 한 반깎기로 한다. 중두리이음은 엇걸이 산지내이음이나 주먹장 심이음으로 하고, 동자기둥 또는 대공에는 긴장부에 산지치기나 짧은장부에 꺾쇠를 친다.

지붕골 또는 지붕귀에서 중도리는 서로 직각으로 만나게 되며 이때 맞춤은 반턱으로 하고, 중도리 윗면에 추녀가 고정되게 홈따기를 한다. 서까래는 중도리, 마룻대 위에 걸쳐대고 큰 못치기로 한다.

㉡ 지붕마룻대(Ridge piece)

마룻대는 지붕마룻대 또는 용마룻대라 하고, 종보 위에 대공을 세우고 중도리를 걸쳐놓은 구조이다. 이 중도리를 지붕마룻대라 한다. 마룻대의 크기는 중도리와 폭은 같고 춤은 큰 단면을 일반적으로 사용한다.

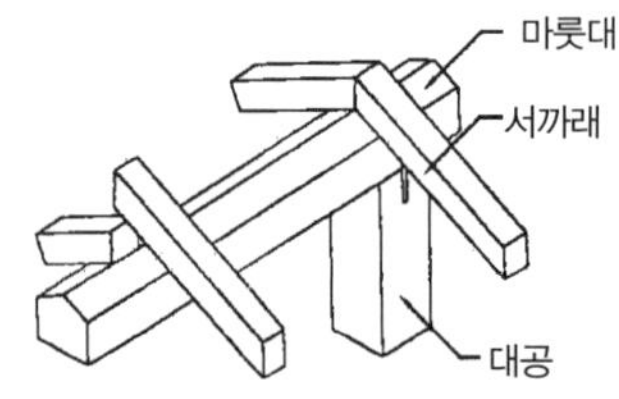

그림 7-39 지붕마룻대

지붕마룻대 부재 윗면은 지붕물매에 맞게 ㅅ자형 깎기를 하거나 서까래를 마룻대면을 따서 물리게 한다. 이음을 대공부재 중심에서 엇걸이산지이음 또는 반턱주먹장이음으로 한다.

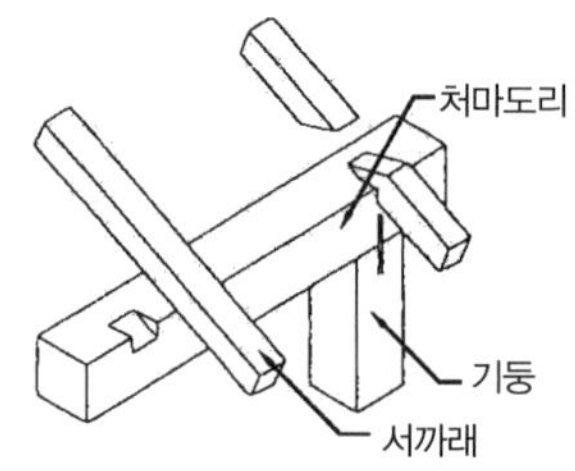

그림 7-40 처마도리와 서까래 맞춤

⑥ 서까래(Common rafters)

서까래는 처마도리와 중도리, 마룻대의 지붕물매 방향으로 경사지게 걸쳐대는 부재이며, 서까래 위에 지붕널을 깔게 된다. 서까래의 단면은 지붕재료의 무게와 중도리 간격 등에 따라 달라지지만 일반적으로 50mm각재를 45cm(1자반) 간격으로 배열하고, 직각으로 만나는 처마도리, 경도리, 마룻대에 큰 못질을 한다. 서까래의 이음은 도리 위에서 맞댄이음하여 큰못으로 못치기하고, 이음 위치는 동일한 곳에 두지 않고 엇갈리게 한다.

⑦ 지붕널(Roof board)

지붕널은 지붕재료의 무게를 받아주기 위해 서까래 위에 까는 널재를 말한다. 지붕널재의 두께는 서까래 간격에 따라 달라진다. 서까래 간격이 45cm일 때는 지붕널재 두께는 12mm로 하고, 서까래 간격이 60cm일 때는 18mm를 사용한다. 지붕널은 서까래 위에서 맞댄쪽매 또는 빗댄쪽매이음으로 하고 못을 박아 고정시킨다. 이음 위치는 한 곳에 집중시키지 않고 서로 엇갈리게 한다.

⑧ 지붕 귀의 구조

박공지붕의 지붕틀구조는 어느 위치에 놓여 있는 지붕틀이건 동일한 지붕틀구조로 나란히 병렬로 배열해 놓고, 박공벽면에서 처마도리와 중도리, 마룻대를 돌출시켜 박공처마와 지붕을 꾸미는 간단하고 기본적인 구조이지만 모임지붕은 지붕의 모서리인 지붕틀귀의 구조가 일반지붕틀구조와 다르므로 이 부분의 지붕틀구조는 다음과 같다.

㉠ 우미량(牛尾梁)

모임지붕과 같은 지붕틀귀의 구조에서 다른 위치에 놓여 있는 것처럼 동자기둥 또는 대공이 받쳐주는 중도리, 마룻대가 놓이듯이 45°의 귀서까래를 받쳐주는 중도리를 설치하고, 이 중도리를 받쳐주는 동자기둥을 받을 목적으로 지붕보에서 연결하여 작은보를 설치하는 것을 우미량이라 한다.

우미량은 동자기둥을 받쳐줄 목적으로 설치하는 작은보를 말한다. 예를 들면 거더(Girder, 큰보)에 빔(Beam, 작은보)을 매달고, 그 위에 동자기둥을 세워 중도리를 받치게 만든 구조(그림 7-38)이다. 우미량은 지붕틀 귀의 동자기둥을 받아주어야 하므로 우미량을 처마도리에 걸쳐댈 때도 있다. 우미량은 처마도리 또는 기둥에 일반보와 같이 맞춤하고 지붕보에는 주먹장이나 걸침턱으로 하고 촉은 꽂고 볼트와 같은 보강철물로 조임한다.

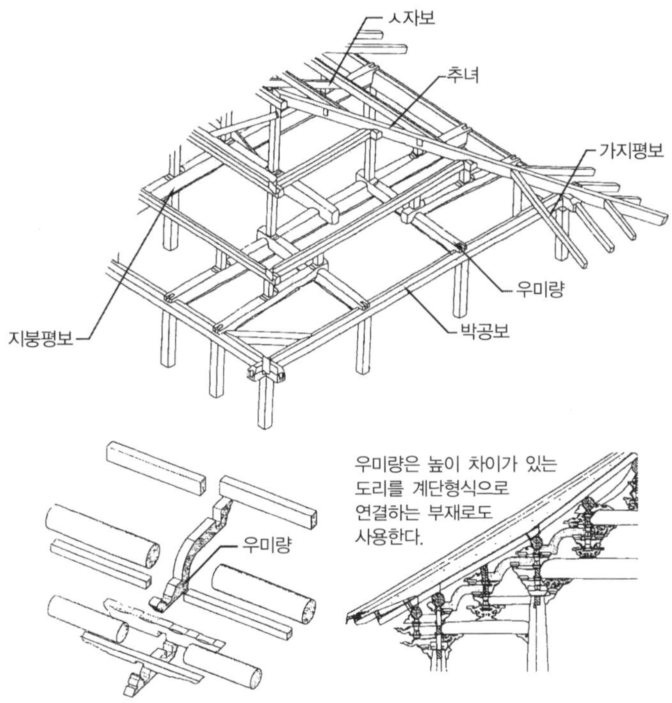

그림 7-41 한식구조의 우미량

㉡ 추녀(Angle rafter)

지붕틀 귀의 구조에서 우미량 위의 동자기둥 위에 놓인 중도리가 서로 직각으로 만나는 곳에 마룻대에서 처마도리 끝까지 45°의 귀서까래를 받는 부재를 추녀라 하고, 지붕골에 설치되는 것을 골추녀 또는 첨추녀라 한다.

추녀의 단면치수는 기둥치수와 같거나 약간 작은 치수를 사용하고, 추녀의 윗면은 지붕의 물매에 맞게 반깎기를 하고 처마도리보다 서까래춤만큼 올려서 직교하는 처마도리 귀에 맞추어 넣고 서까래가 추녀 옆에 달라붙게 한다.

직교하는 귀의 처마도리는 빗반턱맞춤으로 하고, 기둥은 쌍턱장부로 하며, 처마도리 윗면에는 추녀자리를 따내고 기둥의 장부가 추녀까지 끼게 한다. 지붕골이 되는 회첨추녀도 지붕 양면의 물매에 맞추어 골지게 따낸다.

추녀의 물매는 보스팬의 1/2 대각선 수평길이가 직각삼각형의 밑변이 되고, 처마도리에서 마루까지의 수직거리가 직각삼각형의 높이가 된다. 처마 끝단에서 마룻대까지는 추녀길이가 되고, 이 추녀물매는 평물매보다 완만한 물매가 된다.

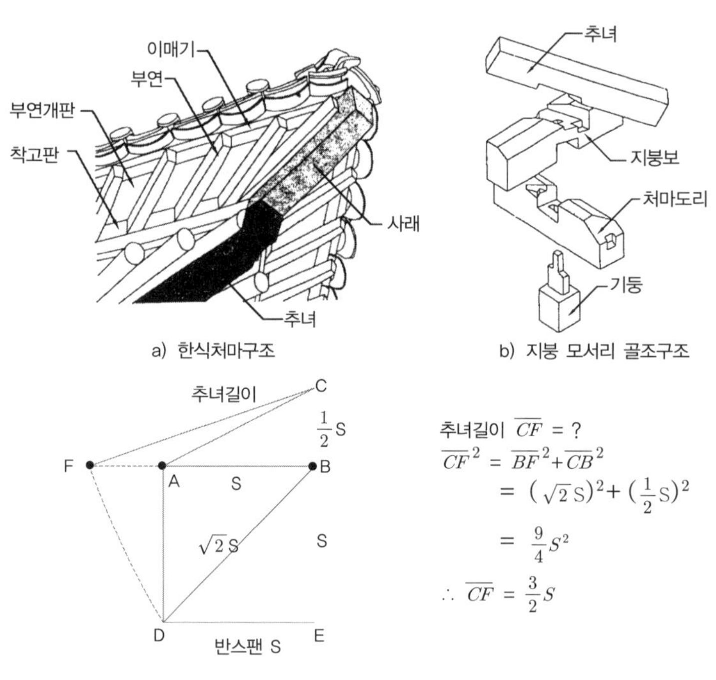

그림 7-42 추녀물매와 추녀길이

㉢ 귀서까래

지붕틀 귀에 놓이는 서까래는 서까래 길이가 모두 다르고, 추녀 옆이나 위에 못 또는 보강철물로 고정시킨다. 서까래는 일반 평지붕에 있는 평서까래에 평행으로 건 평행귀서까래

(paralled creping rafter)와 서까래의 방향이 지붕틀 귀 추녀의 어느 한 점에 모여 부챗살 모양처럼 설치하는 선자서까래(fan rafter), 서까래의 연장선의 어느 한 점에 방사형으로 모이게 하여 붙여대는 말굽형 서까래(U shaped rafter)가 있다.

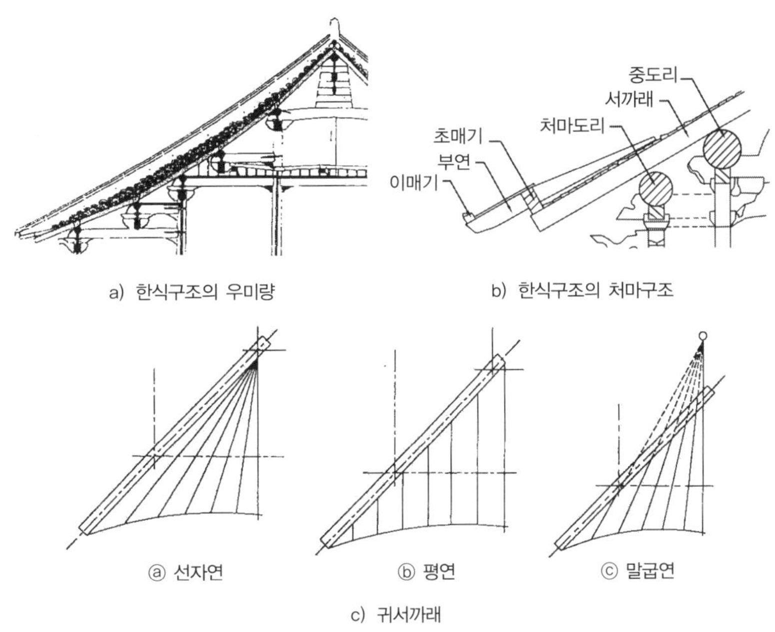

a) 한식구조의 우미량

b) 한식구조의 처마구조

ⓐ 선자연

ⓑ 평연

ⓒ 말굽연

c) 귀서까래

그림 7-43 한식구조의 처마와 귀서까래

(2) 왕대공 지붕틀구조

양식지붕틀구조 중에서 가장 많이 사용되는 지붕틀은 왕대공 지붕틀(King post roof truss)이며, 이 왕대공 지붕틀은 여러 부재를 사용하여 가장 안정적인 도형인 삼각형을 여러 개 짜맞추어 지붕하중을 받으며 지붕모양을 만드는 구조이다.

이 왕대공 트러스의 부재단면 또는 맞춤방법 등은 역학적으로 계산되고 설계되어 지붕틀이 단일부재와 같이 된 구조체이다. 이 지붕틀은 20m 정도의 비교적 스팬 간격이 큰 경우에도 사용되지만 일반적으로 10m 정도의 스팬간격에 가장 많이 사용되며, 트러스 지붕틀의 간격은 2~3m 정도로 한다.

왕대공 지붕틀은 트러스 풀이법에 따라 계산하여 각 부재에 작용되는 응력값을 구하고, 각 부재의 단면 크기를 결정한 다음, 왕대공 지붕틀에 대해 설계한다. 이 왕대공지붕틀의 부재력을 살펴보면 ㅅ자보, 왕대공부재는 인장재이고, 평보와 빗대공은 압축재이다. 왕대공 지붕틀은 일반적으로 지붕틀을 목재로 구성하는 목재트러스를 사용하지만 최근에는 지붕틀을 철재로 짜서 사용하기도 한다.

① 왕대공(King post)

왕대공부재는 인장만을 받는 부재로 단면을 크게 할 필요는 없으나 맞춤을 고려하여 평보와 같은 단면 크기를 사용하며, 왕대공부재의 상부에는 마룻대와 ㅅ자보, 하부에는 빗대공과 평보와의 맞춤을 한다. 왕대공 상부에서 마룻대와 맞춤은 가름장 장부맞춤 또는 벌림쐐기치기를 하거나 가름장 걸침턱으로 하여 못치기를 하고, ㅅ자보와의 맞춤은 빗턱통넣고 장부맞춤으로 한다. 왕대공 하부에서 평보와 맞춤은 짧은 장부맞춤을 하고 감잡이쇠로 감아대고 가시못을 치거나 볼트조임을 한다. 빗대공은 평보의 윗면으로 왕대공에 10~15cm 정도(왕대공 중심선과 빗대공 중심선의 맞는 점)가 되도록 하여 왕대공에 빗대공을 빗턱통넣고 짧은 장부맞춤하여 양면 꺾쇠치기를 한다.

② 평보 · ㅅ자보(Tie beam · Principal rafter)

평보와 ㅅ자보와의 맞춤은 평보 위에 ㅅ자보의 밑을 안장맞춤하거나 빗턱통넣고 장부맞춤으로 하며 볼트로 조임한다.

㉠ 평보(Tie beam)

평보는 지붕의 무게를 받아주고, ㅅ자보의 끝단이 벌어지는 것을 막는다. 평보의 양끝단은 깔도리에 걸침턱으로 걸치고 깔도리와 처마도리를 볼트로 조임한다. 그러나 기둥이 있을 때는 주걱볼트로 기둥에서 처마도리까지 함께 조임한다.

평보는 단일부재로 설계하는 것을 원칙으로 하지만 이음을 할 때는 왕대공부재 가까이에서 덧판산지이음에 볼트조임을 하고 평보의 맞댄면을 +자형 턱솔넣기로 한다.

㉡ ㅅ자보(Principal rafter)

ㅅ자보는 중도리를 받아주는 부재이며, ㅅ자보 상부는 왕대공부재에 빗턱통넣고 짧은장부맞춤으로 하고 양면에 띠쇠를 덧대고 가시못치기나 볼트로 조임한다.

ㅅ자보 하부는 평보에 안장맞춤을 하고 ㅅ자보와 평보를 볼트로 조임한다. 볼트조임은 2부재가 접하는 곳에 ㅅ자보의 재축과 직각되게 넣어 ㅅ자보가 평보로부터 솟아오름을 방지할 목적으로 설치한다. ㅅ자보 부재도 단일부재를 사용하는 것을 원칙으로 하지만 부득이하게 이음할 경우에는 달대공 위치를 피해서 맞댄이음에 양면덧판을 대고 볼트로 조임한다.

③ 빗대공 · 달대공(Strut · Hanging post)

㉠ 빗대공(Strut)

빗대공은 버팀대공이라 부르기도 하며, ㅅ자보의 중간 부분을 받쳐서 지붕하중의 일부를 왕대공 하부와 평보에 전달하고 달대공에 의해 구획된 빗대공들은 지붕하중을 평보에만 전달한다. 빗대공은 압축재이며, 왕대공, ㅅ자보, 평보에 빗턱장부맞춤 또는 가름장 빗턱맞춤으

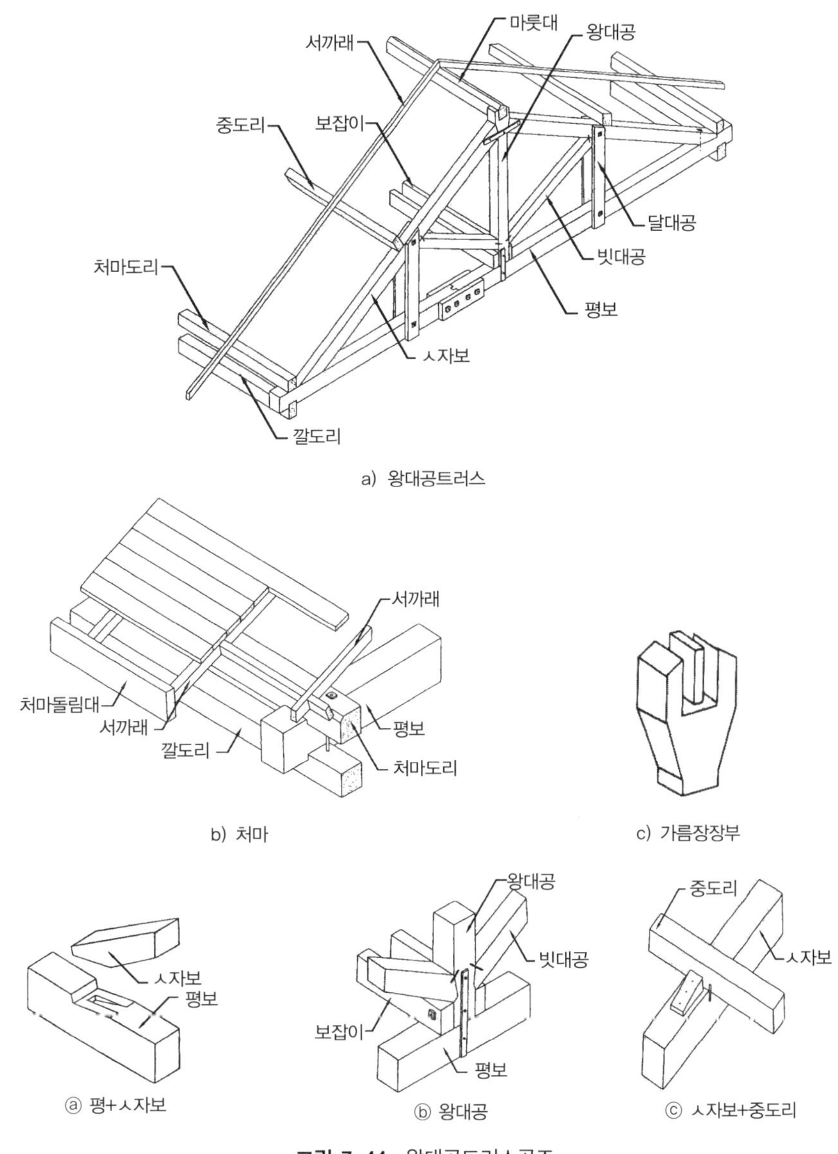

그림 7-44 왕대공트러스골조

로 하고 양면꺾쇠치기를 하여 보강하거나 띠쇠를 덧대고 가시못치기를 한다.

㉡ 달대공(Hanging post)

달대공은 ㅅ자보와 빗대공의 재축이 만나는 점에서 수직으로 덧대어 ㅅ자보와 평보를 연결한 부재를 달대공이라 한다. 달대공은 평보와 ㅅ자보에 걸침턱 따넣기하고 볼트로 조임한다. 달대공은 ㅅ자보와 평보면에서 10cm 정도 길게 긴 볼트를 사용하거나 ㅅ자보와 평보에 직접 짧은 장부맞춤으로 끼우고 보강철물인 감잡이쇠 또는 띠쇠를 덧대고 볼트나 가시못치기를 한다.

④ 귀잡이보 · 보잡이(Angle tie · Horizontal tie)

㉠ 귀잡이보(Angle tie)

귀잡이보는 지붕틀과 깔도리, 처마도리의 접합부가 변형되지 않고 큰 강성을 가지게 하기 위해 지붕틀의 지지점에 45°로 보부재를 끼워 보강한 부재를 말한다. 귀잡이보는 모든 지붕틀마다 설치하는 것이 이상적이지만 일반적으로는 하나걸름 하나의 지붕틀에 설치하고, 벽체의 모서리 등에 배치한다. 귀잡이보는 평보의 양쪽면에 대어 짧은 장부맞춤을 하고 볼트로 조임하고, 깔도리와 처마도리 사이에 끼워 넣고, 3부재의 중심축에 볼트로 조임한다. 귀잡이보의 단면은 춤은 평보와 같은 치수로 하고, 폭은 평보의 1/2 또는 1/3 정도로 한다.

㉡ 보잡이(Horizontal tie)

보잡이는 평보의 옆 휨을 막으며, 지붕틀 간을 연결하여 전체 지붕틀을 튼튼하게 하기 위해 왕대공 하부 밑을 보로 연결하여 걸쳐댄 것을 말하며, 대공 밑둥잡이라고도 한다.

보잡이는 일반적으로 평각재를 사용하여 대공 양옆에 두 줄로 배치하고 대공실에서 반턱이음으로나 볼트로 조임하고, 보잡이는 평보에 걸침턱으로 맞춤하고 엇꺾쇠치기를 하고 볼트로 조임한다.

⑤ 대공가새 · 버팀대(Diagonal brace, knee brace)

㉠ 대공가새(Digonal brace)

대공가새는 지붕틀이 도리방향으로 변형되는 것을 막고, 대공을 서로 연결한 가새를 말한다. 이 대공가새는 V자형이나 X자형으로 설치하며, 가새는 대공에 걸침턱으로 하여 볼트로 조임한다. 가새를 X자형으로 설치할 때는 X자의 중간교차부에 판재를 대고 볼트로 조임하고, 평보가 놓인 면으로 X자형 가새를 설치한 것을 수평가새 또는 하늘가새라 한다.

㉡ 버팀대(knee brace)

버팀대는 지붕틀과 기둥을 강하게 연결하는 것으로 기둥과 평보에 사재를 대어 삼각형의 형태($x \cdot z$면, $y \cdot z$면)로 만들어 강성을 크게 한 부재를 말한다. 버팀대는 기둥과 평보에 빗장부맞춤을 하고 볼트로 조임하거나 기둥과 평보에 양옆면에 대고 걸침턱 또는 맞이따기를 하고 볼트로 조임한다. 평보 위로 ㅅ자보까지 연결한 버팀대도 있다.

⑥ 중도리(Purlin)

중도리는 ㅅ자보 위에 90cm 간격으로 걸쳐댄 부재를 말하며, 지붕하중을 지붕틀에 분산하여 전달시키므로 지붕틀에 고정되어야 한다. 중도리는 지붕틀의 ㅅ자보에 걸침턱으로 하여 맞춤하고, 큰못치기나 엇꺾쇠 양면치기로 고정시키고, 중도리 옆 ㅅ자보 위에 구름받이를 붙여대고 못을 박아서 중도리의 흘러내림을 방지한다. 중도리의 단면치수는 지붕틀의 간격과 지붕잇기재료 지붕에 작용되는 하중 등에 따라 계산되지만 일반적으로 단면은 100~ 120mm 각재를 사용하고, 이음은 ㅅ자보면 위에서 주먹장이음 또는 엇걸이산지이음으로 한다. 중도리의 흘러내림을 방지하는 구름받이 크기는 60mm 각재에 길이 24cm 정도의 각재토막을 사용하고 ㅅ자보 위에 빗통넣기 또는 빗깎아대고 큰못치기를 한다.

⑦ 마룻대(Ridge piece)

마룻대는 지붕틀구조의 왕대공부재 위에 걸치는 부재를 말한다. 마룻대의 단면치수는 폭은 중도리와 같이 하고 서까래의 물림자리를 파기 위한 단면결손을 고려하여 춤은 크게 한다. 마룻대 상부면은 좌우로 물매를 내고 왕대공과 장부맞춤을 하고 쐐기치기를 하거나 걸침턱맞춤으로 하고 큰못치기를 하여 고정시킨다. 이음은 ㅅ자보면 위에서 주먹장이음 또는 엇걸이산지이음을 한다.

⑧ 서까래 · 지붕널(Common rafter, Roof board)

서까래와 지붕널은 절충식 지붕틀 구조의 내용과 동일하다.

표 7-3 지붕틀 부재 단면치수(cm)

부재 \ 기둥	9cm각(3치각)	12cm각(4치각)
ㅅ자보	9×18	12×24
평보	9×15	12×20
왕대공	9×15	12×18
달대공	9×4.5	12×6
귀잡이보	7.5×12	10.5×20
깔도리	9×9	12×15
처마도리 및 중도리	9×9	9×12
마룻대	9×9	9×15
서까래	4.5×4.5	5×5
지붕널	0.9(두께)	1.2(두께)

(3) 여왕대공(쌍대공) 지붕틀구조(Queen post roof truss)

지붕 속에 다락방을 가지는 지붕틀구조를 여왕대공 지붕틀 또는 쌍대공 지붕틀이라 한다. 이 지붕틀은 평보 위에 동자기둥과 같은 쌍대공을 좌우에 세우고, 종보를 걸쳐 지붕 속에 공간을 구획하고 종보 위에 대공을 세우거나 왕대공부재를 세우고, 그 위에 ㅅ자보를 보내 지붕틀을 구성하는 구조이다.

지붕틀의 스팬거리는 일반적으로 10~15m 정도가 적당하고, 지붕틀의 간격은 2~3m 정도로 한다. 쌍대공부재는 평보의 단면치수와 동일하게 사용하고 그 위에 걸치는 종보는 보강철물을 사용하여 변형이 생기지 않게 짜맞추고, 쌍대공부재 하부에는 보잡이를 설치하여 이동 없이 안정되게 한다.

지붕틀구조가 커서 지붕 속의 공간이 크면 버팀대와 대공가새를 사용하여 안정되게 한다. 종보의 맞춤은 쌍대공에 짧은장부로 하고 양면에 띠쇠를 덧대고 종보, 쌍대공, ㅅ자보를 볼트로 조임한다. 평보 위의 쌍대공 위치는 1/3~1/4로 하고, 종보의 상부는 작은 왕대공 트러스를 짜거나 ㅅ자보를 생략하고 대공만 세우고, 곧바로 마룻대를 놓고 서까래를 깔고 지붕널을 놓아 지붕틀을 만든다.

꺾임지붕틀구조 또는 맨사드지붕틀구조는 쌍대공 위에 깔도리를 다시 놓고 종보를 보낸 후에 처마도리를 놓은 후 서까래를 깔고 지붕널을 놓아서 지붕틀을 만드는 구조의 형상이다.

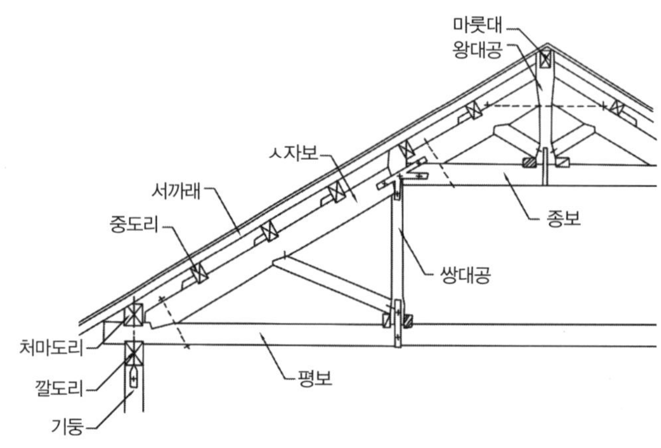

그림 7-45 여왕대공 트러스

(4) 약식지붕틀구조

약식지붕틀구조는 지붕하중이 작고, 스팬거리도 짧은 소규모의 지붕틀에 사용되며, 외쪽지붕틀구조, 부섭지붕틀구조 또는 맞댄지붕틀구조 등이 이에 속한다.

벽체면에 부섭지붕틀구조를 달아낼 때는 벽체면에 서까래받이를 대어 못으로 고정시키고, 기둥에 처마도리를 보낸 후에 서까래를 45cm(1자반) 간격으로 걸쳐대고 못 또는 거멀쪽으로 고정시킨다.

양쪽으로 경사진 약식 박공지붕은 서까래를 양쪽으로 경사지게 맞대고 마룻대의 상부에 연결재를 덧대고 못이나 볼트로 고정시킨다. 지붕틀 부재는 50×100mm 각재의 ㅅ자보나 서까래를 사용하고 마룻대 또는 도리에 물림자리 따내기를 하고 못이나 볼트로 고정시킨다.

(5) 경골지붕틀구조

경골지붕틀구조는 일반적으로 평보 · ㅅ자보 · 빗대공 부재 등으로 구성되며, 부재단면 크기는 Two by Four(2″×4″) 개념인 50×100mm의 표준치수의 평각재를 주로 사용하며, 이 부재보다 큰 단면치수가 필요하면 표준치수의 2배 또는 3배 등 표준치수의 일정한 배수의 단면 크기를 사용한다.

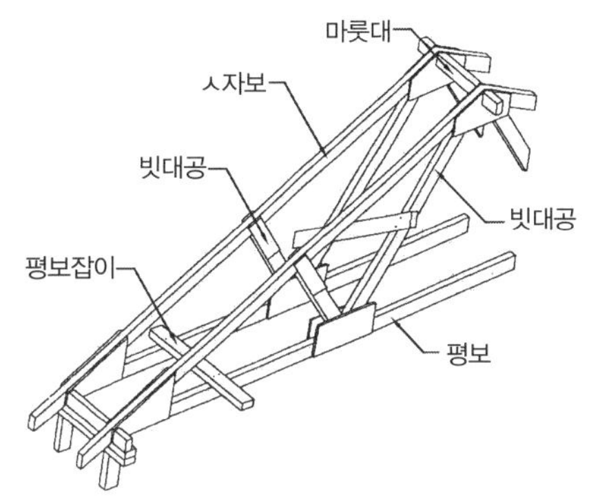

그림 7-46 경골지붕틀

이 경골지붕틀의 이음이나 맞춤은 일반적으로 겹쳐놓고 볼트로 조임하거나 거싯플레이트를 합판으로 덧대고 못이나 볼트를 고정시킨다. 경골지붕틀구조의 간격을 60cm~90cm 정도로 할 때는 ㅅ자보에 두께 18mm의 지붕널을 직접 깔아서 지붕틀을 완성하지만, 간격을 90cm 이상으로 하면 중도리가 필요하다.

지붕틀 사이에는 지붕틀 연결재를 사용하여 경골지붕틀이 변형되는 것을 막고, 평보잡이, 가새, 귀잡이보를 사용하여 약한 경골지붕틀을 보강한다. 경골지붕틀구조는 미리 정해놓은 50×100mm 부재만을 사용하므로 공기가 단축되고, 듀벨, 볼트 등과 같은 보강철물을 같이 사용하면 20m 정도의 스팬거리에서도 사용할 수 있다.

이 경골지붕틀의 이음이나 맞춤은 일반적으로 겹쳐 놓고 볼트로 조임하거나 거싯플레이트를 합판으로 덧대고 못이나 볼트를 고정시킨다.

경골지붕틀구조의 간격을 60cm~90cm 정도로 할 때는 ㅅ자보에 두께 18mm의 지붕널을 직접 깔아서 지붕틀을 완성하지만 간격을 90cm 이상으로 하면 중도리가 필요하다.

지붕틀 사이에는 지붕틀 연결재를 사용하여 경골지붕틀이 변형되는 것을 막고, 평보잡이, 가새, 귀잡이보를 사용하여 약한 경골지붕틀을 보강한다. 경골지붕틀구조는 미리 정해놓은 50×100mm 부재만을 사용하므로 공기가 단축되고, 듀벨, 볼트 등과 같은 보강철물을 같이 사용하면 20m 정도의 스팬거리에서도 사용할 수 있다.

(6) 지붕틀의 귀구조

모임지붕틀구조에서 모서리 부분의 지붕틀구조는 일반지붕틀구조와 다르게 짜여진다. 이 모서리 부분의 지붕틀구조를 귀지붕틀이라 하고, 귀지붕틀에서는 평보와 ㅅ자보를 귀ㅅ자보, 귀평보, 또 왕대공은 모임대공이라 한다.

① 모임대공

모임대공은 귀ㅅ자보, 박공ㅅ자보, ㅅ자보를 지지하고, 하부에 평보, 박공평보, 귀평보, 귀잡이보가 받쳐준다. 이곳에는 1개의 트러스면과 3개의 반트러스가 모여 있으며, ㅅ자보는 5개가 모이고, 대공단면이 6각형 모양이 되는 모임대공이 된다.

이 부재들의 접합은 목재의 단면이 큰 것을 6각형 모양이 되게 가공하여 평보단면과 같게 하고, 접합되는 ㅅ자보의 접합면을 빗깎아 빗턱짧은장부로 맞춤하고 볼트로 조임한다.

모임대공의 상부는 마룻대에 장부맞춤하고 벌림쐐기로 고정시키며, 하부는 짧은장부맞춤을 하고 띠쇠, ㄱ자쇠를 덧대고 볼트로 조임한다.

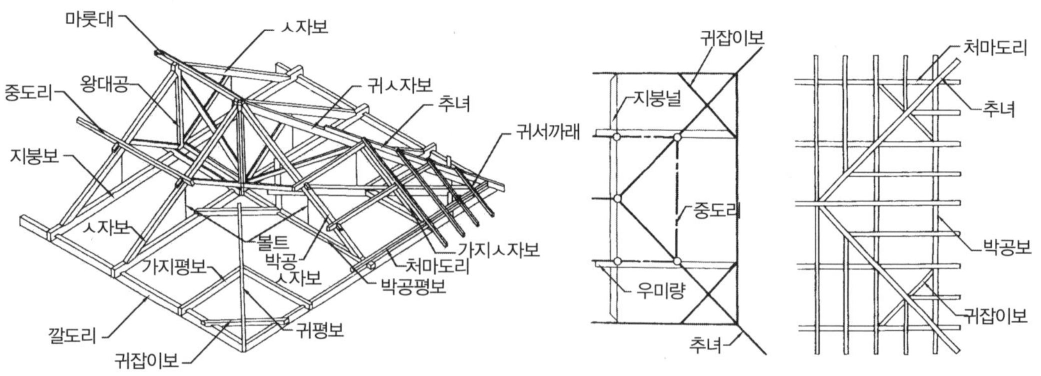

그림 7-47 모임지붕의 구조

② 귀ㅅ자보

모임대공에 집중되는 귀지붕틀의 ㅅ자보들은 빗깎아 빗턱짧은장부로 맞춤하고, 보강물인 볼트로 조임하여 서로 연결시킨다. 이 대공과 ㅅ자보와의 맞춤은 ㅅ자보의 끝부분을 빗깎아 대고, 처마끝 부분은 일반 트러스와 동일하게 한다.

③ 귀평보

평보에 귀의 면 평보를 엎대고, 단 귀평보를 달아내야 하는데, 한 곳에 접합이 집중되어 매우 복잡하고, 강한 접합을 하기 어려우므로 귀잡이보를 설치하여 귀잡이보에 귀평보를 달아내어서 한 곳에 집중되는 접합부를 해결한다. 평보와 귀의 면 평보 맞춤은 짧은장부로 하고 주걱볼트로 조임하고, 여기에 귀잡이보는 빗턱장부맞춤을 하고 볼트로 조임한다. 귀잡이보에 귀평보 맞춤은 귀평보를 맞대놓고 주걱볼트 또는 감잡이쇠에 볼트로 조임한다. 처마부분 트러스는 깔도리와 처마도리 사이에 끼우고 볼트로 조임한다.

④ 빗대공 · 달대공

모임대공에 접합된 귀ㅅ자보, 박공ㅅ자보, ㅅ자보에는 빗턱짧은장부의 빗대공을 맞춤하고 꺾쇠로 보강한다. 빗대공 · 달대공의 설치는 앞 장의 일반 트러스와 같이 한다.

⑤ 가지지붕틀

지붕틀 귀의 면이 넓으면 중도리 대기가 곤란하므로 귀끝단에서 1.8~2.1m(6~7자) 간격으로 가지평보를 대고 가지ㅅ자보를 보내고, 빗대공과 달대공으로 가지지붕틀을 짜서 지붕틀귀의 중도리를 지지시킨다. 규모가 매우 작은 경우에는 가지ㅅ자보만으로 지붕틀귀를 짜기도 한다. 귀평보와 가지평보의 맞춤은 빗턱장부맞춤을 하고 볼트로 조임한다.

⑥ 모임지붕틀짜기

모임지붕틀짜기는 평면도의 외곽면에서 처마만큼 외곽으로 돌출시키고(일반적으로 1m 미만), 도면의 각각의 모서리점에서 45°로 사선을 그려서 만나는 점을 기준으로 평면의 외곽선과 평행하게 연결시켜주면 기본적인 지붕틀짜기의 지붕평면도를 얻을 수 있다.

㉠ 모임지붕의 평행현 트러스

평행현 트러스법은 모임지붕면에서 지붕의 경사면(지붕물매)에 맞추어서 지붕꼭짓점이 수평으로 된 트러스를 짜서 2m 간격으로 일반 트러스와 평행하게 걸쳐 놓고, 가지ㅅ자보 또는 귀ㅅ자보를 걸쳐대고 그 상부에 중도리를 걸치는 지붕트러스법이다.

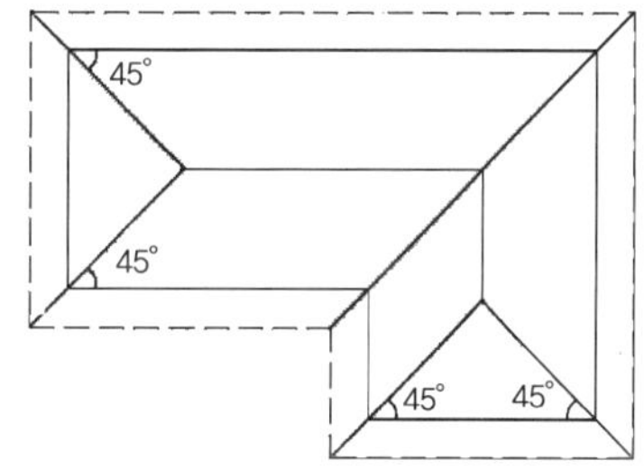

그림 7-48 모임지붕틀짜기

㉡ 회첨지붕트러스

모임지붕의 회첨지붕트러스는 ㄱ자형 모임지붕틀(회첨골)에서 지붕틀을 대각선으로 걸고 여기에 가지지붕틀 또는 가지ㅅ자보를 걸어서 앞에서 설명한 것과 같이 구성하는 구조로 한다.

(7) 처마 · 박공 · 지붕창

① 처마(Eaves)

외벽면에서 지붕의 하부 끝단을 내민 부분을 처마라 한다. 처마는 건축물에 빗물이 들이치지 못하게 보호할 목적이나 햇빛을 소정 부분 차단할 목적으로 설치한다. 처마길이는 50cm 이상 1m 미만으로 하고 처마 끝은 노출시키거나 처마돌림을 두어 마감하는 경우가 있다.

㉠ 처마돌림(Fascia board)

처마 끝에서 노출된 서까래의 마구리면들을 감추려고 가로로 둘러댄 널재를 처마돌림이라 한다. 처마돌림 부재의 두께는 20mm, 폭은 100~150mm의 널재를 사용하여, 서까래면에 가지런히 윗면에 대고 서까래마다 못치기를 하거나 또는 박공널에서는 홈을 파서 끼워 넣거나 장부맞춤을 하고 벌림쐐기치기를 한다. 지붕널은 처마돌림면에서 1cm 정도 내밀게 하고, 함석지붕에서는 2cm, 기와지붕에서는 1cm로 한다.

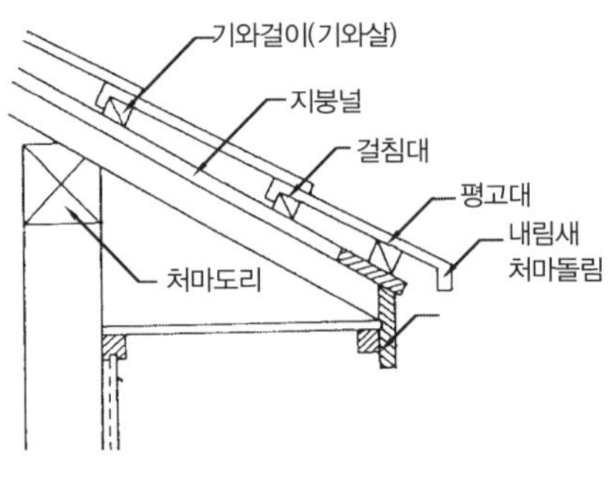

그림 7-49 처마구조

㉡ 평고대(Eaves board)

기와지붕에서 처마의 치장을 하기 위해 지붕널 끝단에 두꺼운 널재를 달아대는 마감을 평고대라 한다. 평고대 부재단면은 두께 30mm 정도, 폭 90~120mm 널재를 처마돌림에서 1~2cm 정도 돌출시켜 못박아 고정시킨다. 이음은 숨은턱솔이나 맞댐으로 하고, 엇갈리게 하여 한 곳에 집중되지 않게 한다.

㉢ 착고

처마도리와 지붕널 사이의 서까래 두께 만큼의 공간을 메울 널재를 착고널이라 한다. 착고널은 소음과 단열, 그리고 외부로부터 동물들의 침입을 방지할 목적으로 설치한다. 착고널재는 두께 15mm 정도 되는 널재를 처마도리와 서까래면에 홈을 파서 끼워 넣거나 처마도리와 서까래면에 끼워대고 못치기를 하는 경우도 있다.

㉣ 처마반자(Eaves soffit)

처마반자는 널재 또는 합판 등으로 사용할 때와 졸대를 대고 회반죽바름으로 마감하는 경우가 있다. 반자대를 처마돌림과 벽면에 대고 널재를 잘라 처마돌출방향으로 처마돌림에 홈을 내어 끼워 맞추고 벽면은 반자대에 못치기를 하는 방법이 가장 일반적으로 처마마감으로 사용되는 방법이다. 반자대와 반자틀받이를 이용하여 널을 처마돌출방향에 직각방향으로 설치하는 방법, 화재의 위험을 피하기 위해 반자틀받이를 만들고 졸대를 가로대고 회반죽바름 반자로 하여 화재의 연소에 대비하여 처마돌림가지도 싸서 바름하기도 한다.

② 박공(Gable)

박공지붕의 박공벽 위치의 처마를 박공처마, 합각지붕의 합각벽 위치의 처마를 합각처마라 하고, 이들 처마는 벽체 면에서 50cm~1m 사이로 내밀고, 지붕의 구조재를 노출시킬 때와 박공널(Gable board)로 마감하는 경우가 있다.

박공널의 두께는 18~30mm, 폭은 150~300mm 정도이다. 박공널재는 마룻대에 맞대고 밑끝은 연직 또는 박공널에 직각으로 자르고, 밑면은 수평으로 잘라서 일반 처마반자와 마무리한다. 박공널의 상부 맞물림은 마룻대 중심에서 큰연귀 숨은턱솔맞춤을 하고 널뒷면에 주걱꺾쇠로 보강하거나 큰 연귀 맞댄맞춤으로 하고 못치기를 한다.

박공널 끝은 처마돌림보다 1.8cm 정도 내밀고, 지붕널과 같이 서까래와 도리에 옆대고 숨은못치기를 하며, 평고대를 대지 않을 때는 박공널을 평고대 만큼 올려대고, 그 상부에 박공옆기와인 감새기와로 마감한다. 박공처마반자는 서까래 밑에 두어서 도리부분이 내보이게 하고 중도리 밑은 평평하게 한다.

③ 지붕창(Dormer window)

여왕대공트러스에 의한 지붕틀구조에 의해 지붕 속에 방을 만들고 환기 또는 채광을 위해서 지붕에 창을 만든 것을 지붕창이라 한다.

지붕창의 종류들은 평지붕창, 외쪽지붕창, 박공지붕창, 들어간 지붕창 등이 있다. 평지붕창, 외쪽지붕창, 박공지붕창은 지붕면에 돌출시켜 창을 만든 것이고, 들어간 지붕창은 지붕면은 파고들어 창을 낸 것이다.

이들 지붕창은 지붕틀 뼈대인 마룻대, 중도리, ㅅ자보, 처마도리 등에 연결하여 만들고 이음과 맞춤, 보강철물 등을 사용하여 견고하고 외부에 노출되므로 보기 좋은 모양으로 치장되어야 한다.

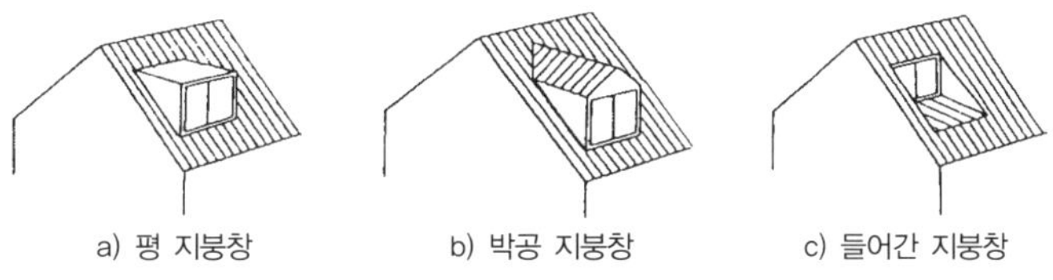

그림 7-50 지붕창의 종류

8장

지 붕

8장 지 붕

지붕은 공간을 구획하는 벽체, 바닥과 함께 건축물을 구성하는 매우 중요한 부분이다. 지붕은 비, 바람, 눈을 건축물 상부에서 막아주며, 단열과 소음을 차단하는 역할도 한다.

지붕에는 여러 종류의 성능을 가진 지붕재료가 있고, 이 재료들을 사용하여 지붕잇기를 한다. 이 재료들은 내구성과 내화성을 가지고 있어야 하며, 외부에서 작용하는 하중이나 외부 충격에 대해서도 견딜 수 있어야 한다. 지붕은 이와 같이 지붕이 요구하는 기능이 충족되어야 하고, 지붕에 적합한 각각의 재료를 선택하여 사용할 수 있어야 한다.

8.1 지붕잇기

지붕은 비, 바람, 눈을 막아주며 단열과 소음을 차단하는 역할도 한다. 지붕에 사용하는 지붕재료들은 내구성과 내화성을 가지고 있어야 하며, 외부에서 작용하는 하중이나 외부 충격에 대해서도 견딜 수 있어야 한다. 지붕은 건축물의 외관에 영향을 주므로 지붕에 적합한 재료를 선택하여 사용해야 한다. 지붕의 물매가 10~30°인 것은 낮은 물매, 30~60°인 것은 급한 물매라 한다. 낮은 물매 지붕에는 금속판이나 골판지붕을 하고, 높은 물매 지붕에는 기와지붕, 급한 물매 지붕에는 아스팔트 싱글 잇기 지붕을 한다.

지붕면에 작용하는 바람은 지붕물매가 30° 이상일 때는 지붕에 정풍력의 압력작용을 하지만 지붕물매가 30° 이하일 때는 지붕에 부풍력의 흡인작용을 하고, 지붕물매가 수평에 가까울수록 부풍력의 흡인 값이 커져서 지붕잇기 재료를 날려 보낼 수 있으므로 지붕잇기재료를 지붕물매에 맞게 선택하여 사용하여야 한다.

8.2 기와잇기

기와는 과거부터 현재까지 많이 사용되는 지붕재료로서 내구성이 좋고, 내화성, 내수성, 그리고 열전도율이 낮고 비용도 저렴하기 때문에 현재도 널리 사용되고 있다. 또 기와는 외관이 우아하고 미려하기 때문에 대규모 건축물의 지붕잇기뿐만 아니라 소규모 건축물까지 지붕잇기 재료로 많이 사용되지만 기와지붕은 무겁고, 바람에 기왓장이 날리지 않게 주의해야 한다.

지붕바탕은 빗물이 스며들지 않고 흘러내리게 지붕널에 펠트, 루핑지 등의 방수지를 까는데, 이를 지붕재라 하고, 이 지붕재를 받아주기 위해 서까래 위에 지붕널을 깐 것을 지붕바탕이라 한다. 지붕재 위에 기와가 미끄러져 내리지 않도록 20mm각재인 기왓살을 배치하고 여기에 기와를 고정시킨다. 기와는 점토제품과 시멘트제품으로 구분할 수 있으며 한식기와, 일식기와, 양식기와 등으로 분류할 수 있다.

8.2.1 한식기와잇기

지붕널판에 아스팔트 루핑지 또는 방습지를 깔고, 아래 흙을 고르게 펼쳐 깐 다음 암키와를 깔고, 암키와 이음줄에 진흙반죽을 올려놓고 그 위에 수키와를 엎어놓는 방법으로 잇기를 한다. 지붕면의 모서리, 맞닿는 자리, 놓이는 위치 등에 따라 부속기와, 장식기와들을 사용하여 마무리한다.

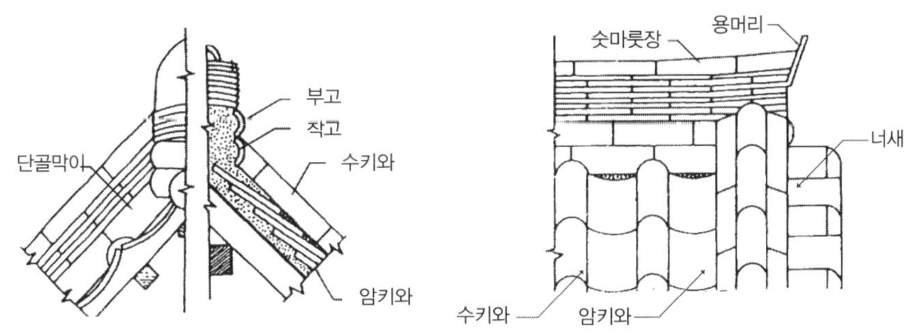

그림 8-1 한식기와잇기

(1) 한식기와의 종류

한식기와는 일반적으로 점토소성제품이다. 기와 빛깔은 검정색이 보편적으로 사용되지만 오지기와, 청기와 등이 있다. 기와의 품질은 사용재료, 성형, 소성온도 등에 따라 등급이 결정되며 상품은 흡수율이 매우 적고, 서로 두드리면 금속성의 청음이 나며, 모양의 일그러짐이 없어야 한다.

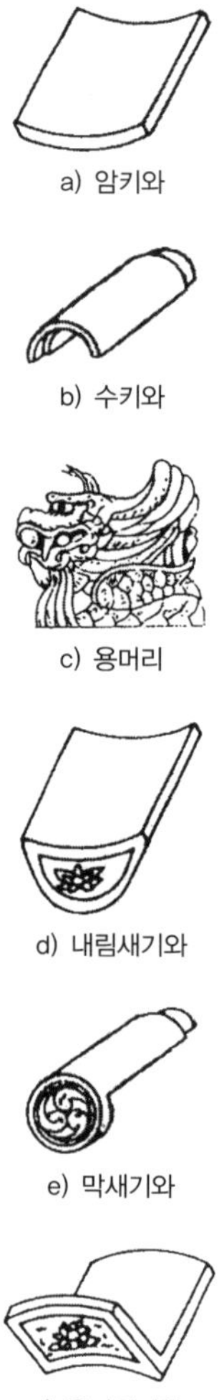

a) 암키와

b) 수키와

c) 용머리

d) 내림새기와

e) 막새기와

f) 용머리기와

그림 8-2 한식기와 종류

① 암키와

한식기와 지붕면인 산자 바탕 위에 까는 넓은 기와로 기본이 되는 기와

② 수키와

한식기와 지붕에서 암키와와 암키와의 이음부 위에 엎어 대는 둥근기와

③ 내림새기와

처마 끝에 놓이는 암키와에 비흘림막이판이 달린 암키와

④ 막새기와

처마 끝에 놓이는 수키와에 비흘림막이판이 달린 수키와

⑤ 감새기와

암키와 옆면에 비흘림막이판이 달린 암키와

⑥ 감내림새기와

감새기와와 내림새기와를 합한 모양의 기와, 암키와의 밑면 부위와 옆면에 비흘림막이판이 달린 기와

⑦ 보습장기와

지붕귀의 처마 끝에 암키와를 보습모양의 엇비슷한 세모모양으로 다듬어 쓰는 암키와

⑧ 용머리

지붕 용마루의 양 끝단에 세워 사용하는 용머리 모양의 장식기와

(2) 한식기와잇기

한식기와잇기는 암키와를 깔고 암키와 이음부에 수키와를 올려서 마감을 하게 되는데, 암키와를 지붕 바닥면에 깔기 위해서는 지붕물매를 잡아야 한다.

지붕물매잡기는 산자새끼로 엮고 산자 위에는 진흙을 되게 반죽하여 바르고 덧서까래 등

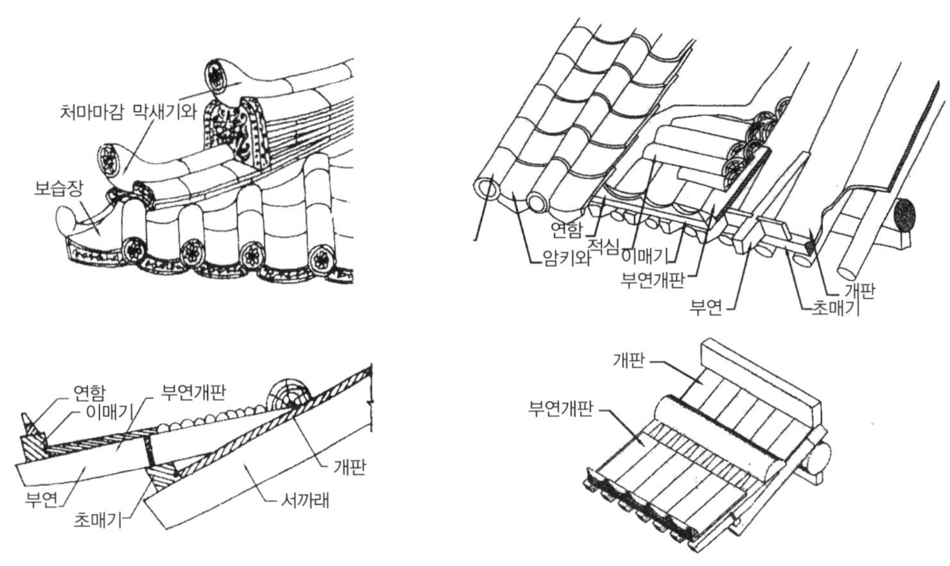

그림 8-3 한식기와잇기

을 사용하여 지붕면을 꾸민다.

장식기와는 지붕마루나 기와가 서로 만나는 부분 등에 마감을 깔끔하게 하고 상징성을 표현하기 위해 사용되었다.

용마루 양쪽에는 새꼬리 모양의 장식기와가 올라가는데 이를 치미라 한다. 치미 대신에 용마루 양쪽에 용머리 모양의 장식을 취두라고 한다. 내림마루에는 용머리 모양의 장식기와를 올리는데 이를 용두(龍頭)라고 한다. 추녀마루에는 여러 동물상이 동시에 올라가는데, 이를 잡상(雜像)이라 한다. 내림마루 끝에는 적새, 귀면, 머거불과 같은 여러 장식기와들이 사용된다.

① 암키와

암키와는 좌우 진흙에 짚여물을 넣어 되게 반죽하여 기와가 눌지 않게 다져넣어 사용하고, 골바르게 겹쳐서 마루턱까지 쌓아 올린다. 암키와의 겹친 길이는 1/8B되게 하고, 물매가 가파른 곳에서 암키와는 보강철물을 사용하여 고정시키거나 매우 된반죽의 진흙으로 암키와가 흘러내리지 않도록 고정시킨다. 처마 끝단에서는 비흘림막이판이 달린 암키와인 내림새기와를 사용하고, 박공 측면에는 암키와 옆면에 비흘림막이판이 달린 감새와 감내림새를 사용하여 마감한다.

② 수키와

암키와와 암키와의 이음 위치에는 진흙에 짚여물을 넣어 되게 반죽하여 줄바르게 쌓은 후에 수키와를 이음턱에 겹쳐서 마룻대까지 쌓아 올린다. 이 수키와 밑에 줄바르게 쌓은 흙을 홍두깨흙이라 하고, 수키와는 이음턱을 잘 물리도록 하고, 암키와에 닿게 눌러 덮으며 줄바르게 쌓기 한다.

처마 끝에는 비흘림막이판이 있는 막새기와를 사용하고, 막새기와를 사용하지 않을 때는 석회를 반죽하여 홍두깨흙면을 마감한다. 이 석회로 마감한 면을 아귀라 한다.

③ 지붕마루(용마루, Ridge)

경사진 지붕면이 마룻대에서 만나 지붕마루(용마루)를 구성하게 된다. 지붕마루에는 암키와 골의 오목한 골과 수키와의 볼록한 골이 파형처럼 놓여 있으므로 암키와 골이 진흙을 덧대고 수키와를 볼록하게 옆세워 마감한다. 이 볼록하게 옆세운 수키와를 착고막이라 한다. 이 착고막이 위에 착고막이와 같이 또 한 장의 수키와를 볼록하게 옆세워 댄 것을 부고라 한다. 이 부고 위에 암마룻장을 강회반죽으로 줄 막히게 3켜, 5켜, 7켜로 쌓고, 지붕마루의 시작과 끝부분에는 암마룻장을 3켜 정도 더 쌓으면서 지붕의 마루곡선을 만들고, 이 암마룻장 위에 진흙을 쌓아 숫마룻장을 덮어 마감하고 지붕마루 양끝에는 진흙이나 강회반죽을 덧대고 수키와를 쪼개서 면바르게 붙여 마감하고 용머리를 얹는다.

박공지붕 끝단에는 암키와를 박공면에 직각으로 1~2장 깔고, 그 위에 수키와를 2줄 덮어 박공마루를 짠 후에는 지붕마루에 준하여 세운다.

합각마루는 박공마루와 같이 쌓고, 옆면에 추녀마루가 물리게 되므로 추녀마루보다 높게 하고 추녀마루의 물림에서 기와길이 1장만큼 길게 내려서 끝마무림을 한다. 추녀마루 처마 끝은 암키와를 삼각형으로 다듬어서 모서리에 대고 수키와를 덮는다. 이 암키와를 3각형의 다듬은 기와를 보습장이라 한다.

지붕면이 경사도를 가지고 서로 마주쳐 골이 생기는데, 이 골을 지붕골 또는 회첨골이라 한다. 지붕골에서 기와잇기는 암키와 깔기를 주위의 암키와 깔기보다 낮게 2줄 깔고, 이 2줄 깐 중간에 수키와를 덮어 마감하고, 이 지붕골의 암키와를 주위의 암키와 밑에 물리도록 덮어 끝마무림한다.

8.2.2 일식기와잇기

일식기와는 한식기와와 같이 산자엮기의 산자 위에 진흙을 깔면서 기와잇기를 하는 평기와와 기와 뒷면에 걸침턱과 연결 구멍이 있어 서로 물리면서 쌓아가는 걸침기와가 있다. 일식기와의 재료는 평기와는 토기와를 사용하고, 걸침기와는 시멘트기와를 주로 사용한다.

(1) 일식기와의 종류

일식기와는 평기와와 걸침턱기와가 있으며 일반적으로 사용되는 기와는 걸침턱을 가진 시멘트 기와를 주로 사용한다. 일식기와잇기는 지붕의 종류 형상에 맞추어 사용할 수 있으며, 지붕물매는 4/10~5/10로 한다.

① 평기와

기본 평면 형태는 사각형 형태로 파형 형상을 하고 있으며 지붕골에 사용하는 암키와를 말한다. 단면치수는 폭 27cm 길이 30cm 파형의 단면 호형은 24cm

② 수키와

평기와의 이음부 위에 덮어서 사용하는 기와

③ 걸침기와

파형의 한 골을 기와 한 장으로 하고, 기와 뒷면에는 기와를 걸치는 턱이 있어 기와를 걸이에 걸치고 기와 귀는 귀따내기 되어 잇는 기와

④ 내림새

기와의 하단부에 골마감 혀가 붙어 있는 기와로 비흘림막이판이 달린 암키와

⑤ 막새기와

처마 끝에 사용하는 수키와에 비흘림막이판이 달린 기와

⑥ 마룻장

지붕마루에 까는 기와로 부고 위 지붕마루 밑면에 까는 암마룻장과 암마룻장 위에 덮어 마감하는 숫마룻장, 그리고 지붕마루 양끝단에는 용머리를 덮어 세운다.

⑦ 감새

박공면 옆에 박공을 감싸는 비흘림막이가 달린 기와, 좌측 박공면과 우측 박공면을 가싸는 좌감새, 우감새가 있다.

a) (겉)걸침기와

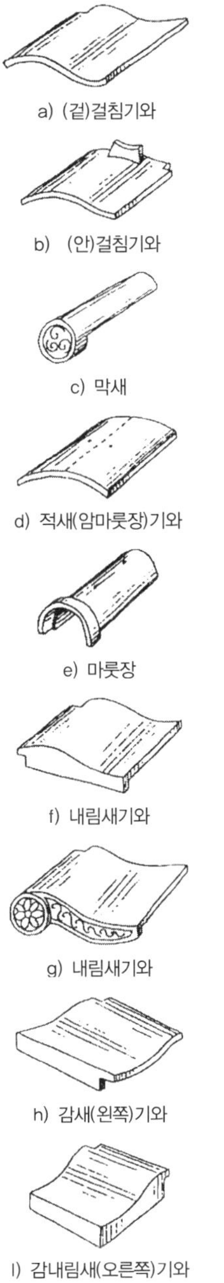

b) (안)걸침기와

c) 막새

d) 적새(암마룻장)기와

e) 마룻장

f) 내림새기와

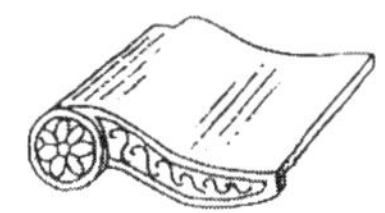
g) 내림새기와

h) 감새(왼쪽)기와

I) 감내림새(오른쪽)기와

그림 8-4 일식기와의 종류

(2) 일식걸침 평기와잇기

지붕의 마감면인 지붕널 위에 아스팔트 루핑지나 방수지를 겹쳐서 처마 끝에서 지붕마루까지 올리면서 깔고, 기와의 크기에 맞게 2~2.5cm각재를 수평 줄지어 나란히 못박아 고정시킨다. 걸침턱기와는 기왓살에 걸쳐 줄 바르게 깔고, 철선이나 못치기로 고정시킨다. 일반 지붕면에서 기와는 5단마다, 지붕 끝면은 2단이나 1단마다 기와를 지붕널에 철선이나 못치기로 고정시킨다. 처마 끝은 내림새로 서로 잘 밀착시켜 턱이 생기지 않게 줄바르게 깔아 마감하고, 박공면의 옆면은 감새, 박공처마 끝은 감내림새를 사용하여 마감한다.

지붕마루는 모르타르나 진흙을 기왓골 착고에 채우고 암마룻장(적새)을 쌓는다. 암마룻장은 모르타르로 쌓고 3장 쌓기, 5장 쌓기로 하고 위, 아래의 기왓장 이음줄은 서로 막힌줄눈이 되게 하고 암마룻장 위에는 숫마룻장을 덮는다. 지붕마루 양끝에는 용머리를 대어서 마감하고, 박공면에는 박공 끝에 숫마룻장을 사용하여 박공과 용마루를 마감한다. 지붕골은 골의 좌우에 주위의 걸침기와 깔기보다 낮게 암키와를 한 줄 깔아 마감하기도 하지만 지붕골의 양면이 모여 빗물의 양이 증가되므로 비가 지붕 속으로 스며들 수 있으므로 금속판 지붕골을 제작하여 사용한다.

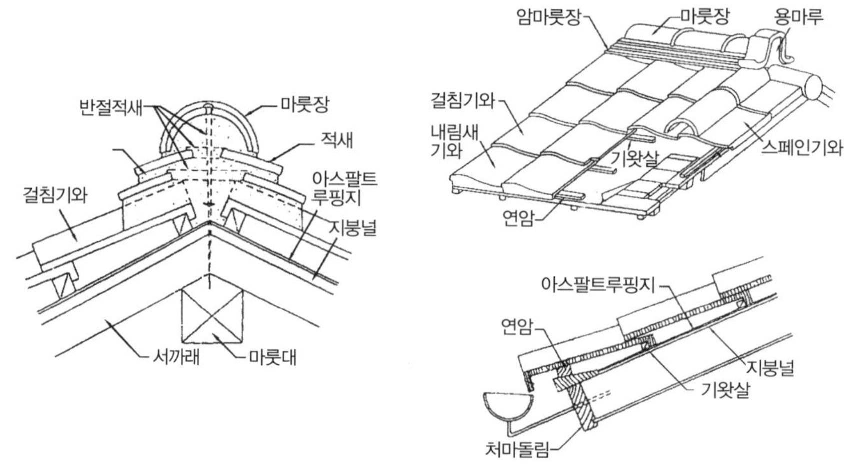

그림 8-5 일식걸침 평기와잇기

8.2.3 양식기와잇기

양식기와의 형상은 다양하며 프랑스기와, 스페인기와, 그리스기와, 영국기와 등이 있으며 스페인기와와 그리스기와는 한식기와와 곡선만 다를 뿐 비슷한 형상이고, 프랑스기와와 영국기와는 슬레이트의 형상을 하고 있다. 양식기와잇기는 일식걸침기와잇기와 한식기와잇기에 준하여 사용한다.

8.3 슬레이트잇기

슬레이트를 크게 분류하면 천연슬레이트(Natural slate)와 석면슬레이트(Asbestos cement slate)가 있다. 점판암의 천연슬레이트는 일정한 면으로 쪼개지며, 색상은 검정, 회색, 진한 녹색 등이 있고, 크기는 폭 18cm, 길이 36cm, 두께 0.6~0.9cm의 직사각형 판 모양이다.

석면슬레이트는 시멘트와 석면을 8 : 2 정도로 배합하여 안료와 잡섬유를 혼합하여 압착성형한 제품으로 평판과 골판이 있다. 이 석면슬레이트의 석면이 발암물질로 분류되면서 거의 사용되지 않는다. 슬레이트는 가볍고 외관이 좋으나 파손되기 쉽고, 작은 슬레이트는 비가 새기 쉽다.

8.3.1 천연슬레이트잇기

지붕널 위에 아스팔트 방수지를 처마에서 지붕마루로 올라가며 깔고, 방수지의 이음은 10cm 이상 겹치도록 하고 겹친 부분은 녹여 밀착시키며, 지붕마루에서는 방수지를 지붕마루를 넘겨서 깐다.

a) ㅡ자 잇기

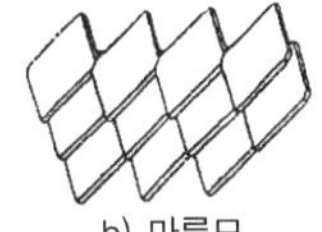

b) 마름모

c) 비늘무늬

그림 8-6
천연슬레이트 잇기

천연슬레이트는 18cm×36cm 크기이고, 두께는 0.6~0.9cm의 직사각형 모양을 사용하지만 천연슬레이트 산지에 따라 크기의 치수가 다르므로 설계시 고려해야 한다.

슬레이트나 돌판 등은 크기가 큰 것일수록 지붕물매를 작게 잡을 수 있고, 겹침이음수를 줄일 수 있으므로 크기 규격이 큰 것이 작은 것보다 좋다. 이 방수지 위에 슬레이트는 처마 끝에는 슬레이트를 한 켜 더해 두 장을 겹쳐서 깔거나 슬레이트 2~3장을 겹쳐서 깔고, 세로 이음줄은 서로 엇갈리게 깔아야 한다. 처마 끝이나 지붕마루, 벽면은 슬레이트선을 직선 모양이 되게 줄 바르게 깐다.

슬레이트의 고정은 구리못이나 아연도금한 못을 최소 2개 이상의 못치기로 고정한다. 천연슬레이트 지붕마루마감은 기와지붕마루 구조형태로 하면 된다. 천연슬레이트 지붕잇기는 ㅡ자잇기와 마름모잇기가 있다.

(1) 천연슬레이트 ㅡ자 이음잇기

천연슬레이트를 한 장 걸러 밑에 놓인 슬레이트와 한 장 걸러 위에 놓인 슬레이트가 동일위치에서 줄눈이 일치되게 지붕에 슬레이트를 까는 방법을 ㅡ자잇기라 한다. 이 ㅡ자잇기는 겹침길이를 길게 넣고 서로 밀착되도록 하여 빗물이 새지 않도록 주의하지 않으면 안 된다. 슬레이트는 너비의 좌우면에 고정못치기를 하여 고정시키고 중간부에도 못치기를 하여 지붕에 대해 흡인(吸引)작용을 하는 부동력이나 강풍에 대비한다.

(2) 천연슬레이트 마름모 이음잇기

천연슬레이트 마름모 이음잇기도 처마 끝에서 ―자잇기를 하고 그 위에 겹쳐서 마름모이음으로 길게 겹쳐 이음하고, 지붕마루에서는 처마 끝과 같이 ―자이음으로 마감한다.

이 마름모 이음잇기는 가로, 세로 줄눈이 생기지 않고 45°의 이음만 있으므로 경제적이라 할 수도 있다. 지붕면의 외곽선은 3각판이나 겹침 ―자 이음잇기로 마무리한다.

8.3.2 석면슬레이트잇기

석면슬레이트는 최근에 석면이 발암물질로 분류되어 잡섬유의 슬레이트로 바뀌어 사용되고 있으며, 지붕재료로 가볍고, 내화성, 내구성 등을 가지고 있고, 지붕잇기도 쉽고 간단하기 때문에 최근에도 사용되고 있다. 석면슬레이트잇기에는 평석면 슬레이트잇기와 골슬레이트잇기가 있으나 대부분 골슬레이트잇기를 한다.

골슬레이트는 지붕널 위에 잇기할 때도 있지만 대부분은 중도리 위에 직접 골슬레이트를 잇기한다. 골슬레이트의 치수는 80×180cm, 두께 0.6~0.8cm이므로 골슬레이트를 까는 중도리 간격은 이 치수와 겹침길이를 고려하여 등분 배치한다.

골슬레이트의 겹침은 너비방향 겹침은 1.5~2.5골(pitch)로 하고, 상하겹침은 10~15cm로 하며, 골슬레이트의 고정은 슬레이트 한 장마다 2개소 이상 받침판, 아스팔트 펠트, 와셔를 대고 갈고리 볼트나 도금된 못 등의 보강철물을 사용하여 중도리에 고정시킨다. 지붕마루는 ㅅ자 마룻장을 사용하여 마감한다. 이 ㅅ자 마룻장은 금속판이나 석면시멘트제품을 사용하고, 처마도리의 골 틈에는 고무패킹이나 모르타르를 사용하여 마감한다.

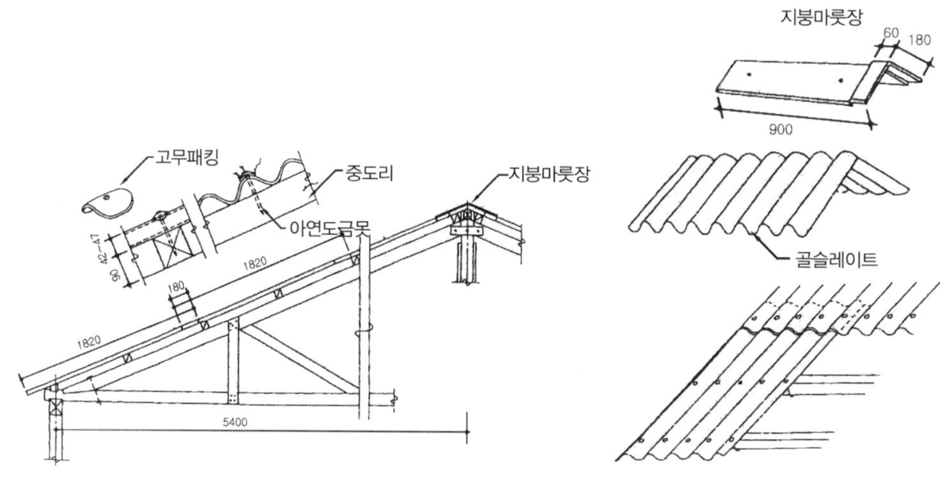

그림 8-7 석면슬레이트잇기

8.4 금속판잇기

지붕잇기 금속판 재료는 강판에 아연도금한 아연도금 강판, 납판, 동판, 알루미늄판, 합금판 등이 있다. 금속판 지붕재는 가볍고, 지붕물매가 낮거나 급하거나 모든 지붕잇기를 자유롭게 할 수 있는 장점이 있으나 온도에 의한 열전도율이 크고, 신축성이 크며, 산화나 부식 등 화학작용에 약해 내구력이 약하다는 단점을 가지고 있다.

8.4.1 금속판재의 종류

(1) 아연도금강판

얇은 강판에 아연을 도금한 평판이나 골판이 있다. 이 아연도금강판을 일반적으로 함석이라 하고, 값이 싸서 널리 사용하지만 부식이 잘되는 결점이 있으므로 강판 표면의 흠이나 못치기 등에 의해 생기는 아연도금 표면의 찢어짐 부위에 녹막이처리를 해야 한다.

(2) 납판

납은 열팽창계수가 매우 커서 작은 온도변화에도 신축의 영향이 크고, 온도변화에 대한 신축이 온도에 의해 늘어 양이 많으므로 주의해야 한다. 납판은 자유롭게 신축될 수 있도록 한 변이나 2변 고정되는 구조를 잇기하고, 납판의 크기는 2.0m^2 정도의 것을 사용한다. 납판 고정못은 구리(동)못으로 하고 2.5cm 간격으로 조밀하게 못치기를 해야 한다.

(3) 동판

동판은 지붕재료로 노출되면 표면에 탄산동의 막이 형성되어 방부처리가 되므로 내구성이 매우 크다. 지붕잇기재로 사용되는 동판치수는 36×120cm이고 두께는 0.6~1.2mm 정도이다. 동판의 고정은 구리못으로 하고, 동판의 한 면은 이음이 벌어지는 구조로 하여 온도변화에 의한 신축을 수용할 수 있도록 해야 한다. 동판으로 지붕잇기를 하면 오래 될수록 표면색이 청녹색을 띠게 된다.

(4) 알루미늄판

알루미늄판은 가벼워서 가공하기 쉽고 내구성도 좋지만 온도에 대한 신축성이 크고, 염에 약하기 때문에 주의해서 사용해야 한다.

8.4.2 금속판재 지붕잇기

지붕재로 사용되는 금속판재는 1면이나 2면을 구리 못치기로 고정시키고, 다른 한 면은

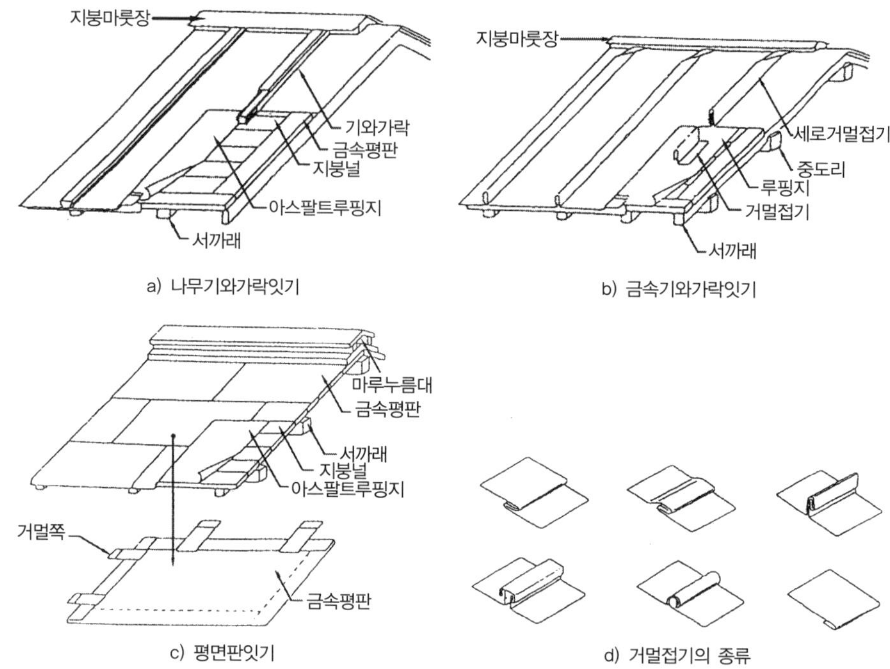

그림 8-8 금속판재 지붕잇기

이음이 벌어질 수 있는 구조로 하여 온도에 의한 팽창과 신축을 자유롭게 할 수 있어야 한다. 금속판재 지붕잇기 방법은 평판잇기와 골판잇기가 있다. 평판잇기는 평면판잇기와 기와가락잇기가 있으며, 골판잇기는 석면 슬레이트잇기 방법과 동일하다.

(1) 평면판잇기

평판잇기에는 평이음잇기와 기와가락이음잇기가 있다. 평이음잇기는 −자이음잇기와 마름모이음잇기가 있으나 −자이음잇기가 주로 사용된다. −자이음잇기 치수는 60×45cm이고 마름모이음잇기 치수는 45×45cm로 한다.

판재의 이음은 서로 겹쳐대고 접어서 마감하거나 겹쳐대고 못치기로 고정하고 이음부와 못머리 부위에 납땜을 하기도 한다. 처마 끝이나 박공면에는 너비 3cm의 거멀띠를 지붕널 옆면에 못치고 감싸기판을 거멀띠에 접어 걸어서 지붕면에 고정시킨다.

평이음잇기의 평판은 사방 거멀접기로 하고 수평방향으로 이음하며 잇기하고 각판마다 거멀쪽 4개 이상을 사용하여 고정한다.

(2) 기와가락 이음잇기

지붕널에 아스팔트 방수지를 처마 끝에서 지붕마루로 올라가며 깔고, 방수지이음은 10cm

이상 겹치도록 하고 지붕마루를 넘겨서 깐다. 기와가락은 지붕면 물매방향으로 40~60cm 간격으로 4.5~6cm각재를 서까래 위에 놓이도록 대고 못박아 고정시킨다.

평이음잇기는 ㅡ자이음잇기로 하고 이음은 겹쳐서 거멀접기로 하여 기와가락에서 꺾어서 치켜올려 기와가락을 감싸고 거멀접기로 하여 거멀쪽 2개 이상을 사용하여 못박아 고정시킨다.

처마 끝은 밑창판을 평판이음과 같이 연속하여 대고 구부려 내려 거멀띠에 건다. 기와가락의 끝마무리 감싸기는 기와가락의 단면 모양으로 접어서 감싸고, 지붕마루는 평판을 기와가락 위에서 지붕마루에 거멀접기한다.

8.5 유리지붕잇기

유리지붕은 온실이나 지붕채광이 필요한 곳에 서까래를 걸치고 판유리를 덮은 지붕구조이다. 서까래 간격과 부재치수는 유리의 크기와 두께에 의해 결정되며 목재서까래나 금속재 서까래를 사용한다.

서까래의 간격은 유리의 두께와 지붕에서 다루기 쉽게 60cm 정도의 것을 사용하므로 유리의 폭도 60cm이다. 유리지붕의 물매는 최소 10 : 3.6(20°) 이상 되게 하여 유리 밑에 생기는 결로수가 밑으로 떨어지지 않고 물받이에 모이도록 해야 한다.

유리의 두께는 6mm 이상이 되어야 하고 철망보강유리나 강화유리를 사용하여 유리가 깨지더라도 유리파편이 직접 떨어지지 않도록 고려하여 사용해야 한다.

유리지붕창용 창살은 목재나 금속재의 여러 형식들이 있으며, 특허품들도 있다. 이들 창살들은 합금으로 되어 있어 녹슬지 않고, 깨진 유리를 쉽게 바꿔 낄 수 있도록 되어 있어야 한다.

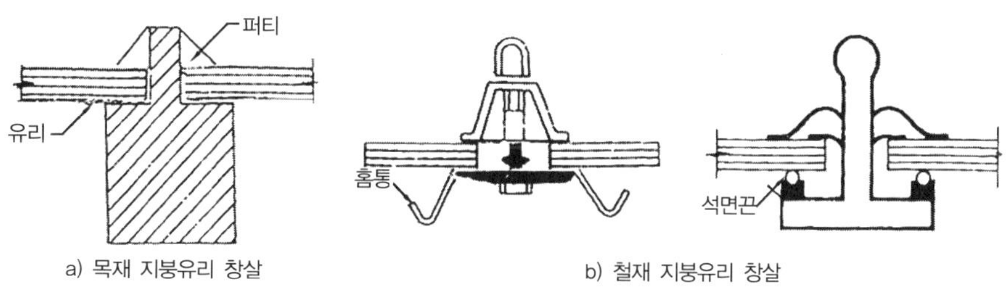

그림 8-9 유리지붕잇기

8.6 평지붕(Flat roof)잇기

평지붕은 철근콘크리트구조와 목조평지붕이 있으나 철근콘크리트구조의 평지붕을 일반적으로 사용한다. 평지붕의 물매는 10 : 2(10° 이하) 정도로 하고, 철근콘크리트 지붕은 단열효과가 많이 떨어지므로 두께 5cm 이상의 단열재를 사용한 단열구조로 해야 한다.

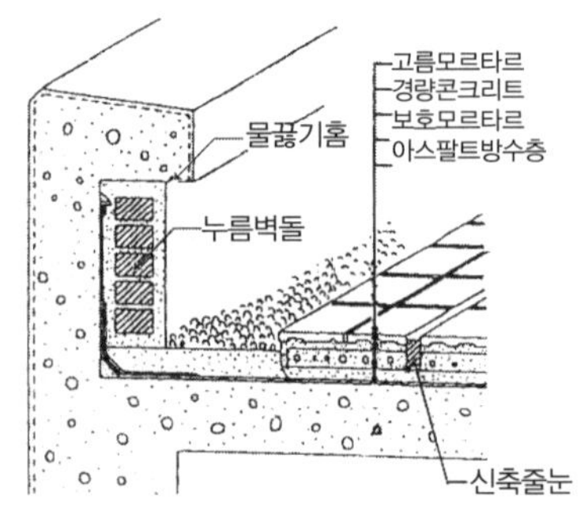

그림 8-10 철근콘크리트 평지붕 잇기

단열구조는 콘크리트 지붕과 천장 사이에 최소 15cm 이상의 공간을 만들고, 단열성이 좋은 재료의 천장을 마감한다. 천장재료는 목재의 대팻밥이나 부스러기들을 접착제로 섞어 압축한 우드울이나 칩보드를 많이 사용한다.

집안에서 열의 이동은 고온에서 저온으로 흐른다. 집안의 더운 공기일수록 습기를 많이 지닐 수 있으므로 천장쪽에 습기막(Vapour barner)을 해야 한다.

습기막은 습기를 지닌 더운 공기열이 구조부재에 고온에서 저온으로 흐르면서 구조부재가 젖게 되므로 젖지 않게 침투결로를 막기 위해 이 습기막을 설치해야 한다.

침투결로에 의한 결함은 구조부재의 기능을 저하시키고, 실내의 온도를 뺏으며 벽체마감재인 도배지 등을 떨어지게 한다.

이 방습막 위치는 구조부재의 온도가 공기의 습기를 응결시켜 물이 되는 온도인 노점(露店)보다 커지는 경계면에 더운 쪽에 면하고 있는 단열재 쪽이다. 이는 침투결로에 대한 단열재의 젖음을 막기 위한 것이다.

철근콘크리트 평지붕을 치기 위한 거푸집에는 수직 홈통을 넣을 슬리브(Sleeve)를 설치하고, 방수막을 끼워 고정할 수 있도록 지붕면에서 15cm 이상 되는 곳에 1.0×2.5cm의 단면의 나무띠를 설치한 후 이 나무띠를 제거하고 루프 드레인을 설치한다.

평지붕의 공사가 잘 되었는지 잘못되었는지는 지붕물매를 어떻게 잡았느냐에 따라 말할 수 있듯이 지붕물매 잡기는 매우 중요하다.

지붕의 단열효과가 가장 좋은 모르타르는 가열한 운모(雲母)와 시멘트를 배합한 모르타르이다. 운모는 가열하면 엷은 판으로 갈라지고 이 틈새에 많은 기포를 갖게 되기 때문이다. 지붕면의 방수는 아스팔트로 지붕을 방수한다. 지붕면에 아스팔트 방수는 평지붕일 때는 방수층을 3켜로 하고, 경사지붕은 2켜로 하고 방수켜의 겹침은 최소 10cm 이상으로 해야 한다.

8.7 홈통

빗물을 지붕의 처마 끝에 설치한 홈통을 이용하여 한 곳에 모아 하수구로 흐를 수 있도록 설치하는 것을 홈통이라 한다. 홈통에는 처마홈통, 선홈통이 있으며 하수구로 빗물을 유도하기 위해 누인 홈통이 있다.

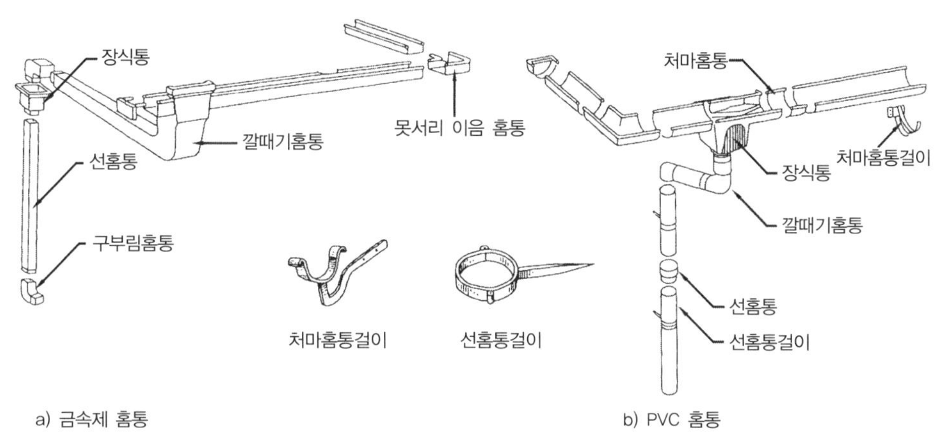

그림 8-11 홈통

8.7.1 금속제 홈통 · P.V.C 홈통

홈통재료는 함석판, 동판, 경금속판 등의 금속제와 염화비닐계통의 P.V.C제품 등이 있다.

(1) 처마홈통(Eaves gutter)

건축물 지붕면의 처마 끝에 수평으로 댄 빗물받이 홈통을 처마홈통이라 하고 반원형이나 윗면이 노출된 4각 단면을 사용한다. 이 처마홈통은 1/100물매 이상의 물흐름 경사를 가져야 한다.

이음은 4~5cm 정도 겹침이음으로 하고, 처마홈통은 서까래 옆대고 처마홈통받이 다리를 90cm 정도 간격으로 못질하여 고정시킨다. 처마홈통은 깔때기홈통에 끼워 넣고 낙수구에 쓰레기 걸름막을 설치해야 한다.

(2) 깔때기홈통

처마홈통을 선홈통으로 연결하기 위해 깔때기홈통을 사용하여 빗물을 유도한다. 깔때기홈통의 형상은 처마홈통의 모양에 의해 원형과 윗면노출 4각 단면 형태로 하고 선홈통 속에 꽂아 넣어 빗물흐름을 유도한다.

(3) 선홈통(Daurn pipe)

지붕면의 빗물을 처마 홈통을 이용하여 한 곳에 모으고 이 모은 빗물을 깔때기홈통을 이용하여 선홈통으로 빗물을 유도한다. 선홈통은 빗물을 하수구로 유도하기 위해 건축물의 벽체 면에 세워 설치한 빗물처리 홈통을 말한다.

선홈통걸이는 90~120cm(3자~4자)로 수직으로 줄바르게 설치하고, 하부는 지하 하수관과 연결하거나 낙수받이에 빗물이 떨어지도록 유도한다.

(4) 누인홈통

선홈통에서 빗물을 하수구로 흐를 수 있도록 유도하기 위해 설치하는 홈통이다. 이 홈통은 빗물이 낙수받이에 떨어지지 않고 선홈통에서 하수구로 흐를 수 있도록 연결해주는 역할을 하는 홈통이다.

8.7.2 루프 드레인(Roof drain)

평지붕에서는 빗물처리를 위해 루프 드레인을 설치한다. 이 드레인은 빗물홈통에 드레인 깔때기를 끼워 넣고, 드레인 주위에는 모르타르를 빈틈없이 채워 넣어 방수층에 같이 연결될 수 있도록 설치해야 한다. 드레인에는 쓰레기 걸름막을 덮어 씌워서 홈통의 청소를 원활히 할 수 있게 해야 한다.

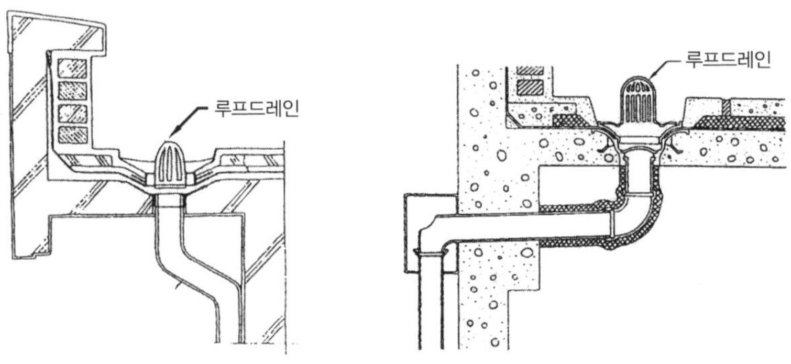

그림 8-12 루프드레인

9장 문 · 창문

9장 문 · 창문

문이나 창문과 같은 개구부는 사람의 출입과 물건 등의 반입, 그리고 채광, 환기, 조망과 방풍, 방우, 방한, 방서 등의 역할도 해야 한다. 문이나 창문과 같은 개구부를 창호(窓戶)라 한다.

창호는 자유롭게 여닫을 수 있도록 필요한 개소에 설치하고, 수시로 여닫으므로 견고히 만들어서 뒤틀림, 파손 등이 생기지 않아야 한다. 창호는 실내와 실외를 구획해주고, 실내공간을 구획해 주는 역할을 하므로 기밀성, 내풍압성, 수밀성, 차음성, 단열성 등의 성능을 가져야 하고, 건축물의 외관이나 실내공간 디자인에 매우 중요한 부분을 차지한다.

문은 문틀(Door frame)과 문(Door)으로 이루어지며, 문의 종류는 여닫이, 미닫이, 미서기, 회전문 등이 있다. 창은 창틀(Window frame)과 창문(Window)으로 이루어지며 창의 종류는 붙박이창, 여닫이창, 미닫이창, 오르내리창, 회전창 등이 있다.

창호의 재료는 목재와 금속재, 플라스틱재 등이 있다. 보통 나무로 창호를 짤 때는 문이나 창문, 창호는 소목(小木, Joiner)인 창호공(窓戶工)이 제작과 맞춤, 달기를 한다. 소목은 구조물의 힘이 크게 작용되지 않는 개소, 내부구조 부착물의 가공이나 마감을 한다.

목조건축물의 기본 설계도면에 의한 기둥, 보, 지붕틀, 문틀 등 주로 힘이 작용되고 전달되는 건축물의 뼈대 가공 및 설치는 대목(大木, Carpenter)이 한다.

창호는 외관상 미적인 감각에 의해 보기 좋게 꾸며져야 하고, 열고 닫을 때 충격을 받게 되므로 견고하고 실용적이어야 하며, 사용상 편리하여야 한다. 목재를 사용할 때는 완전히 잘 건조된 목재를 사용하여 변형이 생기지 않도록 한다. 창호의 개폐나 문 잠그기가 잘 되도록 철물을 정확한 위치에 달고 사용상 불편함이 없게 해야 한다.

9.1 목재 문 · 창문

문이나 창문과 같은 개구부를 문꼴이라 한다. 문에는 문짝을 달기 위해 문틀이 필요하고, 창문에는 창문짝, 창문, 창을 달기 위해 창문틀이 필요하다.

문꼴의 크기는 일정하지는 않으나 사용목적에 따라 달리 하고, 특수한 경우인 창고, 공장 등을 제외하고는 문 한 짝 크기는 폭 60~120cm, 높이 180~220cm 정도로 하며, 최근에는 문 높이를 천장높이와 같이 하는 경우가 많다.

9.1.1 문틀(Door frame)

(1) 문틀 세워대기

문틀은 벽체를 쌓기 전에 세우는 법과 벽체를 쌓은 후에 세우는 2가지 방법이 있다. 조적조는 쌓기 전과 쌓은 후 세우는 2가지 방법을 모두 사용하고, 목조와 철근콘크리트조는 일반적으로 벽체를 쌓은 후 세우는 방법을 사용한다.

① 벽체를 쌓기 전에 세우는 방법

벽면에 접하게 되는 문틀면에는 방부처리를 하고, 문틀 위치에 문틀을 연직되게 벽체선과 일치되게 세운다. 벽체 쌓는 작업 중에 문틀을 보호하기 위해 합판을 사용하여 면을 보호하거나 문꼴이 일그러지지 않도록 가새를 끼워 고정시킨다. 방부제를 먹인 나무줄눈쐐기를 줄눈에 묻으면서 벽돌을 쌓든가, 나무벽돌을 벽돌 켜에 넣고 쌓아 올린다.

벽돌은 문설주와 틈새가 없이 잘 쌓고, 나무줄눈쐐기는 문설주의 상부, 하부와 벽돌 6켜(40cm)마다 모르타르와 같이 묻는다. 쌓은 벽체가 완전히 마른 후에 문설주를 나무쐐기에 못머리가 안 보이도록 못을 숨겨 박기한다.

문설주 하부를 고정시키는 문지방을 돌이나 콘크리트로 할 때는 바닥에 홈을 파고 문설주 끝단에 끼운 철촉을 이 홈에 끼우고 납물을 부어서 고정시킨다.

벽을 쌓기 전에 문틀을 먼저 세우는 방법은 벽체의 수축과 침하로 문설주나 벽체 사이 문위틀 마구리벽이 45°로 갈라지기 쉽고, 문틀이 변형되거나 더러워지기 쉽다.

② 벽체를 쌓은 후에 세우는 방법

문틀을 고정시킬 나무쐐기나 나무벽돌을 벽체를 쌓으면서 각 위치마다 끼워 넣고 쌓으면서 가설문틀을 끼워 넣고 벽돌쌓기를 끝낸 후, 이 가설문틀을 털어 낸 후 본 문틀을 끼워 넣고 나무줄눈쐐기나 나무벽돌에 못 또는 연결철물로 고정하여 마감하는 방법이다.

이 방법은 벽돌을 쌓을 때 틀받이벽을 연직되고 평면을 이루도록 문틀폭과 같게 정확한 치수쌓기로 하고, 고정하여 마감할 수 있도록 나무쐐기와 나무벽돌을 고정시킬 정확한 위치에 삽입하여 벽돌쌓기를 해야 한다.

문은 일반 문설주에 달아내는 것보다 벽막이에 매다는 것이 보기에 좋다. 벽막이는 틀받이벽을 보이지 않게 가린 문설주를 말한다.

(2) 문틀의 구성부재

문틀의 구성은 2개의 문설주(선틀), 문 윗틀(윗틀), 문지방(문밑틀)로 이루어지며, 교창이나 옆문 등이 있을 경우에는 중간틀, 중간선틀이 있고 문틀이 없는 경우에는 문지방을 대지 않는다.

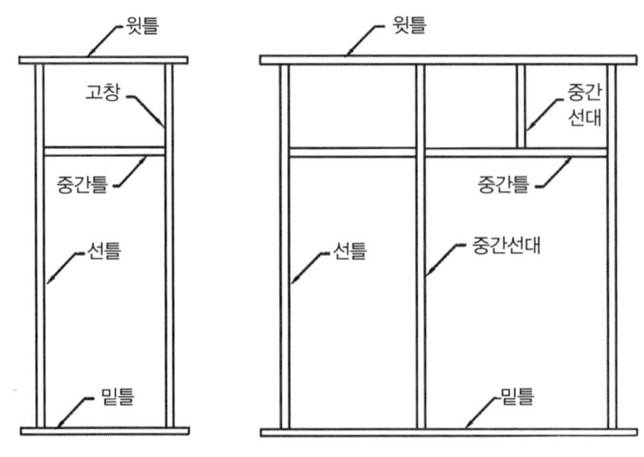

그림 9-1 문틀의 구성부재

① 문윗틀(Top rail)

목구조의 인방보 밑에 수평으로 설치하여 문설주(선틀) 상부를 고정시킨다. 문 윗틀과 문설주(선틀)와 맞춤을 사용부재가 얇은 때는 낮은 홈을 파고 끼워 맞춤을 하는 방법과 장부맞춤으로 한다. 장부의 두께는 사용부재 두께의 1/3로 하고 장부 폭은 장부두께의 5배 정도로 한다.

② 문설주(선틀, Style)

벽체 개구부면에 세운 문기둥을 말하며, 개구부 폭이 넓은 경우에는 개구부 공간을 구획하기 위해 중간선틀을 세우기도 한다. 문설주는 문을 고정시켜 닫고 열 수 있게 하므로 견고해야 한다. 문설주와 문윗틀의 모임 마감면은 연귀내다지장부로 하고 쐐기치기를 하며 고정시킨다.

③ 문지방(Sill)

문지방은 문턱이라고도 하며 문설주 밑을 고정시키는 부재이다. 출입구에 면하므로 단단한 나무재질인 참나무나 느티나무를 사용하고 문설주보다 폭이 큰 부재를 사용한다. 바닥재에 홈을 파서 문지방을 끼워 넣고 문받이턱을 두고 빗물이 밖으로 흐르도록 걸물매를 두어야 한다. 외부출입문 문지방을 화강석이나 대리석재를 사용할 때는 문설주에 장부를 만들어 문지방 홈에 맞추어 끼워 넣어 고정시킨다.

④ 문틀선(Door stud)

문설주와 문웃틀을 보기 좋게 하기 위해 가장자리에 붙인 띠모양으로 문틀과 주위벽 사이에 생기는 틈새를 막아주는 역할을 하며 벽과 문틀의 마무림을 하는 부재이다.

문틀선은 폭이 9cm 이하 되는 부재로 약간의 굴곡이 있는 단면을 사용한다. 문꼴의 모서리면은 연귀맞춤, 연귀장부맞춤으로 하고 문틀선 하부는 마룻널에 통장부맞춤한다.

⑤ 틀받이벽(Jamb)

문이나 창문틀 좌우에 접하는 벽체를 틀받이벽이라 한다. 이 틀박이벽은 인방보의 하중을 받아주고, 문이나 창문틀 주위의 틈새로 비바람의 침입을 막기 위한 턱 틀받이벽을 사용한다.

⑥ 풍소란(Rabate)

문틀에 만든 턱으로 문이 닫히면 이 턱에 끼워지며 고정되도록 만든 턱인 소란을 말한다. 이 풍소란은 바람, 소음을 끊어주는 역할을 한다. 풍소란의 폭은 최소 1cm 이상이 되게 만들어야 제 기능을 할 수 있으며, 방화문(防火門)에서는 풍소란폭을 2.5cm로 해야 방화문 기능을 할 수 있다.

(3) 문(Door)

문은 잘 여닫고 모양이 견고하여야 하며, 문을 닫으면 공간이 밀폐될 수 있어야 한다. 문은 경첩 등의 철물 선택과 문달기 등을 정확하게 맞추어 사용하고 풍소란을 설치하여 방음(防音)과 단열효과가 있어야 하고, 장식과 문틀선을 이용하여 기능이 좋고 아름다운 문을 설계하고 제작하여야 한다.

문을 구성하는 부재는 선대, 윗막이, 밑막이, 중간막이, 중간선대로 구성된다. 선대는 문의 좌우에 놓인 수직부재이고, 윗막이와 밑막이는 문 상부와 하부 선대에 직각으로 접합되는 부재이다. 선대와 윗막이, 밑막이는 장부맞춤으로 연결한다.

장부는 윗막이와 밑막이 양 끝단에 만들고, 장부구멍은 선대에 뚫어 맞추게 된다.

문이 견고성을 지니고 안정성과 보기 좋은 의장을 갖기 위해 문의 수평부재인 막이재는 윗막이 선대와 같은 폭으로 하고, 밑막이는 선대보다 넓은 폭으로 하여 안정감과 견고함을 주며, 중간막이는 밑막이와 윗막이의 중간 폭 치수로 한다. 중간막이는 윗막이와 밑막이 중간에 수평으로 선대에 장부맞춤으로 끼워지는 부재이고, 중간선대는 막이재를 수직으로 중간에 걸쳐진 부재로 장부맞춤한다.

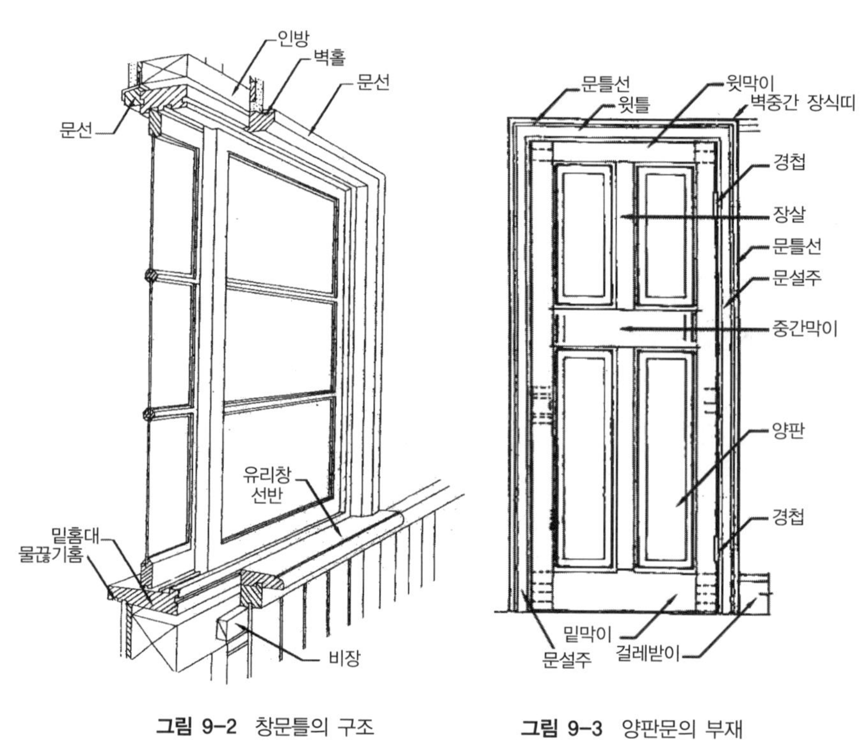

그림 9-2 창문틀의 구조

그림 9-3 양판문의 부재

9.1.2 창문틀(Window frame)

창문틀의 구성은 문틀과 같이 2개의 선틀과 창윗틀, 창밑틀로 이루어지며, 창문이 옆이나 위로 연이어 있을 때는 중간틀이나 중간선틀을 설치하여 창문틀을 연속으로 구성한다.

모든 창호는 개구부에 맞는 틀(Frame)이 필요하고, 창문틀은 밑틀의 외부에 면한 하부에 빗물이 밖으로 흘러내리도록 겉물매(방수물매)를 주고, 창틀 밑면에는 내부에 턱을 두어 흘러내리는 빗물이 내부벽체에 흘러들지 못하고 빗물방울이 떨어지도록 창대 돌출 밑면에는 물끊기 홈을 설치하는 것이 문틀과 다른 점이다. 창문은 견고하여 외부의 비바람에 견딜 수 있어야 하고, 단열, 방음이 되어야 하며, 채광과 환기가 되고 잘 여닫고, 방범(防犯)구조이어야 하며 구조물과 잘 어울리는 모양으로 밖을 내다 볼 수 있어야 한다.

환기를 위한 창문의 크기는 거실일 때는 거실 바닥 면적의 1/50 이상으로 하고, 욕실이나 화장실의 창문 크기는 바닥면적의 1/20 이상으로 하여야 한다.

방음을 위한 창문구조는 창문 주위에 틈새가 생기지 않도록 잘 마감하고 창에 사용하는 유리를 두껍게 하거나 겹유리, 2중 창문으로 하여 단음 효과를 크게 해야 한다. 창문구성은 선대에 윗막이, 밑막이를 쌍장부 쐐기치기를 맞춤하고, 가로창살을 양선대에 장부맞춤, 세로살은 윗막이, 밑막이, 가로창살에 짧은장부로 맞춤한다. 창살은 바깥쪽에는 홈을 파고 안쪽에는 누름대나 퍼티를 댄다.

9.1.3 문 · 창문의 개폐기능

문이나 창문을 개폐시키는 방법은 문의 좌우 한 축에 개폐 회전철물을 달아 회전시켜 여닫는 방법과 문을 수평이나 수직으로 이동되게 하는 미끄럼 방법으로 여닫는 방법, 그리고 문에 가로축이나 세로축을 기준점으로 회전시켜 여닫는 방법 등이 있다.

(1) 여닫이 문 · 창문(Hinged door, Casements window)

여닫이는 문, 창문의 좌우 한쪽에 경첩을 달아서 90°, 180°로 여닫을 수 있도록 한 창호이다. 여닫이문에는 문 한 짝이 개폐되는 외여닫이와 문 2짝이 개폐되는 쌍여닫이가 있으며, 여닫는 방향에 따라 안여닫이와 바깥여닫이로 나눈다.

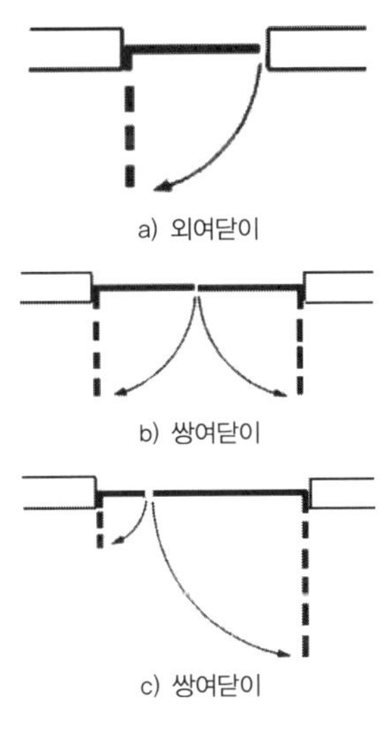

그림 9-4 여닫이문 · 창문

안여닫이는 외부에서 내부로 진입하는 방향으로 밀고 들어가는 개폐방법이고, 바깥여닫이는 진입하는 방향에서 당겨서 개폐되는 방법이다.

여닫이 창호는 문을 닫으면 공간을 밀실하게 구획하고 문단속을 하기에도 매우 용이하지만 안여닫이는 여닫는 면적을 필요로 하므로 실내 사용면적을 감소시키는 단점이 있다. 문꼴의 폭이 1m가 넘게 되면 2문짝을 사용하는 쌍여닫이로 하고, 2문짝이 맞닿는 중앙선대에는 반턱지게 물리게 하거나 풍소란 마중선을 대어 방풍과 방음이 되게 한다.

경첩은 문의 상부와 하부 2곳에 설치하는 것이 보통이며, 무게가 있는 문을 상부 2개 하부에 1개의 경첩으로 문의 부재 맞춤 부분을 피해 가능하면 상부 경첩을 상부 쪽에 하부 경첩을 하부 쪽에 다는 것이 좋다. 문을 잘 여닫고 열린 문이 자동적으로 잘 닫히도록 상부 경첩의 핀이 문면에서 5mm 돌출되게 하고, 하부 경첩의 핀은 문면에서 상부에 돌출된 핀보다 더 돌출되게 6~7mm 정도 달아야 90° 이하에서는 문이 자동으로 닫히고, 90° 이상되면 자동으로 열리게 된다.

(2) 미닫이 문 · 창문(Sliding door, window)

미닫이는 문틀 상하에 홈을 파고 하부 홈에는 레일을 깔고 문이나 창문 밑에 문바퀴를 달아 옆으로 여닫게 개폐되는 구조이다. 미닫이가 열리면 열린 문이 벽 옆에 붙어 있거나 벽체 속으로 숨겨지게 되는 구조이다.

문의 규모가 크고 무거울 때는 문 상부에 도어행거(Door hanger)를 그 이상 균형 잡히게 매달아서 행거레일에 걸고, 문 하부에는 문바퀴를 그 이상 매입하여 여닫기 쉽게 한다.

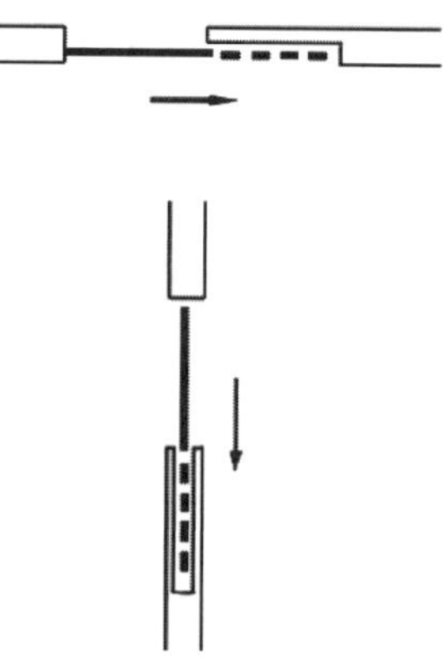

그림 9-5 미닫이 문 · 창문

(3) 미서기 문 · 창문(Double sliding door, window)

미서기는 문틀의 윗틀과 밑틀에 2줄이나 3줄의 좁고 긴 홈을 파고 문을 홈마다 나누어 2짝 미서기 또는 4짝 미서기는 2줄 홈파기, 6짝 미서기는 3줄 홈파기로 하고, 옆으로 겹쳐 세워 여닫게 한 구조이다. 여기에서 윗틀이나 밑틀에 판 긴 홈을 개탕이라 한다.

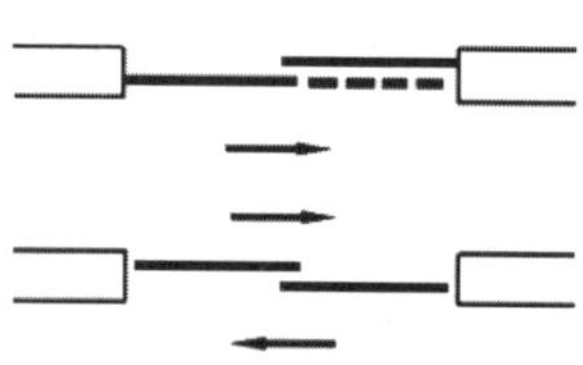

그림 9-6 미서기 문 · 창문

미서기는 개구부 넓이만큼 전체를 열 수 없으며, 미서기를 닫으면 선대폭 만큼 겹치게 되고 서로 3mm 정도 맞닿게 된다.

문틀의 선틀에는 문받이 홈(문의 두께 만큼)을 파서 문을 홈 속에 끼워 넣어 방풍, 방울을 갖도록 하고, 4짝 미서기나 6짝 미서기 문의 중앙부에 맞닿는 선대에는 반턱지게 물리게 하거나 마중대를 대어 방풍이 되도록 한다.

마중대는 2선대에 턱솔이나 딴혀를 대어 끼워지도록 하여 방풍이 되도록 한다. 이 문받이 홈이나 마중대를 풍소란이라 한다.

(4) 오르내리창문(Vertical sliding window)

오르내리창문은 창문 2짝을 상하로 올리거나 내려서 여닫게 한 개폐방법의 창문이다. 창문이 상하 수직으로 움직이므로 선틀 옆에 창문 무게와 평행되는 추를 넣는 추갑(錘匣)과 수직의 홈이 있어야 한다.

오르내리 창문틀은 미서기 창틀을 수직으로 세워 놓는 것과 같다. 창문틀의 윗틀과 선틀에는 창문받이 홈을 파서 창문을 끼워 맞추어 넣고 창문틀 밑면에는 빗물이 밖으로 흐르도록 걸물매를 둔다.

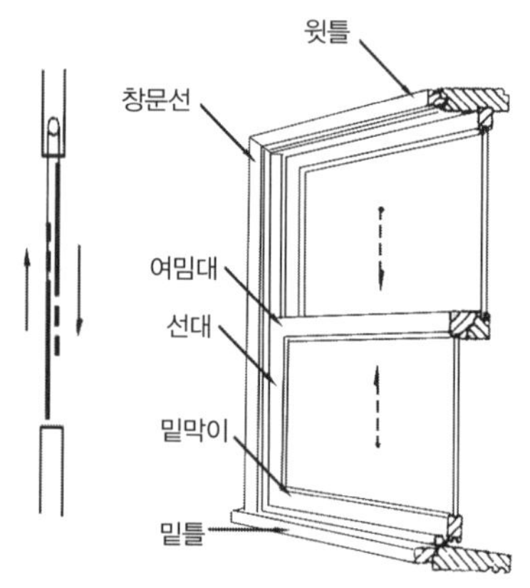

그림 9-7 오르내리 창문

창틀에는 실내부에 턱을 두어 빗물이 내부로 흘러들지 못하도록 하며, 창아래 돌출 밑면에는 물끊기홈을 두어 빗물이 벽체로 스며드는 것을 방지해야 한다.

창에는 케이블 줄을 사용하여 한 줄 끝은 추에 달고, 다른 한쪽 끝단은 선틀 상부에 매단 도르래에 걸어내려 창에 매다는 형식을 취한다.

오르내리창의 홈깊이는 1~1.5cm로 하고, 폭은 창의 선대두께와 같게 하며, 윗틀은 윗창틀에 홈을 파서 맞물리도록 하고, 밑창틀은 내부턱에 맞닿아서 고정되도록 해야 한다.

(5) 회전문 · 창문(Revolving door, Pivoted window)

회전문은 문을 +자로 네 짝이나 人자로 세 짝을 회전축에 달아 회전시켜 실내외의 공기 흐름을 막아 냉난방의 손실을 막고, 외부의 비바람과 먼지 등의 유입을 차단할 목적으로 사용한다. 이 회전문은 원통형의 1/4이나 1/3이 개방되고 나머지 부분은 폐쇄되어 실내와 실외를 구획하고 차단하기가 매우 간편하다. 이 회전문은 수동으로 문을 회전시키는 소규모의 것에서 사람이 문 앞에 일정거리 안으로 들어오면 자동으로 회전되는 자동문이 있고, 회전문의 크기도 사람의 왕래에 따라 다양하게 선택하고 설계된다.

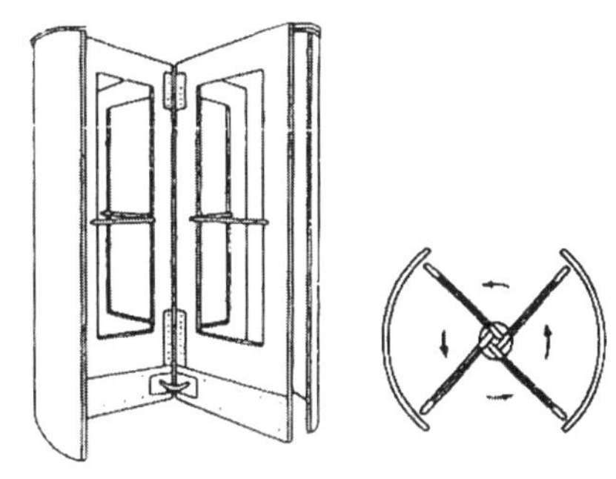

그림 9-8 회전문

회전창은 선대의 중앙부에 회전축을 달고 윗틀에는 턱을 안쪽이 밑틀에는 턱을 바깥쪽으로 하여 창의 밑은 밖으로, 위쪽은 안으로 회전되는 창이다. 이 회전창은 주로 문의 상부 위치에 설치하고 실내 환기에 주목적을 가진다.

(6) 자재문(Swing hinge door)

자재문은 자유여닫이문이라고도 하며, 문에 자유경첩을 달아서 안팎으로 자유롭게 여닫을 수 있는 기능을 가진 문을 말한다. 이 자재문은 문받이 턱이 없어 닫혔을 때 공간이 밀실하지 못하고 문단속이 불완전하다. 자재문은 외여닫이나 쌍여닫이로 하고 여닫기가 편리하게 플로어힌지, 도어체크 등을 사용하기도 한다.

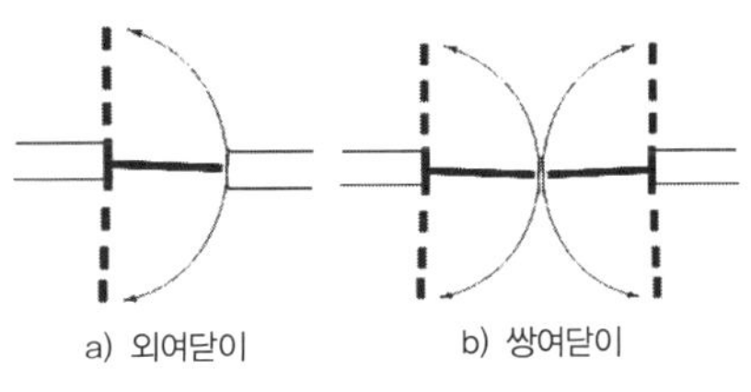

그림 9-9 자재문

(7) 접이문(Folding door)

여러 장의 문을 경첩으로 서로 연결시켜 윗문틀에 레일을 설치하고 문 위에 매단 도르래를 레일에 끼워 미끄러지게 하여 문을 접어 벽면 옆에 열어붙이게 한 구조의 문이다. 이 접이문은 하나의 공간을 여러 공간으로 구획하거나 여러 공간을 하나의 공간으로 사용하고자 할 때 사용한다.

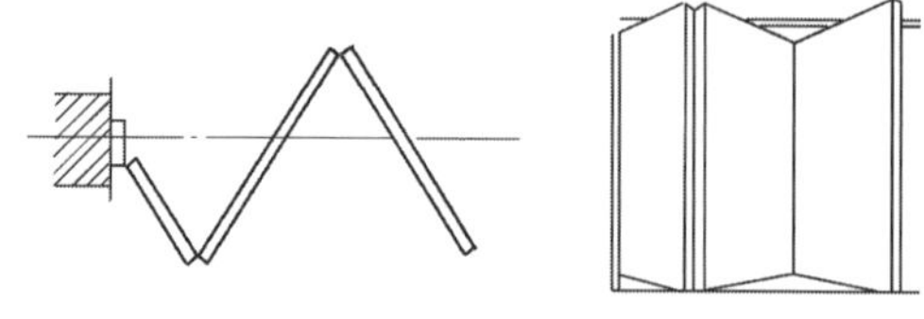

그림 9-10 접이문

최근에는 이 접이문을 공간의 햇빛 조절 또는 빛의 구획 등으로 조절 공간을 장식하기 위한 인테리어 소품으로도 많이 사용하고 있다.

(8) 붙박이창(Fixed sash window)

개폐할 수 없도록 고정된 창으로 채광만 위하거나 의장의 목적으로 설치된 것이다. 주로 출입문 상부에 윗틀과 중간틀 사이에 유리를 끼워 설치한다.

(9) 비늘문 · 창문(Louver door, window)

비늘문과 창문의 선대와 윗막이, 밑막이의 기본 뼈대를 구성하고 얇고 넓은 널재의 살을 3cm 정도의 등간격으로 45° 기울기로 계속 끼워 구성한 문과 창문을 말한다.

비늘문 · 창문은 통풍이 될 수 있도록 하고, 통풍이 안 되게 폐쇄된 구조로도 할 수 있으며 시야를 차단하거나 햇빛을 막는 차양으로도 사용하며, 요즈음에는 공간의 이음과 연결, 그리고 단절을 위한 인테리어 소품의 문 · 창문으로도 사용된다.

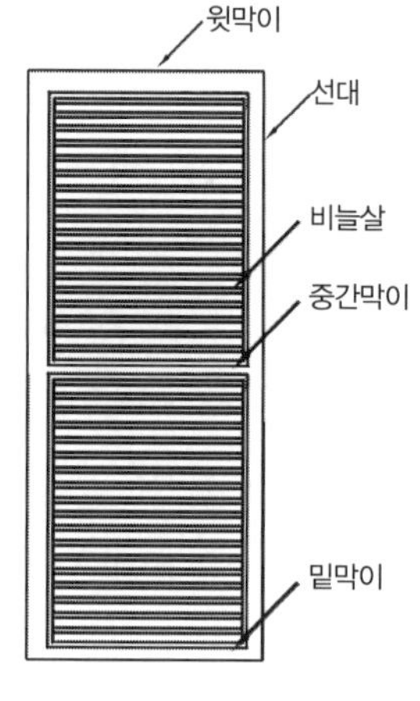

그림 9-11 비늘문

9.1.4 문의 종류

앞 장에서는 문의 여닫는 방법에 따라 문 · 창문을 기술하였고, 여기에서는 문의 구성에 따라 널문, 양판문, 합판문 등으로 나눈다.

(1) 널문(Battened door)

널문은 널두께 2~3cm 폭이 넓은 널에 띠장(Ledge) 두께 3cm 이상을 대고 문울거미 중간에 가새를 대고 널을 붙인 띠장문, 울거미를 짜고 널은 숨은못치기를 하거나 문울거미 한쪽 면에 턱을 파 넣은 것이다. 널은 맞대기나 빗턱, 반턱쪽매로 못치기를 한다. 이 널문은 구조가 비교적 간단한 문으로 창고나 간이건물에 많이 사용된다. 여닫이문의 손잡이 처짐을 막기 위해 가새를 쓴다.

가새는 경첩이 달린 쪽에서 손잡이쪽으로 올라가는 방향으로 설치해야만 문짝이 처지게 되는 것을 막을 수 있다. 널문은 띠장을 댄 쪽을 집 안쪽으로 보이게 문을 달아야 한다.

(2) 양판문(Panel door)

양판문은 양쪽 선대와 윗막이, 밑막이, 중간막이, 중간선대에 홈을 파고 양판을 끼워 넣어 만든다. 울거미의 두께는 3~5cm로 하고, 폭은 9~12cm로 하여 상부, 중부, 하부에 따라 폭을 다르게 한다.

홈을 파고 양판을 끼울 때는 양판이 신축될 수 있도록 3~5mm의 여유를 두고 끼우며, 홈깊이는 12mm 이상으로 하고 표면 마감칠 두께를 고려하여 양판두께보다 2~4mm 넓게 파서 마감해야 한다.

양 선대에 윗막이와 밑막이는 쌍장부맞춤으로 하고, 중간막이는 쌍장부로 하여 고정시키고 중간막이에 수직으로 오는 중간선대는 짧은(반라지) 장부맞춤으로 마감한다. 고급양판문에는 선대 모서리를 장식 모 죽임(chamfer)하고, 양판에는 조각을 하여 장식한다.

(3) 유리양판문(Glass panel door)

유리문의 기본 문틀은 양판문의 문틀과 같이 하고 문의 하부에는 양판을 끼우고 문의 상부 쪽에는 양판 대신 유리를 끼워 채광이나 실내부를 외부에서 볼 수 있게 하기 위해 사용한다.

유리문에는 보통 일반유리를 윗면은 홈을 파서 끼워 넣고, 3면은 퍼티나 누름퍼티를 대고 못치기하거나 실리콘을 퍼티 대용으로 사용하기도 한다.

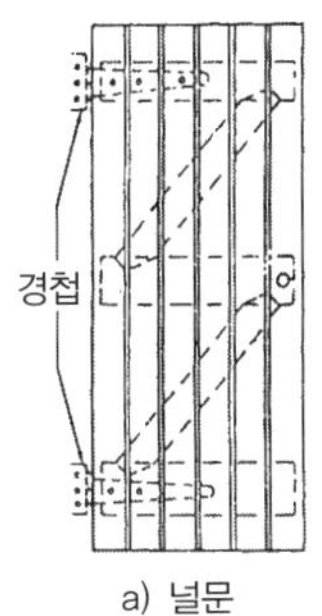

a) 널문

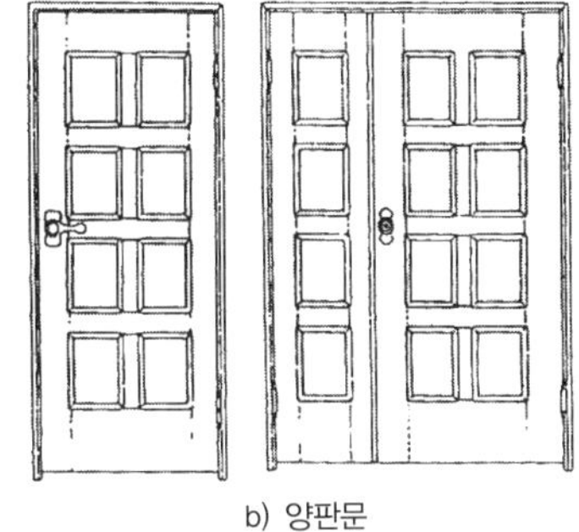
b) 양판문

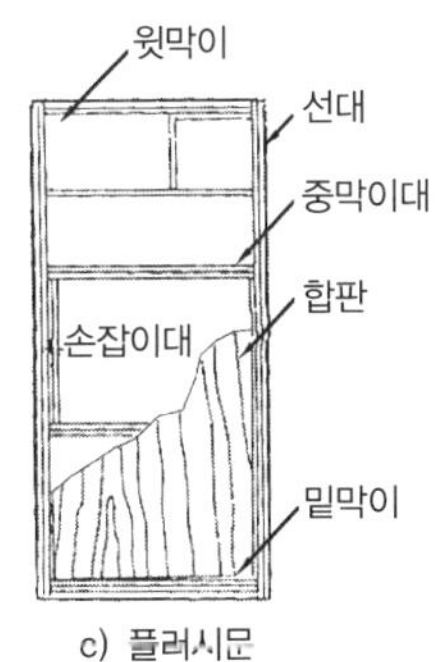

c) 플러시문

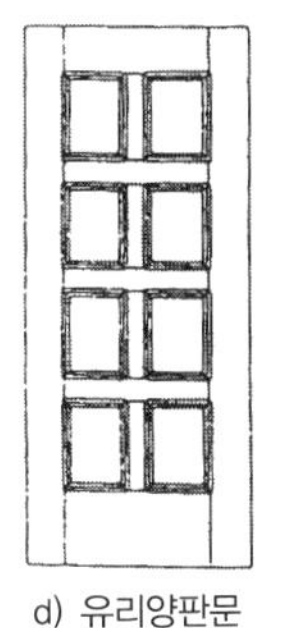
d) 유리양판문

그림 9-12 문의 종류

(4) 합판문(Plywood glushdoor)

합판문의 기본문틀은 양판문의 외곽 문틀과 같이 하고 문울거미에 홈을 파서 두께 6~9mm

합판을 끼워 넣은 문이다. 선틀과 윗막이, 밑막이의 모서리는 면접기, 쇠시리(moulding)를 하거나 선으로 장식한다.

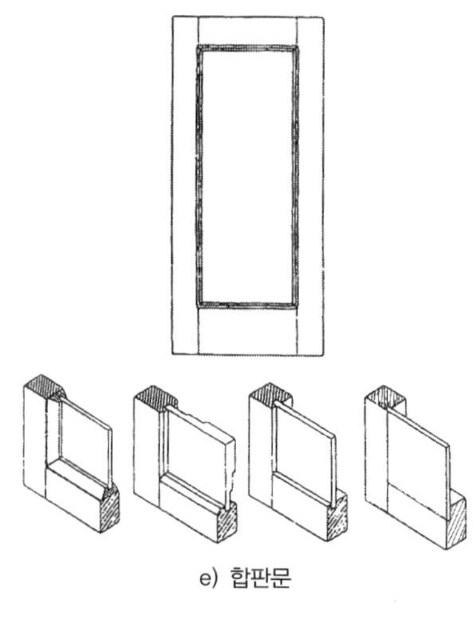

e) 합판문

그림 9-12 문의 종류(계속)

(5) 플러시문(Flush door)

문울거미를 짜고 가는 중간살을 가로 20~30cm, 세로 10~15cm 간격으로 격자로 짜고 양면에 합판으로 붙여댄 것을 플러시문이라 한다. 이 플러시문은 목재의 뒤틀림과 변형이 없고 가벼우며 경쾌한 느낌을 준다. 문울거미를 짜고 문의 자물쇠를 달기 위해 손잡이대를 양선대에 선대와 폭이 같은 긴 부재를 덧대어 손잡이를 어느 쪽에도 달 수 있게 하고, 양면에 접착제를 써서 눌러 붙이고, 옆마구리 보호를 위해 옆테(Banding)는 양쪽 선대에 붙여대고 필요시에는 위쪽과 아래쪽에도 댄다.

(6) 비늘살문(Louver door)

문의 기본 문틀 울거미에 얇은 널(4.5~6mm)을 선대에 45°로 3cm 등간격으로 배열한 것을 비늘살문 또는 갤러리(Gallery)라 한다. 이 비늘살문은 햇빛과 시선을 차단하고 열린 비늘살문은 통풍이 가능하고, 닫힌 비늘살문은 실을 밀폐시킬 수 있다. 이 문은 공간의 흐름을 이어주고 연결시키고자 하는 개소의 문으로 인테리어에서 많이 사용되고 있다.

(7) 유리문(Glass door)

문틀의 기본 울거미를 짜고 유리를 끼워 넣은 문을 유리문이라 한다. 유리의 크기를 고려하여 중간틀을 끼워 넣고 상부에 홈을 파고 3면은 퍼티나 누름 퍼티를 대고 못박기를 한다.

(8) 창호지문

문틀의 기본 울거미를 짜고, 문틀 안에 가는 살을 짜 넣고 한 면에 창호지를 바른 문을 창호지문이라 한다. 창호지문은 살의 모양과 형태에 따라 호칭하며, 가장 일반적인 모양은 만자(卍字), 아자(亞字) 형문이다. 그리고 많이 사용하는 모양은 세살문이다. 이 세살문은 세로 살을 등간격으로 나누어 살을 대고 가로 살은 상부, 하부, 중간부에 나누어 몇 살을 보낸 형태이다.

선대에 윗막이, 밑막이는 쌍장부로 맞춤하고, 살들은 서로 반턱으로 맞춤되게 하여 문울거미에 짧은 장부로 맞춤되게 하고 중요한 살은 짧은 장부 쐐기치기로 한다.

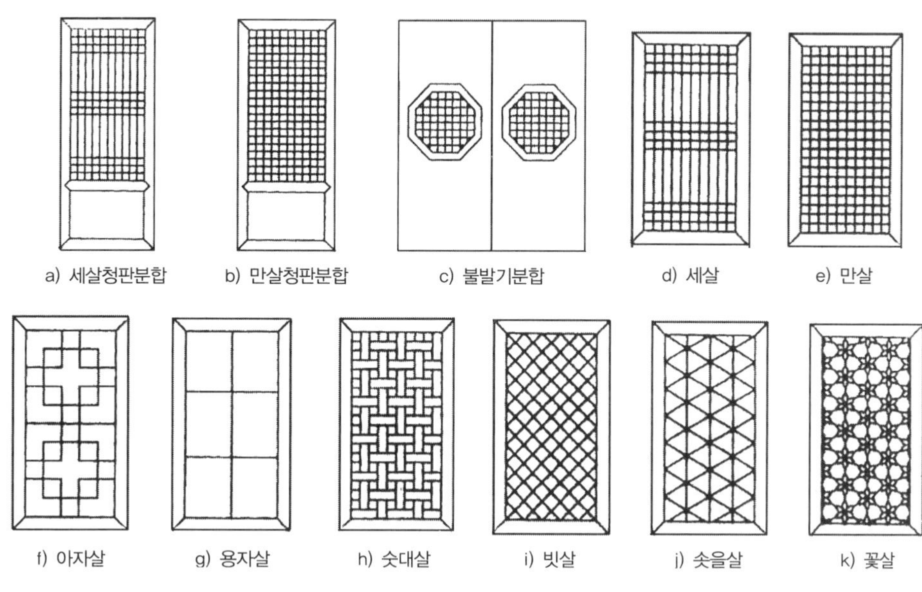

그림 9-13 창호지문의 종류

창호지문의 창호지는 실내 안쪽에 붙이고 미닫이 홈이나 끼우는 턱도 안쪽에 둔다. 창호지문은 통기성이 있어서 환기에 도움을 준다.

9.2 금속제 문 · 창문

금속제 문 · 창문의 용도, 구조형식 및 개폐방법 등은 목제 창호와 같다. 금속제 문 · 창문은 사용 금속제의 금속판을 접어 모양을 만든 새시 비(Sash bar)를 이용하여 문틀, 창문틀, 문짝, 창문을 만드는 기본 뼈대 골조로 사용한다.

이 새시 바는 큰 공간의 문 · 창문을 견고하게 설치하고 제작할 수 있다. 금속제는 철재, 스테인리스제, 알루미늄합금제 등의 창호가 있다.

금속제 창호는 재질이 균일하고, 기계로 가공하므로 가공이 정확하고, 내화성, 내구성과 기밀성이 좋으며 외관이 변형되지 않고 외형이 심플하고 미려한 장점을 가지고 있다.

철재 창호는 가격이 싸고, 도장이 용이하여 일반적으로 방화문으로 사용되고, 스테인리스제 창호는 의장을 목적으로 하는 개소에 사용되지만 가격이 철재에 비해 비싸다.

알루미늄합금 창호는 내구성과 가격이 저렴하고, 가볍고, 가공성이 용이하여 많이 사용하고 있으나 콘크리트, 모르타르 등의 알칼리성에 부식되는 취약성을 가지고 있다.

9.2.1 철제 창호

철제 창호는 강판을 접고 구부려서 모양을 만들었기 때문에 단면 2차 모멘트 값이 커져서 큰 강성을 가지므로 힘을 많이 받는 큰 공간의 문이나 창을 견고하게 제작할 수 있는 장점을 가지고 있다. 철제 창호는 용도와 형식에 따라 스틸도어(Steel door), 철판문(Shaped steel door), 셔터(Shutter), 주름문 등이 있다. 철제 문이나 창의 개폐방식은 목제 창호와 같고 각 부재 단면의 형태와 설치방법도 거의 비슷하다.

(1) 철제 문 · 창 가공

철제는 기계공구 등을 사용하여 절단, 꺾어 구부리기, 구멍뚫기, 맞춤, 용접 등을 정확한 치수와 면으로 가공하고 변형이 생기지 않도록 주의해야 한다.

문이나 창 제작에는 면과 각도를 정확히 하고 창호 철문이나 앵커용 철물, 보강철물 등을 댈 때는 크기, 간격을 정확히 하여야 한다. 이음이나 맞춤은 전기용접을 하고 용접부는 면가공을 그라인더로 갈아 내어 평활하게 마무리하고 녹막이칠을 한다.

(2) 철제 문틀 세워대기

철제 문틀로 벽체를 쌓기 전에 세우는 법과 벽체를 쌓은 후에 세우는 2가지 방법이 있다. 벽체를 쌓기 전에 세우는 법은 철제 문틀을 벽돌을 쌓을 때나 콘크리트 거푸집에 고정시켜 콘크리트를 타설하여 완성시키는 방법이다.

벽체를 쌓은 후 세우기는 벽체를 쌓은 후에 문틀을 끼워 넣는 방법으로 철제 문틀 설치 후에는 받침 나무 쐐기를 제거하고 방수 모르타르를 빈틈없이 문틀 주위에 다져 넣은 후 코킹재를 문틀 주위에 빈틈없이 채워야 방수, 방음, 단열구조를 만들 수 있다.

(3) 스틸 도어(Steel door)

철제 문은 사무실이나 공장, 창고 등에 일반 문이나 방범용 문으로 사용된다. 철제 문은 일반 철판 문, 고급스틸도어가 사용되며 개폐방법이나 형상, 구조 등은 목재 창호와 같다. 철제 창호는 철제 창호 전문 공장에 주문하여 생산하며, 창호 철물도 포함하여 주문한다. 철제 창호는 강판을 접고 꺾어서 외관상 목재 창호와 형태는 비슷하게 만들고 철제가 큰 힘을 받을 수 있으므로 단면의 크기, 형상을 자유롭게 할 수 있고 개구부의 단면 크기를 자유롭게 선택할 수 있다.

① 철판 문(Angle plate door)

앵글(Angle)을 사용하여 문의 울거미(뼈대)를 짜고, 한 면에 철판을 대고 용접한 것을 철판문이라 한다. 용접접합 대신 작은 나사못을 사용하기도 한다. 이 철판문은 공작이 단순하므로 공장이나 창고 등의 일반 문이나 방범문으로 사용한다.

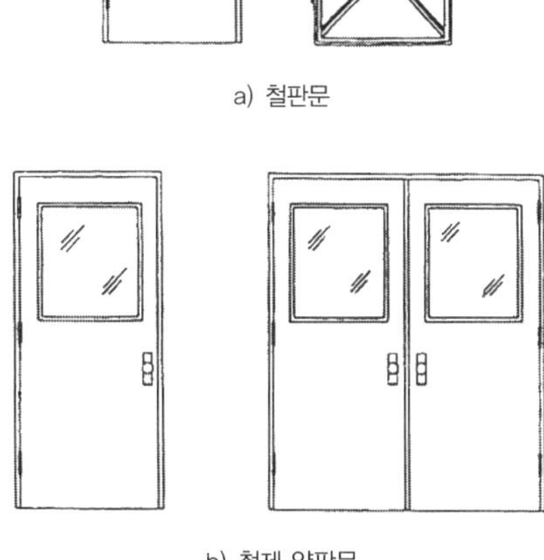

a) 철판문

b) 철제 양판문

그림 9-14 스틸도어(철판 문, 철제 양판문)

② 철제 양판문(Steel panel door)

문틀이나 문의 울거미는 목재 문틀과 문의 목재 기본 단면 모양 형태로 1.6mm 이상의 철판을 접고 꺾어서 속이 빈 중공형(中空形) 단면을 사용하고 접합은 용접을 하여 만든다. 모든 문틀과 문의 모양과 형태는 목재 양판문에 준하여 만들게 되며 창호 철물 또한 같이 사용한다.

③ 스틸행거도어(Steel hanger door)

철제 문은 규모가 크고 무거우므로 문의 상부에 도어행거(Door hanger)를 균형 잡히게 매달고, 문틀에 설치된 행거레일(Hanger rail)에 걸어 설치하며, 문의 하부에는 문바퀴를 균형 잡히게 매립하여 레일 위에 걸쳐지게 설치하여 무거운 철제 문을 여닫기 쉽게 한 구조이다.

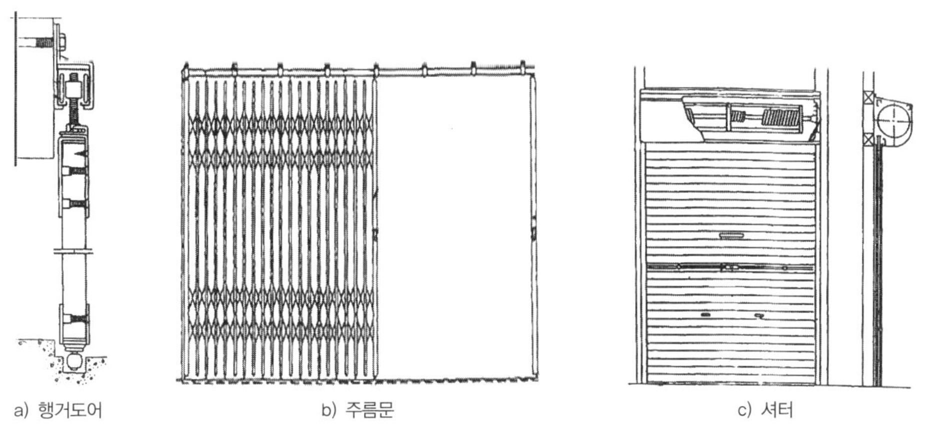

a) 행거도어 b) 주름문 c) 셔터

그림 9-15 스틸도어(행거도어, 주름 문, 셔터)

④ 주름문(Folding gate)

주름문이란 세로살을 마름모의 레버로 연결하여 열거나 닫을 때 마름모형이 늘어나거나 줄어들게 만든 창살형의 문이다. 일반적으로 공간을 간이로 구획하고자 할 때 사용한다.

주름문 상부에는 중공의 사각도형 안에 바퀴를 걸어서 주름문의 세로살을 바퀴에 연결시켜 여닫기를 간편하게 한 구조이다.

⑤ 셔터(Steel shutter)

철판을 좁고 길게 절단하여 서로 수평으로 힌지방식으로 물려 접합하여 문꼴 상부의 축을 회전시켜 감아올리고, 닫을 때는 문꼴 양쪽의 홈에 끼워 자중으로 미끄러져 내리게 하는 구조이다. 이 셔터를 여닫는 장치는 수동식과 전동식이 있다. 수동식은 손잡이를 돌려 톱니바퀴에 연결된 셔터 축대를 돌려 감아 개폐시키는 방법이다.

전동식은 전동 스위치를 누르면 회전축에 연결된 모터가 작동되어 개폐되는 방법이고, 최근에는 무선 스위치에 의해 개폐시키는 시스템으로 많이 사용되고 있다.

9.2.2 알루미늄합금 창호

알루미늄합금을 가열하여 압출기를 사용하여 일정한 중공단면의 형상으로 만든 알루미늄 새시 바(Aluminium sash bar)를 이용하여 창호를 짠다. 이 알루미늄 새시 바는 비중이 철의 1/3 정도이므로 가볍고 녹슬지 않아 내구연한이 길고, 가볍고 단단하여 작업성이 좋고 기밀성이 우수하므로 창호의 개폐가 쉽고 여닫음이 경쾌하다. 그러나 스틸 새시에 비해 강도가 작고, 내화성이 약하며 콘크리트나 모르타르, 회반죽 등의 알칼리성에 대해서도 매우 약한 단점을 가지고 있다.

또, 알루미늄은 전기화학작용으로 이질금속과 접촉하면 이온화현상에 의해 부식되므로 창호접합물과 나사 및 나사못 등은 모두 동질의 재료로 된 제품을 사용하거나 아연이나 카드뮴 도금하여 사용해야 한다.

알루미늄 창호제작은 창호의 개폐방식에 따라 알루미늄 새시를 절단하여 창호 뼈대구조를 조립한다. 알루미늄 새시는 강도가 약하므로 큰 창문에 통유리를 끼우는 것을 피하고 중간막이를 적절히 사용하여 유리를 나누어 끼우고 창호울거미를 튼튼히 보강해야 한다.

알루미늄 창호는 여닫이로 하면 유리무게에 비해 창호 프레임이 약하므로 변형이 쉽게 되므로 미서기나 미닫이로 하는 것이 좋다.

디자인이나 미관상 통유리를 끼울 큰 문이 필요할 때는 창호울거미에 큰 단면의 부재로 보강하고 자동개폐가 되는 플로어 힌지(Floor hinge)를 사용하여 여닫을 때 창호에 무리한 힘이 가해지는 것을 막을 필요가 있다.

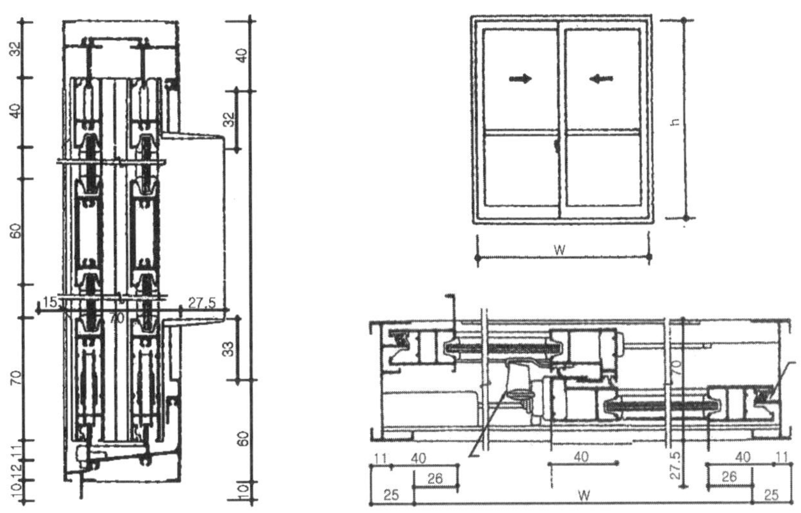

그림 9-16 알루미늄 창호

9.3 합성수지제 창호

합성수지제 창호는 염화비닐중합체에 안정제와 충격강화제를 첨가하여 압출성형으로 일정한 중공단면의 형상으로 제조된 틀재를 필요한 창호규격에 맞게 절단하여 나사접합으로 창호를 제작한다.

이 합성수지제 창호도 사용 용도와 크기에 따라 다양한 종류가 있으며, 해안지역의 비래염분이나 연탄가스 등에 견딜 수 있는 내식성, 단열성, 방수성, 방음성 등 여러 장점을 가지고 있는 재료이므로 최근 수요가 매우 많다.

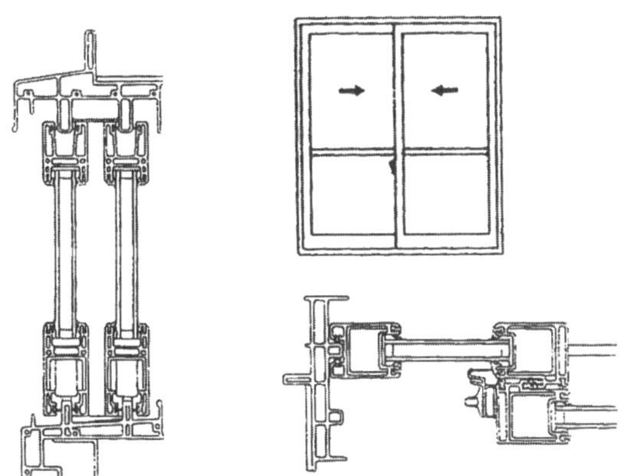

그림 9-17 합성수지제 창호

9.4 특수창호

9.4.1 무테문(Frameless door)

(1) 무테 유리문

유리는 두께 10~12mm 판유리를 열처리한 강화유리를 사용하고, 이 유리판의 상부와 하부에 금속테를 대고, 이곳에 경첩이나 지도리를 접착재 및 나사못으로 고정시켜 여닫는 문을 무테유리문, 강화유리문이라 한다. 강화유리문의 폭은 0.76m, 0.91m, 1.06m이고, 높이는 2.13m, 2.43m이며, 색상은 무색 투명유리와 청색, 녹색 등이 있다.

무테 유리문의 유리가공은 강화처리 전에 하고, 일반적으로 문짝은 문틀보다 치수를 0.9cm 정도 작게 하며 바닥면은 정확하게 수평이 되도록 하여 여닫을 때 지장이 없게 해야 한다.

문달이는 플로어 힌지(Floor hinge)와 지도리 힌지(pivot hinge)로 하고 선틀에서 7.3cm 안쪽 위치에 중심을 두고, 손잡이는 플라스틱제품을 사용하고 자물쇠는 상·하의 테 속에 장치되어 있다.

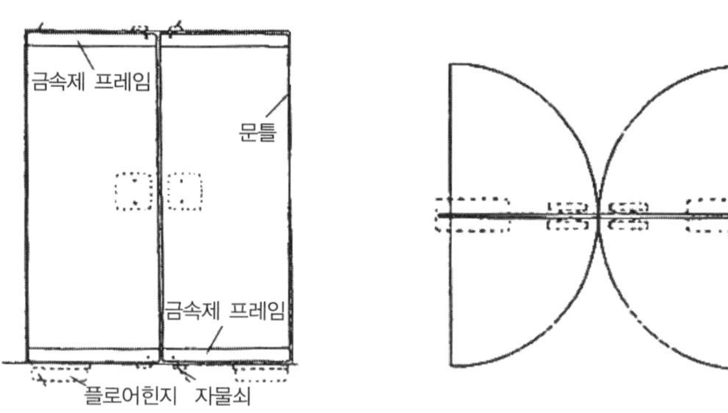

그림 9-18 무테유리문

(2) 무테 아크릴판 문

무테 문의 강화유리를 아크릴판으로 사용한 것을 무테 아크릴판 문이라 한다. 문의 크기나 문 달기는 무테 유리문과 같으며, 이 무테 아크릴 문은 아크릴판을 사용하므로 가공하기 쉽고 가벼우나 뒤틀어짐과 흠집이 생기기 쉽다.

9.4.2 아코디언문(Accordion door)

아코디언문은 아코디언과 같이 접어 여닫을 수 있는 칸막이문으로 사용한다.

십자형(+)의 철제 뼈대에 비닐이나 천으로 양면을 마감하고 상부에 홈대를 걸고 홈대 속의 바퀴에 행거레일(Hanger rail)을 매달아 접어서 여닫게 되는 구조로 간단하게 설치할 수 있고 색상과 무늬가 다양하다. 이 아코디언문은 간단히 공간을 구획할 목적으로 사용한다.

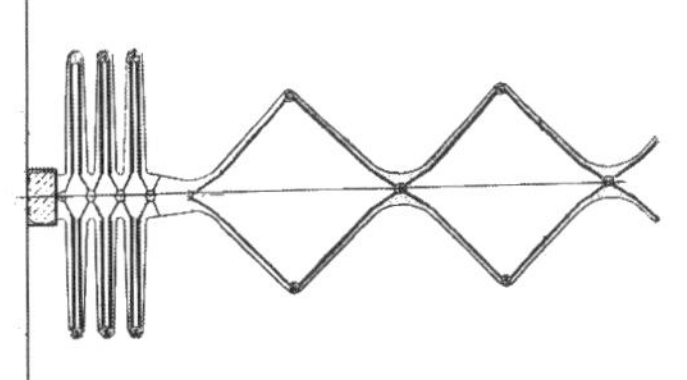

그림 9-19 아코디언문

9.4.3 자동개폐문(Automatic door)

문의 여닫음이 자동으로 되는 문을 자동개폐문이라 한다. 자동개폐문은 전동장치가 되어 있어서 문 안팎의 바닥 매트에 스위치를 두어 밟으면 열리고 지나가면 닫히는 구조이다.

자동개폐문은 외여닫이, 쌍여닫이, 미서기 창호를 할 수 있으며, 이 자동개폐문은 도어엔진, 컨트롤 박스, 가이드 롤러로 구성되고, 제어방식은 매트식, 터치식, 광전관식 등이 있다.

자동문의 문짝은 모든 문짝에 설치 가능하고, 상부와 하부에 레일을 설치하며 상부에는 도어행거, 하부에는 롤러를 대어 여닫음을 부드럽게 한다. 자동문의 도어엔진은 여닫이문은 바닥 밑에 붙어 두고, 미서기나 미닫이는 문 상부 속에 매립한다.

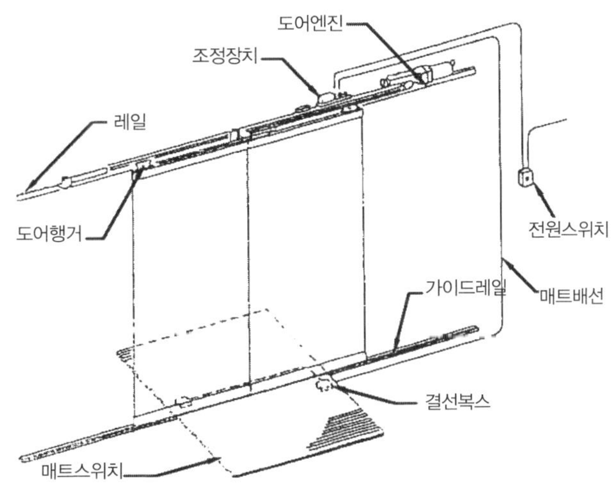

그림 9-20 자동개폐문

9.4.4 에어 도어(Air door)

에어 도어(Air door)는 에어 커튼(Air curtain)이라 하여 실내공기와 실외공기가 분리될 수 있도록 개구부 상부에서는 실내공기와 같은 공기(온도, 습도 등이 같은)를 강하게 뿜어주고, 개구부 하부에서는 뿜어준 공기를 흡인하는 장치로 된 구조이다. 이 에어 도어는 밖으로부터의 공기, 먼지 등 침입을 차단하는 설비이다.

9.5 창호 철물

문·창문의 틀에 문짝과 창문을 달고 지지하며, 여닫고 잠그는 데 창호 철물과 문·창문의 보강용 철물을 통틀어 창호 철물이라 한다. 창호 철물은 사용용도, 구조형태, 모양과 재질 등에 따라 여러 종류가 있으며 내구성, 내마모성 등을 가지고 있어야 한다.

창호 철물의 재질은 강철, 주철, 청동, 황동, 구리, 알루미늄 또는 플라스틱제품 등을 사용하고, 창호 철물의 표면처리는 여러 종류의 도금을 하여 사용한다. 창호 철물은 사용되는 기능에 따라 창호를 개폐할 때 지지하거나 받치는 축이 되는 지지철물과 창호의 여닫는 개폐 조정장치, 창호를 여닫는 손잡이, 창호를 잠그는 폐쇄장치 등이 있다.

9.5.1 창호지지 철물

(1) 경첩(Hinge)

문을 문틀에 달아 고정시키고 여닫는 축이 되는 것을 경첩이라 하며 재질은 강철, 황동, 청동 등 주로 사용한다. 경첩 치수는 경첩의 높이로 표시한다.

경첩의 축은 핀(Pin), 핀을 둘러 감은 관부를 너클(Knuckle)이라 하고 좌측, 우측 너클의 단은 2단, 3단, 5단으로 한다.

① 패스트 핀 경첩(Fast pin hinge)

핀의 양 끝단을 두드려 머리를 만들어서 경첩에서 핀을 뽑을 수 없도록 만든 것으로 외부 문에 사용한다.

② 루스 핀 경첩(Loose pin hinge)

경첩 핀의 상부에만 머리를 가지고 있어 핀을 뽑을 수 있게 되어 있으며 일반적으로 실내 문에 사용한다.

③ 자유경첩(Spring hinge)

문을 여닫을 때 경첩의 너클 안쪽에 스프링이 있어 이 스프링이 되감겨 돌아오는 힘에 의해 문이 저절로 닫히게 되는 구조의 경첩으로 스프링 경첩이라고도 한다.

④ 볼 베어링 경첩(Ball bearing hinge)

경첩의 너클 안쪽에 베어링을 넣어 회전을 부드럽게

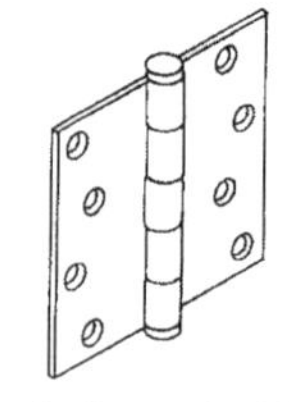
a) 패스트 핀 경첩

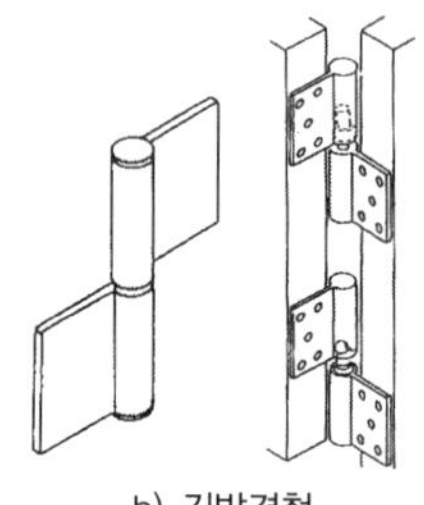
b) 깃발경첩

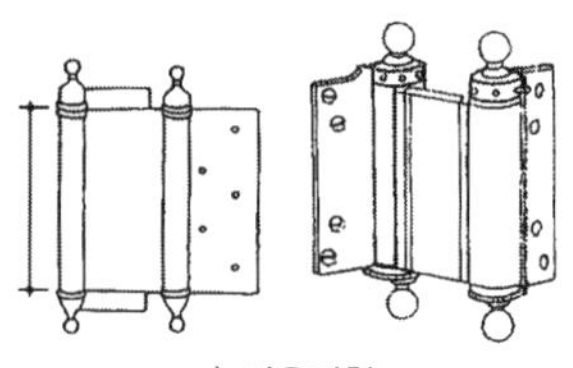
c) 자유경첩

그림 9-21 경첩의 종류

하여 무거운 강제문도 가볍게 여닫을 수 있도록 한 경첩이다.

⑤ 숨은 경첩(Fnvisible hinge)

문틀과 문짝에 홈을 파서 경첩을 달아 문을 닫으면 경첩이 보이지 않게 되는 경첩으로 고급 문이나 가구에 주로 사용한다.

⑥ 돌쩌귀 경첩(Loose joint hinge)

하부 너클과 상부 너클의 접합부에 핀을 끼워 댄 2단 너클 구조의 경첩으로 올리브 너클형과 포멜 너클형 등이 있다.

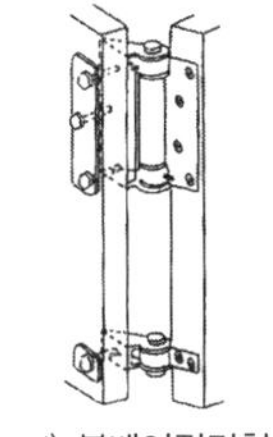

d) 볼베어링경첩

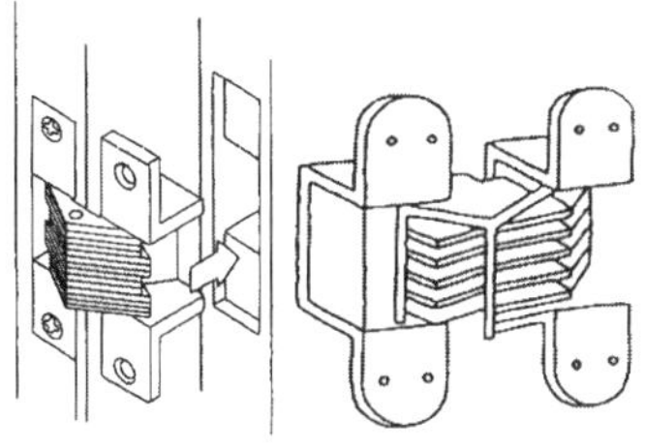

e) 숨은경첩

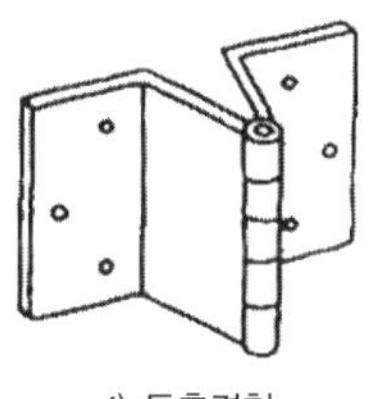

f) 돌출경첩

그림 9-21 경첩의 종류

(2) 플로어 힌지(Floor hinge)

여닫이문을 여닫으면 저절로 닫히게 하는 장치를 문의 바닥판에 매립하여 설치하고 문짝 하부에 장부를 끼우거나 내달기 대에 매달고, 문 상부는 지도리(Pivot)를 축대로 하여 회전되게 한 구조이다. 일반적으로 무거운 자재문, 유리문 등에 사용한다.

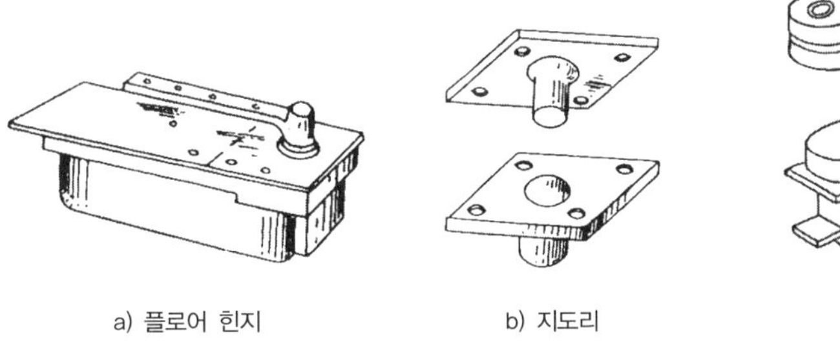

a) 플로어 힌지 b) 지도리 c) 피봇 힌지

그림 9-22 플로어 힌지 · 피봇 힌지

(3) 피봇 힌지(Pivot hinge)

문짝의 상부와 하부에 지도리를 축대로 하고 문틀에 축대 홈 구멍을 만들어 축대가 축대 홈 구멍에 끼워 지지되고 회전되어 문이 여닫게 되는 구조이다.

(4) 도어행거(Door hanger)

문짝의 규모가 크고 무거운 미닫이문은 상부에 도르래 바퀴가 달린 행거를 2개 이상 균형 잡히게 문틀에 설치된 행거 레일(Hanger rail)에 매달아 걸고, 문짝 하부에는 문바퀴 롤러를 2개 이상 균형 잡히게 매립하여 레일 위에서 움직이기 쉽게 하여 여닫게 한 구조이다.

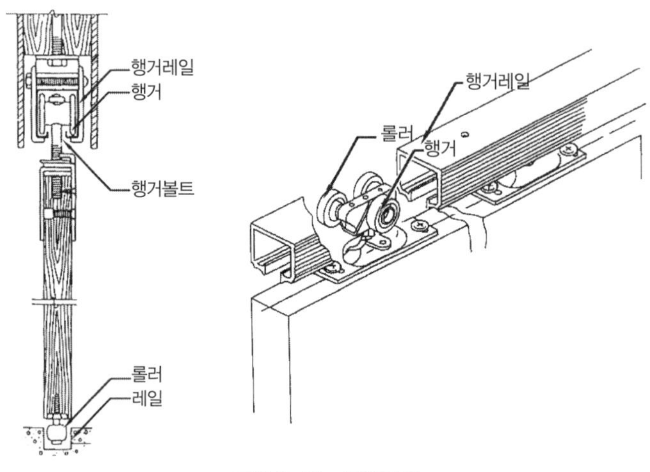

그림 9-23 도어행거

9.5.2 개폐조정철물

(1) 도어체크(Door check)

여닫이문의 문틀과 문짝 상부에 도어체크를 설치하여 열려진 여닫이문이 자동으로 닫히게 한 장치이다.

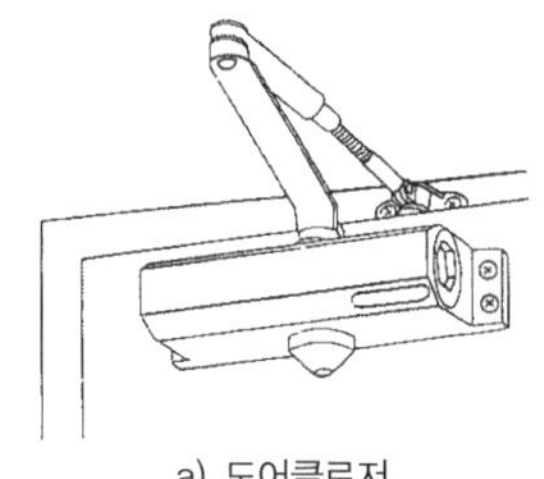

a) 도어클로저

(2) 도어스톱(Door stop)

여닫이문을 열었을 때 문손잡이에 의해 벽이 손상되는 것을 보호하고, 문을 고정시키는 장치로 문짝 하부에 매달며 금속제 꺾임 발 끝단에 고무 논슬립제가 붙어 있다.

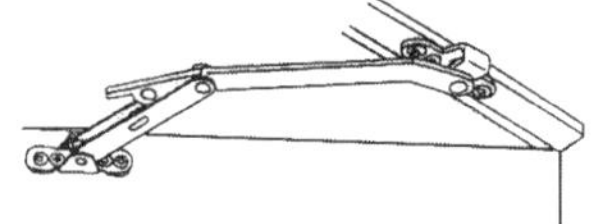

b) 여닫이창 개폐조정기

(3) 문잡이쇠(Door holder hook)

여닫이문을 열어 문이 닫히지 않게 갈고리걸쇠나 로드 달린 조정기로 문을 잡아두는 장치를 문잡이쇠라 하고, 도어스톱이 문잡이쇠 역할을 겸하게 된 것도 있다.

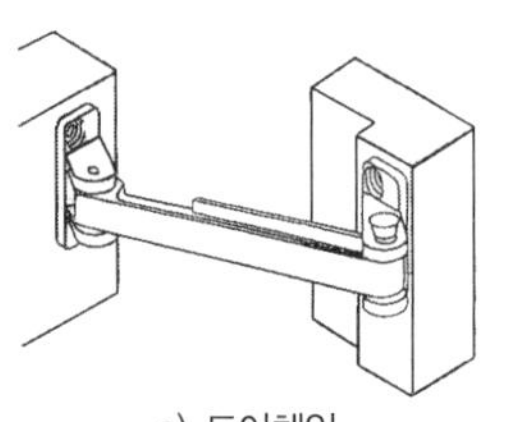

c) 도어체인

그림 9-24 개폐조정철물

(4) 창개폐조정기(Casement window adjuster)

창문의 밑막이에 로드 달린 조정기를 매달아 여닫이창을 열어서 바람에 흔들리지 않도록 창문을 열고 조정기 나사를 조여서 창문이 열리는 정도를 고정시키는 장치이다.

(5) 도어체인(Door chain)

여닫이문의 여닫음을 제한할 목적으로 문과 문틀을 체인으로 걸어서 문이 일정한 간격으로만 열리게 한 장치이다.

9.5.3 문자물쇠 · 꽂이쇠

자물쇠는 문을 잠그는 형태에 따라 헛자물쇠(Latch)와 본자물쇠(Dead lock), 헛자물쇠와 본자물쇠의 기능을 모두 가지고 있는 것이 있다. 헛자물쇠는 문을 걸쇠를 이용하여 잠그는 정도의 것이고, 본자물쇠는 열쇠를 이용하여 문을 걸어 잠그는 것이다.

자물쇠의 설치 방법은 문과 문틀에 자물쇠를 홈을 파서 끼워 넣은 것과 문과 문틀에 붙이거나 끼워대는 형태가 있다.

(1) 함자물쇠(Rim lock)

헛자물쇠와 본자물쇠 두 기능을 모두 가지고 있으며 손잡이는 알손잡이와 레버손잡이가 있다. 함자물쇠는 홈을 파서 끼워 넣는 식과 붙이거나 끼워대는 식 2가지가 있다.

(2) 실린더 자물쇠(Cylinder lock)

헛자물쇠와 본자물쇠의 두 기능을 가진 자물쇠를 원통의 실린더 속에 설치하고 알손잡이를 장착한 것이다. 손잡이의 버튼을 실내부 쪽으로 달고 버튼을 누르면 자물쇠가 닫혀서 외부손잡이가 회전되지 않는 구조이다. 이 자물쇠는 홈을 파서 끼워 넣는 식이다.

(3) 갈고리 자물쇠(Sliding door lock)

본자물쇠의 실린더 개폐장치를 외부는 열쇠로 열고, 내부에서는 돌출된 개폐장치 버튼을 회전시켜 걸어 잠그는 형식이다.

(4) 나이트래치(Night latch)

나이트래치 자물쇠는 손잡이가 없는 자물쇠로 외부에서는 열쇠로 열고 실내에서는 자물쇠에 돌출된 작은 레버를 회전시켜 열고 잠그는 방식이다. 이 자물쇠는 홈을 파서 끼워 넣는 식과 붙이거나 끼워대는 식 2종류가 있다.

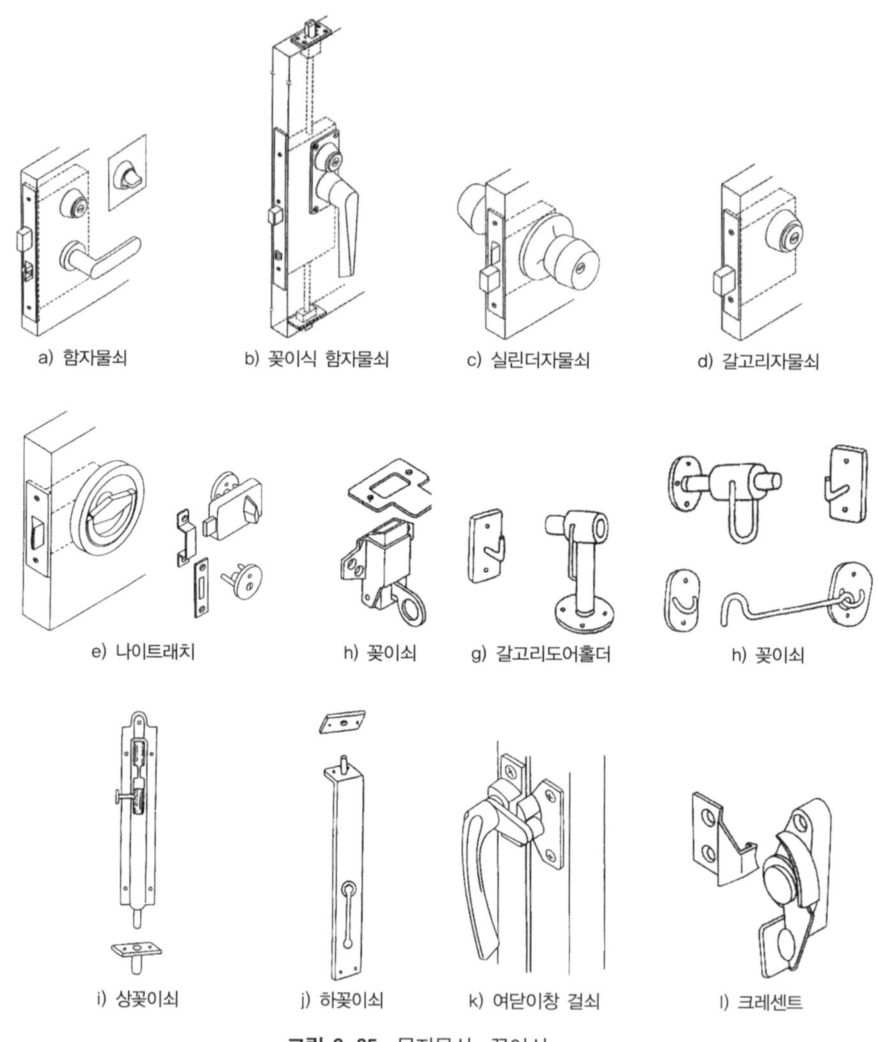

그림 9-25 문자물쇠 · 꽂이쇠

(5) 꽂이쇠(Bolt)

닫힌 미서기 창호의 겹친 선대나 미닫이 창호의 선대와 기둥, 선틀 등에 꽂이쇠를 꽂아서 잠그는 형식을 말한다. 꽂이쇠의 종류는 가로 꽂이쇠, 중간 꺾임 꽂이쇠와 창호틀 상하로 걸게 된 오르내리 꽂이쇠 등이 있다.

(6) 걸쇠(Latch)

갈고리의 레버를 걸쳐 걸어 잠그는 방식을 걸쇠라 한다. 창호를 창호틀에 잠글 때 사용한다.

(7) 크레센트(Crescent)

미서기창의 마중대나 오르내리창의 여밈대 마구리에 달아서 창호를 잠그는 데 사용한다.

9.5.4 문손잡이

(1) 알손잡이(Door knob)

문을 여닫을 때 자물쇠의 래치 볼트를 움직여 개폐될 수 있게 하는 구형 모양의 둥근 손잡이를 말한다.

(2) 레버 핸들(Lever handle)

문을 여닫을 때 손잡이가 ㄱ자의 레버와 같은 모양이다.

(3) 굽은 손잡이(Pull door)

문을 여닫을 때 팔 모양으로 굽은 손잡이로 창호의 선대에 달아 사용하며 밀판이 붙어 있는 것과 굽은 손잡이만 있는 것이 있다.

(4) 오목 손걸이

미서기 창호, 미닫이 창호의 선대에 손을 걸어 여닫을 수 있도록 홈을 파넣은 손걸이이다.

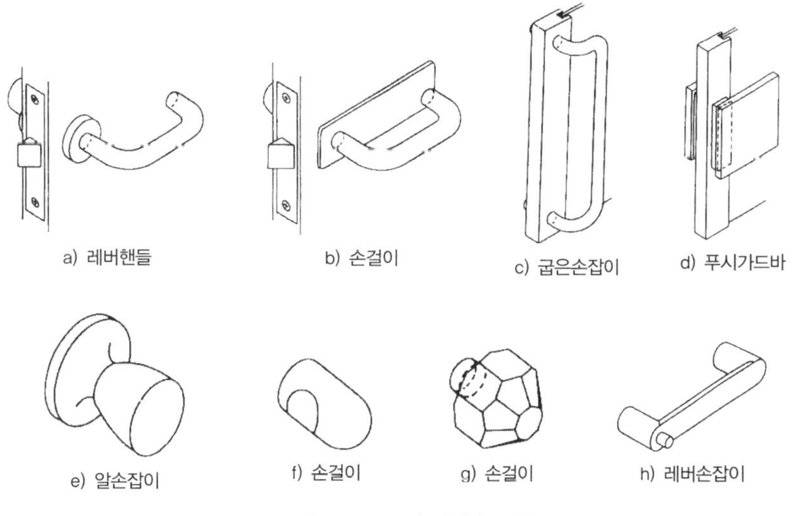

그림 9-26 문손잡이의 종류

9.5.5 문바퀴

(1) 문바퀴(Sash roller)

미서기 창호, 미닫이 창호를 여닫을 때 미끄러짐이 부드럽게 하기 위해 창호의 밑막이에 홈을 내어 문바퀴를 달아 레일 위를 구르게 한다.

(2) 레일(Rail)

문바퀴가 움직이는 하부에 설치하여 미끄러짐을 부드럽게 해주기 위한 레일로 단면은 각형, 반원형 등으로 철제, 황동제, 플라스틱제 등이 있다.

(3) 도르래(Sash hanger)

창호 상부 위에 달아매서 미끄러짐을 부드럽게 해주는 바퀴로 오르내리창이나 도어행거에 사용한다.

(4) 추(Sash weight)

오르내리창을 여닫을 때 평형을 맞추어서 창을 좁게 또는 넓게 마음대로 열 수 있도록 한 평형추이다.

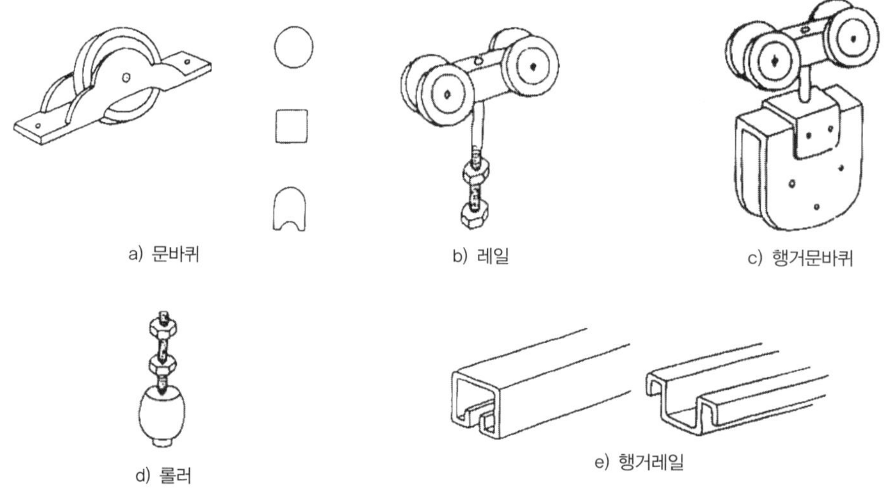

그림 9-27 문바퀴의 종류

9.6 유리(Glass)

9.6.1 유리의 종류

창호에 사용하는 유리(Glass)는 일반적으로 보통 판유리(Clear sheat glass)이다. 보통 판유리를 제조할 때 한 면에 무늬를 넣어 만든 것을 무늬유리(Pattend glass)라 하고, 이 무늬 유리는 여러 종류가 있으며, 시선은 차단하고 빛은 투과시킨다.

화재나 폭발 등의 재해가 발생되어 유리가 깨져 날리는 것을 방지하려고 유리 속에 그물망을 삽입한 망입유리도 있다. 유리에 연한 녹청색이나 연한 녹색의 물을 들여 빛을 50%~80% 통과시키면서 태양열을 50%~30% 정도 흡수하는 열흡수유리(Heat absorbing glass)가 있으며 햇빛의 굴절량을 35~45°로 햇빛의 방향을 바꿔주는 프리즘유리(Prismatic glass)가 있다.

보통 일반 유리에 열처리를 하여 강도를 3~5배 정도 높게 함으로써 잘 깨지지 않는 강화유리(Toughened glass)를 만들고, 이 강화유리는 깨질 때 날카로운 모서리가 없이 둥그렇게 부서지는 특징을 가지고 있다. 또 유리의 한쪽 면에 어두운 색이 코팅되어 있어 이 어두운 쪽 면을 실내에 설치하면 빛의 상태에 따라 실외에서는 보이지 않고 실내에서는 잘 볼 수 있는 외면 투시용 유리(Oneway vision glass)도 있다.

유리는 창의 크기가 클수록 두꺼운 유리를 사용해야 한다. 유리의 두께는 2mm, 3mm, 5mm, 6mm, 10mm, 12mm가 있으며 크기는 60×90cm^2, 90×120cm^{2}가 있고 크기에 따라 두께도 달라진다.

열을 차단시키는 창에는 겹유리(Pair glass)를 사용한다. 겹유리는 두 장의 유리를 일정한 거리를 두고 그 사이에 공기 또는 아르곤(Argon) 가스를 넣고 바깥 가장 자리를 봉해서 한 장의 유리를 만드는 것이다. 유리창의 단열을 위한 겹유리(Pair glass)는 유리 두께가 최소 5mm 이상되는 유리를 사용해야 하고, 겹유리 두 장의 간격인 겹새 간격은 19mm 이하 되게 해야 충분한 단열효과를 얻을 수 있다.

일반적으로 사용하는 겹새 간격은 6mm, 8mm, 10mm, 12mm 정도를 사용한다. 겹유리는 공장에서 생산된 제품을 사용해야 여러 문제를 쉽게 해결할 수 있다.

9.6.2 유리 끼우기

목재창호와 금속제 창호에 유리 끼우기는 퍼티(Putty) 또는 소란을 대고 건축물의 내·외부에 둔다. 퍼티 또는 소란은 일반적으로 실외에 두는 것이 원칙이지만 보안이나 방범을 위해 실내에 둘 때는 마무리를 잘해야 한다.

목재창호의 유리 끼우기는 나무퍼티면대 또는 누름대를 사용하고, 금속제 창호의 유리 끼우기는 반죽퍼티, 세팅 블록(Setting block) 또는 개스킷(Gasket) 등을 사용한다.

(1) 나무 퍼티(Wood putty)

목재창호에 유리를 끼울 곳은 창호의 창살과 선대에 유리를 끼울 수 있도록 살을 따내고 유리를 끼운 후 나무퍼티로 밀착시켜대고 못질하여 고정시킨다, 나무퍼티는 4면대기, 3면대기, 2면대기를 사용하고 3면이나 2면대기는 상부, 하부에 유리 두께에 맞게 틀에 홈을 내어 끼워 넣고 좌·우면을 나무퍼티로 고정시키는 방법이다. 창틀에 유리를 끼워 넣고 유리 두께 만큼의 턱을 가진 창살면대를 상하좌우로 대고 나사못으로 고정한 것을 면대대기, 누름대대기라 한다.

(2) 반죽 퍼티

창틀에 유리를 끼우고 못이나 클립(Clip)으로 유리를 고정시키고 반죽퍼티를 면바르고 일정하게 주걱으로 눌러 바르고 깨끗하게 마무리한다.

(3) 세팅 블록(Setting block), 누름대 퍼티

금속제 창호에 유리를 끼울 때는 세팅 블록(Setting block)을 사용하여 유리를 끼우고, 세팅 블록을 창틀에 설치할 때는 탄성실링재를 깔고 세팅 블록을 위에 올리고 세팅 블록이 빠져나오지 않도록 상하좌우에 누름대를 설치하여 고정시킨다.

(4) 개스킷(Gasket) 퍼티

금속제 창호에 유리를 끼울 때 개스킷 퍼티(Gasket putty)를 사용하여 유리를 끼우는 방법이다. 개스킷 퍼티를 창틀에 홈을 파고 끼워 넣은 후에 개스킷에 유리를 끼워 넣고 가스 지퍼 홈에 개스킷 누름대를 넣어 고정시키는 방법이다.

이 개스킷 퍼티는 시공성이 좋아 많이 사용되나 기밀성과 수밀성이 다소 부족하다.

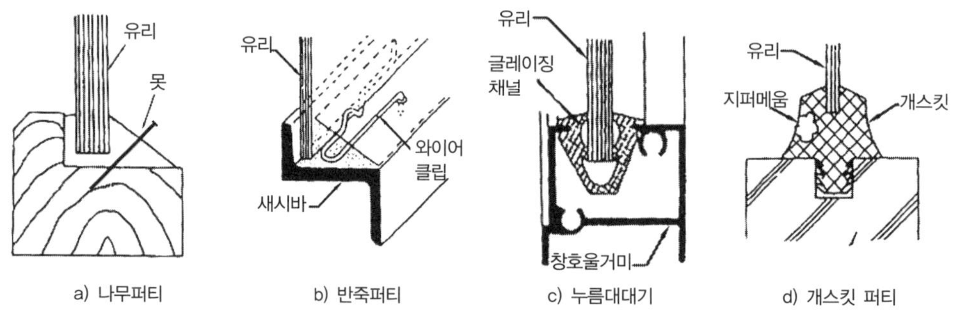

그림 9-28 유리끼우기

9.7 유리블록(Glass block)

유리블록은 투명유리를 시멘트 블록 형상으로 만든 채광을 위한 장식재 블록으로 매우 우수하다. 이 유리블록은 속이 빈상자형 형태로 고온에서 밀착 접합 성형하므로 열전도율이 매우 적다.

블록 내부는 무늬를 넣어서 투시는 불가능하나 빛의 투과 확산이 잘 되고, 모르타르와 잘 접착되게 면처리로 되어 있다. 유리블록의 크기는 146×146mm, 197×197mm, 197×95mm 등이고 두께는 모두 98mm이며 문양은 여러 종류가 있다.

유리블록 쌓기는 모르타르로 쌓고 백색 시멘트 모르타르로 치장줄눈을 하고, 쌓기 보강은 철띠 또는 와이어 메시 등으로 한다. 유리블록은 높이 또는 길이가 6m 미만이 되게 하고, 넓이는 11m^2 미만이 되게 쌓아야 한다. 넓이가 11m^2 이상일 때는 넓이를 나누어서 보강하여 쌓고, 모르타르 배합비는 시멘트, 석회, 모래의 비율이 1 : 1 : 4가 되도록 하고 줄눈은 6mm 정도 두께로 한다.

이 유리블록을 쌓을 때는 신축을 고려하여 블록의 사방 가장자리에는 신축성 매스틱을 13mm 정도 유리블록 받이재는 5mm 정도 깔아 고정시킨다.

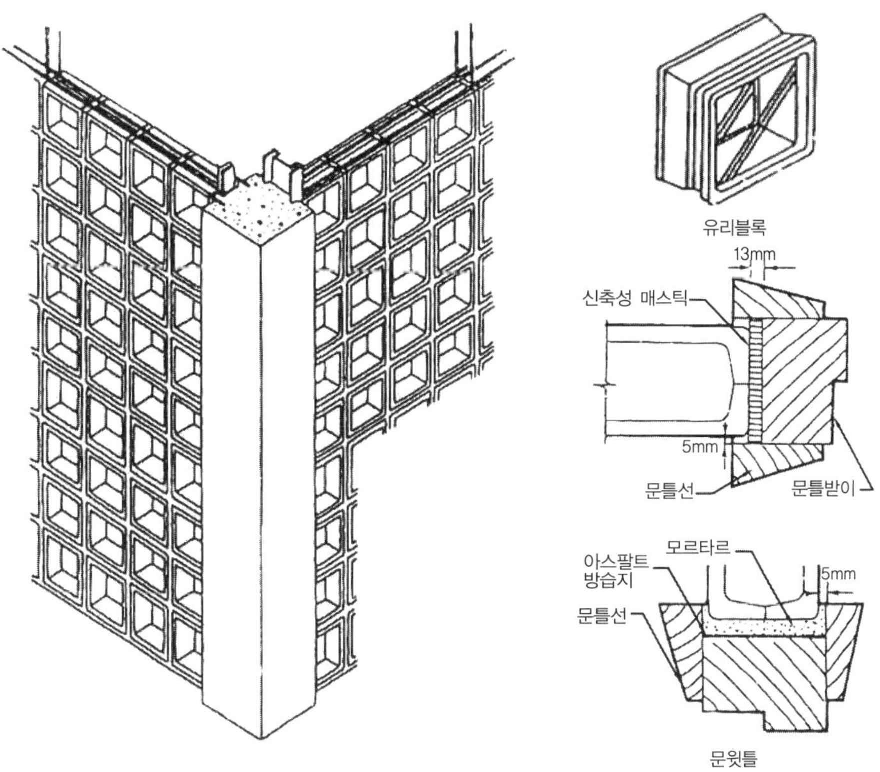

그림 9-29 유리 블록쌓기

10장 하중과 구조설계법

10장 하중과 구조설계법

10.1 하중과 외력

건축물에 작용하는 하중에는 마감재와 구조재의 자중인 고정하중과 건축물의 용도에 따라 적재되는 물품, 사람의 중량 등에 의한 활하중이 있다. 이 고정하중과 활하중은 항상 작용되는 하중이므로 장기하중(長期荷重)이라 한다. 또 건축물에는 눈-적설하중, 바람-풍하중, 지진-지진하중 등 자연현상에 의한 외력들이 작용한다. 이들 외력은 임시적으로 작용하는 것이므로 비상시하중이라 하며, 장기하중과 비상시하중을 합한 하중을 단기하중(短期荷重)이라 한다.

건축물의 종류와 용도에 따라 토압, 수압, 기계진동 등과 같은 기타 하중을 받는 경우도 있으나 이들은 보통 장기하중으로 생각하여 설계한다.

10.1.1 고정하중(Dead load)

고정하중은 건축물 각 부재의 자체중량이다. 건축물의 부재자중과 건축물에 부착되는 영구시설물들의 모든 구성요소들의 무게를 고정하중이라 한다.

슬래브, 보, 기둥, 기초, 벽체 등의 자체중량과 칸막이벽, 기계설비 등에 의한 모든 중량을 말한다. 고정하중은 계산하기 쉽고, 신뢰성이 매우 높다.

건축물 각부의 중량은 '건축물의 하중기준 및 해설(사단법인 대한건축학회, 2000)' [표 해2.1]~[표 해2.13]을 참조할 수 있다.

표 10-1 각종 건축재료의 중량

재 료 명	kN/m³	두께 1cm당 kN/m²	비 고
무근콘크리트(plain concrete)	23	0.23	
철근콘크리트(reinforced concrete)	24	0.24	
구조용 강재(structural steel)	78	0.785	
주철(cast iron)	72	–	
목재(timber)	6	0.6	평균치
벽돌(brick)	19	–	
화강석(granite)	27	0.27	
대리석(marble)	26	0.26	
경량콘크리트(light concrete)	10~18	–	슬래그
유리(glass)	25	0.25	
인조석 · 시멘트모르타르 · 타일	20~23	0.20	
회반죽(lime plaster)	16	0.16	
흙(土) · 모래(砂)	21	0.21	
연(鉛)	114	–	
압연동(壓延銅)	89	–	

표 10-2 건축물 각 부분의 고정하중 (단위 : kN/m²)

건축물의 부분	종 별		하 중		비 고
지붕	기와지붕	부토가 없는 경우	지붕면에 대하여	0.65	지붕 밑의 널 및 서까래 등의 무게를 포함하고, 중도리의 무게를 포함하지 아니한다.
		부토가 있는 경우		1.00	
	석면 슬레이트 지붕	중도리에 직접 이는 경우		0.25	중도리의 무게를 포함하지 아니한다.
		기타의 경우		0.35	지붕 밑의 널 및 서까래 등의 무게를 포함하고, 중도리의 무게를 포함하지 아니한다.
	철골판 지붕	중도리에 직접 이는 경우		0.50	중도리의 무게를 포함하지 아니한다.
	얇은 철판지붕			0.20	지붕 밑의 널 및 서까래 등의 무게를 포함하고, 중도리의 무게를 포함하지 아니한다.
	유리 지붕			0.30	철제 틀의 무게를 포함하고, 중도리의 무게를 포함하지 아니한다.
	두꺼운 슬레이트 지붕			0.45	지붕 밑의 널 및 서까래 등의 무게를 포함하고, 중도리의 무게를 포함하지 아니한다.
목조인 중도리	중도리의 지점간 거리가 2m 이하인 경우			0.05	
	중도리의 지점간 거리가 4m 이하인 경우			0.10	

(표 계속)

건축물의 부분	종 별			하 중		비 고
반자	살대반자			반자에 대하여	0.10	달대 · 달대받이 · 기타의 바탕의 무게를 포함한다.
	섬유판반자 · 널반자 · 금속판반자 · 합판반자				0.15	
	목모시멘트반자				0.20	
	우물반자				0.30	
	회반죽반자				0.40	
	모르타르반자				0.60	
바닥	목조인 바닥	널바닥		바닥면에 대하여	0.15	장선의 무게를 포함한다.
		다다미 바닥			0.35	바닥널판 및 장선의 무게를 포함한다.
		바닥보	경간이 1m 이하인 경우		0.10	
			경간이 6m 이하인 경우		0.17	
			경간이 8m 이하인 경우		0.25	
	콘크리트 구조인 바닥의 마감	널바닥			0.20	장선 및 장선받이의 무게를 포함한다.
		플로어링 블록 바닥			0.15	마감두께 1cm마다 그 두께의 값을 곱한다.
		모르타르바닥 · 인조석바닥 · 타일붙임바닥			0.20	
		아스팔트방수층 바닥			0.15	
벽	목조건물의 벽 골조			벽면에 대하여	0.15	기둥, 사잇기둥 및 가새의 무게를 포함한다.
	목조 건축물의 벽마감	비늘판붙임벽 · 루버붙임벽 · 섬유판붙임벽			0.10	벽바탕의 무게를 포함하고, 골조의 무게를 포함하지 아니한다.
		졸대회반죽벽			0.35	
		철망모르타르벽			0.65	
	목조건물의 외벽				0.85	골조의 무게를 포함한다.
	콘크리트 구조인 바닥의 마감	회반죽벽			0.17	마감두께 1cm마다 그 두께의 값을 곱한다.
		모르타르벽 및 인조석벽			0.20	
		타일붙임벽			0.20	

10.1.2 활하중(Live load)

활하중은 건축물의 사용자, 물품 사용, 기기, 저장물 등에 의해서 발생되는 중량이며, 이 활하중은 등분포활하중과 집중활하중으로 표현된다. 등분포활하중은 건축물의 용도별로 바닥면에 균등하게 분포되는 적재물의 중량으로 구조물의 안전도를 고려한 최소값으로 표현하며, 진동, 충격이 작용될 경우에는 구조물의 활하중 값을 증가시켜 산정하는 것이 일반적이다.

표 10-3 기본 등분포 활하중 (단위 : kN/m^2)

용 도			구조물의 부분	활하중
1	주 택		가. 주거용 구조물의 거실, 공용실, 복도	2.0
			나. 공동주택의 발코니	3.0
2	병 원		가. 병실과 해당 복도	2.0
			나. 수술실, 공용실과 해당 복도	3.0
3	숙박시설		가. 객실과 해당 복도	2.0
			나. 공용실과 해당 복도	5.0
4	사무실		가. 일반 사무실과 해당 복도	2.5
			나. 로비	4.0
			다. 특수용도사무실과 해당 복도	5.0
			라. 문서보관실	5.0
5	학 교		가. 교실과 해당 복도	3.0
			나. 로비	4.0
			다. 일반 실험실	3.0
			라. 중량물 실험실	5.0
6	판매장		가. 상점, 백화점(1층 부분)	5.0
			나. 상점, 백화점(2층 이상 부분)	4.0
			다. 창고형 매장	6.0
7	집회 및 유흥장		가. 로비, 복도	5.0
			나. 무대	7.0
			다. 식당	5.0
			라. 주방 (영업용)	7.0
			마. 극장 및 집회장 (고정식)	4.0
			바. 집회장 (이동식)	5.0
			사. 연회장, 무도장	5.0
8	체육시설		가. 체육관 바닥, 옥외경기장	5.0
			나. 스탠드 (고정식)	4.0
			다. 스탠드 (이동식)	5.0
9	도서관		가. 열람실과 해당 복도	3.0
			나. 서고	7.5
10	주차장	옥내주차구역	가. 승용차 전용	3.0
			나. 경량트럭 및 빈 버스 용도	8.0
			다. 총중량 18톤 이하의 트럭, 중량차량 용도	12.0
		옥내차로와 경사차로	가. 승용차 전용	3.0
			나. 경량트럭 및 빈 버스 용도	10.0
			다. 총중량 18톤 이하의 트럭, 중량차량 용도	16.0
		옥외	가. 승용차 전용	12.0
			나. 총중량 18톤 이하의 트럭, 중량차량 용도	16.0
11	창 고		가. 경량품 저장창고	6.0
			나. 중량품 저장창고	12.0
12	공 장		가. 경공업 공장	6.0
			나. 중공업 공장	12.0
13	지 붕		가. 점유/사용하지 않는 지붕 (지붕활하중)	1.0
			나. 산책로 용도	3.0
			다. 정원 및 집회 용도	5.0
			라. 헬리콥터 이착륙장	5.0
14	기계실		공조실, 전기실, 기계실 등	5.0
15	광 장		옥외광장	12.0

집중활하중은 구조물의 어느 한 곳에 집중되어 작용되는 하중으로 도서관의 서가, 공장 건축물 등에서 볼 수 있다. 집중활하중은 기둥이나 큰보보다 슬래브와 작은보에 해당되며, 특히 스팬이 짧은 경우에는 등분포하중보다 집중하중이 큰 응력을 유발하게 된다.

등분포활하중은 건축물의 면적이 커지거나 층수가 높아짐에 따라 최대활하중이 구조물에 가해지는 확률은 줄어들게 되므로 활하중저감계수를 적용하여 사용한다.

등분포활하중 = 기본등분포활하중 × C

$$C = 0.3 + \frac{4.2}{\sqrt{A}}$$

여기서, C : 활하중저감계수

A : 영향면적 (단, $A \geq 36\text{m}^2$)

표 10-4 기본 집중 활하중

<table>
<tr><th colspan="2">용 도</th><th colspan="2">구조물의 부분</th><th>집중하중
(kN)</th><th>하중접촉면
(m×m)</th></tr>
<tr><td>1</td><td>병 원</td><td colspan="2">가. 병실과 해당 복도
나. 수술실, 공용실과 해당 복도</td><td>10</td><td>0.75 × 0.75</td></tr>
<tr><td>2</td><td>사무실</td><td colspan="2">가. 일반 사무실과 해당 복도
나. 로비
다. 특수용도사무실과 해당 복도
라. 문서보관실</td><td>10</td><td>0.75 × 0.75</td></tr>
<tr><td>3</td><td>학 교</td><td colspan="2">가. 교실과 해당 복도
나. 로비
다. 일반 실험실
라. 중량물 실험실</td><td>5</td><td>0.75 × 0.75</td></tr>
<tr><td>4</td><td>판매장</td><td colspan="2">가. 상점, 백화점(1층 부분)
나. 상점, 백화점 (2층 이상 부분)
다. 창고형 매장</td><td>5</td><td>0.75 × 0.75</td></tr>
<tr><td>5</td><td>도서관</td><td colspan="2">가. 열람실과 해당 복도
나. 서고</td><td>5</td><td>0.75 × 0.75</td></tr>
<tr><td rowspan="2">6</td><td rowspan="2">주차장</td><td colspan="2">가. 승용차 전용</td><td>15</td><td>0.11 × 0.11</td></tr>
<tr><td colspan="2">나. 트럭 및 버스</td><td>최대바퀴하중</td><td>0.11 × 0.11</td></tr>
<tr><td rowspan="2">7</td><td rowspan="2">공 장</td><td colspan="2">가. 경공업 공장</td><td>10</td><td>0.75 × 0.75</td></tr>
<tr><td colspan="2">나. 중공업 공장</td><td>15</td><td>0.75 × 0.75</td></tr>
<tr><td rowspan="5">8</td><td rowspan="5">지 붕</td><td colspan="2">가. 유지·보수 작업자의 하중을 받는 모든 지붕</td><td>1.5</td><td>0.75 × 0.75</td></tr>
<tr><td rowspan="2">나. 헬리콥터 이착륙장</td><td>최대허용이륙하중 20kN 이하</td><td>28</td><td>0.20 × 0.20</td></tr>
<tr><td>최대허용이륙하중 60kN 이하</td><td>84</td><td>0.30 × 0.30</td></tr>
<tr><td rowspan="2">다. 작업장 상부에 노출된 지붕의 주요 구조재 및 트러스 하현재 절점</td><td>공장, 창고 및 자동차 정비소 등의 용도의 상부 지붕</td><td>10</td><td>–</td></tr>
<tr><td>기타 용도의 상부 지붕</td><td>1.5</td><td>–</td></tr>
<tr><td>9</td><td colspan="3">계단 디딤판</td><td>1.35</td><td>0.05 × 0.05</td></tr>
</table>

10.1.3 적설하중(Snow load)

적설하중은 구조물에 눈이 쌓여 생기는 하중으로 건축물이 위치한 지역의 기상조건과 건축물 지붕의 형상·경사도 등에 의해 영향을 받는다. 적설하중의 눈은 쌓이면 눌러져서 단위중량이 증가하는 특성을 가지므로 적설하중 산정시 고려해야 한다.

우리나라의 각 지역마다 다년 간의 적설량을 통계를 통해 설계할 구조물이 위치한 지역의 최대적설량을 예측하고 이 값을 그 지역의 적설하중 산정에 적용시킨다.

지붕적설하중은 기본지상적설하중을 기준으로 지역적 기후와 지형 등을 고려하여 산정한다. 평지붕적설하중(S_f)을 기본지상적설하중(S_g), 기본지붕적설하중계수(C_b), 노출계수(C_e), 온도계수(C_t) 및 중요도계수(I_s)의 조합으로 계산하도록 규정하고 있다.

$$\text{평지붕적설하중}(S_f) = C_b \cdot C_e \cdot C_t \cdot I_s \cdot S_g \ (\text{kN/m}^2)$$

이 식에서 기본지붕적설하중계수(C_b)의 값은 일반적으로 0.7로 취하고, 온도계수(C_t)의 값은 난방구조물일 때 1.0, 비난방구조물일 때 1.2로 하며, 이외의 기본지상적설하중(S_g), 노출계수(C_e), 건물의 중요도계수(I_s)는 다음 도표 값으로 한다.

표 10-5 눈의 평균단위중량, P

수직최심적설깊이(m)	평균단위중량 (P, 적설깊이 1mm당 N/m^2)
0.5 이하	1.0
1.0	1.5
1.5	2.0
2.0 이상	3.0

표 10-6 기본지상적설하중(S_g)

지 역	지상적설하중(kN/m^2)
서울, 수원, 춘천, 서산, 청주, 대전, 추풍령, 포항, 군산, 대구, 전주, 울산, 광주, 부산, 통영, 목포, 여수, 제주, 서귀포, 진주, 이천	0.5
정읍, 울진	0.65
인 천	0.8
속 초	2.0
강 릉	3.0
울릉도, 대관령	7.0

표 10-7 노출계수(C_e)

주변 환경	C_e
A. 지형, 높은 구조물, 나무 등 주변환경에 의해 모든 면이 바람막이 없이 노출된 지붕이 있는 거센 바람 부는 지역	0.8
B. 약간의 바람막이가 있는 거센 바람 부는 지역	0.9
C. 바람에 의한 눈의 제거가 지형, 높은 구조물 또는 근처의 몇몇 나무들 때문에 지붕 하중의 감소를 기대할 수 없는 위치	1.0
D. 바람의 영향이 많지 않은 지역 및 지형과 높은 구조물 또는 몇몇 나무들에 의하여 지붕에 바람막이가 있는 지역	1.1
E. 바람의 영향이 거의 없는 조밀한 숲 지역으로서, 촘촘한 침엽수 사이에 위치한 지붕	1.2

표 10-8 온도계수(C_t)

난방상태	C_t
난방구조물(적설하중 제어구조)	1.0
비난방구조물(적설하중 비제어구조)	1.2

표 10-9 중요도계수(I_s)

중요도	건축물의 용도 및 규모	중요도 계수(I_s)
(특)	• 연면적이 1,000m^2 이상인 위험물 저장 및 처리시설, 국가 또는 지방자치단체의 청사, 외국공관, 방송국, 전신전화국, 발전소, 소방서 • 종합병원, 수술실이나 응급시설이 있는 병원	1.2
(1)	• 연면적이 1,000m^2 미만인 위험물 저장 및 처리시설, 국가 또는 지방자치단체의 청사, 외국공관, 방송국, 전신전화국, 발전소, 소방서 • 연면적 5,000m^2 이상인 공연장, 집회장, 관람장, 전시장, 운동시설, 판매시설, 운수시설(화물터미널과 집배송시설은 제외함) • 아동관련시설, 노인복지시설, 사회복지시설, 근로복지시설 • 5층 이상인 숙박시설, 오피스텔, 기숙사, 아파트 • 학교 • 수술시설이나 응급시설이 없는 병원, 기타 연면적 1000m^2 이상인 의료시설로서 중요도(특)에 해당하지 않는 건축물	1.1
(2)	• 중요도(특), (1) 및 (3)에 해당하지 않는 건축물	1.0
(3)	• 가설 건축물, 농업시설물, 소규모 창고	0.8

경사지붕 적설하중(S_s)은 평지붕 적설하중(S_f)에 지붕경사도계수(C_s)를 곱하여 계산한다.

$$\text{경사지붕 적설하중}(S_s) = C_s \cdot S_f \quad (\text{kN/m}^2)$$

이 식에서 지붕경사도계수(C_s)는 따뜻한 지붕과 차가운 지붕으로 구분한 도표 값으로 한다.

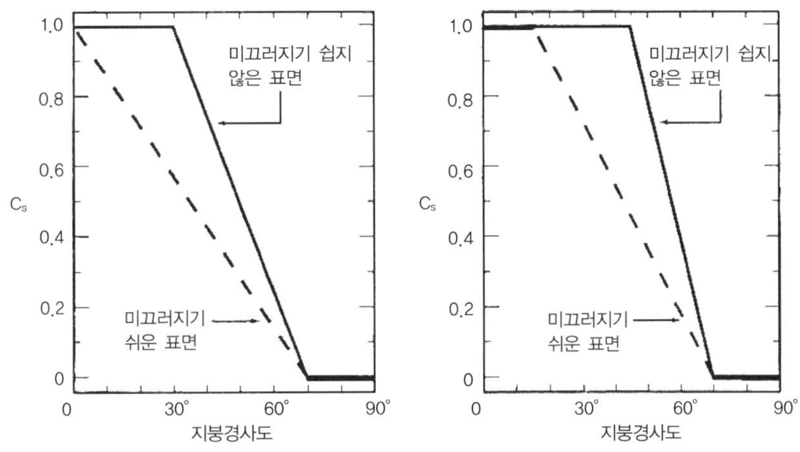

그림 10-1 지붕경사도계수(C_s)

10.1.4 풍하중(Wind load)

건축물에 대한 바람 작용은 바람이 구조체에 부딪쳐 바람의 운동에너지가 바람압력으로 변환되는 하중을 풍하중이라 한다. 바람에 의한 압력인 풍압력은 공기밀도, 속도분포 등 바람의 성질과 건물의 모양, 크기, 주변상황 등에 의해 규정된다.

일반적으로 중·저층 건축물은 바람에 의한 동적 횡하중을 등가인 정적 횡하중으로 치환하여 풍하중을 산정한다. 그러나 고층건축물 및 건축물의 형태가 바람에 크게 영향을 받는 구조물 등은 풍하중의 영향 요소들을 고려한 풍동실험을 실시하여 그 결과를 토대로 풍하중 값을 산정한다. 이와 같은 구조물들은 풍하중에 의해 구조부재가 커지므로 풍하중 산정은 공사비에 매우 큰 영향을 준다.

풍하중은 주골조설계용 수평풍하중·지붕풍하중과 외장재설계용 풍하중으로 구분하고, 각각의 풍하중은 설계풍압에 유효면적을 곱하여 산정한다. 주골조설계용 풍방향풍하중(W_D) = 주골조설계용 설계풍압(p_F)×유효수압면적(A)으로 산정한다. 단위는 N이며, 건축물의 밀폐와 개방정도에 따라 밀폐형, 부분 개방형 및 개방형으로 나눈다.

밀폐형 건축물의 주골조설계용 설계풍압(p_F) = 풍방향 가스트영향계수(G_D)×지붕면 평균높이 H에 설계속도압(q_H)×[풍상벽의 외압계수(C_{pe1}) − 풍하벽의 외압계수(C_{pe2})]이다.

$$p_F = G_D q_H (C_{pe1} - C_{pe2}) \quad (\mathrm{N/mm^2})$$

지붕면 평균높이 H에서 설계속도압 $q_H = \frac{1}{2}\rho V_H^2$ 이며, 단위는 N/mm²이다. 여기서, ρ는 공기밀도로 균일하게 1.22kg/m³의 값이며, 설계풍속(m/s) V_H는 기본풍속(V_0), 풍속의 고도

분포계수(K_{zr}), 지형계수(K_{zt}) 및 건축물의 중요도계수(I_w)가 고려되어 계산된다.

기본풍속은 우리나라 지역별 기본풍속 값을 참조하고, 풍속의 고도분포계수는 지표면 조도구분에 따라 구할 수 있고, 지표면 조도구분은 건축물이 바람에 노출되는 정도를 나타내며 A, B, C, D 4개로 구분된다.

산, 언덕 및 경사지의 영향을 받지 않는 평탄한 지역에 대한 지형계수 K_{zt}는 1.0이며, 경사진 지형에서 건축물이 지형계수의 적용범위 내에 위치하면 지형계수 $K_{zt} = 1 + \dfrac{k_t s \phi'}{1+3.7I_z}$으로 산정한다. 여기서, k_t는 형상계수, s는 위치계수, ϕ'는 풍상측경사 또는 0.3 중 작은 값, I_z는 높이 z에서의 난류강도를 나타낸다. 건축물의 중요도계수는 건축물의 용도 및 중요도에 따라 규정되어 있다.

가스트영향계수는 공진효과의 크고 작음에 따라 강체건축물 산정용 가스트영향계수와 유연건축물 산정용 가스트영향계수로 구분한다. 유연건축물은 건축물의 풍방향 고유진동수가 1Hz 이하인 경우 또는 바람에 의한 동적효과를 무시할 수 없는 세장한 구조물을 말하며, 풍

표 10-10 100년 재현기간에 대한 지역별 기본풍속

지 역		V_o (m/s)
서울특별시 인천광역시 경기도	서울, 인천, 강화, 옹진, 김포, 구리, 수원, 군포, 오산, 화성, 안산, 시흥, 의왕, 부천, 고양, 평택, 안성, 안양, 과천, 광명	30
	의정부, 동두천, 양주, 파주, 연천, 포천, 남양주, 가평, 하남, 성남, 광주, 양평, 여주, 이천 용인	25
강원도	속초, 양양, 강릉	40
	고성, 동해, 삼척	35
	양구, 철원, 화천, 춘천, 홍천, 횡성, 원주, 평창, 정선, 영월, 인제, 태백	25
대전광역시 충청남북도	서천, 보령, 홍성, 예산, 서산, 태안, 아산, 천안, 연기, 청주, 창원	35
	대전, 계룡, 진천, 증평, 당진	30
	청양, 공주, 부여, 논산, 금산, 음성, 충주, 제천, 단양, 괴산, 보은, 영동, 옥천	25
부산광역시 대구광역시 울산광역시 경상남북도	포항, 울릉(독도)	45
	부산, 기장	40
	경주, 영덕, 울진, 양산, 김해, 창원, 통영, 거제, 고성, 남해, 사천, 울산, 울주	35
	함안	30
	봉화, 영주, 예천, 문경, 상주, 추풍령, 안동, 영양, 청송, 의성, 군위, 구미, 칠곡, 김천, 성주, 고령, 대구, 달성, 경산, 영천, 청도, 창녕, 의령, 진주, 거창, 산청, 밀양, 합천, 함양, 하동	25
광주광역시 전라남북도	군산	40
	익산, 완도, 해남, 진도, 목포, 여수, 고흥, 신안	35
	김제, 순천, 영광, 함평, 광주, 화순, 나주, 무안, 영암, 강진, 장흥, 보성, 광양	30
	원주, 무주, 전주, 진안, 장수, 임실, 정읍, 고창, 순창, 남원, 장성, 담양, 곡성, 구례, 부안	25
제주도	서귀포, 제주	40

방향고유진동수 1Hz를 초과하는 경우 또는 동적 효과를 무시할 수 있는 강체구조물의 주골조설계용 풍방향 가스트영향계수 $G_D = 1 + 4\gamma_D\sqrt{B_D}$ 로 산정한다. 여기서, γ_D는 풍속변동계수, B_D는 비공진계수를 의미한다.

외압계수는 건축물 외피의 임의 수압면에 가해지는 평균풍압과 기준높이에서의 속도압 비를 의미하며, 표 10-16은 밀폐형 건축물의 외압계수를 나타낸 것이다. 기타 건축물의 외압계수는 건축구조기준을 참조할 수 있다.

표 10-11 지표 면조도 구분

지표면 조도 구분	주변지역의 지표면 상태
A	대도시 중심부에서 10층 이상의 대규모 고층건축물이 밀집해 있는 지역
B	수목 · 높이 3.5m 정도의 주택과 같은 건축물이 밀집해 있는 지역 중층건물(4~9층)이 산재해 있는 지역
C	높이 1.5~10m 정도의 장애물이 산재해 있는 지역 수목 · 저층건축물이 산재해 있는 지역
D	장애물이 거의 없고, 주변 장애물의 평균높이가 1.5m 이하인 지역 해안, 초원, 비행장

표 10-12 평탄한 지역에 대한 풍속의 고도분포계수 K_{zr}

지표면으로부터의 높이 Z(m)	지표면 조도 구분			
	A	B	C	D
$z \le Z_b$	0.58	0.81	1.0	1.13
$Z_b < z \le Z_g$	$0.22z^{\alpha}$	$0.45z^{\alpha}$	$0.71z^{\alpha}$	$0.98z^{\alpha}$

주) Z_b : 대기경계층의 시작높이(m), Z_g : 기준경도풍 높이(m), α : 풍속의 고도분포지수

표 10-13 대기경계층의 시작높이, 기준경도풍 높이 및 풍속의 고도분포 지수

지표면 조도 구분	A	B	C	D
Z_b(m)	20	15	10	5
Z_g(m)	550	450	350	250
α	0.33	0.22	0.15	0.10

표 10-14 지형계수 K_{zt} 의 적용범위

지형 구분	풍속할증 적용범위	적용범위	
		풍상측	풍하측
언덕, 산	수평거리(정점에서)	$1.5L_u$ 와 $1.6H$ 중 큰 값	
경사지	수평거리(정점에서)	$1.5L_u$ 와 $1.6H$ 중 큰 값	$3.5L_u$ 와 $4H$ 중 큰 값

표 10-15 중요도계수(I_w)

중요도 분류	초고층건물	특	1	2	3
중요도 계수(I_w)	1.1	1.0		0.95	0.90

주) 초고층건물은 50층 이상인 건축물 또는 200m 이상인 건축물

표 10-16 밀폐형 건축물의 외압계수(C_{pe})

	D/B	C_{pe}
풍상벽 C_{pe1}	모든 값	$0.8k_Z + 0.03(D/B)$
풍하벽 C_{pe2}	≤ 1	− 0.5
	> 1	$-0.5 + 0.25l_n(D/B)^{0.8}$
측벽	모든 값	− 0.7

10.1.5 지진하중(Seismic load)

지진은 지각의 단층운동에 따라 발생하는 지표의 진동을 말한다. 이 지진으로 인한 지반 운동은 구조물에 횡변형을 일으켜서 관성력이 발생된다. 이 관성력은 구조물에 작용하는 지반의 가속도와 구조물의 질량이 곱해져 발생하는 수평력을 말한다.

지진하중 산정방법은 정적해석과 동적해석이 있다. 정적해석은 저층건축물의 설계에 사용하는 방법으로 구조물의 관성력을 등가횡력으로 평가한 방법이다. 구조물을 중량체로 가정하여 구한 전체 관성력(밑면전단력)을 각층에 분배(층지진하중)하고 이 값을 기본으로 내진해석을 한다. 동적해석은 구조물의 가속도, 변위 중에 최대응답을 나타내는 지진반응 스펙트럼을 이용하는 스펙트럼 해석법과 구조물의 반응이력을 계산하는 시간이력해석법이 있다. 지진에 민감한 고층건축물 등을 설계할 때는 동적해석 방법이 필수적이다.

구조물의 내진설계에서 지진하중에 의한 건축물의 밑면전단력 V는 지진응답계수(C_s)×유효건물 중량(W)로 계산한다. 지진응답계수(C_s)는 다음 식으로 구한다.

$$0.01 \leq C_s = \frac{S_{D1}}{\left[\frac{R}{I_E}\right]T} < \frac{S_{DS}}{\left[\frac{R}{I_E}\right]}$$

여기서 I_E : 건축물의 중요도계수

R : 반응수정계수

S_{D1}: 주기 1초에서 설계스펙트럼가속도

S_{DS} : 단주기 설계스펙트럼가속도

T : 건물의 고유주기

단주기와 주기 1초의 설계스펙트럼가속도 S_{D1}, S_{DS}는 다음 식으로 산정한다.

$$S_{DS} = S \times 2.5 \times F_a \times 2/3$$

$$S_{D1} = S \times F_v \times 2/3$$

건축물의 고유주기는 고유값 해석과 약산식으로 산정한다. 고유값 해석에 의한 고유주기는 약산식에 의한 고유주기에 주기상한계수 C_u를 곱한 값을 초과할 수 없다.

$T = 0.085(h_n)^{0.75}$ 철골 모멘트 골조일 때

$T = 0.073(h_n)^{0.75}$ 철근콘크리트 모멘트 골조, 철골편심가새골조일 때

$T = 0.049(h_n)^{0.75}$ 그 외 다른 모든 건축물일 때

여기에서 h_n은 건축물 밑면에서 최상층까지의 전체높이(m)이다.

철근콘크리트 전단벽구조일 경우에는

$$T = 0.0743(h_n)^{0.75} \cdot \sqrt{\Sigma A_e[0.2 + (D_e/h_n)^2]}$$

여기에서 A_e = 1층에서 지진하층 방향에 평행한 전단벽의 전단단면적(m^2)

D_e = 1층에서 지진하중 방향에 평행한 전단벽의 길이(m)

D_e/h_n의 값은 0.9를 초과할 수 없다.

밑변전단력(V) 계산에서 유효건물 중량(W)은 건축물의 밑면까지 작용하는 상부 고정하중 전체 합으로 하고, 골조에 고정된 영구설비하중도 포함시킨다. 또 창고로 쓰이는 공간에서는 활하중의 최소 25%를 상부 고정하중에 포함시킨다.

지진력에 의한 밑면전단력은 각 층에 층지진하중으로 배분된다. 임의 x층의 층별 횡하중 F_x는 x층 바닥에서의 중량 w_x와 x층까지의 높이 h_x에 의해

$$F_x = \left[w_x h_x^k / \sum_{i=1}^{n} w_i h_i^k \right] \cdot V$$

로 계산된다. 여기에서 k는 건축물의 주기에 따른 분포계수이다.

$T \leq 0.5$초 → $k = 1.0$, $T \geq 2.5$초 → $k = 2.0$, 단, 0.5초와 2.5초 사이의 주기를 가진 건축물에서 k는 1과 2 사이의 값을 직선보간하여 구한다.

x층에서의 층전단력 $V_x = \sum_{i=x}^{n} F_i$ 이다.

지진하중에 의한 수평 비틀림 모멘트는 건축물의 편심거리에 층전단력을 곱해서 산정되는

비틀림 모멘트 값과 우발편심에 층전단력을 곱한 우발비틀림 모멘트의 합으로 한다.

층간변위는 임의의 x 층에서 기둥 상부와 하부의 수평변위량 차이로 $\delta_x = R\,\delta_{xe}$이다. 여기에서 δ_x는 x 층의 수평변위량, δ_{xe}는 x 층의 탄성해석에 의해 계산된 수평변위량, 층간변위는 그 층 높이의 0.015배 이하로 한다.

하중기준에서는 인접한 두 건축물 사이에는 최소한의 인접거리를 확보해야 하므로 수평변위량 d_1, d_2는 d_T(인접건축물간 최소거리) $= \sqrt{d_1^2 + d_2^2}$이다.

표 10-17 지진구역 구분 및 지역계수 A

지진구역	행정구역	지역계수 S
1	지진구역 2를 제외한 전지역	0.22
2	강원도 북부, 전라남도 남서부, 제주도	0.14

표 10-18 지반의 분류

지반종류	지반종류의 호칭	상부 30m에 대한 평균 지반 특성		
		전단파속도(m/s)	표준관입시험 $\overline{N}$ (타격횟수 / 300mm)	비배수전단강도 $\overline{s_u}$ (×10^{-3}MPa)
S_A	경암 지반	1,500 초과	–	–
S_B	보통암 지반	760에서 1,500		
S_C	매우 조밀한 토사 지반 또는 연암 지반	360에서 760	> 50	> 100
S_D	단단한 토사지반	180에서 360	15에서 50	50에서 100
S_E	연약한 토사 지반	180 미만	< 15	< 50

표 10-19 단주기 지반증폭계수 F_a

지반종류		지진지역		
		$S_s \le 0.25$	$S_s = 0.50$	$S_s = 0.75$
S_A		0.8	0.8	0.8
S_B		1.0	1.0	1.0
S_C	기준면으로부터 보통암까지의 깊이 20m 이상	1.2	1.2	1.1
	기준면으로부터 보통암까지의 깊이 20m 미만	1.8	1.8	1.8
S_D	기준면으로부터 보통암까지의 깊이 30m 이상	1.6	1.4	1.2
	기준면으로부터 보통암까지의 깊이 30m 미만	1.8	1.8	1.8
S_E		2.5	1.9	1.3

표 10-20 1초주기 지반증폭계수 F_v

지반종류		지진지역		
		$S \le 0.1$	$S=0.2$	$S=0.3$
S_A		0.8	0.8	0.8
S_B		1.0	1.0	1.0
S_C	기준면으로부터 보통암까지의 깊이 20m 이상	1.7	1.6	1.5
	기준면으로부터 보통암까지의 깊이 20m 미만	1.5	1.4	1.3
S_D	기준면으로부터 보통암까지의 깊이 30m 이상	2.4	2.0	1.8
	기준면으로부터 보통암까지의 깊이 30m 미만	1.7	1.6	1.5
S_E		3.5	3.2	2.8

표 10-21 주기상한계수 C_u

S_{D1}	C_u
0.4 이상	1.4
0.3	1.4
0.2	1.5
0.15	1.6
0.1 이하	1.7

주) S_{D1}의 중간값에 해당할 경우 주기상한계수 C_u는 직선보간한다.

표 10-22 내진등급 및 중요도계수 I_E

건축물의 중요도	내진등급	중요도계수(I_E)
중요도(특)	특	1.5
중요도(1)	I	1.2
중요도(2),(3)	II	1.0

표 10-23 반응수정계수 R

기본 지진력저항시스템	설계계수			시스템의 제한과 높이(m) 제한		
	반응수정 계수 R	시스템초과 강도계수 Ω_0	변위증폭 계수 C_d	내진설계범주 A 또는 B	내진설계 범주 C	내진설계 범주 D
1. 내력벽 시스템						
1-a. 철근콘크리트 특수전단벽	5	2.5	5	–	–	–
1-b. 철근콘크리트 보통전단벽	4	2.5	4	–	–	60
1-c. 철근보강 조적 전단벽	2.5	2.5	1.5	–	60	불가
1-d. 무보강 조적 전단벽					불가	불가
2. 건물골조 시스템						
2-a. 철골편심가새골조(링크 타단 모멘트 저항 접합)	8	2	4	–	–	–
2-b. 철골편심가새골조(링크 타단 비모멘트 저항 접합)	7	2	4	–	–	–
2-c. 철골 특수중심가새골조	5	2	5	–	–	–
2-d. 철골 보통중심가새골조	3.25	2	3.25	–	–	–
2-e. 합성 편심가새골조	8	2	4	–	–	–
2-f. 합성 특수중심가새골조	5	2	4.5	–	–	–
2-g. 합성 보통중심가새골조	3	2	3	–	–	–
2-h. 합성 강판전단벽	6.5	2.5	5.5	–	–	–
2-i. 합성 특수전단벽	6	2.5	5	–	–	–
2-j. 합성 보통전단벽	5	2.5	4.5	–	–	60
2-k. 철골 특수강판전단벽	7	2	6	–	–	–
2-l. 철골 좌굴방지가새골조(모멘트 저항 접합)	8	2.5	5	–	–	–
2-m. 철골 좌굴방지가새골조(비모멘트 저항 접합)	7	2	5.5	–	–	–

기본 지진력저항시스템	설계계수			시스템의 제한과 높이(m) 제한		
	반응수정 계수 R	시스템초과 강도계수 Ω_0	변위증폭 계수 C_d	내진설계범주 A 또는 B	내진설계 범주 C	내진설계 범주 D
2-n. 철근콘크리트 특수전단벽	6	2.5	5	–	–	–
2-o. 철근콘크리트 보통전단벽	5	2.5	4.5	–	–	60
2-p. 철근보강 조적 전단벽	3	2.5	2	–	–	불가
2-q. 무보강 조적 전단벽	1.5	2.5	1.5	–	불가	불가
3. 모멘트-저항 골조 시스템						
3-a. 철골 특수모멘트골조	8	3	5.5	–	–	–
3-b. 철골 중간모멘트골조	4.5	3	4.	–	–	–
3-c. 철골 보통모멘트골조	3.5	3	3	–	–	–
3-d. 합성 특수모멘트골조	8	3	5.5	–	–	–
3-e. 합성 중간모멘트골조	5	3	4.5	–	–	–
3-f. 합성 보통모멘트골조	3	3	2.5	–	–	–
3-g. 합성 반강접모멘트골조	6	3	5.5	–	–	–
3-h. 철근콘크리트 특수모멘트골조	8	3	5.5	–	–	–
3-i. 철근콘크리트 중간모멘트골조	5	3	4.5	–	–	–
3-j. 철근콘크리트 보통모멘트골조	3	3	2.5	–	–	불가
4. 특수모멘트골조를 가진 이중골조 시스템						
4-a. 철골 편심가새골조	8	2.5	4	–	–	–
4-b. 철골 특수중심가새골조	7	2.5	5.5	–	–	–
4-c. 합성 편심가새골조	8	2.5	4	–	–	–
4-d. 합성 특수중심가새골조	6	2.5	5	–	–	–
4-e. 합성 강판전단벽	7.5	2.5	6	–	–	–
4-f. 합성 특수전단벽	7	2.5	6	–	–	–
4-g. 합성 보통전단벽	6	2.5	5	–	–	–
4-h. 철골 좌굴방지가새골조	8	2.5	5	–	–	–
4-i. 철골 특수강판전단벽	8	2.5	6.5	–	–	–
4-j. 철근콘크리트 특수전단벽	7	2.5	5.5	–	–	–
4-k. 철근콘크리트 보통전단벽	6	2.5	5	–	–	–
5. 중간 모멘트골조를 가진 이중골조 시스템						
5-a. 철골 특수중심가새골조	6	2.5	5	–	–	–
5-b. 철근콘크리트 특수전단벽	6.5	2.5	5	–	–	–
5-c. 철근콘크리트 보통전단벽	5.5	2.5	4.5	–	–	60
5-d. 합성 특수중심가새골조	5.5	2.5	4.5	–	–	–
5-e. 합성 보통중심가새골조	3.5	2.5	3	–	–	–
5-f. 합성 보통전단벽	5	3	4.5	–	–	60
5-g. 철근보강 조적 전단벽	3	3	2.5	–	60	불가
6. 역추형 시스템						
6-a. 캔틸레버 기둥 시스템	2.5	2.0	2.5	–	–	10
6-b. 철골 특수모멘트골조	2.5	2.0	2.5	–	–	–
6-c. 철골 보통모멘트골조	1.25	2.0	2.5	–	–	불가
6-d. 철근콘크리트 특수모멘트 골조	2.5	2.0	1.25	–	–	–
7. 전단벽-골조 상호작용 시스템	4.5	2.25	4	–	–	60
8. 강구조설계기준의 일반규정만을 만족하는 철골 구조시스템	3	3	3	–	–	60

10.1.6 크레인 하중(Crane load)

크레인 하중은 크레인의 이동지점인 차륜이 크레인을 지지하는 구조부에 미치는 하중이다.

연직하중으로는 천장크레인을 지지하는 구조부에 대하여 크레인주행에 의한 충격효과를 파악하여 하중할증을 한다. 이 할증은 실제 상황에 따라 필요하며, 실측에 의하지 않으면 크레인 최대차륜하중의 20%이다. 단, 주행속도가 60m/min 미만인 경우에는 10%로도 좋다. 여기에서 최대차륜하중(最大車輪荷重)이란 최대하중을 매달고 있는 훅이 가장 불리한 위치에 있을 경우에 생기는 차륜하중을 말한다.

① 주행(走行)방향의 제동력(制動力) : 제동을 받는 각 최대차륜하중의 15%가 주행레일 상단에 작용한다.

표 10-24 최대차륜하중 (단위 : t)

종류	정량하중(t)		스팬(m)														차륜 총수
	주권	보권	6	8	10	12	14	16	18	20	22	24	26	28	30	32	
고속형	5	–	–	–	–	6.20	6.50	6.90	7.30	7.70	8.10	8.60	9.10	9.70	10.3	11.4	4
	7.5	–	–	–	–	7.80	8.20	8.60	9.00	9.50	10.0	10.6	11.2	11.8	12.5	13.3	
	10	–	–	–	–	9.50	10.0	10.5	11.0	11.5	12.0	12.6	13.2	13.9	14.7	15.5	
	15	없거나 5	–	–	–	13.8	14.4	15.0	15.6	16.3	17.0	17.8	18.6	19.4	20.2	21.0	
	20	없거나 7.5	–	–	–	–	–	18.6	19.2	19.9	20.6	21.4	22.3	23.2	24.1	25.0	
	25	없거나 7.5	–	–	–	–	–	21.6	22.4	23.3	24.2	25.1	26.0	26.9	27.8	28.7	
	30	10	–	–	–	–	–	24.5	25.4	26.3	27.2	28.2	29.2	30.2	31.2	32.2	
	40	10	–	–	–	–	–	–	32.1	33.1	34.1	35.2	36.3	37.4	38.6	39.8	
	50	15	–	–	–	–	–	–	38.8	39.9	41.1	42.4	22.1	22.8	23.5	24.3	8
	60	20	–	–	–	–	–	–	–	–	24.7	25.5	26.3	27.2	28.1	29.1	
	80	25	–	–	–	–	–	–	–	–	32.1	33.4	34.4	35.6	36.8	37.9	
	100	30	–	–	–	–	–	–	–	–	39.3	40.5	41.7	43.0	44.3	45.6	
보통형 및 저속형	3	–	3.20	3.40	3.60	3.80	4.00	4.20	4.40	4.60	4.80	5.00	–	–	–	–	4
	5	–	4.95	5.20	5.45	5.70	6.00	6.25	6.50	6.75	7.05	7.30	–	–	–	–	
	7.5	–	–	6.70	7.00	7.30	7.65	7.95	8.25	8.55	8.90	9.20	–	–	–	–	
	10	–	–	8.00	8.35	8.75	9.15	9.50	9.90	10.3	10.5	11.0	–	–	–	–	
	15	없거나 3	10.5	11.0	11.5	12.0	12.5	13.0	13.5	140	14.5	15.0	–	–	–	–	
	20	없거나 5	13.9	14.4	15.0	15.5	16.0	16.6	17.1	17.6	18.2	18.8	19.3	–	–	–	
	25	5	16.6	17.2	17.8	18.4	19.0	19.6	20.2	20.8	21.4	22.0	22.6	–	–	–	
	30	5	19.1	19.7	20.4	21.1	21.8	22.5	23.2	23.9	24.6	25.2	25.9	–	–	–	
	40	10	26.6	25.4	26.2	27.0	27.8	28.6	29.4	30.2	31.0	31.8	32.6	–	–	–	
	50	10	–	30.7	31.6	32.5	33.4	34.4	35.3	36.2	37.2	38.1	39.0	–	–	–	
	60	10	–	19.7	20.3	20.9	21.6	22.2	22.8	23.4	24.1	24.7	25.3	–	–	–	8
	80	20	–	24.4	25.3	26.2	27.0	27.9	28.8	29.7	30.5	31.4	32.3	–	–	–	
	100	20	–	–	31.6	32.7	33.8	34.9	36.0	37.1	38.2	39.3	40.4	–	–	–	

이 표의 값은 충격을 포함하지 않음.

② 주행방향에 직각으로 작용하는 수평력 : 크레인 거더는 양측 동시에 주행방향에 대하여 직각으로 크레인차륜하중의 10%의 수평력을 받는 것으로 계산한다. 이때 주행 호이스트(Hoist)와 달하중은 가장 불리한 상태가 되는 것으로 한다.

③ 사방향인장력(斜方向引張力) : 크레인이 부득이 달하중의 사방향인장력을 받게 되는 경우, 이것에 의해 구조부에 생기는 응력을 고려해야 한다.

④ 지진력 : 크레인에 작용하는 지진력을 레일 상단에 작용하는 것으로 설계한다. 여기에서 달하중의 중량을 무시하고, 크레인자중에 의한 차륜하중에 진도(震度)를 곱해 그 크기를 구한다.

표 10-25 크레인자중 (단위 : t)

정량하중(t)		스팬 (m)								
주권	보권	8	10	12	14	16	18	20	22	24
3	–	7.2	8.1	9.0	9.9	10.9	11.8	12.8	13.8	14.8
5	–	8.8	9.7	10.6	11.5	12.6	13.7	14.7	15.8	16.9
10	–	11.6	12.8	14.0	15.3	16.5	17.7	19.2	21.0	22.8
15	3		16.9	18.4	19.9	21.4	22.9	24.4	26.0	27.5
25	5			25.3	27.3	29.3	31.4	33.5	35.5	37.6
30	5			27.1	29.4	31.2	34.0	36.3	38.6	40.8
40	10			38.4	41.1	43.8	46.5	48.9	51.3	53.7
50	10			46.8	50.3	53.7	57.1	60.5	64.3	68.1
60	10			54.2	58.9	36.5	68.0	71.7	75.4	79.1
80	20			70.3	74.5	78.7	83.0	88.1	93.1	98.2
100	20			86.0	91.0	96.0	101.0	107.7	144.5	121.2

10.1.7 충격력(Impact load)

크레인, 엘리베이터, 기계를 지지하는 구조부 등과 같이 충격효과를 가진 적재하중을 지지하는 구조부분에 있어서는 그 효과를 평가하여 하중할증을 한다.

① 엘리베이터를 지지하는 구조부–엘리베이터 중량에 대하여 100%

② 기계를 지지하는 구조부 기계중량에 대하여

모터에 의해 움직이는 기계 20%

피스톤 구동(驅動)의 기계 50%

③ 바닥 또는 발코니 등을 매다는 구조부–적재하중에 대하여 30%

기계와 이를 지지하는 작은 보, 큰 보, 기둥 등의 고유진동수를 매초 f라 하고, 기계진동의 진동수가 n인 가진력이 $F_o \sin(2\pi n)t$라면, 이 기계는 다음 진폭의 진동을 하게 된다.

$$a = \frac{a_{st}}{\mid 1 - \frac{n^2}{f^2} \mid} \quad \text{또는} \quad \frac{a}{a_{st}} = \frac{1}{\mid 1 - \frac{n^2}{f^2} \mid}$$

$$a_{st} = F_o / K = F_o / (2nf)^2 M$$

F_o : 진폭(가진력의 최대값)

K : 스프링계수

$M = W/g$: 질량(g=980cm/s^2)

또, a_{st}는 이 기계에 F_o라는 힘이 정적으로 가해지는 경우의 처짐이다.

설계상 특히 공진의 위험을 피하기 위해서는

① 가능한 $n < 0.7f$ 로 한다.

② 절대로 $0.85f < n < 1.3f$의 범위는 피해야 한다.

③ $n > 1.3f$의 경우는 진동절연법 등을 고려해야 한다.

10.1.8 구조물의 단면력

구조물에 외력이 작용하면 부재의 단면 내에서는 단면력이 생기고, 외력과 부재의 단면력이 평형을 이루면서 구조물은 일정한 형태를 유지하게 된다. 일정한 형태를 유지시키는 힘이 단면력이다. 이 단면력은 일반적으로 축방향력, 전단력, 휨모멘트 3개 힘으로 나뉜다.

(1) 지점과 반력

구조물 하부에 지반과 접하여 구조물의 모든 힘을 지지해주는 지지점을 지점(Suport)이라 하며, 이 지점에 의해 생기는 지반의 지지력을 반력(反力, Reaction)이라 한다. 그리고 지점과 지점 간의 거리를 스팬(Span)이라 한다. 지점에는 롤러지점(이동지점, Roller end), 힌지지점(회전지점, Hinged end), 고정지점(Fixed end)이 있다.

① 롤러지점(이동지점, Roller end)

지점의 지지면에 회전과 수평방향의 이동은 가능하나 직교방향으로 이동이 억제되어 수직방향의 힘을 전달하는 구조이다. 이 롤러지점의 반력은 수직반력 1개이다.

② 힌지지점(회전지점, Hinged end)

지점은 수평, 수직 어떤 방향으로도 이동되지 않게 고정되어 있고 회전만 자유로운 구조이다. 이 힌지지점의 반력은 수평반력, 수직반력 2개이다.

③ 고정지점(Fixed end)

지점이 강하게 고정되어서 수평, 수직 어떤 방향으로도 이동되지 않고, 회전도 되지 않는 구조를 고정단이라 한다. 이 고정지점에서 반력은 수평반력, 수직반력, 모멘트 반력 3개이다.

④ 반력(反力, Reaction)

구조물이 하중에 의한 외력을 받았을 때 힘의 평형을 유지하기 위해서 그 구조물의 지지점에 생기는 힘과 모멘트이다. 반력수는 구조물의 지지방법에 따라 다르며, 반력은 힘의 평형조건에 의한 구한다. 반력은 항상 외력이 있어야만 존재하며 외력이 없으면 반력도 존재하지 않는다.

(2) 전단력(Shear force)

구조물에 작용하는 외력이 부재축에 직각방향으로 끊어주려고 작용하는 힘을 전단력이라 한다. 부재 각점의 전단력은 부재축에 직각방향으로 표시하고, 분포상태를 표시한 그림을 전단력도(剪斷力図, Shearing force diagram, S.F.D)이라 한다. 전단력도에는 정(正,⊕), 부(負,⊖)와 주요지점의 값을 표시한다.

(3) 휨모멘트(Bending moment)

부재의 축을 부재의 축방향으로 휘게 하는 힘을 휨모멘트라 한다. 부재 각점의 휨모멘트 값은 부재축의 직각방향으로 표시하고, 정(正,⊕), 부(負,⊖)와 주요지점의 값을 표시한다. 휨모멘트의 분포상태를 표시한 그림이 휨모멘트도(Bending moment diagram, B.M.D)이며, 단위는 힘 × 거리이다.

(4) 축방향력(Axial force)

부재의 축에 작용하는 힘을 축방향력, 축력이라 하고, 이 축력에는 인장력과 압축력이 있다. 여기에서 인장력을 정(正), ⊕, 압축력을 부(負), ⊖라 한다.

부재의 축방향력은 부재축에 직각방향으로 표시하고, 분포상태를 표시한 그림을 축방향력도(軸方向力図, Axial force diagram, A.F.D)라 한다. 축방향력도에는 정 · 부의 부호 및 주요점의 값을 표시하여야 한다.

10.2 구조설계법

구조설계의 목적은 건축물을 안전하고 사용하기 편리하며 시공성과 경제성이 좋은 구조물을 만드는 것이다. 사용재료의 성질과 용도, 구조해석, 건축설계, 건축시공 등 여러 제약조건을 이해하고, 합리적인 해결책을 제시하여야 올바른 구조설계를 할 수 있다.

일반적인 건축설계는 계획설계, 기본설계, 본설계로 진행된다. 계획설계는 건축물의 위치, 용도, 규모, 주위환경, 지반상태 등을 파악하여 건축계획이 구조계획을 세우고, 건축물의 형상이 결정되면 구조물에 작용하는 하중의 영향을 파악하고 건축계획, 안전성, 사용성, 경제성 등을 고려하여 구조물의 사용재료, 부재 크기와 부재의 종류 등을 결정한다.

현재 사용되고 있는 구조설계방법은 강도설계 개념의 차이에 의해 허용응력도설계법, 소성설계법, 한계상태설계법으로 구분하고 있다.

10.2.1 허용응력도설계법(Allowable stress Design)

허용응력도설계법은 구조설계 방법 중 가장 오랫동안 사용되어온 방법이다. 허용응력도설계법의 기본개념은 구조물에 하중이 전달되면 구조물의 부재에 생긴 최대응력값이 허용응력값을 넘지 못하게 설계하는 방법이다. 이 설계법은 모든 부재가 탄성범위 안에서 거동하는 것으로 본다. 허용응력은 응력값에 안전율을 제안한 값으로 산정된다. 안전율(Safety factor)은 사용재료상태, 거동의 특성 등을 고려하여 결정되며 허용응력은 응력/안전율이다. 여기에서 안전율 값은 일반적인 경험에 의한 수치값이다.

한계상태설계법, 강도설계법에서도 구조체의 사용성 검토에는 허용응력도설계법이 사용된다.

10.2.2 소성설계법(Plastic Design)

강재의 항복 후의 큰 소성능력을 설계에 반영한 설계법을 소성설계법이라 한다. 한계상태란 하중이 소성파괴를 일으키거나 종국강도에 도달할 때이다. 구조물에 하중이 주어지면 부재는 연성에 의해 소성힌지(Plastic hinge)가 형성되고, 아직 한계상태에 도달하지 않은 부재로 하중의 재분배가 일어나며, 최종적으로 구조물의 파괴는 소성힌지에 의한 하중의 재분배가 일어날 수 없는 경우에 생긴다.

소성설계에서는 사용하중에 하중계수를 곱한 극한하중값을 설계하중으로 하며, 하중계수는 하중의 재하기간, 주기 등에 따른 확률적 개념으로 정의된 값이다. 소성설계의 문제점은 구조물이 복잡하면 파괴형상을 알아내기가 어렵고, 소성설계법을 사용하기 위해서는 부재가 충분한 연성능력을 가지고 있어야 하는데, 이를 위한 극한하중에서 부재가 국부좌굴과 같은 취성파괴 현상이 생기지 않도록 해야 한다.

10.2.3 한계상태설계법(Limit state Design)

구조물의 한계상태는 규정된 구조기능을 발휘하지 못하는 극한한계상태와 사용한계상태로 나뉜다. 극한한계상태는 구조물의 일부, 전체가 붕괴되어서 하중지지능력을 잃은 상태를 말하며, 사용한계상태는 구조물이 붕괴되지는 않았으나 구조기능의 저하로 사용성이 부적합한 상태이다. 극한한계상태는 구조물의 전도, 휨인장파괴, 소성힌지의 과다발생, 구조체의 불안정 등에 의해 구조물이 붕괴되는 경우이고, 사용한계상태는 과다한 처짐, 균열폭, 진동 등으로 구조물을 사용할 수 없는 경우를 말한다.

한계상태설계법은 구조물의 극한, 사용한계상태에 대한 안전성을 고려한 설계법으로 하중저항계수설계법(Load and Resistance Factor Design : LRFD)이라고도 한다.

구조물의 거동에 대한 하중, 재료, 시공, 거동 특성에 대해 각각 알맞은 계수값을 적용하여 구조물의 안정성을 가질 수 있다. 하중에 대해서는 하중계수, 재료, 시공, 거동특성은 강도감소계수를 통해 설계에 반영한다.

한계상태설계법에서는 강도값 산정시 소성, 좌굴, 처짐 등의 한계상태를 고려하여 탄성, 소성해석법을 사용할 수 있다. 한계상태설계법의 장점은 하중이나 부재거동에 따라 각각의 하중계수, 강도감소계수를 사용하므로 구조물에 대한 안전성을 가질 수 있다는 것이다.

철근콘크리트 구조

11장 철근콘크리트 구조

철근콘크리트는 Reinforced Concrete(R.C)이다. 이 의미는 보강된 콘크리트라는 의미이다. 철근콘크리트란 철근(원형철근, 이형철근, P.C강선 등)을 콘크리트 보강을 목적으로 사용하는 것이다.

철근콘크리트 구조체를 만드는 주요재료는 콘크리트와 철근이다. 콘크리트는 압축에 강하지만 인장에는 매우 약하며, 철근(구조용 강재)은 인장과 압축 두 힘에 대해 모두 강하나 압축력에 대해서는 사용부재가 가늘고 긴 것(세장 : 細長)은 좌굴이 생길 우려가 있어서 인장의 힘에 저항하는 것이 유리하기 때문에 서로 다른 두 재료가 결합하여 철근콘크리트로 될 때 이러한 취약점들이 서로 보완되어 구조성능을 개선시킬 수 있다.

11.1 철근콘크리트의 기본개념

철근콘크리트란 콘크리트에 철근을 보강한 것이다. 강도면에서 콘크리트는 강재에 비교하면 압축강도에서는 1/15 정도이고, 콘크리트의 인장강도는 압축강도의 8~15% 정도이다. 모든 구조부재는 압축과 인장의 힘이 거의 동시에 작용하므로 콘크리트를 구조재로 사용하기 위해서는 인장에 대한 보강이 필요하다. 이 인장보강의 목적으로 철근을 사용한다. 콘크리트는 압축강도가 매우 우수한 소재이며, 철은 화재에 매우 취약하기 때문에 강재를 콘크리트로 피복하여 보호하고, 콘크리트 성분이 알칼리성이므로 철이 녹스는 것을 방지하는 등 콘크리트와 강재는 상호 보완관계에 있다.

철근콘크리트의 수명은 일반적으로 유지보수를 하면 100년 정도이다. 이는 콘크리트가 중성화됨으로써 철근과의 균형이 무너지는 것까지의 시간을 예상한 것이다.

11.1.1 철근콘크리트의 원리

콘크리트와 철근의 결합에서는 두 재료 사이의 부착성능이 높고, 열팽창계수가 거의 같아 열변화에 의한 분리현상이 생기지 않고, 철근이 배근된 상태에서 콘크리트를 타설하기에도 큰 어려움이 없어 시공성이 좋은 편이다.

내구성에서도 콘크리트 피복은 성분이 알칼리성이며, 철근이 공기에 직접 닿지 않게 차단하는 보호막 역할을 하여 철근이 녹스는 것을 방지하고, 철근은 콘크리트의 균열을 방지하여 서로 이상적인 보완관계를 이룬다.

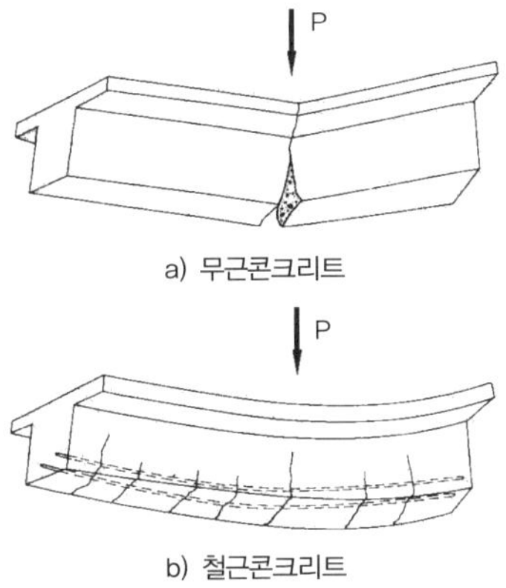

그림 11-1 무근콘크리트와 철근콘크리트

철근콘크리트에서 철근은 공장에서 생산되어 균일한 재료적 성질을 가지고 있어 강도, 탄성계수 등 역학적 특성에 대해 신뢰성을 가지고 있으나 콘크리트는 시멘트와 천연재료인 잔골재와 굵은골재, 물을 배합하여 만들기 때문에 시멘트의 종류, 분말도, 골재의 입도와 강도, 물·시멘트비 등 재료의 요인들과 콘크리트 타설시 재료의 분리, 온도, 습도 등 콘크리트 타설공사와 양생과정에 따라 재료의 성질이 다르게 된다. 콘크리트는 강도와 역학적 성질, 크리프, 건조수축 등에 의한 영향 등도 고려되어야 한다.

철근콘크리트에서 철근의 역할을 설명하기 위해 그림 11-1의 a)는 철근을 삽입하지 않은 순수한 콘크리트보(무근콘크리트), b)는 철근콘크리트(R.C)보를 나타낸 것이다. 이들 보의 중앙점에 힘을 주면 보에는 휨모멘트가 작용되어 보 하부에는 인장력, 보 상부에는 압축력이 발생된다. 힘을 계속해서 증가시키면 휨모멘트가 커지게 되어 인장력이 최대가 되는 위치인 보 중앙 하부에 휨균열이 발생된다.

무근콘크리트보에 휨균열이 생길 경우에는 휨모멘트로 인한 인장력에 더 이상 저항할 수 없으므로 균열이 발생한 직후 곧바로 파괴되고, 철근콘크리트(R.C)보에서는 콘크리트가 부담하고 있던 인장력을 철근이 대신 부담하므로 휨균열 발생 후에도 휨모멘트에 저항할 수 있는 것이다. 철근콘크리트보에서 철근의 역할은 기본적으로 콘크리트가 부담할 수 없는 인장력에 저항하여 부재의 연성을 가지게 한다.

11.1.2 철근콘크리트의 장·단점

철근콘크리트의 구조형식은 일체식 구조이므로 견고하고, 내구연한도 길어서 내구적이며 내진적이다. 철근과 콘크리트는 불연재료이다. 그러나 철근은 500℃ 정도이면 강도가 1/2 정도 감소되는 등 열에 의한 강도저하가 심하므로 열전도율이 낮은 콘크리트로 피복하면 철근의 강도저하를 보호할 수 있어 내화성을 가지고 있다. 철근콘크리트가 지금까지 가장 널리 사용되고 있는 이유 중 하나는 철근 가공이 용이하고, 콘크리트가 가소성(Plasticity)이므로 일체로 된 연속구조물을 구조물의 모양과 부재의 크기, 형태에 제약받지 않고 자유롭게 구상할 수 있다는 것 등이 철근콘크리트의 장점이라 할 수 있다. 철근콘크리트는 비중이 2.4이고 건축물 전체 중량의 90~95% 정도가 자체 중량일 정도로 자중이 무겁고, 철근의 가공, 조립, 거푸집제작, 콘크리트 타설, 보양, 거푸집 해체 등 다른 구조에 비해 시공이 매우 복잡하며, 콘크리트의 양생기간이 필요하므로 공사기간이 길어져 전체 공기가 매우 길 뿐만 아니라 건조수축 등에 의한 미세균열이 생기는 것 등이 단점이다.

11.2 콘크리트

콘크리트는 시멘트, 잔골재(모래), 굵은골재(자갈), 물 및 필요에 따라 첨가하는 혼화재료로 구성되며, 이 재료들을 서로 비벼서 일체화시킨 것이다. 즉 콘크리트는 시멘트와 물이 혼합된 시멘트페이스트에 골재가 결합된 것이다. 콘크리트 배합시 결합재인 시멘트페이스트는 골재 간의 공극을 채우고 혼합된 시멘트와 물 사이에 수화작용을 하면서 골재와 강한 접착력을 나타내어 견고하고 내구성 있는 구조재료를 만든다.

콘크리트의 유동성, 응결속도, 동결융해 저항성능을 개선시키기 위해 혼화재료를 사용하기도 한다.

11.2.1 콘크리트의 재료

일반적인 콘크리트의 구성재료는 시멘트 10%, 물 15%, 골재 중 잔골재(5mm체에 85% 통과된 모래) 25%, 굵은골재(5mm체에 85% 잔류된 자갈) 45%에 공기량이 5% 정도로 구성되어 있으며, 필요에 의한 혼화재료인 A.E제, 감수제, 지연제, 포졸란, 플라이애시, 팽창제 등에 의해 이루어진다.

(1) 시멘트(Cement)

시멘트는 구조재료인 콘크리트, 건축미장용재를 이루는 주된 결합재로서 건축재료 중 가장 많이 이용되고 있는 재료이다. 시멘트는 라틴어의 Caedere(부순돌, 마름돌)가 기원이며 일반적인 포틀랜드시멘트와 혼합시멘트의 약칭이다.

콘크리트를 사용하는 건설공사에 있어 95% 이상이 포틀랜드시멘트를 사용하고 있으며, 포틀랜드시멘트라는 이름은 경화시멘트의 색깔이나 외관이 영국의 포틀랜드 지역에서 산출되는 석재와 비슷하여 이러한 명칭으로 불렀다. KS L 5201(포틀랜드시멘트)에는 5종류의 시멘트가 규정되어 있으며 혼합재의 혼합비율에 따라 KS L 5211, 5401, 5204에도 시멘트를 규정하고 있다.

포틀랜드시멘트를 구성하는 주요 화학성분은 산화칼슘(CaO), 이산화규소(SiO_2), 산화알루미늄(Al_2O_3), 산화제2철(Fe_2O_3)이며, 소량의 MgO, SO_3, Na_2O, K_2O 등도 존재한다. 이러한 화학성분은 상호결합하여 4개의 주요화합물을 구성하는데, 규산제3칼슘(3CaO, SiO_2)은 알리트라고 하며 수화반응이 빠르고 시멘트의 초기강도(3~28일 강도)를 지배하며, 규산제2칼슘(2CaO, SiO_2)은 벨리트라고 부르며 경화가 매우 늦은 성분이며 4주 이후의 장기강도에 영향을 준다. 알루민산제3칼슘(3CaO, Al_2O_3)은 알미나라고 부르며 수화속도가 가장 빠르며 응결 및 1일 강도를 지배하고 수화열과 수축률이 매우 크다. 알루민산제4칼슘(4CaO, Al_2O_3, Fe_2O_3)은 세리트라고 부르며 수화반응은 빠르지만 강도 증가에는 거의 기여하지 않는다.

1) 시멘트의 물리적 성질

① 비중

시멘트의 비중은 일반적으로 3.15 정도이며 비중은 소성온도나 성분에 따라 차이가 나며 동일 시멘트인 경우에도 풍화한 것일수록 비중이 작아진다. 이는 시멘트의 품질 판정에도 사용된다. 시멘트의 단위용적중량은 일반적으로 1,500kg/m^3이다.

② 분말도와 강도

시멘트의 분말도는 단위중량에 대한 표면적으로 표시한다. 일반적으로 비표면적이 큰 시멘트일수록 수화반응이 촉진되어 응결 및 강도가 증진되지만 비표면적이 너무 크면 풍화하기 쉽고 수화열에 의한 축열량이 커지므로 반드시 좋은 것은 아니다. 시멘트의 강도는 KS규준 L 5105에 규정된 시험방법에 의해 시멘트 모르타르 강도로부터 추정된다. 시멘트 강도는 물·시멘트비, 골재 혼합비, 골재의 성질과 입도, 양생방법 및 재령에 따라 큰 영향을 미친다.

③ 응결·경화

시멘트에 물을 가하여 혼합하면 시멘트는 수화반응을 일으켜 서서히 유동성을 상실하고, 경화하며 강도가 발생된다. 이와 같은 일련의 수화과정 중에서 일반적으로 액체상태로부터 고체상태로 변화해가는 물리적 현상을 응결이라 하며, 콘크리트 타설시간에 중요한 영향을 미친다. 수화반응의 진행과 동시에 수화물이 많아지고 강도를 증가시키는 현상을 경화라 한다. KS규격에 의하면 시멘트의 초결은 60분 이후, 종결은 10시간 이내로 규정되어 있는데, 실제로 초결은 4시간, 종결은 6.5시간 정도이다. 또한 응결시간은 신선한 시멘트로서 분말도가 미세한 것일수록, 또 수량이 작고 온도가 높을수록 짧아진다. 또 석고는 시멘트의 급속한 응결지연제로서 작용하는데 최근에는 이러한 이점을 살려 초속경시멘트 등에도 응용되고 있다.

④ 안정성 · 풍화

안정성이란 시멘트가 경화할 때 용적이 팽창하는 정도를 말하는데, 시멘트 클링커 중에 유리석회, 산화마그네슘(MgO), 무수황산(SO_3) 등이 많이 함유되어 있으면 시멘트가 팽창하여 균열이나 뒤틀림이 발생하는 원인이 될 수 있다.

시멘트의 풍화란 시멘트가 습기를 흡수하여 경미한 수화반응을 일으켜 생성된 수산화칼슘과 공기 중의 탄산가스가 작용하여 탄산칼슘을 생성하는 작용을 말한다. 풍화된 시멘트 입자의 표면은 반응에 의해 생긴 수화물의 피막으로 덮여 있다. 이 때문에 시멘트페이스트의 수화반응이 저해되고 경화체의 강도도 저하한다.

2) 포틀랜드시멘트(Portland cement)

① 보통 포틀랜드시멘트(Portland cement)

생산되는 시멘트의 대부분을 차지하며, 광범위한 일반 용도의 콘크리트공사에 사용되고, 콘크리트 타설 후 4주 예정강도를 얻을 수 있으며 혼합시멘트 등의 기본시멘트로 사용된다.

② 중용열 포틀랜드시멘트(Moderate heat portland cement)

초기강도와 수화속도가 빠른 규산제3칼슘인 알리트나 알루민산제3칼슘인 알미나가 적고, 장기강도를 지배하는 규산제2칼슘인 벨리트를 많이 함유하여 수화속도를 지연시키고 수화열을 작게 한 시멘트이다. 건조수축이 작고 알루민산제3칼슘인 알미나가 적으므로 내황산염이 크기 때문에 댐공사에 사용될 뿐만 아니라 최근에는 건축용 기초 매트콘크리트에도 많이 사용되고 있다.

③ 조강 포틀랜드시멘트(High-early-strength portland cement)

보통 포틀랜드시멘트보다 규산제3칼슘인 알리트나 석고가 많고, 더욱이 분말도를 크게 하여 초기에 고강도를 발생하게 하는 시멘트이다. 또 콘크리트의 수밀성이 높고 경화에 따른 수화열이 크므로 낮은 온도에서도 강도 발생이 크다. 공기단축을 필요로 하는 공사나 시멘트 제품, 한중공사에 사용된다.

④ 백색 포틀랜드시멘트

포틀랜드시멘트의 알루민산철3석회를 극히 적게 하여 백색을 띤 시멘트이다. 소량의 안료를 첨가하면 선호하는 색을 얻을 수 있다. 이 때문에 과거로부터 건축물 내·외면의 마감, 각종 인조석 제조에 사용되어 왔다. 또 구조물의 마감을 겸한 구체용으로 현장타설 착색콘크리트도 가능하다.

⑤ 내황산염 포틀랜드시멘트(Sulphate resisting portland cement)

시멘트 중의 알루민산제3칼슘인 알미나의 함유량을 4% 이하로 낮게 하여 토양이나 배수, 해수 중의 황산마그네슘, 황산나트륨 등의 황산염에 대해 저항성을 높인 시멘트이다. 이 때문에 온천지대나 하수도공사에 쓰이는 시멘트 제품에 많이 이용된다.

⑥ 초조강 포틀랜드시멘트(Swiftcrete portland cement)

국내에는 KS에 규격화되어 있지 않다. 조강 포틀랜드시멘트보다 규산제3칼슘인 알리트나 석고량이 조금 더 많고, 분말도를 크게 하여 극히 짧은 기간에 고강도발현한 시멘트이다. 조강 포틀랜드시멘트와 비슷한 경향을 나타내며 조강 포틀랜드시멘트보다도 우수한 특징을 나타낸다. 또 분말도가 높기 때문에 주입 특성이 우수하며 각종 그라우트공사에도 이용된다.

3) 혼합시멘트

① 고로시멘트(Portland-brast-furnace cement)

포틀랜드시멘트에 고로슬래그분말을 혼합하여 만든 것이 고로시멘트이다. 고로슬래그는 용광로에서 선철을 만들 때 부산물로 나오는 슬래그를 물로 급랭시켜 파쇄한 것으로 그 자체는 경화하지 않지만 석회 및 알칼리염 등과 혼합하면 이들 자극제의 화학작용에 의하여 경화한다. 이와 같은 성질을 잠재수경성이라 한다. 고로슬래그의 잠재수경성은 그 화학성분과 냉각조건에 의해 좌우되며 $(CaO+MgO+Al_2O_3)/SiO_2$의 값을 염기도라 하며, 일반적으로 이 값이 클수록 수경성이 크다. 이 시멘트는 해수 등에 대한 내식성이나 내열성이 크며 초기강도는 작으나 장기강도는 크다. 바닷물 또는 하수와 같은 침식액에 대한 화학저항성이 크다.

② 포졸란시멘트(Pozzolanic cement)

천연산 및 인공 실리카질 혼화재를 일반적으로 포졸란이라 한다. 이것을 포틀랜드시멘트에 혼합하여 제조한 것이다. 수화할 때 생기는 $Ca(OH)_2$와 결합하여 불용성 규산칼슘 수화물을 생성하며, 이 작용을 포졸란반응이라 한다. 이 때문에 수밀성이 증가하고 화학저항성뿐만 아니라 장기강도도 증진한다. 또한 콘크리트의 워커빌리티가 좋아지고 블리딩도 적어진다.

③ 플라이애시 시멘트(Fly-ash cement)

화력발전소 등에서 완전연소한 미분탄의 회분을 플라이애시라 부르며, 녹아서 둥글게 되어 포틀랜드시멘트와 혼합하여 제조한다. 입자가 구상(球狀)이기 때문에 볼베어링처럼 작용하여 유동성이 증가되며 시공연도를 일정하게 하면 단위수량을 감소시킬 수 있다. 또한 건조수축과 수화열이 적고 화학저항성이 크다. 수화열을 저하시키고, 콘크리트 수축을 적게 하며 초기강도는 작고 장기강도가 크다.

(2) 골재(Aggregate)

콘크리트용 골재는 KS F 2526에 규정되어 있으며 모르타르, 콘크리트를 만들기 위해 시멘트, 물 등과 함께 일체로 굳어지는 불활성 재료로서 모래, 자갈, 쇄석, 슬래그 등을 통틀어 말한다.

골재는 콘크리트 체적의 70~80%를 차지하며, 그 종류와 품질은 콘크리트의 성질에 매우 큰 영향을 미친다. 골재의 수급은 이전에는 경질이고 입형이 좋은 하천골재 채취가 용이했기 때문에 양질의 골재 선정이 가능했지만 최근에는 골재의 공급이 부족하여 산골재, 바다골재, 쇄석골재 등을 사용하고 있다. 이중 바다모래, 바다자갈은 입자 크기가 일정한 것들이 많으나 해수 중의 염분을 포함하고 있으므로 사용 시에는 민물로 여러 번 깨끗이 씻어서 염기를 제거하고 사용해야 하며 쇄석과 쇄사는 암석을 임의의 입자 크기로 분쇄한 것이며 표면이 거칠어서 시멘트페이스트와의 부착이 좋다.

1) 입자크기의 분류

① 잔골재(모래) (Sand)

10mm체를 전부 통과하고 5mm체에서 중량비로 85% 이상 통과하는 골재를 잔골재라 한다.

② 굵은골재(자갈) (Gravel)

5mm체에서 중량비로 85% 이상 남는 골재를 굵은골재라 한다. 철근콘크리트 규준에서 굵은골재의 최대치수는 철근 최소간격의 3/4, 거푸집 양측면 사이의 1/5, 슬래브 두께의 1/3, 주철근의 최소간격 값으로 되어 있으므로 굵은골재의 치수는 20~25mm 정도이며 최대 30mm 정도이다.

③ 쇄석골재(Crushed stone)

쇄석과 쇄사는 안산암, 현무암, 석회암 등을 임의의 입자 크기로 분쇄한 것이다. 부순돌은 모가 나있기 때문에 실적률이 작고 콘크리트에 사용될 때 워커빌리티가 떨어진다.

2) 무게에 의한 분류

골재는 콘크리트에 있어서 전용적의 대부분을 차지하는 재료이기 때문에 그 성질은 콘크리트에 큰 영향을 미친다. 일반적인 보통골재는 비중이 2.5~2.65 정도이며, 경량골재는 비중이 2.0 이하이며, 일반골재보다 비중이 작은 화산석, 부석 등의 천연경량골재, 탄각 등을 사용하여 단열이나 콘크리트의 중량을 줄일 목적으로 사용한다. 중량골재는 비중이 3.0 이상으로 철광석, 중정석 등 비중이 큰 골재를 사용하여 방사선을 차단할 목적으로 사용한다. 골재의 입도분포가 좋고 나쁨이란 일반적으로 골재의 크고 작은 입자가 적당히 잘 혼합되었느냐 아니냐를 말한다. 골재의 입형은 골재의 생긴 모양으로 둥근 것이 좋다. 이 입형과 입도분포는 콘크리트의 배합과 유동성에 커다란 영향을 준다.

입형과 입도가 좋은 골재는 실적률이 크고 동일 슬럼프를 얻기 위한 단위수량이 적다.

3) 골재의 용적 증가

자갈은 함수량에 의한 용적변화가 적지만 모래는 입자 표면적의 합은 크고 각 표면에 묻은 물에 의해 모래입자 간의 밀착은 잘 안 된다. 따라서 전체 체적은 커진다. 건조상태의 모래에 물을 적당량 가수하면 중량의 약 8%일 때 최대로 팽창되고(미세한 모래에서는 최대 35%의 팽창률을 보인다.) 여기에 더 가수하게 되면 용적은 오히려 증가되지 않고 감소된다.

4) 골재의 공극률·실적률

콘크리트 중량배합비를 현장배합비로 환산하여 용적배합비를 사용할 때 단위용적 내의 공극률과 실적률을 말한다. 골재의 실적률은 최대치수, 입도분포, 입형에 따라 변한다. 입형이 좋고 나쁨에 따라 채워지는 방식이 다르고 실적률이 변화한다.

실적률(%) = (단위용적중량/절건비중) × 100

공극률(%) = 1 − 실적률

공극이 적을수록 시멘트량이 적게 들고 콘크리트의 팽창수축이 적다. 일반적으로 공극률은 모래 30~45%, 자갈 35~40%이다.

5) 골재의 함수율·흡수율

골재가 수분을 전혀 갖고 있지 않은 절건상태, 기건상태, 표건상태, 습윤상태는 함수량이 차례로 점점 많은 상태를 나타낸 것이다. 표건상태는 골재의 내부와 표면의 패인 부분이 물로 채워져 있는 상태, 즉 표면건조 내부포수상태를 말하고 콘크리트의 배합설계에 있어서 기준값이 된다.

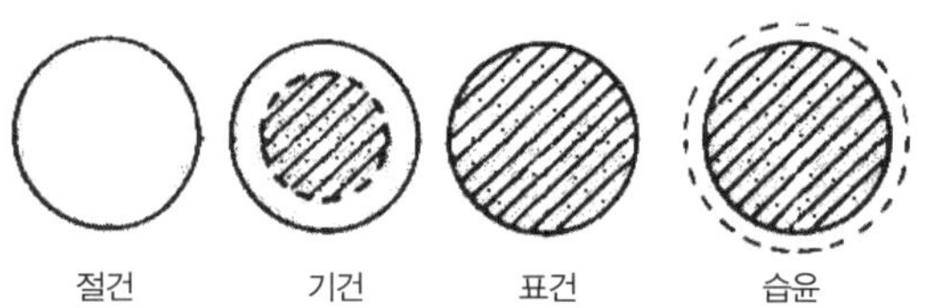

그림 11-2 골재의 함수상태

절건상태, 표건상태의 중량을 골재의 체적으로 나눈 값이 절건비중, 표건비중이며, 표건상태일 때 포함하고 있는 수량을 절건중량으로 나눈 값의 백분율이 흡수율이다.

함수율(%)={(건조 전 중량−건조 후 중량)/건조 후 중량}×단위용량의 중량×100

(3) 물(Water)

콘크리트는 물과 시멘트가 수화작용을 하여 경화하며 수분이 있는 동안 장기간에 걸쳐 강도가 증가된다. 그러므로 물의 질은 콘크리트의 강도, 내구력에 영향을 준다.

물이 염분, 산, 알칼리 등의 유기물을 포함하면 응결과 경화를 방해하고, 강도를 저하시키고, 내구력까지 감소시킨다. 바닷물은 콘크리트 강도에는 영향을 주지 않으나 철근을 부식시킨다. 따라서 콘크리트 비빔에 사용되는 물은 사람이 마시는 물과 같이 깨끗한 천연 샘물이 가장 좋다.

11.2.2 콘크리트의 배합(Mixing proportion)

콘크리트는 시멘트·잔골재·굵은골재·물을 배합하여 소요강도, 워커빌리티, 수밀성, 내구성을 얻을 수 있도록 각 재료의 비율, 단위용적의 각 재료 양의 혼합비율을 결정하는 배합이나 배합비율을 결정하게 된다. 이들 조건은 가장 경제적인 배합상태를 말한다.

(1) 배합방법

1) 용적배합

용적배합에는 절대용적배합, 현장계량용적배합, 표준계량용적배합으로 구분되며, 절대용적배합은 $1m^3$의 콘크리트 제조에 소요되는 각 재료량을 사용재료가 공극이 전혀 없는 상태로 계산한 절대용적으로 배합을 표시하며 이 방법은 일반적인 콘크리트 배합의 기본으로 한다. 현장계량용적배합은 $1m^3$의 콘크리트를 제조하는 데 소요되는 각 재료의 양을 시멘트는 포대수, 골재는 현장계량에 의한 용적으로 표시한 배합방법으로 과거 재래의 손비빔 및 믹서비빔에 많이 사용했던 방법이다.

표준계량용적배합은 $1m^3$의 콘크리트를 제조하는 데 소요되는 각 재료량을 골재의 단위용적중량 시험방법(KS F 2505)의 다짐대 혹은 충격을 이용하는 표준적인 다짐상태의 용적으로 배합을 표시하며 시멘트 1,500kg을 $1m^3$로 본다. 이 배합방법은 실무에서 거의 사용되지 않는다.

2) 중량배합

$1m^3$의 콘크리트를 제조하는 데 소요되는 각 재료량을 중량(kg)으로 표시한 배합방법이며 절대용적배합에서 구한 절대용적에 비중을 곱하여 각 재료의 중량을 결정한다.

이 배합방법은 정밀한 배합을 위해 편리한 방법으로 실험실 배합 및 레미콘 생산 배합 등이 이 배합방법으로 이루어지며, 배합 관리, 보존은 절대용적배합으로 하는 것이 골재의 비중, 품질 변화에 보다 효율적이다.

(2) 배합설계

필요한 콘크리트의 강도를 얻기 위해 혼합재료 배합비는 콘크리트 강도, 시공성, 내구성 등을 고려하여 배합하게 되는데, 이들 요구성능 설정은 콘크리트가 사용되는 구조물의 용도, 규모, 구조특성, 환경조건 및 사용할 수 있는 재료의 품질, 시공시 예상되는 기상조건, 공사기간 등을 고려하여 콘크리트 배합을 결정하게 된다.

1) 물·시멘트비 결정(W/C)

① 평균 소요배합강도 결정

일반적인 배합조건은 배합강도, 슬럼프값, 공기량으로 정하고 재료를 선정하게 된다. 재료선정 시 시멘트는 일반적으로 보통 포틀랜드시멘트를 사용하고 조기강도를 요구하거나 한중, 한서 등 특수한 경우에는 이에 맞는 시멘트를 신정하여 경제성, 워커빌리티 개선효과, 초기 양생에 충분히 유의하여 결정한다. 골재 선정은 콘크리트의 70~80% 용적을 차지하고 콘크리트의 워커빌리티, 강도, 내구성에 중요한 영향을 미치므로 해당 품질 규격을 만족시키는 골재인가를 확인하고 경제성과 연관지어 사용골재를 정한다. 혼화재료는 콘크리트의 성질을 개량할 목적으로 사용하는 재료이고, A.E제, 플라이애시, 고로슬래그 분말 등을 주로 사용하고 있다. 혼화재 선택은 경제성, 요구성능에 맞추어 효과적이라고 판단될 때 선택한다. 좋은 품질의 콘크리트를 만들기 위해 물은 사람이 먹을 수 있을 정도의 깨끗한 물을 사용하는 것이 가장 바람직하다.

위와 같은 조건에 의해 평균 소요배합강도 결정은 가장 경제적·합리적이며 효과적인 결정을 하게 된다. 배합강도 f_{cr}은 콘크리트 생산공장에 비슷한 재료와 조건에서 수행한 30개 이상의 연속시험 기록이 있을 때의 표준편차를 이용하여 계산한다. 이때 배합강도는 설계기

준강도 f_{ck}가 35N/mm^2 이하인 경우

$$f_{cr} = f_{ck} + 1.34S$$
$$f_{cr} = (f_{ck} - 3.5) + 2.33S$$

으로 계산된 두 값 중 큰 값으로 정하며, 배합강도가 35N/mm^{2}를 초과하는 경우

$$f_{cr} = f_{ck} + 1.34S$$
$$f_{cr} = 0.9f_{ck} + 2.33S$$

으로 계산된 두 값 중 큰 값으로 정한다.

시험기록이 15회 이상, 30회 미만이면 신뢰성을 확보하기 위하여 보다 큰 표준편차를 사용하도록 보정계수를 이용하여 표준편차 S를 보정한다.

표 11-1 시험이 30회 미만일 때 표준편차에 대한 보정계수

시험횟수	표준편차의 보정계수
15	1.16
20	1.08
25	1.03
30 또는 그 이상	1.00

표준편차의 계산을 위한 현장강도 기록이 없는 경우 또는 압축강도 시험횟수가 14회 이하인 경우, 배합강도 표 11-2에 따라 결정한다.

표 11-2 시험횟수가 14회 이하이거나 기록이 없는 경우의 배합강도

설계기준 압축강도 f_{ck}(MPa)	배합강도 f_{cr}(MPa)
21 미만	f_{ck} + 7
21 이상 35 이하	f_{ck} + 8.5
35 초과	1.1f_{ck} + 5.0

예) 30개의 연속시험에 의한 콘크리트강도의 표준편차가 25N/mm^{2}이고, 설계기준강도가 24N/mm^{2}이다. 콘크리트 배합강도를 정할 경우의 배합강도는?

$$f_{cr} = 24 + 1.34 \times 2.5 = 27.35 \text{ MPa}$$
$$f_{cr} = (24 - 3.5) + 2.33 \times 2.5 = 26.33 \text{ MPa}$$

배합강도는 이 값 중 큰 값으로 정하므로 27.35MPa이 된다.

② 물 · 시멘트(W/C)비 결정

콘크리트의 강도는 시멘트의 강도, 물 · 시멘트(W/C)비, 콘크리트의 재령에 따라 크게 차이가 나며 시멘트의 강도값이 크고, 물 · 시멘트비가 적고, 재령이 오래될수록 강도값은 크게 나타난다. 일반적으로 사용하는 콘크리트 강도는 시멘트와 골재를 동일하게 사용할 때 물과 시멘트의 중량비인 물 · 시멘트(W/C)비에 의해 강도값이 결정된다.

물과 시멘트의 중량비 중에서 물의 양이 많으면 강도는 저하되고, 물의 양이 적으면 강도는 증가하지만 시공연도(Workability)가 좋지 않게 된다.

가장 많이 사용되는 물 · 시멘트(W/C)비는 40~70% 정도이며, 보통은 60%이다. 배합강도를 얻기 위한 물 · 시멘트비에 대한 건축공사표준시방서 규정은 실제로 사용할 콘크리트와 거의 동일한 재료를 사용하여 소정의 슬럼프, 공기량이 얻어질 수 있는 콘크리트에 대하여 물 · 시멘트비와 콘크리트 강도와의 관계를 시험비빔에 의해 구하고 배합강도에 알맞게 물 · 시멘트비를 정한다.

2) 단위수량 결정

단위수량의 최대 영향 요인은 내구성, 수밀성 외에 슬럼프 등 유동성에 지배적인 영향을 미친다. 배합비별 단위수량의 변화경향은 슬럼프가 동일한 경우에는 일반적으로 사용되는 물 · 시멘트의 범위에서 물 · 시멘트비가 변화해도 단위수량은 거의 변화하지 않는다.

이를 「단위수량 · 일정의 법칙」이라 하고 물 · 시멘트비를 작은 범위에서 변화시키면서 시험비빔을 결정할 때 사용하면 편리하다.

3) 잔골재율 결정(모래)

잔골재율은 잔골재(모래)와 굵은골재(자갈)의 절대용적에 대한 잔골재(모래) 절대용적의 백분율로 표시하여 잔골재(모래)와 굵은골재(자갈)의 혼합비율을 말하는 것이다. 잔골재율은 재료분리에 따른 경제성 배합과 점성문제이다. 일반적으로 잔골재율을 증가시키면 점성은 증가되고 슬럼프는 저하하여 단위수량을 증가시켜야 하며, 단위수량을 증가시키면 단위시멘트량도 증가되어 비경제적인 배합이 된다.

건축공사표준시방서 규정은 사용하고자 하는 콘크리트 품질이 얻어질 수 있는 범위 내에서 시험비빔으로 가능한 한 잔골재율의 값을 작게 정하는 것을 규정하고 있다.

4) 혼화제 양의 결정

혼화재료는 적당한 양을 사용하면 콘크리트의 성능 향상과 개량에 매우 유효하다. 그래서 혼화재는 콘크리트 재료인 시멘트, 골재, 물에 이어 제4요소로 사용된다. 혼화재료는 표면활성 작용에 의해 콘크리트 중에 미세한 기포를 만들거나 시멘트 입자를 분산시켜 콘크리트의 유동성을 증진시키는 혼화제를 말한다.

혼화제에는 0.02~0.25mm의 기포들을 만들어 볼베어링과 같이 표면활성을 발휘하여 콘크리트의 유동성을 증가시키며 콘크리트의 분리도 억제하는 A.E제, 시멘트 입자를 균등히 분산시켜 개개의 입자가 물과 접촉하여 수화작용을 촉진시키는 시멘트 분산제, 화산회, 규조토, 소성점토, 플라이애시 등 천연산 및 인공 실리카질 혼화재를 포졸란이라 하며 이 포졸란도 표면활성 역할을 한다. AE제나 분산제를 사용하면 물의 양을 줄일 수 있어 감수제라고도 한다.

계획배합 설정단계에서 혼화제의 종류 및 양의 결정은 시멘트, 골재의 종류, 콘크리트의 배합조건, 온도, 운반시간 등에 따라 다르므로 이들을 고려하고 경제성면도 검토하여 실제 비빔시험에서 적정 혼합비율을 결정한다.

혼화제의 과잉 사용은 콘크리트의 응결지연, 강도저하 등 부작용을 일으키므로 사용량을 결정할 때 주의해야 한다.

(3) 굳지 않은 콘크리트의 성질

굳지 않은 콘크리트란 콘크리트 비빔 직후부터 거푸집에 부어넣어 소정의 일정강도를 발휘할 때까지의 콘크리트를 말하며, 이 콘크리트의 조건은 각 시공단계(운반, 타설, 다짐)에서 작업이 용이해야 하고, 재료분리가 적고, 거푸집에 타설 후 균열 등의 현상들이 발생하지 않아야 한다.

재료와 배합선정, 재료의 계량과 충분한 비빔, 분리가 일어나지 않도록 적절한 시공 및 공정, 충분한 양생이 필요하다.

1) 시공연도(Workability)

콘크리트가 충분한 강도를 갖기 위해서는 질이 좋고 고른 콘크리트를 거푸집에 빈틈없이 채워야 한다. 균질하고 밀실한 콘크리트를 부어넣기 위해 콘크리트가 운반에서 타설까지의 시공공정에 있어 재료 분리가 발생하지 않고, 시공법에 따라 적당한 연도를 가져야 한다. 이 작업성에 관한 콘크리트의 성질을 워커빌리티(시공연도)라 한다.

콘크리트의 워커빌리티는 정량적인 수치값으로 표현하는 것은 곤란하다. 판단 기준은 구조물의 종류, 단면의 형상과 치수, 철근의 배근상태, 시공방법에 따라 동일한 콘크리트라 하더라도 워커빌리티가 다르다. 콘크리트는 부어넣기 쉽고, 재료가 분리되지 않는 적당한 점성을 가지고 있어야 좋은 작업성을 가지게 된다.

일반적으로 워커빌리티의 좋고, 나쁨을 수량에 의해 변화하는 유동성인 콘시스턴시에 좌우되는 경우가 많다. 연도의 조절은 물의 양을 가감하는 것이 아니고 물·시멘트(w/c)비는 그대로 유지하면서 시멘트페이스트의 증감으로 조절하며, 보통 묽은비빔일수록 워커빌리티가 좋다고 하지만 콘시스턴시가 좋아도 재료 분리가 생기므로 워커빌리티 평가에는 경험에 기초를 둔 판정이 중요하다.

2) 콘시스턴시(Consistency)

콘시스턴시란 수량에 의해 변화하는 유동성 정도를 말한다. 일반적으로 단위수량의 많고 적음에 따라 콘크리트의 콘시스턴시를 표시하는 것으로 콘크리트의 유동속도 및 전단저항 등에 관계한다.

유동성은 콘크리트의 워커빌리티에 매우 큰 영향을 주고 있으나 유동성이 큰 것이 시공하기에 적당한 콘크리트라고 할 수는 없다. 같은 슬럼프 값을 나타내는 콘시스턴시라도 워커빌리티가 같다고 할 수 없으며, 콘시스턴시는 콘크리트의 워커빌리티를 표시하는 하나의 지표값이며, 보통 슬럼프 시험에 의한 슬럼프 값으로 표시되며 부재의 종류에 따라 정해져 있다.

3) 워커빌리티에 영향을 주는 인자

① 단위시멘트량

단위시멘트량이 많을수록 콘크리트가 거푸집 형상에 부어넣기 쉽고, 재료 분리가 일어나지 않는 성질인 플라스티시티(Plasticity)는 증가함으로써 부배합은 빈배합보다 워커빌리티가 좋다.

② 시멘트 성질

일반적으로 분말도가 높은 시멘트는 시멘트페이스트의 점성이 높아지므로 콘시스턴시는 적게 된다. 동일한 콘시스턴시의 콘크리트를 만드는데 필요한 단위수량값이 초조강, 조강, 보통 콘크리트 순으로 보여주는 것은 분말도에 의한 것이다. 반대로 분말도가 너무 낮으면 시멘트페이스트의 점성이 작게 되어 콘시스턴시는 크게 되지만 재료 분리가 쉽게 되어 워커빌리티가 나빠진다.

③ 골재의 입도 및 입형

골재는 조립한 것으로부터 세립한 것에 걸쳐 잔골재와 굵은골재가 적당한 비율로 혼합되어야 한다. 굵은골재의 최대치수는 콘크리트를 부어넣을 단면치수, 배근치수, 배근상태에 따라 적당한 크기가 결정된다. 둥근 강자갈은 워커빌리티가 좋고, 입형이 나쁜 골재는 분리되기 쉽고 유동성이 나빠서 워커빌리티가 좋지 않다. 쇄석모래, 쇄석자갈을 사용하면 워커빌리티가 나쁘므로 잔골재율을 크게 하고, 단위수량을 크게 하여 워커빌리티를 개선해야 한다.

④ 단위수량

단위수량은 슬럼프와 유동성에 영향을 준다. 단위수량이 많을수록 콘크리트의 콘시스턴시는 크게 된다. 단위수량이 약 1.2% 정도 증가하면 슬럼프가 1.0cm 증가한다. 단위수량을 증가시키면 재료 분리가 쉽게 일어나기 때문에 워커빌리티가 좋다고 할 수는 없다. 모래, 쇄석자갈을 사용하면 워커빌리티가 나쁘므로 잔골재율을 크게 하고, 단위수량을 크게 하여 워커빌리티를 개선해야 한다.

⑤ 혼화제

A.E제나 감수제인 혼화제를 사용하면 콘크리트 중에 미세한 기포들을 만들어 볼베어링과 같이 표면활성을 발휘하여 콘크리트의 유동성을 좋게 하여 워커빌리티를 개선한다. 공기량 1% 증가에 대하여 슬럼프가 2cm 정도 크게 되며 슬럼프를 일정하게 하면 단위수량을 3% 정도 저감시킬 수 있으며 콘크리트 경화 시 수축도 감소시키며 균열을 방지한다. 그러나 적당량 이상을 사용하면 압축강도와 철근과의 부착강도는 감소한다.

4) 슬럼프 시험(Slump test)

콘크리트의 워커빌리티는 고려해야 할 인자들이 많아서 종합적으로 측정하는 방법은 없고 콘시스턴시에 의해 워커빌리티를 추정한다. 콘시스턴시는 워커빌리티의 한 면만 나타내므로 이 시험의 판단에는 많은 경험이 필요하다.

슬럼프 시험은 콘시스턴시를 측정하는 가장 일반적인 방법으로 사용되고 있다. 수평으로 장치한 수밀성 평판 위에 윗지름이 10cm, 밑지름이 20cm, 높이 30cm의 슬럼프콘을 놓고 시험할 콘크리트를 슬럼프콘 용적의 1/3씩 3번에 나누어 채운다. 1/3씩 채운 콘크리트는 매단마다 2층의 깊이만큼 다짐봉으로 균등하게 25회씩 잘 다진 후 상면을 고르게 한 후 슬럼프콘을 수직으로 끌어올린다. 이때 콘크리트가 주저앉는 값을 측정하여 그 값을 슬럼프 값(cm)이라 한다.

슬럼프 시험을 정확히 하면 슬럼프에 의한 콘시스턴시의 변화와 슬럼프 측정 후 다짐봉으로 콘크리트의 측면을 가볍게 두드려서 이때 무너진 모양이나 변형을 관찰하는 탭핑(Tapping)에 의해 적정한 값의 워커빌리티를 판단할 수 있다.

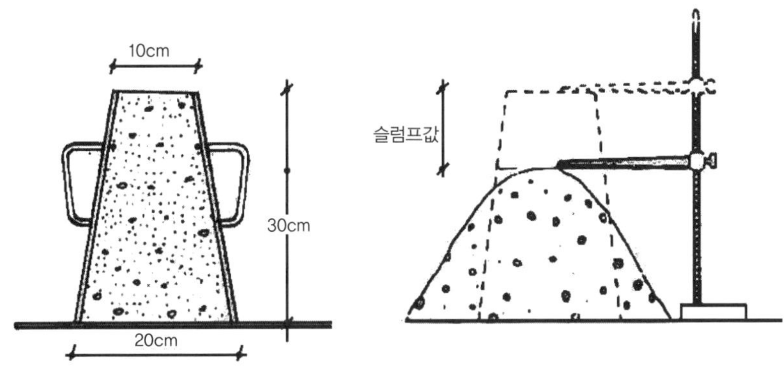

그림 11-3 슬럼프 실험

표 11-3 표준 슬럼프 값 (단위 : cm)

구조체 종별	진동다짐일 때	진동다짐이 아닐 때
기초 · 바닥판 · 보	5~10	15~19
기둥 · 벽	10~15	19~22

11.2.3 콘크리트 타설 · 다짐 · 측압 · 양생

(1) 콘크리트의 타설

현장에서 콘크리트 치기를 하지 않고 거의 대부분 레미콘을 이용하기 때문에 펌프카를 이용하여 펌프로 콘크리트를 타설한다. 콘크리트 펌프의 이점은 좁은 장소를 통한 운반이나 높은 곳으로의 운반이 편리하며 운반 중 재료 분리가 거의 없고 콘크리트 손실이 적다는 것이다.

펌프 압송 시 배합은 레미콘의 공급 및 압송 중 슬럼프 저하를 고려하여 슬럼프 값을 결정해야 하며, 건축공사용 콘크리트 펌프의 경우 슬럼프 값은 18~21cm 정도이고 압송거리가 100m 이하일 때 슬럼프 값의 변화는 없지만 150m 이상인 경우는 슬럼프 값이 1cm 정도 저하된다.

콘크리트 타설시 주의사항은 콘크리트를 펌프로 압송할 때 처음에는 시멘트페이스트를 통과시켜 관내의 흐름을 좋게 하고, 펌프카는 타설 위치에 가급적 접근시켜 콘크리트의 압송거리를 짧게 해야 한다. 수직관은 구조체에 고정시켜 움직이지 않게 하고 수평관은 받침대를 설치하여 슬래브 배근이 움직이거나 손상되지 않게 해야 하며, 압송도중 장시간 압송을 정지해서는 안 된다.

(2) 콘크리트 다짐

철근 주위와 거푸집 구석까지 콘크리트를 밀실하게 채우기 위해 다짐을 한다. 다짐할 때는 진동기를 사용하며, 진동기의 종류는 꽂이식 막대형 진동기, 거푸집 진동기, 콘크리트 표면 진동기 등을 사용한다. 진동기는 슬럼프 값 15cm 미만의 된비빔 콘크리트에는 반드시 사용하도록 해야 한다. 막대형 진동기는 진동기의 끝단이 먼저 부은 층에 도달되도록 수직으로 세워 꽂아 사용한다. 진동기는 콘크리트량 $20m^3$마다 1대를 기준으로 준비하며 진동기 3대마다 1대의 여분 진동기를 준비한다.

진동기는 다짐효과가 중복되지 않는 60cm 간격으로 하고 콘크리트면에 시멘트 물이 떠오를 정도까지 하며, 진동기를 철근에 대어서 진동을 주면 부착이 감소되므로 피해야 하고, 경화하기 시작한 콘크리트에는 진동기를 사용해서는 안 된다.

(3) 콘크리트 측압

거푸집에 미치는 콘크리트의 압력을 측압이라 한다. 측압은 콘크리트의 중량, 콘시스턴시, 콘크리트 거푸집의 크기, 콘크리트 타설 속도 및 높이, 타설방법 등에 영향을 받는다.

측압에 영향을 주는 인자는 대기습도와 기온이 높을수록 측압이 크고, 콘크리트의 비중, 슬럼프 값이 클수록 측압이 크다. 타설 속도가 빠르거나 다짐이 좋을수록 측압이 크며, 벽체의 두께가 얇거나 철근량이 적을수록 측압이 크다.

거푸집 설계용 측압의 표준값은

- 진동기 미사용시 - 벽체는 $20kN/m^2$, 기둥은 $30kN/m^2$
- 진동기 사용시 - 벽체는 $30kN/m^2$, 기둥은 $40kN/m^2$

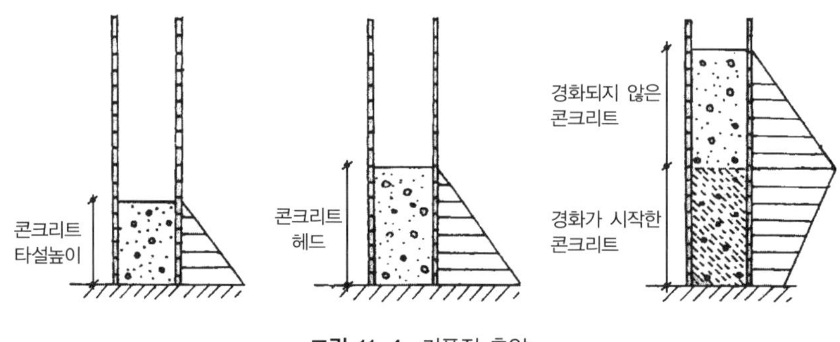

그림 11-4 거푸집 측압

측압은 최대값을 나타내는 높이를 콘크리트의 헤드(concrete head)라고 하며, 측압은 콘크리트 높이에 따라 상승되지만 콘크리트의 헤드값 이상이면 헤드를 기준으로 더 이상 측압은 증가되지 않는다. 콘크리트 헤드(Concrete head)의 최대값은 벽체는 0.3~0.7m, 기둥은 1.0~1.3m 높이일 때 최대가 된다.

(4) 콘크리트의 양생(Curing)

양생은 콘크리트를 부어넣은 후 완전히 수화되도록 충분한 물을 공급하고, 적당한 온도를 유지시키는 것을 말한다. 콘크리트 타설 후 일주일(7일) 이상 거적으로 덮고 물 뿌리기 등의 방법은 강한 햇빛을 차단하고 바람을 막아 균열 방지에 도움을 주고, 수분 증발 방지에도 중요하다.

콘크리트는 비벼 넣은 후 경화될 때 충분한 습기가 있으면 재령이 커짐에 따라 강도가 증진된다. 양생온도는 일반적으로 높을수록 수화가 빠르지만 콘크리트 온도가 5℃ 이하가 되면 강도 증가는 매우 작으며 0℃ 이하가 되면 강도증가는 하지 않는다고 생각한다. 양생방법이 강도에 미치는 영향은 초기 재령일 때 가장 크고 중요하다. 콘크리트가 거푸집 형태로 형상을 유지하고, 필요한 충분한 강도를 가지기 위해서는 거푸집의 존치기간이 필요하다. 거푸집 존치기간은 시멘트의 종류, 날씨, 온도, 양생 상태에 따라 다르므로 경과기간 동안을 조사 기록하여야 한다. 거푸집 존치기간은 콘크리트의 변형, 양생 미비의 우려가 없어야 하며, 충분한 강도를 유지할 수 있을 때까지 존치해야 한다.

국토교통부 제정 건축공사표준시방서에 의한 존치기간이 지난 후 또는 콘크리트 압축강도 시험에 의한 시험결과 값이 기준값 이상인 경우에만 거푸집과 거푸집 지주의 해체시기로 한다. 거푸집 지주를 바꾸어 세울 동안 상판의 작업을 제한하여 하중을 적게 하고 집중하중을 받는 지주는 그대로 두며, 지주는 먼저 큰보에서 거푸집을 제거하여 바꾸어 세운 다음 다른 부분으로 순차적으로 작은보, 바닥 슬래브로 옮기면서 시행한다. 지주는 콘크리트 타설 후 28일(4주)이 지나면 제거할 수 있다.

표 11-4 기초, 보옆, 기둥 및 벽의 거푸집널 존치기간을 정하기 위한 콘크리트의 재령(일)

시멘트의 종류 / 평균 기온	조강포틀랜드 시멘트	보통 포틀랜드시멘트 고로 슬래그시멘트, 특급 포틀랜드 포졸란시멘트 A종 플라이애시시멘트 A종	고로 슬래그시멘트 1급 포틀랜드 포졸란시멘트 A종 플라이애시시멘트 B종
20℃ 이상	2	4	5
20℃ 미만 10℃ 이상	3	6	8

11.2.4 콘크리트 균열 · 변형 · 내구성

(1) 콘크리트의 균열

콘크리트는 압축강도는 크지만 인장강도가 작기 때문에 시공 전후의 체적변화에 의한 구속, 외부에서 충격이나 외력 등에 의한 균열이 발생하기 쉽다. 콘크리트 균열은 경화점에 발생하는 초기균열과 경화 후에 발생하는 균열로 나눈다.

시공관리 및 양생 등의 문제로 발생되는 것은 초기균열이며, 콘크리트의 불균형 침하, 표면경화 진행 중의 내부 콘크리트 침하 등이 균열발생의 원인이다.

1) 침하균열

침하균열의 원인은 철근, 굵은골재 등에 의한 콘크리트 침하, 블리딩, 부상 공기포의 자유로운 중력침하방해, 기존 침하에 의해 균열이 발생한다.

침하균열은 콘크리트를 타설한 후 1~2시간 동안 철근 부위에서 발생되며 철근 부근의 침하균열은 철근 깊이까지 도달한다. 침하균열을 방지하기 위해 지나치게 묽은 반죽은 피하고, 불균등 침하를 줄이기 위해서는 동일한 슬럼프 값의 콘크리트를 타설하면 침하균열을 피할 수 있다.

2) 수분손실

콘크리트 타설 전후에 콘크리트 표면의 블리딩 속도보다 콘크리트 표면의 수분증발 속도가 빠르면 콘크리트 표면에 미세한 균열이 발생된다. 이 균열을 소성수축균열이라 한다.

수분증발 속도는 날씨, 온도, 습도, 풍속 등에 영향을 받으며 콘크리트 표면의 수분손실을 막기 위해서는 온도가 매우 높을 때 콘크리트의 온도를 낮춰주고, 콘크리트 표면에 덮개를 덮고 물을 뿌려준다.

3) 건조수축(Dry shrinkage)

콘크리트 건조수축에 의한 균열은 콘크리트 타설 후 2~3개월부터 발생하고 진행되어 개구부, 기둥, 보 주위에 경사진 균열이 발생되고 벽체, 보, 세장한 바닥 등에 등간격으로 수직으로 발생되며 상당기간 계속 진행되는 장기균열이다. 균열의 폭은 0.05~0.5mm 정도이며 콘크리트 건조수축에 영향을 주는 요인은 시멘트의 종류, 분말도, 단위수량, 단위시멘트량, 골재, 혼화제, 양생조건 등이며 그중에서도 단위수량의 영향이 가장 크다.

4) 콘크리트 이상팽창에 의한 균열

침하 · 수분손실 · 건조수축 이외의 균열과 하중에 의한 균열은 보, 바닥판의 인장축에 수직으로 균열이 발생되고, 지진, 부동침하는 기둥, 보, 벽체에 45° 방향으로 큰 균열과 작은 균열이 발생된다. 콘크리트의 재료 성질에 의한 균열 중 폭이 크고 짧은 균열이 비교적 초기에 불규칙적으로 발생하는 균열은 시멘트의 이상응결 시 발생하고, 방사형의 망상균열이 표면에 나타나는 것은 시멘트의 이상팽창에 의한 균열이다. 또 알칼리골재 반응에 의한 균열도 팽창균열과 같이 거북이등 모양의 망상균열이 발생된다.

시공 시 콘크리트 혼합시간이 긴 비빔일 때 콘크리트 표면에 망상균열과 짧은 길이의 불규칙적인 균열이 발생되고, 시멘트페이스트가 유출되어 골재가 노출된 부분이 각종 균열의 시작점이 되고 큰 균열이 불규칙적으로 발생된다.

(2) 콘크리트의 크리프(Creep)변형

콘크리트에 하중이 지속적으로 재하되는 경우 응력의 변화가 없어도 변형은 시간에 따라 증대되는 현상을 크리프라 하며, 이러한 변형을 크리프변형이라 한다.

크리프의 발생원인은 콘크리트에 지속적으로 하중이 재하될 때 콘크리트 중의 겔(gel)수(水)의 압축에 의해 발생되며, 시멘트페이스트의 점성, 미세공극, 결정수, 미세균열 발생 등이 크리프 발생에 영향을 더한다.

크리프는 하중재하 초기에 증가가 현저하고 장기화될수록 증가율은 작게 나타나며 보통 지속재하 3~4년 후에 정지되며 콘크리트에 시멘트페이스트량이 많을수록, 물시멘트비가 클수록, 작용하중이 클수록, 재하재령이 빠를수록 크리프는 크다.

재하중에 건조가 진행되면 변형은 증가되며, 탄성변형에 대한 크리프 변형의 비를 크리프계수라 하고 그 값은 2~3 정도이다. 크리프 변형을 억제하기 위해서는 콘크리트 비빔시 혼화제를 적절히 사용하고, 양생을 잘 해야 한다. 또 거푸집 제거 시기를 확인하고 잘 지켜야 하며, 응력이 집중되지 않도록 해야 한다.

(3) 콘크리트의 내구성(Durability)

철근콘크리트는 콘크리트가 철근을 피복하고 있기 때문에 다른 건설재료에 비하여 내구성이 우수한 재료이지만 최근에는 철근콘크리트 구조물도 충분한 내구성을 가지지 못한 경우가 보고되고 있다.

철근콘크리트 구조물의 급격한 내구성 저하원인은 재료 문제, 시공상의 문제, 품질관리 문제 등 기술적인 원인에서부터 심각해진 환경오염의 원인까지 매우 다양하다.

철근콘크리트 내구성이란 동결융해, 한서, 건조습윤 등 기상조건이나 화학물질 등에 의한 침식작용에 의해 발생되는 마모작용, 중성화, 철근의 부식 등 콘크리트 사용상 발생되는 여러 작용들에 저항하여 오랜 시간 사용상 견딜 수 있는 성질을 말한다.

1) 중성화, 철근부식

일반적인 콘크리트가 경화할 때는 규산칼슘수화물(CSH)과 수산화칼슘($Ca(OH)_2$)을 생성한다. 수화반응으로 생성된 수산화칼슘에 의해 콘크리트는 강알칼리(pH 12.5 정도)를 나타내는데, 일반적으로 pH가 11 이상이면 철, 강재의 표면에 치밀한 부동태피막이 생겨서 철근을 부식으로부터 보호하게 된다. 그러나 시간경과에 따라 공기중의 탄산가스 영향을 받아 콘크리트의 수산화칼슘이 서서히 탄산칼슘으로 되어 콘크리트가 알칼리성을 상실하게 되는데 이 과정을 중성화라 한다.

콘크리트가 중성화로 계속해서 진전되어 철근을 둘러싸고 있는 주변까지 도달되면 물과 공기 등의 침투가 용이하여 결국에는 철근이 녹슬게 되고 내력과 내구성을 상실하게 된다.

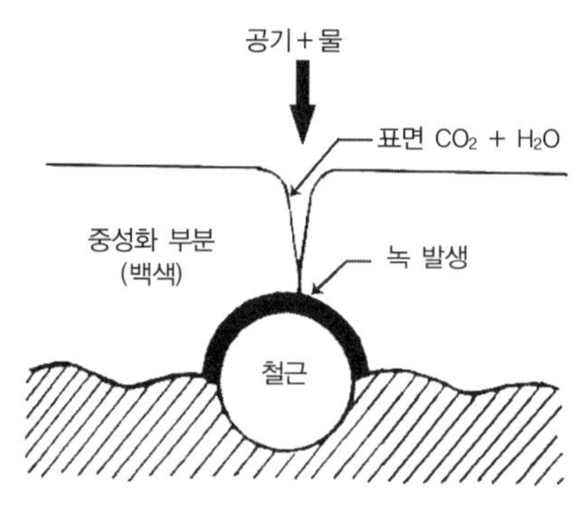

그림 11-5 중성화 개념

탄산칼슘은 철근을 부식시키고 콘크리트 체적을 팽창시켜서 콘크리트에 균열과 박리를 나타낸다. 콘크리트의 중성화를 지연시키기 위해서는 부재에 타일, 돌붙임 등의 마감은 중성화를 지연시키는 데 유효하며, 피복두께를 두껍게 하거나 기밀성이 좋은 뿜칠시공을 하는 것도 효과가 있다. 제치장콘크리트보다는 콘크리트 표면을 모르타르 마감, 페인트 마감하면 중성화속도를 지연시키는 데 유효하다.

2) 염해에 의한 철근부식

염해란 콘크리트 중에 염화물이 존재하거나 공기 중의 산소와 염소이온이 결합하여 철근이나 강재를 부식시켜 콘크리트 구조물에 손상을 주는 현상을 말한다. 일반적인 콘크리트 중에는 알칼리성이 높아 철근이 부식되기 어렵지만 콘크리트 내부에 염화물이 일정량 이상 존재하게 되면 부식되기 쉬운 환경으로 바뀐다. 부동태피막이 파괴되면 콘크리트의 각종 결함, 밀실의 차이, 염분과 알칼리 농도의 차이 등 불균일성과 강재 표면의 화학적 · 불균일성 때문에 부식이 발생된다.

강재에 부식이 생기면 부식된 녹의 체적이 원래의 강재 체적보다 크기 때문에 그 팽창압에 의해 강재를 따라 콘크리트에 균열이 발생한다. 균열이 발생되면 물과 공기의 유입이 쉬워 부식은 가속되며 피복콘크리트의 박리, 강재단면적의 감소에 의해 부재내력이 저하된다.

11.2.5 특수콘크리트

(1) 한중콘크리트(Winter concreting)

콘크리트를 부어넣기한 후 양생기간 중에 일평균기온이 4.0℃ 이하이거나 부어넣은 후 28일(4주)간의 외부온도가 3.0℃ 이하가 되어 동결할 위험이 있는 경우에 사용하는 콘크리트이다.

한중콘크리트는 콘크리트가 응결중이거나 경화 초기에 동결, 동결융해 작용을 받으면 강도 저하, 균열, 내구성 저하 등 콘크리트의 품질이 현저히 저하되고, 수화반응이 지연되어 콘크리트의 응결, 강도발현이 늦어진다. 보온양생 중, 거푸집 해체 시 부재단면 내의 온도 차이가 크면 부재 표면에 균열이 발생되기 쉽다. 한중콘크리트의 재료는 보통 포틀랜드시멘트, 조강 포틀랜드시멘트를 사용할 때 A·E감수제 사용을 원칙으로 하며, 골재의 동결에 주의해야 하고, 시멘트를 가열해서는 안 되고 온수 사용 시 40℃ 이하로 한다. 배합은 단위수량을 가능한 적게 사용하고 물·시멘트비는 기온에 의한 강도보정값, 적산온도에 의한 방법으로 정한다.

(2) 서중콘크리트(Hot-weather concreting)

서중콘크리트는 일평균 기온이 25℃를 넘는 시기에 시공되는 콘크리트를 말한다. 서중콘크리트는 단위수량 증가, 슬럼프 저하, 응결촉진, 콘크리트 표면으로부터 급격한 수분증발 등에 의한 균열 발생, 장기강도 저하가 나타나기 쉽다. 서중콘크리트 재료는 보통 포틀랜드시멘트에 혼화제는 A·E감수제 지연형을 사용하고, 골재는 가능한 한 저온의 것을 사용하고 저장 및 수송에서 고온이 되지 않도록 한다.

배합할 때 콘크리트의 온도를 1℃ 내리기 위해서는 시멘트 온도를 8℃, 물의 온도를 4℃, 골재온도를 2℃ 정도로 하여 사용한다. 부어넣기는 슬럼프 저하가 크므로 운반 및 부어넣는 시간을 단축할 수 있도록 배차계획, 타설방법, 타설구간 등 면밀한 시공계획을 세워야 한다.

(3) 수밀콘크리트(Water tight concrete)

콘크리트 자체의 수밀성을 높이고 공극, 이음부 등 누수의 원인이 되는 균열, 공동부 등 타설에 의한 결함부가 발생하지 않도록 콘크리트의 수밀성을 높인다. 수밀콘크리트는 단위수량, 물·시멘트비가 작은 콘크리트로 하고, 타설 결함이 발생하기 쉬우므로 유동화콘크리트를 사용한다.

골재는 깨끗하고 입도가 좋은 양질의 것을 사용하고, 배합은 1 : 2 : 4로 한다. 물·시멘트비의 최대값은 55%, 슬럼프 값은 12cm~15cm 정도이며, 콘크리트는 연속하여 타설하고, 충분히 다짐으로써 타설에 의한 결함부가 없도록 하고, 양생은 일반 콘크리트보다 길게 한다.

(4) 유동화콘크리트

비빈 콘크리트에 유동화제를 첨가하여 다시 잘 비벼 유동성을 증대시킨 콘크리트를 말한다. 유동화콘크리트는 시공성 향상, 건조수축, 블리딩을 감소시켜 콘크리트의 품질개선을 목적으로 사용한다.

유동화제는 일종의 고성능감수제이므로 보통콘크리트에 비해 단위수량을 8~12% 정도 감소시킬 수 있고, 단위시멘트량도 감소하게 된다. 유동화콘크리트는 동일 슬럼프의 콘크리트

보다 페이스트의 유동성이 현저히 크고 분리되기 쉽기 때문에 잔골재율을 증가시켜야 한다. 유동화제를 다량 사용하게 되면 경화불량, 응결지연, 공기량의 과잉연행 등의 악영향을 미치게 되므로 주의해야 한다.

(5) 해양콘크리트

해양콘크리트는 해수작용을 받는 콘크리트는 해수, 해염입자의 작용으로 콘크리트 내부로 염분이 침투하기 쉬운 해중 또는 해안지역의 콘크리트 구조물에 사용한다.

콘크리트 구조물 내부에 염분이 침투하면 해수 중의 황산마그네슘은 시멘트의 수화생성물과 반응하여 체적팽창을 일으키고, 칼슘과 반응하여 콘크리트의 조직을 다공질이 되게 함으로써 철근의 부식을 촉진시켜 구조물의 내구성이 저하되므로 설계, 시공시 충분한 대책이 필요하다. 시멘트는 고로시멘트, 중용열시멘트, 플라이애시시멘트, 내황산염시멘트를 사용하고, 골재는 흡수가 적고 강도가 높은 것을 사용한다. 물・시멘트비를 적게 하는 것은 침식의 방지상 유효하다.

구조물 설계 시 염분의 침투를 고려하여 충분한 피복을 가져야 하며, 에폭시 도장철근 등의 사용을 검토한다.

(6) 중량콘크리트(Heavy concrete)

단위용적중량이 2.6 이상인 것을 말하며, 주로 방사선 차폐용으로 사용되므로 차폐용 콘크리트라 한다. 중량골재는 중정석(펄라이트), 철광석 등을 사용한다. 차폐구조체는 일반적으로 단면이 두껍기 때문에 수화발열이 작은 것을 사용하며, 중량골재는 형상이 나쁜 것이 많고 시멘트페이스트와의 비중차가 있으므로 분리침하가 생기기 쉽다. 따라서 단위수량을 적게 하고 워커빌리티를 개선하여 사용한다. 일반적으로 사용하는 중량콘크리트의 비중은 3.0~5.0 정도이다.

방사선의 차폐성능은 콘크리트 중의 공극, 균열 등 큰 결함이 없고 균질하고 밀실한 콘크리트를 비중과 단면두께를 기본값으로 하여 설계한다.

(7) 경량콘크리트(Light weight concrete)

경량콘크리트는 단위용적중량이 2.0 이하의 콘크리트로서 경량골재를 사용하거나 기포를 넣어 만들기도 한다. 경량골재는 경석, 부석, 화산회, 슬래그 등을 일반적으로 사용한다. 경량콘크리트를 소요중량으로 배합하기 위해서는 적절한 골재 선정이 필요하며, 이때는 물・시멘트비를 구하는 식을 적용시키지 않고 시험배합으로 정하는 방법이 원칙이다.

경량골재는 형상이 고르지 않고 모가 나 있기 때문에 워커빌리티 개선법은 잔골재량을 늘리고, 시멘트량을 증가시키며 AE제, 플라이애시 등의 혼화제를 사용하여 시공성을 개선시킨다.

천연경석질 골재는 사용 전에 충분히 함수시켜 표건상태로 사용하여야 비빔도 용이하고, 슬럼프 변동도 적으며 콘크리트도 균질이 된다. 경량콘크리트의 일반적인 단위용적중량은 14~20kN/m^{3}이다.

(8) 고강도콘크리트(High strength concrete)

보통콘크리트는 설계기준강도 40N/mm^2 이상, 경량콘크리트로서는 설계기준강도 27N/mm^2 이상을 고강도콘크리트라 한다. 콘크리트의 강도를 높이기 위해 시멘트페이스트의 강도개선, 양질의 골재 사용 등을 고려해야 하며, 그중에서도 시멘트페이스트의 강도 상승이 가장 중요하고, 페이스트 중에 존재하는 공극을 가능한 한 적게 함으로써 강도를 높일 수 있다.

표 11-5 보통콘크리트와 고강도콘크리트의 차이

항 목 \ 종 류		보통콘크리트	고강도콘크리트
설계기준강도		18~24N/mm^2	40N/mm^2 이상 (경량콘크리트 27N/mm^2)
사용재료	시 멘 트	보통 포틀랜드시멘트, 고로시멘트, 실리카시멘트 등	보통 포틀랜드시멘트, 고로시멘트 A종, 실리카시멘트 등
	골 재	보통골재	경질골재
	비 빔 수	수돗물, 회수수 등	수돗물, 회수수는 쓸 수 없음
슬럼프		18cm 이하, 유동화콘크리트 21cm 이하	15cm 이하, 유동화콘크리트 18cm 이하
단위수량		158kg/m^3 이하	175kg/m^3 이하
물시멘트비		65% 이하	55% 이하
단위시멘트량		270kg/m^3 이상	290kg/m^3 이상
1층의 타설 높이		–	60cm 내외
자유낙하높이		콘크리트가 분리되지 않는 범위	1m 이내
염화물량		염소이온량 0.3kg/m^3 이하	염소이온량 0.2kg/m^3 이하

고강도콘크리트는 단위시멘트량이 크고, 물·시멘트비가 작게 되므로 시멘트페이스트의 점성은 높게 되고 슬럼프 값이 큰 것이라도 재료분리가 적은 균일한 콘크리트를 얻을 수 있다. 물·시멘트비 35% 이하의 고강도콘크리트는 블리딩이 거의 없기 때문에 마감이 어렵게 되어 콘크리트 표면의 플라스틱 수축 균열에 대한 주의가 필요하다.

고강도콘크리트는 일반적인 콘크리트와 비교하여 굳지 않는 콘크리트의 성상이 다르고, 실제 시공상에서도 제조, 운반, 다짐, 양생방법에 대해서도 충분한 검토가 필요하다.

(9) A·E콘크리트(A · E concrete)

A·E콘크리트는 공기연행제를 사용하여 물 · 시멘트비를 작게 하고도 시공연도를 좋게 한 콘크리트이다. A·E콘크리트는 보통콘크리트에 A · E제를 사용하여 콘크리트 중에 작은 기포가 발생하여 볼베어링과 같은 작용을 하여 워커빌리티를 좋게 한다. A·E제의 사용량은 보통콘크리트에서는 공기량이 3~4%의 용적으로 발생할 정도로 사용한다. A·E제를 사용하면 콘크리트는 분리침하가 적어지며 유동성이 좋아져 슬럼프가 커지고 동결융해작용에 의해서도 작아진다. 그러나 기포 1%에 대해 압축강도가 4~5% 저하되고, 부착강도도 저하된다.

배합은 소요강도를 선결조건으로 소요슬럼프가 되도록 보정한다. 보통콘크리트에서는 A·E제를 사용함으로써 슬럼프가 증가한 것을 물 · 시멘트비를 줄여 소요슬럼프를 만들고 소요강도가 될 때까지 물 · 시멘트비를 줄여가며 정한다.

A·E콘크리트는 미량으로 시멘트 한 포에 대한 필요량은 8~12cc 정도이며 골고루 잘 섞이도록 미리 사용할 물에 희석하여 사용하고 비빔도 충분히 함으로써 미세한 기포가 고루 분포되도록 한다.

(10) 레디 믹스트 콘크리트(Ready mixed concrete)

레디 믹스트 콘크리트는 레미콘이라 하며 주문에 의해 필요한 강도와 슬럼프 값에 맞춘 콘크리트를 공장 생산하여 믹서트럭, 애지테이터트럭을 사용하여 현장에 공급하는 콘크리트이다. 현장이 좁은 곳에 사용하기 편리하고, 재료 선정 등 생산관리가 합리적으로 이루어져서 균질한 콘크리트를 얻을 수 있는 장점이 있다. 레미콘은 배처플랜트(Batcher plant)시설에서 고정믹서로 완전히 비빈 콘크리트를 운반하는 센트럴 믹스트 콘크리트(Central mixed concrete)와 배처플랜트에서 재료만을 공급받아 믹서트럭으로 운반하면서 비비는 트랜싯 믹스트 콘크리트(Transit mixed concrete)가 있다. 운반시간은 1시간 이내가 좋다. 시간이 길어지면 재료분리가 생기고 슬럼프 값이 변화하며 콘크리트 사용 후 균열이 생기기 쉽다.

11.3 철근(Steel bar)

콘크리트는 매우 큰 압축강도를 가지고 있어 압축재료는 매우 경제적인 재료이지만 인장강도는 압축강도의 8~15% 정도 밖에 되지 않아 구조재로 사용하려면 인장보강이 되어야 한다. 콘크리트 보강재료는 주로 철근(Steel bar, Reinforcing bar)을 사용하며, 철근은 콘크리트보다 압축강도와 인장강도가 높아서 콘크리트의 보강재로 매우 효율적이다.

일반적으로 서로 다른 두 종류의 재료를 하나의 부재로 만들 때 가장 큰 문제는 두 재료가 하나로 거동하느냐 하는 것이다. 하나로 거동하기 위해서는 열팽창계수와 부착 등의 문제이다. 콘크리트의 열팽창계수는 철근의 열팽창계수와 거의 비슷하며 온도에 의한 분리현상은 생기지 않으며 부착은 충분한 정착길이와 이음길이를 가지면 두 재료의 응력전달에 문제가 없다. 콘크리트의 보강재는 철근이 가장 일반적으로 사용되고, 벽체와 바닥재 보강용으로 철망, 메탈리스 등도 사용되고 있으며, 프리스트레스 콘크리트에서는 P.S.C강재가 사용된다.

11.3.1 철근의 종류

철근은 제련된 강괴를 열간압연기로 가늘고 길게 만든 것을 봉강이라 하고 한국산업규격 KS D 3504에 철근콘크리트용 봉강으로 규정되어 있다. 봉강은 형태에 따라 원형철근(ϕ)과 이형철근(D)으로 구별되어 있다.

원형철근은 단면의 형상이 원형인 봉강으로 가공성은 좋지만 콘크리트와의 부착성능이 좋지 않아 구조용재로는 거의 사용되지 않는다.

이형철근은 단면의 콘크리트와의 부착성능을 높이기 위해 원형단면에 돌기가 있도록 제조된 철근으로 길이방향의 돌기를 리브라 하고, 원주방향(단면방향)의 돌기를 마디라 한다. 이형철근의 마디는 응력집중이 작게 생기도록 하고, 전길이에 걸쳐 응력이 일정하게 분포된다.

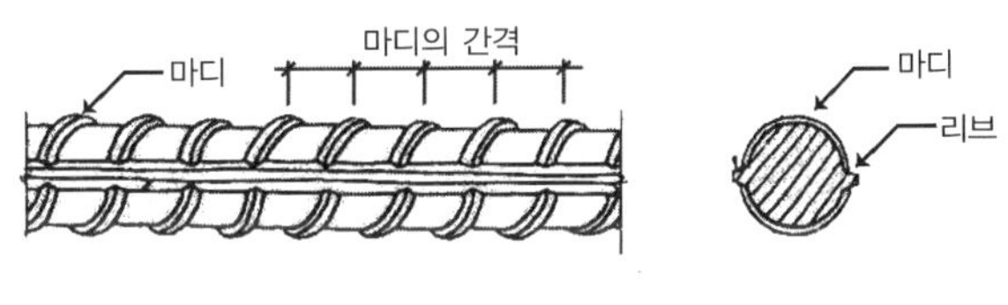

그림 11-6 이형철근

철근의 지름 표시는 원형철근일 때 ϕ로 하고 이형철근일 때 D로 표시하고, 단위는 mm로 하며 단위치수는 기입하지 않는다. 철근의 정확한 표시방법은 앞부분에 원형, 이형의 표시와 철근의 등급(항복강도값), 뒷부분에 호칭지름을 표현한다. 이형철근의 호칭지름과 공칭지름이란, 이형철근의 표면은 리브와 마디가 있어 측정기구를 이용하여 지름을 측정하더라도 정확한 지름을 알 수 없으므로 공칭지름 개념을 도입한 것이다. 공칭지름은 이형철근의 지름을 동일한 길이와 무게를 가진 원형철근의 지름으로 환산한 것을 말한다.

(1) 원형철근(Round steel bar)

원형철근의 지름은 ϕ로 표시하며 SR240, SR300 등이 있다.

표 11-6 원형철근의 종류 · 성질

철근	종류기호	항복강도 [N/mm^2]	인장강도 [N/mm^2]	연신율[%]	
				D25 미만	D25 이상
원형철근	SR 240 SR 300	240 이상 300 이상	390~530 450~610	20 이상 18 이상	24 이상 20 이상

(2) 이형철근(Deformed steel bar)

이형철근의 호칭지름은 D로 표시하며 SD300, SD350, SD400, SD500, SD600으로 구분한다. 이형철근은 부착강도를 높이기 위해 철근 표면에 마디와 리브를 붙인 것으로 원형철근보다 부착력이 40% 이상 증가하는 등 장점이 많아 대부분의 철근콘크리트에서 사용된다.

철근의 길이는 6, 7, 8, 9, 10m 등으로 제조되고 있으며 운반관계로 9m 정도를 가장 많이 사용된다.

표 11-7 이형철근의 종류 · 성질

철 근	종류기호	항복강도(MPa)	인장강도(MPa)	연신율(%)	
				D25 미만	D25 이상
이형철근	SD300A SD300B SD350 SD400 SD500	300 이상 300 ~ 400 350 ~ 450 400 ~ 500 500 ~ 640	450 ~ 610 450 이상 500 이상 570 이상 630 이상	16 이상 16 이상 18 이상 16 이상 12 이상	18 이상 18 이상 20 이상 18 이상 14 이상

표 11-8 이형철근의 지름 · 단면적 · 중량

		1	2	3	4	5	6	7	8	9	10
D8	0.389	0.50 2.5	0.99 5.0	1.49 7.5	1.98 10.0	2.48 12.5	2.97 15.0	3.47 17.5	9.06 20.0	4.46 22.5	4.95 25.0
D10	0.560	0.71 3.0	1.43 6.0	2.14 9.0	2.85 12.0	3.57 15.0	4.28 18.0	4.99 21.0	5.70 24.0	6.42 27.0	7.13 30.0
D13	0.995	1.27 4.0	2.54 8.0	3.81 12.0	5.08 16.0	6.35 20.0	7.61 24.0	8.89 28.0	10.16 32.0	11.43 36.0	12.70 40.0
D16	1.53	1.99 5.0	3.98 10.0	5.97 15.0	7.96 20.0	9.95 25.0	11.94 30.0	13.93 35.0	15.95 40.0	17.91 45.0	19.90 50.0
D19	2.25	2.87 6.0	5.74 12.0	8.61 18.0	11.48 24.0	14.35 30.0	17.22 36.0	20.09 42.0	22.96 48.0	25.83 54.0	28.70 60.0
D22	3.04	3.87 7.0	7.74 14.0	11.612 21.0	15.48 28.0	19.35 35.0	23.22 42.0	27.09 49.0	30.96 56.0	34.83 63.0	38.70 70.0
D25	3.98	5.07 8.0	10.14 16.0	15.21 24.0	20.28 32.0	25.35 40.0	30.42 48.0	35.49 56.0	40.56 64.0	45.63 72.0	50.70 80.0
D29	5.04	6.42 9.0	12.84 18.0	19.26 27.0	25.68 36.0	32.10 45.0	38.52 54.0	44.94 63.0	51.36 72.0	57.78 81.0	64.20 90.0
D32	6.23	7.94 10.0	15.88 20.0	23.82 30.0	31.76 40.0	30.70 50.0	47.64 60.0	55.58 70.0	63.52 80.0	71.46 90.0	79.40 100.0
D35	7.51	9.57 11.0	19.14 22.0	28.71 33.0	38.28 44.0	47.85 55.0	57.42 66.0	66.99 77.0	76.56 88.0	86.13 99.0	95.70 111.0
D38	8.95	11.40 12.0	22.80 24.0	34.20 36.0	45.60 48.0	57.00 60.0	68.40 72.0	79.80 84.0	91.20 96.0	102.60 108.0	114.00 120.0
D41	10.5	13.40 13.0	26.80 26.0	40.20 39.0	53.60 52.0	67.00 65.0	80.40 78.0	93.80 91.0	107.20 104.0	120.60 117.0	134.00 130.0

굵은자는 단면적 cm^2, 가는자는 周長(주장) cm

(3) 고장력 철근(High tension deformed bar)

고장력 철근(High tension deformed bar)은 보통 하이바(High bar)라고도 하며, 특수강을 재료로 한 고강도철근이므로 일반철근보다 인장력이 매우 큰 것이 특징이고, 고장력 철근을 사용할 때는 콘크리트도 고강도콘크리트로 사용되어야 한다.

(4) 용접철망(Welding wire fabric)

용접철망은 철선을 장방형으로 직교시켜 그 교차점을 전기저항용접으로 접합한 격자형의 철망이다. 벽체, 슬래브 등 장방형으로 일정하게 배근되는 구조물에서는 용접철망을 사용하면 가공조립 일손을 절감시킬 수 있는 장점이 있다.

용접철망은 콘크리트의 균열 제어나 도로포장 등에 사용되는 용접철망은 일반적으로 와이어 메시(Wire mesh)라 하고 콘크리트 부재보강을 위해 사용되는 것을 구조용 용접철망이라 한다.

와이어 메시는 WFP로 표시하고, WFSP 등과 같이 기호 중간에 S가 있는 것은 구조용 용접철망을 표시한 것이다.

(5) PSC강재

프리스트레스콘크리트에서는 PSC강재가 사용된다. PSC강재는 PSC강선(피아노선), PSC강연선(피아노선을 꼰 것), PSC강봉 등이 있다.

피아노선은 인장력이 매우 큰 중경강선(Middle hard steel)이고 프리스트레스콘크리트에 사용한다.

11.3.2 철근의 역학적 특성

철근의 역학적 성질은 인장시험, 굽힘시험 등 재료시험으로 결정되고 재료시험 중에서도 인장시험이 가장 보편적이다. 가력한 힘 인장력과 가력한 힘에 의해 변형된 인장변형으로부터 응력도-변형도곡선을 얻어 이 곡선에서 탄성계수, 항복점, 최고 강도점, 연신율 등을 얻게 된다.

(1) 응력도(Stress) – 변형도(Strain) 곡선

철근의 항복점은 낮은 강도의 탄소강에서는 변화점들이 뚜렷하게 나타난다. 그러나 열처리된 고강도철근에서는 항복점이 보이지 않고 최고강도에 이르기까지 완만하게 변화되므로 비례한도에서의 곡선 기울기와 평행하게 응력을 영의 상태로 하였을 때 0.2%의 영구변형률을 가지게 하는 지점의 응력을 항복강도로 한다.

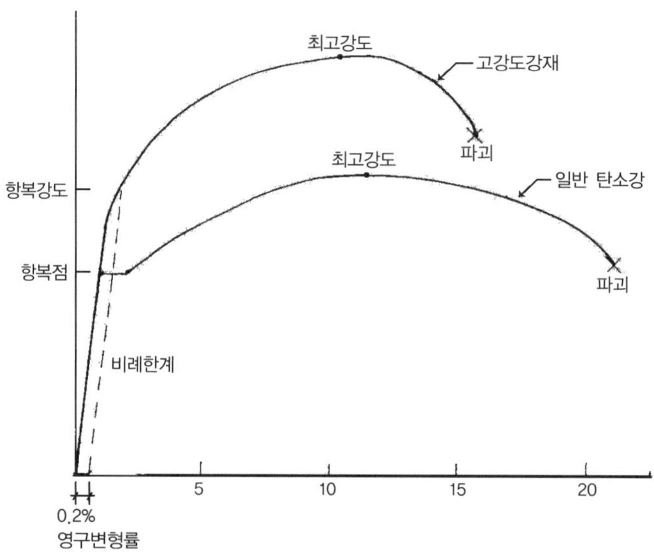

그림 11-7 응력도-변형도 곡선

응력도-변형도 곡선에서 응력도와 변형률의 관계는 처음 힘을 가력하면 주어진 힘과 재료의 변형이 비례하는 한계점인 비례한도점으로 응력도-변형도의 값은 직선으로 표현되며, 계속해서 힘을 가력하면 외부에서 가력한 힘을 제거하면 재료의 변형이 원래로 되돌아가는 한계점인 탄성한도점에 도달되고, 이 점을 지나면 가력된 힘에 비해 변형이 급격히 증가되는 시작점인 상항복점, 하항복점에 도달된다.

이 점을 지나면 변형량에 비해 가력된 힘은 매우 미미하며 가력된 가장 큰 값을 나타낼 때를 최고강도점이라 하고, 이 점을 지나면 가력된 힘은 증가되지 않고 줄어들면서 변형량만 늘고 파괴에 도달된다.

(2) 철근의 역학적 성질

철의 성질은 기본적으로 탄소량에 의해 결정되며 탄소량이 일정해도 가공상태, 열처리조건에 따라 그 성질이 변화된다. 탄소강의 비중, 열팽창계수 및 열전도는 탄소량이 증가함에 따라 감소되지만 비열, 전기저항 등은 증가된다. 탄소강의 내식성은 탄소량이 증가할수록 감소하고, 소량의 Cu을 첨가하면 내식성이 향상된다. 철근은 강괴를 적열상태에서 압연시켜 제조하며, 적열상태의 철근이 공기중에서 식는 과정에서 표면에 산화피막이 형성되며 이로 인해서 내식성이 매우 커지게 된다.

인장강도, 경도, 항복점 등은 탄소량에 따라 증가되고 연신율, 단면감소율은 탄소량에 따라 감소한다. 철근의 탄성계수는 탄성 범위 안에서 응력도-변형도 곡선의 기울기로 구하며, 철근의 강도에 관계없이 $E_s = 2.0 \times 10^5 \mathrm{N/mm^2}$ 정도의 값을 가진다. 철근의 항복강도는 등급에 따라 300N/mm^2, 400N/mm^{2}이고, 연신율은 시험편의 파단 시 변형률 값이며, 한국산업규격(KS)에서 SD300 철근의 연신율 하한값을 16%로 규정하고 있다.

11.3.3 철근의 가공

철근은 지름별·길이별로 구분하여 정리정돈하고, 직접 지면에 닿지 않게 저장한다. 철근의 가공은 일반적으로 현장가공을 하는 경우가 대부분이지만 최근에는 공장에서 가공하는 경우도 많아졌다.

(1) 철근의 절단·구부림

설계도에서 가공도를 작성하고, 철근구조도에 의해 철근의 절단, 구부리기 등을 현장에서 공작하기 위해 철근의 모양, 각 부위의 치수, 구부림 위치, 지름, 길이, 본수 등을 명확히 기입한다.

철근의 절단은 인력으로 하는 경우와 동력으로 하는 절단기를 사용하는데, 최근에는 동력을 이용한 절단기를 대부분 사용하고 인력절단을 거의 사용하지 않는다.

표준갈고리 외의 모든 철근의 구부림 내면반지름은 표 11-9의 최소내면반지름의 값 이상으로 한다.

철근의 구부리기는 절곡기(Bar bender)를 사용하여 지름 25mm 이하는 상온에서, 28mm 이상은 적당히 가열하여 구부린다. 철근의 말단부, 정착이음의 끝은 구부려 갈고리(hook)를 만든다. 갈고리(Hook)는 원형철근의 단부에서는 꼭 필요하고, 이형철근은 기둥, 보의 돌출부, 스터럽, 띠철근, 굴뚝의 철근에는 갈고리를 만들고 이 외에는 만들지 않아도 좋다.

표 11-9 주철근의 표준갈고리

표준갈고리	그 림	철근의 크기	최소 내면 반지름	철근의 연장
180°	d_b, r, $4d_b$나 최소60㎜	D10 ~ D25	3db	4db 이상 60mm 이상
		D29 ~ D35	4db	
		D38 이상	5db	
90°	d_b, r, $12d_b$	D10 ~ D25	3db	12db 이상
		D29 ~ D35	4db	
		D38 이상	5db	

표 11-10 스터럽 및 띠철근의 표준갈고리

표준갈고리	그 림	철근의 크기	최소 내면 반지름	철근의 연장
90˚	d_b, r, D16이하, $6d_b$	D10 ~ D16	2db	6db
	d_b, r, D19, D22 또는 D25, $12d_b$	D19 ~ D25	3db	12db
135˚	d_b, r, 135˚, D25이하, $6d_b$	D10 ~ D16	2db	6db
		D19 ~ D25	3db	

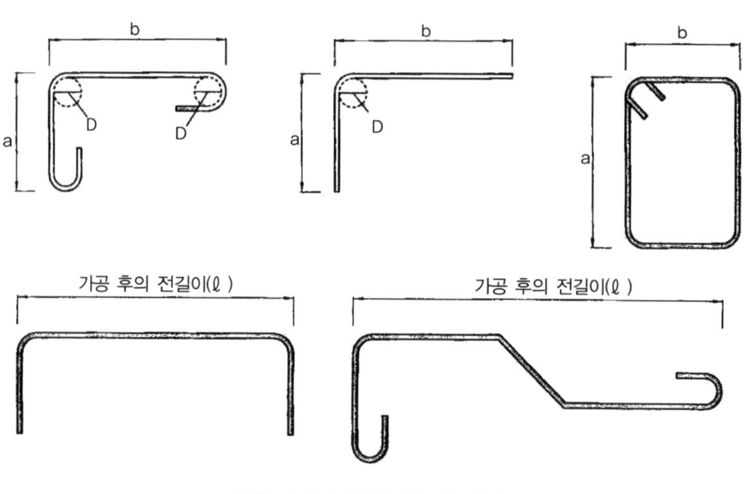

그림 11-8 구부림 철근의 치수

11.4 철근의 이음(Connection joint) · 정착(Anchorage)

기둥 콘크리트에 묻혀 있는 인장력을 받는 철근콘크리트 보의 주근이 힘을 받을 때 뽑히거나 미끄러짐 변형이 생기는 일 없이 항복강도에 도달할 때까지 응력을 발휘할 수 있게 하는 것을 정착이라 하고 이 최소한의 묻힘길이(정착되는 길이)를 정착길이라 하고, 주근의 끝단에는 갈고리(Hook)로 구부려 콘크리트에서 빠져나오지 않게 한다. 갈고리는 매우 큰 정착능력이 있어 직선 부위의 부착력이 저하되더라도 철근의 뽑힘에 저항한다.

철근의 이음 · 정착은 철근의 종류, 콘크리트 품질이나 강도 등에 따라 다르지만 일반적으로 다음과 같이 규정하고 있다.

이음 위치는 응력이 큰 곳에서는 이음을 피하고, 철근수의 반 이상을 한 곳에서 이음해서는 안 된다. 이음의 겹침길이는 갈고리(Hook) 중심간 거리로 하며, 주근의 이음은 구조부재에 있어 인장응력이 작은 곳에 두어야 한다. 압축이형철근의 정착길이는 200mm 이상, 인장이형철근의 정착길이는 300mm 이상이다. 또한 압축이형철근 및 인장이형철근의 겹침이음길이는 300mm 이상이다.

표 11-11 간편식에 의한 인장철근의 정착길이(l_d/d_b)

f_y (MPa)		D19 이하의 철근 f_{ck} 21	27	35	D22 이상의 철근 f_{ck} 21	27	35
(1) 하부철근							
순간격과 피복두께가 case a, b인 경우	300	31	28	24	39	35	30
	400	42	37	32	52	46	41
기타	300	47	42	37	59	52	46
	400	63	56	49	79	69	61
(2) 상부철근							
순간격과 피복두께가 case a, b인 경우	300	41	36	32	51	45	40
	400	55	48	42	68	60	61
기타	300	61	54	48	77	68	59
	400	82	72	63	102	90	79

Case a : 이음 또는 정착철근의 순간격이 d_b 이상이고 피복두께가 d_b 이상이면서 l_d 전체를 통하여 스트럽과 띠철근이 기준의 최소치 이상인 경우.
Case b : 이음 또는 정착철근의 순간격이 $2d_b$ 이상이고 피복두께가 d_b 이상인 경우.

철근콘크리트 구조물은 일체식 구조물이므로 모든 부재가 일체로 거동하기 위해 철근을 콘크리트에 깊이 묻어서 뽑히거나 미끄러짐 변형이 생기지 않도록 충분한 정착을 하여야 한다.

정착 위치에서 기둥의 주근은 기초에, 큰보(Girder)의 주근은 기둥에, 작은보(Beam)의 주근은 큰보(Girder)에 정착한다. 직교하는 보 밑에 기둥이 없을 때는 직교하는 보에 서로 정착시키며 지중보의 주근은 기초, 기둥에 정착한다. 벽철근은 기둥, 보, 기초, 바닥판에 정착시키며 바닥철근은 보, 벽체에 정착한다.

표 11-12 압축철근의 기본 정착길이(mm) $\frac{0.25 d_b f_y}{\sqrt{f_{ck}}} \geq 0.043 d_b f_y$ (모든 경우 최소 길이는 200mm)

철근	f_y(MPa)	f_{ck}(MPa)		
		21	27	35
D10	300	200	200	200
	400	210	200	200
D13	300	210	200	200
	400	280	250	220
D16	300	260	230	200
	400	350	310	270
D19	300	320	280	240
	400	420	370	330
D22	300	370	320	280
	400	490	430	380
D25	300	420	370	330
	400	560	500	430
D29	300	470	420	370
	400	630	560	490
D32	300	530	460	410
	400	700	620	540
D35	300	580	510	450
	400	770	680	600
D38	300	630	560	490
	400	840	740	650
D41	300	680	600	530
	400	910	810	710
D51	300	840	760	650
	400	1,120	990	870

11.4.1 철근의 이음(Connection joint)

철근의 이음은 부착력에 의한 겹친이음, 압접이음, 용접이음, 연결접합물 이음이 있으며, 이음을 겹친이음 이외의 방법을 사용하면 콘크리트를 부어넣기도 쉽고 철근량도 절약되어 유리하며, 이음부를 충분히 신뢰할 수 있어 좋다.

(1) 겹친이음(Lap splice)

철근을 나란히 옆대어 이음하는 것을 겹친이음이라 하고 그 끝단에는 갈고리를 만들고 겹친 부분은 결속선으로 2개소 이상 묶으며, 끝단에 갈고리를 만들지 않고 서로 겹쳐 이음하는 경우도 있다.

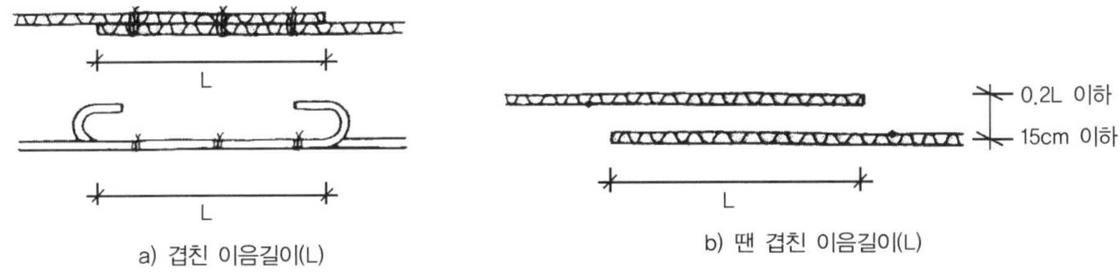

그림 11-9 겹친이음

겹친 이음길이는 콘크리트의 강도, 철근의 굵기와 강도에 따라 다르지만 부착강도는 이음길이에 비례하는 것은 아니다. 겹친이음을 하면 응력의 전달은 한쪽 편 철근의 응력은 콘크리트의 부착력에 의해 콘크리트에 전달되고, 콘크리트에 전달된 응력은 다른 편의 철근에 전달된다. 갈고리는 서로 대칭적으로 겹치게 이음하는 것이 좋고 콘크리트 속에 잘 정착되어야 한다. 겹친 부분에 결속선으로 묶는 이유는 결속선이 응력을 전달시키는 접합물은 아니고 단지 콘크리트를 부어넣을 때 철근의 간격 유지와 변형 방지를 목적으로 사용되는 것이다.

(2) 압접이음

1) 가스 압접이음

철근의 양 끝면을 맞대고 압력을 가하면서 아세틸렌, 산소용접기로 가열하여 압착하는 방법을 가스압접이라 한다. 이 이음 방법은 모재와 동일한 강도를 가지며, 철근이 직접 연결되는 일체식 이음으로 바람직하다.

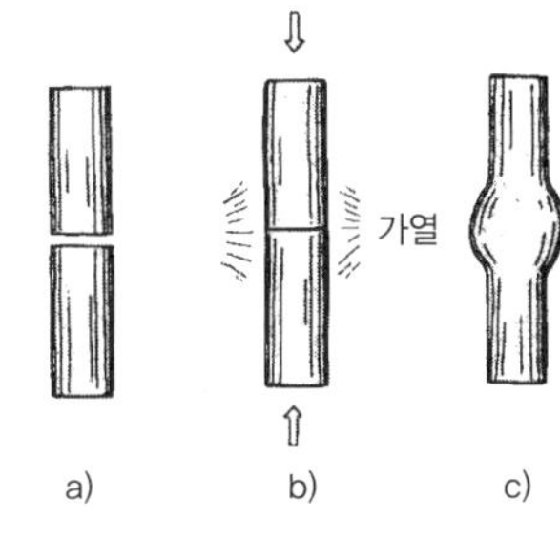

그림 11-10 가스압접

2) 전기 압접이음

철근의 양단부에 ⊕ 전류와 ⊖ 전류를 흐르게 하여 철근의 전기저항열을 고온으로 올려(약 120℃ 정도) 철근의 양단부를 완전 용융시켜 두 부재를 접합하는 공법을 전기압접이음이라 한다. 가스압접방법과는 다르게 외부의 영향을 적게 받는다.

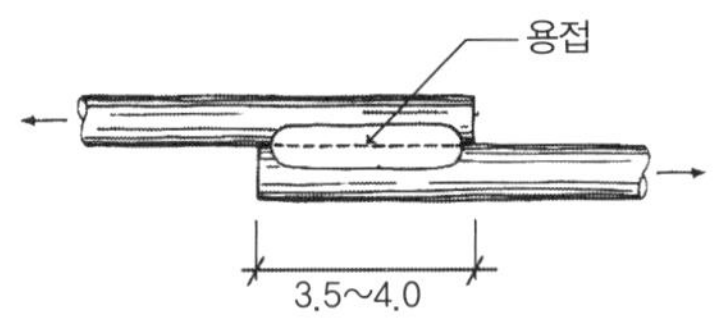

그림 11-11 겹친용접

(3) 용접이음

철근의 용접이음은 겹친용접이음, 맞대용접이음, 덧대용접이음이 있다.

1) 겹친용접이음

철근을 서로 겹쳐대고 겹친 부분을 용접한 것을 겹친용접이음이라 한다. D16 이하의 철근에 사용되며, 편심이 생기지 않도록 겹친용접 부분을 부재축과 일치되도록 구부려서 사용한다. 이음길이는 철근지름의 5d 이상으로 용접접합한다.

2) 맞댄용접이음

철근의 끝단을 서로 맞대어 놓고 용접하는 방법을 맞댄용접이음이라 한다. 철근의 끝단을 맞댈 때 철근간격이 아주 좁거나 기존 부의 철근에 접합할 때 사용된다. 철근의 끝단은 전기절단, 톱절단으로 홈(Groove)가공하여 용접이 잘 되도록 해야 한다.

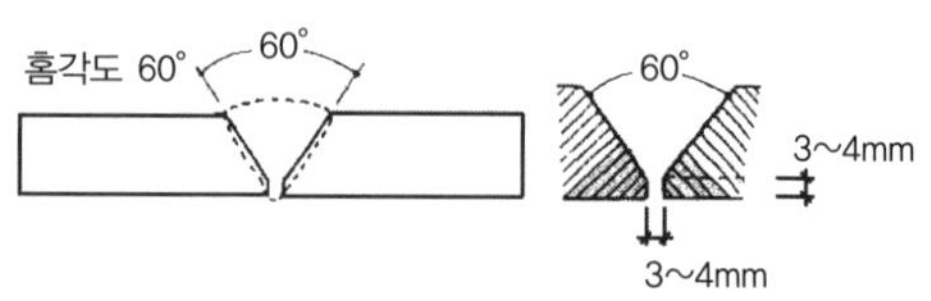

그림 11-12 수평맞댄용접이음

3) 덧댄용접이음

철근을 맞대어 철근토막, ㄱ형강, 강판을 덧대고 용접하는 방법을 덧댄용접이음이라 한다. 부재들을 덧대고 용접하므로 철근의 절단을 가공하지 않는다.

(4) 접합물이음

1) 커플러 나사이음(Coupler thread)

철근이 양쪽 단부에 수나사부를 만들고 암나사가 가공된 커플러를 회전시켜 체결하는 방법을 커플러 나사이음이라 한다. 철근 양단부에 나사산을 가공하기 전에 단부를 단조가공하면 철근의 조직이 더 치밀하게 되어 이음부가 매우 안정적이지만 단부에 선가공하지 않고 절삭가공하면 가공면이 약해져 이음부의 나사산이 인발되어 안정적이지 못하므로 주의해야 한다.

2) 쐐기형 슬리브(Sleeve) 이음

① 충전식 쐐기형 슬리브 이음

두 철근을 슬리브에 끼운 후 슬리브 속에 충전재료를 채워넣어 접합이음하는 방법을 말한다. 충전재료는 용융금속과 고강도 무수축 모르타르 등을 사용하며 충전이음의 성능은 충진되는 재료의 밀실 정도에 따라 좌우된다.

② 압착식 쐐기형 슬리브 이음

슬리브 속에 접합이음할 두 철근을 삽입하고, 상온에서 압착하여 철근의 마디에 슬리브가 밀착되도록 하여 힘을 전달시키는 이음방법이다. 압착방법은 축에 직각으로 힘을 가하는 단속 압착방법과 축에 평행하게 힘을 가하는 연속 압착방법이 있다.

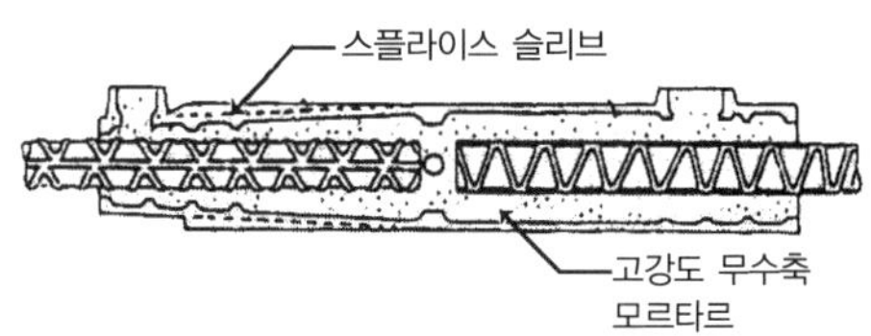

그림 11-13 스플라이스 슬리브 이음

③ 슬리브 · 커플러 이음

접합이음할 두 철근 위에 철근마디가 끼워질 수 있는 홈을 가진 원형의 쐐기형 끼움새를 놓고, 커플러가 달린 슬리브를 끼운 다음 커플러를 조여서 일체가 되도록 이음하는 방법이다.

11.4.2 철근의 부착

철근콘크리트에서 콘크리트의 매우 약한 인장저항성능을 철근으로 보강하기 위해서는 콘크리트와 철근이 완전한 부착이 이루어져서 일체화되어야 한다. 철근콘크리트 보에 작용하는 휨압축력은 콘크리트가 부담하고, 휨인장력은 콘크리트의 인장축에 배근되어 있는 철근이 부담하게 설계한다.

콘크리트에 생긴 휨인장력을 철근이 부담하기 위해서는 철근과 콘크리트가 일체되어 변형이 생기지 않아야 한다. 이 변형은 콘크리트와 콘크리트 속의 철근 사이에서 미끄럼 변형이 생기며 결국 철근이 콘크리트 속에서 뽑히게 되므로 이 미끄럼 변형은 생겨서는 안 된다. 이 변형에 대한 저항력을 부착력(Bond strength)이라 한다. 보에서 휨응력이 전달될 때 콘크리트 속의 철근과 콘크리트의 경계면에 생기는 전단응력을 부착응력이라 한다. 이 부착응력 값이 극한치를 넘으면 콘크리트와 철근의 경계면에서 부착파괴가 일어난다.

콘크리트 속에 묻혀 있는 철근에 인장력이 작용하면 초기에는 콘크리트의 접착력과 마찰에 의해 미끄럼 변형에 저항하게 되고, 이 부착력은 큰 저항능력이 없어서 곧 소멸되고, 인장력이 계속 증가되면 이형철근의 마디와 리브를 감싸고 있는 콘크리트 사이에 사선방향의 지압응력에 의해 방사선 방향으로 균열이 발생되고 이로 인해 철근이 뽑히는 형태의 부착파괴가 일어난다. 피복두께가 얇거나 철근간격이 좁은 것은 철근에 접촉된 콘크리트 부위에 균열이 발생되며, 이 균열에 철근의 마디와 리브가 쐐기작용을 하여 피복이 쪼개지는 부착파괴가 일어난다.

11.4.3 철근의 정착길이

콘크리트 속에 묻혀 있는 철근이 힘을 받을 때 미끄럼 변형, 뽑히는 일 없이 항복강도에 이르기까지 응력을 발휘할 수 있게 하는 최소한의 묻힘길이를 철근의 정착길이(Anchorage length)라 한다.

부재설계에서는 콘크리트 속에 묻혀 있는 철근의 부착응력은 철근길이에 따라 변하기 때문에 부착응력보다 정착길이 개념이 사용되고 있다. 정착길이는 계산에 의해 정할 때도 있으나 일반적으로 보통정착길이를 사용하고 콘크리트의 강도, 철근의 종류, 장착부위 등에 맞게 선정하여 정착시킨 정착 철근은 수평직선부를 길게 함으로써 기둥, 보의 중심선을 넘게 정착시켜야 한다.

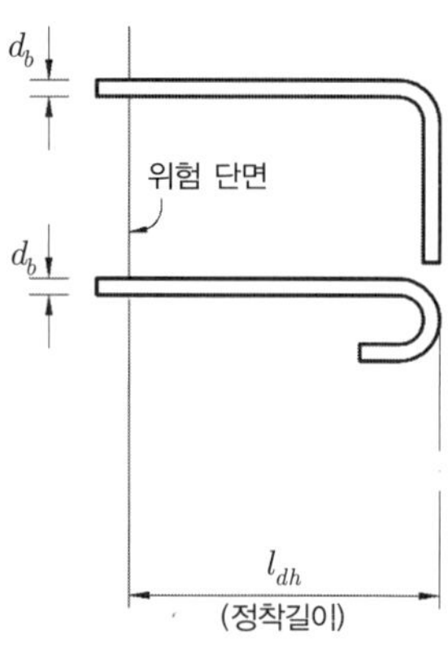

그림 11-14 철근의 정착길이

부재 위치에 따라서는 철근의 정착길이를 충분히 확보할 수 없는 경우가 있다. 이런 경우에는 가장 많이 사용하는 방법이 정착철근의 끝부분을 90°나 180°로 구부려 갈고리를 만드는 방법이다. 갈고리가 달린 정착철근은 철근의 직선부위 부착강도와 갈고리의 정착에 의한 복합작용으로 인장에 대한 저항능력을 가지기 때문에 좁은 공간에서도 철근이 항복할 때까지 충분한 인장응력을 지지할 수 있게 된다.

철근의 정착위치는 기둥의 주근은 기초에 정착시키고, 보의 주근은 기둥에 정착한다. 작은 보의 주근은 큰 보에 정착시키며, 직교하는 단부 보 밑에 기둥이 없을 때는 상호 간에 정착시킨다. 그리고 지중보의 주근은 기초나 기둥에 정착, 벽철근은 기둥, 보, 기초, 바닥판에 정착, 바닥철근은 보, 벽체에 장착시킨다.

11.5 철근의 피복(Covering depth)

철근콘크리트 구조물이 내화성, 내구성, 부착력 등의 기능을 가지려면 철근이 콘크리트 속

표 11-13 철근의 최소 피복두께 (단위 : mm)

구 분		철근 크기	피복두께
흙에 접하여 콘크리트 친 후 영구히 흙에 묻혀 있는 콘크리트		모든 철근	80
흙에 접하거나 옥외의 공기에 직접 노출되는 콘크리트		D29 이상	60
		D25 이하	50
		D16 이하	40
옥외의 공기나 흙에 직접 접하지 않는 콘크리트	슬래브, 벽체장선구조	D35 초과	40
		D35 이하	20
	보, 기둥	모든 철근 ※ $f_{ck} \geq 40\text{N/mm}^2$ 이면, 10mm 저감	40
	쉘, 절판부재	모든 철근	20

에 일정한 두께로 피복되어야 한다. 철근의 피복두께는 부재의 내부응력에 의한 균열, 습기에 의한 철근의 부식, 화재 시 열에 의한 강도저하 등에 영향을 준다. 그러므로 이들 사항을 고려하여 부위별 최소 피복두께를 규정하고 있다. 피복두께는 철근 표면에서 이를 감싸고 있는 콘크리트 표면까지의 최단거리를 말한다.

11.6 거푸집(Form)

거푸집은 콘크리트를 부어넣고 경화시켜 필요한 강도를 갖고 자립하는 시기까지 굳지 않는 콘크리트를 지지하는 가설구조물을 말한다. 이 가설구조물은 콘크리트를 일정한 형상과 치수로 유지시켜 주며 경화에 필요한 수분을 유지시켜 주고, 외부로부터의 충격, 진동, 변형을 차단하여 콘크리트가 잘 양생되도록 하는 역할을 한다.

거푸집은 거푸집 자체의 하중과 부어넣은 콘크리트의 무게, 작업할 때 장비, 인력, 재료 등의 적재하중에 충분히 견딜 수 있도록 하는 가설구조물이어야 한다.

11.6.1 거푸집의 품질 · 안전

철근콘크리트 구조체의 규격, 형상, 수평도, 수직도 등은 거푸집의 시공정밀도에 의해 결정되므로 거푸집의 품질은 구조물의 품질에 영향을 준다. 거푸집을 설계하고 시공할 때 치수를 정확하게 하고 크기, 모양, 위치가 유지되도록 함으로써 부어넣은 콘크리트의 마감면이 바르게 되도록 고려해야 한다.

거푸집 역할은 콘크리트가 응결하기까지의 형상과 치수, 구조체의 정밀도, 수화반응의 진행보조, 표면마무리, 철근의 피복두께를 유지하는 데 필요하다. 거푸집은 가설구조물이지만 구조체의 품질, 성능에 매우 큰 영향을 미치므로 설계, 시공계획 및 현장시공에 있어 검토와 관리가 필요하다. 철근콘크리트 공사 중 안전사고의 대부분은 콘크리트를 부어넣는 과정에서 일어나며, 이는 대부분 거푸집 시공 불량에 의한 것이므로 주의해야 한다. 거푸집 붕괴사고는 인적이나 물적 피해와 공기지연을 가져오게 된다. 거푸집은 부어넣은 콘크리트의 자중, 측압 등 고정하중과 작업 중 작업자의 이동 및 소요자재 등의 적재 등에도 안전하도록 구조적으로 검토되고 확인되어야 한다.

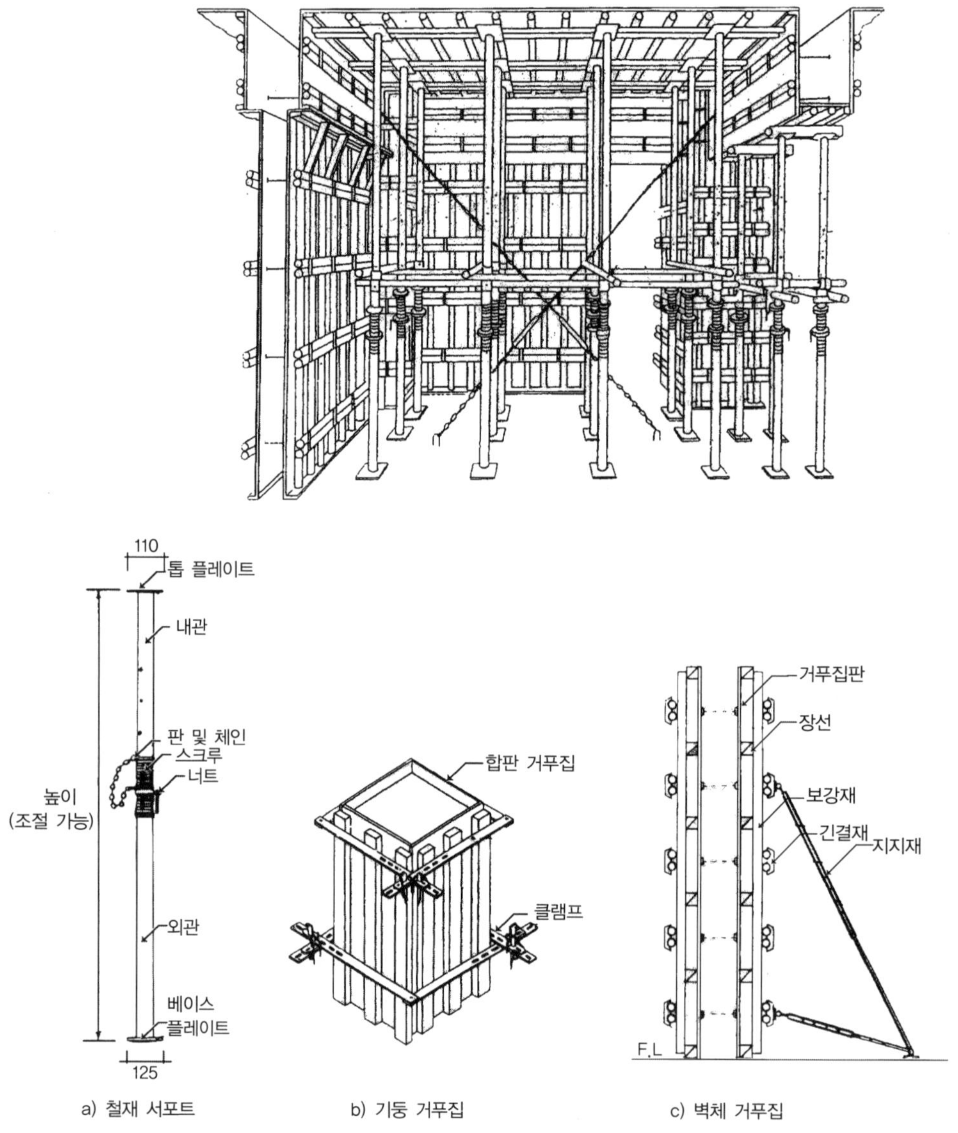

그림 11-15 거푸집의 종류

11.6.2 거푸집의 공기 · 공사비

거푸집 공사기간은 철근콘크리트 전체 공사기간의 25% 정도를 차지하므로 상당히 긴 공기를 필요로 하는 공사이다. 거푸집 공사는 구조물의 공기단축을 위한 주 공정이며, 반복적인 공사이므로 공사의 흐름을 잘 파악하여 대처하면 공기단축의 효과를 가져 올 수 있다.

철근콘크리트 구조물의 거푸집 공사비는 일반적으로 구조체 골조 공사비의 30~40% 정도이고 전체 공사비로 보면 10% 정도를 차지한다. 이는 매우 높은 공사비이므로 거푸집공사의 생산성 향상, 거푸집 공사계획 및 합리적인 공법 선정 등에 의한 공사비 절감을 고려해야 한다.

11.6.3 거푸집 재료

거푸집 부재는 거푸집판, 장선, 보강재, 지주(동바리), 긴결재 등으로 나눌 수 있다. 거푸집판은 콘크리트와 직접 접촉하여 구조물의 형태를 만들고, 장선은 거푸집판의 변형 방지와 거푸집판으로부터 하중을 전달받는 데 거푸집판과 장선은 보통 일체로 되어 있으며, 거푸집판과 장선을 합하여 거푸집 패널이라 한다.

보강재는 거푸집 패널을 지지하고 변형이 생기지 않도록 유지시키며, 지주(동바리)는 바닥 거푸집의 하중을 지지할 목적으로 사용된다. 긴결재는 폼타이, 컬럼밴드 등으로 거푸집을 고정하여 작업 중의 하중을 지지할 목적으로 사용한다.

(1) 거푸집판

거푸집판은 구조물의 형태, 콘크리트 표면을 조성하고, 하중을 전달받아 거푸집의 각 부재로 하중을 분산시키는 역할을 한다. 거푸집판의 종류는 목재널, 합판, 합성수지판, 금속데크판, 하프 P.C판, 섬유재 거푸집판, 특수문양제판이 있다. 합성수지판은 사용 후 재활용도가 높고 내구성, 강도가 합판에 비해 우수하므로 합판 대체재로 사용되고 있다. 금속데크판은 철골구조물의 바닥콘크리트를 부어넣기 위한 거푸집판으로 철골보에 걸쳐놓고 철근을 배근하고 콘크리트를 타설한다. 하프 P.C판은 일반적으로 거푸집공사가 기능공의 작업숙련도 등에 따라 품질이 좌우되는 단점을 개선할 목적으로 콘크리트 구조물의 일부를 미리 프리캐스트 콘크리트로 제작하여 거푸집으로 사용하고 콘크리트를 부어넣어 합성하여 구조체를 완성시키는 방법이다.

섬유재 거푸집판은 콘크리트를 부어넣은 직후 경화에 필요한 물 이외의 여분물을 제거하여 경화시간 단축, 표면강도 증가, 동결융해저항성 향상, 표면에 물 곰보방지로 미관 향상 등의 효과를 얻는다. 거푸집에 붙여서 사용하는 표면재를 섬유재라 한다. 특수문양제판은 콘크리트 노출면에 문양 등을 만들어 거푸집에 부착 · 사용한다.

(2) 장선

거푸집판을 지지하고, 변형을 방지하며, 거푸집판의 하중을 전달받아 타부재로 전달시키는 부재로 거푸집판과 장선은 일체로 제작되어 사용되며 거푸집 패널이라 한다. 사용되는 재료는 목재장선, 철재장선, 알루미늄장선 등이 있다.

(3) 보강재

거푸집 패널을 지지하고, 콘크리트 측압에 의해 변형되지 않도록 지지된 수직, 수평 부재이며, 바닥 거푸집판의 하중을 동바리에 전달시키는 부재를 보강재라 한다. 사용재로는 목재, 철재 등 매우 다양하다.

(4) 지주(동바리)

바닥거푸집 패널의 자중과 부어넣은 콘크리트의 중량, 작업을 위한 부대시설물의 하중을 지지하여 바닥구조물이 안전하게 시공되도록 하는 부재이다. 동바리는 철재동바리와 시스템화 지주 등이 사용된다.

(5) 긴결재

폼타이, 컬럼벤드 등으로 거푸집을 고정시켜 작업주의 하중을 지지할 목적으로 사용된다.

1) 폼타이(Form tie)

거푸집에서 거푸집판을 일정한 간격으로 유지시켜 주며 콘크리트의 측압을 지지할 목적으로 사용되는 부재이다. 폼타이는 거푸집에 사용한 후 제거가 가능한 관통형과 제거가 불가능한 매입형이 있다.

2) 원추형 콘(Corn type)

세파볼트(Sepa bolt)와 PVC콘을 조립하여 콘크리트에 매입되며 폼타이 본체를 구성한다. 콘크리트가 굳은 후에 세파볼트는 콘크리트에 매입되고 PVC콘은 제거한다.

3) 세퍼레이터(Separator)

콘크리트의 측압을 철선이 부담하고 세퍼레이터는 거푸집판의 간격만을 유지할 목적으로 사용되며 철판을 절곡하여 만든다.

4) 플랫타이(Flat tie)

철재 패널폼에 사용하는 폼타이를 말하며, 타이의 웨지핀(Wedge pin)을 패널폼에 고정시킨다.

5) 컬럼벤드(Column bend)

기둥 거푸집의 고정 및 측압 버팀용으로 사용되는 것으로 주로 합판거푸집에 사용한다.

6) 스페이서(Spacer)

필요로 하는 콘크리트의 피복두께를 갖도록 스페이서 위에 배근된 철근을 올려놓은 후 콘크리트를 타설하면 스페이서 높이만큼의 일정한 콘크리트 피복두께를 확보할 수 있다.

11.6.4 시스템화 거푸집 공법

거푸집 공사를 최적화하기 위해 공사의 성격에 따른 특정 목적에 맞게 제작하여 사용하는 거푸집을 시스템화 거푸집이라 한다. 이는 최근에 매우 다양하게 개발되어 사용되고 있다.

(1) 철재 패널폼

패널폼(Panel form)은 모듈 거푸집(Modular form)으로 건축물의 평면형상이 규격화되어 기준 타입의 거푸집은 변형시키지 않고 조립함으로써 소요인력을 줄여서 생산성을 향상시키고 자재의 전용횟수는 증대시킬 목적으로 개발된 것이다. 이 철재 패널폼을 유로폼(Euro form)이라고도 한다.

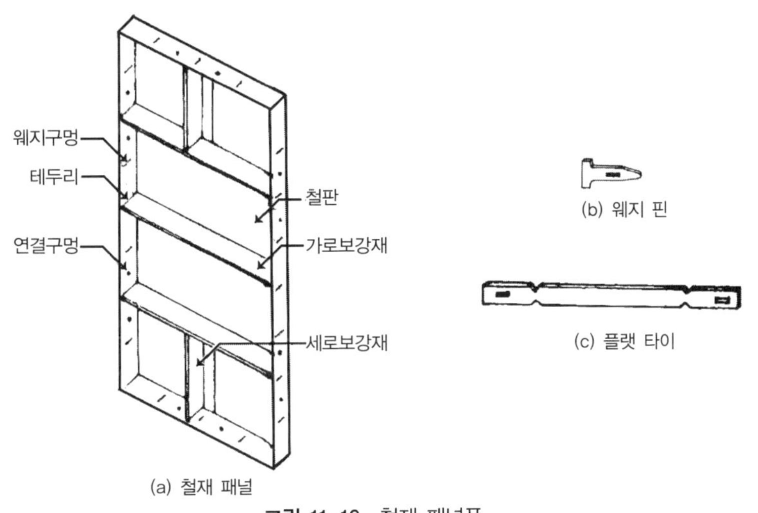

그림 11-16 철재 패널폼

(2) 슬라이딩폼(Sliding form)

수평적 또는 수직적으로 반복되는 건축구조물을 시공이음이 생기지 않고 균일한 형상으로 시공하기 위하여 거푸집을 연속적으로 이동하면서 콘크리트를 타설하여 구조체를 만드는 공법을 말한다.

(3) 플라잉폼(Flying form)

슬래브 바닥판에 콘크리트를 부어넣기 위한 거푸집으로서 거푸집판, 장선, 멍에, 지주 등을 일체로 제작하여 부재화한 거푸집이다. 거푸집의 형상이 테이블처럼 생겨서 테이블폼이라고도 한다.

(4) 갱폼(Gang form)

거푸집을 사용 개소에 작은 부재로 조립과 분해를 반복하여 사용하지 않고, 대형화시키고 단순화하여 한 번에 모든 거푸집을 설치하고 해체하는 거푸집을 말한다. 갱폼은 벽체용 거푸집에 사용되는 거푸집용이다. 갱폼의 구성은 거푸집판, 보강재가 일체로 된 패널, 작업발판대, 버팀대로 이루어져 있다.

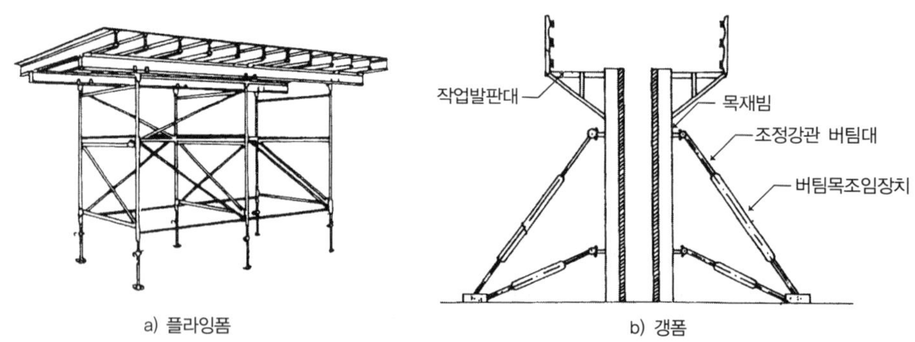

그림 11-17 플라잉폼 · 갱폼 거푸집

(5) 터널폼(Tunnel form)

철근콘크리트 벽식구조에서 벽과 바닥의 콘크리트를 같이 타설 가능하도록 벽체용 거푸집과 슬래브 거푸집을 일체로 제작하여 한 번에 설치하고 해체할 수 있는 거푸집을 말한다. 터널폼은 패널 단위로 공장에서 제작하며, 운반상의 문제로 반조립상태나 완전해체하여 현장으로 운반 · 조립하여 사용한다.

11.6.5 거푸집 설계

콘크리트를 부어넣기 위해서는 거푸집을 먼저 설치해야 한다. 거푸집을 설치할 때는 거푸집에 작용하는 하중들을 충분히 고려하여 작용하중에 거푸집이 충분히 견딜 수 있는 구조일 때 안전한 시공이 가능하다.

바닥판 거푸집에는 콘크리트의 중량, 콘크리트를 부어 넣을 때의 작업하중 및 충격하중이 작용되고, 벽, 기둥 거푸집에는 콘크리트의 중량에 의한 측압이 작용한다. 거푸집 설계에는 사용 위치에 대한 작용하중, 작업하중, 그리고 반복하여 사용하므로 소모되는 것에 대해서도 안전하고 경제적인 단면으로 결정되어야 한다. 거푸집 설계는 일반적으로 거푸집 부재에 작용되는 휨모멘트값과 처짐값에 의해 설계된다.

(1) 거푸집 설계

일반적인 거푸집 설계과정은 설계부위별로 휨모멘트, 처짐, 강도 등 세부사항을 검토하여 부재가 산정되고 설계도면이 작성된다. 보, 슬래브의 설계과정은 하중산정, 거푸집 패널 검토, 장선·멍에 검토, 보, 지주 검토 순에 의해 설계도면을 작성하며, 기둥, 벽체의 설계는 조건을 가정하고, 거푸집 패널 검토, 멍에 검토, 폼타이 검토, 띠장 검토에 의해 설계도면을 작성한다. 설계도면의 수정은 설계과정의 흐름순으로 다시 세부 검토하고, 재작성하여 설계하면 된다.

(2) 거푸집 설계하중

1) 수직하중·횡하중

① 수직하중

보, 슬래브, 계단 거푸집을 설계할 때 작용되는 하중으로 사용되는 콘크리트의 자중($24kN/m^3$)인 고정하중, 타설높이와 타설장비 등에 의해 조정되지만 일반적으로 고정하중의 50%인 충격하중, 작업하중($1.5kN/m^2$) 등이 수직하중으로 작용된다. 총 수직하중은 고정하중+충격하중+작업하중이다.

② 횡하중

지주의 횡보강설계에서 수평방향의 하중은 콘크리트 타설방향에 따른 편심하중, 풍압 등으로 그 값을 정확히 계산하기는 쉽지 않으므로 일반적으로 고정하중의 2%, 지주 상단의 단위 길이당 1.5kN이 두 값 중에서 큰 쪽의 값이 지주에 수평으로 작용하는 것으로 설계한다.

2) 허용처짐

구조체가 제 기능을 발휘하지 못하는 한계상태에 도달된다는 것은 구조체가 하중을 지지하는 능력을 상실하는 극한한계상태와 구조기능 저하로 구조체 사용상 부적합한 경우인 사용한계상태로 생각할 수 있다.

사용한계상태에 도달된 구조체는 일반적으로 부재의 변형에 의해 일어나고 변형은 처짐을 가져온다. 구조체의 변형에 직접적인 영향을 주는 거푸집은 처짐량에 의해 부재단면이 결정되는 경우가 대부분이다. 거푸집의 허용처짐량은 절대처짐으로 최대 3mm로 제한한다.

11.6.6 거푸집 시공

철근콘크리트공사에서 거푸집공사는 총공사비의 30% 정도를 차지하며, 구조체의 형상 및 품질에 매우 큰 영향을 주므로 주의하여 시공되어야 한다.

거푸집은 외력에 대해 안전하고 변형되지 않게 충분한 강도를 가져야 하고 형상 및 치수가 정확하며 수밀성이 있고, 가공조립이 간단하고 해체가 쉬워야 한다. 거푸집 조립은 시공 정밀도와 강도를 충분히 유지하고, 비용과 필요 이상의 노력이 들지 않도록 하며 콘크리트 타설 후 해체가 용이하도록 조립한다.

거푸집 조립순서는 일반적으로 거푸집을 구조체 밑에서 위로 순차적으로 조립한다.

① 기초, 기초보 거푸집 ② 기초판, 기초보 철근배근 ③ 기둥철근을 기초에 정착 ④ 기초판, 기초보 콘크리트 타설 ⑤ 벽체의 철근배근 ⑥ 벽체 거푸집 ⑦ 보, 바닥판 거푸집의 순서로 거푸집을 조립한다.

(1) 기초, 지중보 거푸집

기초 거푸집－기초 옆면은 패널이나 두꺼운 널을 사용하여 지정의 버림콘크리트 윗면 먹매김에 따라 짜대고 이동이 없도록 기초 측면에 버팀대를 두어 고정시킨다. 기초 윗면의 경사각이 30°(6/10) 이상이면 경사면에 거푸집널을 설치하고 띠장을 덧대어 철선으로 기초 철근에 고정시킨다. 지중보 거푸집－지중보 거푸집 조립 후 배근된 철근의 수정은 안 되므로 미리 배근상태를 확인한 후에 거푸집을 조립해야 한다.

(2) 기둥거푸집

기둥거푸집을 설치할 때는 외부의 충격에 의해 위치와 치수가 이동되지 않고 정확하도록 밑잡이를 바닥 슬래브에 고정시키고 기둥거푸집을 4면에 세워대고 띠장을 모서리에 상하로 교차시켜 내밀어서 기둥멍에를 세워댄 후 볼트조임이나 철선을 두 줄로 감고 조인다.

기둥거푸집의 수직도는 거푸집 전체에 영향을 주므로 보거푸집, 벽체거푸집을 설치하기 전에 수직도를 정확히 유지되도록 고정시켜야 하며, 기둥거푸집의 비틀림을 방지하기 위해서 세퍼레이터를 설치하고, 기둥 클램프를 사용할 때는 클램프가 뒤틀리거나 밀리지 않도록 확실하게 고정해 둔다.

(3) 보거푸집

보거푸집은 일반적으로 밑판과 옆판을 따로 짜서 조립하며, 밑판을 먼저 받침기둥, 받침판, 보 밑 멍에로 받친 다음 옆판을 댄다. 옆판은 밑판보다 먼저 떼어낼 수 있도록 하고 밑판과 옆판의 연결부에서 시멘트 페이스트가 새어나오지 않도록 견고하게 밀착시킨다. 장스팬의 보거푸집은 진동 방지를 위해 스티프너를 설치하여 보강하고, 캔틸레버보는 철선으로 연결한 후 슬래브에 고정시킨다.

(4) 슬래브거푸집

받침기둥 위에 멍에를 걸어대고, 벽체 옆, 보 옆에는 장선받이를 대어 장선을 대고 패널을 깐다. 합판을 깔 때는 가능한 한 정척을 사용하여 조립하여 깔고 마무리 부분은 보조판을 사용하여 마무리한다. 기둥, 보와 슬래브가 직각이 되도록 설치하고 슬래브 바닥판에 요철이 없도록 마무리한다.

(5) 벽체거푸집

벽체 한쪽 옆판의 패널을 설치하고 철근을 배근하며, 배근 및 설비작업이 완료되면 검사·확인 후 맞은편 거푸집을 짜댄다. 벽체거푸집은 일반적으로 기초, 바닥보 위에 지지된다. 벽체 하부에는 청소구멍을 내고 청소가 끝난 후에는 청소구멍의 소요치수로 두꺼운 널 등으로 조밀하게 막고 가새를 대어 변형이나 시멘트 페이스트가 세어 나오는 것을 막아야 하며, 세퍼레이터, 폼타이를 사용하여 콘크리트를 부어넣을 때 벽체에 변형이 일어나지 않도록 하여야 한다.

11.7 철근콘크리트 조의 구조

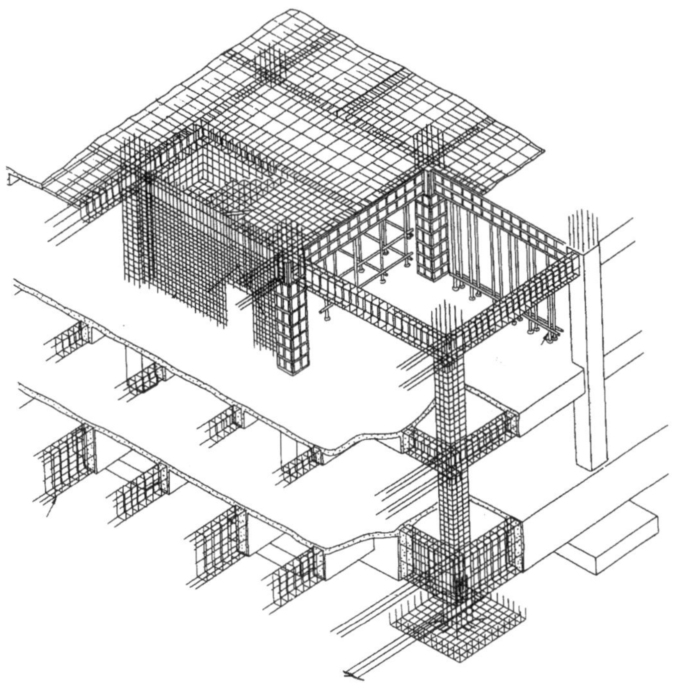

그림 11-18 철근콘크리트 조의 부재 배근도

11.7.1 기초

건축물에 작용하는 하중은 바닥판(슬래브)에서 보에 전달되고, 보에 전달된 하중은 기둥 또는 벽체로 전달되며, 이 하중들은 건축물의 최상층에서 매 층마다 기둥이나 벽체로 차례로 전달되어 마지막에 기초를 통해 지반에 전달된다. 일반적으로 지반은 콘크리트보다 하중을 지지하는 데 매우 약하기 때문에 건축물에서 전달된 하중을 지내력값 이하가 되도록 하중을 분산시키는 기능을 가진 기초를 만들어야 한다.

안전하게 설계된 기초도 건축물이 완성되어 상부하중이 작용되면 어느 정도 지반의 침하를 피할 수 없으므로 기초설계에서 가장 고려해야 할 사항은 전체 침하량을 최소화시키는 것과 부동침하가 생기지 않도록 해야 한다. 기초에 있어서 부동침하는 구조체에 치명적인 문제를 생기게 하므로 설계 시 매우 주의하지 않으면 안 된다.

침하량을 최소화하기 위해서는 충분히 견딜 수 있는 지내력을 가진 지반에 기초를 만들고, 기초면적을 크게 하여 하중을 분산시키고 지반의 지압을 작게 해야 한다.

건축물에서 기둥의 하중은 수직으로 기초에 전달되므로 기초를 떠받고 있는 지반에 상향의 토압을 일으킨다. 이 토압의 분포는 지반의 토질 종류(사질토, 점토 등)와 형태에 따라 다른 분포를 보인다. 토질의 형태는 불확실할 뿐만 아니라 기초의 휨모멘트, 전단력에 주는 영향도 매우 작기 때문에 설계할 때 토압은 균등하게 분포되는 것으로 생각한다.

허용지내력은 토질역학의 여러 원리와 평판재하시험, 표준관입시험 등의 시험결과로 얻어지며, 지내력에 영향을 주는 요인은 기초의 형태, 깊이, 하중의 크기, 지하수위, 토질의 종류 등이다.

기초 크기 결정은 기초로부터 지반에 전달되는 하중을 허용지내력 이하로 해야 한다. 철근콘크리트 기초설계에서 기초 크기의 결정은 허용응력설계법에 의해서만 결정한다. 기초는 형식상 직접기초, 말뚝기초로 구분한다. 직접기초는 독립기초, 복합기초, 연속기초, 온통기초가 있으며, 독립기초와 같은 형태이나 말뚝에 의해 지지되는 말뚝기초가 있다.

(1) 독립기초(Pad foundation)

독립기초는 하나의 기둥을 지지하는 기초로 일반적인 형태는 정사각형을 사용하지만 기둥이 직사각형이거나 인접대지경계선에 면한 곳에서는 직사각형의 형태로도 설계한다. 독립기초의 상부면은 수평면으로 하거나 경사지게 하며, 독립기초의 최소두께는 배근된 하단부 철근으로부터 15cm 이상인 최소두께 25cm 이상으로 하고 말뚝기초일 때는 35cm 이상으로 한다. 피복두께는 흙에 접하여 콘크리트를 친 후 영구적으로 흙속에 묻혀 있으므로 8cm 이상으로 한다.

독립기초 설계에서는 휨, 전단, 철근의 정착, 지압 등을 검토하여야 한다. 독립기초는 기둥

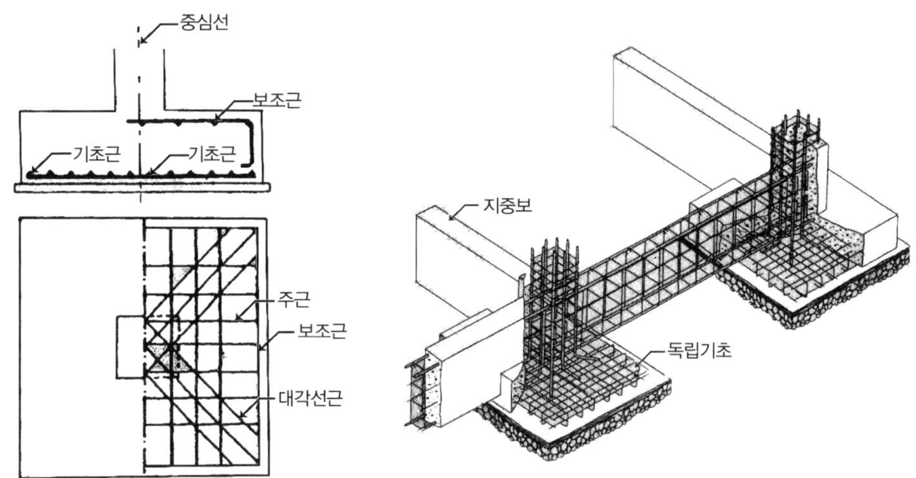

그림 11-19 독립기초

을 지지대로 하고 기초판을 기둥에 고정된 캔틸레버보 구조로 생각하며 지내력은 캔틸레버보에 균등하게 분포하는 등분포하중으로 가정하므로 지내력에 의해 휨이 생기고 최대휨모멘트는 기둥면에 생긴다.

이 최대휨모멘트값에 의해 보강철근량을 계산한다. 일반적으로 기초주근으로 D13~D16mm 정도를 사용하므로 계산된 철근량을 적당한 치수의 철근으로 환산한 후, 정사각형 기초판에서는 기초폭에 등간격으로 배근한다. X방향(가로방향)의 모멘트값에 의해서는 x방향, Y방향(세로방향)의 모멘트값에 의해서는 y방향으로 기초 바닥면에 직교되게 등간격으로 배근한다.

직사각형의 기초판에서는 장변방향으로 철근을 균등하게 배근하고, 단변방향의 배근은 모멘트값이 기둥면에서는 크게 증가하였다가 기둥면에서 멀어지면 작은 값이므로, 장변방향의 길이를 기둥중심점 좌우로 단변방향의 폭만큼과 그 바깥쪽으로 구분하여 기둥 부근에서는 바깥쪽 부근보다 더 많은 양의 철근을 균등하게 배근한다.

토압에 의해 생기는 전단은 1방향 전단과 2방향 전단이 있다. 1방향 전단에 의한 파괴는 기둥면에서 기초의 유효깊이 d 만큼 떨어진 위치에서 발생되며, 독립기초의 복부는 철근보강이 되지 않으므로 충분한 기초 춤이 필요하다. 2방향 전단에 의한 기초판 파괴는 기둥4면 주위에 토압에 의한 뚫림전단(Punching shear)이 생긴다. 뚫림전단의 위험단면은 기둥면에서 기초 유효깊이의 1/2(d/2) 만큼 떨어진 위치 둘레에 존재한다. 일반적으로 콘크리트 기초의 유효춤 d는 전단에 의해 결정되며, 독립기초에서 유효춤은 뚫림전단값에 의해 정해진다.

건축공사에서는 기초와 기둥을 일체로 콘크리트를 타설하지 않으므로 기둥의 하중은 기둥과 기초의 접촉면에서 정착철근(Dowel)과 기둥철근에 의해 기초로 전달된다. 기둥으로부터 전달되는 하중은 기둥과 기초의 접촉면에서 지압으로 지지되고 이 지압력은 기초콘크리트의 지압강도를 초과해서는 안 된다. 콘크리트의 지압면적은 기둥면에서 수직거리 1에 수평거리 2로 한 사선이 경계에 닿았을 때 측정된 면적이다.

기초와 기둥의 연결을 위해서는 기초 윗면에 전단키를 두고 정착철근을 배근한다. 정착철근의 최소량은 기둥단면적의 0.005배 이상으로 하며, 기초에 묻히는 길이는 압축철근의 정착길이 이상으로 해야 하고, 기둥에 묻히는 정착철근의 길이는 압축철근의 겹침이음 길이 이상으로 한다.

건축물의 기둥마다 독립기초는 지반반력에 작용하여 각각의 주각회전을 하여 부동침하를 일으키므로 이들을 하나로 묶어 강체를 만들기 위해 모든 독립기초를 평면계의 수직방향과 수평방향으로 서로 연결하는 지중보를 설치해야 한다. 지중보의 단면폭은 기둥과 같이 하고, 춤은 기둥폭의 1.5~2.0배 정도로 한다. 지중보에는 어느 방향에서 인장력이 작용하여도 견딜 수 있도록 주근은 상부철근과 하부철근을 동일하게 배근한다.

(2) 복합기초(Combined pad foundation)

복합기초는 2개 이상의 기둥이 하나의 기초판으로 지지하는 구조이다. 이 복합기초는 2개의 기둥이 가까이에 있어 독립기초로 하면 두 기초가 서로 겹쳐지거나 맞닿기 때문에 시공성과 경제성에 의해 하나의 기초로 할 때와 건축물의 바깥쪽 기둥이 인접대지 경계선에 가까이 있어 기둥이 기초의 외부면에 있는 독립기초로는 편심하중에 의한 균형을 유지하기가 어렵기 때문에 내부기둥과 하나의 복합기초로 하여 균형을 유지하기 위해 사용한다.

복합기초는 두 기둥을 지지하는 직사각형 형태의 기초와 캔틸레버형의 기초를 대부분 사용하며, 사다리꼴형의 기초도 있으나 시공하기가 복잡하기 때문에 일반적으로 널리 사용하지는 않는다.

두 기둥을 지지하는 직사각형의 복합기초 설계에서는 두 기둥에 작용하는 하중의 합력과 작용점의 위치를 구한 다음 합력의 작용점이 도심점이 되도록 좌우로 같은 거리로 하여 기초의 전체 길이로 한다. 이렇게 하면 기초에 편심이 생기지 않고 지반의 토압이 기초면에 균등하게 작용되어 기초를 안정되게 설계할 수 있다. 기초의 한쪽면 길이가 결정되어 있으므로 직압력을 허용지내력으로 나누어 구한 기초면적에 길이로 나누어 기초폭을 정한다. 직사각형 복합기초의 설계용 토압은 독립기초에서 구하는 방법과 같으며 하중은 두 기둥의 합력값이다. 설계용 토압이 계산되면 기초의 휨모멘트값과 1방향 전단값은 단순보와 같이 계산되며, 토압을 균등하게 받는 직사각형 형태의 복합기초는 등분포하중을 받는 단순보를 역으로 한 모양이며, 두 기둥이 지지점이 되고 두 기둥의 하중은 단순보의 반력과 같다. 휨모멘트값이 구해지면 정모멘트와 부모멘트의 분포에 의해 길이방향으로 보강철근을 배근한다. 단변방향

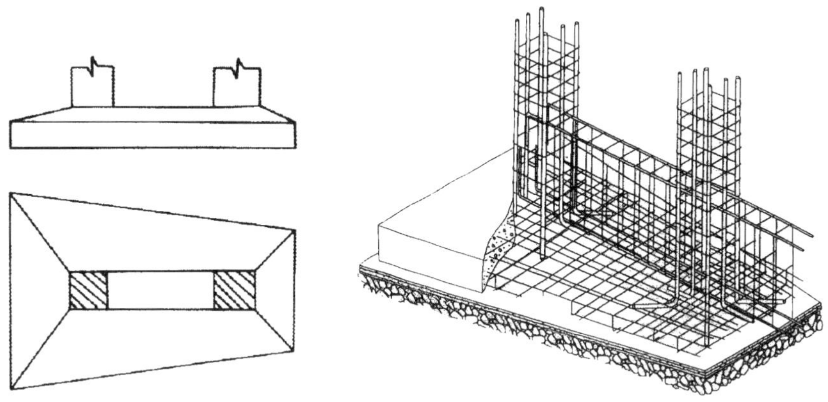

그림 11-20 복합기초

(횡방향)의 배근은 독립기초와 같은 방법으로 계산한 철근량을 기둥폭 a + 기초춤의 2배인 2D의 범위 내에 배근하며, 이 범위 밖에는 최소철근량으로 일정한 등간격으로 보조철근을 배근한다. 복합기초에서 직사각형 기초의 춤은 1방향 전단에 의해 대부분 결정된다.

인접대지경계선에 의해 외부기둥의 기초를 내부기둥의 기초와 연결한 복합기초는 내부기둥이 외부기둥에서 멀리 떨어져 있을 경우에는 캔틸레버식 기초로 하는 편이 직사각형 형태보다 경제적이고 바람직하다. 캔틸레버형의 기초는 독립기초를 한 형태의 외부기둥과 내부기둥을 보로 연결한 모양이다. 외부기둥은 기둥에 대칭인 기초를 만들 수 없으므로 토압의 합력과 기둥의 합력 작용선 사이에 편심이 생겨 토압의 분포가 불리하고 회전변형이 생기므로 외부기초를 내부기초에 강성이 큰 보로 연결하여 외부기초의 편심을 작게 하고 안정성을 높인 캔틸레버형의 기초를 사용한다. 캔틸레버형의 기초에서는 내부기둥에 단순지지되는 것으로 보고, 외부기둥 기초의 토압은 균등하게 분포되는 것으로 가정하고 설계한다.

(3) 연속기초(Strip foundation)

내력벽이나 조적벽체 밑면에 띠 모양의 기초를 연속기초, 줄기초라 한다. 이 기초는 벽체로부터 전달되는 축하중이나 모멘트를 벽체 양쪽면으로 내민 캔틸레버보에 작용하는 하중을 지반에 전달하는 기초이며, 상부구조의 하중을 지반에 비교적 균등하게 안정적으로 분산시킨다.

휨모멘트의 위험단면은 조적벽체에서 벽체의 중심과 벽체면과의 중앙부가 되고, 내력벽에서는 내력벽면이 되며, 1방향 전단위험단면은 벽체면에서 기초의 유효깊이 d 만큼 떨어진 거리에 위치한다. 연속기초(줄기초)에서 기초의 두께는 1방향 전단에 의해 결정되므로 2방향 전단은 검토할 필요가 없다.

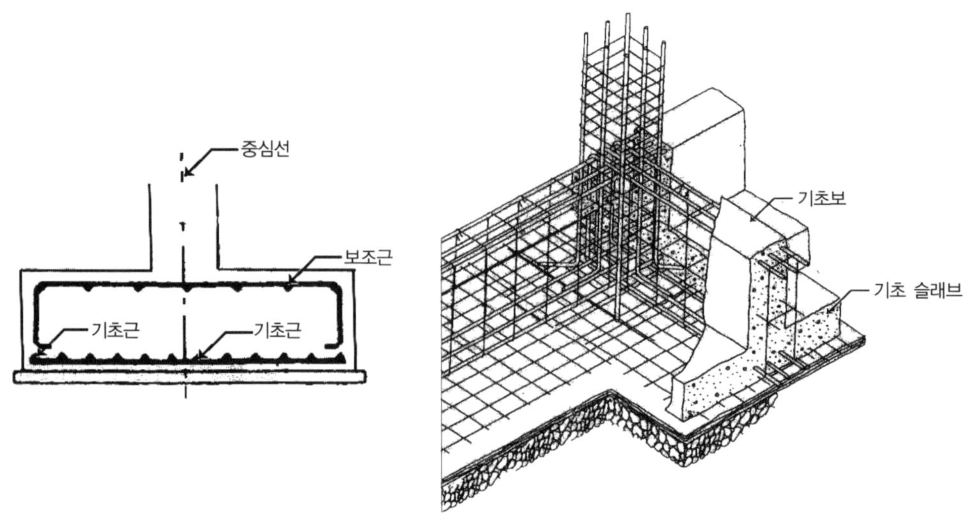

그림 11-21 연속기초

연속기초 설계에는 단위길이 1m에 대하여 기초폭을 산정하며, 설계용 토압도 단위길이 1m로 산정한다. 하중전달이나 철근의 배근, 정착 등은 독립기초와 동일하게 설계 · 검토한다.

(4) 온통기초(Raft foundation)

건축물 하부의 바닥면 전체를 하나의 두꺼운 슬래브구조로 하여 지상층에 설치되는 모든 구조를 지지하는 기초형식인 온통기초를 말하며 독립기초, 줄기초로는 적당하지 않을 경우에 사용한다.

건축물의 중량이 커서 하중에 비해 지내력이 작거나 지하수위가 지표면에 얕게 분포되어 수압이 크게 작용될 때 일반적으로 온통기초를 만든다.

온통기초는 두꺼운 슬래브구조, 슬래브 보 구조, 슬래브 공동구조로 구분할 수 있다. 두꺼운 슬래브구조는 지내력이 약해서 기초저면적이 건축물 바닥면적의 1/2 이상일 때와 수압이 크게 작용될 때 사용한다.

슬래브 보 구조는 기둥들을 큰 지중보로 연결하여 부동침하를 막고, 건축물 상부구조에서 전달된 힘을 기초슬래브에 분산시켜 기초슬래브가 지반반력이나 지하수압에 견딜 수 있도록 설계한 구조이다. 슬래브 공동구조는 역슬래브 보구조의 상부에 슬래브 바닥판을 설치하는 형태이다. 이 구조는 기초보에 상부 · 하부슬래브가 쳐져서 장방형의 공간이 형성되어 강성이 매우 큰 장점을 가지고 있다.

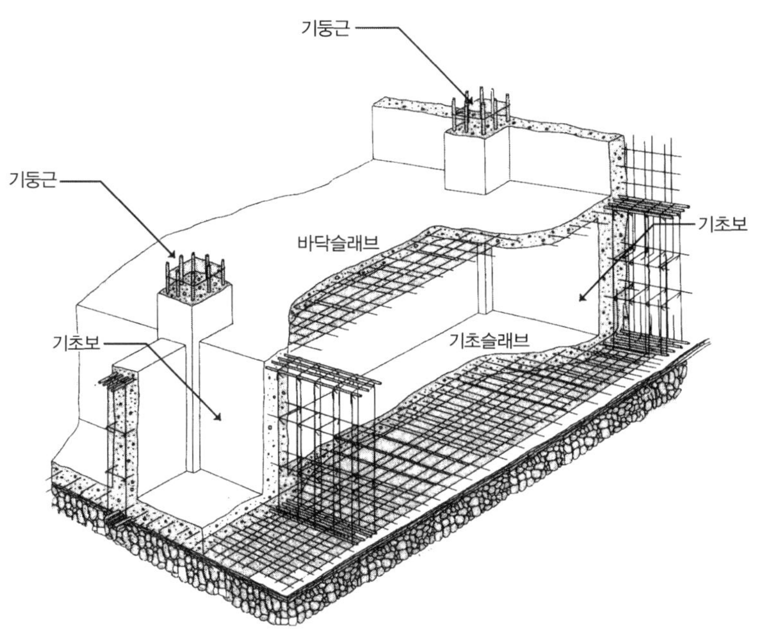

그림 11-22 온통기초

(5) 말뚝기초(Pile foundation)

건축물의 하부 지반이 연약하여 독립기초로는 적합하지 않지만 지하에 암반층이 있는 경우에는 말뚝을 사용하여 건축물의 하중을 암반에 전달하는 기초구조이다. 말뚝기초는 기둥의 하중을 말뚝에 전달하고, 말뚝의 반력에 의한 전단력과 모멘트를 지지하는 구조형식이다.

말뚝기초의 설계는 기둥의 직압력이 산정되면 말뚝의 크기와 허용지지력이 결정되어야 한다. 말뚝의 허용지지력은 재하시험, 지지력산정식에서 얻은 극한지지력값을 안전율 3으로 나눈 값으로 한다. 말뚝의 개수는 기초의 안정을 위해 3개 이상으로 하며, 휨모멘트와 전단력을 최소로 하는 말뚝배치를 생각해야 한다. 말뚝기초의 면적은 말뚝간격을 고려하고, 말뚝의 개수에 따라 결정된다. 말뚝기초는 독립기초와 같이 1방향, 2방향 전단과 모멘트에 대한 검토를 해야 하며, 개개의 말뚝에도 뚫림전단에 대한 검토가 이루어져야 한다.

말뚝기초의 설계는 기둥의 직압력이 산정되면 말뚝의 크기와 허용지지력이 결정되어야 한다. 말뚝의 허용지지력은 재하시험, 지지력산정식에서 얻은 극한지지력값을 안전율 3으로 나눈 값으로 한다. 말뚝의 개수는 기초의 안정을 위해 3개 이상으로 하며, 휨모멘트와 전단력을 최소로 하는 말뚝배치를 생각해야 한다.

말뚝기초의 면적은 말뚝간격을 고려하고, 말뚝의 개수에 따라 결정된다. 말뚝기초는 독립기초와 같이 1방향, 2방향 전단과 모멘트에 대한 검토를 해야 하며, 개개의 말뚝에도 뚫림전단에 대한 검도가 이루어져야 힌다.

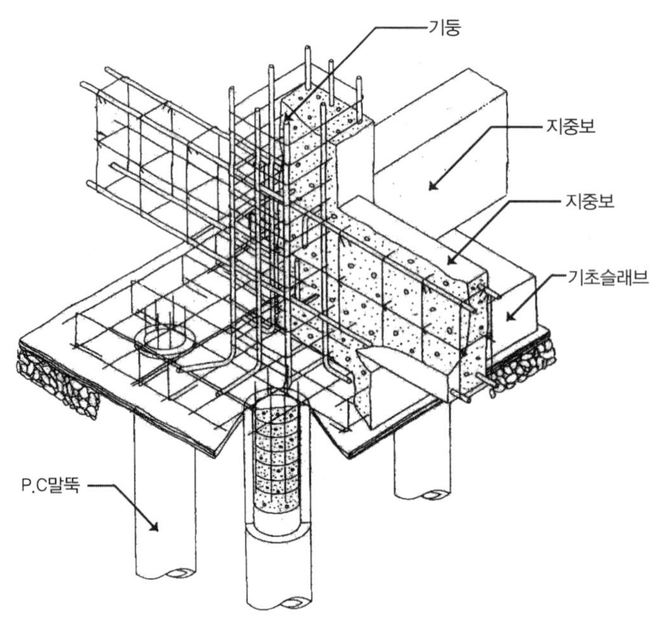

그림 11-23 말뚝기초

11.7.2 기둥(Columm)

기둥은 바닥슬래브로부터 전달되는 하중(고정하중+적재하중)을 받는 보를 지지하며, 이 보에서 전달되는 하중을 아래기둥 또는 기초로 전달하는 수직부재로 주로 축압력을 받아주지만 수평하중, 보의 단부모멘트 등에 의해 휨모멘트도 동시에 받는다.

기둥은 단면에 비해 길이가 긴 부재이다. 기둥은 길이에 따라 단주와 장주로 구분되며, 직사각형 기둥에서는 단면의 최소치수에 대한 유효높이 비가 15 이상, 원형기둥에서는 단면의 지름에 대한 유효높이 비가 10 이상일 때 장주라 하고, 각각의 값이 장주값 미만일 때를 단주라 한다.

(1) 기둥의 단면형상

기둥의 단면형상은 정사각형, 직사각형, 원형 등이 많이 사용되지만 다각형, 벽체의 일부를 기둥단면으로 하는 L형, T형 등이 있다.

기둥의 설계기준에는 띠철근 기둥 단면의 최소치수를 20cm, 최소단면적을 600cm^2 이상으로 규정하고 있으므로 기둥의 직사각형의 단면은 20cm×30cm 이상이어야 하고, 정사각형 단면은 한 변이 25cm 이상, 원형단면은 지름이 28cm 이상이 되어야 한다.

나선철근 기둥의 유효단면적은 나선철근 바깥지름의 심부 단면으로 하고, 지름은 20cm 이상으로 한다. 벽체와 동시에 타설된 나선철근, 띠철근 기둥의 유효단면은 나선철근, 띠철근에서 피복두께 4cm로 이루어지는 외연단 단면으로 하며, 정육각형, 정팔각형 등의 원형형상 기둥들은 기둥의 모든 단면적을 설계에 반영하지 않고 최소치수 지름을 가진 원형단면으로 생각하여 설계하며, 단면적, 철근비, 설계강도 등 원형단면에 준하여 설계한다.

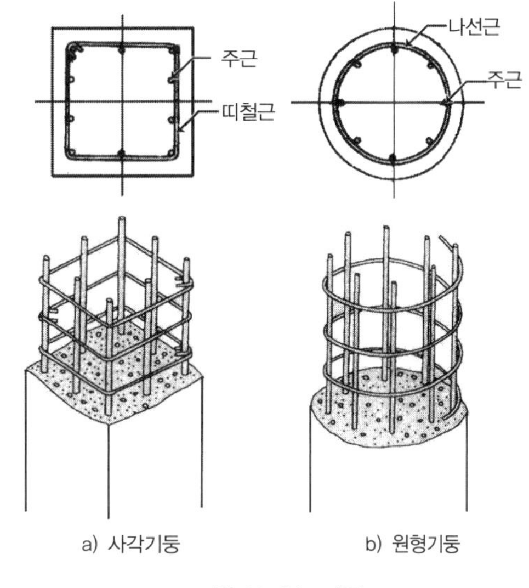

그림 11-24 기둥

(2) 기둥철근의 배근

기둥의 주철근(Main bar)은 중력방향으로 기둥에 길이로 배근된 철근으로 축압력을 기둥콘크리트와 분담하고 휨을 지지한다. 기둥 철근에는 주철근과 주철근을 둘러싼 보조철근이 있는데, 이 보조철근은 주철근을 배근할 때 위치를 고정시켜주고, 압축력을 받는 콘크리트의 벌어짐을 억제하는 역할을 한다. 폐쇄된 직사각형 철근의 띠철근(Hoop), 일정한 간격으로 연속적으로 감아올라 간 철근을 나선철근(Spiral hoop)이라 하고 띠철근은 사각형 단면의 기둥에 사용되고 있으며, 원형단면기둥에 띠철근과 나선철근이 사용된다.

1) 축방향 주철근

철근콘크리트 기둥에 작용되는 축방향 하중은 철근과 콘크리트가 각각 분담하여 지지한다. 이 철근콘크리트 기둥에서 철근을 많이 넣으면 기둥의 단면적을 작게 할 수 있으나 철근은 콘크리트보다 비용이 비싸고, 밀실한 콘크리트를 만드는 데 어려움이 있기 때문에 경제성, 시공성을 고려하여 철근량 사용에 제한을 두고 있다.

축압력에 의한 철근콘크리트 기둥의 변형률은 철근과 콘크리트에 동일한 값으로 생기지만 축방향 압력이 지속적으로 작용되면 콘크리트는 추가변형을 하므로 콘크리트의 분담하중은 철근으로 점점 전가되어 철근의 응력이 증가된다. 기둥 축방향 주철근 단면적은 기둥 단면적의 0.01배 이상, 0.08배 이하로 한다.

주철근은 일반적으로 D13 철근 이상을 사용하고, 직사각형, 띠철근 원형 기둥에는 4개 이상, 원형, 다각형 기둥에는 6개 이상, 그 외의 복잡한 다각형 형태의 기둥에는 각 모서리에 최소 1개의 철근을 배근해야 한다. 주철근의 위치는 부착력, 내화, 부식방지를 위해 4cm 이상 피복을 하고, 이음은 한 위치에서 반수 이상을 이음하지 않는다.

철근콘크리트 기둥은 보, 슬래브와 일체로 타설되기 때문에 일반적으로 축하중과 휨모멘트를 받게 된다. 여기에 작용되는 휨모멘트는 항상 기둥에 불리하게 작용한다. 기둥이 축하중과 휨모멘트를 받을 때는 편심거리 e를 가지는 축하중으로 표현한다. 편심거리 e 가 작은 값일 때는 기둥단면이 압축되어 파괴되지만 편심거리가 크면 압축파괴보다 인장 부위의 철근항복에 의한 인장파괴가 먼저 일어날 수 있다. 그러나 일반적으로 기둥은 축방향 하중을 지지하는 부재이므로 편심이 큰 값일 때도 설계상 큰 문제는 되지 않는다.

(3) 횡방향 철근

기둥철근 배근은 설계도서에 의해 주철근을 정해진 위치에 배근하고 띠철근, 나선철근을 배근하며 결속선으로 결속하여 배근을 완성한 후 거푸집을 설치하고 콘크리트를 타설하여 기둥을 완성시킨다.

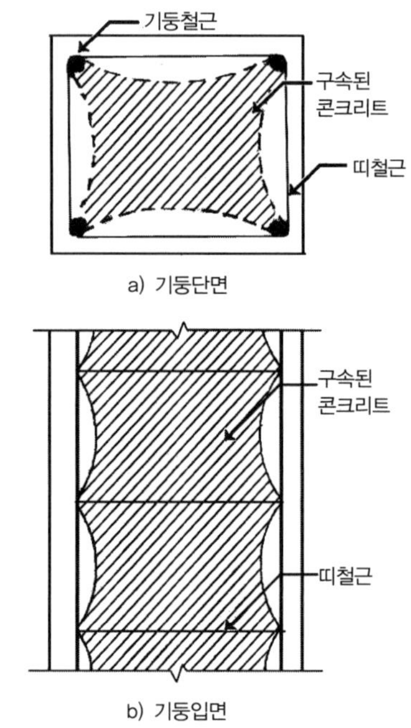

그림 11-25 띠철근에 의한 기둥 콘크리트의 구속

철근콘크리트 기둥에서 횡방향 보강철근은 띠철근과 나선철근이 있다. 이 띠철근과 나선철근은 축방향 주철근을 정해진 위치에 고정시키며, 축방향력을 받는 주철근의 좌굴을 억제시키며, 압축콘크리트 파괴시 벌어짐을 구속하여 콘크리트의 연성을 증가시킨다.

띠철근은 보통 D10철근을 사용하며, 수직배근된 주철근이 8개 이상이고, 복잡할 때는 대각선 띠철근(Diagonal-hoop)을 사용하거나 마주보는 철근을 서로 연결하는 중간띠철근(Sub-hoop)을 사용한다.

띠철근의 양단은 135°로 구부려서 한쪽 끝단을 모서리 주철근에 걸고 한 바퀴 감고 다른 끝단을 건 다음 주철근과 접하는 곳은 모두 결속선으로 묶는다. 띠철근의 간격은 주철근 지름의 16배 이하, 띠철근 지름의 48배 이하, 기둥단면의 최소폭 이하 중 가장 작은 값으로 한다. 기초와 슬래브 상하단부에 위치하는 첫 번째 띠철근과 기둥의 최대폭 범위 내에서는 일반 띠철근 간격의 1/2 이내로 한다. 대각선 띠철근, 부 띠철근의 간격은 띠철근 3마디마다 하나씩 설치한다.

나선철근은 지름 9mm 이상의 철근을 사용하고, 나선철근의 최소 사용량은 기둥 단면이 지지할 수 있는 압축력(기둥피복이 떨어지기 직전 값)에 의해 정한다. 나선철근의 순간격은 7.5cm 이하로 하고 2.5cm 이상이 되어야 하며, 정착은 나선철근에서 1.5회전 이상 여분길이를 가져야 한다. 나선철근의 이음은 철근지름의 48배 이상 또는 30cm 이상으로 한다. 나선철근의 배근은 기초판의 최하단부 철근, 상·하부의 슬래브까지 연장 배치되어야 한다.

11.7.3 보(Girder, Beam)

보는 기둥과 기둥을 연결하는 거더(Girder)와 거더와 거더를 연결하는 빔(Beam)이 있으며, 일반적으로 바닥판과 일체로 만들어서 바닥판에 작용되는 하중을 기둥에 전달하는 역할을 하며, 거더와 빔을 일반적으로 '보'라 하고, 보통 보를 Beam이라 표현한다.

보는 작용하중과 휨모멘트를 지지하는 휨재이다. 보에 작용되는 휨모멘트는 부재의 축방향으로 압축응력과 인장응력이 일어나며, 전단력에 의해 전단응력이 발생된다. 콘크리트는 전단, 인장에 매우 약하기 때문에 철근으로 보강되지 않으면 안 된다. 보강의 효율은 철근과 콘크리트가 완전히 부착되어야 하므로 부착에 대해서도 검토가 이루어야 한다.

철근콘크리트 보는 인장응력만을 보강하기 위해 인장철근만 배근한 단철근보와 인장응력과 압축응력에 대해 인장측과 압축측도 철근으로 보강한 복철근 보가 있다. 단철근보는 균형보라고 하며, 압축측 콘크리트와 인장철근 응력이 항복상태에 도달하는 것이 동시에 일어나도록 설계된 보이지만 실용적이지는 못하다. 건축적 제약이나 보의 크기가 제한되는 경우에는 철근비가 최대철근비에 따라 제한되기 때문에 단철근보로만 설계가 곤란하므로 이러한 경우에는 복철근보로 설계하게 된다. 복철근보로 하면 압축철근이 지지하는 압축력만큼 인장철근이 지지하는 인장력과 평형을 유지하면서 설계강도를 높일 수 있으며 장기처짐의 감소, 연성의 증진, 철근조립의 편이들이 있다.

(1) 보의 단면형태

보의 단면은 장방형으로 하는 것이 보통이며 보와 바닥판을 일체로 콘크리트를 타설하므로 바닥판의 일정범위(유효너비)를 보로 보아 T형보로 설계하는 방법도 있다.

보의 유효깊이를 크게 하면 응력의 중심거리와 단면2차모멘트가 증가하기 때문에 저항모멘트가 커지고 처짐을 줄이는데 유리한 면도 있으나 층고가 높게 되는 단점도 있다. 또 보의 폭은 모멘트 계산에 의해 산정되는 값보다 철근을 배근할 때 철근간격과 피복두께를 유지할 수 있도록 산정되어야 하며, 보춤의 1/2~2/3 범위이고 일반적으로 30~50cm이다. 보의 폭이 좁고 유효깊이가 크면 횡좌굴에 의해 안정성이 감소된다. 일반적으로 층높이가 허용될 때 보춤은 스팬(span) 간격의 l/10~l/15 범위이며, 일반적으로 l/12로 하고 또, 보폭의 2~3배 범위에서 취하며 일반적으로 보폭의 1.5~2.5배 정도이다.

(2) 보의 철근배근

1) 보의 주철근

보의 주철근(Main bar) 배근방법은 휨모멘트값에 의해 배근한다. 휨모멘트란 부재의 부재 축방향으로 휘려는 힘을 말하며, 이 보의 휨모멘트값을 표현한 휨모멘트도(B.M.D)에 따라 정모멘트(⊕휨모멘트값)일 경우에는 보 단면의 하부(피복두께 제외)에 배근하고, 부모멘트(⊖휨모멘트값)일 때는 보 단면의 상부에 배근한다.

단순보에서는 휨모멘트도 값이 정모멘트 값이므로 보단면의 하부에 보의 길이방향으로 배근하며, 캔틸레버보에서는 보단면의 상부에 보의 길이방향으로 배근한다. 캔틸레버보는 사람이 팔을 쭉 뻗고 손에 물건을 들고 있으면 어깨부위가 지지하고 있어야 한다. 이때 어깨의 위쪽, 아래쪽 어느 부위가 아픔이 오는지 생각하면 캔틸레버보의 주근 배근 위치를 쉽게 확인할 수 있다.

일반적인 배근방법은 양단고정보에서 양단부에는 부모멘트가 작용되므로 보단면의 상부에 배근하고, 중앙부에서는 정모멘트가 작용되므로 보단면의 하부에 배근하고, 연속보일 경우에는 보의 양끝단 지점의 모멘트값이 0(Zero)이고, 보의 중앙부에는 일반적으로 정모멘트가 작용되므로 보단면의 하부에 배근하며, 연속보의 중앙 모든 지점은 부모멘트가 작용되므로 보단면의 상부에 배근한다. 정모멘트값에서 부모멘트값으로 또는 부모멘트 값에서 정모멘트 값으로 변환되는 점을 반곡점이라 하고, 주철근을 연속하여 배근할 때는 이 반곡점에서는 45°로 철근을 굽혀서(벤트업 Bent up) 사용한다. 이 굽힌 철근을 벤트업바(Bent up)라고 하며 이 철근은 전단보강, 사인장 균열방지에 도움을 주고, 주철근의 상부배근, 하부배근의 위치와 간격을 유지하는데 도움을 준다.

주철근에 대한 피복은 철근을 화재로부터 보호하고, 공기와의 접촉에 의해 부식되는 것을 방지하기 위해 철근의 피복두께는 4cm 이상(스터럽 표면에서)해야 한다. 이와 같이 피복하면 콘크리트와 철근의 부착도 좋아지고 철근의 전단저항도 증진된다.

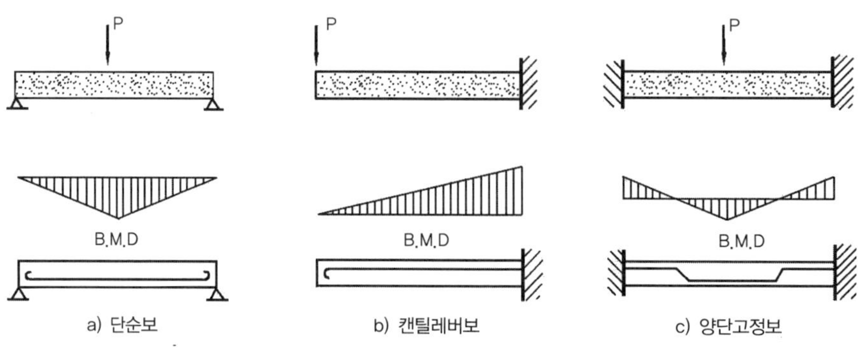

그림 11-26 보의 주철근 배근

보의 설계방법에 의해 철근량이 산정되면 사용 철근의 크기와 개수가 정해진다. 사용철근의 지름이 작으면 인장응력을 분산시킬 수 있어 균열방지, 부착 등에 유리하지만 사용철근 개수가 많아져 철근배근과 콘크리트 타설에 어려움을 주고, 지름이 큰 철근을 사용하면 부착면적이 작고 응력이 집중되는 단점이 있으므로 보의 설계에는 적당한 지름 크기의 철근을 정해 콘크리트가 밀실하게 채워지고 최소 철근간격을 유지할 수 있어야 한다. 철근의 배근간격은 평행한 철근의 순간격은 2.5cm 이상, 주근지름의 1.0d 이상, 굵은골재 최대치수 4/3 이상으로 하며, 보의 폭이 좁아 필요철근을 한 단에 모두 넣을 수 없을 때는 2단까지 배근하되 상하단 사이의 순간격을 2.5cm로 하여 상단철근은 하단철근 위에 배근되어야 한다.

2) 보의 전단

철근콘크리트 부재에서는 전단(Shear)만이 작용하는 경우는 거의 없으며, 일반적으로 휨(Bending)과 함께 작용한다. 전단과 휨이 작용되는 철근콘크리트 부재 설계기준은 실험결과에 의한 경험적 설계식들이 사용된다.

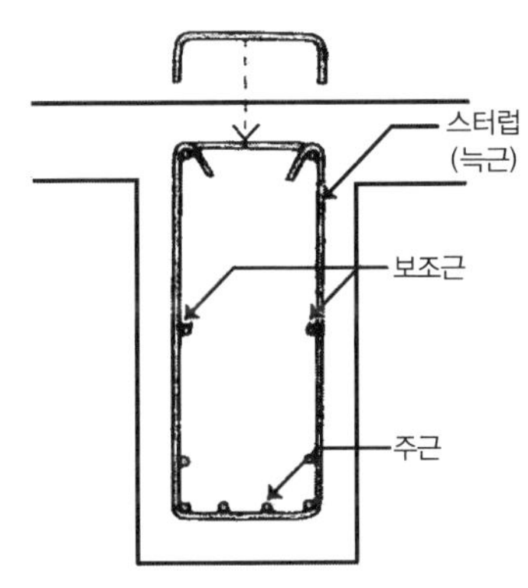

그림 11-27 보의 전단 보강

전단력이란 부재의 재축을 재축의 수직방향으로 끊어 줄려는 힘을 말한다. 순수전단력이 작용되는 부재에는 전단력 방향에 45° 경사방향으로 인장응력이 생기고 이 응력에 직교하여 압축응력이 발생된다. 이 인장응력을 사인장응력이라 하며 부재에 균열을 일으키는 주요인이다. 사인장 균열은 일반적으로 단부에서 발생한 휨균열에서 시작되어 보의 중앙부분에서는 수평방향에 45° 경사로 나타나고, 압축부에 들어서면 압축응력의 저항을 받아 정지된 형태를 보인다.

일반적인 보에서 중앙부분은 전단력이 작고 휨모멘트가 크기 때문에 휨인장응력에 의해 영향을 받지만 보의 단부에서는 전단력이 크기 때문에 전단보강이 필요하다.

전단보강되지 않은 철근콘크리트 부재에서는 균열이 생기기 전에는 콘크리트의 전단저항에 의해 지지되고 있으나 균열이 발생하면 곧바로 취성파괴가 일어난다. 그러므로 전단력을 받는 부재는 전단보강을 하여야 한다.

보의 비틀림은 전단과 다른 힘의 작용형태를 보이고 있으나 비틀림에 의한 응력은 전단응력이 되기 때문에 보통 전단력과 유사하게 생각한다. 철근콘크리트 설계에서 비틀림에 대해 중요하게 생각하지 않았으나 최근에는 부재의 단면이 작아지고 건축물의 x, y방향의 긴스팬을 가지는 외곽보, 나선형 계단 등 비틀림을 받는 부재들이 많아져 이에 대한 정확한 해석과 구조물의 보강을 필요로 하는 경향이다.

전단보강되지 않은 보는 사인장균열에 의해 휨인장강도 이하로 떨어지므로 보의 휨인장 지지능력을 충분히 발휘할 수 있게 하기 위해서는 보의 단면방향으로 보강해야 한다.

이 보강방법은 수직스터럽, 경사스터럽, 벤트업 철근 등을 사용하고 있으나 수직스터럽을 가장 많이 사용한다. 수직스터럽은 사인장균열이 발생되기 전에는 콘크리트와 동일하게 거동하므로 보강효과가 현저하게 나타나지는 않으나 사인장균열이 발생하면 스터럽은 전단저항을 증진시키고 균열의 벌어짐을 억제하며 인장철근을 수직으로 지지하여 전단저항성능을 향상시킨다.

보의 전단보강 스터럽(Stirrup bar)은 늑근이라고도 하며, 일반적으로 D10 이상의 철근을 사용한다. 이 스터럽은 전단보강 외에 인장응력에 저항하는 주철근의 위치를 고정시키는 역할도 함께 하고 있다.

보에 배근되는 스터럽의 형태는 전단력 값의 크기에 의해 배치되므로 단부는 배근간격이 좁고, 중앙부는 배근간격이 넓게 된다.

수직스터럽의 간격은 보춤 d의 1/2값 또는 60cm 이하로 배근하여 45° 방향의 균열이 스터럽과 교차되도록 하고, 보강이 필요한 스터럽의 간격은 보춤의 d/4 또는 30cm 이하로 하며, 스터럽 배치의 시작은 기둥의 주철근에서 10cm 또는 보단부 스터럽 간격의 1/2 이내에서 배치한다. 스터럽은 일반적으로 U형을 사용하며, 상부 철근의 벌어짐을 막아주기 위해 상부에 벌어짐 막이 ㄇ형 철근을 덮어서 상부근의 벌어짐을 방지한다.

3) 브래킷 · 내민받침

기둥에서 돌출된 보를 브래킷(Brachet), 벽체에서 돌출된 보를 내민받침이라 하고, 이들은 하중을 지지하는 매우 짧은 캔틸레버보이며 일반적으로 서로 구분 없이 사용한다. 브래킷, 내민받침은 조립식 보, 크레인 보 등을 지지하기 위해 만들어지며, 구조적 거동은 전단에 의해 설계되지만 수평력에 대해서도 충분히 저항할 수 있도록 해야 한다.

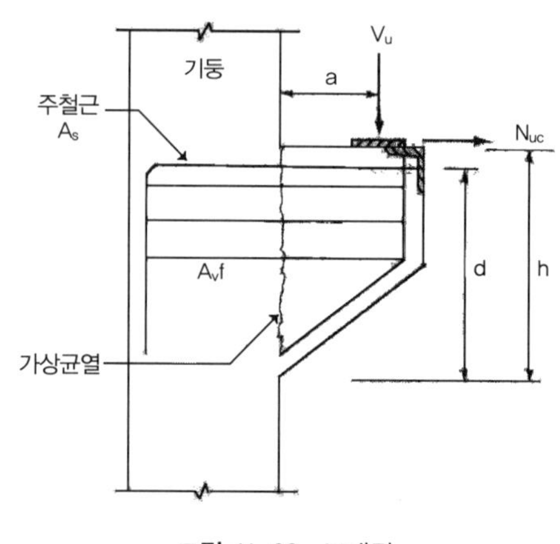

그림 11-28 브래킷

설계기준에서 브래킷, 내민받침은 전단경간비를 1 이하로 제한한다. 전단경간비란 a/d 이다. a는 압축응력분포면적과 직사각형 응력블록의 면적은 같아야 한다는 등가응력블록의 깊이이며, d는 브래킷이 시작되는 기둥, 벽면의 하단부에서 인장철근까지의 거리이다.

전단경간비를 1 이하로 제한하면 브래킷, 내민받침의 사인장균열이 생기는 것을 막고, 기둥면과 벽체면에 수직방향의 균열에 대해 수평스터럽의 효율을 높이기 위한 것이다. 브래킷, 내민받침의 파괴형상은 인장철근의 항복에 의한 파괴, 인장철근의 단부 정착파괴, 콘크리트 압축부의 전단파괴 및 압괴, 지압판의 경사균열파괴 등이다.

이와 같은 파괴형상을 방지하기 위해서는 인장철근을 기둥, 벽체에 충분히 정착시키고 적절한 유효깊이와 지압판을 사용하며, 윗모서리에는 ㄱ형강을 보강하는 방법을 사용한다.

4) 처짐 · 균열

처짐(Deflection)과 균열(Crack)은 과거 탄성설계법에 의한 철근콘크리트 구조물 설계에서는 큰 문제가 되지 않았지만 최근 강도설계법과 고강도철근 등을 사용함에 따라 처짐과 균열이 설계문제로 대두되고 있다. 구조물에서 한계상태란 구조체가 제 기능을 발휘하지 못하는 상태를 말한다. 이는 구조체가 하중의 지지능력을 잃어버리는 극한한계상태와 구조기능의 저하로 인해 구조물의 사용상 부적합한 상태인 사용한계 상태로 나누어 생각할 수 있다. 철근콘크리트 구조물에서 사용한계상태는 과다한 처짐이나 균열 등이다.

철근콘크리트 구조의 사용성은 하중계수를 적용하지 않는 사용하중으로 하고, 사용하중상태에서 구조체는 탄성거동하는 것으로 생각하여 탄성거동을 적용한다.

① 장기처짐

철근콘크리트 보에서 초기처짐은 크리프(콘크리트의 시간적 소성변형)와 건조수축의 영향으로 증가된다. 지속하중 작용상태에서 압축측 콘크리트 변형률은 초기변형률에 크리프 변형률이 추가되어 증가되지만 인장측 철근의 변형률은 거의 증가되지 않는다.

압축측에 철근보강을 하면 압축철근이 크리프에 의해 생긴 응력의 일부분을 부담하므로 콘크리트의 응력이 줄어 크리프 변형률도 감소된다. 압축부의 철근비가 크면 크리프의 변형이 감소되므로 장기처짐도 작다. 휨부재의 장기처짐은 지속하중에 의한 순간처짐에 계수(λ) 값을 곱하여 구한다.

② 처짐(Deflection)제한

보, 슬래브의 처짐은 철근콘크리트 구조물의 칸막이벽에 균열이 생기게 되어 문, 창문 등 개구부의 기능을 저해하고, 바닥판이나 지붕에 방수 등 문제가 생기므로 보, 슬래브 부재 설계에는 처짐에 대한 제한을 두어 스팬길이에 대해 보, 슬래브의 최소두께를 규정하여 충분한 휨강성을 보유하며 처짐에 대한 문제점이 생기지 않도록 하고 있다.

표 11-14 최대 허용처짐

부재의 형태	고려해야 할 처짐	처짐한계
과도한 처짐에 의한 손상되기 쉬운 비구조 요소를 지지 또는 부착하지 않은 평지붕 구조	활하중 L에 의한 순간처짐	$\frac{l}{180}$
과도한 처짐에 의한 손상되기 쉬운 비구조 요소를 지지 또는 부착하지 않은 바닥 구조	활하중 L에 의한 순간처짐	$\frac{l}{360}$
과도한 처짐에 의한 손상되기 쉬운 비구조 요소를 지지 또는 부착한 지붕 또는 바닥 구조	전체 처짐 중에서 비구조 요소가 부착된 후에 발생하는 처짐 부분(모든 지속하중에 의한 장기처짐과 추가적인 적재하중에 의한 순간처짐의 합)	$\frac{l}{480}$
과도한 처짐에 의한 손상될 염려가 없는 비구조 요소를 지지 또는 부착한 지붕 또는 바닥 구조		$\frac{l}{240}$

③ 균열(Crack)

콘크리트는 인장력에 대한 저항이 매우 작기 때문에 휨, 전단, 비틀림 등에 의해 인장응력이 생기면 균열이 생긴다.

보에 생기는 균열들은 휨모멘트일 때는 보 중앙 부위에 수직으로 하부에서 중립축까지 일어나며, 전단일 때는 사인장응력에 의해 발생되므로 45°에 가까운 경사방향으로 균열이 보의 양 단부 부근에 분포되게 되며, 또 균열은 부착응력, 건조수축, 철근의 부식, 부동침하에 의해 생기게 된다. 콘크리트에 균열이 생기면 철근의 부식을 가속시키기 때문에 균열폭에 대한 규정이 강화되고 있다. 균열폭은 철근의 응력과 지름에 비례하고, 철근비에는 반비례한다. 철근콘크리트 구조물에서 균열을 방지하는 방법은 콘크리트의 인장력이 분포되는 부분에 철근을 일정한 등간격으로 배근하는 것이다.

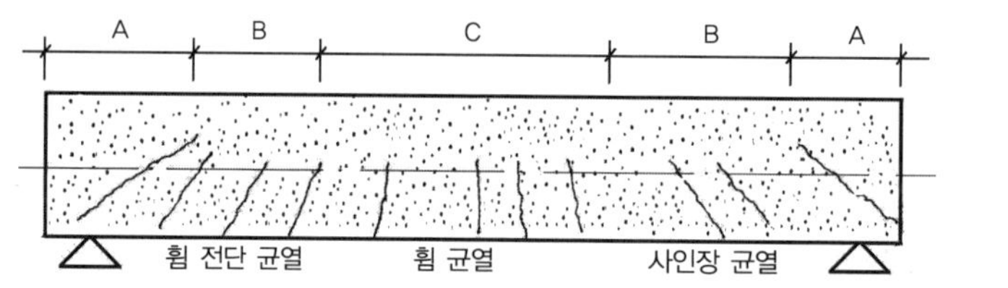

그림 11-29 단순보의 응력에 따른 균열

5) 보의 설계

보의 설계는 재료의 강도, 단면의 크기, 철근량 산정 등에 의해 결정된다. 재료의 강도는 콘크리트의 압축강도 f_{ck}와 철근의 항복강도 f_y로 결정한다. 그리고 단면 크기는 일반적으로 최대 휨모멘트값의 크기에 의해 결정되며, 철근량 산정은 계산된 소요모멘트 값에 대해 최소 철근비와 최대 철근비를 만족시키면서 강도감소를 고려한 내부저항 모멘트 값을 가질 수 있도록 철근량이 산정되어야 한다. 또 산정된 철근량은 철근의 간격, 피복두께 등을 생각하여 철근의 치수에 의해 개수를 계산하고, 철근 배근을 하면 된다.

11.7.4 슬래브(Slab)

건축물에서 슬래브는 일반적으로 바닥판이라 하며, 부재가 평탄하고 일정한 두께를 가지는 평판구조로 슬래브 자체의 고정하중과 사용하중인 적재하중을 휨강성으로 지지하여 보, 벽체, 기둥에 힘을 전달하는 휨부재이다. 철근콘크리트 슬래브는 하중을 지지하고 분산시키는 역할도 하고 내화성, 차음성이 우수하므로 철근콘크리트구조뿐만 아니라 모든 건축물의 바닥판 구조에 사용된다.

슬래브 구조는 보슬래브구조와 평슬래브 구조로 나누어진다.

① 보슬래브구조

슬래브(Slab)가 보(Beam)에 의해 지지되는 구조이다. 슬래브의 자중과 하중이 지지된 보에 전달되고 보에 전달된 하중이 다시 기둥으로 전달되는 구조형식이다. 보에 의해 지지된 슬래브 바닥면의 모양에 따라 보로 전달되는 하중의 이동경로가 다르게 나타난다. 슬래브 바닥판의 긴변(장변)이 짧은변(단변)의 2배 이상 되는 슬래브를 1방향 슬래브라고 하며, 이 슬래브 구조는 슬래브에 작용되는 대부분의 하중이 짧은변 방향으로 전달되기 때문에 짧은변(단변) 방향으로만 지지되는 것으로 보고, 긴변(장변)과 짧은변(단변)이 2배 미만인 경우를 2방향 슬래브라고 하며, 이 슬래브구조는 긴변과 짧은변의 차이가 크지 않기 때문에 작용하중이 양방향으로 전달되게 된다.

② 평슬래브구조

평슬래브구조는 일반적으로 플랫(flat)슬래브구조라고 하며, 이 슬래브구조는 슬래브판을 보가 지지하지 않고 슬래브가 기둥에 직접 지지되어 있는 구조이다. 슬래브 면에 작용되는 하중이 기둥으로 전달되는데 슬래브의 휨상성, 비틀림강성이 큰 영향을 준다.

슬래브의 철근배근은 휨모멘트의 분포도에 따라 철근을 슬래브면의 상부와 하부에 피복두께에 맞게 배근한다. 슬래브는 춤은 작고 면적은 넓기 때문에 온도와 건조수축 영향을 매우 많이 받으므로 구조내력에 의해 필요하지 않은 철근도 온도와 건조수축에 의한 균열을 방지할 목적으로 일정량의 철근이 배근되어야 한다.

(1) 슬래브 두께

슬래브의 최소두께는 특수한 슬래브를 제외하고는 10cm 이상으로 규정하고 있으며, 일반적으로 가장 많이 사용되는 두께는 12cm~18cm 정도이다. 슬래브 두께는 1방향일 때 $l_x/32$ 이상, 2방향일 때 $\lambda l_x/16+24\lambda$ 이상, 캔틸레버는 $l_x/10$ 이상으로 제한하고 있다. 또 장선슬래브와 같은 특수슬래브의 두께는 5cm 이상, l_n(순스팬)/12 이상으로 제한하고 있다.

최근에는 아파트의 층간 소음을 규제할 목적으로 충격음의 종류에 따라 슬래브 두께를 규제한다. 가볍고 딱딱한 소음 정도인 경량 충격음에서는 18cm 이상, 아이들이 뛰어다니는 소음 정도인 중량 충격음에서는 24cm 이상으로 슬래브 두께를 유지해야 바닥충격음을 기준값 이하로 유지할 수 있다. 아파트와 같은 벽식 구조에서 층바닥 두께만을 증가시켜서는 소음규준을 충족시킬 수 없기 때문에 벽체두께 규준도 강화되어야 층간소음을 줄일 수 있다.

(2) 보 슬래브

① 1방향 슬래브

1방향 슬래브는 긴변(장변)의 길이가 짧은변(단변) 길이의 2배 이상이며, 하중을 한 방향으로 지지하는 슬래브를 말한다.

이 구조는 기둥을 연결하는 큰보(Girder), 사이에 작은보(Beam)를 넣어서 길이가 긴 방향(장변) 보의 부담을 줄이기 위해 만들거나 긴 스팬에서 좁은 간격으로 장선을 배열하여 보의 춤도 줄이고 슬래브의 두께도 얇게 하기 위해 1방향 슬래브를 만든다.

1방향 슬래브는 단위폭(1m)의 직사각형 보가 긴방향으로 나열된 구조로 설계되며 짧은변(단변) 방향의 휨모멘트만 생기므로 슬래브의 두께와 철근량을 줄일 수 있는 구조이다.

1방향 슬래브는 휨인장응력을 짧은 방향 슬래브가 받도록 설계하고, 휨인장 철근량은 슬래브의 정모멘트값(슬래브 하부배근)과 부모멘트값(슬래브 상부배근)에 의해 결정된다.

1방향 슬래브의 긴 방향은 휨인장철근을 배근할 필요는 없으나 건조수축 및 온도에 의한 균열을 방지하기 위해 긴 방향으로 철근을 배근해야 한다.

② 2방향 슬래브

2방향 슬래브는 긴변(장변)의 길이가 짧은변(단변) 길이의 2배 미만이며, 슬래브 주변이 보와 기둥으로 지지되어 있으므로 주변고정으로 본다. 슬래브의 수평전단 강성은 매우 크고 수직단면 저항도 크므로 철근콘크리트 슬래브는 휨모멘트값에 의해 설계된다.

허용응력도설계법에서는 짧은변(단변) 방향은 1방향 슬래브와 같이 보이론을 적용하여 w_x의 하중을 받는 것으로 하여 짧은변의 단부에는 $M_{x1}=-w_x \circ l_x^2/12$, 짧은변의 중앙은 $M_{x2}=w_x \cdot l_x^2/18$이며, 긴변(장변) 방향의 휨모멘트값은 짧은변 방향의 단부와 중앙부 모멘트값의 반절값이므로 $M_{y1}=-w_x \cdot l_x^2/24$, $M_{y2}=w_x \cdot l_x^2/36$이다.

슬래브의 휨모멘트값은 중앙부는 정모멘트값 ⊕, 단부는 부모멘트값 ⊖을 가진다. 그러므로 슬래브 철근배근은 중앙부는 ⊕ 값이므로 하부에 배근하고, 단부는 ⊖ 값이므로 상부에 배근한다.

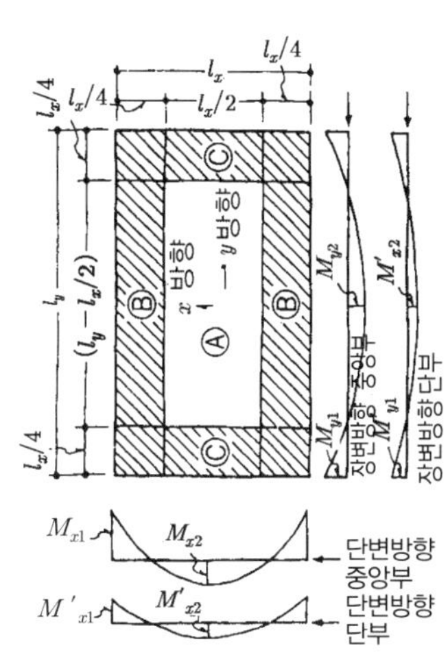

$$M_{x1} = -\frac{1}{12} W_x l_x^2 \ , \ M'_{x1} = \frac{1}{2} M_{x1}$$

$$M_{x2} = -\frac{1}{18} W_x l_x^2 \ , \ M'_{x2} = \frac{1}{2} M_{x2}$$

$$M_{y1} = -\frac{1}{24} W l_x^2 \ , \ M'_{y1} = \frac{1}{2} M_{y1}$$

$$M_{y2} = -\frac{1}{36} W l_x^2 \ , \ M'_{y2} = \frac{1}{2} M_{y2}$$

W = (고정 · 활)하중(kN/m^2)

$W_x = W \frac{l_y^4}{l_x^4 + l_y^4}$ (kN/m^2)

l_x = 단변방향 스팬길이(m)

Ⓐ x 방향철근은 M_{x2}
Ⓐ y 방향철근은 M_{y2}
Ⓑ x 방향철근은 M_{x1}
Ⓒ y 방향철근은 M_{y1}

의 각 모멘트값에 의해 철근의 치수와 간격이 결정된다.

그림 11-30 슬래브 작용 모멘트값

슬래브의 철근배근은 복근으로 하고, 중앙부의 철근은 상부 철근이 하나의 철근으로 끊어지고, 하나의 철근은 하부로 내려 배근되므로 상부철근은 하나 건너 하나씩 하부에 배근되는 형태이다. 슬래브 철근은 ϕ9 이상의 원형철근 또는 D10 이상의 이형철근을 사용하고, 용접철망은 ϕ6 이상을 사용한다.

철근의 배근간격은 D10 이상을 사용하고 일반 콘크리트를 사용할 때 단변방향은 20cm 이하, 장변방향은 30cm 이하 또는 슬래브 두께 t의 3배 이하로 하며, 슬래브의 최소철근량은 콘크리트 전체 단면적의 0.2% 이상으로 해야 한다.

슬래브 배근에서 단변방향의 인장철근을 주근(Main bar), 장변방향의 인장철근을 배력근(Distributing bar), 부근 또는 온도철근(Temperature bar)이라 하고, 슬래브 주변의 난부철근은 복철근으로 배근하고, 중앙부는 일반적으로 단철근으로 배근한다.

2방향 슬래브의 배근방법은 슬래브의 하부에는 단변방향의 주근을 계산된 일정한 등간격으로 먼저 배치하고, 주근 위에 장변방향의 부근을 계산된 일정한 등간격으로 배근한다. 상부에는 단변방향과 장변방향을 단부와 중앙부로 구분하여 배근한다.

슬래브 스팬의 양단부 지점에서 $l/4$ 구간을 단부, 양단부를 제외한 $l/2$ 구간을 중앙부라 하고, 단부구간은 끊음이나 구부림 없이 직선으로 배근하고, 중앙부에서는 하나 건너 하나씩 한 철근은 톱바(Top bar), 한 철근을 하부로 구부려 배근(Bent up bar)한다. 슬래브 상부 긴변(장변)방향의 철근은 단부와 중앙부에 배근하고, 짧은변(단변) 방향 철근을 단부와 중앙부로 구분하여 배근하면 된다.

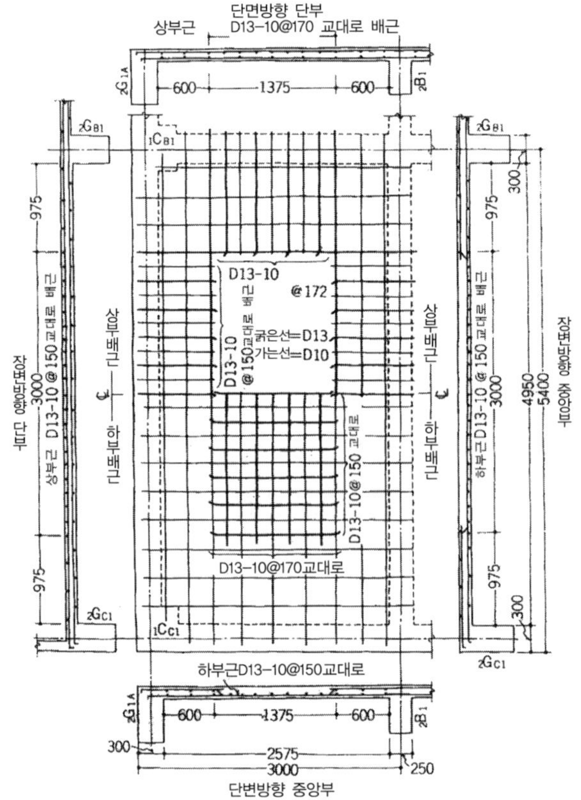

그림 11-31 슬래브 철근 배근도

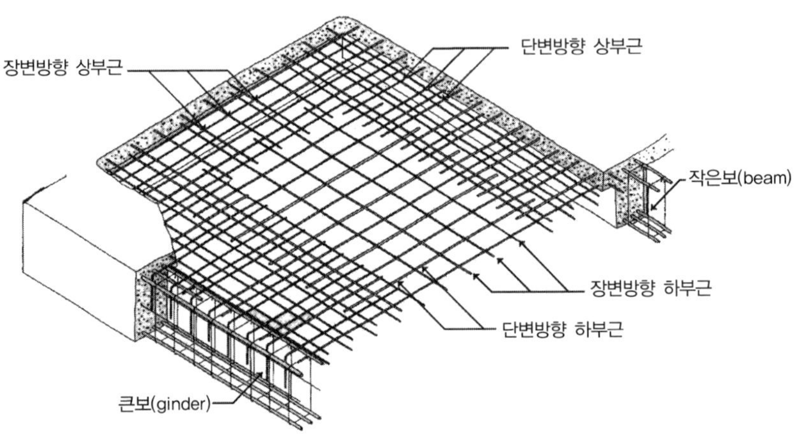

그림 11-32 슬래브 철근 배근도

③ 온도 · 건조수축에 대한 철근 보강

슬래브구조는 두께가 매우 얇기 때문에 온도, 건조수축에 대한 영향을 크게 받는다. 슬래브 부재는 보 또는 기둥 등에 구속되어 있으므로 슬래브에는 수축변형에 의한 인장응력을 받게 되므로 균열이 발생하게 된다.

이 건조수축 균열을 방지하기 위해서는 온도응력 및 수축응력에 대한 철근을 배근해야 한다. 최소 철근량은 0.2%로 하고, 내력상 철근보강이 필요하지 않을 때도 온도 건조수축의 최소보강을 하여야 한다. 지붕 슬래브는 온도응력에 의해 중앙부에 부(負, ⊖) 휨모멘트가 생길 수도 있으므로 슬래브 배근을 복근으로 배근하는 방법이 좋다.

(3) 플랫슬래브(Flat slab)

플랫슬래브구조는 보를 사용하지 않고 슬래브(바닥판)를 기둥이 직접 지지하는 형식으로 이루어져 있으며, 평바닥판구조 또는 무량판구조라고도 한다. 창고, 서고, 저장고 등과 같은 바닥판은 무거운 하중이 작용되므로 이것을 지지하는 슬래브도 춤이 커지게 되어 슬래브판이 두꺼워진다. 이 경우에는 보가 없는 플랫슬래브구조를 취하게 된다. 이 플랫슬래브구조는 라멘구조에 비해 거푸집작업이 간단하여 공기단축이나 노동력 절감이 가능하고 보가 없으므로 층높이를 낮출 수 있고, 슬래브에 돌출(보)된 것이 없으므로 설비장치 또는 배선 배관 등이 용이하고, 내부공간을 크게 이용할 수 있는 장점을 가지고 있다. 그러나 구조해석과 설계에서는 어려움이 있다.

수직력과 수평력 작용으로 인하여 플랫슬래브와 기둥에 전단력과 휨모멘트가 생기게 되고 이러한 힘들은 슬래브에 전단력, 휨모멘트와 비틀림모멘트를 발생시켜 기둥 부근의 높은 전단응력에 의해 기둥부위에 취성적 파괴가 발생된다. 그러므로 슬래브와 기둥의 접합부의 설계는 전단강도와 연성 등을 고려하여야 한다.

① 플랫슬래브의 구조

플랫슬래브는 슬래브와 접하는 기둥 상단부에는 슬래브에 대하여 경사각 45° 이상의 주두(Column capital)와 지판(Drop panel), 그리고 기둥으로 이루어져 있다. 슬래브판 두께는 15cm 이상으로 하고, 기둥의 폭은 기둥의 중심간격 l의 1/20 이상, 또 원형기둥일 때는 30cm 이상이나 층고

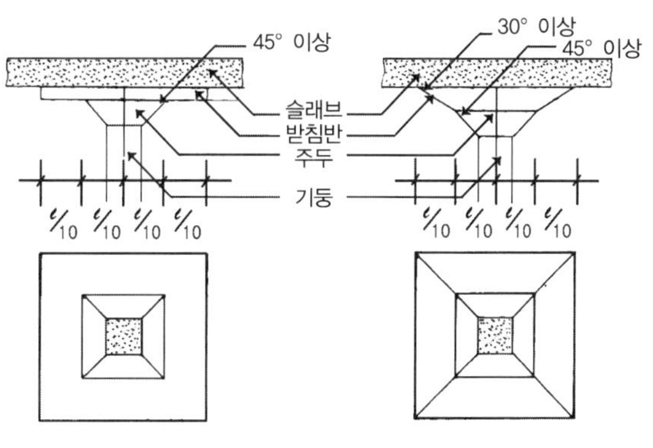

그림 11-33 플렛 슬래브

h의 1/15 이상으로 하며 주두에는 경사진 주두와 지판을 붙인다. 슬래브에서는 주열대(Column strip)와 주간대(Middle strip)의 폭은 기둥중심 간격의 1/2로 하고, 주열대는 기둥과 기둥을 연결하는 넓은 폭의 보로 생각할 수 있으며, 주열대의 철근량은 주간대보다 하부철근은 60%, 상부철근은 75% 정도 많게 하고, 철근배근은 직선철근과 굽힘철근을 사용한다.

② 플랫슬래브 배근

플랫슬래브구조의 배근형식은 2방향식과 4방향식이 있으나 최근에는 2방향식의 배근형식이 주로 사용되고 있다. 2방향식 배근은 플랫슬래브에 철근을 x방향과 y방향과 같이 직교하는 2방향으로 철근을 배근하는 형식으로 한다. 이 2방향식 형식은 기둥과 기둥을 연결하는 주열대는 넓은 폭의 보로 보아 좀 더 조밀하게 철근을 x방향과 y방향으로 배근하고, 주간대는 슬래브와 같이 배근하는 방법을 취한다. 4방향식 배근은 2방향 형식과 같이 x방향과 y방향으로 철근을 배근하고 또, 주열대에서 45° 대각선의 2방향으로도 철근을 배근하는 방법을 말한다.

플랫슬래브의 주열대와 주간대의 휨모멘트 분담률을 고려하면 주열대에서는 정모멘트(⊕)값이 주열대에서는 55%, 주간대에서는 45%이고, 부모멘트(⊖)값은 주열대에서 75%, 주간대에서 25% 정도이다. 또 수평하중 모멘트값은 주열대에서는 70%, 주간대에서는 30% 정도의 분담률을 가진다.

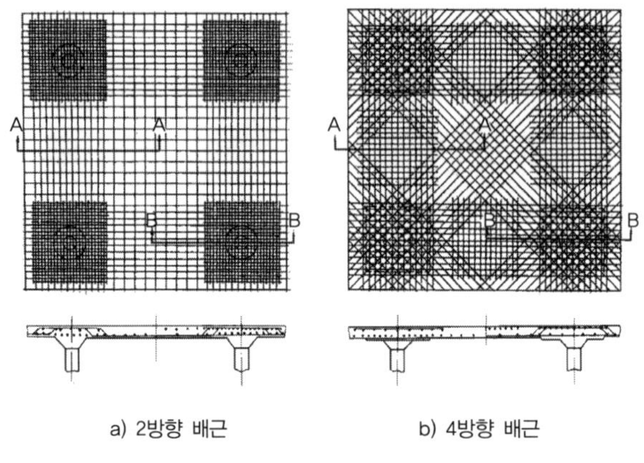

그림 11-34 플랫슬래브 배근

(4) 장선슬래브(Ribbed slab)

일정한 등간격으로 평행하게 장선보를 배열하고, 슬래브와 일체로 만들어서 장선보에 평행하게 양단부에 보(Girder)로 지지되게 한 슬래브 구조를 장선슬래브라 한다. 슬래브판은 장선과 보에 의해 지지되며, 슬래브의 두께를 매우 얇게 할 수 있는 특징이 있다. 일방향슬래브의 스팬길이가 길면 하중을 지지하기 위해서 슬래브 두께가 커지게 되어 비경제적인 슬래브가 된다.

이 경우 하중을 지지하는 것은 인장력이므로 철근에 의해 지지되어 콘크리트 부분을 경감시킬 수 있으므로 얇은 슬래브구조로도 설계가 가능하다.

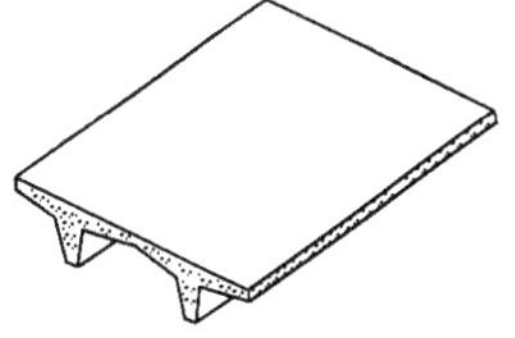

그림 11-35 장선슬래브

장선슬래브구조에서 장선(Rib)의 폭은 10cm~20cm로 하고 춤은 폭의 3/5배 이하로 설계한다. 장선의 간격은 75cm 이하로 하고, 슬래브의 두께는 5cm 이상 또는 $l/12$ 이상으로 한다. 사용하는 철근은 D10 이상으로 하고 직선철근과 굽힘 철근을 배근한다. 슬래브 속에 배관을 삽입할 때는 삽입하는 배관높이에 2.5cm 이상 더한 값으로 하고, 장선의 전단응력도는 일반보의 전단응력도 값보다 10% 큰 값으로 하고, 전단내력은 장선의 단면을 키우거나 철근으로 보강할 수 있다.

(5) 워플 슬래브(Waffle slab)

작은 리브가 직교되게 격자형으로 이루어진 슬래브를 워플 슬래브라 한다. 이 워플 슬래브의 시공은 워플 슬래브 등의 거푸집을 일정한 등간격으로 좌우로 배열하고 리브 부분에 철근을 배근하고 콘크리트를 타설한 후 워플 슬래브 폼을 제거하면 워플 슬래브를 만들 수 있다.

워플 슬래브구조는 일반슬래브 구조보다 기둥의 간격을 더 넓게 할 수 있다. 워플 슬래브 구조는 플랫슬래브와 같이 주열대와 주간대로 나누어서 설계하고 계산한다. 워플 돔 거푸집은 철판제품이나 합성수지제 등이 있으며, 기둥 상부에 직교하는 주열대 내에서는 지판을 만들어 슬래브의 지지 부분을 보강한다.

11.7.5 건축물의 슬래브 공법

건축물의 바닥슬래브 공법은 시공기술의 발달과 건설현장의 변화, 각종 신기술 공법의 도입 등으로 다양화되고 있다. 이전에는 일반거푸집을 이용한 현장 콘크리트치기가 주로 사용된 공법이었으나 최근에는 스팬크리트(Span-create)의 중공 슬래브(Void Slab), 하프 슬래브(Half slab)의 P.C, 리브 슬래브(Ribbed slab), 거푸집용 데크 플레이트, 구조용 데크 플레이트, 철근트러스 데크 슬래브 등 여러 종류의 합성슬래브 공법들이 개발되어 도입·적용되고 있다. 이런 새로운 공법들은 우수한 시공성뿐만 아니라 경제성, 친환경성까지도 고려되어 개발되므로 건축물의 적용이 더욱 늘어날 것이다.

(1) 슬래브

건축물의 바닥판인 슬래브는 바닥면에 직접 작용하는 수직하중을 받아주는 것뿐만 아니라 바람 또는 지진 등에 의해 건축물에 작용하는 수평력을 슬래브 주변의 보, 기둥, 벽체 등의 골조에 전달한다. 슬래브 현장 작업량을 최대한 줄이고, 슬래브의 중량을 줄이기 위해 슬래브의 부분 PC화 또는 철근트러스 데크 등이 사용되고 있다.

(2) 슬래브 공법의 종류

① 보지지 슬래브

보지지 슬래브는 기존 거푸집 사용 슬래브를 말하며, 구조형식은 거푸집에 철근을 배근하고 콘크리트를 타설한다. 슬래브 두께는 100mm 이상으로 해야 하며, 철근배근은 구조계산된 값에 의해 배근하면 거푸집 하부에 받침기둥이 필요하다, 이 일반적인 슬래브는 어떤 평면과 단면에도 적용이 가능하며, 가장 기본이고 일반화된 공법이다.

② 리브 슬래브(PC판)

리브 슬래브는 PC판 슬래브라 하며, 구조형식은 하부에 PC판을 깔고, 그 위에 철근을 배근하고 콘크리트를 타설한다. 슬래브 두께는 리브 150~180mm+슬래브 80mm 이상으로 하며, 사용 스팬은 3.0~9.0m 정도이다. 이 리브 슬래브의 장점은 거푸집 동바리가 불필요하며, 공기가 단축되고 인력이 절감되지만 현장에서 제작할 수 없고 슬래브 두께가 커진다.

③ 중공 슬래브(Span create)

중공 슬래브는 스팬크리트 또는 KT 보이드 슬래브의 종류가 있으며, 구조형식은 하부에 PC판을 설치하고 상부에 철근을 배근한 후 콘크리트를 타설한다. 슬래브 두께는 중공 PC판 70~300mm+슬래브 60mm 이상으로 하며 사용스팬은 3.0~9.0m 정도이며 하부철근은 하부중공 PC판으로 하며, 받침기둥이 불필요하다. 이 중공 슬래브의 장점은 슬래브의 중공으로 단열과 차음이 있고 공기단축 및 인력이 절감되지만 현장제작이 어렵고 슬래브 두께가 두꺼워진다.

④ Half PC슬래브

하프 피시 슬래브(Half PC slab)는 옴니어 Half 슬래브, KT트러스 Half슬래브의 종류가 있으며, 구조형식은 Half PC판 위에 트러스 철근과 하부, 상부철근을 배근한 후 콘크리트를 타설한다. 슬래브 두께는 PC 40~80mm+슬래브 70mm 이상으로 하며, 사용 스팬은 8.5m 정도이다. 이 하프 피시 슬래브의 장점은 거푸집 동바리가 불필요하고 공기가 단축되고 인력을 절감할 수 있으나 트러스근의 제작이나 취급에 어려움이 있고 운반 또는 탈형에 주의해야 한다.

⑤ 철근트러스 데크 슬래브

철근트러스 데크 슬래브 하부에 강판을 설치하고 위에 철근트러스 데크와 상부 배력근을 배근한 후 콘크리트를 타설한 구조형식으로 선조립된 보강철근이 인장력을 부담하고 콘크리트가 압축력을 부담하여 외력에 저항하는 합성슬래브 구조이며, 슬래브 두께는 100~300mm 정도이고, 사용스팬은 6m 정도이다. 이 철근 트러스 데크 슬래브는 거푸집 동바리가 불필요하며 공기가 단축되고 인력이 절감되나 운반에 어려움이 있고 설비배관의 어려움이 있다.

⑥ 데크 플레이트 슬래브

데크 플레이트 슬래브는 거푸집용 데크 플레이트와 구조용 데크 플레이트가 있다. 거푸집용 데크 플레이트의 구조 형식은 거푸집용 데크판에 철근을 배근하고 콘크리트를 타설한 구조로 슬래브 두께는 데크 50mm~75mm+슬래브두께 50mm 이상이고, 사용스팬은 6m 정도이다. 이 거푸집용 데크 플레이트의 장점은 거푸집 동바리가 불필요하고 공기를 단축하지만 하부 배근에 주의해야 하고 자재의 낭비가 크다는 것이다.

구조용 데크 플레이트는 JIF데크, POWER데크, HI데크, KEM데크 등의 종류가 있으며, 구조형식은 구조용 데크판에 철근을 배근하고 콘크리트를 타설한다. 슬래브 두께는 데크판 50mm~75mm+슬래브 60mm 이상이며, 사용스팬은 4.0m 정도이다. 이 구조용 데크 플레이트의 장점은 거푸집 동바리가 불필요하고 공기가 단축되며 인력이 절감되지만 데크 자체가 구조제이므로 취급에 주의하고 스터드 볼트의 작업 등이 복잡하다.

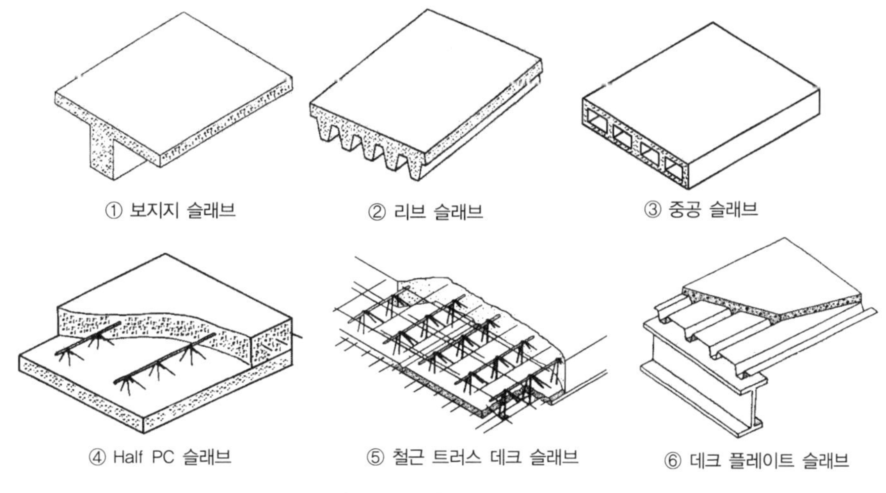

그림 11-36 합성 슬래브 공법

11.7.6 벽체(Wall)

철근콘크리트 건축물의 벽체는 내력벽(Bearing wall)이나 전단벽 등과 같이 구조기능을 가진 벽체와 건축물의 공간구획만을 위한 칸막이 벽체(Curtain wall)로 구분할 수 있다.

칸막이 벽체는 벽돌이나 블록, 프리캐스트 콘크리트판과 같이 내화성능을 가지고 자중을 지지하는 정도의 강도를 가지며 타 구조체에 의해 지지되고, 칸막이벽 중 외벽은 건축물의 외부와 내부를 구획하는 벽으로 자중을 지지하는 것 이외에 풍압에 견딜 수 있는 강도를 가져야 한다. 내력벽은 자중과 연직방향으로 전달되는 하중에 지지되는 구조기능을 가진 벽체로써 일반적으로 철근콘크리트 구조로 설계되며, 전단벽은 연직하중과 수평하중에 대해서도 지지될 수 있게 설계된 구조이다. 건축물의 높이가 높으면 수평하중에 의한 영향도 커지므로 건축물의 외벽이나 엘리베이터 샤프트 또는 내력벽의 일부를 전단벽으로 하면 큰 휨강성에 의해 수평력에 저항하는 구조체가 된다.

(1) 벽체의 종류

① 내력벽

내력벽은 기둥과 같이 벽체에 작용하는 하중의 작용에 의해 내력벽과 전단벽으로 구분된다.

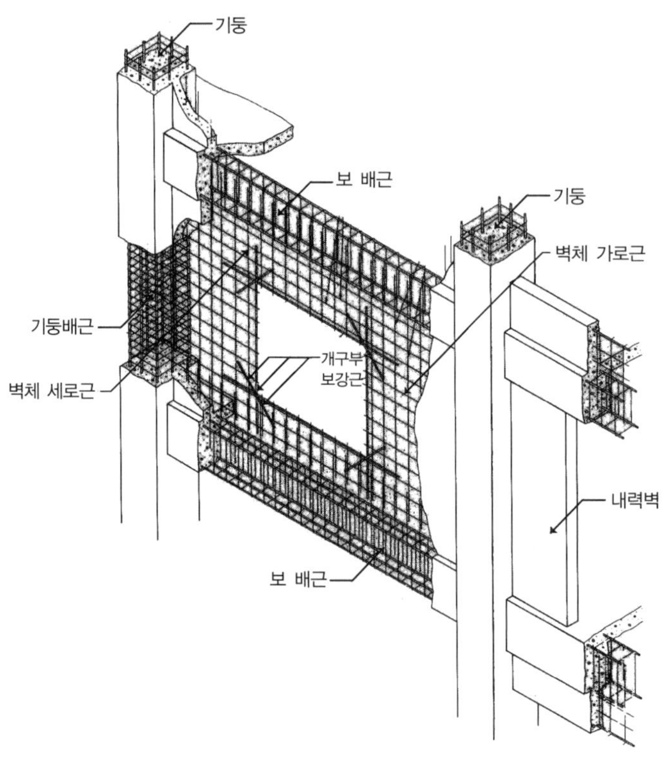

그림 11-37 내력벽 배근도

휨과 압축을 받는 부재로 벽체를 띠기둥의 연속으로 보아 단위폭에 대한 기둥에 휨과 축하중을 받는 부재로 설계한다. 내력벽에 작용하는 집중하중에 대하여 벽체의 유효수평 길이는 하중과 하중의 중심거리 또는 지압폭에 벽체 두께의 4배를 더한 값을 초과하지 않도록 한다.

② 전단벽

전단벽은 캔틸레버 보와 같이 거동하며, 수평하중에 의한 전단력과 휨모멘트, 수직하중에 의한 축압력을 기초에 전달하는 역할을 한다. 전단벽은 건축물의 외벽이나 엘리베이터실 벽체, 계단실 벽체 등으로 설계한다. 전단벽이 지지하는 수평전단력과 휨모멘트, 축압력은 상부층에서 하부층으로 내려올수록 증가되며 지표면층에서 최대값을 갖는다. 건축물의 높이가 낮으면 전단력의 형향이 커지고, 건축물의 높이가 높으면 휨모멘트의 영향이 커진다.

(2) 벽체의 설계

① 벽체의 최소두께

벽체의 최소두께는 실용설계법으로 설계할 때 내력벽의 수직이나 수평지점 간의 거리 중 작은 값의 1/25 이상, 10cm 이상으로 하며, 지하실 외벽, 기초벽체의 두께는 20cm 이상으로 한다. 비내력벽에서는 최소두께를 10cm 이상 또는 수평으로 지지하고 있는 부재거리의 1/30 이상으로 한다.

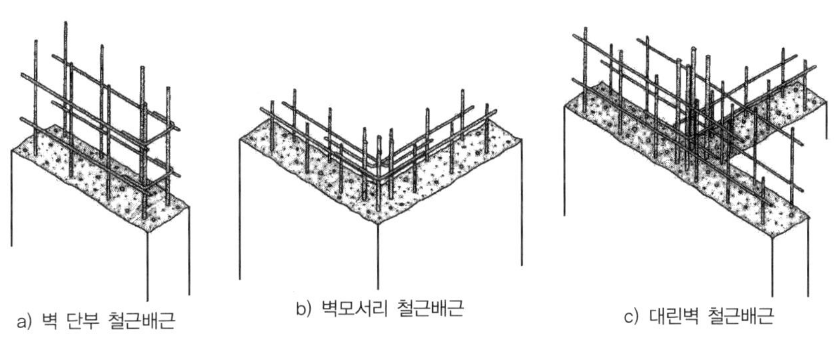

그림 11-38 벽체 철근의 배근방법

② 벽체의 수직 · 수평 최소 철근비

표 11-15 벽체의 수직 · 수평 최소 철근비

구 분	최소 수직철근비	최소 수평철근비
$f_y \geq 400\text{N/mm}^2$의 D16 이하 철근	0.0012	0.0020
기타	0.0015	0.0025

③ 설계방법

벽체의 설계는 실용설계법과 압축재 설계법으로 구분되며, 축하중의 편심값에 의해 벽체 설계법을 선택한다.

$0.1h < e \leq h/6$ ······························· 실용설계법

$e > h/6$ ··· 압축재설계법

$e \leq 0.1h$ ···································· $\phi P_n(\max)$

㉠ 실용설계법

벽체의 단면이 직사각형이고, 설계하중의 합력이 벽두께 $h/3$ 이내 범위의 위치에 작용할 때는 경험적인 방법에 의해 벽체를 설계할 수 있다. 벽체의 최소두께는 벽체높이 또는 벽체 길이 중 작은 값의 1/25 이상, 10cm 이상이어야 한다. 이 설계기준에 의한 벽체의 설계축하중은 $\phi P_{nw} \geq P_u$, 여기에서 P_u = 계수축하중, ϕP_{nw} =공칭설계축하중, ϕ =0.7이다. $P_{nw} = 0.55\,\phi f_{ck} Ag[1-(kl_c/32h)^2]$ 식에서 0.55는 $h/6$에 해당되는 편심 고려 계수값, $1-(kl_e/32k)^2$ =세장효과 고려 함수값(k), k=유효길이계수

표 11-16 실용설계법에서 유효길이계수 k

구 분		k
횡구속	벽체 상단, 하단 중 한쪽 또 양쪽 회전구속	0.8
	벽체 상하 양단부의 회전 불구속	1.0
횡구속되지 않은 벽체		2.0

㉡ 압축재 설계법

압축재의 벽체 설계는 기둥부재와 같이 압축재로 설계할 수 있다. 실용설계법은 단순하고 사용하기 편리하지만 제한 사항들이 많아서 실무에 적용이 쉽지 않다.

축하중의 편심이 $h/6$를 넘을 때는 실용설계법으로 설계할 수 없고 압축재로 설계해야 한다. 압축재 설계법의 기본개념은 벽체의 변형률과 등가응력분포도에 따른다. 모멘트와 축방향 압축력의 크기는 기초에 면한 전단벽에서 최대가 된다.

압축재로 설계할 때는 최소 철근량 규정에 적합하도록 설계하며, 세장비 효과를 포함하여 기둥 설계조건을 만족시켜야 하고, 압축재로 설계되는 벽체의 횡보강 철근에 대한 규정에 의해 수직철근비가 0.01 이하이거나 수직철근이 압축철근으로 산정된 것이 아닐 때는 횡방향 띠철근을 배근하지 않아도 된다. 일반적인 벽체 설계에서 수평철근을 기둥의 띠철근과 같이 배근하기가 어려우므로 벽체가 두꺼운 경우를 제외하고 수직철근비를 0.01 이하로 배근하거나

수직철근의 압축지지 성능을 고려하지 않고 벽체를 설계하고 횡방향 철근을 최소 수평철근비로 배근하는 것이 실용적이다.

11.7.7 옹벽(Retaining wall)

옹벽은 성토(盛土, Morido), 절토(切土, Kirido), 굴토(掘土) 등에 의해 지반이 변화가 생겼을 때 토압에 저항하여 흙의 붕괴를 막고, 안전성을 유지할 목적으로 흙에 면하여 설치하는 벽체를 말한다. 옹벽은 일반적으로 구조체와 벽돌로 설치되는 중력식 옹벽, 캔틸레버식 옹벽, 부축벽식 옹벽이 있다. 중력식 옹벽은 토압을 옹벽 자체의 무게에 의한 마찰로 저항하여 안전을 유지하는 옹벽으로 대규모의 토목구조물에 많이 사용되는 형식이다.

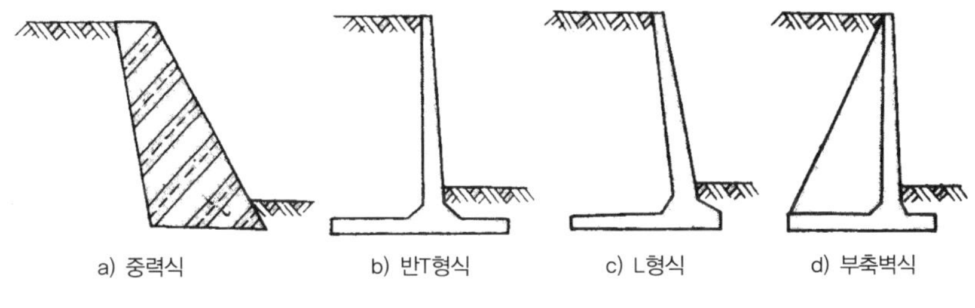

그림 11-39 옹벽의 종류

캔틸레버식 옹벽은 흙의 토압을 지지하는 수직벽이 바닥판에 고정되어 있어서 옹벽의 무게와 바닥판에 채워지는 흙의 무게가 토압에 의한 모멘트에 평형을 이루어 안정되는 구조이다. 부축벽식 옹벽은 캔틸레버식 옹벽에 부축벽이 추가로 덧대어진 모양으로 부축벽이 수직벽에 T형보 형태로 놓이므로 강성이 매우 크게 증가된다.

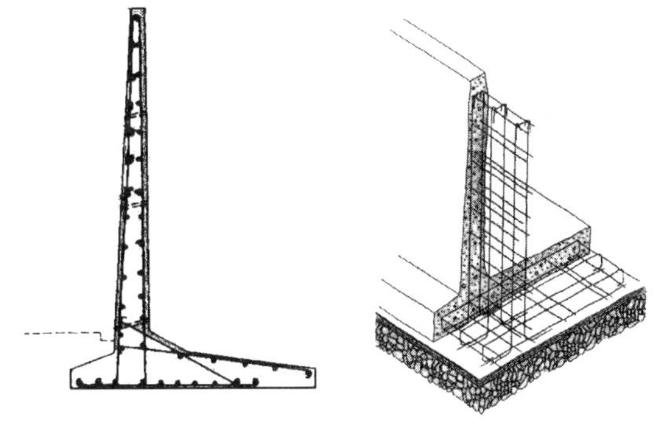

그림 11-40 L형 옹벽의 철근배근

일반적인 높이에 따른 옹벽의 선택은 중력식 옹벽일 때 높이가 3m 이내에서 사용되고, 캔틸레버식 옹벽은 높이가 3m 이상, 6m 이내에서 높이가 2m 이상일 때는 부축벽식 옹벽으로 설계하는 것이 경제적이다.

(1) 옹벽설계

옹벽설계는 토압, 수압 등의 수평력을 산정하고 기초의 지내력을 계산하여 이 값에 의한 외력에 안전하게 저항할 수 있도록 하며, 전도(Overturning) 슬라이딩(Sliding), 침하(Settlement) 및 각 부의 응력에 대해 안전해야 한다.

① 흙의 휴식각(Angle of repose)

흙을 높이 쌓아두면 미끄러져 내려 일정한 경사면으로 안정된다. 이 경사면의 각도를 흙의 휴식각(Angle of repose)이라 한다.

흙 입자간에 점착력이 없거나 쌓아두는 높이가 일정높이 이상일 때 휴식각은 내부 마찰각과 같이 된다. 흙의 내부 마찰각을 ϕ로 나타내면 마찰이론에서 $\tan\phi$는 마찰계수로 직압력에 비례하여 전단저항력을 증가시키므로 흙의 전단강도는 모어-쿨롱(Mohr-coulomb)의 방정식으로 나타낼 수 있다.

$$\tau = c + \sigma_n \tan\phi$$

여기에서 τ=흙의 전단강도, c =점착력, σ_n =흙에 작용하는 직압력이다.

전단파괴 시 주응력과 내부마찰각, 점착력관계는 주동토압계수와 수동토압계수의 기본값이 된다.

표 11-17 흙의 휴식각과 중량

종 류	휴식각(°)		중 량(kN/m³)	
	보 통	습윤~건조	보 통	습윤~건조
보통흙	30	20~40	16	18~13
모래 · 자갈	30	30~45	18	20~17
양질토	35	30~45	16	18~13

② 토압(Earth pressure)

토압은 크게 보아 주동토압(Active earth pressure), 수동토압(Passive earth pres-sure), 정지토압(Lateral earth pressure)이 있다. 중력식 옹벽에서 흙은 팽창이 가능한 상태에서 옹벽을 밀어내려는 압력을 가한다. 이러한 압력을 주동토압(主動土壓)이라고 하며, 옹벽이나 지하벽체의 설계용 수평하중을 이룬다. 이에 대해 벽체에 접한 흙은 횡압(橫壓)으로 인해 수축되고 위로 떠밀려 오르는 상태가 되는데 이때 이러한 흙이 나타내는 저항력을 수동토압(受動土壓)이라 한다.

흙이 주변조건의 변화에 따라 팽창하게 되는 경우에는 횡방향으로 주동토압이 작용되고, 수축하게 되는 경우에는 수동토압이 작용하지만 팽창도 수축도 하지 않는 정지상태에서도 횡방향으로 토압이 작용한다. 이를 정지토압이라 한다. 이러한 자연상태에서 수평압력의 수직압력에 대한 비를 정지토압계수라 한다.

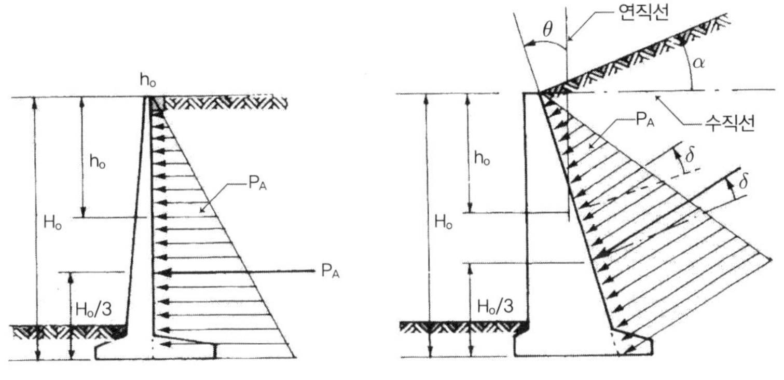

그림 11-41 옹벽에 작용하는 토압

횡방향 토압을 요약하면 주동토압(主動土壓)은 흙의 횡방향 팽창과 관련 있으며 최소값이고, 수동토압(受動土壓)은 흙의 횡방향 압축과 관련되며 최대값이다.

흙의 횡방향 변형이 생기지 않은 정지상태에서는 정지토압(靜止土壓)이 작용하고, 그 크기는 주동토압보다 조금 크다.

③ 중력식 옹벽(Gravity retaining wall)

중력식 옹벽은 일반적으로 대규모의 토목구조물인 댐 등에 사용되는 구조형식으로 건축에 사용되는 부분은 옹벽높이가 2m 미만이고 큰 하중이 작용되지 않는 곳에 사용된다.

중력식 옹벽에는 석축옹벽, 벽돌옹벽, 무근콘크리트옹벽 등이 있다. 일반적으로 높이에 따라 옹벽은 3m 정도는 중력식 옹벽, 3~6m 정도는 캔틸레버식 옹벽, 6m 이상은 부축식 옹벽으로 설계하면 경제적이다.

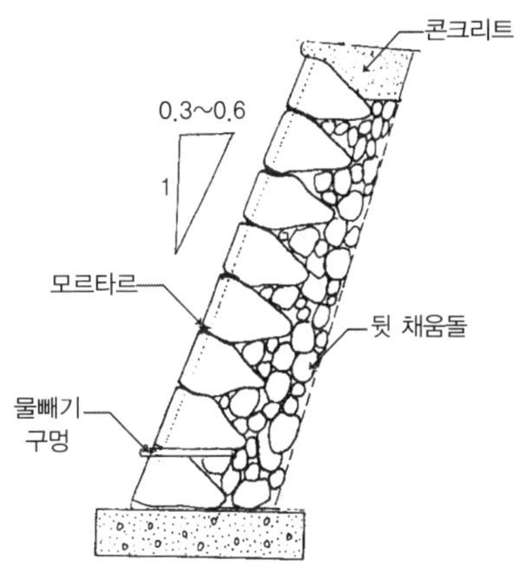

그림 11-42 중력식 옹벽

1) 석축 옹벽

돌의 앞면이 정사각형이나 직사각형으로 다듬은 견칫돌로 1m~2m 미만이 되게 수평거리 0.3~0.6에 대해 높이 1이 되게 (0.3~0.6 / 1) 경사지게 쌓는다. 석축 옹벽 쌓기에는 메쌓기(Dry bond, 건성쌓기)와 찰쌓기(Wet bond, 사춤쌓기)가 있다.

① 메쌓기(Dry Bond)

기초는 충분한 깊이와 폭을 가지게 하여 이동이나 부동침하가 생기지 않게 하고, 옹벽의 중량, 토압 등이 기초 폭 안에 놓이게 설계되어야 한다.

이 기초 위에 맞댐 면을 잘 다듬은 견칫돌을 모르타르를 사용하지 않고 돌이 안정되게 잘 물리도록 고임돌로 고여 가면서 쌓아 올려 옹벽 뒷면을 잡석이나 자갈 등을 채우고 다져 넣는 것을 메쌓기라 한다. 메쌓기는 모르타르를 사용하지 않기 때문에 옹벽 높이 1m 정도로만 쌓는다.

② 찰쌓기(Wet bond)

맞댐면을 잘 다듬은 견칫돌을 고임돌과 모르타르를 사용하여 석축 옹벽을 쌓는 방법을 찰쌓기라 한다.

찰쌓기는 맞댄 면과 고임돌과 자갈 채움 뒷면에도 모르타르와 콘크리트로 사춤을 하기 때문에 석축 옹벽 뒷면에 스며든 물이 밑으로 잘 스며 흘러내리도록 충분한 배수구멍을 만들어 주어 옹벽에 수압이 작용되지 않게 해야 한다. 배수 구멍의 간격은 수평과 수직 모두 2m 미만이 되도록 설치해야 한다.

찰쌓기를 지금도 소규모 옹벽에 사용한다면 옹벽높이 4m 정도까지는 할 수 있으나 최근에는 석재를 구하기 어렵고, 공임이 비싸서, 철근콘크리트 옹벽을 주로 사용하고 있다.

2) 무근 콘크리트 옹벽

옹벽을 무근 콘크리트로 할 때 기초에 면한 옹벽의 하부 밑면 폭은 옹벽 높이의 1/4~ 1/2 정도로 하고 단면형태는 직사각형보다는 사다리꼴 모양이 되게 옹벽 상부 폭은 옹벽 높이의 1/7 정도가 되게 하면 이상적인 형상이다. 이 사다리꼴 모양으로 옹벽면을 경사시키면 옹벽의 무게 중심이 옹벽 뒷면부로 낮아져 옹벽 밑면을 3등분한 중앙부에 작용된다.

(2) 옹벽설계 검토

옹벽설계에서는 옹벽을 이루는 각 부재는 토압을 포함한 작용하중을 지지할 수 있는 충분한 강도를 가지도록 설계되어야 하며, 토압에 대한 옹벽 전체의 안정성 검토가 이루어져야 한다. 옹벽의 안정성은 전도모멘트와 미끄러짐, 지내력 검토가 포함되어 있다.

① 앞굽판

기초판 위에 쌓여지는 흙의 무게는 무시하고 기초판의 자중만 고려한다. 앞굽판 기초의 자중은 상방향 토압에 의한 모멘트를 감소시키므로 하중계수를 0.9로 하며, 토압에 대한 하중계수는 1.6로 한다. 모멘트 계산에서의 위험단면은 벽체에 닿는 면으로 하고 전단에 대한 위험단면은 벽체면에서 d 만큼 떨어진 위치이다.

② 뒷굽판

뒷굽판 슬래브의 자중과 슬래브 상부의 흙 무게는 고정하중으로 하여 1.2의 하중계수를 적용하고, 상재하중에 대해서는 활하중의 하중계수 1.6을 적용한다.

뒷굽판의 벽체는 앞굽판의 경우와 달리 인장측이기 때문에 모멘트 계산에서의 위험단면은 벽체 인장철근의 중심으로 하며 모멘트 계산의 유효길이는 뒷굽판의 캔틸레버 길이에 벽체의 피복두께와 철근 중심을 가산한 값으로 한다.

전단력의 위험단면은 지지면에서 d만큼 떨어진 위치로 하고, 뒷굽판에서는 캔틸레버의 인장측이 벽체면에 지지되는 형태로 압축측의 트러스 작용에 의해 지지면에서 d거리 이내로 하중이 직접 전달되는 것으로 볼 수 없으므로 벽체면을 위험단면으로 본다.

③ 벽체

주동토압에 대해 캔틸레버작용을 받는 벽체는 주동토압에 의한 극한모멘트를 계산하여 이에 대한 보강철근을 계산하면 된다.

보강철근을 모멘트의 크기에 따라 적당한 위치에서 철근을 절단하면 절약된다. 그러나 절단되는 철근은 힘에 저항하는 데 보의 유효높이 d 또는 철근지름의 12배, 이 두 값 중 큰 값에 따라 연장 보강해야 한다.

벽체에 배근되는 수직철근, 수평철근의 배근간격은 벽체 두께의 3배 이하 또는 40cm 이하가 되도록 한다. 철근의 피복두께는 벽체의 노출면에서 3cm, 흙에 접하는 면에서는 5cm 이상으로 해야 한다.

④ 전도와 미끄러짐에 대한 검토

옹벽에 작용하는 횡방향의 토압은 옹벽의 앞굽판 끝단을 중심으로 옹벽을 뒤집으려는 모멘트가 작용된다. 이런 모멘트를 전도모멘트라 한다. 토압에 의한 전도모멘트에 대해 옹벽의 콘크리트 무게, 옹벽 상부에 실리는 흙과 상부에 작용되는 하중 등은 전도모멘트와 반대방향으로 저항하는 모멘트를 일으킨다.

옹벽무게를 w_i, 옹벽무게의 작용점선에서 앞굽판의 끝단까지를 a_i라 하면 앞굽판 끝단의 전도모멘트와 반대방향으로 작용하는 모멘트는 $M_r = \Sigma w_i a_i$가 된다.

이러한 모멘트를 저항모멘트, 안정모멘트라 한다. 옹벽이 전도에 대한 안정성을 유지하기 위해서는 안정모멘트를 전도모멘트의 2배 이상, M_r(안정모멘트, 저항모멘트)$\geq 2.0 M_o$(전도모멘트)되도록 규정하고 있다.

미끄럼 변형은 주동 토압에 의해 옹벽이 횡방향으로 밀리는 현상을 말한다. 옹벽이 미끄러짐 변형을 방지하기 위해서는 옹벽 기초판 콘크리트와 흙과의 마찰저항을 크게 하고,

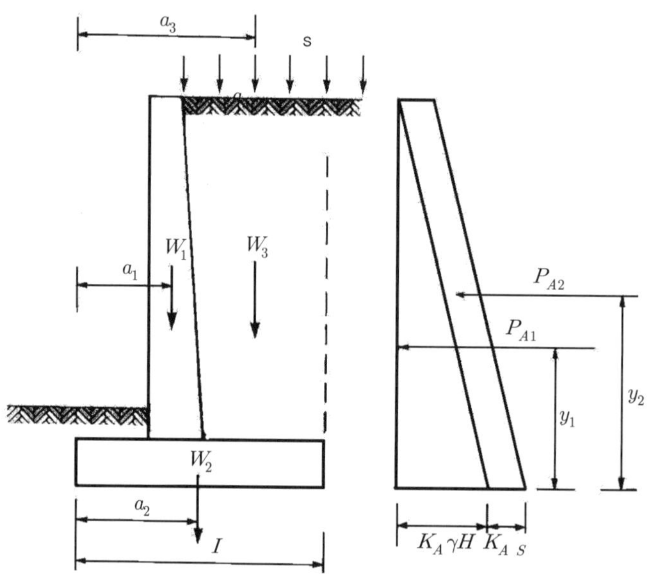

그림 11-43 옹벽의 전도 모멘트와 안정모멘트

수동토압이 생기도록 옹벽을 흙 속에 묻히게 하는 것이 좋다.

중력식 옹벽에서는 기초판에 실리는 흙의 무게에 의한 마찰저항을 기대할 수 없으므로 옹벽을 적당한 깊이로 묻고 수동토압에 의한 저항이 생기도록 하는 방법이 경제적이다.

⑤ 접지압에 대한 검토

옹벽 기초판에 작용되는 접지압은 허용지내력 이하가 되도록 설계되어야 한다.

수직하중과 휨모멘트가 작용하는 길이 l의 옹벽에서 단위폭에 대한 최대, 최소 접지압은 $q = W/A \pm (M/I \times l/2)$ 이다.

여기에서 A는 기초판의 면적, I는 단면2차모멘트, W는 옹벽과 옹벽에 실린 흙 또는 상부적재하중에 의한 수직방향력, $q = W/l + 6M/l^2 \leq q_a$가 되도록 옹벽길이 l이 정해야 하며, 접지압의 검토는 토압에 관한 것이므로 하중계수는 적용하지 않는다.

⑥ 흙막이벽의 주의사항

흙막이벽은 토압뿐만 아니라 지하의 수압(水壓) 또는 지표면 하중(표면재하) 등을 받으므로 이들에 대해서도 안전해야 한다.

흙막이벽에는 배수가 잘되도록 물 흐름구멍을 설치해야 하고, 흙막이벽이 연속적으로 길게 나열될 때는 적당한 위치마다 신축이음을 두어야 하며, 흙막이벽을 포함한 전체 지반의 미끄럼(land slip)에도 고려하여 설계가 이루어져야 한다.

⑦ 옹벽 뒷채움

옹벽 뒷면의 흙이 젖게 되면 수압에 의해 주동토압이 커지게 되므로 옹벽에 일정한 등간격으로 배수구멍을 설치하거나 옹벽 뒷면에 배수관을 설치하여 수압을 감소시켜야 한다.

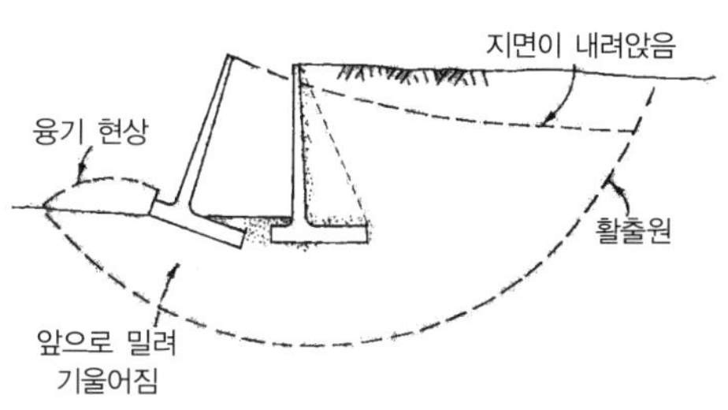

그림 11-44 옹벽의 활출

옹벽 뒷면에 지하수의 수맥이 지나가거나 용수가 많을 경우에는 유공 배수관을 설치하여 지하수의 우회로를 만들어서 수압의 작용을 최소화시키고, 옹벽에 배수구멍을 일정한 등간격으로 설치하고 배수용 자갈을 깔아서 배수가 잘되게 해야 한다.

배수관은 관의 반원에만 구멍이 있는 유공 배수관을 30mm 정도의 고른 자갈이나 쇄석을 10cm 이상 깐 위에 배수관의 배수 구멍이 밑으로 오게 올려놓고 배수 자갈을 배수관 위로 10cm 이상 되게 깔아야 한다. 배수 자갈층 두께는 최소 20cm 이상 되게 해야만 한다. 배수 자갈 윗면에는 콘크리트를 쳐서 배수 자갈 사이의 공극이 막히지 않게 하여 배수가 잘 되도록 해야 한다.

유골배수관 대신 여러 개의 S형관을 배수관 크기로 묶는 집속관을 사용하기도 한다. S형관을 묶는 집속관은 물매를 잡아 설치해야 막히지 않는다. 이 집속관을 설치하면 작은 묶음관 단면으로도 많은 물을 배수할 수 있다.

배수구멍은 옹벽 벽면에 직경 50~75mm 정도의 관을 지면에서 높이 10cm 정도, 수평거리 2m 이하마다 수직, 수평의 일정한 등간격으로 설치해 두고 용수의 양에 따라 배수구멍 수를 결정하게 된다. 배수구멍은 물매가 10°가 되도록 설치하고, 배수구멍 뒷면에는 30mm 정도의 고른 자갈이나 쇄석을 두께가 최소 20cm 이상 깔아 물빠짐을 좋게 해야 한다.

11.7.8 계단(Stairs)

철근콘크리트 계단은 계단판의 지지방법에 따라 응력과 설계법이 달라진다. 이 철근콘크리트 계단은 다른 재료의 계단에 비해 형태나 크기를 자유롭게 설계할 수 있는 특성이 있어서 구조나 의장에서 다양하게 할 수 있다.

철근콘크리트 계단의 지지방법은 다양하지만 역학적으로 보면 캔틸레버보식과 경사슬래브식인 2종류로 구분할 수 있다. 철근콘크리트 계단의 종류는 (1) 캔틸레버보식 계단, (2) 경사슬래브식 계단, (3) 굴절식 계단, (4) 중앙보식 계단 등이 있다.

(1) 캔틸레버보식 계단

캔틸레버보식 계단은 철근콘크리트 벽체에서 계단판을 캔틸레버보(내민보)와 같이 내민형식으로 계단 1단을 폭이 b이고 높이가 h인 기본단위로 한 보로 취급하여 매 계단마다 동일 조건으로 생각하고 설계한다. 이 캔틸레버보식 계단은 보의 단부 휨모멘트에 의해서 지지 벽체에 휨모멘트가 생기게 되며 이 단부 휨모멘트가 벽체의 상하로 전달되는 휨모멘트의 크기는 디딤 바닥판의 위치에 따라 달라진다. 이 휨모멘트를 받아 줄 수 있는 벽체의 최소 두께는 20cm 이상이 필요하며, 벽체 배근은 복철근으로 한다.

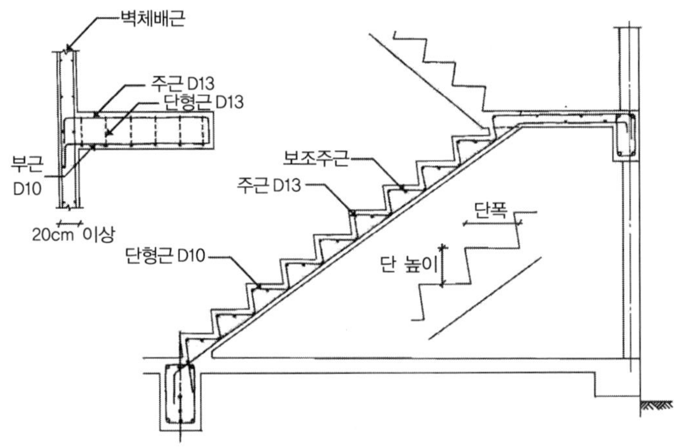

그림 11-45 캔틸레버보식 계단 배근

계단 디딤판인 캔틸레버보의 배근은 단형 상부에 D13 인장철근을 1~2개 넣고, 하부에 D10 압축부 연결철근을 1개 넣는다. 주근의 위치와 단부의 보강을 위해 주근을 연결하는 보조근 D10을 사용하여 계단형태에 맞추어 구부려서 배근한다. 하부근이나 배력근은 압축부 연결철근 밑에 계단의 길이방향으로 D10철근을 일반적으로 30cm 간격으로 배근한다.

계단 두께는 12cm 이상으로 하고, 주철근의 단부는 갈고리를 만들어 벽체에 정착시키고, 주철근의 벽체 정착부에 D13의 받침근을 배근한다.

(2) 경사 슬래브식 계단

경사 슬래브식 계단 설계는 슬래브의 주변이 벽 또는 보에 의해 지지되는 경사슬래브가 4변고정, 3변고정 1변자유의 장방향 슬래브와 동일한 형식이므로 등분포하중을 받는 장방형 슬래브의 설계와 같은 방법으로 계단을 설계한다.

배근은 계단의 길이방향에 주근을 배근하고, 계단폭방향에 배력근을 배근한다. 주근은 D10~D13으로 하고 간격은 20cm 이하가 되도록 하여 길이방향의 $l/4$되는 곳에서 벤트업

(Bent up)한다. 배력근은 D10철근을 20~30cm 간격으로 배근하고, 주근의 정착은 계단받이 보에 하지만 계단참이나 슬래브 속에 연결하여 사용하는 경우도 있다.

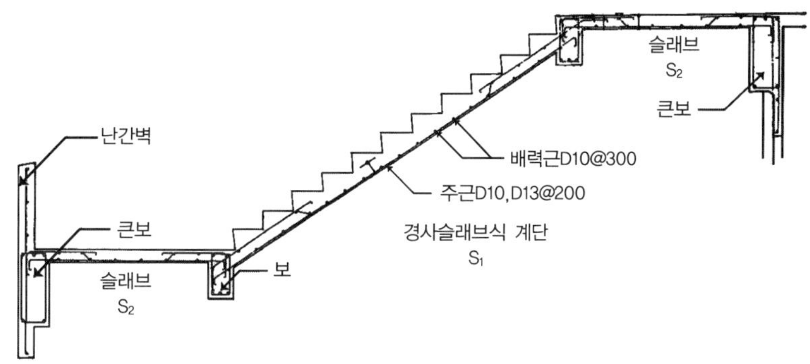

그림 11-46 경사 슬래브식 계단

(3) 굴절식 계단

굴절식 계단은 계단참과 계단 슬래브를 보가 없이 일체로 연결시킨 굴절 슬래브형식의 계단이다. 굴절식 계단의 응력 산정은 부정정보의 해법에 의해 계산하고, 실용계산에서는 약산식을 사용한다. 계단설계와 배근방법은 경사 슬래브식 계단과 거의 같다.

(4) 보식 계단

계단의 중앙부나 양쪽 바깥면에 보를 설치하고, 보 위에 디딤판을 얹거나 보와 일체로 디딤판을 만드는 계단을 보식 계단이라 한다. 중앙부에 보를 설치할 때는 적재하중의 편재에 의한 비틀림 모멘트를 고려하여 설계해야 한다.

보의 설계는 단형으로 하여 D19~D22 철근을 계산된 만큼 배근하고, 디딤판은 D10 철근을 사용하여 배근한다.

11.7.9 철근콘크리트 구조물의 이음

철근콘크리트 구조물에서 균열이 생기지 않게 만들기는 거의 불가능하다. 그러나 균열을 감소시키는데 도움을 줄 수 있거나 허용 가능한 균열이 생기도록 하기 위해 필요에 따라 신축줄눈(Expansion joint), 시공이음(Construction joint), 조절줄눈(Control joint)을 두게 된다.

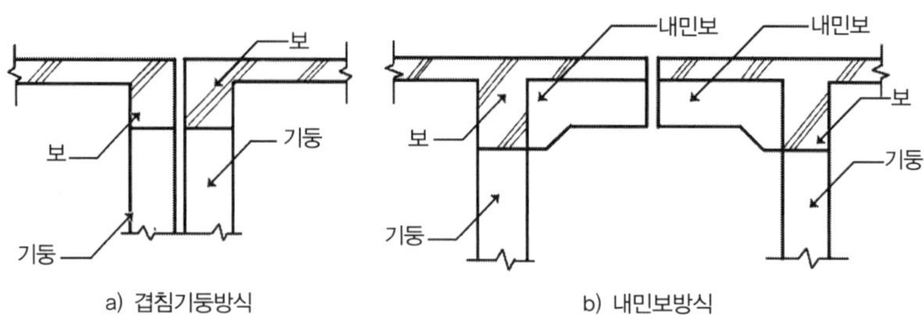

그림 11-47 신축이음

(1) 신축줄눈(Expansion joint)

건축물의 길이가 길면 온도변화 등에 의해 생기는 팽창과 수축으로 건축물에 균열이 발생되고, 지진력에 의한 변형, 콘크리트의 수축, 부동침하 등에 의해 생기는 균열 파괴를 미리 제거하기 위해 구조물의 일정한 규모마다 끊어서 분리시켜 건축물에 역학상이나 균열 파괴 등이 생기지 않도록 신축줄눈이나 신축이음을 두어야 한다.

구조물에 신축줄눈 위치는 평면 형태가 L형, T형 등 구조체에 강성이 변하는 곳에 두고, 온도변화나 콘크리트의 경화수축으로 지나친 응력이 생길 수 있는 구조물 등은 나누어서 설치하고, 건축물의 깊이가 긴 건축물, 고층과 저층 건축물 사이에 설치한다.

(2) 시공이음(Construction joint)

벽체나 큰 바닥판과 같이 콘크리트를 한 번에 계속해서 부을 수 없는 곳에는 전단력이 작은 곳에 시공이음을 둔다. 이는 콘크리트치기 작업을 한 번에 끝낼 수 없어서 멈추었다가 다음에 이어서 콘크리트치기를 마무리하는 것을 시공이음이라 한다.

시공이음의 위치는 기둥에서는 시공의 편의상 각층의 바닥면에 두고, 보와 바닥판은 부재의 중앙부에 두며, 거더(큰보)에 빔(작은보)이 연결된 곳에서는 응력이 크게 변하는 곳을 피하기 위해 빔(Beam)너비의 2배 이상 떨어진 곳에 이음을 두어서 빔(작은보)이 있는 곳보다 전단력을 작게 받도록 한다.

(3) 조절줄눈(Control joint)

콘크리트 바닥이 건조수축으로 표면에 균열이 생기는 것을 막기 위해 조절줄눈을 설치한다. 이 조절줄눈은 수축줄눈이라고도 하며 시공줄눈으로도 사용되며 최대 6m 이내의 간격으로 설치한다. 조절줄눈의 설치는 콘크리트를 부어넣기 전에 미리 줄눈재를 만들어놓고 콘크리트치기를 하거나 콘크리트 바닥치기를 하여 굳은 후 일정한 간격으로 톱으로 켜

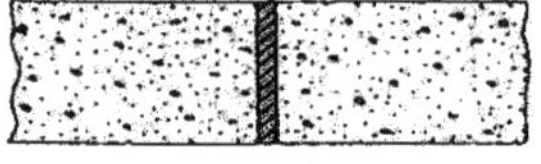
a) 줄눈재 끼움

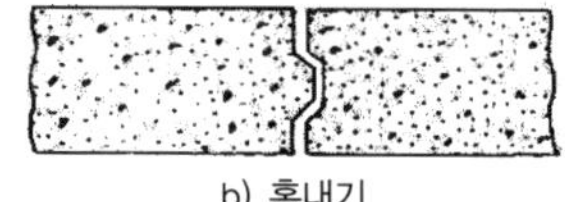
b) 홈내기

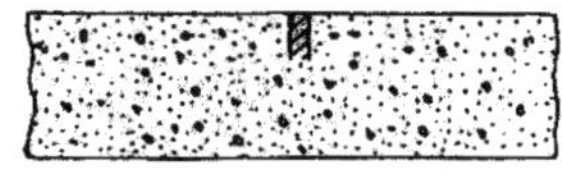
c) 톱자르기

그림 11-48 조절줄눈

서 줄눈을 만든다.

공장건축물에서 기계진동을 막기 위해서는 콘크리트의 바닥을 구조물에서 분리시키기 위해 톱으로 콘크리트 바닥면을 절단하고 아스팔트 막 시트로 마감하는 분리 줄눈도 사용된다.

11.8 프리스트레스트 콘크리트(P.S concrete)

철근콘크리트 구조물에는 부재 자중과 적재하중, 작용하중에 의해 응력이 생기게 되는데, 이 응력에 반대되는 응력을 부재에 미리 주는 것을 프리스트레스트라고 한다.

프리스트레스트 콘크리트(Pre-stressed concrete)는 매우 큰 힘에 견딜 수 있는 고장력 케이블과 고강도콘크리트를 사용하여 일반적으로 공장에서 제작하여 현장에 반입한 후, 현장에 설치된 구조물과 조합하여 사용된다.

프리스트레스트 콘크리트는 대부분 공장에서 생산되므로 프리캐스트(Precast)콘크리트인 P.C제품이며 P.S콘크리트, P.S.C라 한다. 이 프리스트레스트 콘크리트는 고강도콘크리트와 고강도철근, 그리고 PSC강선으로 구성된다.

프리스트레스트 콘크리트에서 콘크리트에는 역방향의 응력을 미리 가하는 프리스트레스를 많이 축적해야 하므로 고응력에 대해 견딜 수 있고, 프리스트레스트한 응력을 영구적으로 축적할 수 있어야 하므로, 질이 좋고 치밀한 콘크리트이어야 하고 큰 응력에 견디어야 하기 때문에 고강도콘크리트이어야 한다. 철근은 사용하는 콘크리트강도에 맞추어 고강도철근인 SD400, SD500을 사용한다. PS강재는 고강도로 항복점이 높고 인성이 풍부하며 풀림(Relaxation)이 적어야 하고, 품질 성능이 안전하고 균질이어야 한다.

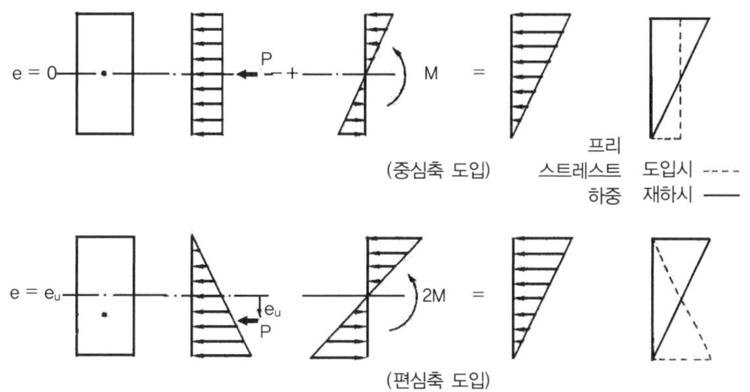

그림 11-49 프리스트레스트 콘크리트 원리

PSC강재의 종류는 PSC강선, PSC강봉, 꼬임 PSC강선 등이 있다. 여러 개의 PSC강선을 꼬아서 만든 꼬임 PSC강선은 단일 PSC강선이나 PSC강봉에 비해 부착(Bond)이 좋고, 성능이 안전하고 균질하다.

꼬임 PSC강선은 지름이 굵은 1개의 심선 주위를 작은 단면의 강성이 나선상으로 돌아가며 꼰 강선을 말하며 프리스트레스트 구조에서 가장 많이 사용하고 있는 PSC강선이다.

표 11-18 P.S.C강재의 종류

종 류	P.S.C강선	P.S.C강연선			P.S.C강봉	언본드 PSC강재
		2, 3개 강연선	7개 강연선	19개 강연선		
단면형상						
치수	5mm ~9mm	2.9mm×2 2.9mm×3	9.3mm ~15.2mm	17.8mm ~21.8mm	7.4mm ~32mm	
강도	1,450 ~ 1,750N/mm^2	1,950N/mm^2	1,750 ~ 1,900N/mm^2	1,850 ~ 1,900N/mm^2	900 ~ 1,450/mm^2	
모양						

11.8.1 PSC(Prestressed concrete)공법

콘크리트는 압축력은 매우 크지만 인장력은 거의 없으므로 PSC강재를 콘크리트 부재 속에 매립시키고, 이 매립된 PSC강재에 프리스트레스(Pre-stress)를 도입시켜 PSC부재를 만든다. PSC부재에 프리스트레싱(Prestressing)을 주는 시기에 따라 프리텐션(Pre-tensioning)방식과 포스트텐션(Post-tensioning)방식으로 구분된다.

(1) 프리텐션(Pre-tensioning)방식

PSC부재의 거푸집을 미리 제작하고 큰 프리스트레싱에 콘크리트만으로 견딜 수 없으므로 보강철근을 배근하고 PSC강재를 인장측 위치에 설치하고 긴장 장치로 당겨서 필요한 긴장을 준 다음 콘크리트를 타설한 후 콘크리트가 경화하여 충분한 설계강도를 가질 때 PSC강재에 가한 프리스트레싱을 제거하여 PSC강재와 콘크리트의 부착에 의해 콘크리트에 프리스트레스를 가하는 방법이다.

프리스트레싱을 제거할 때는 PSC부재에 큰 진동과 큰 충격을 받지 않도록 거푸집을 미리 제거하고, 긴장에 의한 미세한 균열과 부재 변형이 자유롭게 일어날 수 있도록 서서히 제거해야 한다. PSC부재의 PSC강재의 양 절단면에는 큰 힘이 작용되므로 고정시킬 수 있는 정착기구를 사용하여 고정시켜야 변함없는 프리스트레싱을 유지할 수 있다.

(2) 포스트텐션(Post-tensioning)방식

PSC부재의 거푸집에 보강철근을 배근하고, PSC강선 위치에 시스(Sheath)를 설치한 후 콘크리트를 타설한 다음 콘크리트가 충분한 설계강도를 갖게 경화한 후 시스관 속에 PSC강재를 삽입하고 긴장장치나 유압잭으로 PSC강재를 당겨 긴장시키고 그라우팅(Grouting)한 후 철근콘크리트 부재에 정착기구를 사용하여 PSC강재를 고정시켜 프리스트레스를 주는 방식이다.

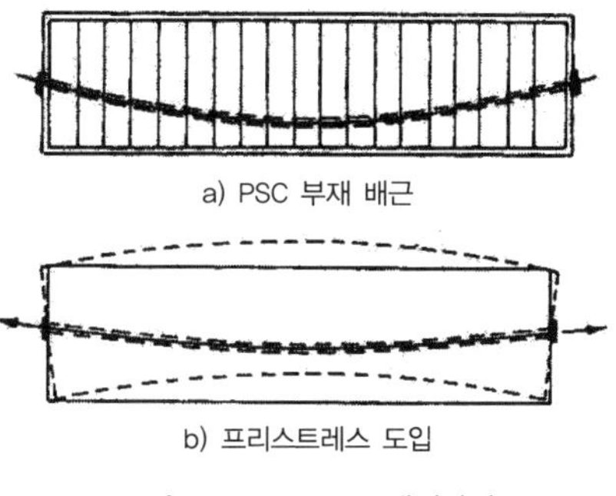

그림 11-50 포스트텐션방식

11.8.2 PSC(Prestressed concrete)재료 및 제작

(1) 콘크리트(Concrete)

프리스트레스트 콘크리트에 사용하는 콘크리트는 프리스트레스트를 많이 축적해야 하므로 고응력에 견딜 수 있고, 프리스트레스트한 응력을 영구적으로 보존해야 하므로 품질이 좋고 치밀하며 큰 응력에 견딜 수 있는 고강도콘크리트이어야 한다.

콘크리트에 사용되는 시멘트, 잔골재, 굵은골재는 일반콘크리트와 동일하게 사용되고, 콘크리트 배합설계는 요구하는 충분한 설계강도가 나올 수 있도록 양질의 골재와 골재의 입도, w/c비와 작업성(Workability)이 좋아야 한다.

(2) 철근(Reinforcing steel bar)

R.C(철근콘크리트)에서 철근은 콘크리트가 견딜 수 없는 인장력에 저항할 목적으로 사용한다. 철근콘크리트 부재에 프리스트레싱을 주면, 철근콘크리트 부재가 매우 큰 응력에 견디어야 하고, 프리스트레스한 응력을 영구적으로 보존해야 한다.

이 응력에 견딜 수 있는 철근콘크리트 부재로 설계되어야 하고, 고강도콘크리트를 사용하면, 철근도 고강도철근(SD400, SD500)을 사용해야 서로 잘 조합된 설계를 할 수 있다.

(3) PSC강재(Prestressed steel bar)

PSC강재는 고강도 재질로 항복점이 높고 인성이 좋으며 풀림(Relaxation)이 거의 없어 프리스트레싱한 응력을 축척할 수 있고, 긴장작업 중 편심이 생기지 않아야 하며 품질성능이 안전하며 균질한 재료이어야 한다. PSC강재의 종류에는 PSC강선, PSC강봉, 꼬임PSC강선 등이 있다. PSC강선은 지름이 10mm 이하인 피아노선(Piano wire)을 말하고, 지름이 10mm 이상인 것을 PSC강봉이라 한다.

꼬임 PSC강선은 매우 큰 응력에 저항하기 위해 PSC강선을 꼬아서 사용하거나, PSC강봉의 굵은심선에 PSC강선을 나선상으로 돌아가며 꼰 강선을 말한다. 이 꼬임강선은 부착성능이 좋고, 큰 인장력에 견딜 수 있어 가장 많이 사용되고 있다.

(4) 시스(Sheath)

포스트텐션방식으로 프리스트레스트 콘크리트(PSC) 부재를 만들 때 콘크리트를 먼저 타설하고 충분히 경화한 후 PSC강재를 삽입하고 긴장을 주어 제작되므로 PSC강재를 삽입할 구멍공간과 위치를 확보하기 위해 콘크리트타설 이전에 PSC강선 배치 위치에 미리 튜브를 배치한 관을 시스라 한다.

시스재료는 강(鋼), 금속재, 합성수지제품도 있으나 일반적으로 리브와 같이 표면처리한 얇은 강관제품을 사용하고, 이음시에는 콘크리트가 스며들지 않도록 밀실하게 연결되어야 한다. 이 리브강관은 부착력과 강성이 매우 좋아 많이 사용된다.

(5) PSC강재의 긴장 및 정착

프리스트레스트 콘크리트(PSC)는 프리텐션방식이나 포스트텐션방식으로 콘크리트부재에 긴장을 준다. PSC강재에 긴장을 주는 방법은 여러 가지가 있으나 가장 일반적으로 사용하는 방법은 기계적인 방법을 가장 많이 사용한다.

부재에 프리스트레스트를 주어 마감할 때는 PSC강재는 설계도에 따라 정확한 위치에 배근되어야 하고, 단부 고정작업이 용이해야 하며, 고정시킨 후 프리스트레스가 무리 없이 전달될 수 있는 구조라야 한다.

프리스트레스 콘크리트부재는 설계상 충분한 긴장력을 줄 수 있는 구조로 되어야 하고, PSC강재를 고정시킨 후 긴장력의 손실이 없어야 한다.

긴장력의 손실이 생길 때에는 손실된 긴장력의 양을 확실히 측정할 수 있어야 하며, 고정 후에도 긴장력의 조정이 수시로 가능한 구조이어야 한다.

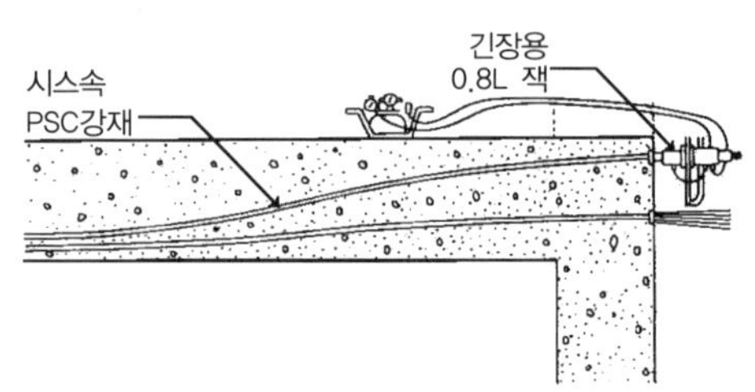

그림 11–51 PSC 부재의 긴장과 그라우팅

① 프리텐션방식

PSC강재는 설계도 의해 배근되도록 서로 다른 각 위치마다 디플렉터(Diflecter)로 끌어당겨

놓고, PSC부재의 양 끝단에 설치된 고정장치에 필요한 개수의 PSC강선을 고정시키고, 고정장치에 설치된 유압잭으로 긴장을 준 후 콘크리트를 타설하고 양생시킨 후 콘크리트가 충분한 설계 압축강도를 가질 때 거푸집을 제거하고 긴장을 서서히 풀어 PSC부재가 진동과 충격을 받지 않고 변형이 자연스럽게 되도록 해야 한다. 긴장이 모두 풀리면 PSC강재의 단부를 절단하고 쐐기형이나 나사형의 정착기구를 사용하여 고정시킨다.

② 포스트텐션방식

설계도면에 의해 보강철근을 배근하고, PSC강재의 배근 위치에 PSC강재를 시스 속에 넣어 배근한 후 콘크리트를 타설하여 양생시킨 후 콘크리트가 충분한 설계압축강도를 가질 때 거푸집을 제거하고, 시스 속의 PSC강재를 한 쪽 끝을 정착·고정시키고 반대쪽은 유압잭에 걸어서 서서히 긴장시켜 큰 충격과 진동을 받지 않고 변형이 자연스럽게 이루어지도록 한 후, PSC강재를 절단하고 쐐기형이나 나사형의 정착기구를 사용하여 고정시키고 시스 속에 그라우팅을 한다. PSC강재 삽입시 녹막이 도료와 함께 시스 속에 충전하여 그라우팅을 주입하지 않기도 한다.

(6) PSC강재 정착기구

프리스트레스트 콘크리트(PSC) 구조에서 PSC강재를 긴장시킨 후 정착·고정시키는데 정착기구를 사용한다. 정착기구는 사용하는 공법에 따라 종류와 형식 등이 다양하지만 기본원리는 쐐기식과 나사식이 있다.

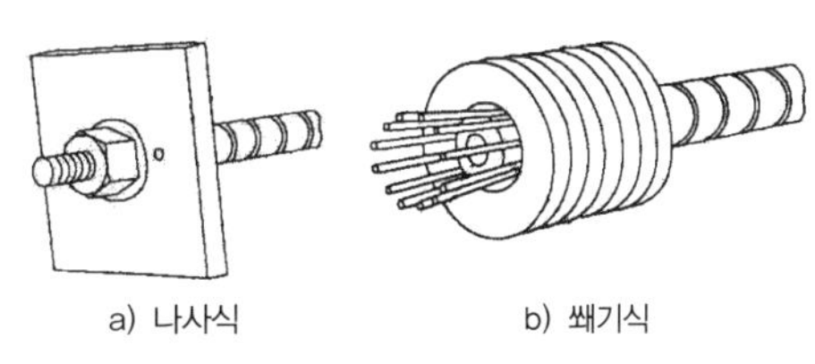

a) 나사식 b) 쐐기식

그림 11-52 PSC강재의 정착기구

① 쐐기식

쐐기식 정착기구는 쐐기와 PSC강재의 마찰로 정착되는 원리이며, 쐐기는 쐐기콘과 받이틀로 구성되며 PSC강선이나 여러 강선을 꼰 스트랜드(Strand)에 많이 사용한다.

PSC부재 제작 시 PSC강재가 지나가는 거푸집 끝단에 받이틀을 설치하고 PSC강재 긴장이 완료되고 정착시킬 때 쐐기콘을 설치하여 고정시킨다.

② 나사식

고장력 강봉의 양단부에 경사지게 나사를 가공하고 특수한 너트로 정착시키는 원리로 된 정착방식이다. 이 나사식은 강봉강도의 90% 정도의 강도를 가지고 있게 설계하고, 나사 가공부는 긴장력에 의한 신율(伸率)을 계산하여 충분한 정착길이를 가져야 한다. 강봉들의 이음은 슬리브기플러를 사용한다.

(7) 그라우팅(Grouting)

포스트텐션방식으로 PSC부재를 만들 때 콘크리트가 충분히 경화한 후 삽입 배치된 시스에 PSC강재를 삽입하고 긴장시켜 고정한 후, 시스관과 PSC강재와 틈 사이에 주입용 시멘트 페이스트 또는 무른 시멘트 모르타르 등을 충전재로 사용한다. 이 충전재를 그라우팅이라 하고 시스와 PSC강재의 부착성을 좋게 하고, PSC강재가 부식되는 것을 막는다.

충전재인 시멘트 페이스트나 시멘트 모르타르는 시스관에 주입이 끝날 때까지 유동성이 좋은 세립자(細粒子)이어야 하며, 물·시멘트비를 작은 값(40%)으로 사용하여 부유수가 생기지 않게 하고 수밀성이 높은 것을 사용해야 한다. 그라우팅(Grouting)할 때 시멘트는 보통포틀랜드시멘트를 사용하지만 양생기간을 짧게 하기 위해 조강포틀랜드시멘트, 알루미나시멘트, 그리고 응결지연제, 팽창제 등도 사용한다. 물·시멘트비(w/c)는 40% 이내의 범위에서 사용하고 혼화제와 분산제 등을 사용하여 잘 충진된 그라우팅이 되게 해야 한다.

11.8.3 PSC(Prestressed concrete) 부재. 접합

(1) PSC 부재단면

프리스트레스트 콘크리트부재의 단면형은 구조물 종류와 부재 사용용도에 따라 결정되지만 일반적인 단면형태는 부재모양이 편심이 생기지 않는 모양이어야 하고, 단면성능, PSC강재 배치 및 긴장, 콘크리트타설 등 제작과 사용성이 좋아야 한다.

(2) PSC부재의 긴장력 감소

프리스트레싱(Prestressing)이 끝난 프리스트레스트콘크리트(PSC)부재는 긴장을 받고 있기 때문에 부재길이는 원래 길이보다 줄어들게 되므로 긴장력의 손실을 가져오게 된다.

PSC부재에 긴장력의 손실이 생길 때는 손실량을 정확히 측정할 수 있어야 한다. 일반적으로 프리스트레스(Prestress)의 감소율은 프리텐션방식은 20%, 포스트텐션방식은 15% 정도이다. 그러므로 PSC부재는 정확한 긴장력을 가할 수 있어야 하고 정착고정한 후에도 수시로 긴장력 조절이 가능한 구조라야 한다.

(3) 부재 접합

프리스트레스트 콘크리트부재들은 철근콘크리트(R.C)구조물에 접합하여 사용된다. 일반적으로 PSC부재는 장스팬의 보부재로 제작하여 철근콘크리트 구조물의 양 기둥 상부에 PSC보를 얹어 놓고 기둥철근과 보의 앵커철근이나 연결철물들을 정착·고정시킨 후 콘크리트 타설하여 RC기둥과 PSC보 부재를 접합시켜 사용되지만 철근콘크리트 구조체에 직접 프리스트레스를 가하는 방법도 사용된다.

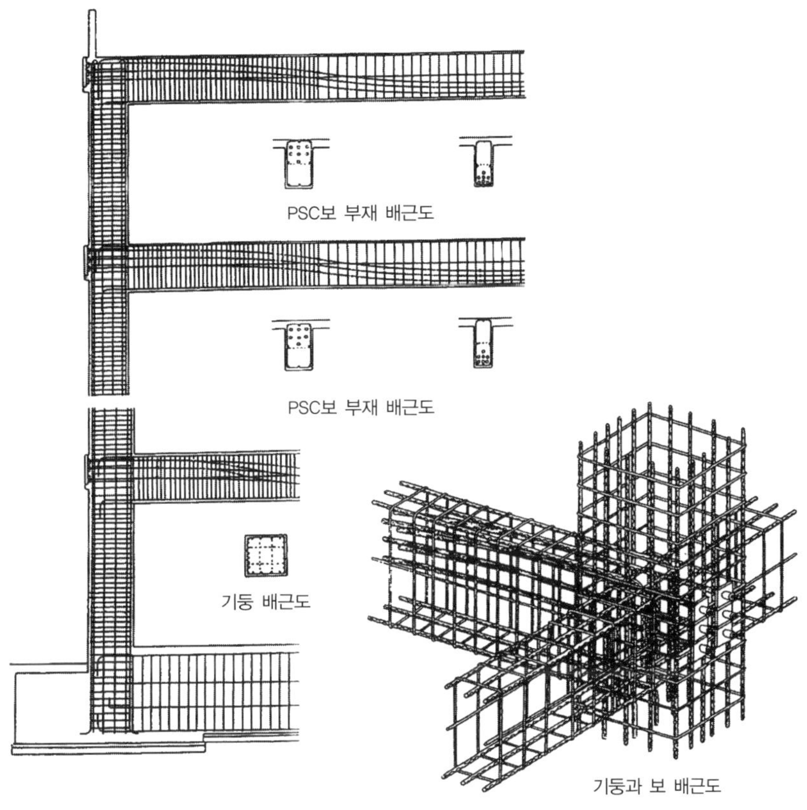

그림 11-53 현장타설 PSC 라멘구조의 배근도

RC보에 미리 PSC강재를 삽입한 시스를 기둥을 관통하여 보에 배근·정착하고 콘크리트 타설 후 양생이 끝난 후에 PSC강재에 긴장을 주어 PSC부재를 만들게 된다. RC구조체에 직접 프리스트레스를 주면 프리스트레스 영향에 의해 보의 길이가 줄어들게 되므로 설계시 미리 고려되어야 한다.

기둥 상부에 PSC부재를 얹어 마무리할 때는 RC기둥 상부에 뽑아둔 앵커철근들을 PSC보 부재 제작 시 만든 연결구멍에 끼워 넣고 너트로 고정시켜서 보를 기둥에 접합하거나 기둥에 브래킷을 만들어 PSC보를 걸쳐 놓고 고정시켜 사용하기도 한다.

11.9 내진구조

내진설계 기본개념은 지진 시 건물이 완전히 붕괴되지 않고 안전성을 유지하며 견딜 수 있는가? 하는 것이다. 그러므로 지진에 강한 건물을 만들려면 지진에 대한 올바른 이해, 건물의 내진성능 확보 등이 필수적이다.

건축물이 지진에 견딜 수 있게 하기 위해서는 건물이 예측한 하중에 대해 안전도가 확보되고, 좋은 내진상세를 가지고 있어 충분한 연성을 가진 지진에 대해 견딜 수 있도록 설계되어야 한다.

지진은 각 대륙의 지판들이 서로 부딪쳐 지판단층의 미끄러짐 충격에 의해 지층이 흔들리는 것을 말하고, 이 지진이 자주 발생되는 곳을 지진대라 한다.

우리나라는 지진의 발생빈도가 낮은 곳으로 속해 있으나 지진과 같은 재해에 취약한 구조물들이 증가하고 있으며, 건축물의 규모가 대형화되므로 건축물을 내진설계화하여 모든 건축물들이 안전성을 가질 수 있도록 해야 한다.

(1) 내진(耐震)설계

내진설계 규준에는 지진구역의 분포를 설정하고 각 구역의 지진위험도를 설정해두어 건축물의 위치가 어느 지역에 존재하느냐에 따라 내진상세 적용이 결정된다.

지진 위험구역의 분포상태는 등고선형태로 구분하고, 행정구역을 설정하여 지역계수를 산정하기 쉽게 하였다.

지진의 상대적 위험도가 낮은 지역, 경계 행정구역의 시군들을 지진구역에 포함시켰고, 나머지 상대적으로 위험도가 높은 구역들을 지진구역으로 하여 분류되어 있다.

그림 11-54 지진지역구분

① 기둥의 횡보강근 내진상세

- 약진구역(지진구역 2)

  기둥의 횡보강철근인 띠철근(Hoop)의 간격은 주근의 16배, 띠철근의 48배, 기둥부재의 최소폭 값 중 작은 값 이하로 설계해야 한다.

- 중진구역(지진구역 1)

  기둥의 횡보강철근인 띠철근(Hoop)은 단부에서 띠철근간격은 주철근 직경의 8배, 띠철근 직경의 24배, 기둥부재의 최소폭의 1/2값, 30cm 중 작은 값 이하가 되게 설계하고, 중앙부는 단부 띠철근 간격의 2배 이하가 되게 설계해야 한다.

② 보의 주철근과 횡보강근 내진상세

- 약진구역(지진구역 2)

  보의 주철근은 정모멘트와 부모멘트에 충분히 견딜 수 있게 배근되고, 정착되어야 하며, 횡보강근인 스터럽(Stirrup)의 간격은 보춤의 d/2값, 60cm 중 작은 값 이하가 되게 배근하고 기둥에 변한 부분은 스터럽 간격의 1/2이 되는 곳에 최초의 스터럽을 배근한다.

- 중진구역(지진구역 1)

  보의 정모멘트와 부모멘트가 작용되는 부위의 주철근은 최소 2본 이상 이음 없는 연속된 주철근으로 구성되어야 하며, 횡방향 보강 철근인 스터럽의 간격은 보춤의 d/4, 주철근의 8배, 스터럽의 24배, 30cm 중 작은 값 이하가 되게 하고, 보춤의 2d구간의 양단부에서는 5cm 보다 작은 간격으로 하고, 중앙부에서는 단부스터럽 간격 2배 보다 작은 간격으로 배근되어야 한다.

(2) 내진설계 시 주의점

내진설계의 기본개념은 건축물의 주요 구조부들이 강접합되어서 건축물이 일체로 거동되도록 설계되어야 하며, 건축물의 비틀림을 억제하기 위해 평면형태와 입면형태는 단순하고 대칭적인 구조형태가 유리하다. 건축물에 작용되는 하중 중에 꼭 필요치 않은 것들은 과감하게 줄여서 건축물에 작용되는 지진력을 감소시켜야 한다.

지반이 함몰되거나 수평변위가 일어날 수 있는 지반에서 기초는 지중의 다른 구조부재들과 같이 강접합되도록 계획하고 단순화시켜야 한다. 기둥과 보의 접합부, 벽체와 벽체를 연결하는 보 등은 강접합이 되게 설계되어야 하고, 기둥과 보에는 횡력에 견딜 수 있게 반드시 횡보강근을 설치해야 하며, 기둥 횡보강근은 기둥·보 접합부에 정착되도록 설계하고, 접합부위 횡보강근은 단부 횡보강근 간격의 1/2 간격으로 배근되도록 해야 한다.

내력벽체는 기둥과 보에 충분히 정착되도록 배근하여 일체화시키고, 가새 등의 보강근을 삽입하여 전단이나 횡력에 견딜 수 있도록 설계되어야 한다.

(3) 제진(制震)설계

제진은 지진에 의해 구조물의 흔들림을 제어하는 장치를 사용하여 지진력을 흡수하여 지진력을 감소시키거나 제어하는 설계방법이다.

제진설계에서 제진방법은 지진에 의해서 건축물에 작용되는 진동에 대해, 이에 반하는 제어력을 가해 진동을 감소시키는 방식과 지진의 진동 주기성분을 분석하여 구조물의 강성이나 감쇠 등을 순간적으로 변환시켜 구조물을 제어하는 방식이 있다.

건축물에 제진보강을 하면 지진에 의한 흔들림을 제어하는 제진장치가 내력값을 향상시키고, 지진력을 흡수하여 지진력을 감소시키므로 건축물의 안전성과 내진성을 확보할 수 있다.

(4) 면진(免震)설계

면진은 건축물과 건축물을 받치고 있는 지반을 분리시켜 지진에 의한 지반의 진동을 감소시켜 내진성을 갖는 설계이다. 이 면진설계는 지진의 주기특성을 파악하고 지진 진동수의 특성을 이용하여 건축물의 고유주기를 진동수 주기대역과 어긋나게 하여 지진과 건축물의 반향을 피하게 하여 지진력이 건축물에 약하게 전달되도록 하는 방법이다.

면진설계 개념은 격리 또는 분리, 차단의 개념을 가진 지반분리(Isolation)의 개념을 가지게 되어 건축물과 지반분리를 위해 수직하중은 지지하면서 수평방향으로는 미끄럼받침을 이용하거나 고무받침하여 건축물이 지반과 분리될 수 있도록 하는 방법이 사용되어 진다.

면진보강방법은 지반으로부터 지진력을 대폭 감소시켜 건축물이 지진의 영향이 최소로 작용되도록 한다.

12장 철골구조(Steel structure)

12장 철골구조(Steel structure)

철골구조는 창고와 같은 경미한 것에서부터 고층건축물이나 격납고와 같은 대규모 건축구조물에 이르기까지 광범위하다. 또 현장작업의 경감, 시공기간 단축 등에 따라 그 수요가 최근에 와서는 크게 급증하고 있다. 이 철골구조물에는 기획, 설계, 제작, 운반, 시공, 유지관리 등의 단계가 있으며, 철골구조물은 단순히 구조물로서만이 아니고 건축물로서의 예술성과 기능성, 경제성 등이 고려된 건축물과의 관련성에서 철골구조의 문제들을 다루어야 한다. 철골구조에는 건축구조물뿐만 아니라 교량, 선박, 차량, 철탑, 굴뚝, 탱크 등의 산업구조물도 있다.

철골구조의 특징은 다음과 같이 장점과 단점으로 열거할 수 있다.

(1) 장점

① 고강도

강재는 강도와 비중의 비가 높기 때문에 고층건축물이나 대스팬구조에 적합하며 내진적으로도 유리하다.

② 소성변형능력이 크다.

일반구조용 강재는 항복점에 도달한 후 1% 정도의 변형도까지 소성적인 변형이 생기고, 그로부터 변형도경화역에 들어가며 파단시의 변형도는 20% 정도가 생긴다.

철골구조는 부분적으로 항복응력에 도달하더라도 파괴되지 않고 탄성한도에 도달했을 때의 하중보다 더 큰 하중에 견딜 수 있다.

③ 반복하중에 의한 열화가 적다.

철골구조는 부재의 국부좌굴, 면외좌굴이 발생하든가 가새의 휨좌굴이 생긴 후 반복가력에 의한 열화가 있지만 전체적으로 철근콘크리트구조에 비해 그 열화의 정도는 적다.

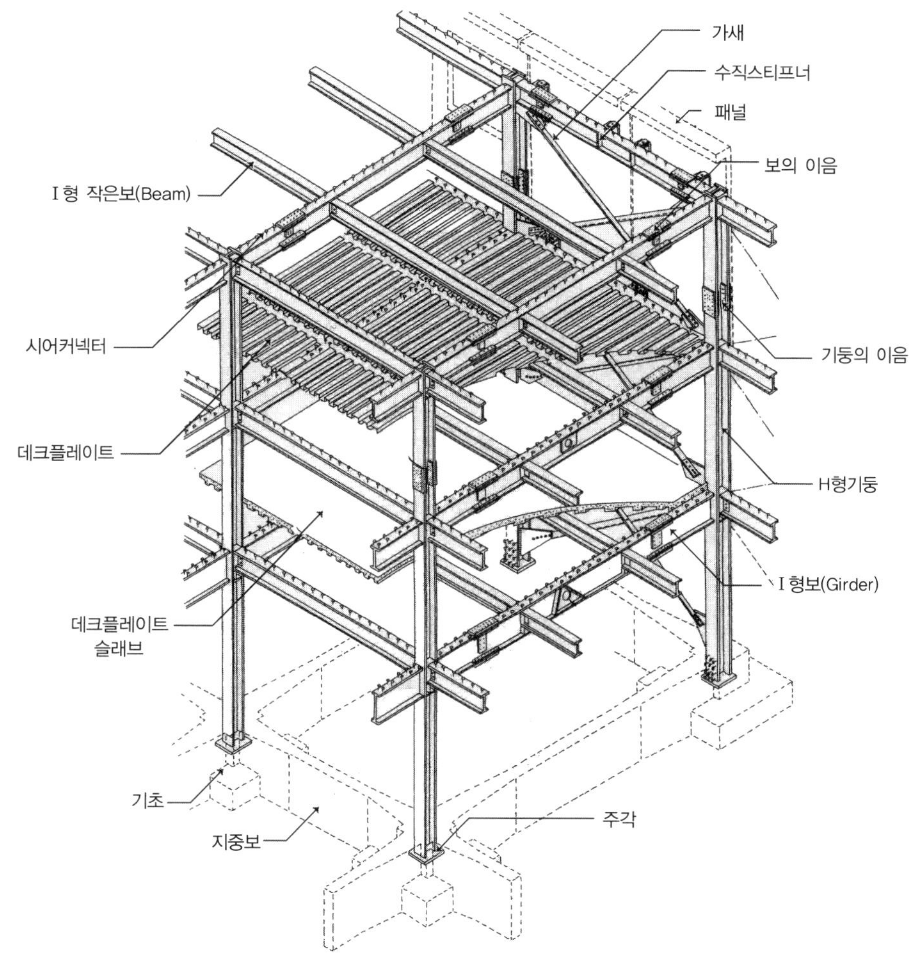

그림 12-1 철골구조의 구성부재

④ 높은 일체성을 가진다.

철골구조는 프리캐스트 콘크리트구조나 조적조에 비해 일체성이 높고, 큰 지진 시 그 일부가 항복되더라도 전체 골조로서의 일체성을 잃는 경우가 적다.

⑤ 기타

㉠ 용접, 볼트 및 리벳 등으로 조립이 용이하다.

㉡ 사전조립이 가능하다.

㉢ 건설속도(공기)가 빠르다.

㉣ 증축이 용이하다.

㉤ 구조해체 후 재사용이 가능하며 또 고철로도 사용할 수 있다.

㉥ 재료의 품질 확보가 용이하다.

(2) 단점

① 유지관리비

강재는 공기나 물에 노출되면 부식하기 쉬우므로 정기적으로 도장해야 한다. 내후성 강을 사용하면 비용을 절감할 수 있다.

② 내화성

강재는 열에 의한 강도저하가 크므로 내화설계에 의한 내화피복을 해야 한다.

③ 좌 굴

부재가 세장하므로 좌굴의 위험성이 높으며, 비강도가 높기는 하지만 좌굴방지를 위한 보강이 필요하여 비경제적인 요소도 있다.

④ 피 로

강재는 응력반복에 의한 강도저하가 심하다.

철골구조는 각 부재의 부위별로 구성재를 만들어 이를 조립화하여 입체화한 것이다. 이 철골구조를 크게 구분하면 평면골조구조와 입체골조구조로 분류할 수 있다.

ⓐ 평면골조구조(Plane framed structure)

각각의 부재들을 평면형태로 짜맞추어 2차원적인 구성을 이루는 것을 말한다. 예를 들면 평면(x축과 y축)으로 이루어진 형태, 입면으로 이루어진 형태(x축과 z축, y축과 z축)를 생각할 수 있다.

㉠ 평면트러스구조 : 평면트러스구조는 각 부재들을 가장 안정적인 도형인 삼각형이 되도록 서로 결합하여 구성된 가구(架構)형태로 모든 부재는 부재축 방향으로만 힘을 받을 수 있도록 설계된 구조형태이다.

㉡ 라멘구조(Rahmen structure) : 라멘구조는 기둥과 보를 접합하여 구성되며 기본적인 형태가 일반적으로 사각형의 외부모양을 나타내는 골조형태를 말한다.

ⓑ 입체골조구조(Space framed structure)

골조의 부재들을 입체형태로 서로 접합하여 3차원적(x축, y축, z축)으로 구성된 것을 말한다. 이 구조물은 평면 구조물에 비해 응력값이 작으며 3차원의 방향에서 절점이동을 구속하므로 골조의 변형이나 부재의 좌굴을 방지할 수 있어 대규모 구조물에 많이 사용된다.

12.1 강 재

12.1.1 강재의 제법 · 종류

(1) 강재의 제법(제강 : 製鋼)

철골구조의 철강재료는 제선(製銑) - 제강 - 조괴(造塊) - 압연(壓延)의 과정을 거쳐 제조된다. 용광로 속에서 코크스의 연소로 생성되는 일산화탄소에 의해 철광석을 환원하고, 탄소 외에 실리콘 · 망간 등을 함유한 선철을 만드는 것을 제선이라 한다.

선철을 구조용 재료에 적합한 성질을 가진 강(鋼)으로 만든 것을 제강이라 한다. 제강법에는 전로법, 평로법, 전기로법이 있다.

제강이 끝나면 용융된 강을 꺼내어 주형에 주입하여 강괴(Ingot)로 만든다. 이 과정을 조괴라 한다. 강괴를 다시 가열 압연하여 H형강이나 강판 등의 제품으로 만든다. SS 400은 보통 반 킬드강이고, SM 490은 킬드강으로 망간, 실리콘 등의 화학성분 조정으로 제강된다. 강괴로 만들지 않고 바로 용강을 연속적으로 강판이나 형강으로 압연해내는 연속주조법도 있다.

(2) 강(鋼)의 종류

강(鋼)은 탄소량이 0.05~1.7%인 것을 말하며, 함유 성분에 의해 탄소강과 합금강으로 분류한다. 탄소강은 탄소량만을 조절하고, 합금원소를 넣지 않은 강으로 Fe와 C를 주성분으로 하고 있다. 탄소강에 소량의 Si, Mn과 미량의 P, S 등을 함유하고 있는 탄소강을 보통강이라 한다. 합금강은 탄소 외에 목적에 따라 Ni, Cr, Mo, V, Cu 등을 넣어 성질을 개선한 것으로 특수강이라고도 한다.

일반적으로 탄소함유량이 0.12~0.25% 정도의 보통강을 연강(Mild steel or soft steel) 또는 저탄소강이라 하며, 철골강재로는 인장강도 400N/mm^{2}급 이하의 강에 해당한다. 인장강도가 490N/mm^2 이상을 고장력강(High strength steel or High tensile steel)이라 한다.

강재 기호의 첫 번째 S는 steel의 두 문자이고, 두 번째의 문자는 제품의 형상이라든가 용도 · 강종을 뜻하며, 숫자는 최소인장강도(N/mm^2), 그리고 재료의 종류, 번호의 숫자를 표시하는 경우가 많다.

(3) 강재의 기계적 성질

① 응력도 - 변형도 곡선

구조용 강재의 시험편에 인장력을 가하면 응력도 - 변형도 곡선(Stress-strain curve)이 얻어진다. 응력도(Stress) σ는 단위면적에 대한 인장력으로 σ =P/A, 변형도(Strain) ε는 단위길이에 대한 연신율로 $\varepsilon=\Delta l/l$이며, A는 시험편의 단면적, Δl은 측정구간 l의 늘어난 길이이고, l를 표점거리라 한다.

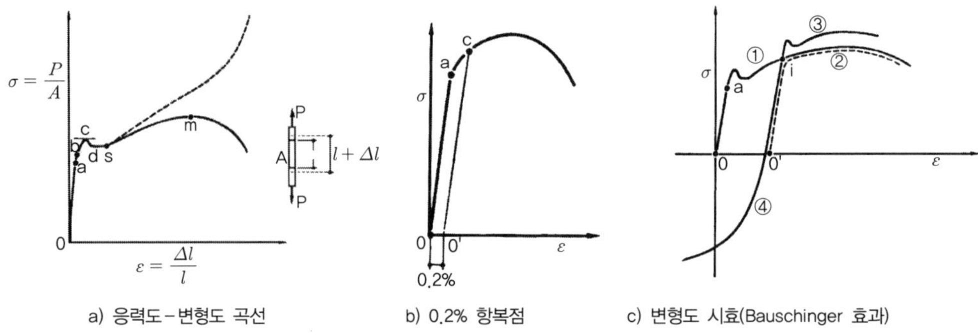

그림 12-2 응력도-변형도 곡선

- a점 : 비례한도(Proportional limit) o-a구간은 응력도와 변형도가 직선관계에 있으며, a점은 응력도의 비례한도이다. 이 범위에서는 $E=\sigma/\varepsilon$이며, 비례상수 E를 영계수라 한다.
- b점 : 탄성한도(Elastic limit). 응력도가 비례한도 이내에서는 하중을 제거할 때 당연히 원점 0점으로 되돌아가며, 응력도를 a점보다 다소 높은 b점까지 높여도 하중을 제거하면 0점으로 되돌아간다. 이러한 b점의 응력도를 탄성한도라 한다.
- c점 : 상항복점이다. 하중을 b점에서 다시 증대시키면 곡선상이 되며 c점에서 갑자기 하중이 내려가고, 변형도가 진행되기 시작한다. 이 c점의 응력도를 상항복점이라 한다. 상항복점은 하중을 가하는 속도, 즉 변형도 속도에 영향을 받기 쉬우며, 일반적으로 속도가 빠르면 그 값이 상승하는 경향이 있고, 또 느린 재하속도인 경우에는 상항복점이 나타나지 않은 경우도 있다.
- d점 : 하항복점이다. 상항복점에서 일단 저하한 응력도에서 변형도만이 진행한다. 거의 수평인 이 부분을 항복참이라 하고, 건축설계에 사용되는 일반적인 항복강도(Yield strenth)를 나타낸다.
- s점 : 항복이 끝나고 s점에서 응력도는 다시 상승한다. 이 현상을 변형도경화(Strain hardening)라 한다.
- m점 : 인장강도, 변형도 경화가 진행하면 응력도는 증가하고, m점에서 최대값을 나타낸 후 파단한다. 이 응력도를 인장강도라 한다.
- 응력도-변형도 곡선(a)에서 실선은 인장력 P를 시험편의 최소단면적으로 나눈 값이지만, 실제로 항복점이 지나서부터 단면적은 줄어들고, 최대응력도에서 파단하기까지는 단면적은 급격히 줄어든다.

변화하는 단면적으로 하중을 나눈 진응력도로 표시하면 파선과 같이 응력도는 증대한다. 일반적인 인장시험에서 각 단계의 응력도는 하중을 원래의 단면적으로 나눈 값으로 표시한다.

항복점이라고 할 때는 강재의 규격 등에서 상항복점을 일컫는 경우가 많다. 그러나 건축설계에 사용되는 항복점 값은 하항복점 값(0.2% 내력)을 사용한다.

고장력강이나 강관과 같이 소성가공된 강재 등에서는 상기와 같은 항복점이나 항복참이 나타나지 않으며, 응력도-변형도 곡선(b)이 얻어진다. 이때는 0.2%의 영구변형도를 나타낼 때의 응력도를 내력이라 하며, 항복점 대신에 사용한다.

강재의 시험편에 인장력을 가하면 ①의 응력도-변형도 곡선이 되지만, i점까지 소성변형시킨 후 하중을 제거하면 i → o'선으로 되고, oo'의 잔류변형도가 생긴다.

이 시험편에 다시 인장력을 가하면 응력도-변형도 관계는 ②와 같이 진행하여 파단한다.

그러나 이와 같이 소성변형을 한 시험편을 1주 또는 10일 정도 방치해 두었다가 다시 인장력을 가하면 ③과 같은 응력도-변형도 곡선이 되며, 연신율 능력은 저하된다. 이러한 현상을 변형도 시효(c)라 한다.

소성변형을 하고 있는 시험편에 반대의 하중인 압축력을 가하면 ④와 같이 되고, 시효완료 후의 시험편에서도 항복점은 나타나지 않으면서 비례한도가 현저히 저하한다. 이 현상을 바우싱거효과(Bauschinger effect)라 한다.

② 온도에 의한 특성

구조용 강재의 기계적 성질을 보면 250~300℃에서 인장강도는 높아지고, 연신율과 단면수축률 등이 작아지는 취화점이 있으며, 탄소강은 표면에 생기는 산화막이 푸른색을 띠고 취성적이어서 이를 청열취성(Blue brittle)이라 한다. 그 이상의 온도에서는 강도와 영계수가 급격히 저하하고, 연신율과 단면수축률은 증대한다.

강재는 500℃에서 상온강도의 약 1/2, 600℃에서는 1/3 정도까지 강도는 저하된다.

③ 강(鋼)의 열처리

강을 900℃ 이상의 적당한 온도로 가열하여 서서히 공기 중에서 냉각하는 것을 노멀라이징(소준(燒準), Normalizing)이라 하며, 강을 평형상태로 균질화, 연화(軟化)시킬 목적으로 가열한 후 서서히 노중에서 식히는 조작을 어닐링(풀림, 소순(燒鈍), Annealing)이라 한다.

강을 적당한 냉매 중에서 냉각하여 경화토록 하는 열처리를 담금질경화(소입 ; 燒入, Quenching hardening)라 하고, 보통 900℃ 이상 기름 중에 급랭시킨 것을 담금질이라 한다.

강의 경도 감소, 내부응력의 제거, 연성 및 인성 증가를 얻기 위해 담금질한 강을 700℃ 이하의 온도로 가열하고 소정시간을 유지한 후 사용목적에 따라 적당한 냉각속도로 식히는 것을 템퍼링(Tempering)이라 한다.

④ 연성파괴와 취성파괴

강재인 경우 일반적으로 연신율과 단면수축률이 생기면서 파단되는 것을 연성파괴라 하며, 저온에서 인장했을 때라든가 결함부(Notch)가 있게 되면 연신율과 단면수축률이 없이 파단되는 경우가 있다. 이것을 취성파괴라 한다.

(4) 강재의 단면형상 · 표시방법

철골구조에 쓰이는 구조재료의 형상 · 명칭 · 규격 · 표시방법은 KS규격에 따르며, 일반구조용 압연강재 및 용접구조용 압연강재에 규정된 품질의 강재를 열간 압연한 것인 경우 그 형상 · 명칭 · 규격 · 표시방법 등은 다음과 같다.

표 12-1 강재의 단면형상 명칭, 치수표시법

명 칭	단면치수	명 칭	단면치수
① 등변ㄱ형강	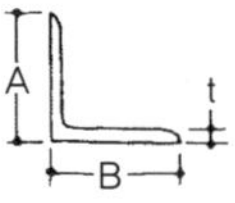 A, B, t ㄴ$-A\times B\times t$	⑤ H형강	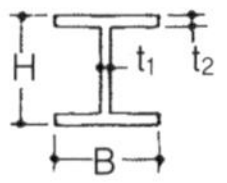 H, B, t₁, t₂ H$-H\times B\times t_1\times t_2$
② 부등변ㄱ형강	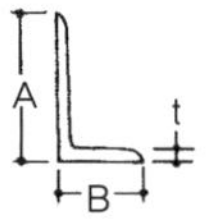 A, B, t ㄴ$-A\times B\times t$	⑥ 강관	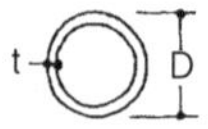 t, D $\varnothing D\times t$
③ ㄷ형강	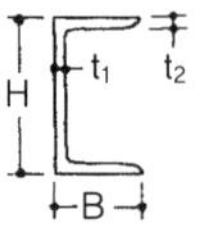 H, B, t₁, t₂ ㄷ$-H\times B\times t_1\times t_2$	⑦ 각형강관	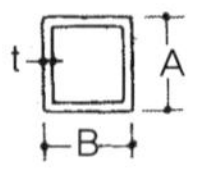 t, A, B □$-A\times B\times t$
④ I형강	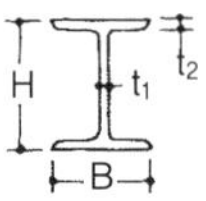 H, B, t₁, t₂ I$-H\times B\times t_1\times t_2$	⑧ 강판	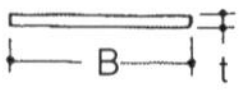 B, t PL$-B\times t$

경량형강 · 강관 · 각형강관 등은 일반적으로 강판을 상온에서 압연성형하여 제조한 것이며, 강재의 품질은 각각 KS D 3530－일반구조용 경량형강에 규정된 경량형강, KS D 3566－일반구조용 탄소강관에 규정된 STK 400 · STK 490, KS D 3568－일반구조용 각형강관에 규정된 SPSR 400 · SPSR 490 등이다.

강량형강, STK 490, SPSR 490은 용접구조용 압연강재의 SM 490과 같다.

구조용 강재의 치수표시방법은 먼저 형강의 형상을 표시한 후 형강의 춤(높이), 형강의 폭(너비), 춤의 두께(t_1), 폭의 두께(t_2)를 순차적으로 기입하여 사용한다.

표 12-2 경량형강의 단면형상, 명칭, 치수표기법

명 칭	단면치수		명 칭	단면치수	
① 경량[형강	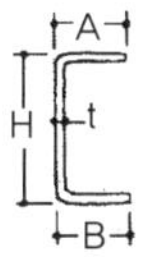	[$-H\times A\times B\times t$	④ 경량모자형강	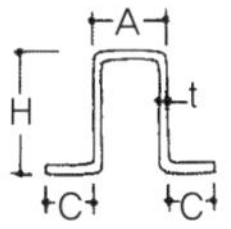	⎍ $-H\times A\times C\times t$
② 경량Z형강	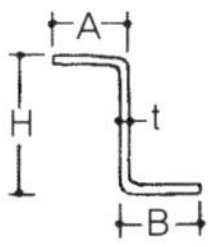	⅂ $-H\times A\times B\times t$	⑤ 경량리브[형강	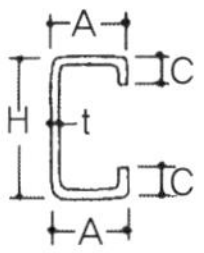	[$-H\times A\times C\times t$
③ 경량리브Z형강	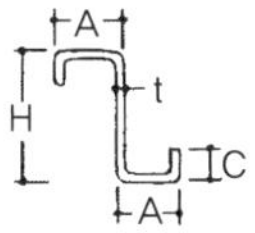	⅂ $-H\times A\times C\times t$	⑥ 경량ㄱ형강	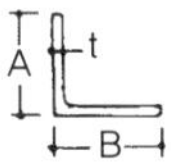	L $-A\times B\times t$

(5) 구조용 강재의 정수

구조용 강재의 기계적 성질은 종류에 따라 다르지만 건축구조설계에 사용하는 강재의 기계적 성질은 큰 차가 없으므로 일반적으로 아래 값을 사용한다.

표 12-3 강재의 정수

재 료	영계수 (N/mm²)	전단탄성계수 (N/mm²)	푸아송비	선팽창계수(1/℃)
강재	205,000	79,000	0.3	0.000012

(6) 구조용 강재

허용응력도는 설계하중에 의한 존재응력도(σ, τ)의 허용한계이고, 각종 부재나 접합부의 허용한계가 재료강도에 지배된다고 생각하여 재료의 안전한계로부터 정하는 것이 원칙이다.

부재가 좌굴(挫屈)을 동반하는 경우는 재료의 특성만으로 값을 정할 수 없으므로 압축재의 허용압축응력도는 재료 특성과 세장비에 따라 정하게 된다.

강재의 항복점과 인장강도, 허용응력도를 정하기 위한 설계기준치 F_y값은 항복점의 하한 값을 기준으로 하여 정한 것이고, 항복점의 하한 값이 강판의 두께에 따라 다름을 고려하여 정한 값으로 이 기준 값은 항복비(항복점/인장강도)의 영향도 고려해서 인장강도의 70%와 항복점의 값 중에서 작은 쪽으로 정한다.

철골구조에서는 단기허용응력도 값은 일률적으로 장기허용응력도의 1.33배이며, 그리고 허용응력도값은 장기허용응력도 값이다.

표 12-4 주요 구조용 강재의 재료강도 (단위 : N/mm^2)

강도	강재 기호 / 판두께	SS400 SM400 SN400 SMA400	SHN 400	SS 490	SM490 SMA490	SN 490	SHN 490	SM520 (SM 490Y)	SS 540	SM570 SMA570
F_y	40mm 이하	235	235	275	315	352	325	355	390	450
	40mm 초과 75mm 이하	215	235	255	295	295	325	335	–	430
	75mm 초과 100mm 이하	215	–	–	295	295	–	325	–	420
F_u	100mm 이하	400	400	490	490	490	490	520(490)	540	570

12.2 접 합

철골구조는 압연된 형강·강관·강판 등을 기둥, 보 부재에 사용하여 이들을 서로 결합해서 공간을 만드는 골조구조이므로 접합부의 안전성이 매우 중요하다.

건축시공에서는 공기 단축, 공사비 절감을 꾀할 수 있고, 공장생산의 양산화도 가능하다. 공장생산 양산화는 부재를 대량생산하여 현장에서 이들을 조립한다는 데 기본을 둔 것이므로 현장에 반입된 부재의 품질이나 강도는 어느 만큼의 수준을 보증할 수 있고, 현장에서의 접합성 양부가 구조 전체의 안전성을 좌우한다고 할 수 있다.

철골구조의 부재는 공장에서 제작되어 현장에 반입되는 것이 일반적이므로 철골구조는 공장에서 양산화되고 있다고 할 수 있다. 그러므로 철골구조설계에서는 접합에 관한 제 규정들이 많고, 세밀한 주의를 해야 한다.

철골구조에 사용되는 접합방법은 리벳·볼트·고력볼트와 같은 기계적인 접합(Mechanical fastener)과 용접과 같은 야금적인 방법(Metallurgical fastener)이 있다. 이들 접합방법은 기술적으로 급속한 발전을 보이고 있으므로 장·단점을 이해하여 적절한 설계·시공을 할 수 있도록 주의해야 한다.

12.2.1 리벳·볼트 접합

(1) 리벳접합(Rivet joint)

리벳접합은 리벳지름보다 1~2mm 크게 구멍을 뚫고 800℃ 정도로 가열한 리벳을 리벳구멍에 끼운 다음 유압 또는 압축공기를 이용한 리벳팅기구로 리벳팅한다.

리벳은 냉각되면서 수축하므로 판에는 압축력이 가해진다. 이 부재 간의 압축력은 리벳축부가 리벳구멍에 충만됨으로써 초기 슬립을 막으며, 접합부의 강성을 높여준다.

리벳용 강재는 SBV 34와 SBV 41이며, 허용응력도는 다음과 같다.

허용전단응력도는 허용인장응력도의 $1/\sqrt{3}$ 배가 아니고 약 3/4배이다. 리벳축에 전단력을 가한 실험(Punching shear)에서도 리벳축이 전 단면항복되는 것은 인장항복점의 $1/\sqrt{3}$ 보다 매우 큰 값임이 실험값에서 밝혀져 있다.

KS에서 정한 리벳형상은 둥근머리, 접시머리, 평머리, 둥근접시머리 등이 있다. 이들 중 건축에 사용되는 것은 일반적으로 둥근머리리벳이며 리벳구멍지름은 표와 같다.

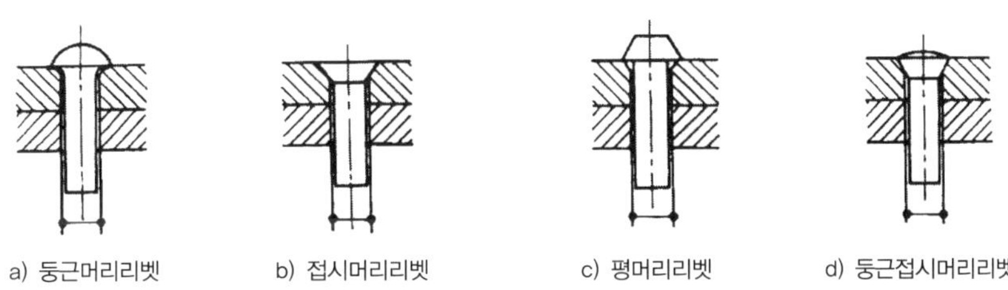

a) 둥근머리리벳　b) 접시머리리벳　c) 평머리리벳　d) 둥근접시머리리벳

그림 12-3 리벳의 형상

표 12-5 리벳, 볼트, 고력볼트, 앵커볼트의 구멍지름 (단위 : mm)

종류 \ 공칭지름	d<20, d≦22①	d≧20, d≧24①	비고
리벳	d+1.0	d+1.5	건축공사 표준시방서
고력볼트	d+2.0	d+3.0	
볼 트	d+0.5		
앵커볼트	d+5.0		

주) ①의 수치는 고력볼트의 공칭지름임.

리벳접합은 역사적(파리의 에펠탑(1889))으로 가장 오래되었고, 충분한 경험을 쌓아 온 접합법이다.

우리나라에서도 용접접합과 함께 리벳이 구조물 주요부재의 접합방법으로 사용되고 있다. 최근에는 리벳공의 절대수 부족, 기술저하, 도심지 공사장의 소음발생, 재료의 고강도화와 보다 굵은 리벳 개발 장해 등의 이유로 현장리벳치기는 사용하지 않고, 공장 리벳치기가 사용되고 있다.

(2) 볼트접합(Bolt joint)

볼트접합은 볼트를 너트로 조이는 것만으로도 가능하기 때문에 리벳처럼 시공 시에 특별한 기술이 필요 없다. 볼트접합에서 볼트 축부는 조인 판 구멍에 충만되지 않으므로 접합부에는 슬립이 생긴다. 이것은 진동, 충격 또는 반복하중을 받으면 접합부가 큰 변형을 일으키고, 접합부 볼트가 느슨해져 너트가 풀리는 원인이 된다. 이런 이유로 건축물의 구조기준인 규칙 제63조에는 처마높이 9m 이상, 스팬 13m(연면적 3,000m^2) 이상인 건물의 구조내력상 주요한 부분의 접합에는 볼트접합할 수 없다는 규모 제한이 있으므로 볼트는 주요한 건물의 접합부에는 사용하지 않는다.

규칙 제64조 ③항에는 볼트구멍지름을 볼트지름보다 0.5mm 이상 크게 할 수 없다고 규정하고 있다.

볼트 나사부는 형상이 복잡하고 응력집중도 생겨서 나사부의 강도나 강성면에서 역학적으로 등가한 유효단면적은 다음 표와 같다.

표 12-6 볼트 축단면적과 나사 유효단면적

호칭지름	M12	M16	M20	M22	M24
볼트 축지름(mm)	12	16	20	22	24
구멍지름(mm)	12.5	16.5	20.5	22.5	24.5
축단면적 A_b(mm^2)	113.1	201.1	314.2	380.1	452.4
나사유효단면적 A_n(mm^2)	84.3	156.7	244.8	303.4	352.5
A_n / A_b	0.745	0.779	0.779	0.798	0.779

주) 호칭지름 숫자 앞의 M은 미터나사를 의미한다.

나사부의 유효단면적과 축부의 단면적 비는 0.745~0.798 범위이므로 나사부의 응력이 리벳허용응력과 같은 값일 때 축부 응력은 나사부의 약 3/4배이다.

강구조계산 규준에서는 리벳, 볼트, 고력볼트의 응력산정법으로서 형식적으로 모두 축부의 응력으로 검정하게 되어 있으므로 볼트의 허용응력도는 리벳의 3/4배 값이다.

(3) 볼트접합의 파괴형식

볼트접합은 크게 전단접합과 인장접합으로 구분한다. 전단접합은 접합부에 작용하는 힘을 볼트 축단면에 생기는 전단력으로 전달하는 이음으로, 전단접합의 파괴형식 ①전단파괴, ②지압파괴(구멍측벽의 파괴), ③판의 측단부 및 연단부 파괴, 이 3종류의 파괴형식이 일어난다.

판의 연단부 파괴는 연단거리(리벳 또는 볼트구멍 중심에서 판의 가장자리까지의 거리)를 표 12-7의 값 이상이 되도록 하면 연단부 파괴를 방지할 수 있다.

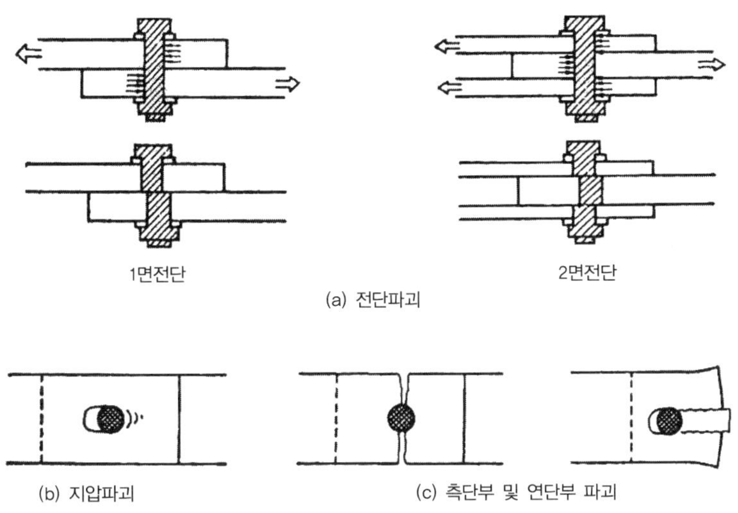

그림 12-4 전단접합의 파괴형식

표 12-7 최소연단거리(mm)

지름(mm)	연단종류		지름(mm)	연단종류	
	전단연, 수동 가스절단연	압연연, 자동가스 절단연, 톱절단연, 기계마무리연		전단연, 수동 가스절단연	압연연, 자동가스 절단연, 톱절단연, 기계마무리연
16	28	22	27	48	34
20	34	26	30	52	38
22	38	28	30 이상	1.75d	1.25d
24	42	30			

최대 연단거리는 판두께의 12배 또는 150mm이며, 연단거리에 관한 규정은 리벳, 볼트, 고력볼트에도 적용되는 것이다.

리벳, 볼트 축부는 전단력과 휨을 받을 수 있으나 축부가 짧으면 전단력이 지배적이다. 만약 두꺼운 판을 접합하거나 여러 장의 판을 겹쳐서 접합할 때는 축부가 길어지므로 휨의 영향을 고려하여 리벳 또는 볼트의 수를 증가시켜야 한다.

하중방향으로 많은 리벳이나 볼트를 나란히 일렬로 배열하면 그들 축부의 전단응력은 균일하지 않고, 양단부 리벳 또는 볼트에 전단력이 집중한다. 이 집중률은 판두께나 구멍중심간 거리, 리벳 또는 볼트의 피치(Pitch)와 관련이 있다.

단부의 리벳에 전단력이 집중하면 단부의 리벳이 파괴되고, 단추를 벗기는 것과 같이 가운데로 점점 파단되어 간다. 리벳 또는 볼트가 1개 또는 2개이면 응력방향의 연단거리는 공칭축지름의 2.5배 이상으로 충분히 해야 한다.

인장접합은 볼트의 축단면이 인장력으로 저항하는 접합이며, 파괴형식은 볼트의 인장파괴가 있다.

(4) 볼트접합의 설계강도

① 볼트의 인장과 전단강도

볼트의 인장 및 전단파괴의 한계상태에 대한 설계인장강도 또는 전단강도는 다음과 같이 산정한다. 여기서, 인장 및 전단파괴에 대한 저항계수 $\phi = 0.75$를 적용한다.

$$\phi R_n = \phi F_n A_b$$

여기서, F_n : 공칭인장강도 $F_{nt} = 0.75F_u$ (N/mm^2)

공칭전단강도 $F_{nv} = 0.5F_u$ (N/mm^2, 나사부 불포함)

$F_{nv} = 0.4F_u$ (N/mm^2, 나사부 포함)

A_b : 볼트의 공칭단면적(마찰 및 지압접합에는 전단면의 수만큼 곱한다)

표 12-8 볼트의 공칭강도 (단위 : N/mm^2)

강도 \ 강종		고력볼트			일반볼트
		F8T	F10T	F13T[1]	SS400 SM400
공칭인장강도 F_{nt}		600	750	975	300
지압접합의 공칭 전단강도 F_{nv}	나사부가 전단면에 포함될 경우	320	400	520	160
	나사부가 전단면에 포함되지 않을 경우	400	500	650	

주) 1)은 수소지연파괴민감도에 대하여 합격된 시험성적표가 첨부된 제품에 한함.

② 볼트구멍의 지압강도

마찰접합 및 지압접합에서 볼트와 접합부재의 구멍이 지압상태가 되는 경우, 구멍에 대한 지압강도를 검토해야 한다. 여기서, 저항계수 $\phi = 0.75$를 사용한다.

표준구멍, 대형구멍, 단슬롯 구멍의 모든 방향에 대한 지압력 또는 장슬롯 구멍의 방향에 지압력이 평행일 경우, 볼트구멍에 대한 설계지압강도 ϕR_n은 다음과 같이 산정한다.

- 사용하중상태에서 볼트 구멍의 변형이 설계에 고려될 경우

$$R_n = 1.2L_c t F_u (\leq 2.4dtF_u)$$

- 사용하중상태에서 볼트 구멍의 변형이 설계에 고려되지 않을 경우

$$R_n = 1.5L_c t F_u (\leq 3.0dtF_u)$$

장슬롯 구멍의 방향에 수직방향으로 지압력을 받을 경우, 볼트구멍에 대한 설계지압강도 ϕR_n은 다음과 같이 산정한다.

$$R_n = 1.0L_c t F_u (\leq 2.0dtF_u)$$

여기서, d : 볼트의 공칭직경 (mm)

t : 피접합재의 두께 (mm)

L_c : 하중방향 순간격, 구멍의 끝과 피접합재의 끝 또는 인접구멍의 끝까지의 거리 (mm)

F_u : 피접합재의 공칭인장강도 (N/mm^2)

12.2.2 고력볼트접합(High strength bolt joint)

(1) 응력전달기구

고력볼트접합의 응력전달기구는 2가지로 생각할 수 있다. 볼트접합에서 높은 내력의 볼트로 치환한 것과 고력볼트를 강력히 조임으로써 얻는 원응력을 응력전달에 이용하는 것이다. 건축물의 철골구조에서 고력볼트접합이라면 후자의 접합방법이다.

고력볼트접합은 강한 조임력으로 너트의 풀림이 없고, 응력방향이 바뀌더라도 혼란이 일어나지 않으며, 응력집중이 적으므로 반복응력에 대해서도 강하다. 고력볼트의 구멍뚫기, 피치, 연단거리의 제한은 리벳과 같다.

(2) 마찰접합(Friction type connection)

마찰접합은 둘 이상의 판재를 고력볼트로 강하게 조이면 판의 접촉면에 큰 마찰저항이 생기므로 볼트축과 볼트구멍의 내력이 밀착되지 않더라도 접합판에 전단접합과 같이 힘을 전달할 수 있다.

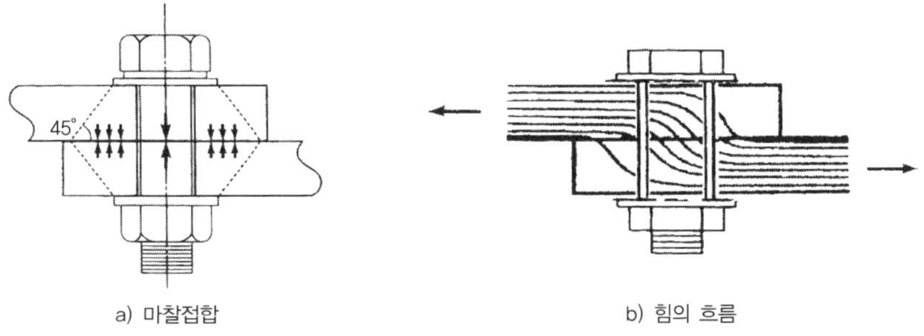

a) 마찰접합 b) 힘의 흐름

그림 12-5 고력볼트 마찰접합

마찰접합에서 고력볼트의 설계미끄럼강도 ϕR_n은 다음 식과 같이 표현할 수 있다. 여기서, 저항계수 ϕ는 표준크기구멍 또는 단슬롯구멍에 대하여 $\phi = 1.00$, 대형구멍 또는 장슬롯구멍에 대하여 $\phi = 0.85$을 사용한다.

$$\phi R_n = \phi \mu h_{sc} T_o N_s$$

여기에서 μ : 미끄럼계수(0.50, 페인트 칠하지 않은 경우)

h_{sc} : 구멍의 종류에 따라 다음과 같다

$h_{sc} = 1.00$: 표준크기구멍

$h_{sc} = 0.85$: 대형구멍과 단슬롯구멍

$h_{sc} = 0.70$: 장슬롯구멍

T_o : 고력볼트의 설계볼트장력 (kN)

N_s : 전단면의 수

접합부의 큰 내력 R_n값을 얻기 위해서는 μ와 T_o이 클수록 좋으므로 마찰면에는 미끄럼계수가 크도록 해야 하며, 볼트는 큰 조임력(볼트장력)에 견디도록 고력볼트를 사용한다.

T_o값은 일반적으로 볼트의 등급, 호칭지름에 따라 계산된 설계볼트장력을 사용한다. 미끄럼계수 μ는 마찰계수에 상당하는 것이지만 접합부에 외력이 작용하면 미끄러질 때까지의 볼트장력은 T_o에서 약간의 변동이 있으므로 정지마찰계수는 접합부가 미끄러지기 직전의 볼트축력에 대하여 정의해야 한다. 여기서 μ는 볼트를 조였을 때의 볼트축력 T_o를 사용하므로 미끄럼계수라 하며, 정지마찰계수와 구별하고 있다.

실제 시공할 때는 오차 값을 감안하여 설계볼트장력에 10%를 더한 값을 표준볼트장력으로 한다.

표 12-9 고력볼트의 기계적 성질

기계적 성질에 의한 고력볼트의 등급	인 장 시 험			
	항복강도(N/mm^2)	인장강도(N/mm^2)	연신율(%)	수축률(%)
F8T	640 이상	800 ~ 1000	16 이상	45 이상
F10T	900 이상	1000 ~ 1200	14 이상	40 이상
F13T	1170 이상	1300 ~ 1500	12 이상	35 이상

표 12-10 고력볼트의 설계볼트 장력과 표준볼트 장력

볼트의 등급	볼트의 호칭	공칭단면적 (mm^2)	설계볼트장력 T_0(kN)	표준볼트장력 1.1 T_0(kN)
F8T	M 16	201	84	93
	M 20	314	132	146
	M 22	380	160	176
	M 24	453	190	209
F10T	M 16	201	106	117
	M 20	314	165	182
	M 22	380	200	220
	M 24	453	237	261
F13T	M 16	201	137	151
	M 20	314	214	236
	M 22	380	259	285
	M 24	453	308	339

주) 설계볼트장력은 볼트 인장강도의 0.7배에 볼트의 유효단면적을 곱한 값이다.
볼트의 유효단면적은 공칭단면적의 0.75배이다.

(3) 고력볼트 조이기

고력볼트 조이기 방법은 볼트축력을 직접 측정하기가 매우 어렵기 때문에 일반적으로 토크관리법(Calibrated-wrench method)과 너트회전법(Turn-of-nut method)을 사용한다.

① 토크관리법(Torque control method)

토크(torque)관리법은 볼트가 탄성범위 내에 있으면 조임력과 볼트축력이 비례함을 이용하는 방법이다.

$$T = k \cdot d_1 \cdot N$$

여기에서 T : 조임력

d_1 : 고력볼트의 공칭직경 (mm)

N : 고력볼트의 축력 (N)

k : 토크계수 (0.11~0.19)

고력볼트의 너트와 와셔에는 표면 윤활처리를 하는 경우도 있어서 온도에 따라 토크계수가 변동하므로 시공에 주의할 필요가 있다.

조임기구에는 지름이 작은 볼트나 볼트 수가 적은 경우에는 수동토크렌치를 사용하지만 대부분 토크조정이 가능한 동력식 렌치가 사용된다.

② 너트회전법(Turn – of – nut method)

너트회전법은 수동조임 등으로 접합판이 밀착할 때까지 적당히 조인 후 너트의 회전량으로 조임을 관리하는 방법이다. 너트회전법으로 조이는 볼트도 토크계수 값이 안전하여 세트(볼트, 너트, 와셔)로서 양호함이 확보되어야 한다는 것은 토크관리법과 같다. 너트회전법은 일반화되어 대부분의 철골구조물에 사용되고 있다.

볼트를 조였을 때 볼트에는 인장력뿐만 아니라 조일 때 비틀려서 전단응력도 작용한다.

(4) 인장접합

볼트 축방향으로 힘을 전달하는 인장접합에서는 볼트로 판을 세게 조이면 판은 압축력을 받고, 볼트축은 인장재가 된다.

인장접합의 장기허용력은 볼트장력이 탄성적인 가역성을 갖는 한계인 초기장력의 약 90%이다. 그러나 주의할 점은 접합부의 변형으로 볼트축력에 지레형 반력(Prying action)이 부가되는 것이다.

인장응력과 축력 관계에서 점선곡선은 지레형 반력을 받는 경우이다. 인장접합의 고력볼트는 볼트 1개의 외력과 지레형 반력의 합이 허용인장력 값을 초과하지 않도록 설계한다.

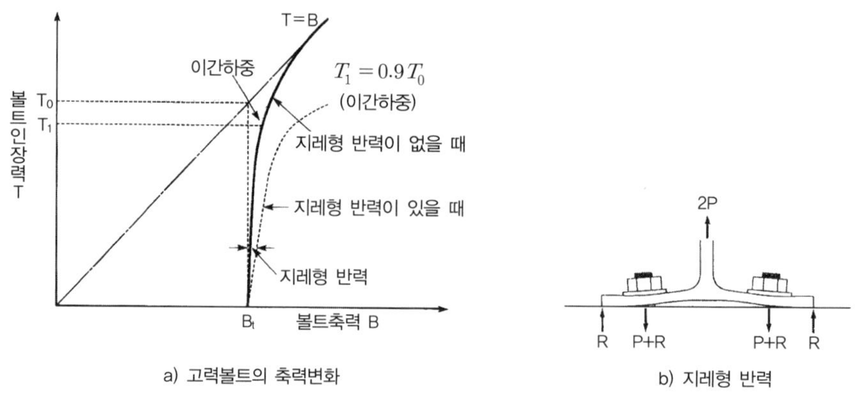

그림 12-6 고력볼트 인장접합

12.2.3 용접접합(Welding joint)

용접(鎔接)은 오랜 역사를 가지며 세계 제1차대전 무렵부터 시작하였고, 세계 제2차대전 이후 재질이 좋은 강재가 생산되면서 용접기술은 비약적인 발전을 하였다.

용접이란 2개 이상의 부재를 국부적으로 원자간 결합시키는 방법이다. 결합시키는 에너지원은 아크, 가스, 테르밋, 전지저항열, 전자빔, 하전빔, 초음파, 기계적 가압, 마찰, 폭압, 레이저 등이 있다. 이것을 하나 또는 조합하여 사용한다.

(1) 용접방법의 종류

용접방법에는 여러 종류가 있는데, 융접(Fusion welding), 압접(Pressure welding), 납접(Brazing)으로 크게 구분할 수 있다.

용접은 접합부에 용융금속을 생성 또는 공급하여 모재도 용융시켜 하나의 부재가 되도록 행하는 것을 용접이라 하고, 압접은 접합부를 가압한 채 가스나 전기저항발열을 주어 간단히 소성변형만으로 접합시키는 방법이다. 납땜은 접합하는 금속의 접촉면에 그보다 융점이 낮은 금속을 용융첨가하여 접합하는 방법으로 첨가하는 금속을 납이라 하고, 그 융점이 427℃ 이상의 것을 경납이라 하며, 그 이하의 것을 연납이라 한다. 연납에 의한 접합은 보통 납땜(Soldering)이라 한다.

① 피복 아크 용접(Shielded arc welding)

용접봉과 모재의 사이에 직류전압을 가한 채 양쪽을 접촉시키고, 접합할 부재 간격을 약간 떨어뜨리면 청백색의 강렬한 빛의 아크가 발생한다. 이 아크를 통해 50~400A의 큰 아크전류가 흐르고, 약 6,000℃의 고열이 발생되며 이 아크열을 이용하여 용접한다.

아크 용접은 피복재를 바른 용접봉을 사용한 용접으로써 구조물의 골조 접합부에 손용접(Manual welding)으로 가장 흔하게 사용되는 용접법이다.

피복 아크 용접에 쓰이는 용접봉은 금속심선에 피복재를 바른 것이다. 피복재는 아크열로 분해되어 다량의 가스로 되고, 아크를 공기로부터 보호하여 안정되게 한다. 이 가스는 공기 중의 산소나 질소의 침입을 막아 용착금속을 보호한다.

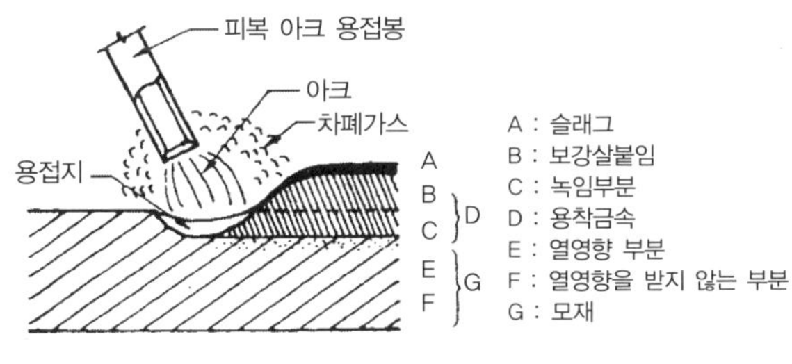

그림 12-7 피복아크용접

② 서브 머지드 아크 용접(Submerged arc welding)

서브 머지드 아크 용접은 이음부 표면에 뿌린 미세한 입상의 플럭스(Flux) 속에 피복하지 않은 용접봉 전극을 갖다 대어 아크용접하는 방법이다. 이 방법을 자동용접(automatic welding)이라고도 한다.

서브 머지드 아크 용접은 플럭스의 보호작용으로 큰 전류를 심선에 흐르게 할 수 있고,

열에너지의 손실을 막으므로 녹아 들어감이 매우 많고 용접이 능률적이다.

이 용접법은 모재를 녹이는 양이 많으므로 그 영향을 받기 쉽다. 플럭스는 제조법에 따라 용융형과 소결형이 있다.

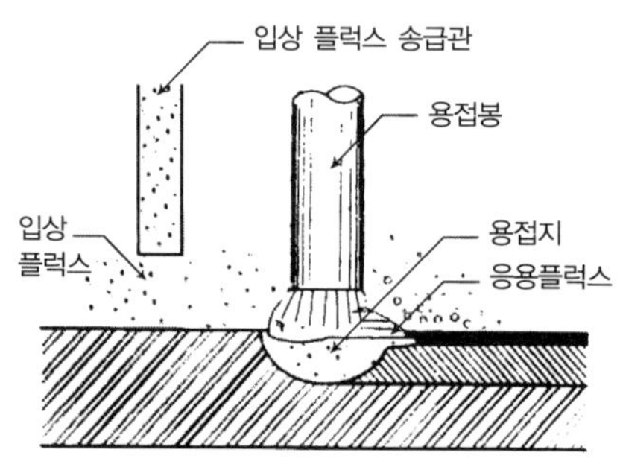

그림 12-8 서브 머지드 아크용접

③ 가스 실드 아크 용접(Gas shield arc welding)

가스 실드 아크 용접은 가스로서 아크를 보호하여 용접하는 방법이다.

솔리드 와이어에서는 직류용접기에 CO_2, CO_2+O_2, CO_2+Ar 등의 가스가 사용되고, 플럭스를 넣은 와이어에서는 직류 또는 교류용접기에 CO_2가스가 사용된다. 이 용접법은 가스로서 효과를 내고 있으므로 옥외작업에서는 바람의 영향을 받지 않도록 해야 한다.

이 용접법은 손용접의 이음에 비해 홈단면적을 감소시킬 수 있고, 용접층수도 줄일 수 있으므로 용접에 의한 변형도도 적어진다. 가스 실드 아크 용접은 구부러지기 어려운 부분이나 짧은 용접길이 부분에도 이용할 수 있다.

④ 일렉트로 슬러그 용접(Electro slag welding)

일렉트로 슬러그 용접은 매우 두꺼운 철판재의 용접을 목적으로 구소련에서 개발한 용접 방법으로 높은 전압을 주었을 때 보통 용매가 음극에서 양극으로 이용하는 현상을 이용한 것이다.

이 방법은 용융슬래그 속에 용접봉을 연속으로 공급하고, 용접봉과 용융금속 속을 흐르는 전류에 의한 전기저항발열로 전극을 용융시키는 것이다. 용접을 시작할 때는 입상플럭스 속에서 아크를 발생시켜 용접을 시작하지만 플럭스가 충분히 용융되면 아크는 없어진다.

이 용접은 입열량이 크고, 용융금속의 응고가 느리므로 결정입자가 크게 되므로 균열이 발생하기 쉽고, 이음부에 구속이 있으면 열간균열이 생기기 쉬우므로 주의해야 한다.

⑤ 기타 용접

㉠ 스터드 용접(Stud welding) : 스터드 용접(Stud welding)은 스터드재(材)와 모재의 사이에 전류를 흐르게 하고 상호의 접촉부분을 융착(融着)시키는 아크용접 또는 저항아크의 절충식 용접법이다.

㉡ 가스용접(Gas welding) : 가스용접은 가스와 산소의 혼합물의 연소열을 이용해서 용접하는 방법이다. 가스용접에서 가스염의 온도는 약 300℃로, 아크용접에 비해 낮으므로 용

접능률이 나빠서 보통 사용하지 않는다. 철근의 이음에서 가스압접은 사용되어진다.

㉢ 테르밋용접(Thermit welding) : 테르밋용접은 알루미늄의 분말을 산화철의 혼합물인 테르밋제와 과산화바륨, 마그네슘 등의 혼합분말을 발열시켰을 때의 발열을 이용해서 용접하는 방법이다. 차량, 레일 등의 이음에 이용한다.

㉣ 전기저항용접(Electric resistance welding) : 전기저항용접은 접합부에 직각으로 큰 전류를 단시간에 흐르게 해서 접합면에의 저항발열로서 용접하는 방법이다.

(2) 용접자세

구조체의 접합부재에 따라서 용접을 행하는 자세는 달라진다. 용접자세는 상향, 하향, 입향 자세로 구분된다.

이 3가지의 용접자세 중 하향 용접자세로 용접하면 접합부에 용착금속으로 잘 충전된 접합이음을 할 수 있으며, 마주보는 수직면에 용접하는 입향용접 자세 또는 머리를 하늘 위로 쳐다보며 용접하는 상향용접 자세 등도 취할 수 있으나 가장 우수한 용접자세는 하향자세이므로 가급적 이 자세로 용접할 수 있도록 행하는 편이 좋다.

(3) 용접이음매 형식

용접이음의 종류는 맞댐이음, 겹침이음, 모서리이음, T이음 등이 있으며, 용접이음매의 형식에는 맞댐용접, 모살용접, 플러그용접, 슬롯용접 등이 있으나 일반적으로 가장 흔히 사용하는 용접법은 맞댐용접과 모살용접이다.

① 맞댐용접(Butt welding)

맞댐용접은 접합할 부재의 끝단을 비스듬히 깎아내어 용접성을 좋게 하여 사용하는 방법이다. 접합할 부재의 끝단을 깎아 낸 것을 홈(Groove)이라 한다.

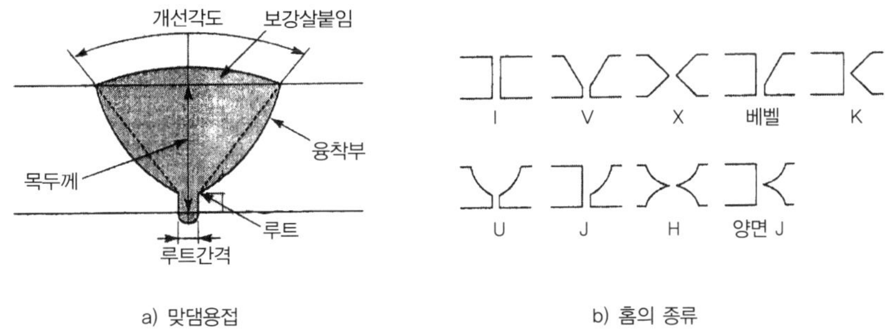

a) 맞댐용접 b) 홈의 종류

그림 12-9 맞댐용접과 홈의 종류

맞댐용접은 밑면따내기(Gouging)를 하고 겉쪽을 먼저 용접한 후 뒤쪽을 용접한다. 밑면따내기가 어려울 때는 뒷받침쇠(Backing strip)를 대고 용접한다. 이것은 용접부족, 수축균열, 슬래그 유입 등의 결함을 없애기 위한 것이다.

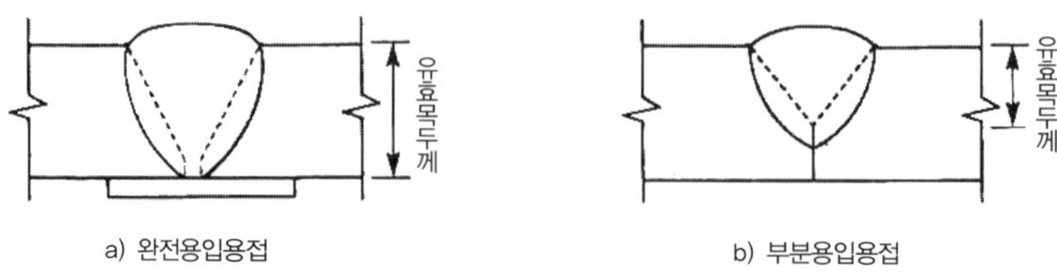

그림 12-10 맞댐용접

용착금속에 결함이 없도록 루트 밑면에 뒷받침쇠 및 용접 개시점과 종료점의 양단에 엔드텝(End tab) 등을 용접판 두께의 2배 길이의 판을 덧댐으로써 본 용접이 잘 되도록 하는 것이 바람직하다.

보강살붙임이 지나치게 크면 응력집중을 일으키기 쉽고 피로강도를 저하시키므로 최대 3mm로 하며, 얇은판이면 더욱 작게 하고, 그 높이는 폭의 1/5 이하로 해야 한다. 맞댐용접은 언제나 연속용접으로 하고, 단속용접은 사용할 수 없다.

판두께 또는 판폭이 다른 맞댐용접 이음매에서는 그 차가 4mm 이하일 때는 용접금속의 표면이 자연스런 경사가 되도록 용접하고, 그 차가 4mm를 초과할 경우에는 두꺼운 쪽의 부재를 1/5 이하의 기울기가 되도록 해야 한다.

큰 보와 작은 보의 접합에서 경사를 취하여 단면결손이 생길 경우에는 보강 모살용접을 더해야 한다. 맞댐용접의 홈형상은 판두께, 용접작업조건에 따라 여러 가지 형상의 홈(Groove)이 사용된다.

홈가공에서 유의해야 할 점은 용접 후 용착금속에서 수축변형이나 재질변화 등의 문제 및 완전용접을 하기 위한 용접의 작업성 등이다. 보통 I형은 판두께 6mm 이하에 V형, ㄴ형은 판두께 6~20mm의 정도에 그 이상의 두께의 경우에는 K형, H형, X형 · 양면J형 등이 사용된다.

② 모살용접(Fillet welding, 필렛용접)

모살용접은 응력방향에 따라 전면 모살용접, 측면 모살용접과 그 중간형의 빗방향모살 용접으로 분류된다. 모살용접을 하는 부재와 부재간의 각도가 90°에서 벗어나면 용접상 여러 가지 문제가 발생되므로 모살용접에 응력을 부담시키는 것은 바람직하지 못하다.

모살용접에서는 목두께(Throat)와 용접길이로 구성되는 단면이 응력을 부담한다. 목두께란

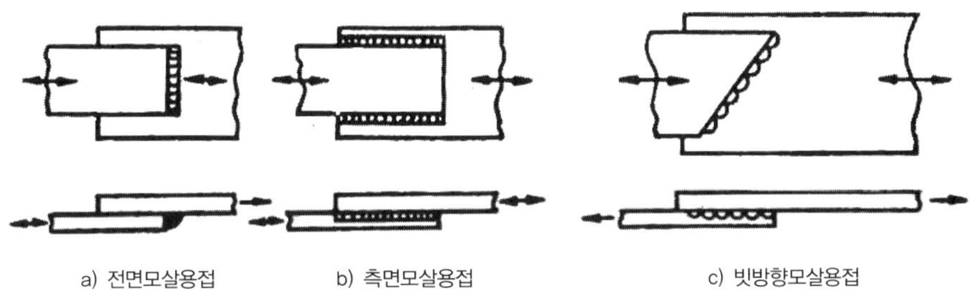

그림 12-11 모살용접의 분류

그림 12-13과 같다. 설계에서는 목두께가 아니라 사이즈를 지정한다. 모살용접에서는 목두께가 어느 정도 이상 커지면 목두께가 증가하더라도 강도는 그 비율로 증가하지 않는다. 너무 목두께를 크게 하면 용접에 의한 변형이 증가하므로 철골설계에서 모살 사이즈는 부재의 판두께에서 얇은 쪽의 판두께 이하로 하고 있다. 모살 사이즈가 지나치게 작으면 응력전달이 원만하지 못하고 냉각속도도 빨라서 용접부에 나쁜 영향을 끼친다.

모살용접에는 연속 용접법과 단속 용접법이 사용되고 있다.

③ 기타 용접

겹친 두 장의 판 한쪽에 원형 또는 긴 원형의 구멍을 뚫고 그 구멍 주위를 모살용접하는 접합방법을 모살구멍용접, 모살홈용접이라 한다. 이것은 겹침이음의 전단응력을 전달할 때 겹침 부분의 좌굴 또는 분리를 막으려 할 때나 조립재의 집결에 사용된다.

작은 원이나 홈을 뚫어 판의 겉표면까지 구멍이 다 채워지도록 용접하는 방법을 플러그(Plug)용접, 슬롯(Slot)용접이라 한다.

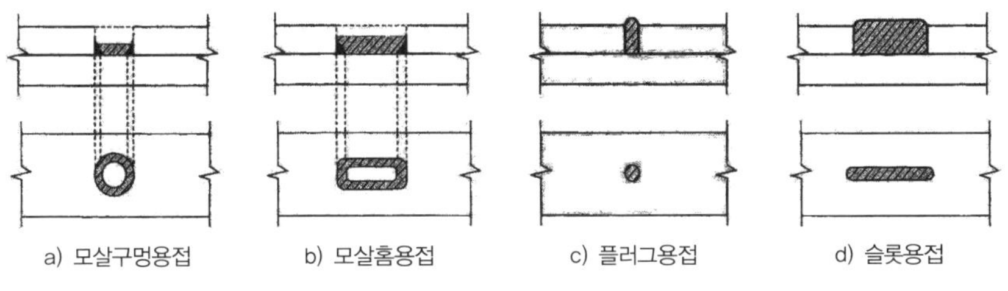

그림 12-12 기타 용접 방법

④ 용접강도

접합부에서 2가지 이상의 용접유형을 혼용할 경우 용접군의 축에 대하여 독립적으로 계산한다.

표 12-11 용접조인트 강도표

하중 유형 및 방향	적용 재료	ϕ	공칭강도 (F_{BM} 혹은 F_W)(MPa)	용접재 요구강도
완전용입 그루브 용접				
용접선에 직교인장	용접조인트강도는 모재에 의해 제한된다.			매칭용접재가 사용되어야 한다. 뒷댐재가 남아 있는 T조인트와 모서리조인트는 노치인성 용접재를 사용한다.(섭씨 4도에서 20J 이상인 CVN 인성값 이상)
용접선에 직교압축				매칭용접재 또는 이보다 한 단계 낮은 강도의 용접재가 사용될 수 있다.
용접선에 평행한 인장, 압축	용접에 평행하게 접합된 요소들에 작용하는 인장 또는 압축은 그 요소들을 접합하는 용접부 설계에 고려할 필요가 없다.			매칭용접재 또는 이보다 한 단계 낮은 강도의 용접재가 사용될 수 있다.
전단	용접조인트 강도는 모재에 의해 제한된다.			매칭용접재를 사용해야 한다.
부분용입 그루브 용접 (플레어 V그루브 용접, 플레어 베벨 그루브 용접 포함)				
용접선에 직교인장	모재	ϕ = 0.75	F_u	매칭용접재 또는 이보다 한 단계 낮은 강도의 용접재가 사용될 수 있다.
	용접재	ϕ = 0.80	0.60F_W (F_W= 용접재인장강도)	
기둥주각부와 기둥이음부의 압축	해당 용접부 설계에서 압축응력은 고려하지 않아도 된다.			
기둥을 제외한 부재의 지압접합부의 압축	모재	ϕ = 0.90	F_y	
	용접재	ϕ = 0.80	0.60F_W	
지압응력을 전달할 수 있도록 마감되지 않은 접합부의 압축	모재	ϕ = 0.90	F_y	
	용접재	ϕ = 0.80	0.90F_W	
용접선에 평행한 인장, 압축	용접에 평행하게 접합된 요소들에 작용하는 인장 또는 압축은 그 요소들을 접합하는 용접부 설계에 고려할 필요가 없다.			
전단	모재	블록전단강도에 따른다.		
	용접재	ϕ = 0.75	0.60F_W	
필렛용접 (구멍, 슬롯, 빗방향 T조인트 필렛 포함)				
전단	모재	블록전단강도에 따른다.		매칭용접재 또는 이보다 한 단계 낮은 강도의 용접재가 사용될 수 있다.
	용접재	ϕ = 0.75	0.60F_W	
용접선에 평행한 인장, 압축	용접에 평행하게 접합된 요소들에 작용하는 인장 또는 압축은 그 요소들을 접합하는 용접부 설계에 고려할 필요가 없다.			
플러그 및 슬롯 용접				
유효면적의 접합면에 평행한 전단	모재	블록전단강도에 따른다.		매칭용접재 또는 이보다 한 단계 낮은 강도의 용접재가 사용될 수 있다.
	용접재	ϕ = 0.75	0.60F_W	

⑤ 용접설계

㉠ 유효단면적(Effective sectional area) : 용접이음매의 내력은 응력계산상 유효단면적(유효 목두께×유효용접길이)이 응력을 전하는 것으로 구한다.

㉡ 목두께(Throat) : 목두께에는 실제의 목두께와 이론 목두께가 있으나 계산에는 이론 목두께 쪽을 사용한다. 맞댐용접 이음매의 목두께는 모재의 두께로 하고, 두께가 다르면 얇은 쪽의 판두께로 한다. 모살용접이음매의 목두께 a는 a=0.7S이고, 부등변 모살용접이면 사이즈가 작은 쪽으로 하고, 모살사이즈(S)는 두께가 다르면 얇은 쪽의 판두께 이하로 한다. 단, T형 이음에서 판두께가 6mm 이상이면 모살사이즈를 판두께의 1.5배, 또한 6mm 이하까지 할 수 있다. 판두께가 6mm 이상이면 사이즈는 4mm 이상이고, 또 $1.3\sqrt{t}$ mm 이상으로 한다. 여기서 t는 두꺼운 쪽의 판두께이다. 모살사이즈가 10mm 이상이면 이의 제한을 받지 않는다. 부분용입용접(Penetration)인 경우의 목두께는 $2\sqrt{t}$ mm 이상으로 하고 유효 목두께는 보통 홈 깊이로 하지만 손용접에 의한 K형, ㄴ형 홈의 부분용입용접이면 홈 깊이보다 3mm를 뺀 값으로 한다. 강관 분기이음의 모살사이즈는 얇은 쪽 관두께의 2배까지 할 수 있다.

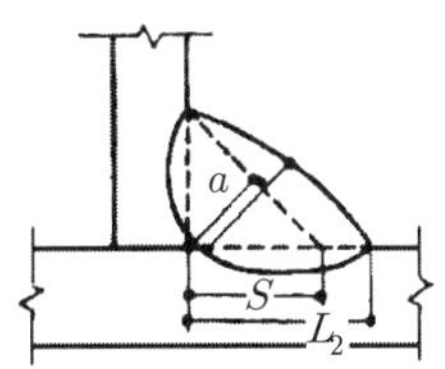

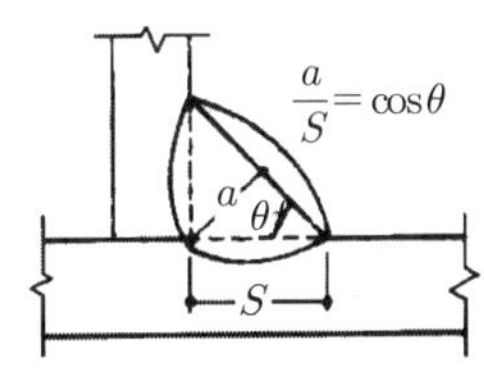

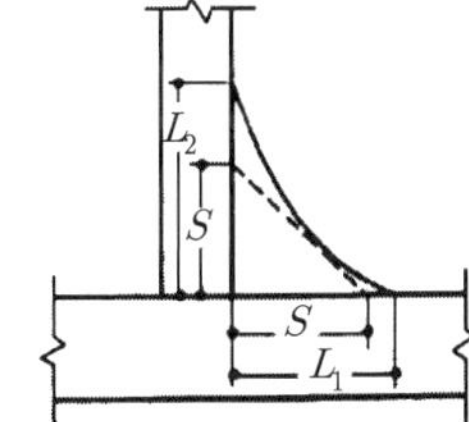

그림 12-13 목두께 (a)

㉢ 유효길이(Effective length) : 맞댐용접의 유효길이는 부재축의 직각인 접합부의 폭으로 한다. 모살용접의 유효길이는 용접한 전길이에서 모살치수의 2배를 뺀 값으로 한다. 응력을 전달하는 모살용접의 유효길이는 모살사이즈의 10배 이상이고, 또 40mm 이상으로 한다. 응력을 전달하는 겹침이음의 용접에는 원칙으로 2열 이상의 모살용접을 사용하고, 얇은 쪽 판두께의 5배 이상 또한 3cm 이상 겹치게 한다. 플레어용접의 모살사이즈는 얇은 쪽 판두께로 하고, 모살사이즈의 0.7배를 목두께로 한다.

㉣ 설계강도 : 용접부의 설계강도 ϕR_n은 모재의 인장파단, 전단파단 한계상태에 의한 강도와 용접재의 파단한계상태 강도 중 작은 값으로 산정한다.

모재 강도

$$R_n = F_{BM} A_{BM}$$

여기서, F_{BM} : 모재의 공칭인장강도 (N/mm^2)

A_{BM} : 모재의 단면적 (mm^2)

용접재 강도

$$R_n = F_W A_W$$

여기서, F_W : 용접재의 공칭인장강도 (N/mm^2)

A_W : 용접유효면적 (mm^2)

(4) 용접결합

접합부에 용접을 행하면 용접부의 조직은 용착금속(Deposite metal)에 모재도 일부 녹아 확산하여 생기는 용접금속(Weld metal), 열의 영향을 받는 부분, 열영향을 받지 않은 모재로 구별할 수 있다.

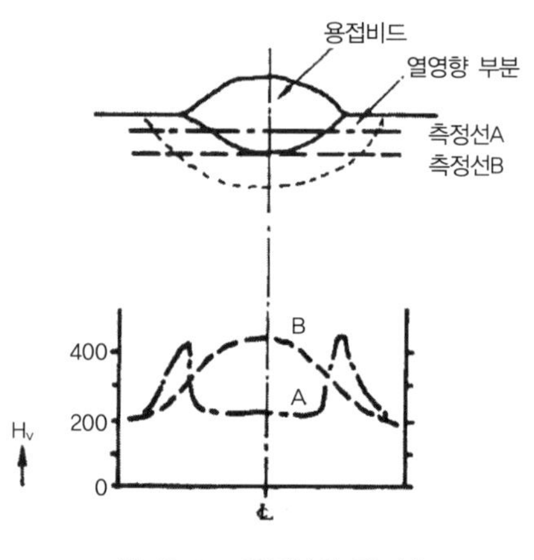

그림 12-14 용접부의 경도분포

용접의 진행방향으로 1회의 용접조작을 패스(Pass)라 하고, 그 결과 생기는 용착부를 비드(Bead)라 한다. 용접을 반복적으로 여러 번 용접조작을 하면 용착부의 비트에서 용접열에 의해 용착되는 주조조직은 탬퍼링(Tampering)효과에 의해 열처리된 조직으로 된다. 모재는 강의 융점에서 실온까지의 열영향을 받게 된다.

용접부에는 여러 용접결함이 생기는데 주된 것으로는 균열, 융합불량, 용입부족, 슬래그함입, 피트(pit), 블로홀(Blowhole), 언더컷(Under-cut), 오버랩(Overlap) 등이 있다.

용착금속에 생기는 균열에는 비드균열, 크레이터(Crater) 균열, 루트균열, 유황균열 등이 있다.

균열 이외의 용접결함은 융합불량과 용입부족, 슬래그함입, 피트와 블로홀 등이 있는데, 슬래그함입은 용접기술의 미숙이 원인이고, 첫 비드에 굵은 용접봉을 사용했을 때 생기기 쉽다. 피트와 블로홀은 도료, 녹, 밀 스케일(Mill scale), 모재 및 용접봉의 흡습 등이 원인이다.

언더컷은 과대한 용접전류, 아크 길이가 지나치게 길어서 생기고, 그 형상에 따라서는 단면 부족이나 응력집중으로 균열이 생기기 쉽다.

오버랩은 이와 반대로 용접전류가 적은 경우, 용접속도가 너무 느린 경우에 생긴다. 또 용접에 의해 접합부재가 링수축, 종수축, 회전변형, 각변형 등이 생길 수 있다.

용접부가 필요한 품질을 유지하고 있는가를 검토하기 위해 용접검사를 하게 된다. 이 검사에는 용접 전, 용접 중, 용접 후 각 단계에서 공정에 알맞은 방법으로 적절한 시기에 실시해야 한다.

용접 전 검사의 주요한 항목으로는 사용재료 확인, 강재의 가공, 가조립의 치수 정도, 용접환경 정비 등이 있으며, 용접 중에는 가조립용접의 가부, 초층 · 최종층 비드(Bead)의 상황 등이 있다. 용접 후에는 비드형상 등의 외관을 목측으로 검사한다. 목측 판단이 어려운 표면결함이나 비드 내부결함에 대해서는 다음의 기술방법에 따라 검사한다.

내부결함 검출에는 방사선 투과시험(Rediograph test), 초음파 탐상시험(Ultrasonic flaw detection test)이 있고, 표면결함 검출에는 방사선 투과 외에 자분탐상시험(Magnetic particle test), 침투탐상시험(Penetrant test)에 의한 방법이 이용된다.

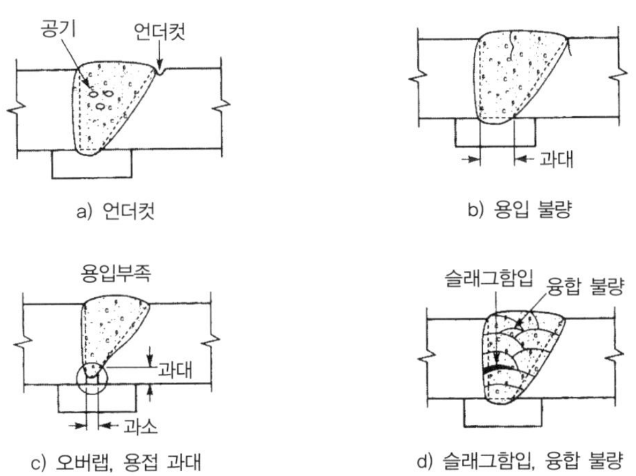

그림 12-15 용전부 결한

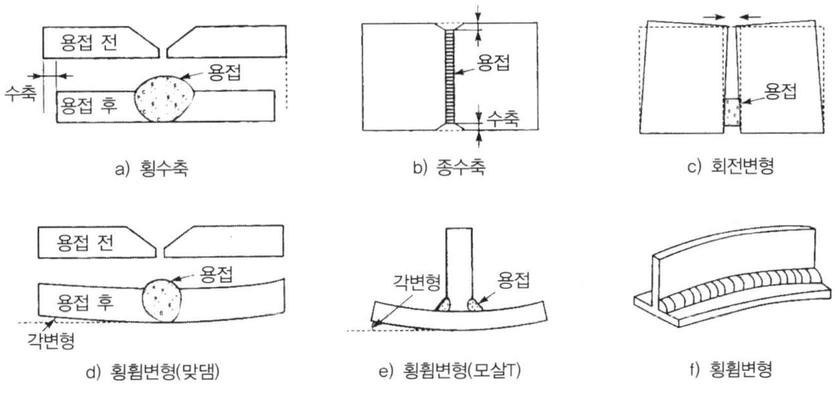

그림 12-16 용접에 의한 수축변형

(5) 용접의 도시법

표 12-12 용접의 기본기호

용접방법	용접의 기호	기 호	비 고
홈 및 맞댄 용접	양쪽 플랜지형	八	두 개의 1/4원을 마주보게 그린다.
	한쪽 플랜지형	|(	1/4원과 그 원의 반경과 같은 직선을 마주보고 그린다.
	I형	||	기선에 90° 평행선을 그린다.
	V형, X형	V	X형은 설명선의 기선(이하 기선이라 한다)에 대칭으로 그린다.
	V(Bevel)형, K형	V	수직선과 이것과 만나는 빗선을 그린다. K형은 기선에 대칭으로 그린다.
	J형, 양면 J형	∪	수직선에 1/4원을 붙여 그린다. 양면J형은 기선에 대칭으로 그린다.
	U형, 양면U형(H형)	Y	반원 밑에 수직발을 붙여 그린다. 양면U형은 기선에 대칭으로 그린다.
	플레어(Flare) V형 플레어 X형	)(	플레어 V형은 1/4원을 마주보게 그린다. X형은 기선에 대칭으로 그린다.
	플레어V(Bevel)형 플레어 K형	|(	플레어V형은 수직선과 1/4원을 그리고, K형은 기선에 대칭으로 그린다.
모살 용접	모살	◺	세로선을 왼쪽으로 한 직각 이등변삼각형을 그린다. 병렬용접일 때에는 기선에 대칭으로 그린다. 다만, 지그재그 용접의 경우에는 다음의 기호를 쓸 수 있다.
플러그 또는 슬롯용접		▽	빗변 60°의 제형에서 밑면은 윗변의 1/2 길이로 한다.
비드		⌒	곡선높이는 반경의 약 1/2로 한다.
덧붙임		⌒⌒	곡선 두 개를 비드와 같이 그린다.

표 12-13 용접의 보조기호

구 분		보조기호	비 고
용접부 표면 형상	평탄 볼록 오목	— ⌒ ‿	 기선의 바깥쪽으로 솟은 것. 기선쪽으로 처진 것.
용접부 다듬질 방법	치핑 연삭 절삭	C G M	다듬질 방법을 특별히 구별하지 않을 경우에는 F를 기입한다.
현장용접 온둘레 용접 온둘레 현장용접		● ○ ⊙	온둘레 용접이 뚜렷한 경우에는 생략해도 좋다.

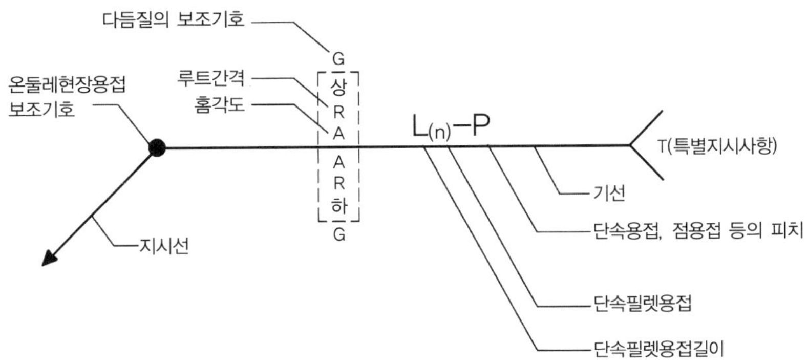

그림 12-17 용접기호의 표시방법

부재의 접합, 이음의 도시방법은 용접방법, 이음의 형식, 홈의 형태, 용접의 접합 길이 등을 도면에 표시할 때는 용접기호를 사용한다.

용접도시법의 기재 방법은

① 용접기호는 접합부를 지시하는 지시선과 기선으로 기재한다. 기선은 수평선이고 필요시에는 꼬리를 붙인다. 지시선은 기선에 대해 60℃ 또는 120℃의 직선이다.

② V형, K형 등에서 홈이 있는 쪽의 부재면을 지시할 필요가 있을 때는 홈을 낸 부재쪽에 기선을 긋고 지시선을 절선으로 하며 홈을 낸 면에 화살 끝을 둔다.

③ 기호 및 치수는 용접하는 쪽이 화살표가 있는 쪽이나 앞쪽인 때는 기선의 아래쪽에, 화살표의 반대쪽이거나 뒤쪽이면 기선의 위쪽에 밀착하여 기재한다.

④ 현장용접, 온둘레용접, 온둘레현장용접의 보조 기호는 기선과 지시선과의 교점에 기재한다.

⑤ 용접방법 기타 특이사항을 지시할 필요가 있으면 꼬리 부분에 기재한다.

(6) 접합물의 병용 이음

리벳, 고력볼트, 용접이음의 응력도-변형도곡선에서 하중(P)과 변형량(δ)을 비교하면 리벳이음은 하중이 작용되는 초기에 긴 슬립 현상을 보이다가 완만한 곡선으로 파괴까지 나타나며, 고력볼트 이음은 초기에는 일반강재의 응력도-변형도 곡선으로 나타내다가 급격한 슬립현상과 하중감소현상을 나타내며 완만한 곡선으로 파괴까지 나타낸다.

용접이음은 초기에는 일반강재의 응력도-변형도 곡선을 항복점 이후 변형률이 없이 곧바로 파괴되는 취성파괴현상을 보여준다.

이와 같이 접합물의 종류에 따라 하중을 지탱하는 접합물과 파괴형식이 달라지므로 이음의 강성, 변형능력 등도 접합물에 따라 달라진다.

한 개의 이음에 이종(異種) 접합법이 병용되는 경우에는 강성이 큰 접합부가 보다 큰 하중을 분담하며 변형 능력이 작은 접합부가 먼저 파단되므로 이종접합이 충분히 서로 협력하여 하중을 부담할 수 없는 경우가 있다.

이와 같이 각종 이음의 변형성상 차이를 고려하여 병용이음의 설계방법을 제시하고 있다.

① 리벳, 볼트 또는 고력볼트와 용접 병용

고력볼트 마찰접합에서 미끄럼이 생길 때까지의 강성은 용접과 비슷하므로 한 개소의 이음에서 고력볼트 마찰접합과 용접을 병용하는 경우 용접 전에 고력볼트접합을 하면 접합부 내력은 양쪽이 부담하게 된다. 그러나 용접을 먼저 하게 되면 용접열에 의해 변형이 생겨서 고력볼트를 조이더라도 접합면이 밀착되지 않으며, 충분한 접촉압을 얻을 수 없으므로 전내력을 용접이 부담하게 설계해야 한다.

고력볼트 인장접합과 용접을 병용할 때도 용접 또는 고력볼트 중 어느 한 쪽에 부담시키는 것이 좋다. 고력볼트를 조인 후 용접을 할 때는 용접하는 장소가 고력볼트에 접근해 있으면 용접열이 조인 볼트에 영향을 미치기 때문에 주의해야 한다.

리벳 및 볼트 접합부는 용접접합부에 비해 강성이 매우 낮고 변형성상에 큰 차가 있으므로 리벳 또는 볼트와 용접을 병용하는 경우 리벳 또는 볼트에 응력을 부담시킬 수 없으므로 전내력은 용접에 부담시켜야 한다.

② 고력볼트와 리벳 병용

리벳은 냉각시의 수축응력에 의한 접합면에 약간의 마찰력이 생기므로 고력볼트 마찰접합과 리벳을 병용하면 변형성상에 마찰과 지압의 명확한 차이 없이 일체가 된 변형을 일으킨다. 그러므로 허용내력은 양쪽의 합으로 할 수 있다.

실험에 의하면 고력볼트, 리벳의 병용은 그 병용비율에 따라 리벳적인 변형 또는 고력볼트적인 접합형상을 나타낸다. 고력볼트 인장접합과 인장리벳의 경우의 허용응력은 각각의 합으로 하지만, 강성이 다른 점을 충분히 고려해서 설계할 필요가 있다.

③ 고력볼트 또는 리벳과 볼트 병용

고력볼트접합의 강성이 매우 큰 데 비해 일반볼트는 그 구멍과의 클리어런스도 크므로 접합의 강성은 낮고, 그 차는 현저하다. 그러므로 고력볼트와 일반볼트의 병용은 강성이 큰 고력볼트에 전응력을 부담시켜야 한다.

리벳은 일반볼트에 비해 강성이 비교적 크고 변형성상이 다르므로 리벳과 일반볼트를 병용하면 리벳만에 전응력을 부담시켜야 한다.

고력볼트와 용접을 병용하는 경우 접합 부위가 떨어져 있어 응력분담기구가 다를 때에는 병용이음이 될 수 없고 혼용이음이 된다.

12.3 인장재(Tension member)

철골구조에서 트러스 구조물의 인장재, 케이블구조와 프리스트레스구조의 P.S강선 등을 인장재라 한다.

트러스는 현재나 웨브재, 가새 또는 메달재 등에서 인장력만을 받는 부재를 인장재(Tension member)라 하고 철골구조에서 인장재는 작은 단면으로 큰 힘을 견딜 수 있으므로 단면의 이용효율면에서 우수하므로 와이어에서 조립재에 이르기까지 여러 가지 용도로 사용된다.

재료의 강도가 그대로 부재내력을 지배하므로 고장력재가 이용될 가능성이 높아 인장재의 설계는 접합부의 설계로 해결되는 경우가 많다.

12.3.1 인장재 설계

인장재의 접합부에 볼트, 고력볼트 등을 사용하는 경우, 이들 구멍의 단면결손을 고려한 유효순단면의 파단과 총단면의 항복이라는 두 가지 한계상태에 대해 검토한다.

총단면의 항복

$$\phi_t P_n = 0.90 F_y A_g \ (\phi_t = 0.90)$$

유효순단면의 파단

$$\phi_t P_n = 0.75 F_u A_e \ (\phi_t = 0.75)$$

여기서, F_y : 항복강도 (N/mm^2)

F_u : 인장강도 (N/mm^2)

인장재의 단부 접합부에서의 설계는 순단면적(Net area)과 유효순단면적(Effective net area)에 따라 계산된다. 즉 순단면적(A_n)의 계산에는 다음 식이 이용된다.

$$A_n = A_g - ndt + \left(\sum \frac{S^2}{4g} \right) t$$

여기에서,

A_g : 인장재의 총단면적

S : 인장방향에 대한 인접한 2개 구멍의 간격

d : 구멍의 직경, g : 게이지, t : 인장재의 판두께

n : 예상 판단선상에 있는 구멍수

단면결손이 없는 용접접합인 경우는 윗식에서 A_n 대신에 총단면적 A_g를 사용해도 좋다. 그러나 긴결재(리벳, 볼트, 고력볼트 등)에 의해 부재단면이 줄어들게 되면 그 결손단면적을 제외한 단면만 인장을 부담하므로 정확한 부재의 유효단면적에 의한 설계를 해야 안전하다.

그림 12-18에서 형강의 다리 전개와 같이 동일 평면상에 있지 않은 ㄱ형강의 두 변에 구멍이 엇갈려 배치되어 있는 경우의 순단면적은 두 변을 펴서 동일 평면상에 놓은 후 앞의 순단면적 계산 방법과 동일하게 구한다. 이때 구멍열 사이의 간격 g는 두 구멍 사이의 거리에서 중복되는 두께를 감한 값을 사용한다.

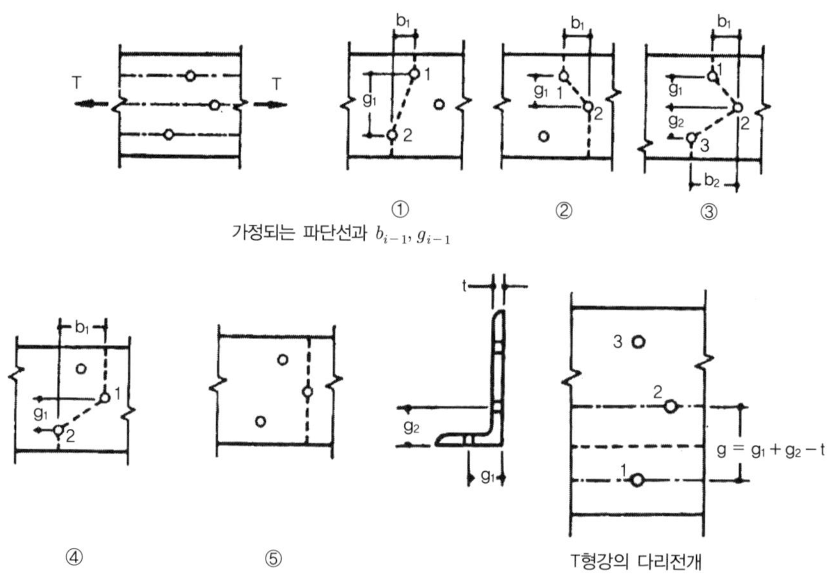

그림 12-18 인장재의 파단선

12.3.2 인장재의 편심

인장재 단부의 접합부에서 재 단면의 중심선과 볼트열 선(Gage line)은 가능한 일치되게 하여 편심이 생기지 않게 설계하여야 한다. 이처럼 편심이 없는 접합부에서 인장재 내의 응력은 단면에 걸쳐 균등하게 분포된다. 그러나 부득이 편심이 생길 때는 접합부에서의 응력은

편심에 의한 영향이 발생한다. 편심이 있는 접합부의 응력흐름은 인장력이 먼저 접합에 사용된 면을 통해 전단응력 형태로 점차 전체 단면으로 전달된다. 이때 접합에 사용된 면은 전체가 균일한 인장력을 받게 되지만 접합에 사용되지 않은 면에는 인장력이 불균등하게 생기는데 이러한 현상을 전단지연(Shear lag)이라 한다. 이러한 전단지연을 고려하여 순단면적 대신 유효순단면적을 사용한다. 유효순단면적은 다음과 같다.

$$A_e = UA_n$$

여기서, U : 감소계수

전단지연현상은 인장부재의 중심축과 인장력의 축이 일치하지 않을 때 발생하며 두 축 사이의 거리 $\bar{x}$가 커질수록 심해지며, 접합부의 길이가 길어질수록 전단지연의 영향이 줄어들게 된다. 전단지연에 따른 감소계수는 다음과 같다.

$$U = 1 - \frac{\bar{x}}{l},\ \ \bar{x} = \max(\bar{x}_1,\ \bar{x}_2)$$

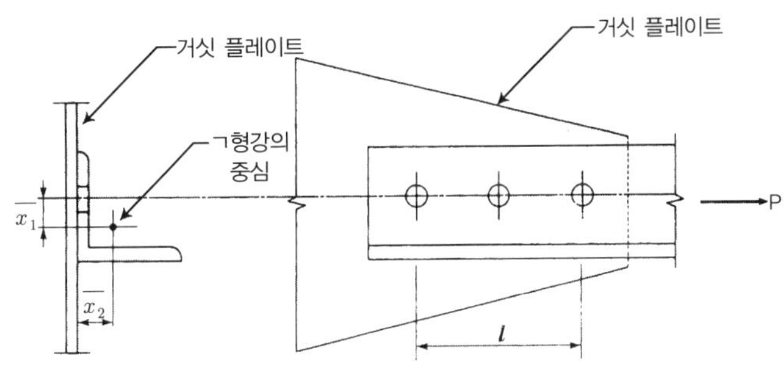

그림 12-19 인장재의 편심

12.3.3 인장재 설계 주의사항

1) 인장재의 세장비(細長比)

인장재는 압축재와 같은 좌굴현상은 생기지 않으므로 이론상 어떤 세장비라도 좋으나 자중에 의한 처짐이나 진동장애를 일으키지 않도록 어느 정도 세장비를 제한하여 설계하는 것이 좋다.

주재(主材) : 240 이하

가새 또는 2차 부재 : 300 이하

2) 조립인장재의 접합물 간격

강판, 형강 등으로 조합하여 조립인장재를 만들 경우 조립인장재가 일체가 되도록 다음과 같은 규정이 있다.

강판, 형강의 조립인장재

$$p \leq 12d \text{ 또는 } p \leq 30t$$

형강의 조립인장재

$$p \leq 100\,\text{cm}$$

여기에서, p : 볼트, 고력볼트 또는 단속용접의 축방향 간격(cm),

d : 볼트, 고력볼트의 지름(cm),

t : 집결재에서 가장 얇은 판재의 판두께(cm)

인장재의 재단 접합부에서 응력방향으로 전단을 받는 리벳, 볼트, 고력볼트의 수가 2개 이하인 때 응력방향의 연단거리는 그들의 공칭축지름의 2.5배 이상으로 한다.

12.4 압축재(Compression member)

부재에 압축력을 받는 부재를 압축재(Compression member)라 하고, 철골구조에서 압축재가 사용되는 부분은 트러스의 현재, 웨브재 및 휨을 동반하지 않는 기둥재 등이다.

사용되는 강재는 주로 형강, 강관 등이고, 압축력의 대소, 휨에 대한 강성을 고려해서 단일형강만 사용하는 단일압축재와 단일형강을 여러 개의 래티스, 대판, 띠장으로 묶은 조립압축재가 있다.

압축재에는 좌굴현상(Buckling)이 생기므로 부재단면의 설계는 매우 복잡하므로 주의해서 부재설계를 하여야 한다.

12.4.1 압축재의 거동(擧動)

부재에 압축력이 작용하면 부재는 짧아지지만, 일반적인 부재는 처음부터 휘어 있기도 하고 편심압축력이 작용하기도 하므로 부재는 휘면서 짧아지게 된다.

부재에 압축력이 커짐에 따라 휨은 급증하고 내력이 저하되어(불안정상태로 된다) 파괴에 이르게 된다. 그러나 부재가 곧고 편심하중이 작용되지 않더라도 작은 압축력일 때 곧 바로 짧아지기도 하지만 어느 정도 세장한 부재에서는 압축력이 커질 때 갑자기 옆으로 휘게 된다.

이와 같이 작용력에 의한 본래의 변형(곧 바로 짧아짐)에서 다른 변형(중심압축력을 주었어도 옆으로 휨)으로 되는 현상을 좌굴(Buckling)이라 하고, 이런 변화를 일으키는 하중을 좌굴하중(Buckling load)이라 한다.

세장하고 곧은 부재의 좌굴에 대해서는 1757년 Euler가 처음 이론을 발표하였다.

이 이론은 곧은 부재가 중심압축하중을 받아 좌굴하고 휨이 일어날 때의 평형을 생각하여 전개한 것이다.

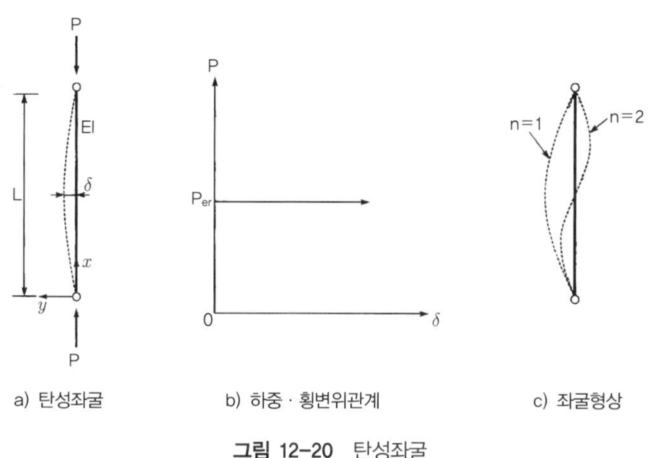

a) 탄성좌굴 b) 하중 · 횡변위관계 c) 좌굴형상

그림 12-20 탄성좌굴

표 12-14 재단조건과 좌굴길이

이동에 대한 조건		구 속			자 유	
회전에 대한 조건		양단자유	양단구속	1단자유 타단구속	양단구속	1단자유 타단구속
좌굴형						
l_k	이론치	l	$0.5\,l$	$0.7\,l$	l	$2\,l$
	추장치	l	$0.65\,l$	$0.8\,l$	$1.2\,l$	$2.1\,l$

12.4.2 초기 휨 · 편심 등의 영향

부재에 초기 휨이 작용되거나 편심압축력이 작용할 때는 재하 초기부터 부재에 휨이 생기므로 엄밀한 의미의 좌굴은 생기지 않는 것이 된다. 그러나 어느 정도 휨이 커지면 내하력이 떨어지기 시작하고 좌굴이 생긴 후와 비슷한 불안정상태로 된다.

최대 내하력은 좌굴하중과 비교하여 생각하는 경우가 많으므로 탄성안정(Elastic stability)문제라 할 수 있다.

초기 휨, 편심 등을 초기부정(Initial imperfection)이라 하며, 부재의 내하력에 불리하게 작용하며 그 영향도는 세장비에 따라서도 달라진다. 초기부정에는 압연형강의 압연잔류응력, 용접조립형강의 용접잔류응력도 포함될 수 있다.

12.4.3 압축재의 설계

압축재의 설계는 공칭하중에 하중계수를 곱한 후 이를 조합한 소요압축강도 P_u가 압축재의 공칭압축강도 P_n에 저감계수 ϕ_c를 곱한 설계압축강도 $\phi_c P_n$보다 작은값으로 한다.

$$P_u \le \phi_c P_n$$

(1) 휨좌굴에 대한 압축강도

휨좌굴은 압축재에 적용된다. 비틀림에 대한 비지지의 길이가 횡좌굴에 대한 비지지길이보다 클 때 H형강 기둥과 그와 유사한 기둥의 설계는 이에 따라 설계한다. 공칭압축강도 P_n은 휨좌굴에 대한 한계상태에 기초하여 다음과 같이 산정한다.

$$P_n = F_{cr} A_g$$

여기에서, F_{cr}은 휨좌굴강도, A_g는 부재의 총단면적

한계세장비 이상의 세장비를 갖는 기둥에 대해서는 탄성좌굴방정식인 오일러좌굴방정식을 기초로 한 공식으로부터 설계압축강도를 구한다.

허용응력설계법의 곡선식과는 다르게 모든 기둥에 대해 일정한 단일안전율을 적용하고, 세장비에 따른 강도의 변화를 곡선식에 의해 초기변형으로 인한 내력의 저하를 반영하기 위하여 오일러 방정식에 계수 0.877을 곱한 값을 설계압축강도공식으로 택하였다.

이 값은 허용응력설계법에서 적용하고 있는 안전율(1.67/1.92=0.87)과 동일하다. 비탄성영역에서 설계압축강도를 구하는 계산을 위해서 S자형의 곡선을 사용하고 있으며, 실험데이터로부터 하한값으로 계수 0.658을 채택하였다.

탄성좌굴과 비탄성좌굴의 한계는 $KL/r = 4.71\sqrt{E/F_y}$ 혹은 $F_e = 0.44F_y$이다. 기둥의 강도식에서 중요한 변수 중 하나는 탄성임계응력 F_e이다.

(2) 비틀림, 휨-비틀림좌굴에 대한 압축강도

ㄱ형강 또는 T형강의 기둥처럼 1축대칭 또는 비대칭기둥, 매우 얇은 판으로 된 +형 또는 조립기둥과 같은 2축 대칭기둥은 휨-비틀림과 비틀림좌굴의 한계상태를 고려하여야 한다.

휨-비틀림좌굴, 비틀림좌굴에 대한 한계상태의 공칭압축강도 P_n은 다음과 같이 산정한다.

$$P_n = F_{cr} A_g$$

대칭단면을 갖는 기둥의 비틀림좌굴과 비대칭단면을 갖는 기둥의 휨-비틀림좌굴은 열간 압연형강 기둥설계에서 일반적으로 검토하지 않는 파괴형태이다. 이 파괴 형태들은 먼저 발생하지 않거나 그 한계하중이 약축에 대한 좌굴하중과 큰 차이를 보이지 않기 때문이다.

이러한 좌굴하중은 상대적으로 얇은 판재로 이루어진 부재나 비대칭기둥의 내력에 영향을 끼칠 수 있다.

12.4.4 압축재의 단면검정 (허용응력설계법)

중심압축재의 압축응력도는 다음 식과 같이 구한다.

$$\sigma_c = \frac{N}{A}$$

여기에서, σ_c : 압축응력도(N/mm²) , N : 압축력(N)

A : 단면적(mm²)

이 압축응력도가 압축재의 허용압축응력도 이하가 되도록 단면을 정하면 설계가 가능하다. 그러므로 압축재의 단면검정식은 다음과 같다.

$$\sigma_c = \frac{N}{A} \leq f_c \quad \text{또는} \quad \frac{\sigma_c}{f_c} \leq 1$$

이 식은 인장재의 단면검정식과 같은 표현이나 압축재에서는 좌굴현상이 생기므로 단면석, 허용압축응력도를 정하는 방법이 인장재와는 다르다. 그러므로 압축재의 단면적은 좌굴을 고려해서 결정하여 설계되어야 한다.

12.4.5 압축재의 단면적

(1) 볼트, 고력볼트 구멍의 단면결손의 영향

압축재의 접합부에 볼트, 고력볼트 등의 접합물을 사용하는 경우, 이들 구멍 부분의 단면결손을 고려할 수도 있으나 압축재에서는 이들 구멍 부분의 단면결손의 영향이 인장재만큼이나 크지 않으므로 그 영향을 무시할 수 있다.

(2) 국부좌굴과 판요소의 판폭두께비 제한

압축재의 플랜지나 웨브가 얇고 넓은 경우, 부재 전체에의 좌굴이 일어나기 전에 플랜지와 웨브에 국부적으로 주름이 생기는 경우가 있다. 이런 현상을 국부좌굴(Local buckling)이라 하며, 역학적으로는 판의 좌굴문제이다.

국부좌굴은 부재의 내력저하를 초래하므로 구조설계상 중요한 문제이다.

판의 좌굴응력도에서 판폭두께비(d/t)는 봉이 좌굴하는 경우의 세장비에 대응하는 값이다. 플랜지나 웨브에서 판요소의 좌굴응력도가 F_y값 이상이 되도록 폭두께비의 제한에 따라 설계하고 있다. 따라서 이 폭두께비의 제한을 따르면 국부좌굴은 전체좌굴이 생기기 전에는 일어나지 않는다.

(3) 압축재의 한계판폭두께비

단면형상별 한계판폭두께비 λ_p, λ_r와 판폭두께비 산정을 위한 b, t, d, 그리고 D는 다음과 같이 규정하고 있다.

① 비구속요소의 폭

한 쪽 면에만 지지되어 있는 비구속요소의 폭은 I, H형강과 T형강의 플랜지의 폭 b는 전체 공칭 폭의 1/2로 한다. ㄱ형강, ㄷ형강 및 Z형강의 다리의 폭 b는 전체 공칭사이즈로 한다. 플레이트의 폭 b는 자유단으로부터 파스너의 첫 번째 줄 또는 용접선까지의 거리이고, T형강의 스템 d는 전체 공칭춤으로 한다.

표 12-15 압축판 요소의 판폭두께비(비구속)

비구속판요소	구분	판요소에 대한 설명	판폭두께비	판폭두께비 제한값 λ_p(콤팩트)	판폭두께비 제한값 λ_r(비콤팩트)
	1	균일압축을 받는 - 압연H형강의 플랜지 - 압연H형강으로부터 돌출된 플레이트 - 서로 접한 쌍ㄱ형강의 돌출된 다리 - ㄷ형강의 플랜지	b/t	-	$0.56\sqrt{E/F_y}$
	2	균일압축을 받는 - 용접H형강의 플랜지 - 용접H형강으로부터 돌출된 플레이트와 ㄱ형강 다리	b/t	-	$0.64\sqrt{k_c E/F_y}$
	3	균일압축을 받는 - ㄱ형강의 다리 - 낄판을 낀 쌍ㄱ형강의 다리 - 그 외 모든 한쪽만 지지된 판요소	b/t	-	$0.45\sqrt{E/F_y}$
	4	균일압축을 받는 T형강의 스템	d/t	-	$0.75\sqrt{E/F_y}$

표 12-16 압축판 요소의 판폭두께비(구속)

구속판요소	구분	판요소에 대한 설명		판폭두께비	판폭두께비 제한값 λ_p(콤팩트)	판폭두께비 제한값 λ_r(비콤팩트)
	5	균일압축을 받는 2축대칭 H형강의 웨브		h/t_w	–	$1.49\sqrt{E/F_y}$
	6	균일압축을 받는 – 각형강관의 플랜지 – 플랜지 커버 플레이트 – 파스너 또는 용접선 사이의 다이어프램 플레이트		b/t	$1.12\sqrt{E/F_y}$	$1.40\sqrt{E/F_y}$
	7	균일압축을 받는 그 외 모든 양쪽이 지지된 판요소		b/t	–	$1.49\sqrt{E/F_y}$
	8	– 압축을 받는 원형강관 – 휨을 받는 원형강관		D/t D/t	– $0.07E/F_y$	$0.11E/F_y$ $0.31E/F_y$

② 구속요소의 폭

양쪽면에 지지된 구속요소 중에서 압연이나 성형 단면의 웨브 폭 h는 각 플랜지에서 필렛이나 모서리 반경을 감한 플랜지 사이의 순간격이나 조립단면의 웨브 폭 h는 인접한 파스너의 열간거리 또는 용접한 경우 플랜지 사이의 순간격으로 한다.

조립단면에서 플랜지 또는 다이어프램 플레이트의 폭 b는 파스너열 또는 용접한 경우 압축플랜지의 내측면까지 거리의 2배로 하고, 상자형 단면의 플랜지 폭 b는 각변의 내측모서리 반경을 감한 웨브 사이의 순간격이다. 만일 모서리 반경을 알 수 없는 경우에는 단면의 외부사이즈 폭에서 두께의 3배를 감한 값으로 한다.

12.4.6 압축재의 좌굴길이 · 지점보강

부재의 재단조건에 따라 좌굴길이가 달라지듯이 부재 길이방향의 압축력 변화, 단면적 변화에 따라서도 좌굴길이는 달라진다.

(1) 구면 내의 좌굴길이(l_{kx})

부재의 절점에서 연속성을 무시하고 절점간 거리를 좌굴길이로 보는 것을 구면 내 좌굴길이라 한다.

(2) 구면 외의 좌굴길이(l_{kx})

일정한 축력을 받는 트러스인 경우, 구면 외 이동에 대해 구속된 지점간 거리를 좌굴길이로 한다. 그러나 축력이 지점 간에서 일정치 않고 지점 간이 몇 개의 축력 구간으로 나누어져 있을 경우, 그 지점간 거리를 좌굴길이로 한다.

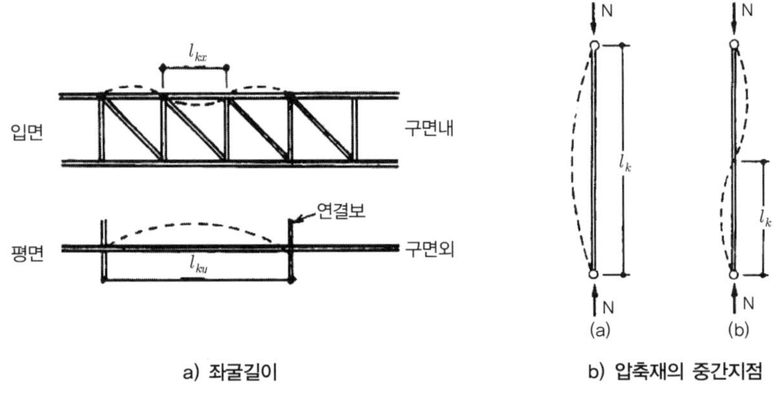

그림 12-21 압축재의 중간지점과 좌굴길이

(3) 압축재의 지점보강

압축력을 받는 부재를 설계할 때는 가능한 좌굴길이를 짧게 하는 것이 유리하다. 좌굴길이가 길면 중간에 지점을 두어 설계하는 것이 좋다.

중간지점에는 횡력이 작용하게 된다. 중간지점이 이 횡력에 의해 이동하면 작용횡력은 더욱 증가하고 되고 압축재의 내하력은 저하되므로 중간지점을 지지하는 보강골조로는 적당한 강도와 강성이 있어야 한다.

중간지점을 설계하기 위한 간편하고 정확한 계산법은 없으나 강구조계산규준에서는 압축력의 2% 이상의 가상 집중 횡력이 보강골조에 작용하는 것으로 생각하여 설계한다.

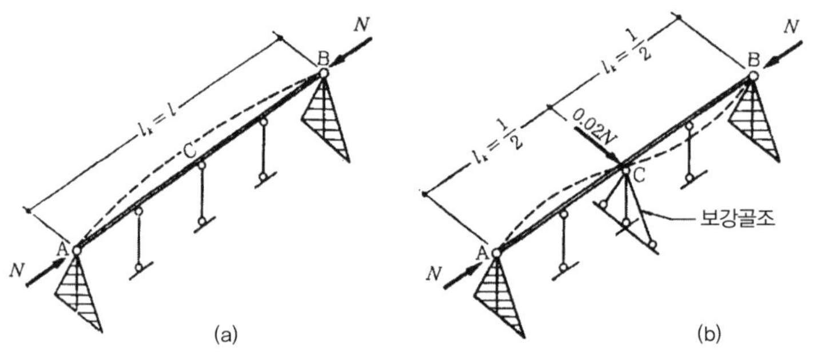

그림 12-22 보강골조의 검토

12.4.7 압축재의 설계

(1) 단일 압축재 설계 (허용응력설계법)

압축재의 설계는 설계하려는 부재의 축력과 부재길이를 알고 있을 때 그것에 적합한 단면 형상과 크기를 산정하는 것이다. 설계방법으로는 반복법, 개산법이 있다.

① 반복법

반복법에 의한 설계는

㉠ 사용강재의 재질을 정한다.

㉡ 좌굴길이 $l_k = rl$를 구한다.

㉢ 단면형상과 그 크기를 가정한다.

가정단면의 판요소 폭두께비를 검토하고, 그 단면적 A를 구한다.

가정단면의 좌굴축에 대한 단면2차반경 i를 구한다.

㉣ 세장비 $\lambda = l_k / i$를 구하고, f_c를 구한다.

㉤ 단면검정식인 압축응력도가 허용압축응력도 이하가 되도록 단면을 확인한다.

이와 같은 방법에 의해서 확인한 결과 단면가정이 부적당한 경우에는 단면검정식을 만족시킬 때까지 반복적으로 계산한다.

② 개산법

반복법에서 단면의 크기를 가정하기가 어려울 때는 개산법을 사용하면 편리하다.

㉠ 사용강재의 재질을 정한다.

㉡ 좌굴길이 $l_k = rl$을 구한다.

㉢ 단면형상과 세장비를 가정하고, 다음 식을 만족시키는 최소 중량의 단면크기를 구한다.

$$d \geq n\frac{l_k}{\lambda}, \quad A \geq \frac{N}{f_c}$$

여기에서, d : 단면의 변길이(cm), n : 형상계수,

A : 압축재의 소요단면적(cm^2),

N : 압축력(t),

f_c : 가정 λ와 재질에 따른 허용압축응력도(t/cm^2)

㉣ 윗 값에 의해서 단면검정을 하고 단면검정식에 적합한 때까지 반복법에 의해 설계한다.

표 12-17 단면의 형상 $n=d/i$

	등변 ㄱ형강	부등변 ㄱ형강	ㄷ형강	C형 경량형강	I 형강
단면형					
형상 계수	$n=\frac{d}{i_v}\fallingdotseq 5.15$	$n=\frac{d}{i_v}\fallingdotseq 4.80$	$n=\frac{d_x}{i_x}\fallingdotseq 2.55$ $n=\frac{d_y}{i_y}\fallingdotseq 3.45$	$n=\frac{d_x}{i_x}\fallingdotseq 2.58$ $n=\frac{d_y}{i_y}\fallingdotseq 2.72$	$n=\frac{d_x}{i_x}\fallingdotseq 2.45$ $n=\frac{d_y}{i_y}\fallingdotseq 4.60$
	H 형강		강관	각형강관	T형강
단면형					

(2) 조립 압축재의 설계

압연형강의 크기와 형상은 일정규격으로 생산되고 있어서 소요 압축력을 단일재로서 지지하는 것이 불가능한 경우가 있으며, 이 경우에는 강재를 조립하여 만든 조립압축재로 소요압축력을 지지할 수 있다.

이러한 조립압축재는 낄판, 띠판, 래티스형식 등이 있으며, 구조설계할 때 수평력에 의한 전단변형과 접합재의 설계에 유의하여야 한다.

조립압축재의 한계상태 하중은 조립재를 구성하는 개재의 좌굴에 의해 결정되지 않도록 하여야 하고, 각 부재를 접합하는 접합부 사이의 간격은 개재의 세장비가 부재 전체의 세장비의 3/4배를 초과하지 않도록 하여야 한다.

접합재는 부재에 발생하는 전단력에 견딜 수 있도록 설계되어야 하며, 파스너의 최대 간격은 맞댄 부위 전체가 완전히 밀착되도록 접합이 완전해야 하므로 강도상 필요한 간격보다 더 좁게 설치해야 만 한다.

① 조립압축재의 세장비

조립압축재에서 조립재의 중심축과 개재의 중심축이 일치하는 $X-X$축을 충복축이라 하고, 조립재의 중심축과 개제의 중심축이 일치하지 않는 $Y-Y$축을 비충복축이라 한다.

충복축에 대한 단면2차 반경(r_x)

$r_x = \sqrt{\Sigma I_x/\Sigma A}$ 으로 산정한다.

여기에서, I_x : 개재의 중심축(x축)에 대한 단면2차모멘트(mm^4)

A : 개재의 단면적(mm^2)

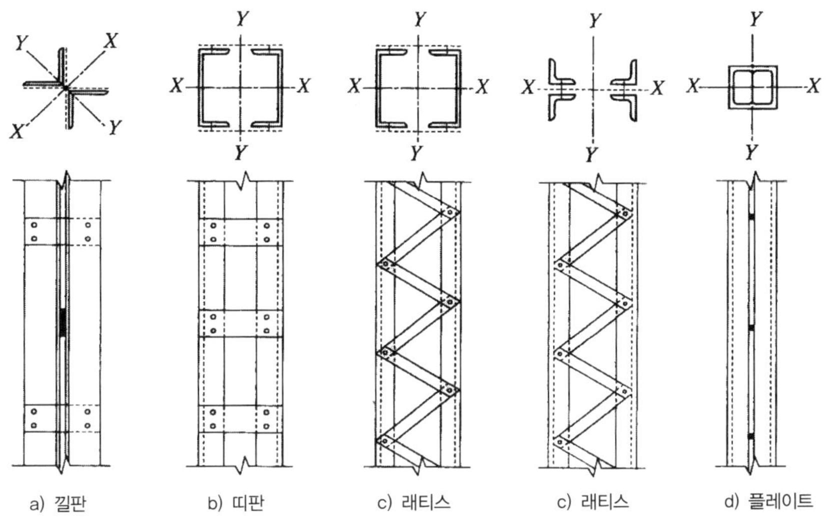

그림 12-23 조립압축부재의 종류

세장비(KL/r_x)는 단일압축재와 동일한 방법으로 산정한다.

비충복축에 대해 단일부재로 거동하는 조립부의 세장비는 KL/r_y로 한다. 만일 좌굴형태가 각 개재간의 접합재에서 전단력을 발생시키는 상대변형을 포함하고 있다면 조립압축재의 세장비(KL/r_y) 대신 조립압축재의 유효세장비$(KL/r)_m$을 사용한다.

건축구조기준에서는 세장비와 관련하여 2개 이상의 압연형강으로 구성된 조립압축재의 각 부재는 긴결재 사이의 개재 세장비가 조립압축재의 전체 세장비의 3/4배를 초과하지 않도록 하고 있으며, 또한 볼트나 용접으로 접합된 2개 이상의 부재로 구성된 조립압축재의 공칭압축강도(P_n)는 설계압축강도에 따라 산정하도록 규정하고 있다.

② 조립압축재의 구조제한

조립부재의 상세 및 설계에 관한 구조제한은 아래와 같다.

㉠ 조립재의 단부에서 개재 상호간의 접합

- 용접접합 : 연속용접으로 용접길이는 조립재의 최대폭 이상의 길이로 한다.
- 고력볼트 접합

  볼트피치 : 지름의 4배 이하

  접합길이 : 조립재 최대폭의 1.5배 이상

㉡ 단속용접 또는 고력볼트의 피치는 설계응력을 충분히 전달하도록 하여야 한다.

㉢ 덧판을 사용한 조립압축재의 파스너 및 단속용접 최대간격

- 정렬배치 : 가장 얇은 덧판두께의 $0.75\sqrt{E/F_y}$ 배 또한 300mm 이하
- 엇배치 : 정렬배치의 1.5배

㉣ 도장 내후성강재로 만든 압축재
- 긴결간격 : 가장 얇은 판 두께의 14배 또한 170mm 이하
- 최대 연단거리 : 가장 얇은 판 두께의 8배 또한 120mm 이하

③ 래티스 형식의 조립압축재

㉠ 사용 래티스재 : 평강, ㄱ형강, ㄷ형강, 기타형강

㉡ 소재의 세장비는 조립압축재의 최대세장비를 초과하지 않도록 접합하여야 하며, 다음 조건을 만족하여야 한다.
- 단일래티스 : $L/r \leq 140$
- 복래티스 : $L/r \leq 200$ (교차점은 접합함)

㉢ 압축력을 받는 래티스의 길이
- 단일래티스 : 주부재와 접합되는 비지지된 대각선의 길이
- 복래티스 : 주부재와 접합되는 비지지된 대각선의 길이 70%

㉣ 래티스재의 기울기
- 단일래티스 : 60° 이상
- 복래티스 : 45° 이상

㉤ 조립부재의 개재를 연결하는 재축방향의 용접 또는 파스너열 사이 거리가 400mm를 초과하면, 복래티스 또는 ㄱ형강으로 하는 것이 좋다.

㉥ 부재의 단부 또는 래티스 설치에 지장이 있는 부분의 양단부와 중간부에는 다음 조건의 띠판을 설치하도록 한다.

ⓐ 띠판의 폭
- 부재단부 : 개재를 연결하는 용접 또는 파스너 열간격 이상
- 부재중간 : 부재단부 띠판 길이의 1/2 이상

ⓑ 띠판의 두께 : 개재를 연결시키는 용접 또는 파스너열 사이 거리의 1/50 이상

ⓒ 띠판의 접합
- 용접의 경우 : 용접길이는 띠판길이의 1/3 이상
- 볼트접합 경우 : 띠판에 최소한 3개 이상의 파스너 설치

  파스너 간격은 파스너 직경의 6배 이하

④ 조립압축재의 설계

조립압축재의 구체적인 설계방법에는 단일압축재의 경우와 같이 반복법과 개산법이 있으나 단일압축재의 경우에 비해 단면의 크기를 가정하기에는 여러 어려움이 많으므로 부재가정은 개산법을 사용한다. 개산법에서는 주어진 조건보다 형상계수에 따라 단면의 크기를 추정하고, 추정단면의 크기를 검정하는 것이다.

이 단면의 추정에 필요한 조립단면의 형상계수는 다음과 같다.

표 12-18 조립단면의 형상계수 $n \fallingdotseq d/i,\ e \fallingdotseq 2l_k/\lambda$

단 면 형	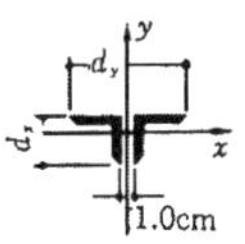	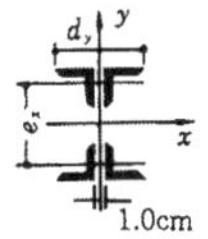	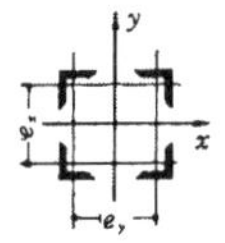	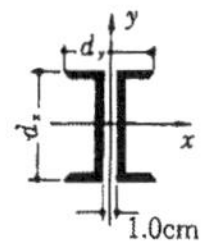	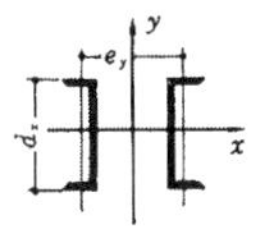
형상계수	$n_x=\frac{d_x}{i_x}=3.30$ $n_y=\frac{d_y}{i_y}=4.60$	$e_x=2\frac{l_{kx}}{\lambda_x}$ $n_y=\frac{d_y}{i_y}=4.60$	$e_x=2\frac{l_{kx}}{\lambda_x}$ $e_y=2\frac{l_{ky}}{\lambda_y}$	$n_x=\frac{d_x}{i_x}=2.55$ $n_y=\frac{d_x}{i_y}=4.80$	$n_x=\frac{d_x}{i_x}2.55$ $e_y=2\frac{l_{ky}}{\lambda_y}$
단 면 형	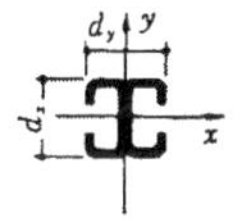	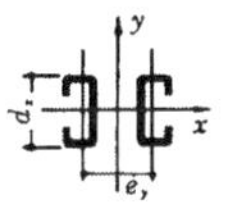	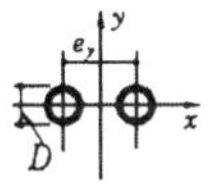	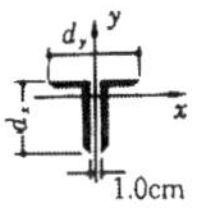	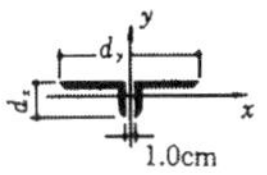
형상계수	$n_x=\frac{d_x}{i_x}=2.58$ $n_y=\frac{d_y}{i_y}=4.00$	$n_x=\frac{d_x}{i_x}=2.58$ $e_y=2\frac{l_{ky}}{\lambda_y}$	$n_x=\frac{D}{i_x}=2.90$ $e_y=2\frac{l_{ky}}{\lambda_y}$	$n_x=\frac{d_x}{i_x}=3.20$ $n_y=\frac{d_y}{i_y}=5.00$	$n_x=\frac{d_x}{i_x}=3.55$ $n_y=\frac{d_y}{i_y}=4.30$

12.5 기둥(Column)

철골구조에서 기둥부재는 주로 압축력이 작용하지만 부재길이가 단면에 비해 길기 때문에 좌굴현상을 일으키고 수평력에 의해서 휨을 동반하므로 모든 기둥들은 축력과 휨에 의해 단면이 결정된다.

기둥부재는 I형강, H형강, 각형강관, 원형강관 등의 단일형강이나 강판과 형강을 조합한 조립기둥이 있다.

기둥부재는 압축력과 휨이 작용하며, 실제내력은 압축력에 의한 2차적인 영향을 고려할 필요가 있다. 이러한 해석은 매우 복잡하므로 일반적으로 간단히 휨과 압축의 조합방법을 이용하고 있다.

인장과 휨을 받는 부재의 인장력이 부재의 휨을 저지하는 작용을 하지만 일반적으로 이 작용은 무시하고 기둥 부재의 설계를 검토한다.

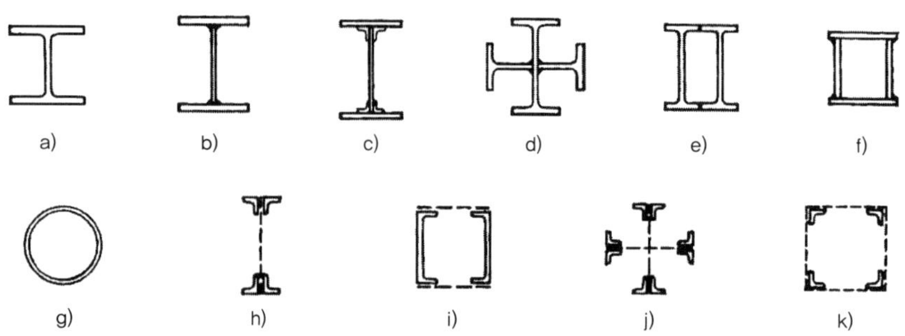

그림 12-24 기둥의 단면형상

12.5.1 판요소 폭두께비

기둥 부재의 폭두께비는 압축재, 휨재의 규정에 따르지만 압축과 휨을 받는 기둥부재의 웨브부분에 대한 폭두께비에 따라 결정하여도 된다.

이 폭두께비의 제한에 따라 부재가 설계되면 국부좌굴은 전체좌굴이 생기기 전에는 일어나지 않는다.

12.5.2 기둥부재의 좌굴길이

철골구조의 뼈대구조가 가새나 내력벽 등으로 수평방향의 이동이 구속될 때는 좌굴길이를 절점간거리 h로 볼 수 있다.

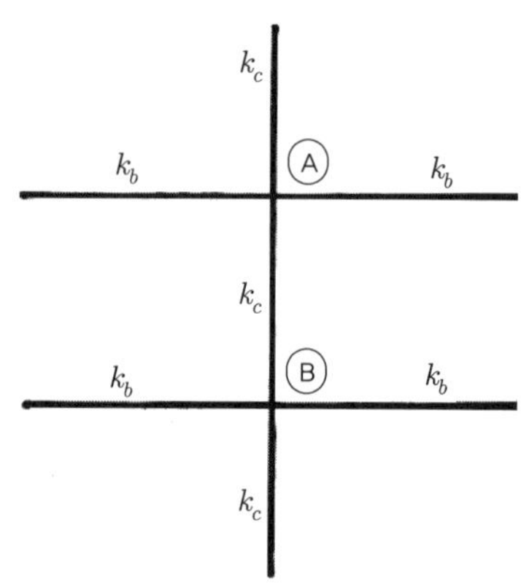

그림 12-25 좌굴길이계수

절점의 수평이동이 구속되지 않는 경우에는 구속되는 경우에 비해 유효좌굴길이는 길어진다. 유효좌굴길이 l_k는 층고를 h, 좌굴길이 계수를 K라면 $l_k = K \cdot h$로 된다. K값은 기둥에 작용하는 축력의 2차적인 영향을 고려한 골조전체의 안정문제로 생각할 필요가 있다.

이것은 매우 복잡하고 난해한 문제이므로 이 값 대신에 몇 가지의 약산법이 제안되어 사용되고 있다. 그 중 AISC의 방법을 일반적으로 가장 많이 사용한다.

AB 기둥의 좌굴길이계수를 구하는 식은 G_A, G_B이다.

$$G_A = \frac{{}_A\Sigma k_c}{{}_A\Sigma k_b} = \frac{A\text{점에 모이는 기둥강비의 합}}{A\text{점에 모이는 보강비의 합}}$$

$$G_B = \frac{{}_B\Sigma k_c}{{}_B\Sigma k_b} = \frac{B\text{점에 모이는 기둥강비의 합}}{B\text{점에 모이는 보강비의 합}}$$

이 값은 기둥의 강비에 비해서 보의 강비가 매우 클 때는 0(영)에 가깝고, 반대로 보의 강비가 작으면 커진다.

G_A, G_B에 따라 좌굴길이계수 K를 그림 12-26을 이용하여 구할 수 있고, 좌굴길이 $l_k = K \cdot h$로 계산할 수도 있다.

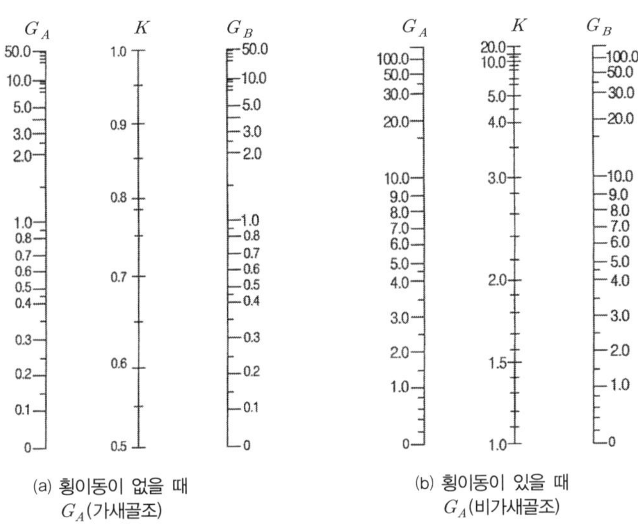

(a) 횡이동이 없을 때 G_A(가새골조)

(b) 횡이동이 있을 때 G_A(비가새골조)

그림 12-26 유효좌굴길이계수 계산도표

12.5.3 기둥의 설계

1) 충복기둥 설계

충복 기둥의 설계는 판·폭 두께비의 제한 값을 만족시킬 때는 기둥에 작용하는 힘(압축력 N, 인장력 T, 휨모멘트 M)에 견딜 수 있도록 단면을 검토하면 된다.

설계단면의 단면적, 단면계수의 계산 값에서는 볼트구멍의 단면결손 값은 빼지만, 강성을 계산할 때는 결손 값을 제외하지 않는다.

이 단면검토가 끝나면 웨브 플레이트의 전단력에 대해 검토하고 국부좌굴, 그리고 긴결재에 대해 순차적으로 검토하면 된다.

2) 비충복 기둥 설계

비충복 기둥은 띠판 기둥, 래티스 기둥, 트러스 기둥이 있다.

띠판 기둥은 매우 작은 전단력이 작용되고, 좌굴에 대해서도 비효율적이므로 특별한 경우 이외에는 사용하지 않는다. 형상은 앵글(ㄱ형강)을 겹쳐 놓고 그 사이에 직각으로 띠판을 일정한 간격으로 배치한 사다리 모양을 한 격자기둥이다.

래티스 기둥도 띠판 기둥과 같이 소규모의 구조물에 전단력이 작게 작용되는 기둥에 사용한다. 이 기둥의 형상은 직각의 띠판 대신에 일정한 각도를 가진 사재를 사용한다. 이 사재를 래티스라 한다.

트러스기둥은 띠판이나 래티스 기둥 보다는 커다란 힘에 견딜 수 있는 구조이므로 구조물의 규모가 크고, 전단력에 비해 축력과 휨모멘트가 클 때 사용되는 구조이다. 이 구조는 거싯 플레이트에 수직재와 사재를 접합하여 트러스를 짠 구조물을 말한다.

이 비충복 기둥의 설계는 충복 기둥설계와 같이 단면을 검토하고, 압축재와 인장재를 검토 확인한 후, 작용전단력 Q 값에 좌굴전단력 Q_k를 더한 값으로 전단력을 검토한다. 사재인 래티스의 축력 D는 $\pm(Q+Q_k)/\cos\theta$이다. 여기에서 $Q_k=0.02N$이며, 사재설계는 축력 D가 작용되는 압축재, 인장재로 설계검토하면 된다.

12.5.4 기둥의 이음부

기둥에 사용되는 형강의 제품길이는 운반상의 문제 때문에 특별한 경우를 제외하고는 10m~12m 정도이므로 이 길이에 맞추어서 설계되도록 계획되어야 한다.

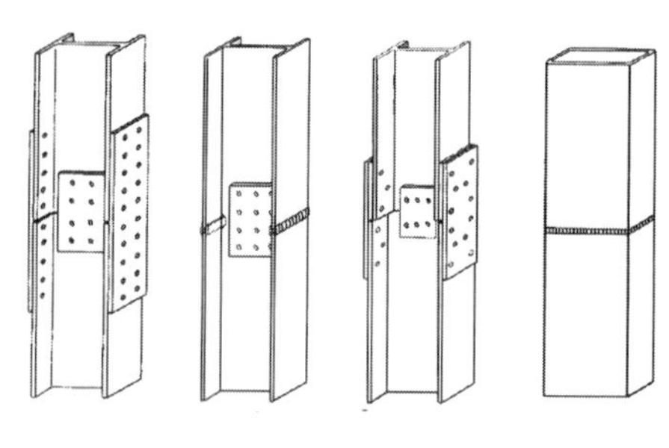

그림 12-27 기둥의 이음

기둥의 이음부는 존재응력을 충분히 전달하고, 접합부는 부재의 허용내력의 1/2 이상을 전달할 수 있어야 하고, 기둥 부재에서 응력이 가장 작게 작용하는 곳에 두는 것이 좋지만 시공성의 편의를 고려하여 층 바닥의 1m 위치에 이음부를 두는 것이 일반적이다.

이음은 플랜지와 웨브를 맞대놓고 덧판을 대고 리벳이나 고력볼트를 체결하거나 용접을 한다. 용접이음은 덧판을 대거나 기둥형강 부재에 홈(groove)을 만들고 직접 용접을 행하는 맞댐용접을 한다.

12.6 보(Girder, beam)

철골구조물에 사용되는 보는 기둥과 기둥을 연결하는 큰 보(Girder)와 보와 보를 연결하는 작은보(Beam), 그리고 중도리, 띠장, 장선 등이 있다.

보는 전단력과 휨모멘트에 저항하는 부재이며, 이런 부재를 휨부재라 한다. 휨부재는 휨성능이 좋은 I 형강을 사용한다.

보는 웨브의 형상에 따라 충복보와 비충복보로 분류할 수 있다. 충복보는 비교적 전단력이 큰 보에 사용하고, 비충복보는 전단력이 작고 보춤이 큰 경우에 많이 사용된다.

휨부재로 철골보와 철근콘크리트 슬래브르 합성시킨 합성보가 있다. 이 합성보는 스터드 커넥터로 보와 슬래브를 조합하여 내력과 강성을 향상시킨 부재이다.

작은보, 중도리 등 비교적 작은 응력을 받는 휨재에는 ㄷ형강이나 경량형강 단일재를 사용하고, 보나 크레인보와 같이 큰응력을 받는 휨재는 I 형 단면재, 상자형 단면재를 많이 사용한다.

I 형강 단면재에는 압연 I 형강과 용접 I 형강이 있다. 용접H형강은 압연H형강에 비해 웨브두께를 얇게 하여 강재량을 절감할 수 있으며, 웨브의 좌굴방지가 필요한 경우는 스티프너(Stiffener)로 보강한다.

부분적으로 휨성능을 높이기 위해서는 압연 또는 용접 I 형강의 플랜지에 커버 플레이트를 보강하거나 용접 I 형강으로 플랜지의 폭이나 두께를 변화시키는 등 여러 가지 방법을 사용할 수 있다. 용접 I 형강은 웨브나 플랜지에 강재의 기계적 성질이 같은 것을 사용하는 것이 일반적이지만, 특별한 경우에는 플랜지에만 고장력강을 사용하는 하이브리드 보(Hybird beam)가 있다.

상자형 단면재는 비틀림 강성이 매우 크기 때문에 비틀림 모멘트를 받는 보, 2축 응력을 받는 보 또는 좌굴길이가 매우 긴 보 등에 사용한다. 상자형 단면재에도 충복보와 비충복보

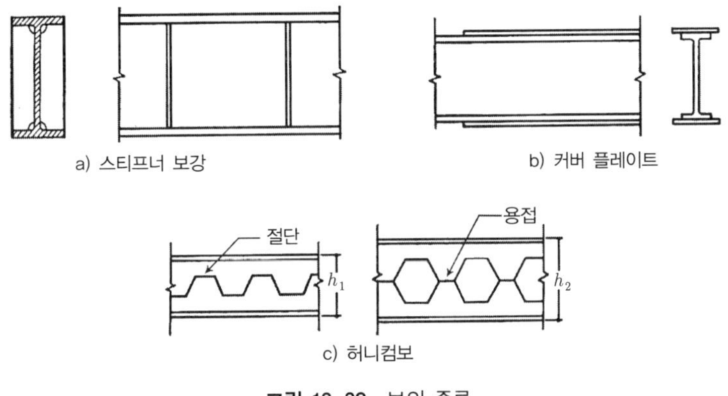

그림 12-28 보의 종류

가 있다.

트러스보의 종류는 사용하는 재료의 형상과 그 조립방법에 따라 여러 가지가 있다.

압연 I형강의 웨브를 지그재그로 절단하고, 용접접합한 허니컴보(Honey comb, Castellated beam)이다. 이러한 보는 같은 중량의 강재로서도 보춤이 높아지므로 휨성능이 커진다. 그러나 전단력이 큰 곳에는 사용상 주의해야 한다. 트러스 보는 플랜지 부재에 T형강이나 2개의 ㄱ형강을 겹쳐놓고, 그 플랜지 부위에 커버플레이트를 덧대고, 웨브재는 ㄱ형강 한 장이나 두 장을 겹쳐서 띠판과 래티스재를 사용하여 제작한다.

트러스 보에 작용되는 전단력이 작은 경우에는 현재와 웨브재를 직접 연결하지만, 전단력이 클 때는 현재와 웨브재의 접합에 거싯플레이트를 덧대고 연결한다.

12.6.1 휨재

(1) 휨변형 · 휨응력도

단면을 가지는 부재를 지점 위에 놓으면 자중에 의해서 보는 일정한 호를 그리며 처지게 되어 보 단면의 상부는 줄어들고, 하부는 늘어나게 된다. 이는 단면 상부에는 압축되어 압축응력이 작용하고, 하부에는 인장되어 인장응력이 작용된다.

이는 휨모멘트만 작용되는 보와 같은 작용을 한다. 또 보의 단면에서는 줄어들거나 늘어나지도 않는 면이 있는데, 이 면을 중립면(Neutral plane)이라 하고 중립면이 단면과 만나는 선을 중립축(Neutral axis)이라 한다.

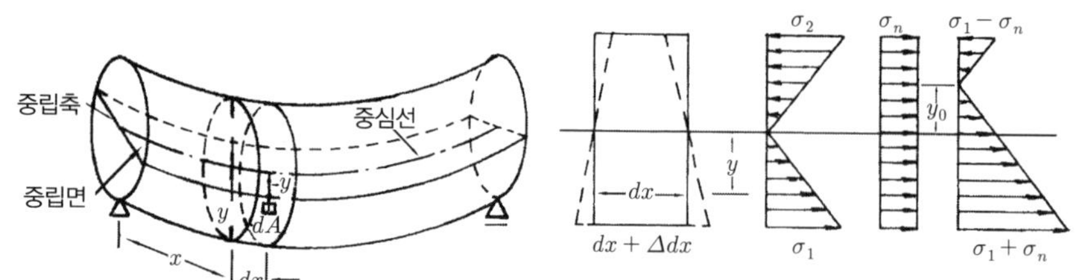

그림 12-29 휨변형 · 휨응력도

단면의 중립축에서 y떨어진 점 dA를 생각하여 이 점을 지나는 변형률 ε을 구하면

$$\varepsilon = \frac{\Delta dx}{dx} = ky \qquad k : \text{비례상수}$$

변형률 ε, 응력 σ, 영계수 E의 관계를 보면

$$\sigma = E\varepsilon = E\frac{\Delta dx}{dx} = Eky$$

여기에서 dA에 작용하는 힘은 σdA, 단면 전체에 작용하는 힘은

$\int_A \sigma dA$, 작용하는 힘이 휨모멘트 밖에 없으므로 $\Sigma H = 0$에 의하여

$$\int_A \sigma dA = 0 \rightarrow Ek\int_A ydA = 0, \quad Ek \neq 0 \ \therefore \int_A ydA = 0$$

$\int_A ydA$는 중립축에 대한 단면 1차모멘트인데 이 값은 0(영)이어야 하므로 중립축은 단면의 도심을 지난다.

이와 같은 도심을 연결한 중립면 선을 중립선(Neutral line)이라 하는데 휨모멘트만을 받는 보에서는 중립선과 보의 축이 일치된다.

dA에 작용하는 응력의 중립축에 대한 모멘트의 합은 휨모멘트와 비겨야 하므로

$$Mx = \int_A y\sigma dA = Ek\int_A y^2 dA = EkIx \rightarrow Ek = \frac{Mx}{Ix}$$

I_x : 중립축에 대한 단면 2차 모멘트

$$\therefore \ \frac{\sigma}{y} = \frac{M_x}{I_x} \rightarrow \sigma = \frac{M_x}{I_x}y = \frac{M}{Z}$$

이 식은 휨모멘트만 작용할 때 보 단면의 중립축으로부터 y떨어진 곳의 휨응력을 구하는 값이다.

(2) 횡좌굴(Lateral buckling)

I 형단면의 강축 주위로 휨이 작용하면 보 부재에 뒤틀림이 생김과 동시에 면외로 변형이 일어나게 된다. 이런 현상도 일종의 좌굴현상으로 횡좌굴(橫挫屈, Lateral buckling)이라 한다. 양단 단순지지의 길이 l인 I 형단면 보에 순수휨모멘트가 작용할 때 횡좌굴모멘트

$$M_{cr} = \sqrt{EI_y GI_s\left(\frac{\pi}{l}\right)^2 + E^2 I_y I_w\left(\frac{\pi}{l}\right)^4}$$

여기에서, G : 전단탄성계수, I_y : 약축의 단면2차모멘트,

I_s : 비틀림상수(St. venant), I_w : 뒤틀림상수(Wagner)

I 형단면을 약축의 단면2차모멘트 또는 비틀림강성이 클수록, 그리고 좌굴길이 l이 짧을수록 횡좌굴이 일어나기 어렵다.

상자형 단면, 원형단면과 같은 폐단면(閉斷面)은 I 형단면에 비해 비틀림강성이 매우 크므로 횡좌굴의 염려가 없다.

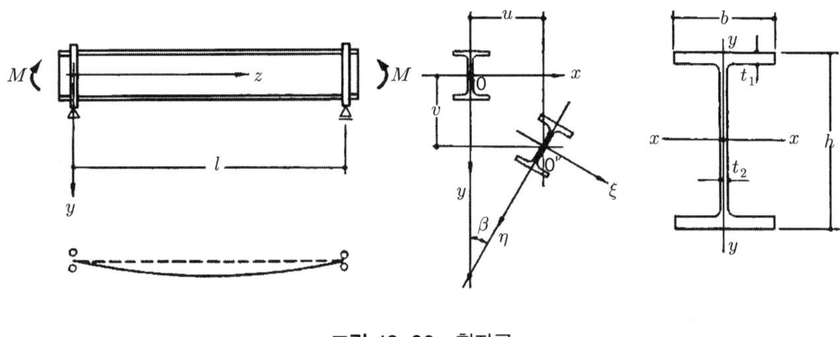

그림 12-30 횡좌굴

H형강이나 ㄷ형강이 약축의 휨모멘트를 받는 경우에는 횡좌굴이 생기지 않는다.

(3) 휨재의 공칭휨강도

한계상태설계법에서 휨재의 공칭휨강도는 횡좌굴강도와 국부좌굴강도를 고려하여야 한다.

횡좌굴강도는 휨모멘트가 균일한 H형강보의 L_p 및 L_r에 대한 한계 비지지길이로 정의된다. L_p는 휨모멘트가 균일한 보의 완전소성 휨성능에 대한 한계 비지지길이이고, L_r은 휨모멘트가 균일한 보의 비탄성 횡좌굴에 대한 한계 비지지길이이다. 그리고 L_b는 보의 비지지길이이다.

$L_b \le L_p$인 경우

보의 압축플랜지가 횡방향으로 매우 좁은 간격으로 지지되어 횡좌굴강도는 소성모멘트로 된다.

$L_p < L_b \le L_r$ 인 경우

보의 압축 플랜지가 횡지지 간격이 충분치 않아서 횡좌굴강도는 소성모멘트와 탄성 횡좌굴모멘트를 보의 비지지길이에 따라 직선 보간하여 산정한다.

$L_b > L_r$인 경우

보 압축플랜지의 횡지지 간격이 너무 길어서 횡좌굴강도는 탄성 횡좌굴모멘트와 같다.

국부좌굴강도는 웨브가 조밀(콤팩트)단면일지라도 강축에 대하여 플랜지가 비조밀단면 혹은 세장판요소 단면이 있을 수 있다. 이러한 경우 플랜지가 비조밀단면이면 판요소는 비탄성 국부좌굴을 일으키며, 세장판요소 단면의 플랜지의 경우 판요소는 탄성 국부좌굴을 일으키게 된다. 따라서 횡좌굴강도와 단면의 국부좌굴을 검토하여 공칭휨강도를 결정하게 된다.

(4) 웨브 플레이트의 응력도와 좌굴

① 전단응력도

보의 지점에서 임의의 거리 x에서 보의 축방향으로 d_x, 보단면의 중립면에서 h만큼 떨어진 곳에서 중립면과 나란하게 d_y떨어진 보의 부피단면요소를 생각하면, 이는 하중이 작용한 후에도 비김조건이 성립하는 상태이다.

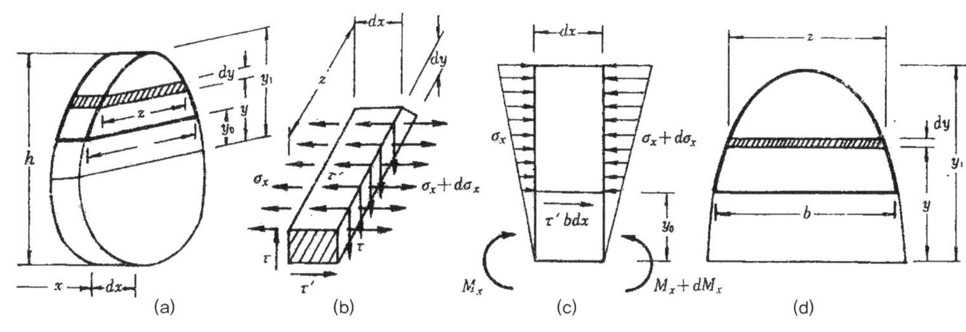

그림 12-31 전단변형 · 전단응력도

전단력에 의해 이 요소의 양 연직면에 전단응력 τ가 이루는 우력과 비길 우력이 있어야 하므로 상하 수평면에도 전단응력이 생겨야 한다.

이 전단응력을 τ'라 하고 양 측면(앞뒷면) $d_x \times d_y$의 중심을 지나는 축에 대한 모멘트를 생각하면

$$2(\tau\, zdy)\frac{dx}{2} - 2(\tau'\, zdx)\frac{dy}{2} = 0 \;\rightarrow\; \tau = \tau'$$

이는 비김 상태에 있는 보 단면의 어떤 면에 전단응력이 생기면 그와 직교하는 면에도 전단응력이 생기고, 그 크기가 서로 같다는 것을 말한다.

d_x 떨어진 양단면에 작용하는 휨모멘트를 각각 M_x 및 $M_x + dM_x$이라 하면 양 단면에 생기는 휨응력 σ_x 및 $\sigma_x + d\sigma_x$이다.

중립면에서 y_0 떨어진 중립면과 나란한 면의 수평전단응력을 τ'라 하면 넓이 $b \times d_x$에 생기는 전단력은 $\tau' bdx$이다.

이 전단력은 양 단면에 작용하는 총 휨응력의 차이에서 생기는 것이다.

$$\tau' b dx = \int_{y_0}^{y_1} (\sigma_x + d\sigma_x) z dy - \int_{y_0}^{y_1} \sigma_x z dy$$

$$= \int_{y_0}^{y_1} \frac{M_x + dM_x}{I_x} yzdy - \int_{y_0}^{y_1} \frac{M_x}{Ix} yzdy = \int_{y_0}^{y_1} \frac{dM_x}{I_x} yzdy$$

$$\tau' = \int_{y_0}^{y_1} \frac{dM_x}{dx} \times \frac{yz\,dy}{I_x b} = \int_{y_1}^{y_1} S_x \times \frac{yz\,dy}{I_x b}$$

으로 표현할 수 있다.

여기에서, S_x : 지점에서 x 떨어진 단면의 전단력,

I_x : 위 단면의 중립축에 대한 단면 2차모멘트, b : τ' 를 구하려는 곳의 단면폭,

$\int_{y_0}^{y_1} yz\,dy$: 중립축에 대한 단면 1차모멘트, 보 축에 직각인 방향의 전단응력

$\tau = \tau'$ 이므로

$$\tau = \frac{S_x G_x}{I_x b}, \qquad G_x = \int_{y_0}^{y_1} yz\,dy$$

이 값이 전단응력이다.

정해진 단면에서 전단응력이 최대가 되는 곳은 G_x가 최대로 되는 중립축에서 일어난다.

$y_0 = 0$일 때 $G_x \to \max$, $\tau \to \max$이다.

웨브 플레이트에 생기는 전단응력도 τ는

$$\tau = \frac{QS}{I \cdot t_w}, \ \tau_{\max} = k\frac{Q}{A_w}$$

A_w는 웨브 단면적이고, Q/A_w는 평균전단응력도이다. k는 형상계수(形狀係數)이고, 최대 전단응력도와 평균응력도의 비율이다.

형상계수는 4각형 단면에서는 1.5, 원형단면이면 1.33이다. I 형단면에서는 단면의 치수에 따라 다르겠지만 보통 1.1~1.2이다.

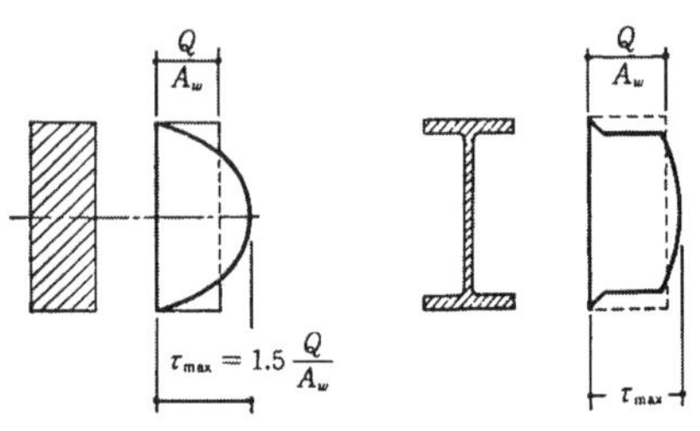

그림 12-32 전단응력도

보의 전단강도는 전단력에 웨브가 항복하거나 좌굴하는 한계상태로 구분된다. 웨브의 판폭두께비가 작은 경우에는 전단항복에 의한 한계상태가 되지만, 큰 경우에는 웨브는 전단에 의해 비탄성 또는 탄성좌굴을 일으키므로 세 가지 한계상태 영역으로 나누어 설계전단강도를 산정한다.

② 휨재의 국부좌굴

횡비틀림좌굴은 부재 전체에서 발생하는 전체좌굴로 생각할 수 있다. 보의 강도를 조기에 저하시키는 다른 요인으로는 국부좌굴(Local buckling)이 있다.

보 단면이 항복모멘트에 도달하기 위해서는 압축플랜지가 항복응력도에 도달할 수 있어야 하고, 웨브는 상응하는 전단응력을 지지해야 한다. 보의 플랜지 또는 웨브가 세장하여 압축응력에 의해 국부좌굴이 발생하면 보의 강도는 저하하게 된다.

보의 플랜지와 웨브의 국부좌굴은 판폭두께비가 큰 경우에 발생되므로 이 국부좌굴을 방지하기 위해서는 판폭두께비를 제한할 필요가 있다.

보 단면이 소성모멘트에 도달하기 위해서는 플랜지와 웨브의 판폭두께비는 제한되어야 한다. 이것은 전소성모멘트에 도달할 때 압축플랜지의 변형도는 항복변형도보다 훨씬 크기 때문이다.

플랜지와 웨브의 국부좌굴강도는 압축응력의 분포와 판폭두께비, 그리고 단부의 지지조건에 의존한다. 보 단면의 판폭두께비는 플랜지의 내민폭 b, 플랜지의 판두께 t_f, 웨브의 춤 h, 그리고 웨브의 판두께 t_w에 의해 결정된다.

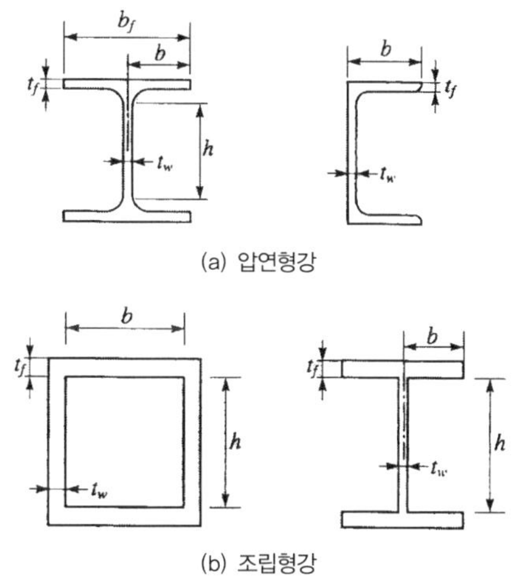

그림 12-33 휨재의 단면치수(판폭두께비 산정)

• H형 단면인 경우

플랜지의 판폭두께비는 $\lambda = \dfrac{b}{t_f} = \dfrac{b_f}{2t_f}$

웨브의 판폭두께비는 $\lambda = \dfrac{h}{t_w}$ 이다.

플랜지의 내민 부분의 한쪽은 웨브에 의해 지지되기 때문에 비구속판요소(Unstiffened element)라고 하고, 웨브는 양쪽에서 플랜지에 의해 연결되어 있기 때문에 구속판요소(Stiffened element)라고 한다. 박스형 단면일 때는 플랜지와 웨브는 모두 구속판요소가 된다. 건축구조기준에서는 보 단면의 형태를 요소의 판폭두께비에 따라 3가지로 구분하고 있다. 즉 단순단면의 콤팩트단면, 비단순단면의 비콤팩트단면, 그리고 세장판요소단면이다.

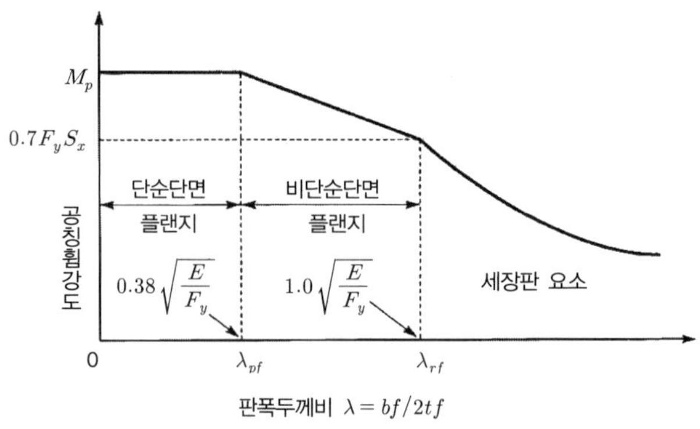

그림 12-34 판폭두께비-공칭휨강도관계

③ 휨재의 판폭두께비의 제한

표 12-19 휨재의 판폭두께비 제한

구속판 요소	판요소에 대한 설명	판폭 두께비	판폭두께비 제한값	
			λ_p(콤팩트)	λ_r(비콤팩트)
	① 압연H형강과 ㄷ형강 휨재의 플랜지	b/t	$0.38\sqrt{E/F_y}$	$1.0\sqrt{E/F_y}$
	② 2축 또는 1축 대칭인 용접H형강 휨재의 플랜지	b/t	$0.38\sqrt{E/F_y}$	$0.95\sqrt{k_cE/F_y}$
	③ 균일압축을 받는 -압연H형강의 플랜지 -압연H형강으로부터 돌출된 플레이트 -서로 접한 쌍ㄱ형강의 돌출된 다리 -ㄷ형강의 플랜지	b/t	-	$0.56\sqrt{E/F_y}$
	④ 균일압축을 받는 -용접H형강의 플랜지 -용접H형강으로부터 돌출된 플레이트와 ㄱ형강 다리	b/t	-	$0.64\sqrt{E/F_y}$
	⑤ 균일압축을 받는 -ㄱ형강의 다리 -낄판을 낀 쌍ㄱ형강의 다리 -그 외 모든 한쪽만 지지된 판요소	b/t		$0.45\sqrt{E/F_y}$
	⑥ 휨을 받는 ㄱ형강의 다리	b/t	$0.54\sqrt{E/F_y}$	$0.91\sqrt{E/F_y}$
	⑦ 휨을 받는 T형강의 플랜지	b/t	$0.38\sqrt{E/F_y}$	$1.0\sqrt{E/F_y}$
	⑧ 균일 압축을 받는 T형강의 스템	d/t	-	$0.75\sqrt{E/F_y}$

(표 계속)

비구속판 요소	판요소에 대한 설명	판폭 두께비	판폭두께비 제한값 λ_p(콤팩트)	판폭두께비 제한값 λ_r(비콤팩트)
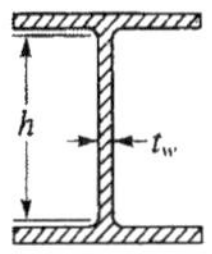	① 휨을 받는 -2축 대칭H형강의 웨브 -ㄷ형강의 웨브	h/t_w	$3.76\sqrt{E/F_y}$	$5.70\sqrt{E/F_y}$
	② 균일 압축을 받는 2축 대칭 H형강의 웨브	h/t_w	-	$1.49\sqrt{E/F_y}$
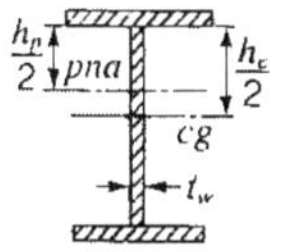	③ 휨을 받는 2축 대칭 H형강의 웨브	h_c/t_w	$\dfrac{\dfrac{h_c}{h_p}\sqrt{\dfrac{E}{F_y}}}{\left(0.54\dfrac{M_p}{M_y}-0.09\right)^2} \le \lambda_r$	$5.70\sqrt{E/F_y}$
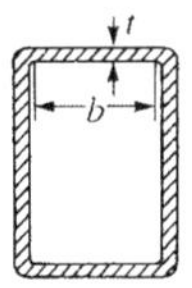	④ 균일압축을 받는 -각형강관의 플랜지 -플랜지 커버 플레이트 -파스너 또는 용접선 사이의 다이어프램 플레이트	b/t	$1.12\sqrt{E/F_y}$	$1.40\sqrt{E/F_y}$
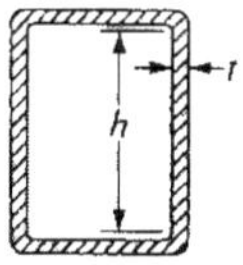	⑤ 휨을 받는 각형강관의 웨브	h/t	$2.42\sqrt{E/F_y}$	$5.70\sqrt{E/F_y}$
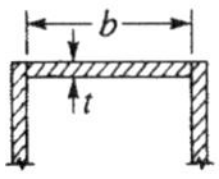	⑥ 균일압축을 받는 그 외 모든 양쪽이 지지된 판요소	b/t	-	$1.49\sqrt{E/F_y}$
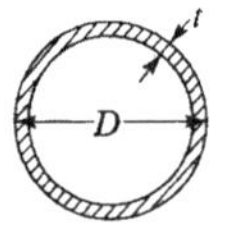	⑦ -압축을 받는 원형강관 -휨을 받는 원형강관		- $0.07E/F_y$	$0.11E/F_y$ $0.31E/F_y$

보 설계에서 압연 H형강, d/t가 120 이하로 설계된 용접 H형강을 사용하면 웨브 플레이트의 좌굴은 거의 문제되지 않는다. 그러나 이 값을 초과하면 중간스티프너로 보강해야 한다.

수평 또는 수직 스티프너를 중간 스티프너와 병용하면 웨브 플레이트에서 전단좌굴변형을 완전히 구속하는 것은 아니고, 웨브 플레이트의 전단좌굴 강도를 어느 정도 높여주는 보강효과가 있다.

12.6.2 보의 설계

(1) 충복보

충복보에는 H형강이나 ㄷ형강과 같은 압연재를 단일재로서 사용하는 경우가 많다. 그러나 이들의 형상, 치수가 한정되어 있기 때문에 사용상 알맞은 부재를 선택할 수 없는 경우가 많다. 이럴 경우에는 압연재에 커버 플레이트로 단면을 보강하는 방법이 있으나 최근에는 판으로 용접 조립하여 H형단면이나 상자형 단면부재를 만들어 사용하는 경우가 대부분이다.

플랜지의 구성에 대해 다음과 같은 규정하고 있다.

① 리벳, 볼트, 고력볼트 접합으로 된 보 플랜지의 커버 플레이트 수는 4장 이하로 하고, 커버 플레이트의 전단면적은 플랜지 전단면적의 70% 이하로 한다.

② 용접 조립의 플랜지는 가능한 1장의 판으로 구성한다.

③ 부분적으로 커버 플레이트를 사용할 때는 계산상 필요한 위치에서 커버 플레이트가 부담할 응력에 충분히 견디는 접합을 해야 한다. 용접으로 커버플레이트를 접합할 때 여장 길이는 커버플레이트 폭의 1/2 이상이 되게 해야 한다.

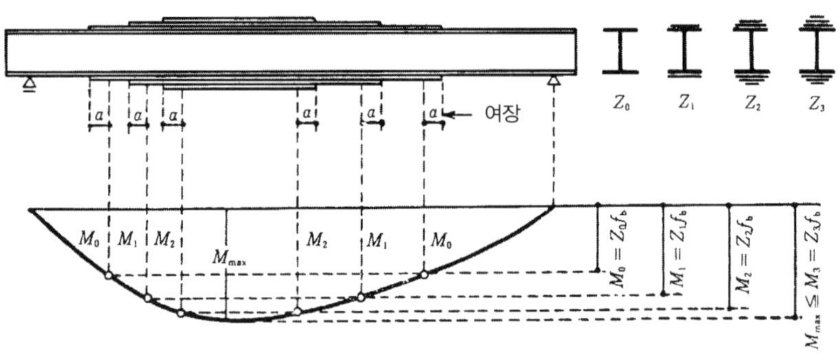

그림 12-35 커버 플레이트와 그 여장

보 부재의 설계는 휨응력도와 전단응력도를 검토하여 허용설계값 이하가 되도록 설계하고, 하중이 작용되는 집중하중점이나 지점에서는 국부압축응력도 값을 검토해야 한다. 그러나 스티프너로 보강되고 스티프너 간격이 보춤의 1/2 이하가 되도록 설치할 때는 검토하지 않아도 좋다.

보의 웨브가 항복되거나 압괴가 생길 우려가 있을 때는 웨브의 단면을 큰 것으로 사용하거나 중간 스티프너를 사용하며 보강해야 한다. 또 집중하중이 보 부재 웨브의 항복과 압괴를 일으킬 수 있을 값을 가질 때는 중간스티프너로 보강해야 하며, 하중이 작용되는 점이나 지지되는 점에서도 스티프너로 보강하여 보에 밀착되게 해야 한다.

(2) 비충복보

비충복보는 띠판보, 래티스보, 트러스보, 허니컴보와 같은 보를 말하며 보에 작용하는 힘이 전단력이 작은 경우나 보의 춤이 클 때 많이 사용된다.

비충복보는 휨에 저항하는 현재, 전단력에 저항하는 웨브재로 구성되며, 현재에는 휨모멘트 M값에 의해 축력(N_c)이 생긴다. 현재와 웨브재는 축력(N_c, N_i)값에 대해 압축재나 인장재로 단면을 검토한다.

웨브재가 현재에 편심거리 e을 두고 접합되면, 현재에 부가모멘트가 작용된다. 편심이 클 때는 현재의 내력에 매우 큰 영향을 주므로 일반적으로 하중이 작은 보에 사용한다.

최근 건축물의 바닥과 천장 사이에 덕트나 배관 등 설비들이 많이 설치되기 때문에 허니컴보(Honey comb beam)를 많이 사용하면 좋다. 보에 전단력이 크게 작용될 때에는 보강이 필요하지만 전단력이 크지 않을 때에 사용할 수 있는 매우 좋은 보의 형태이다.

12.6.3 보의 종류

(1) 단일 형강보(Rolled steel girder)

공장에서 압연이나 용접에 의해 생산된 형강을 보부재로 사용된 것을 단일형강보라 하며 주로 사용하는 형강은 I 형강을 가장 많이 사용하고, 작은보에서는 H형강도 사용한다.

보의 춤은 스팬 간격의 1/20~1/30 정도 값을 택하며 주어진 하중값에 대해서 처짐도 고려하여 설계한다.

I 형강이나 H형강을 사용한 단일 형강보의 내력값이 부족하거나 휨강성을 고려할 필요가 있을 때에는 플랜지의 단면을 증가시킬 목적으로 플랜지에 커버플레이트(Cover plate)를 덧대어서 보강을 하고, 하중점이나 지지점에는 스티프너를 설치해야 한다.

(2) 조립 형강보(Build-up girder)

앵글(ㄱ형강, Angle), 찬넬(ㄷ형강, Channel), T형강, 강판 등을 사용하여 I 형이나 H형으로 조립하여 사용된 보를 조립형강보라 한다.

① 띠판보(Open web girder)

앵글(ㄱ형강) 2장을 마주보게 겹치거나 T형강을 사용한 플랜지에 수직으로 띠판 부재를 끼워 긴결재로 접합하여 사다리 모양을 갖는 보를 말한다.

이 띠판조립보는 전단력에 대해 매우 약하기 때문에 특별한 경우 이외는 사용하지 않는다. 일반적으로 트러스 지붕구조의 휨방향의 연결재로 주로 사용된다.

② 래티스 보(Lattice girder)

띠판 보와 같이 앵글, T형강에 직각의 띠판 대신에 일정한 각도를 가진 사재를 사용하여 조립보를 구성한 보부재를 말한다.

이 사재를 래티스라 하고, 소규모 건축물의 보부재에 전단력이 작은 값일 때 사용한다.

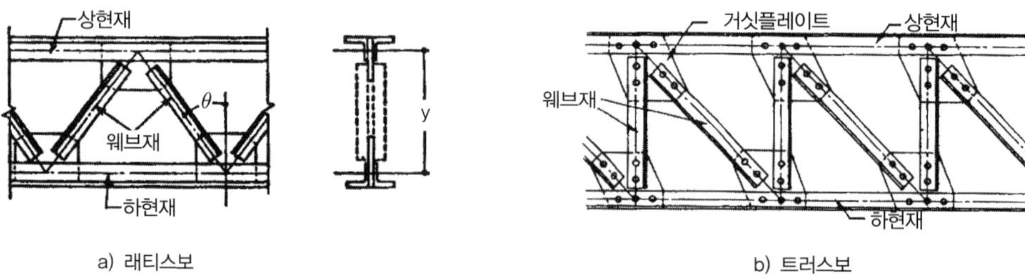

그림 12-36 래티스, 트러스 보

③ 트러스 보(Trussed girder)

띠판과 래티스를 결합하여 트러스를 짠 구조물로 스팬의 간격과 작용되는 하중이 커서 단일형강보를 사용하기 어려울 때는 이 트러스보를 사용한다.

앵글(ㄱ형강) 2장씩을 상부와 하부에 마주보게 겹치고 그 사이에 강판을 절단하여 띠판과 사재를 앵글(ㄱ형강)로 사용할 때는 거싯플레이트(Gusset plate)를 끼우고 여기에 긴결재로 접합한다.

접합은 가능하면 편심이 생기지 않도록 고려하여 도심을 기준으로 한 점에 이루어져야 하고, 용접을 제외한 긴결재는 2개 이상을 사용해야만 한다.

④ 허니컴보(Honey comb beam, Castellated beam)

H형강 또는 I형강의 웨브를 지그재그로 절단하고, 이 부재를 한단 어긋나게 맞대놓고 용접을 하여 보의 춤을 크게 한 것이다.

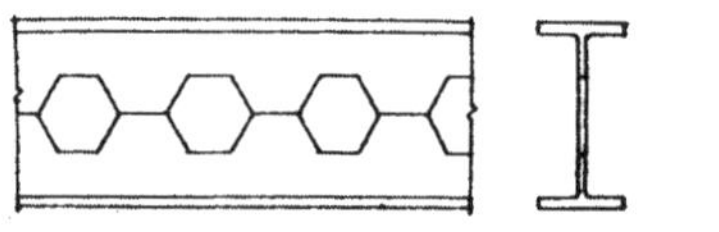

그림 12-37 허니컴보

이 보는 동일한 중량의 강재를 사용하고도 보의 춤이 높아서 휨강성(단면2차모멘트의 높이(h)를 크게 한 값)을 크게 강화시킨 구조이다. 전단력이 클 때는 웨브에 보강해야 하지만 전단력값이 작을 때에는 매우 훌륭한 구조이다.

보의 웨브에 생긴 육각형 구멍에는 배관, 배선, 덕트(Duct) 등을 설치하는 공간으로도 사용한다.

(3) 합성보(Composite beam)

합성보(Composite beam)란 철근콘크리트조의 바닥슬래브와 철골조의 보가 외부에서 작용되는 하중에 저항하도록 구성한 보이다.

합성보의 슬래브에는 현장타설 슬래브, 프리캐스트 슬래브, 데크플레이트 깔기 슬래브 등이 있고, 철골보에는 I형단면 보, H형단면 보, 트러스보 등이 있다.

슬래브와 철골보를 긴결하는 데에는 시어 커넥터(Shear connector)를 사용한다.

합성보의 구조설계, 응력해석을 여기에서는 슬립이 없는 것으로 생각하여 탄성해석적으로 보의 휨응력을 취급하고, 시어 커넥터의 설계는 소성적 단면응력도분포를 가정하여 시어 커넥터의 종국 내력과 평형을 이루도록 설계한다.

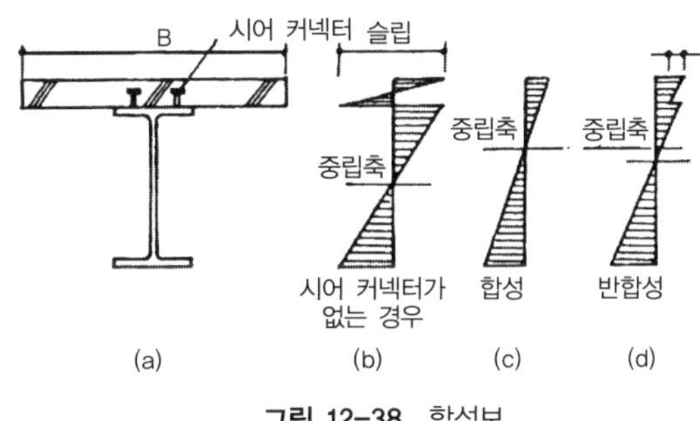

그림 12-38 합성보

① 합성보의 단면

합성보의 각부 설계용 응력은 일반적으로 부재의 탄성강성에 따라 계산한다. 탄성강성에서 단면2차모멘트는 원칙적으로 합성단면에 대하여 계산하고, 합성보의 유효폭 B는 스팬, 재료의 푸아송비, 모멘트분포에 의해 결정되지만 일반적으로 유효폭 B는 다음과 같다.

T형인 경우 : B＝양측 슬래브의 중간거리
B＝1/4×(철골보의 스팬)
반T형인 경우 : B＝철골보의 외측부터 슬래브 중심까지의 거리
B＝1/4×(철골보의 스팬)

위 식의 값에서 최소값을 슬래브의 유효폭(B)으로 한다.

휨모멘트는 압축측 콘크리트의 단면을 탄성계수비(n＝15)로 나누어 등가 강재단면으로 계산하는 방법을 사용한다.

② 합성보의 단면 산정

단면설계는 정(⊕) 휨모멘트에 대한 단면 산정과 부(⊖)휨모멘트에 대한 단면 산정으로 나.

누어 생각할 수 있다.

정휨모멘트에 대해서는 시공 중 가설받침기둥의 유무에 관계없이 전 설계용 휨모멘트를 합성단면에 부담시킬 수 있으며, 보의 휨좌굴이나 슬래브에 접하는 플랜지의 국부좌굴은 고려하지 않아도 된다.

부휨모멘트를 받는 완전 합성단면의 인장측 및 압축측응력도는 유효폭 내의 보와 나란한 철근 및 철골보로서 산정할 수 있으며 불완전합성보는 제외한다.

시공 중 가설받침기둥을 사용할 경우 전하중에 대하여 단면산정을 하고, 가설받침기둥을 사용하지 않을 경우 적재하중으로 단면산정함을 원칙으로 한다.

시공 중 가설받침기둥을 사용하는 경우 인장 및 압축 응력도는 보통 인장측이 지배적이면, 압축측은 허용휨응력도 이하로 되는 경우가 많다.

시공 중 가설받침기둥을 사용하지 않을 경우 철근의 응력도가 적어지기 때문에 대칭단면일 때 인장철근의 응력도 산정은 생략하더라도 충분히 안전측이 될 수 있다. 그러나 철골이 비대칭단면이고 상부플랜지가 작은 때는 철근의 인장응력도 산정을 생략하는 것은 매우 위험하므로 필히 검토해야 한다.

인장 철근은 그 단부가 「철근콘크리트구조계산규준 및 해설」의 정착길이를 만족하도록 정착하고, 철골보에 횡좌굴 및 국부좌굴이 생기지 않도록 주의해야 한다.

설계용 부휨모멘트에 대해서는 쉬어 커넥터가 완전합성보의 규정을 만족시키면 유효폭 내의 슬래브 보와 나란한 철근 또는 인접 스팬의 철근과 연속된 것은 휨인장응력에 저항하는 것으로 본다.

③ 합성보에 작용하는 휨모멘트

합성보에 작용하는 휨모멘트에 대한 합성보의 단면 산정은 콘크리트의 인장응력도를 무시하고, 중립축에 대하여 압축측 콘크리트 단면은 그 면적을 탄성계수비로 나눈 환산 단면으로 생각한다. 또 휨모멘트에 대한 합성보의 단면산정은 완전합성보로 설계함을 원칙으로 하고 불완전 합성보로 설계할 때는 이에 맞는 유효환산 단면계수 값을 사용한다.

시공 중 보에 가설받침기둥을 설치하지 않을 때는 장기하중에 의한 정휨모멘트에 대한 환산단면의 인장측 환산단면계수 값 이하가 되도록 한다. 그리고 시공 중 보에 가설받침기둥을 설치하지 않을 때는 콘크리트가 경화하기 전에, 시공하중이 포함된 작용하중에 대해서 철골보의 응력도는 철골보용 강재의 단기허용응력도 이하로 하고, 콘크리트의 압축응력도는 환산단면의 단면계수를 사용한다. 시공 중 가설 받침기둥을 설치한 때는 전 하중에 대하여 시공 중 가설받침기둥을 설치하지 않는 때는 적재하중에 비상시 하중을 더하여 단기하중에 대하여 산정하고, 각각 콘크리트의 허용압축응력도 이하로 설계해야 한다.

완전합성보에서 슬래브 내 철근의 인장응력도는 시공 중 보에 가설 받침기둥을 설치할 때에는 전 하중에 대하여, 그리고 시공 중 보에 가설받침기둥을 설치하지 않는 경우에는 적재하중에 비상시 하중을 더한 단기하중에 대해 산정하고, 각각 철근의 허용인장응력도 값 이하로 설계한다. 그러나 철골보가 대칭단면일 때는 시공 중 가설받침기둥의 유무에 관계없이 철근의 인장응력도 값 산정을 생략할 수 있다.

④ 합성보의 전단력

합성보에 작용하는 전단력은 철골보의 웨브가 부담하는 것으로 하고 철골보 단부의 접합은 전단력에 대해 안전하도록 설계되어야 한다.

바닥슬래브는 합성보에 작용하는 전단력에 의해 생기는 면내 전단력에 대해 안전하도록 설계되어야 하며, 바닥 슬래브는 건물에 작용하는 수평외력에 의해 생기는 면내 전단력에 대해서도 안전하도록 설계한다.

⑤ 시어 커넥터(Shear connector)

합성보에서 바닥 슬래브와 철골보의 합성작용에 의해서 생기는 전단력을 시어 커넥터가 모두 부담하도록 설계한다.

합성보에 정휨모멘트가 작용되는 구간에서 수평전단력 값은 $V_h = 0.85A_c \cdot F_c/2$와 $V_h = A_s \cdot F_y/2$ 값 중 작은 값으로 설계한다.

또 부휨모멘트가 작용되는 구간에서 수평전단력 값은 $V_h = A_s \cdot F_y/2$와 $V_h = A_{sr} \cdot F_y$ 값 중 작은 값으로 한다.

여기에서 A_c : 유효폭 내에 있는 바닥슬래브 단면적

A_s : 철골보의 전단면적

A_{sr}: 휨인장보강철근의 전단면적

F_c : 콘크리트의 설계기준 강도

F_y : 철골보강재의 설계 기준값

시어 커넥터 개수는 완전합성보일 때

$n = V_h/q$로 산정하고,

n : 시어 커넥터의 개수,

q : 시어 커넥터의 허용내력이다.

불완전합성보일 때 시어 커넥터 개수는 달리 산정한다.

시어 커넥터는 보에 분포하는 전 수평전단력에 대해 일정한 등간격으로 배열하고 배치한다.

표 12-20 시어 커넥터의 허용내력(q)

종 류	단면형상 및 치수		q(tf)			
			$F_c=180$ kg/cm²	$F_c=210$ kg/cm²	$F_c=240$ kg/cm²	$F_c\geq 270$ kg/cm²
스터드	(그림: d_s, h_c)	$d_s=13,\ h_c\geq 50$	1.99	2.24	2.47	2.70
		$d_s=16,\ h_c\geq 70$	3.01	3.38	3.73	4.08
		$d_s=19,\ h_c\geq 76$	4.25	4.77	5.28	5.76
		$d_s=22,\ h_c\geq 88$	5.69	6.38	7.06	7.71
ㄷ형강	(그림: B, H, t_1, t_2)	⊏-75×40×5	0.73 l	0.78 l	0.84 l	0.89 l
		⊏-100×50×5	0.76 l	0.83 l	0.88 l	0.94 l
		⊏-125×65×6	0.84 l	0.91 l	0.97 l	1.03 l

주) ① l은 ㄷ형강의 길이(cm)
② q는 $q_u=0.5A_s\sqrt{F_cE_c}$ 에 안전율($n\fallingdotseq 2$)을 감안하여 작성된 값임.

시어 커넥터의 구조제한은 다음과 같다.

㉠ 시어 커넥터의 콘크리트 피복두께는 어느 방향으로나 3cm 이상으로 하고 데크 플레이트 리브 속에 시어 커넥터가 설치되는 경우에는 이 제한을 적용하지 않는다.

㉡ 철골보 웨브 수직선상의 플랜지에 설치되는 시어 커넥터를 제외하고는 스터드 지름은 플랜지 두께의 2.5배 이하로 해야 한다.

㉢ 스터드 커넥터의 피치는 스터드 지름의 6배 이상 EH는 슬래브 두께의 8배 이하, 60cm 이하로 한다.

㉣ 스터드 커넥터의 게이지는 스터드 지름의 4배 이상으로 한다.

(4) 보의 이음

보의 이음부에는 휨모멘트, 전단력, 축방향력이 작용하므로 접합부에 존재하는 응력을 충분히 전달할 수 있는 강도의 설계야 된다. 그리고 구조체로서의 연속성을 고려하여 접합부의 전 허용응력에 의해서 설계되어야 한다.

이음의 위치는 보에서 응력이 가장 작은 곳에 두어야 하고, 스팬이 긴 보는 운반상의 문제 때문에 이음을 해야 한다. 또 최근에는 기둥과 보의 접합부를 공장에서 제작하고, 현장에서는 보의 이음을 하는 경우가 대부분이므로 역학적으로 부재를 접합부하는 곳은 응력이 작운 곳에

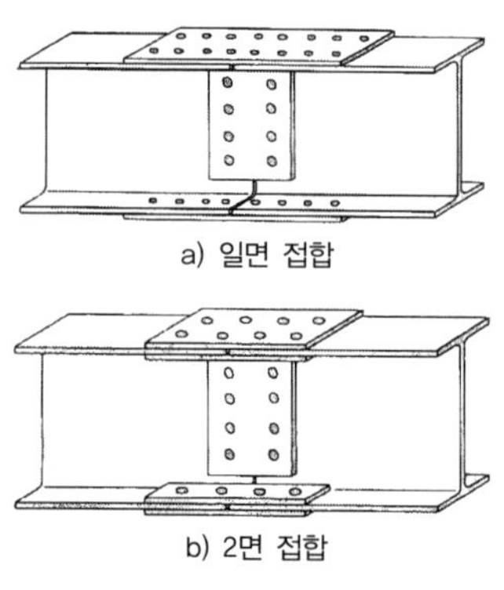

a) 일면 접합

b) 2면 접합

그림 12-39 보의 이음

두어야 하나 운반상의 문제 때문에 이음부를 응력이 큰 위치에 두어야 하는 경우도 많다.

보의 이음에서 긴결재 개수를 계산하여 산정한 후 체결하고, 접합을 위한 구멍뚫기에 의한 단면결손도 체크해야 한다. 용접을 하는 경우에는 덧판을 대고 모살용접하거나 홈(Groove)을 만들어 맞댐용접을 행한다.

12.6.4 보의 처짐

보는 설계강도가 충분하더라도 휨에 대한 강성이 부족하면 보의 처짐이 커져서 마감재에 영향을 주거나 바닥판이 내려앉아서 건축물의 사용에 지장을 초래한다. 공장건축물에서 크레인 주행보에 처짐이 커지면 크레인이 제대로 작용하지 못해 작업에 큰 지장을 주기도 한다. 이와 같은 처짐은 평지붕과 같이 지붕물매가 작은 곳에 처짐이 생기면 지붕면에 빗물이 고여 집안으로 누수되기 때문에 주의해야 하며, 보의 강성 부족은 진동을 일으키기 쉽고 사용자에게 불안감을 주므로 스팬이 긴 철골보는 휨강성과 처짐에 주의하며 설계되어야 한다.

강구조 계산기준에서는 보의 휨강성의 최저값을 구하기가 매우 어렵기 때문에 보의 처짐을 다음과 같이 규정하고 있다.

일반적인 보 : 스팬의 1/300 이하
캔틸레버 보 : 스팬의 1/250 이하
수동크레인 보 : 스팬의 1/500 이하
전동크레인 보 : 스팬의 1/800~1/1,200 이하

12.7 슬래브(Slab)

건축물의 바닥 슬래브 공법은 건설현장의 변화와 시공기술의 발달, 각종 신기술·신공법 등으로 인해 다양화되고 있다. 과거에는 대부분 재래식 거푸집을 이용한 현장치기 콘크리트 슬래브를 사용하였으나 최근에는 중공(Void) 슬래브, 하프(Half) 슬래브 등의 P.C슬래브와 거푸집용이나 구조용 데크 플레이트, 철근트러스-데크 슬래브 등 다양한 합성슬래브 공법들이 새로이 선보였고 도입 적용되고 있다. 이 신공법들은 매우 우수한 시공성과 경제성, 친환경성 등을 가지고 있어 그 적용은 더욱 더 확대될 것이다.

슬래브의 구조적 역할은 바닥면에 작용하는 하중을 지지하고 지진이나 바람에 의해 건축물에 작용하는 수평력을 보, 기둥, 벽체에 전달하는 역할을 한다. 바닥 슬래브의 역할과 기능을 효율적으로 수용하기 위해 가능하면 현장 작업량을 최소화하고 슬래브 중량을 줄이기 위해 부분 PC화나 철근트러스-데크, 데크 플레이트 등을 사용하고 있다.

슬래브의 구조형식은 바닥판에 작용되는 하중을 바닥판을 지지하는 보나 벽체에 어떻게 하중을 전달하고 분산시킬 것인지에 따라 1방향 슬래브와 2방향 슬래브로 구분한다.

12.7.1 철근 트러스-데크 슬래브

철근과 거푸집을 일체화한 구조로 슬래브의 거푸집 용도의 아연도강판에 트러스근을 선조립하여 설치한 후 콘크리트를 현장치기하여 슬래브를 구성하며, 선조립된 보강철근이 인장력을 부담하고, 콘크리트가 압축력을 부담하는 합성슬래브 구조이다.

철근트러스-데크 슬래브는 선조립된 아연도강판 데크를 사용하므로 기존 거푸집과 동바리가 불필요하며, 이 철근트러스-데크는 공장에서 조립되므로 높은 품질을 가지며 현장작업이 단순화되어 공기단축과 공사비 절감을 갖는다. 철근트러스-데크는 하중 크기와 스팬길이에 따라 여러 종류의 규격제품들이 생산되고 있으며 단면형상은 다음과 같다.

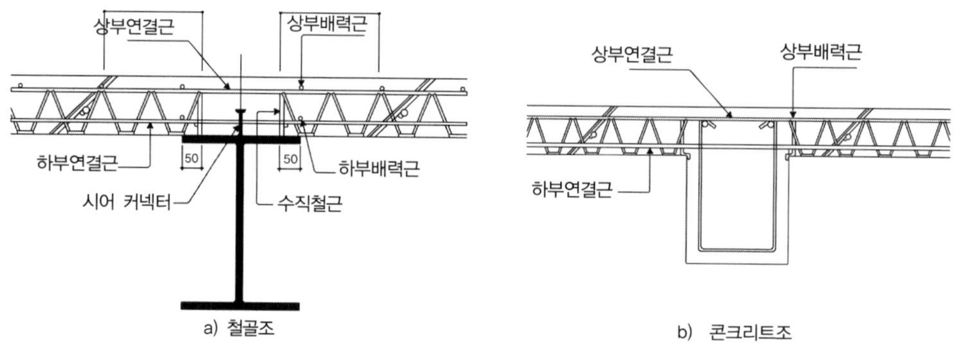

그림 12-40 철근트러스-데크 슬래브 배근도

철근트러스-데크 배치계획은 가능하면 현장작업을 하지 않도록 철근트러스-데크의 분할과 길이를 결정해야 한다. 철근트러스-데크의 길이방향 걸침은 철골조에서는 보에 수직철근을 용접하며, 철근콘크리트에서는 보의 상부에 크랭크를 걸쳐 1cm 간격을 유지하도록 한다.

또 철근트러스-데크의 폭방향 걸침 길이는 3cm 지점에 배치 시작점을 설정하고 이 지점에서 60cm 간격으로 분할하고, 배근간격보다 작거나 클 때는 철근트러스-데크의 아연도 강판을 절단한 폭 조정판을 사용하여 마무리한다.

12.7.2 데크 플레이트(Deck plate) 슬래브

데크 플레이트(Deck plate)를 사용하는 슬래브 공법은 철골세우기와 병행해서 데크 플레이트를 깔 수 있고, 현장작업의 안전관리상 편리하다.

보에 스터드 커넥터를 붙임으로써 슬래브와 보의 합성효과나 바닥 슬래브로서의 면내강성을 확보할 수 있으므로 실용적인 공법으로 많이 사용되고 있다.

데크 플레이트를 사용하는 바닥은 2종류의 구조로 분류할 수 있다.

① 거푸집용 데크 플레이트 슬래브

② 하중지지 데크 플레이트 슬래브

데크 플레이트의 재료 및 허용응력도는 대한건축학회 강구조계산규준 및 KS D 3602와 같고, 형상치수 표기법은 다음과 같다.

표 12-21 데크 플레이트의 장기허용응력도(t/cm^2)

강제갑판 등급	인장	압축	전단
SDP 1T	1.4	1.4	0.8
SDP 2	1.6	1.6	0.9
SDP 2G			
SDP 3			

주) 1. 판두께 4mm 미만의 SDP 2 · 3의 값은 SDP 1 T와 같다.
 2. 단기는 장기의 1.5배로 한다.
 D−H×B×b×t
 여기에서 H : 춤
 B : 홈의 피치
 b : 홈의 밑너비
 t : 데크 플레이트의 두께

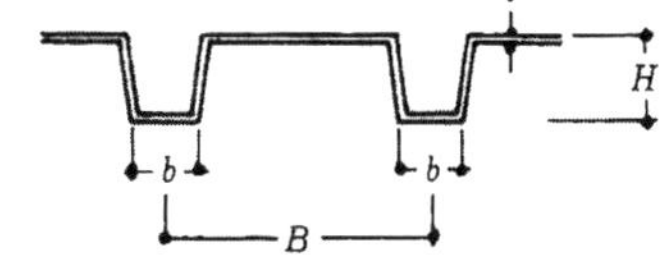

그림 12-41 데크 플레이트 형상치수

데크 플레이트는 얇은 강판을 절판구조와 같이 접어서 단면2차 모멘트 값의 높이(h)를 크게 하여 강성을 크게 만든 구조이다. 데크 플레이트 형상은 그림과 같으며 매우 실용적인 슬래브 구조를 만들 수 있다.

(1) 거푸집용 데크 플레이트 슬래브

철골구조의 바닥판에 거푸집용 데크 플레이트를 설치할 때는 거푸집용 데크 플레이트에서 콘크리트 타설시 시공의 실상에 따라 적재하중으로 1.5kN/m^2 정도를 더한 값으로 취한다. 그러므로 거푸집용 데크 플레이트 슬래브의 고정하중은 데크 플레이트+철근콘크리트의 고정하중+콘크리트 부어 넣기 시 적재하중 1.5kN/m^{2}이다.

데크 플레이트 상부의 슬래브 콘크리트 두께가 5cm 이상 10cm 이하이고, 콘크리트 타설 시 서포트를 하지 않을 때는 장변방향의 정휨모멘트와 처짐을 작용되는 전하중에 대해 장변방향의 1방향 슬래브로 설계해도 좋다. 그리고 모든 지점은 단순지지로 보아 설계한다.

(2) 구조용 데크 플레이트 합성 슬래브

데크 플레이트는 초기에 대부분 거푸집 용도로만 사용되다가 강판재를 휨인장 내력을 갖고, 내화구조 성능을 보강 향상시켜서 최근에는 데크 플레이트 합성 슬래브로 설계하고 있다. 합성 슬래브의 거동원리는 데크 플레이트가 인장력을 받고 콘크리트는 압축력을 받는 구조로 한다.

구조용 데크 플레이트 합성슬래브는 데크 플레이트가 휨인장내력을 갖고 있으므로 슬래브에 하부인장철근이 불필요하고, 단면형상과 요철 가공으로 두 재료의 일체화가 좋으며, 거푸집과 서포트 없이 콘크리트 타설을 할 수 있어 공기단축과 공사비 절감을 할 수 있다.

데크 플레이트 합성슬래브 시공은 데크 플레이트 배치, 철근이나 용접철망 배근, 그리고 콘크리트 타설로 생각할 수 있다. 데크 플레이트 배치는 모서리 부위 등 현장가공이 가능하면 생기지 않도록 유의하여 배치계획을 세우고 개구부의 보강계획도 함께 수립한다.

현장가공시 데크 플레이트를 손상시키지 않는 기계가공을 원칙으로 하여 방청처리를 하고 배치도에 따라 보 위에 미리 먹줄놓기를 한 다음 데크 플레이트는 5cm 이상 보에 걸치도록 해야 한다.

데크 플레이트 단부에 콘크리트 누출을 방지하기 위해 막음철물을 설치하고, 외측면 슬래브 끝단에 콘크리트 스토퍼(Concrete stopper)를 설치한다. 데크 플레이트와 콘크리트와의 합성을 위해 스터드 볼트를 사용하며, 전단값에 의해 산출된 스터드 볼트를 자동용접기로 접합하고, 용접 완료 후 15° 타격 휨시험과 인발시험으로 접합상태를 검사한다.

철근 용접철망의 배근은 데크 플레이트 설치가 끝나면 콘크리트 슬래브 두께에 따라서 철근의 피복두께를 고려하여 바서포트를 깔고 철근이나 용접철망을 배근한다.

슬래브의 건조수축과 온도응력에 의해 발생되는 균열을 방지하기 위해서 철근, 용접철망을 콘크리트 단면적의 0.2% 이상 배근해야 한다.

균열방지근의 길이는 지지변 안쪽에서 30cm 이상으로 하고, 배력근 3개 이상을 교차되게 설치하고, 균열 방지근의 최소지름은 $\phi 6$으로 하고, 최대 간격은 15cm 이상으로 한다. 장변방향 균열방지근의 피복두께는 2cm 이상 3cm 이하로 한다.

데크 플레이트 합성슬래브의 처짐·고유진동수는 슬래브 사용상 지장이 없어야 한다. 시공 시 전하중에 의한 데크 플레이트 처짐은 스팬의 1/180 이하, 완성 시 전하중에 슬래브의 처짐은 스팬의 1/360 이하, 슬래브의 고유진동수는 15Hz 이상이다.

12.8 접합부

철골구조물은 많은 부재를 접합하여 건축물을 구성하는 것이므로 기둥 · 보의 접합부, 주각 및 각 부재의 이음 검토는 중요한 문제이다.

사용부재들의 부재 크기에 따라 각기 다른 부재의 이음방법이 필요하다. 같은 부재를 사용하더라도 제작, 운반, 적치, 세우기 등에서 작업을 원활히 하도록 부재의 접합을 검토해야 한다. 부재를 접합하는 곳은 응력이 작은 위치에 두어야 하지만 기둥 · 보의 접합부는 시공상의 어려움 때문에 응력이 큰 위치에 두어야 하는 경우도 있다.

접합부는 공장에서 접합할 때는 공장기기의 사용으로 용접의 품질관리, 높은 생산성 등의 이점이 있으므로 접합부 설계는 이러한 이점을 살릴 수 있게 설계되어야 한다. 그리고 현장에서는 가능하면 고력볼트 등을 이용한 간단한 접합이 이루어지도록 하는 편이 좋다. 접합부는 부재의 존재응력을 충분히 전달할 수 있는 강도이어야 하고 주요한 부재의 접합은 접합하는 부재 유효단면의 전 허용내력을 전달할 수 있어야 한다. 여기에서 전자는 접합부의 존재응력설계, 후자는 전강도설계라 한다. 접합부는 존재응력이 작은 부위에 설치하고, 설계용 응력은 존재 응력에 여유를 준 값으로 설계하는 경우가 많다.

또 접합을 위한 구멍 뚫기 등의 영향을 고려하여 동등 이상의 강도를 가진 접합부의 안정성 및 부재의 연속성을 고려하여 설계되어야 한다.

구조상 중요한 부분의 이음에는 부재의 허용력을 설계용 응력으로 하는 것이 바람직하다. 구조상 주요한 부재의 접합부에는 존재응력이 적더라도 리벳, 볼트, 고력볼트 접합의 경우 최소 2개 이상 배치하고, 용접의 경우에는 최소 45kN의 하중에 견디도록 설계해야 한다.

12.8.1 기둥의 이음

기둥의 이음설계에는 축방향력, 휨모멘트, 전단력이 작용되고 접합부에 존재하는 응력을 전달할 수 있는 충분한 강도설계면 된다. 이음부의 강도는 부재의 전강도로 설계되는 것이 일반적이지만 그렇지 않을 때도 있다.

기둥이 파괴되면 보에 비해 피해는 커진다. 그래서 기둥의 이음은 존재응력을 충분히 전달할 수 있어야 하고, 접합부는 부재허용내력의 1/2 이상 전달할 수 있어야 한다. 기둥이음부의 설계응력은 직압력 N, 휨 모멘트 M, 전단력 Q에 견딜 수 있는 이음강도로 설계를 해야 한다. 단, 어떤 외력조건에서도 단면에 인장응력이 생길 우려가 없고, 접합단면을 절삭마감으로써 밀착시킬 수 있는 구조는 압축력과 휨모멘트 값의 1/2이 직접 접촉면으로 전달하는 것으로 본다. 이런 접합설계를 메탈 터치(Metal touch)설계라 한다. 이 접촉면의 절삭 마감은 현실적으로 실행하기가 매우 어렵기 때문에 메탈 터치에 의한 설계는 거의 하지 않는다.

12.8.2 보의 이음

보의 이음부에는 휨모멘트 M, 전단력 Q, 축방향력 N이 작용한다. 보 이음부의 설계조건은 응력을 전달할 수 있는 충분한 강도의 설계이면 되고, 구조체로서의 연속성을 고려하여 접합부의 전허용응력에 의해서 설계하는 것이 좋다.

① 리벳 등에 의한 이음

보이음부에 생기는 휨모멘트 M은 플랜지와 웨브의 강성에 따라 플랜지 접합리벳과 웨브 접합리벳에 분담시키고, 전단력 Q는 웨브의 접합리벳에 전달되는 것으로 보아 설계한다.

② 용접접합에 의한 이음

플랜지부분과 웨브부분의 이음은 맞댐용접으로 하든가 이음판을 사용하여 모살용접으로 한다. 현장용접에서는 루트 간격을 적절히 하는 것이 어려우므로 맞댐용접은 피하는 것이 좋지만 최근에는 적극적으로 현장에서도 맞댐용접을 시도하고 있다.

응력전달에 대해서는 리벳이음과 똑같고, 존재응력이나 부재단면허용력 어느 경우든지 플랜지이음이 휨모멘트를 부담하고, 전단력은 웨브 이음부분이 부담하는 것으로 설계한다.

㉠ 맞댐용접의 경우 : 플랜지 전체를 맞댐용접하면 플랜지 용접이음매의 단면이 보 플랜지의 단면과 같고, 맞댐용접 이음매의 허용응력도가 모재의 허용응력도와 같으므로 검토하지 않아도 안전하다.

㉡ 모살용접의 경우 : 전단력 Q는 웨브, 휨모멘트 M은 플랜지와 웨브의 강성에 따라 분담하는 것으로 생각하면, 플랜지 부분의 용접 이음매에 생기는 직응력 N_f는 플랜지 분담휨모멘트 M_f를 구하고, 플랜지의 직압응력 N_f에 안전한지 검토하면 된다. 이음판은 측면 모살용접을 통해 N_f의 직압응력을 전달한다. 모살용접의 유효길이 l은 모살용접 전길이에서 모살치수의 2배를 뺀 값으로 한다. 웨브의 용접이음은 전단력 Q값과 웨브에 작용되는 모멘트 M_w의 값에 의해 결정된다.

12.8.3 기둥과 보의 접합

기둥과 보의 접합 방법은 강접합과 핀접합이 있으며, 일반적으로 강접합을 많이 사용하고 있다. 강접합의 접합부는 관통형 기둥에 보가 접합되는데, 그 형식에는

① 완전용접

② 용접과 고력볼트의 병용

③ 엔드 플레이트(End plate)나 스플릿 티(Split tee)를 고력볼트로서 인장접합한다.

기둥과 보의 접합을 용접함에는 공장용접과 현장 용접의 경우가 있다. 이 양자는 보의 하측 플랜지의 홈 방향이 서로 반대이다. 이것은 하향용접을 위한 것이다.

H형강 보 웨브에는 스캘럽(Scallop)을 만들어 용접의 일관성과 열응력에 의한 변형을 막기 위해 설치한다.

접합은 기둥의 강축과 약축방향으로 보가 접합되므로 기둥과 보 접합부는 매우 복잡하다.

기둥과 보의 접합부는 보의 전강도를 기둥에 전달하도록 설계하며 보플랜지 부분의 용접은 맞댐용접을 사용한다. 맞댐용접시 뒷받침판 또는 밑면 따내기와 밑면 용접에 주의해야 한다.

고력볼트로서 기둥과 보 접합을 할 때는 스플릿 티(Split tee)형식과 엔드 플레이트(End plate)형식을 사용한다.

엔드 플레이트 형식의 인장접합 부분의 설계식은 명확한 것이 없다. 엔드 플레이트가 두꺼울 때는 볼트를 철근으로 본 철근콘크리트보 설계와 같은 방법으로 하며, 엔드 플레이트가 얇은 경우는 엔드 플레이트를 2개의 스플릿 티로 설계한다.

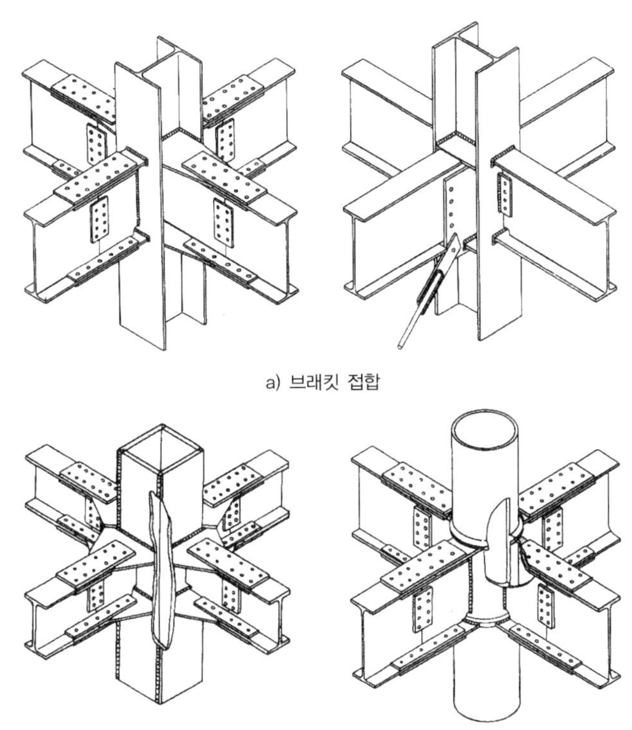

그림 12-42 기둥과 보의 접합

기둥과 보의 접합부에서 보가 휘면 보 플랜지의 집중력이 기둥에 가해져 기둥의 웨브가 국부좌굴을 일으키므로 보 플랜지에 맞추어 기둥 웨브에 다이어프램(Diaphram)을 용접보강한다.

(1) 패널존(Penel zone)

강접합의 기둥과 보 접합부에 기둥과 보로 둘러싸인 부분을 패널존(Penel zone)이라 하고, 골조에 수평력이 작용하면 패널존에 매우 큰 전단력이 생긴다. 이 전단력에 대해 패널존은 안전해야 한다.

기둥 · 보 접합부의 내력실험에 의하면 접합부 패널존 부분에 전단항복이 생기더라도 강성은 급격히 저하하지 않고, 패널존 두께 t_p가 특히 얇은 경우 이외는 좌굴이나 파괴가 생기지 않는다.

접합부 패널존 부분의 전단변형은 단기하중시에 생기므로 항복전단응력도 $\tau_y = 1.5 f_s$이지만 대부분의 실험에 의해서 값의 4/3배 정도의 하중까지 안정된 거동을 하는 것이 규명되었기 때문에 $1.5 f_s \times 4/3 = 2 f_s$ 까지 허용 가능하다.

패널존 두께 t가 $({}_bM_1 + {}_bM_2 / V_e) \le 2 f_s$의 값을 만족하지 않을 경우에는 접합부의 패널존을 보강스티프너 또는 보강 플레이트로 보강해야 한다.

접합부 패널부분은 일반적으로 항복 이후의 내력상승이 매우 크므로 이 식이 만족되면 지진시 기둥과 보가 소성역에 들어가더라도 접합부 패널에서 파괴하든가 강성저하가 생기지 않는다.

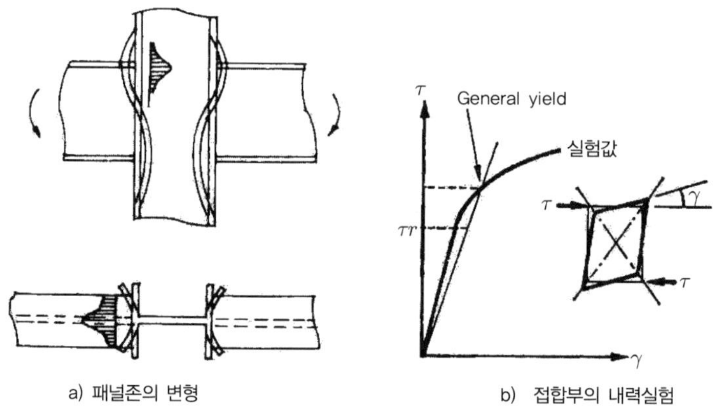

a) 패널존의 변형

b) 접합부의 내력실험

그림 12-43 패널존

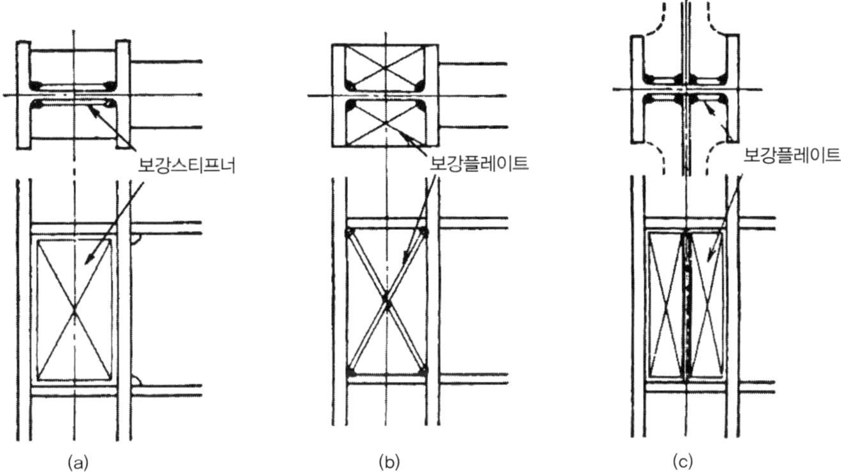

그림 12-44 패널존의 보강

(2) 다이어프램(Diaphram)

기둥 · 보 강접합부에서 기둥웨브에 스티프너가 없으면 압축 플랜지에 작용하는 힘 P_{bf} 및 웨브두께 t_w 는

$$P_{bf} \leqq F_{yc}(t_b + 5k)t_w, \quad t_w \geqq \frac{P_{bf}}{(t_b + 5k)F_{yc}}$$

이고, 이 다이어프램은 다음 값을 만족해야 한다.

$$b_s + \frac{t_w}{2} \geqq \frac{b}{3}, \quad t_s \geqq \frac{t_b}{2}, \quad \frac{b_s}{t_s} \leqq \text{판폭두께비의 한계}$$

여기서 b_s : 스티프너의 폭 t_w : 웨브두께
b : 기둥플랜지의 폭 t_s : 스티프너의 두께
t_b : 압축플랜지의 두께

12.8.4 큰보와 작은보의 접합

큰보와 작은보의 접합에서 작은보는 일반적으로 양단핀으로 설계하는 경우가 많다. 이와 같은 핀 접합에 계산상 1개의 볼트가 필요하더라도 2개 이상이어야 한다.

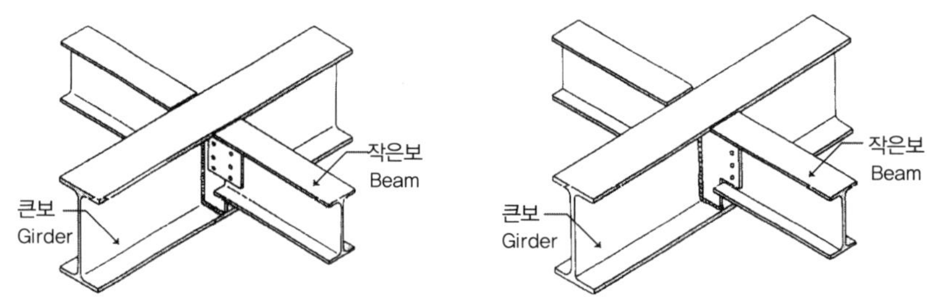

그림 12-45 큰보와 작은보의 접합

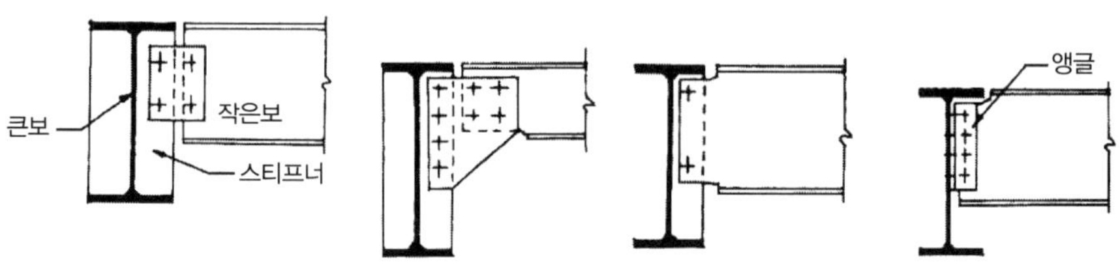

그림 12-46 큰보와 작은보의 접합

12.8.5 트러스 부재의 접합

트러스는 절점을 핀으로 가정하므로 부재응력은 축방향의 힘만 있다. 트러스 부재는 축방향력에 대해 검토하고 설계한다. 트러스 부재의 절점은 실제로는 완전한 핀구조가 아니고 어느 정도 고정도가 있으므로 휨모멘트와 전단력이 존재하지만 이러한 2차응력은 비교적 작으므로 무시하고 설계한다.

대규모의 트러스에서 절점이 강접합되었으면 2차응력에 대한 검토도 꼭 해야 한다. 그리고 중도리나 띠장이 절점중간에 있으면 중간하중이 작용하므로 축력과 휨모멘트에 대한 부재의 검토가 필요하다.

트러스 부재의 접합부는 부재 허용내력의 1/2 이상이어야 한다.

(1) 거싯플레이트(Gusset plate)

접합부에서 각 부재의 중심선은 한 점에 모여야 한다. 그러나 ㄱ형강을 사용한 트러스에서는 게이지 라인(Gage line)이 한 점에 모이게 제작하므로 부재의 중심선은 일치하지 않는다. 그러므로 접합부에는 편심모멘트가 생긴다.

편심모멘트 M은 $(N_4 - N_1)e$ 이고, 이 모멘트는 접합부재의 강도에 따라 분배되지만 작은 값이므로 단면 검토에서는 무시한다.

거싯플레이트는 각 부재응력을 안전하게 전달할 수 있어야 한다. 거싯플레이트를 이용한 앵글(ㄱ형강)의 접합부에서 게이지 라인의 제1파스너를 정점으로 하고, 마지막 파스너의 위치를 밑변으로 하는 정삼각형의 밑변 b위치에서 축력과 휨모멘트에 대해 거싯플레이트의 두께를 설계한다.

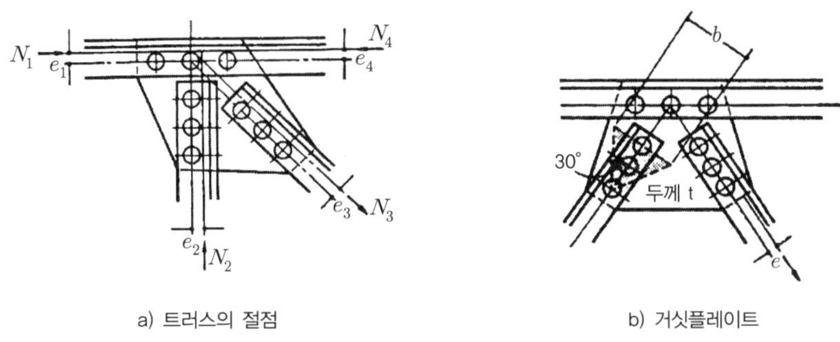

a) 트러스의 절점 b) 거싯플레이트

그림 12-47 트러스 부재의 접합

12.9 주각(Column base, 柱脚)

주각을 고정으로 설계한 구조가 핀에 가까우면 주두(柱頭)모멘트는 커져서 부재 존재응력은 설계시의 응력보다 커져서 위험하게 된다. 주각은 구조물에서 매우 중요한 부분이다.

기초는 현장타설 철근콘크리트를 사용하므로 앵커 볼트(Anchor bolt)와 베이스 플레이트(Base plate)의 구멍을 일치시키는 것은 매우 어렵다. 앵커 볼트의 매립법에는 고정매립법, 이동매립법, 기둥 밑마감법 등이 있다.

주각은 베이스 플레이트와 기초 윗면을 밀착시키는 것이 중요하며, 일반적으로 2~3cm 정도의 무수축 모르타르를 바른다. 이와 같은 주각의 시공이 어려우므로 경미한 철골구조에서는 주각을 핀으로 가정하여 설계하는 것이 무난하며, 주각을 고정으로 하고자 하면 윙 플레이트(Wing plate)나 리브(Rib)로 베이스 플레이트가 변형되지 않도록 해야 한다.

최근에는 베이스 플레이트와 기둥의 접합은 바로 용접접합하고 리브로서 보강하며, 베이스 플레이트의 두께도 두꺼운 것을 사용하고 있으며, 또 주각을 철근콘크리트로 피복하여 사용하기도 한다.

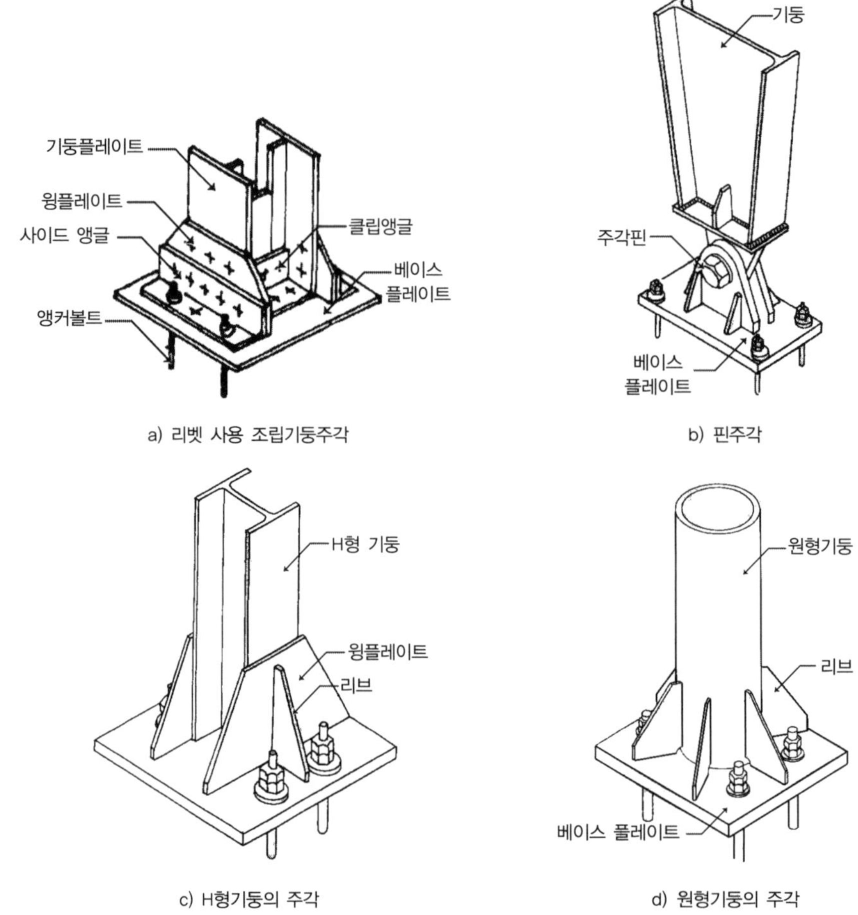

a) 리벳 사용 조립기둥주각

b) 핀주각

c) H형기둥의 주각

d) 원형기둥의 주각

그림 12-48 주각

12.9.1 주각설계

(1) 주각 고정

① 앵커볼트, 기초 콘크리트 검토

주각을 고정으로 설계할 때에는 베이스 플레이트의 형상을 단면으로 하고, 인장측 앵커 볼트를 철근으로 가정하여 철근콘크리트 기둥으로서 베이스 플레이트와 앵커 볼트를 설계한다.

주각의 축력(N), 휨모멘트(M), 전단력(Q)이 작용하면 기초 윗면의 응력분포는 다음과 같다.

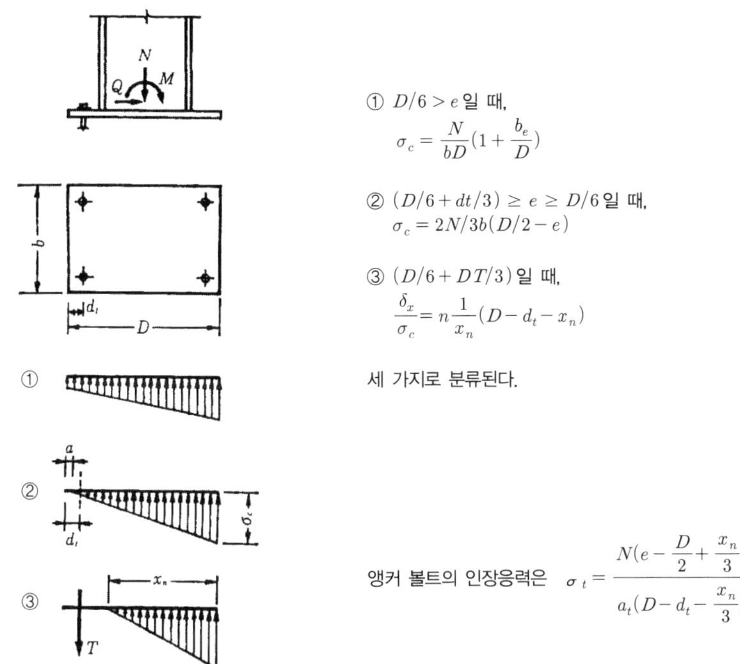

그림 12-49 주각설계

② 베이스 플레이트 검토

베이스 플레이트에 리브 등으로 보강되지 않은 판두께의 결정은 콘크리트와 압축면에서는 기둥 플랜지 부분을 지지하는 캔틸레버보로 계산한다.

필요 판두께 t는

$$t \geq u\sqrt{\frac{3\sigma_c}{f_{b1}}(1-\frac{u}{3x_n})}$$

앵커볼트의 인장측에서는 유효폭 B와 응력은

$$B = R + 2\,g\,, \qquad Z = \frac{1}{6}(R+2\,g\,)t^2$$

$$\sigma = \frac{M}{Z} = \frac{6\,T\,g}{(R+2\,g\,)t^2} \leq f_{b1} = \frac{F_y}{1.3}$$

그리고 주각을 리브로 보강할 때는 2변고정, 3변고정 슬래브라 가정하여 서식화하면 된다. 이 응력은 철근콘크리트 구조계산규준의 슬래브설계 도표를 이용하면 된다.

③ 전단력 검토

주각에 작용하는 전단력 Q는 베이스 플레이트와 기초 윗면의 콘크리트면과의 마찰력에 의해 기초에 전달된다. 이때 마찰계수가 0.4라면

$$Q \le 0.4N$$

인장측 앵커 볼트의 전인장력이 T라면 콘크리트와의 압축면에는 $(N+T)$의 압축력이 작용한다.

$$Q \le 0.4(N+T)$$

전단력이 커서 윗식을 만족하지 않을 때, 전단력 Q는 모두 앵커 볼트에 부담시켜야 한다.

베이스 플레이트의 크기는 휨모멘트와 축압축력에 따라 필요한 최소 크기가 결정된다. 휨모멘트에 견디도록 하는 주각은 앵커볼트를 기둥 외측에 설치하고, 그 배치로 앵커볼트의 치수를 가정할 수 있다.

④ 앵커볼트 검토

앵커 볼트는 기초콘크리트에 매립되어 주각부의 이동을 막는다. 앵커 볼트에 인장력이 생기는 경우, 앵커볼트에 생기는 인장력 T는

$$T = \frac{N(e - \frac{D}{2} + \frac{x_n}{3})}{D - d_1 - \frac{x_n}{3}}$$

보통 앵커 볼트는 지름 16~32mm의 흑 볼트를 사용하지만 단면 검토에서는 중(中) 볼트의 허용치를 사용한다.

앵커 볼트에 작용하는 인장응력이 허용인장응력에 달하더라도 뽑히지 않는 필요한 부착길이 l은 앵커 볼트의 지름 d, 콘크리트와의 허용부착강도 u_c이라면 다음 식과 같다.

$$\pi d l u_c \ge \frac{\pi}{4} d^2 f_t \qquad \therefore\ l \ge \frac{f_t}{4u_c} d$$

압축강도 $F_c = 180\text{kg/cm}^2$의 콘크리트이면 $u_c = 10.8\text{kg/cm}^2$이고

$f_t = 1{,}200\text{kg/cm}^2$이라면 $l \ge 17.8d$가 된다. 그러나 앵커 볼트의 주위에는 모르타르가 충만되지 않는 경우도 있으므로 조금 여유 있게 부착길이를 정하는 것이 바람직하다. 충분한 앵커 길이로 할 수 없는 경우 앵커 플레이트나 앵커 빔으로 앵커 볼트를 보강하는 경우도 있다.

(2) 주각 핀

주각을 핀으로 가정하면 주각에서는 축력 N과 전단력 Q만이 작용한다. N이 압축이면 기초 윗면의 콘크리트 응력은

$$\sigma_e = N/BD$$

인장이면 앵커 볼트의 응력은 전단면적이 a_t인 경우일 때

$$\sigma_t = N/a_t$$

에 따라 주각을 검토한다.

N이 인장이면 2중 너트로 조이고, 와셔를 베이스 플레이트에 용접한다. 앵커 볼트의 단면은 허용인장응력도 이하가 되도록 설계한다. 인장력과 전단력이 작용할 때는 허용인장응력도 이하가 되도록 설계해야 한다.

12.10 지붕틀

지붕은 비바람을 막아서 건축물의 실내 공간을 쾌적하고 편안하게 보호할 목적으로 사용한다. 지붕의 형태는 건축물의 크기, 외관, 재료, 기후조건 등에 의해 결정된다.

건축재료 중 강재는 중량에 비해서 인성, 강도가 매우 크고 가공이 용이하여 지붕틀 재료로도 많이 사용된다. 이 강재지붕틀은 내화피복만 잘하면, 지붕틀을 자유로운 크기의 여러 형태로 구성할 수 있고 내구적으로 사용할 수도 있다.

12.10.1 지붕틀 구조

지붕틀 구조형식에는 평면트러스, 입체트러스, 라멘, 구형쉘 등이 사용된다.

트러스(Truss)는 삼각형을 하나 또는 여러 개를 조합하여 큰 삼각형이나 작은 삼각형으로 조합된 구조체를 말한다. 트러스에서 평면 트러스(Plane truss)는 2개 이상의 직선부재를 서로 핀으로 접합하고 평면 삼각형으로 짜인 구조물로 절점이 모두 동일평면 내에 존재하는 구조물을 말하고, 입체트러스(Space truss)는 여러 개의 단일 부재를 입체적으로 구성한 것으로 각 부재들은 입체적인 평형 상태를 이루고 있는 구조이다.

라멘(Rahmen)구조는 기둥과 보를 강접합하여 접합부를 일체화시켜 하중이나 외부에서 작용되는 힘을 뼈대구조인 기둥과 보가 지지하도록 구성된 구조이다.

라멘구조에는 라멘과 경사라멘이 있으며 스팬간격이 크면 보 부재의 단면이 커지므로 큰 스팬에는 많이 사용되이지지 않는다. 일반적인 건축물의 지붕은 라멘을 사용하고, 공장건축

물과 같은 구조체에는 경사라멘을 사용하고 있다.

구형쉘(Revolution shell)은 쉘을 회전시킨 구조형식의 대표적인 것으로 가장 이상적인 구조형태이다. 구형쉘 구조에서 힘은 곡선의 표면을 따라 흐르는 아치와 같아 아치의 트러스트(Thrust)에 의해 생긴 전단력에 대한 저항을 구형쉘의 하부 인장링(Tension ring)이 잡아주고, 구형쉘의 상부 개구부에는 압축링(Compression ring)을 두어 변형을 방지한다.

이와 같이 여러 지붕틀 구조형식이 있으나 일반적으로 가장 많이 사용되는 지붕틀 구조형식은 평면 트러스 구조를 가장 많이 사용한다.

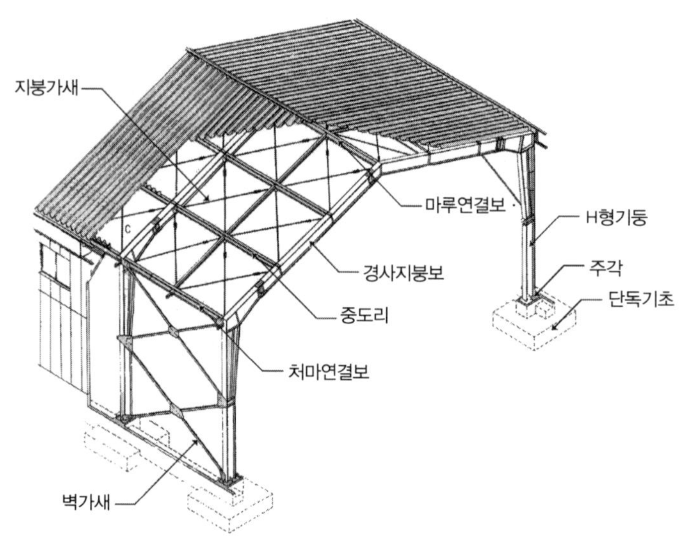

그림 12-50 경사라멘 구조 부재

12.10.2 평면 지붕트러스(Plane truss)

지붕트러스를 계획할 때는 건축물의 규모, 기능, 외관, 지붕재료와 하중조건 등을 고려하여 지붕틀의 형식을 결정하게 된다. 지붕의 물매는 그 지역의 기후와 강우량을 고려하여 결정하고 이에 의해 지붕재료로 선정되어야 한다.

평면 트러스는 모든 절점이 동일평면 내에 존재하는 트러스를 말한다.

이 트러스는 절점은 핀접합이고 모든 부재는 직선재이며 절점을 잇는 직선은 부재축과 일치하며 트러스에 작용되는 모든 힘들은 모두 절점에 작용되는 것으로 가정하지만 실제 트러스 구조체에서는 존재하기 어렵기 때문에 이 가정에 의해 적당한 값을 증가시켜 설계한다.

이 트러스 구조는 라멘구조 보다 적은 강재를 사용하여 큰 공간의 스팬을 지지할 수 있는 구조이다.

지붕의 트러스 춤은 스팬간격의 1/8~1/12로 하고, 연속된 트러스는 1/12, 단순지지 트러스 1/10 정도로 한다. 평지붕일 때는 지붕면의 배수를 고려하여 1/50~1/200의 물매를 주고, 플레이트는 호우, 와렌 트러스를 사용하고, 경사트러스는 왕대공, 여왕대공, 핑크, 경사와렌, 경사 플레이트, 경사 호우 트러스 등을 사용한다.

트러스의 춤이 커지면 상현재와 하현재의 단면은 작아지지만 수직재와 사재는 길어지고 단면이 커지게 된다.

트러스 상현재의 절점간 거리는 사재의 설계에 영향을 준다. 상현재의 절점간 거리는 1~2m 이내로 설계하여 사재의 각도가 40~45°가 되도록 설계하면 이상적이다.

트러스의 스팬이 20~25m 정도이면 트러스의 간격은 4~5m 정도로 하고, 트러스의 간격이 넓을 경우에는 트러스와 트러스 사이에 부트러스(Subtruss)를 삽입하여 중도리를 받을 수 있게 설계한다.

트러스 부재가 접합되는 점을 절점이라 하고 각 절점은 거싯플레이트를 사용하여 부재의 중심선과 트러스의 응력 중심선이 일치되도록 하기 위해 일반적으로 게이지 라인(Gauge line)과 트러스의 기준선이 일치되도록 긴결재인 리벳과 볼트, 용접으로 접합한다.

지붕 트러스가 벽체 위에 놓일 때는 테두리보에 미리 앵커볼트를 2개 이상 충분한 정착길이를 갖도록 묻고 베이스 플레이트와 접착시킨 후 지붕트러스와 연결한다.

지붕 트러스가 벽체 위에 놓일 때는 테두리보에 미리 앵커볼트를 2개 이상 충분한 정착길이 갖도록 묻고 베이스 플레이트와 접착시킨 후 지붕트러스와 연결한다.

벽체의 중심선과 트러스 절점의 중심선은 일치시켜 편심모멘트가 생기지 않도록 해야 한다.

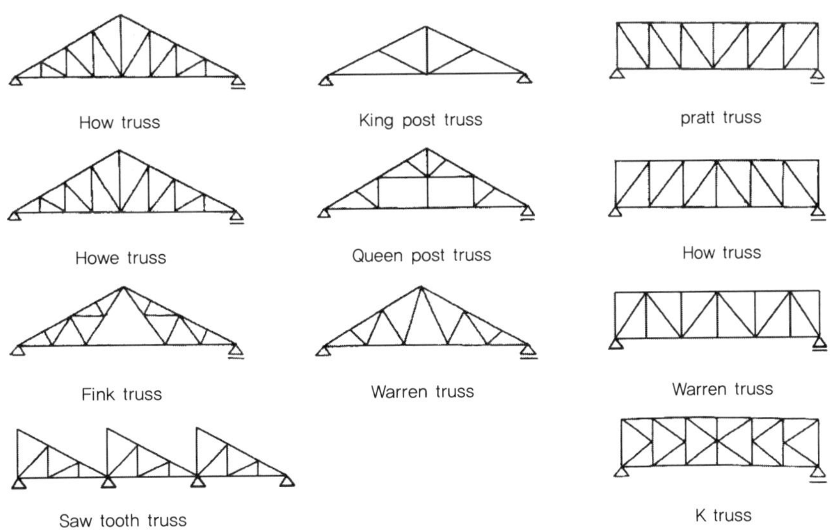

그림 12-51 트러스의 종류

스팬길이가 작은 트러스와 벽체의 연결은 양단고정으로 해도 문제가 생기지 않으나 트러스의 스팬길이가 클 때는 온도변화에 따른 신축을 고려하여 한 단은 고정(Fix)이나 힌지(Hinge) 구조로 연결하고 다른 한 단은 롤러(Roller)로 하여 신축에 대해 미끄러질 수 있도록 하여 벽체와 기둥 변형이 생기지 않도록 한다.

지붕 트러스가 접합될 때는 기둥과 보의 접합 방법과 같이 기둥과 지붕틀 평보가 접합되는 경우와 기둥의 상부에 지붕트러스의 평보를 걸쳐 놓고 접합한다. 이와 같이 지붕트러스와 철골기둥의 접합부에는 버팀대 등 보강재를 사용하여 더 큰 강성을 가지도록 설계되는 것이 좋다.

12.10.3 지붕틀 연결 부재

(1) 부트러스(Subtruss)

지붕트러스의 간격이 4.5m 이상이 되도록 설계되면 이 간격 사이에 부트러스를 설치하여, 지붕틀을 연결하고 위치를 고정시켜주는 중도리 부재의 단면이 커지는 것을 방지하고 지붕틀 구조의 강성을 크게 해주며, 좌굴을 방지하여 지붕틀을 안정시킨다.

부트러스는 중도리의 하중을 연결보, 처마보 등에 의해 지지하므로 단순한 형태인 래티스보로 설계하는 것이 일반적이다. 부트러스는 지붕틀 면에 작용하는 하중을 부담하지 않는 것으로 보아 주트러스인 지붕트러스가 모든 하중을 분담하는 것으로 설계되어야 한다.

(2) 연결보(Tie beam)

연결보는 지붕트러스를 도리방향에서 지지해주는 보를 말한다. 이 보부재는 단일부재와 조립부재를 사용하여 지붕 트러스를 연결해서 지붕틀을 완성하고, 각 트러스의 변형을 방지한다.

이 연결보는 트러스의 절점에 좌우균등하게 배열하고 중앙부에는 마룻대연결보를 설치하고, 춤은 1~2m 정도로 한 래티스 보를 짜서 사용하는 것이 일반적이다.

지붕트러스와 연결보에는 대각선으로 가새를 넣어 변형을 방지하는데, 이 가새를 지붕틀 가새라 한다.

(3) 가새(Brace)

수평방향으로 작용하는 수평력 또는 풍하중 등의 힘에 대하여 구조체가 변형되지 않도록 지지해 주는 부재를 가새라 한다. 가새는 트러스의 절점이나 기둥의 절점들을 대각선방향으로 연결하여 설치한다.

건축물이 뒤틀림을 받지 않도록 가새를 평면의 좌우 또는 상하에 대칭되게 배치하고, 그 모양을 삼각형이 이루어지도록 한다.

지붕틀의 박공면에 작용되는 수평력은 박공벽면의 지붕트러스 사이에 수평으로 짜여진 트러스인 내풍트러스(수평가새)에 의해 벽체의 가새로 힘이 전달된다. 벽체 또는 기둥에 작용하는 힘이 너무 클 경우에는 벽체나 기둥에 가새를 이용하여 트러스를 짜서 보강하고, 가새에 작용되는 힘은 가능하면 인장력에 견딜 수 있도록 설계하면 좋다.

(4) 중도리(Purlin)

중도리는 트러스의 ㅅ자보 또는 상현재 절점 위치에 설치하여 지붕틀 상부의 지붕잇기 재료틀을 받아 주고 지붕트러스를 도리 방향에서 지붕틀을 지지해주고 고정시키는 부재를 말한다.

이 중도리 부재는 지붕트러스의 ㅅ자보 또는 상현재를 절점에 고정시키므로 좌굴길이를 줄여 지붕틀의 변형을 방지하고, 휨모멘트가 생기지 않도록 한다. 중도리와 ㅅ자보의 접합은 ㅅ자보에 구름받이를 설치하고 이 구름받이에 중도리를 걸쳐서 ㅅ자보에 고정시킨다. 중도리의 이음은 ㅅ자보 위에서 심이음으로 하는 것이 일반적이다.

(5) 샛기둥(Stud)

스팬 간격이 크면 벽체를 구성하기 위해 기둥과 기둥 사이에 수직하중과 관계없이 일정한 등간격, 일반적으로 2m 정도마다 샛기둥을 세워 넣어 벽체를 마감하기 위해 설치한다.

이 샛기둥은 띠장을 받고 가새의 힘을 방지하는 역할을 한다. 트러스의 도리방향 박공벽에는 기둥과 기둥 사이에 샛기둥을 세우고, 가새로 엮어 도리방향으로 작용되는 수평력에 저항할 수 있도록 설계한다.

입체구조(Space structure)

13장 입체구조(Space structure)

모든 건축구조물은 3차원적인 모양을 가지고 있으므로 사실상 모두 입체구조의 형상을 하고 있다. 목구조, 석조구조, 철근콘크리트라멘구조, 철골구조, 아치구조 등은 입체적인 형상을 하고 있으나 모두 이론적으로는 비입체계(非立体系)인 평면골조에 속하는 것으로 구분한다.

이 구조들은 뼈대구조를 생각할 때 먼저 스팬방향의 평면을 설계하고 다음에 스팬방향의 직각방향인 도리방향 평면을 설계·조합하여 완성시킨다. 이들 구조들은 평면골조로 설계하거나 입체골조로 설계하거나 큰 차이가 없고 평면골조로 단순화하여 설계하는 것이 간단하고 쉽기 때문이다.

입체구조란 입체성(立体性)을 무시하면 구조(構造)로서의 기본개념이 성립되지 않게 되는 구조, 힘의 흐름과 건축물의 형태가 서로 유기적으로 어우러지는 입체구조형태의 기능을 갖는 구조를 말한다. 얇은 막이나 판에 입체적인 구부림을 주어 높은 강성을 얻으려고 할 때는 입체구조로 가지는 3차원성을 이용하여 설계하고, 파이프 구조나 공간에 자유롭게 그려진 원호와 같은 쉘구조 등도 입체구조의 기본원리인 것이다. 따라서 입체구조는 입체트러스, 돔구조, 쉘구조, 절판구조, 막구조, 현수구조로 나누어 생각해 볼 수 있다.

13.1 입체트러스(Space truss structure)

여러 개의 단일부재들을 입체적으로 구성한 것으로 각 부재는 인장이나 압축의 축력(軸力)만을 받아 입체적인 평형계를 만들고 있는 구조형태를 입체트러스라 한다.

입체트러스는 삼각형의 조합으로 구성된 형태이며 수직재, 수평재, 사재(斜材)로 이루어져 있고, 개개의 구조형태들은 서로 교차하여 단일부재로의 좌굴(挫屈)길이를 짧게 하고 서로 보강해서 하중을 서로 지지하여 구조체의 지지효율을 높여주는 형태이다.

입체트러스 장점은 여러 방향성의 응력에 견딜 수 있는 구조형태이고, 입체트러스의 어느 한 부위에 초과된 하중이 작용되어도 그 주변의 부재도 같이 지지하게 되므로 이 구조는 국부(局部)적인 초과하중에 대하여 여력(余力)을 가지는 구조형태이며, 구조체를 이동할 수 있는 가동성(可動性)을 가지고 있다. 그러나 입체트러스 구조물 전체에 걸려서 각각의 접합부마다 생길 수 있는 작은 변형(變形)들이 누적된다면 과도한 처짐에 의한 변형으로 접합부가 헐거워져 구조물이 손상될 수 있으므로 주의하지 않으면 안 된다.

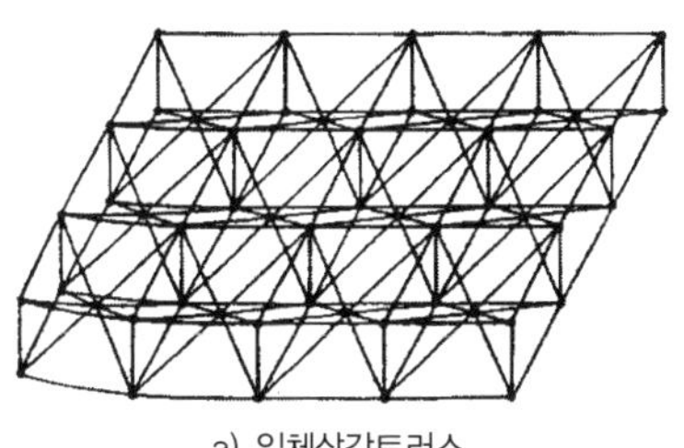

a) 입체삼각트러스

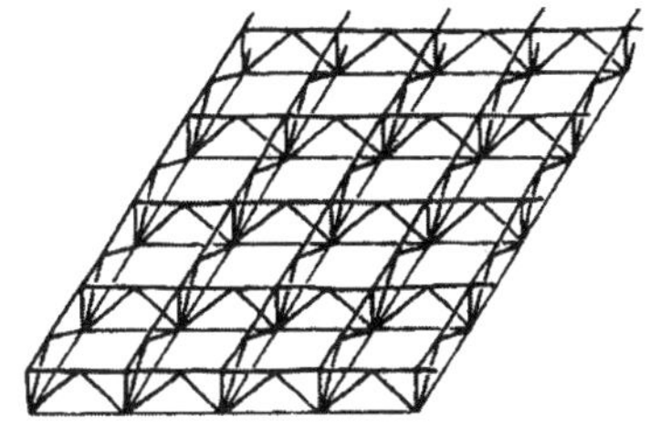

b) 격자입체트러스

그림 13-1 입체트러스

일반적인 입체트러스는 트러스 각각의 부재들이 여러 방향의 응력에 견딜 수 있게 설계되고 트러스 전체는 평면가구(平面架構)를 구성하며 직육면체 모양의 건축형태에 속하게 설계되어 왔으나 최근에는 직육면체 이외의 공간구조(空間構造)형태로도 설계되고 있다. 이중(二重)으로 구부러진 면은 입체구조의 골조에 매우 큰 강성을 줄 수 있는 형태로 이중곡면(二重曲面)의 돔(Dome)을 생각할 수 있다.

돔구조인 반구(半球)를 선부재(線部材)에 의한 네트워크인 입체트러스로 생각하여 각 부재들이 위치점과 길이를 계산하고 설계하여 이루어진 이 부재들을 철골부재로 제작, 조립한 것이 돔(Dome) 형태의 입체트러스이다.

(1) 만네스만(Mannesmann)방식

만네스만의 파이프 비계방식은 동일한 직경(直經)과 임의의 길이의 강관(鋼管)을 접합하여 만들어진 강관비계의 강관들은 임의의 각도로 서로 접합될 수 있는 입체트러스 구조형태를 가지고 있다.

강관과 클램프에 전해지는 힘은 단면과 부재치수에 따라 다르지만 병렬이나 교차해서 사용할 수 있는 강관수에는 제한 없이 사용할 수 있다. 이 방식은 변동성(變動性)을 가진 구조의 용도(用道) 및 작용하는 힘의 변동 적응능력이 매우 크다.

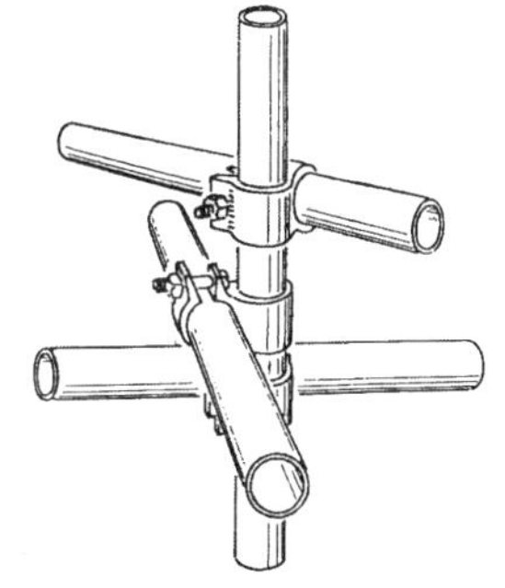

그림 13-2 만네스만방식

그러나 역학적인 결점으로는 접합부를 통하여 부재 간에 전달되는 힘이 항상 편심(偏心)을 가지므로 부재에 작용되는 휨을 고려해야 한다.

(2) 메로(Mero)방식

메로방식에 의한 부재는 편심(偏心)이 생기지 않도록 한 절점에 나사접합에 의해 결합되며, 부재의 종류가 매우 적은 구법(構法)이다.

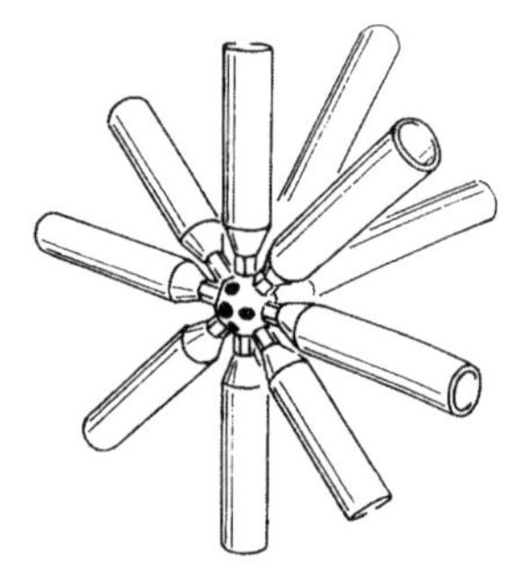

그림 13-3 메로방식

각 절점에는 최대 18개의 부재가 접합될 수 있도록 되어 있으며, 부재의 방향은 서로 직교하는 3개의 주축(主軸)과 이 주축 사이에 45°의 대각선방향으로 정해져 있어 기하학적인 규칙성을 가진 구조형태를 이룬다.

메로방식에서 부재는 각각의 방향에서 하나씩만 조합되며 클램프 철물도 전 절점에 대하여 1개이다. 이 트러스구조의 지지능력은 응력이 제일 큰 부재의 지지력에 의해 결정된다.

(3) 유니스트럿(Unistrut)방식

유니스트럿방식은 구부린 경량형강을 사용하여 건축물을 세운 방식이다. 이 방식에서 기본구조는 높이가 1m 정도이고 입체적으로 몇 개의 방향으로 조립되는 입체트러스이다.

접합부는 철판을 구부려서 만든 단순한 모양으로 트러스부재를 여기에 볼트조임하여 구성한다.

이 구조물의 지지능력은 실험에 의해 검증된 값이 스팬 12.5m×12.5m일 때 약 300kgf/m^{2}이다. 그러므로 스팬은 15m 이상으로도 가능하다고 생각된다.

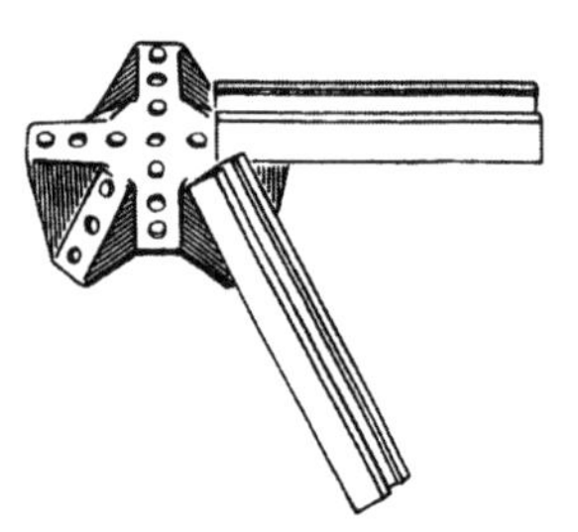

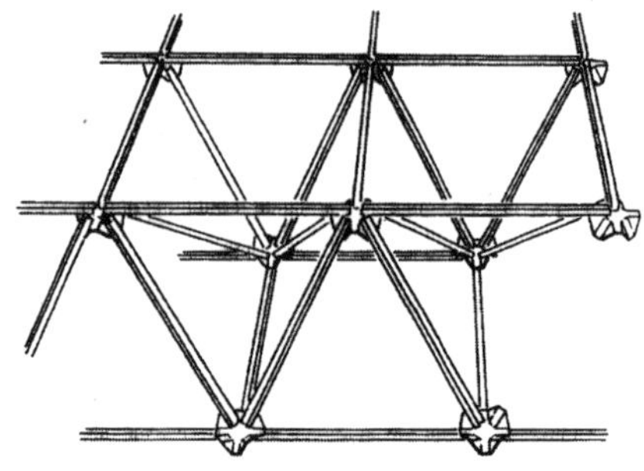

그림 13-4 유니스트럿방식

13.2 돔(Dome) 구조

돔 구조는 아치구조와 함께 B.C 2500년경부터 사용된 구조양식으로 원형, 사각형, 육각형, 다각형의 평면 위에 만들어진 반구형의 둥근곡면 지붕형식을 말한다.

돔은 B.C 2500년 이집트의 피라미드, B.C 1325년 미케네의 아트레우스의 금고(Treasury of Atreus)는 원추형의 돔으로 내면의 직경 14.5m 높이 13.5m로 지금도 존재하는 가장 오래 된 돔이다. 돔 구조의 발생지는 아치나 볼트처럼 오리엔탈지역이지만 돔 기술을 발전시키고 거대한 구조물을 축조한 것은 로마제국시대이다.

공공건축물의 대공간을 3차원인 볼트(Vault)전개구법으로 둥근지붕 형태인 돔이 발전되고, 새로운 재료인 콘크리트와 철, 그리고 응용해석이론의 발전으로 돔 구조는 비약적으로 발전하게 된다.

사용재료와 구축방법 등에 따라 이중곡면 입체트러스 구조, 철근콘크리트 아치구조, 쉘 구조 등으로 구분하여 연구되고 있다.

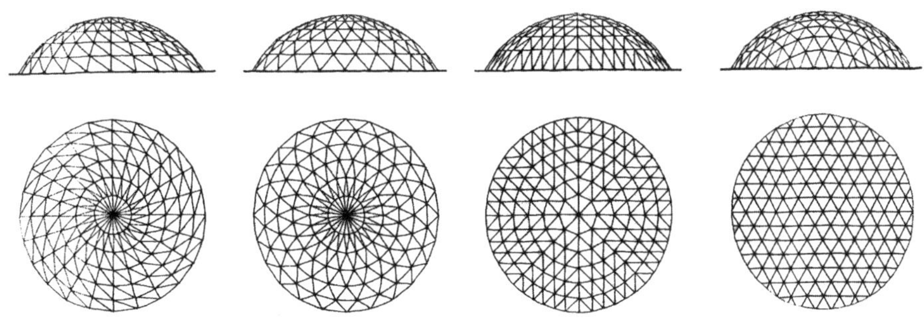

그림 13-5 돔 구조의 형상

13.2.1 돔의 원리

돔은 경도(Longitude)선으로는 아치(Arch)와 비슷한 방법으로 하중을 전달하지만, 위도(Latitude)의 테두리선에 의해서도 큰 저항력을 가지고 있다.

3차원구조형태로 구성된 돔은 아치호(경도)를 따라 벌어지려는 구조물의 거동을 원통형의 테두리처럼 위도선 방향(원의 수평방향)으로 붙잡아 변형을 억제시킨 구조형태이다.

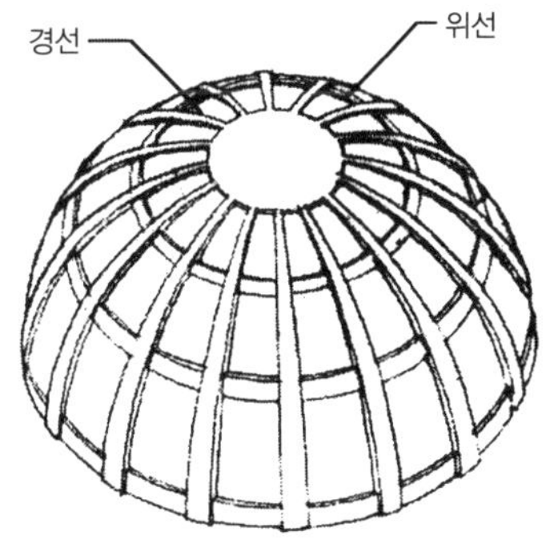

그림 13-6 돔 구조

돔 구조는 돔 하부 지지부에 하중을 균등하게 전달시키며 위도선방향의 저항력 때문에 돔의 변형을 억제시킬 뿐만 아니라 매우 얇은 부재두께로도 설계가 가능하다.

돔의 하부에는 테두리보와 같은 인장링(Tension ring)을 설치하여 돔의 벌어지려는 힘과 부재면의 변형을 억제시키고, 돔의 상부 윗부분에 채광을 위한 개구부 등을 두는 경우에는 구(球)의 함몰을 억제할 목적으로 압축링(Compression ring)을 설치해야 한다.

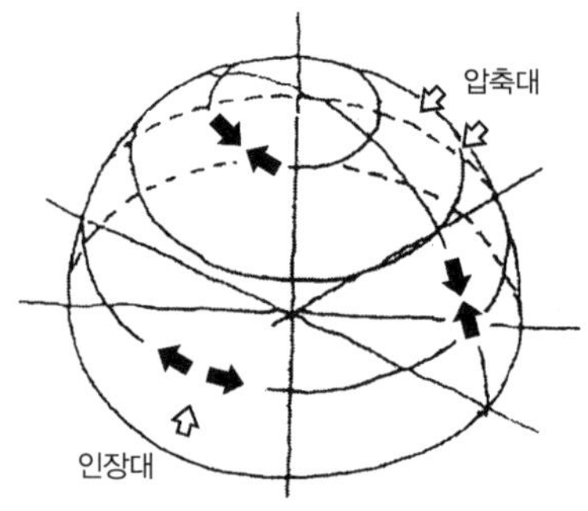

그림 13-7 돔의 응력전달구조

평면형태가 원형일 때는 돔으로부터 벽체로 자연스럽게 하중이 전달되지만 평면이 다각형, 정방형일 때는 펜덴티브 돔(Pendentive dome)과 스퀸치(Squinch)구조 형태를 요구한다.

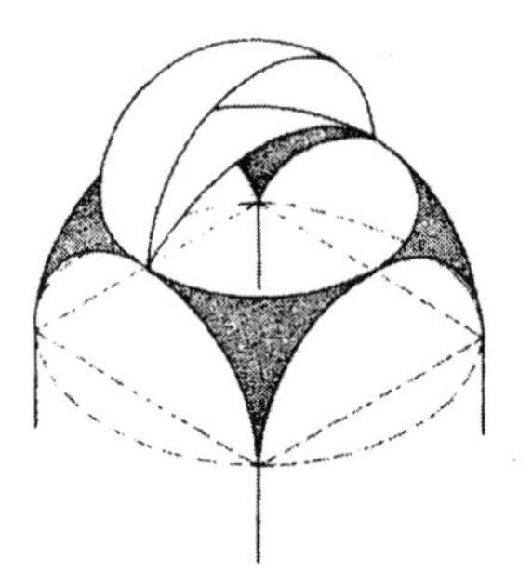

그림 13-8 펜덴티브

펜덴티브 돔은 사각형의 평면에 돔 지붕을 할 때 이루어지는 구조로 돔의 원형 평면에 외접되어 사각형으로 구획되는 사각형 면적 이외의 여분 4곳의 호면적을 수직으로 자르면 사각절점에 의해 지지되는 형상이 되고, 돔 상부의 수직으로 잘라진 면에 수평으로 자르면 구면 삼각형이 남게 되는 곳에 다시 돔을 얹는 형태를 펜덴티브라 한다.

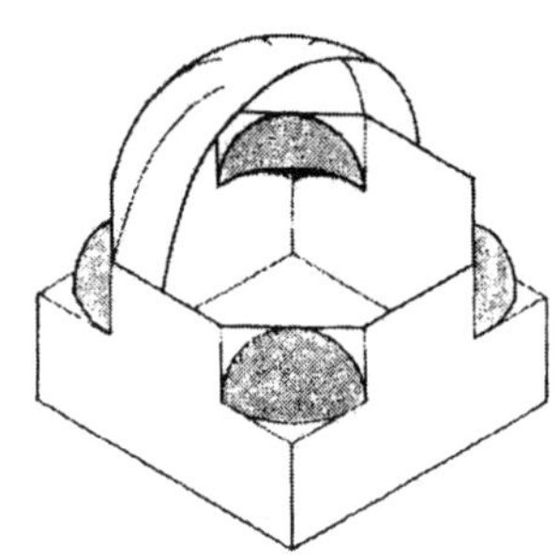

그림 13-9 스퀸치

스퀸치는 펜덴티브의 사각형 평면에 아치를 걸어 팔각형으로 만들고 돔에서 외접하는 팔각형 면적을 제외한 곳에는 하중이 전달될 수 있도록 또 작은 아치를 설치하여 상부에 돔을 올려놓은 구조형태를 말한다.

13.3 쉘 구조(Shell structure)

쉘은 껍데기를 말한다. 이 껍데기는 우리의 자연에서 찾아보면 조개껍질, 게껍질, 곤충의 껍질, 과일 껍질, 알, 호도 등을 생각해 볼 수 있다. 여기에서 껍데기의 재료는 강하고 견고하며, 모든 방향으로 균일한 곡면 형상을 이루고 있다. 이것이 쉘의 기본이다.

임의의 곡률을 갖는 만곡의 형태로 구성되는 곡면판의 형상과 역학적 거동을 갖는 구조를 곡면판구조, 쉘구조라 한다.

휘어진 얇은 곡면은 면에 분포하는 하중을 부재의 면내를 통해서 전달시키므로 큰 공간을 덮는 지붕구조, 튜브형태의 건축물에 사용되고 있다.

쉘구조의 기본개념은 휨응력을 일으키지 않는 얇은 판에 인장력과 전단력만으로 하중을 지지하는 구조형태이다. 그러므로 쉘구조의 해석방법은 쉘에 외력이 작용되면 축방향력, 전단력, 휨모멘트, 비틀림 모멘트가 생기지만 휨모멘트 값과 비틀림 모멘트값이 매우 작아 단면설계에 큰 영향을 주지 않으므로 이 값들을 무시하고, 면요소 변형을 축방향력과 면내전단력만으로 설계한다.

곡면형태의 쉘구조 기본해석에 의해 여러 형태로 구성된 원통형 쉘(Cylindrical shells), 회전쉘(Shells of revolution), 코노이드(Conoids), 쌍곡포물선형 쉘(Hyperbolic paraboloid shell), 자유형 쉘(Free form shells) 등의 구조계획과 해석에 대한 연구가 진행되고 있다.

13.3.1 원통형 쉘(Cylindrical shells)

반원, 타원형, 평면 내의 원호 등을 직선적으로 평행이동시켜 얻어진 원통형의 곡면을 원통형 쉘이라 한다.

이 원동형 쉘은 일정한 곡률과 지지력을 갖는 단면형상에 하중을 약간 과하게 작용시키면 횡방향으로 늘어나서 지지력(支持力)을 상실하게 된다. 이때에는 원통의 박공쪽에 전단내력을 가진 박공면을 만들어 보강하면 원통형 모양이 무너지지 않고 지지력은 증대하게 된다.

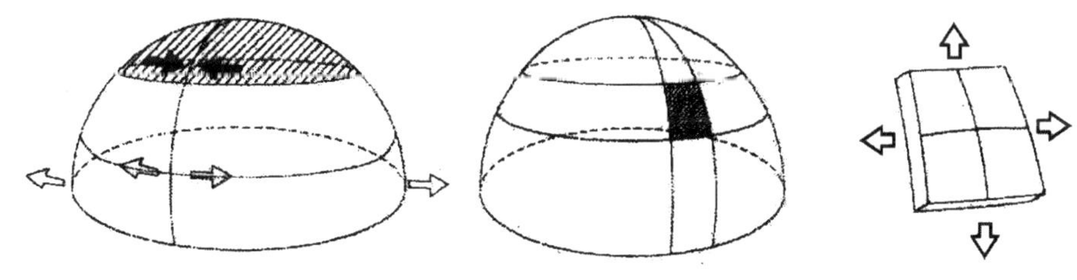

그림 13-10 구형 쉘의 거동

단일곡률을 가지는 원통형 쉘은 힘의 흐름은 쉘의 원호와 원통의 길이에 따라 구조해석법을 달리 한다.

짧은 원통형 쉘(short barrel shell)은 쉘 원호의 반지름 r과 원통길이 l의 비가 $r/l>0.6$일 때이고, 쉘 원호의 반지름 r과 원통길이 l의 비가 $r/l<0.6$ 긴 원통형 쉘(Long barrel shell)이라 한다. 짧은 원통쉘은 압축선이 매우 중요하다. 이 짧은 원통형 쉘의 양지점이 기초에 지지되어 있을 때는 힘은 최단거리를 아치호와 같이 흘러 기초에 도달된다. 짧은 원통쉘의 원

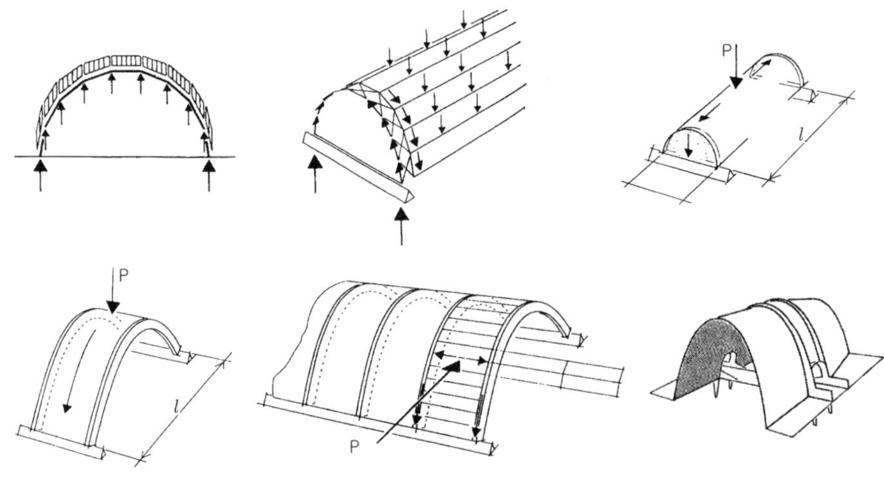

그림 13-11 원통형 쉘

호곡선과 압축선이 일치될 때 힘은 이 면 내로 이동하지만 압축선은 하중에 따라 변동되므로 압축선이 쉘모양에서 어긋날 때 쉘은 하중의 불균형 부분을 쉘에 보강한 스티프너에 전달하게 되므로 이 스티프너는 쉘의 보강과 형태 유지에 필요한 박공벽과 같이 사용된다.

짧은 원통형 쉘은 포물선모양의 압축선이 형상을 결정하므로 춤이 높은 경기장, 격납고, 큰 시장 등 천장이 높은 공간에 많이 사용된다.

긴 원통형 쉘은 아치와 같이 포물선과 비슷한 압축선의 구조형태뿐만 아니라 쉘의 구부러짐이 응력의 변환을 가져오므로 쉘의 형태가 압축선과 멀어질수록 쉘의 곡률은 응력의 변환작용에 의해 힘보다 강하게 된다.

압축선에 횡단면을 가진 긴 원통형 쉘은 쉘의 배(Bottom edge)에서 보(beam)의 작용이 생겨 하중을 지지하게 된다. 이는 쉘의 호단면을 갖는 보로 가정한 수정된 보이론에 의해서 내력을 산정한다.

13.3.2 회전 쉘(Shells of revolution)

부재면이 2중으로 휘어진 쉘은 회전면(回轉面)을 사용하여 얻은 형태로 원통면(圓筒面)과 원추면(圓錐面)을 제외한 모든 회전쉘 형태이다.

이 회전체의 기본형이라 할 수 있는 형태는 구(球)형 쉘로 모든 방향으로 대칭성을 가진다. 2중으로 휜 쉘구조를 이해하기 위해 반구(半球)에 작용되는 힘의 흐름을 알아보기 위해 반구를 가는 띠로 나누면 이 반구의 띠들은 아치와 같은 작용을 한다.

이 아치가 압축선과 일치되어 있다면 이 아치는 자중에 대해서도 휨이 없다는 것을 알 수

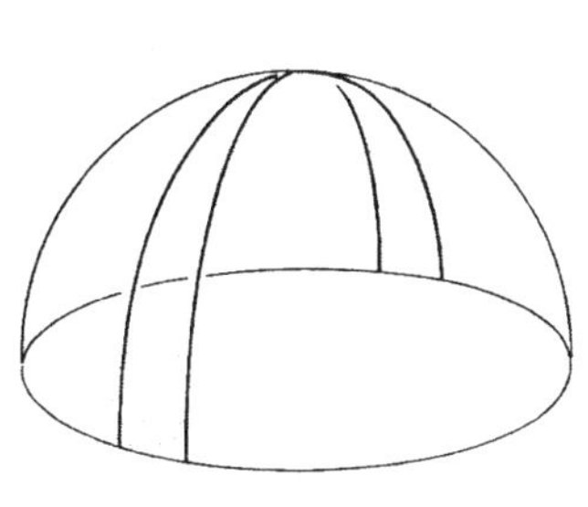

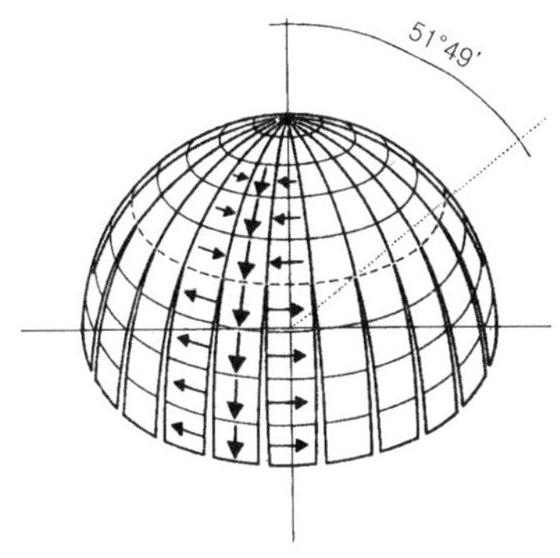

그림 13-12 회전쉘

있으며, 이때 압축선은 포물선의 형태를 하고 있다. 그러나 이 반구의 띠들은 반구형태를 하고 있으며, 압축선을 벗어나 있으므로 이 벗어난 정도의 휨강성을 필요로 한다. 그러나 쉘의 얇은 단면으로는 이 휨에 견딜 수 없으므로 압축선에서 벗어난 방향의 반구 윗부분에서 아랫방향으로 반구의 밑 부분이 바깥쪽으로 열리도록 변형된다.

이 변형은 반구에서 상부의 안쪽방향으로 내려앉으려는 부위의 부재들이 링방향으로 서로 밀어가며 강한 곡면을 형성한다. 이 부위에서는 쉘면 내의 압축력이 지배적이다.

반구에서 하부의 바깥방향으로 넓어지려는 부위의 부재들은 수평방향으로 서로 당겨 링(Ring)모양의 띠를 형성하여 각각의 부재들이 퍼지면서 평평하게 되려는 형상을 억제시킨다.

이 부재에서는 경선(經線)방향으로 압축력, 위선(緯線)방향으로는 인장력이 작용된다.

이 반구형 쉘의 하부에는 인장력에 저항할 수 있도록 인장링(Tension ring)을 설치하고 쉘은 연속된 곡률(曲率)과 일정하고 얇은두께, 하중은 점하중 없이 일정하게 분포되며, 쉘 의 자유로운 변형을 방해하는 지지방법 등을 고려하여 쉘면이 얇아 휨강성이 없다는 막이론(Membranethory)의 이론적 해석이 실제 힘의 흐름과 일치되도록 해야 한다.

막응력의 평형상태가 되기 위해서는 쉘을 원주방향으로 움직임이 없고 반지름 방향으로 이동이 자유로운 롤러(Roller)를 설치하여 쉘을 수직으로 지지한다.

이 지지방법에 의해 쉘 하부에서는 휨의 발생을 완전히 피할 수 없으므로 쉘의 경선방향 하부 단면을 변화시키든지, 쉘 단면두께를 변단면으로 처리할 필요도 있다.

13.3.3 코노이드(Conoids)

한 개의 직선을 직선과 곡선을 따라 이동시킬 때 생기는 곡면(曲面)을 코노이드라 한다.

코노이드가 이중곡면이면서도 직선으로 형성할 수도 있다는 것은, 쉘을 만들고 구성하는데 중요하다. 톱날지붕에 코노이드를 사용하면 지붕골을 직선으로 할 수 있다.

쉘은 박공보의 상단부에서 다음 박공보의 하부에 걸쳐지며 아치모양의 박공보는 압축선의 아치구조나 다른 모양의 휨강성을 가진 부재로도 가능하다. 이것들은 박공벽과 같이 쉘을 보강하는 작용을 한다.

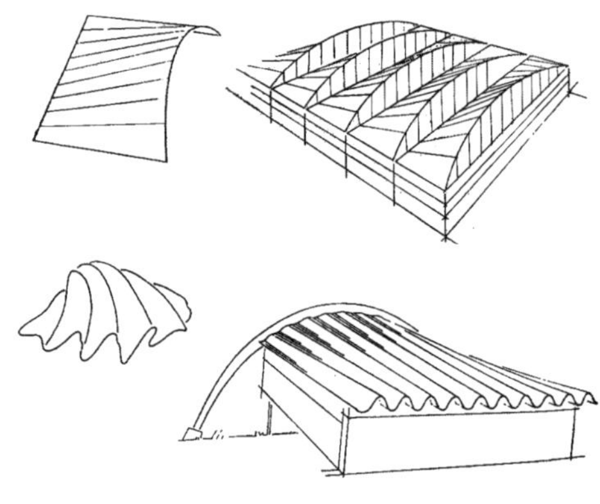

그림 13-13 코노이드

코노이드가, 곡률이 전혀 없는 직선의 형태로 내밀게 되면, 이 부분의 강성이 매우 작아져 구조물이 존재하기 어렵게 된다. 그러므로 코노이드는 한 면의 쉘 형상 곡률이 점점 작고, 펴져서 직선면에 접하게 되는 형상이다. 이와 같은 형상의 모양은 조개껍질의 모양과 비슷하다.

13.3.4 쌍곡포물선형 쉘(Hyperbolic paraboloid shells)

쉘구조에서 적당한 곡면 형상은 면이 2중으로 휘고, 구조적으로 해결되며, 시공이 용이하고 형태가 보기 좋은 하이퍼볼릭. 페러보로이드면(쌍곡포물선 곡면 H.P면)이다.

이 H.P면의 곡면 방정식은 17세기에 처음으로 알려졌고, 이 H.P 쉘은 2차세계대전 후에 급속히 전세계에 나타나기 시작했다. 이는 H.P 면이 설계가 비교적 쉽고, 직선재를 사용하여 곡면을 쉽게 구성할 수 있기 때문이다.

가장 기본적인 H.P면의 기본형상을 보면 2개의 위로 볼록한 아치모양의 포물선 사이에 같은 형상의 하향포물선을 늘어뜨리면 횡방향으로 또 하나의 평행한 상향 포물선이 생기면서 전체 형상이 말안장모양의 면을 만든다.

이 말안장모양의 면은 이중곡면(二重曲面)으로서 양방향으로 서로 반대로 휠 수 있으며, 수평단면인 등고선과 경사진 단면에 대해서도 쌍곡면(双曲面)을 이루고 있다.

H.P면은 2개의 직선모양의 모선(母線)을 가지고 있어서 말안장모양면의 일부를 비틀어진 4각형의 직선으로 잘라낼 수 있어 비틀어진 4각형에서 H.P면의 일부를 만들 수도 있다.

H.P은 수직포물선과 수평쌍곡선에 의해 구획된 말안장면, 비틀어진 4각형으로 구획한 직선모양의 기본형태, 기본형태를 몇 개 조합한 것, 곡선으로 구획된 절편(切片), 곡선모양으로 구획된 절편들의 조합 등이 가장 일반적인 쌍곡포물선곡면의 형상이다.

건축물의 조형효과에서 가장 기본적으로 중요한 것은 수평방향의 사람 시선이다. H.P면의 모양은 이 조형효과에 매우 적합한 형태이다.

쌍곡포물선곡면의 수평투영에서는 직선을 유지하면서 기본형의 경계를 회전시키면 입면

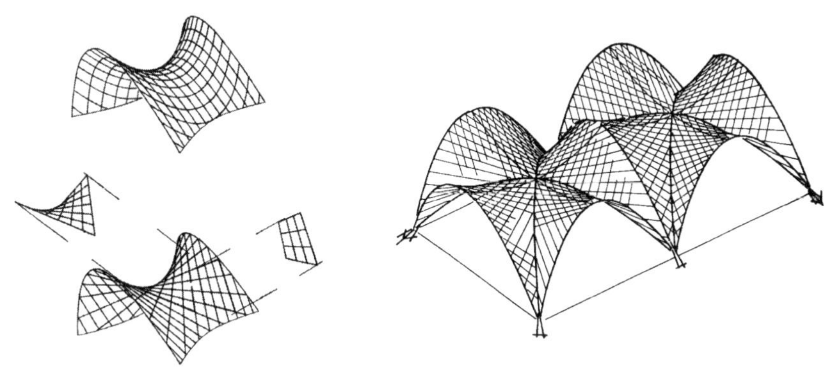

그림 13-14 쌍곡포물선형 쉘

(立面)에서 그 형태는 곡선(曲線)으로 보이게 되며 이 곡선을 현수(懸垂)모양, 아치모양으로도 할 수 있다. 이 모양에 직선으로 둘러싸인 평면을 덮는 H.P면을 찾을 수 있으며, 이 곡선은 기하학적으로는 포물선을 말한다.

13.3.5 자유형 쉘(Free form shells)

자유형 쉘이란 구조적으로 구속된 자유형(自由刑) 개념의 쉘구조를 말한다. 쉘구조는 기본조건인 휨과 강성을 만족시키면 형태의 기하학적 규제를 요구하지 않는다. 그러므로 휨과 강성을 만족하는 자유로운 형태를 구상할 수 있다. 압축선과 포물선은 비슷하지만 압축선은 포물선이 아니다. 압축선은 하중의 작용상태에 따라 항상 변화되는 것이다.

가장 자유로운 형태에서 기하학적인 질서가 반복되어 사용되는 것으로 프랑스의 로얀(Royan)시장이나 푸에르토리코의 해변 레스토랑은 주름 잡힌 조개껍질 모양을 하고 있다.

여기에서 형태를 규제하고 있는 것은 단면이 파형(波形)이고, 2중 휨을 하고 있으며, 구심점을 중심으로 언덕과 골이 배열되어 있고 압축선 아치의 단면을 가진 돔으로 설계되어 있다.

이 형태는 기하학적으로는 자유이지만 구조상으로는 질서와 법칙이 세워져 있다.

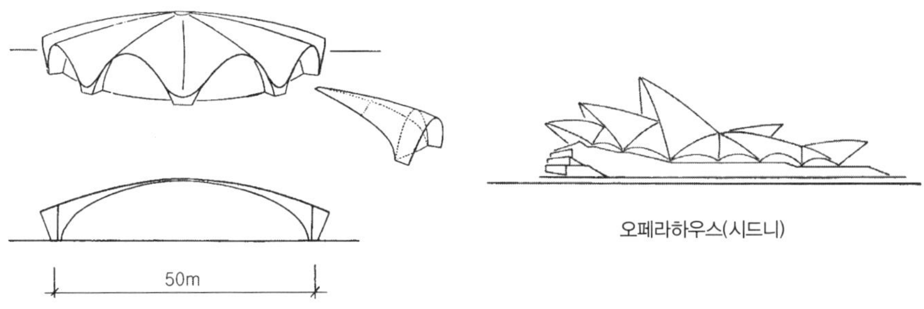

그림 13-15 자유형 쉘

13.4 절판구조(折板構造, Folded plate structure)

절판의 개념은 지금까지 존재한 적이 없는 새로운 형태의 구조로 간단한 모형실험을 하는 편이 알기 쉽다.

한 장의 종이를 양 지점에 걸쳐 놓으면 종이는 자중(自重)을 지지(支持)할 수 없으므로 힘없이 쳐지고 말 것이다. 그러나 이 종이를 걸쳐 놓으려는 방향으로 아코디언처럼 주름을 접어 잡으면 견고해져서 이 주름 접혀진 종이 위에 하중(荷重)을 올리면 주름이 펴지면서 무너지게 된다. 이 주름이 펴지지 않게 양 끝단에 박공 스티프너를 대주면 주름이 쉽게 펴지지 않아 보다 큰 하중에도 견딜 수 있는 구조를 만들 수 있다. 이와 같이 종이모형 형태는 대규모의 구조에도 성립되며, 사용재료는 인장이나 압축에도 큰 강성을 가지는 철근콘크리트로 사용된다.

절판구조는 평면판을 주름접어서 만들기 때문에 능선 간의 평면판을 서로 사선으로 걸쳐 놓은 형상으로 여러 번 꺾어 주름진 철근콘크리트 슬래브가 연속보와 같이 상하의 주름을 가진 보강작용에 의해 구성되며, 하중은 접은 절판능선에 따라 경사 평면의 경사면에 면내 방향으로 작용되고 종방향(縱方向)으로는 보와 같이 하중을 지점에 전달한다.

경사의 춤은 보의 춤과 같이 경사 크기에 따라 부담능력도 다르다. 경사가 너무 완만하면 절판구조의 기능은 없어지므로 판이 전단이나 휨에 충분한 강도를 가지도록 고려한 경사가 필요하다.

절판의 주름을 유지하기 위해서는 주름 양단에 박공벽을 설치하여 주름이 펴지지 않도록 하여 좀더 큰 힘에 견딜 수 있는 구조를 만들어주어야 한다.

절판구조는 스팬에 대한 춤 및 경사의 비율이 강성(剛性)과 지지력(支持力)을 결정하게 된다. 절판의 주춤을 사각형 단면에서는 가장 간단한 것으로 지지점에 평행하게 접은 평행선 주춤, 평면이 사다리꼴일 때는 부채꼴로 주춤을 잡는다. 부채꼴 주춤은 폭과 춤이 넓은면으로 갈수록 증대된다. 춤을 일정하게 하면 면(面)이 비틀어지게 된다. 그리고 주름이 지그재그로 뻗쳐 있는 형태가 있다. 이 지그재그형태 주름은 전 스팬에 걸쳐 있을 때와 다른 주름과 교차되어서 가구에 꺾임매를 가질 때도 있다.

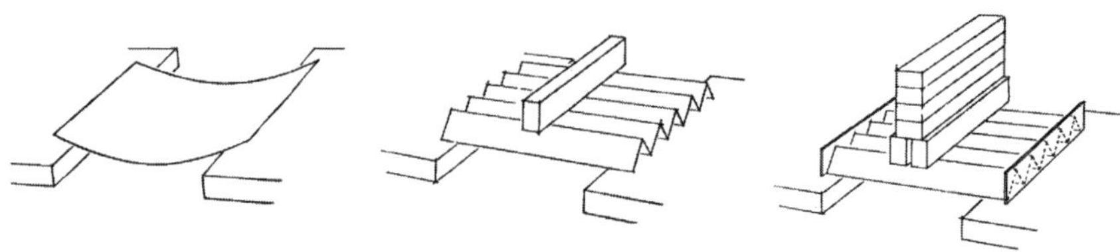

그림 13-16 절판구조의 개념

베르로니(Belloni)가 설계한 이탈리아 파비아(Pavia)의 스포츠 경기장은 서로 엇갈리는 각추장을 이루고 있는 주름, 다시 말하면 교차된 절판에 의한 볼트구조를 하고 있다.

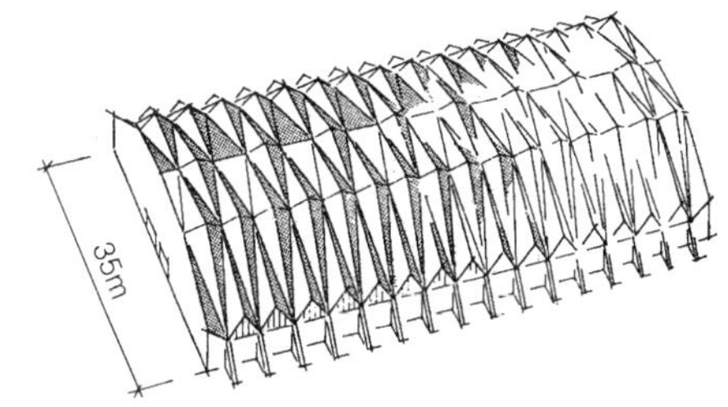

그림 13-17 파비아 경기장

구부러진 방향에서 주름은 가구에 큰 강성을 주게 되고, 이것과 직각방향에서 세장(細長)한 각부(脚部)는 서로 이음재로 이어지며 연결보로써 각부에서 주름이 펼쳐지는 것을 방지하고 있고, 볼트의 수평추력은 바깥쪽으로 내민 버트레스가 감당하고 있다.

13.5 막구조(Membrance structure)

쉘구조의 기본원리인 막응력과 전단력만으로 외부하중에 대해 안정된 형태를 유지하고, 힘과 비틀림저항이 매우 작은 천이나 고무, 합성섬유 등을 구조체의 재료로 사용한 구조를 막구조라 한다. 이 막구조의 원리는 텐트구조에서 기원을 찾을 수 있으며, 이 얇은 막을 단순히 끌어 당겨서 구조적인 구성요소들을 만들거나 공간의 효율성과 기둥의 위치변경 등에 의해 구조형태가 변화되고 발전되어졌으며, 막에 대한 신재료가 2차세계대전 이후부터 꾸준히 개발되어 현대의 막구조들이 나타나기 시작되었다.

막구조 분야에서 구조형태를 세우고 체계화를 형성한 독일의 슈투트가르트 공과대학의 프라이 오토(Frei otto)는 서스펜션 막구조 형태를 집대성하고 막구조 건축의 존재를 처음으로 보여주었다.

막구조에서 공기막구조는 미국을 중심으로 뉴욕 세계박람회와 일본 오사카 세계박람회에서 새로운 건축구조양식을 보여준 공기막구조물들이다. 막의 구조와 원리에서 막은 하중을 지지하는 2방향의 저항구조로 스팬에 비해 두께가 매우 얇다.

막구조물은 인장력을 받는 케이블 이외에도 하중능력을 증가시키는 전단작용도 나타난다.

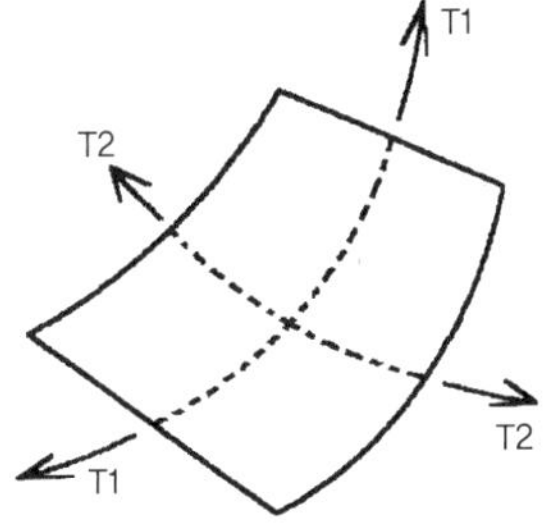

그림 13-18 곡면막요소

수직으로 하중을 받는 곡면 막요소의 처짐은 2방향으로 각각 다른 곡률을 만들고 있으므로 막을 2개의 인장을 받는 케이블의 교차로 볼 수 있다. 막에 의해 지지된 전체하중은 2개의 인장 케이블로 지지된 하중의 합과 같으므로 2개의 케이블로 지지된 막은 이 곡률에 의해 지지되고, 또다른 막의 2차원 저항구조는 막의 면내에서 접선방향의 전단작용에 의해 하중 지탱능력을 막에 주고 있다.

막구조물은 막을 지지하는 방법에 따라 공기막구조와 비공기막구조로 구분하여 생각할 수 있다. 공기막구조는 막 외기압보다 조금 높은 기압을 막 안에 주어 막이 자립하여 외부하중에 견딜 수 있게 한 구조이다. 공기막구조는 공기지지방식(Air supported system)과 공기팽창방식(Air inflated system)이 있다.

막을 펼쳐 공간을 구획하고 고정시킨 후 공기를 불어넣어 막면의 안팎에 공기 차이를 주어 막면에 장력이 생기게 함으로써 막이 부풀게 되는 에어돔(Air dome)과 2장의 막 사이에 공기를 불어 넣고 막의 주변을 고정시킨 형태를 공기지지방식이라 한다.

면방향(평면)으로 길고 춤이 낮은 튜브형태, 보, 아치, 원통 등과 같은 모양의 막구조체에 막 내기압이 막 외기압보다 크게 가압한 막구조체가 외력에 저항할 수 있도록 한 구조를 공기팽창방식이라 한다. 이 공기팽창방식의 막구조는 가늘고 긴 선재들의 조합에 의해 면을 구성하게 된다.

비공기막구조는 현수막구조와 골조막구조가 있다. 현수막구조(장력막구조)는 막면 내에 직접 초기장력을 주어 형태를 안정시키고 외부하중에 견딜 수 있도록 한 구조형식이다.

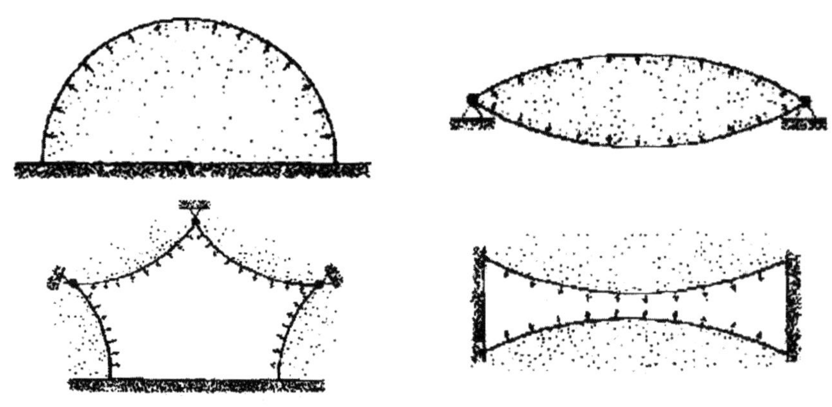

그림 13-19 공기지지방법

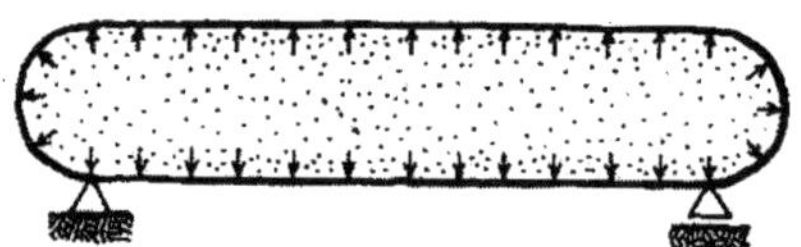

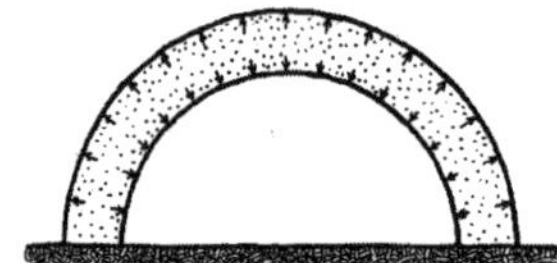

그림 13-20 공기팽창방법

초기장력을 받은 현수막구조의 막곡면은 한 방향으로 매단 케이블(Ridge cable)과 누름케이블(Valley cable)로 나누어 생각할 수 있다. 매단 방향과 누름방향은 직각되게 교차하여 하중이 작용할 때 각각의 장력은 서로 막 곡면 내에서 평형되므로 경계구조물에는 거의 영향을 주지 않는다.

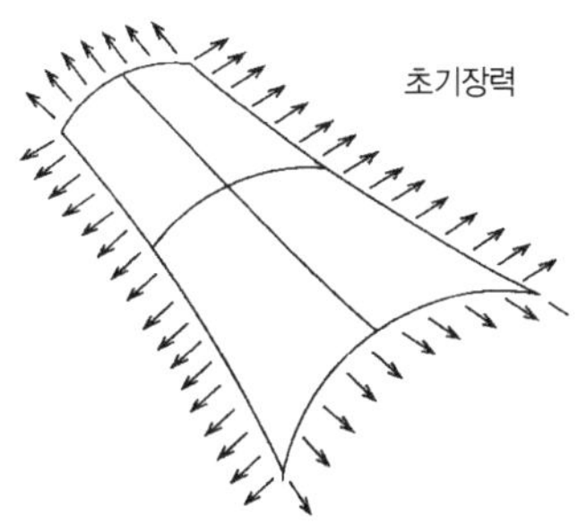

그림 13-24 현수막구조

골조막구조는 구조물의 구조재인 철골이나 철근콘크리트 등을 사용하여 형태를 만든 후 막을 2차적인 구조재로 사용하는 방식으로 주로 지붕의 마감에 사용된다. 이 골조막구조에서는 막 자체의 구조적인 거동보다 주골조와 막구조의 접합에 시공, 디자인, 접합부의 이음 등에 주의해야 한다.

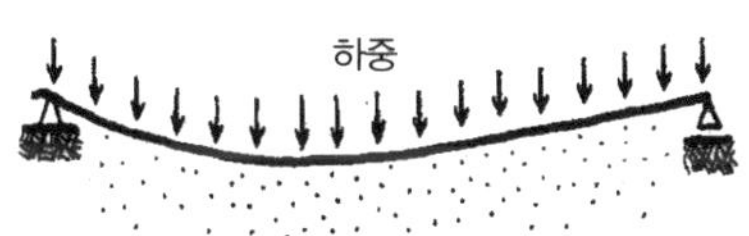

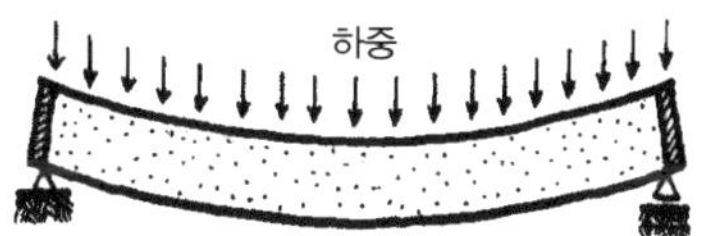

그림 13-21 하중을 받는 막구조

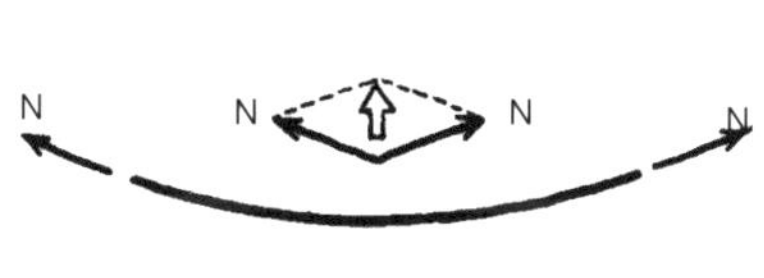

그림 13-22 공기지지방법

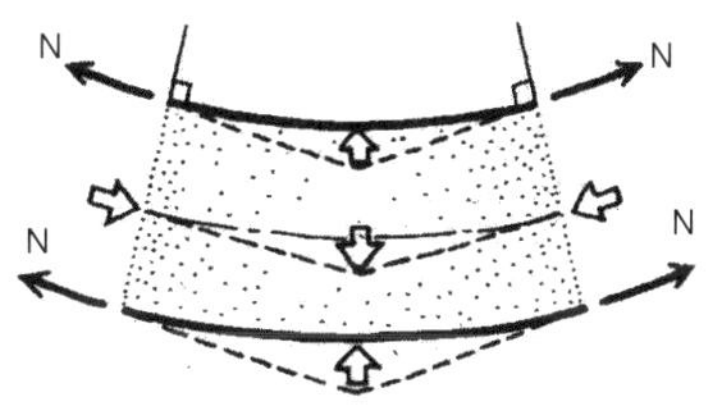

그림 13-23 공기팽창방법

13.6 현수구조(Suspension structure)

케이블(Cable)로 구조물을 만든다는 개념에서 현수교가 나왔다. 구조요소 중 인장력만 전달하고 휨이나 압축에 대해 저항하지 않는 부재를 케이블이라 한다. 이 인장만 받는 케이블을 이용하여 구성한 구조물을 케이블구조, 현수구조, 서스펜션 구조라 한다.

현수구조는 교차된 케이블들이 말안장모양으로 휜 곡면을 긴장시켜 입체적인 강성을 가지는 구조형태로 한 방향으로 휜 현수구조, 역방향(逆方向)으로 휜 현수구조, 봉(棒)과 케이블 조합구조, 텐트구조 등이 있다.

13.6.1 한 방향 현수구조

한 방향으로 휘어진 현수구조는 케이블들이 일정하게 평행으로 걸친 상태로 되어 각각의 케이블이 외력을 받으면 각기 다른 변형을 가진다. 이 각각의 케이블에 가로보를 일정한 등 간격으로 걸쳐 놓으면 이 케이블들은 서로 일체가 되어 하나의 부재로 작용하게 된다. 이 구조물에 비대칭하중에 대한 비틀림 변형을 막기 위해서는 가로보들의 양 측면을 케이블로 당겨주면 충분한 강성을 가지므로 해결할 수 있다.

비대칭하중은 현수케이블에 의해 지지되어 전달되지 않고 보강한 휨강성을 가진 가로보에 의해 전달되므로 한 방향 현수구조에서는 현수면에 콘크리트를 타설하면 한 방향으로 휘어진 현수선모양의 현수쉘이 된다. 이는 현수쉘의 한 방향으로 매달린 쉘의 하중은 곡면의 중앙부에서 케이블을 따라 현수구조의 가장 높은 위치에 힘이 집중되므로 이곳에 타이 또는 휨강성이 큰 기둥을 설치하거나 현수면 내에 강한 수평트러스보를 설치하여 힘이 균형되도록 해야 한다.

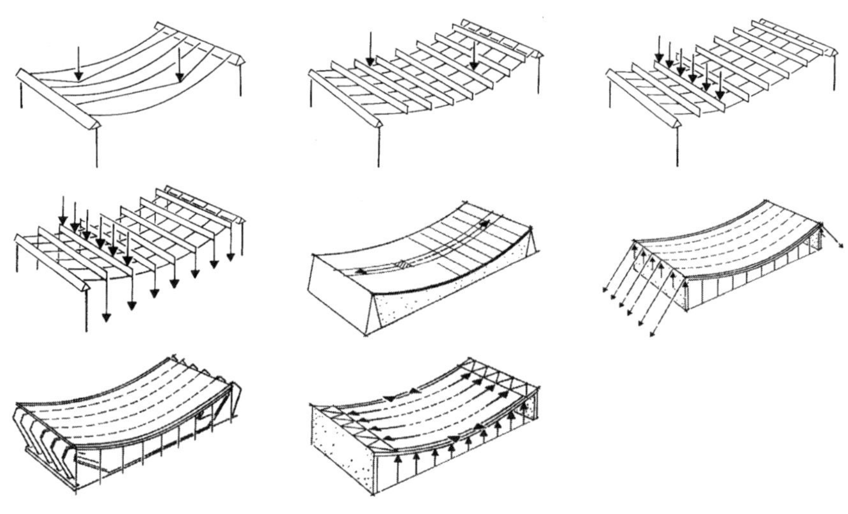

그림 13-25 한 방향 현수구조

13.6.2 역방향으로 휜 현수구조

건축물의 구조에서는 1방향에 의한 케이블구조보다 평면적으로 넓은 면적을 필요로 하므로 2방향과 방사모양 등으로 케이블 구조형태를 가져야 한다.

2방향을 갖는 케이블은 구성면 내에 연속적으로 케이블을 망과 같이 조합하고, 서로 역방향의 곡률을 갖는 케이블을 연결하여 한 방향의 케이블에 외력이 주어지면, 다른 방향의 케이블에도 장력이 생긴다. 이 한 쌍의 힘을 프리스트레스라 하고, 케이블이 외력에 의해 변형되기 쉽기 때문에 이 프리스트레스에 의한 케이블구조를 보강하기도 한다.

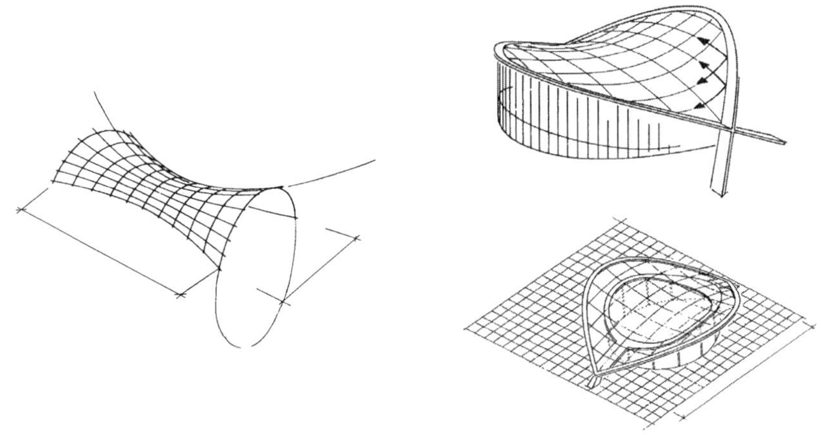

그림 13-26 역방향 현수구조

현수선모양의 장방향 현수케이블이 2개의 원호(圓弧)모양 아치에 걸쳐지고, 케이블들의 끝단은 다발로 묶여 지중에 정착되어 있다. 현수케이블은 2개의 아치 사이에 횡방향의 누름케이블을 설치하여 건물의 중심축을 구심점이 되게 짜여 있다. 누름케이블의 형태는 모두 원호모양을 하고, 구조는 호 전체의 일부분 모양이다.

누름케이블이 연직선으로 놓여 있기 때문에 현수케이블과 누름케이블을 각 교점에서 고정시켜 서로 긴결된 기하학적인 모양을 유지시켜 준다. 이런 방법에 의해 역방향으로 휘어진 케이블망구조의 계산과 구조디테일이 단순화된 형태로 현수구조의 기본원칙인 모든 구조가 인장응력만을 받는 케이블로 구성되어 있다.

2방향 현수구조는 서로 직각되게 교차하는 2방향의 케이블로 구성되고 케이블이 면강성을 유지할 수 있는 곡면형태가 되도록 초기장력을 주어 고정시켜야 하므로 쉘구조의 H.P 쉘형태와 같은 쌍포물곡선의 현수구조를 갖게 된다. 이 2방향 현수구조에서는 케이블에 작용된 장력을 해결하기 위해 지붕의 경계면을 한 쌍의 아치를 사용하거나 압축링을 설치하기도 한다. 이는 현수케이블과 누름케이블이 일체되어 아치나 압축링 사이에 힘의 균형 상태를 이루게 되고, 대칭하중에는 아치를 지지할 필요가 없다.

13.6.3 봉(棒)과 케이블 조합구조

압축재인 봉과 케이블을 여러 형태로 조합하여 케이블에 주어진 장력이 압축재에 전해져 인장력과 압축력이 조합되어 입체적으로 강한 가구형태의 구조인 복합구조가 나타난다.

방사형의 현수구조로 건물의 지붕을 매다는 구조형태는 건물의 외부압축링과 중앙부의 인장링 사이에 현수케이블을 방사형으로 매달아 쉘돔을 거꾸로 한 형태는 세계박람회의 미국관이다. 지붕은 원형으로 배열된 기둥 위에 놓여져 있고, 중앙에는 속바퀴가 방사선방향으로 겹케이블에 의해 매달려 있는 구조형상이다. 이 구조는 케이블의 흔들림을 방지한 고정케이블이 없으므로 불안정한 구조가 될 수 있으므로 지붕면에 하중을 증가시키거나 케이블에 프리스트레스를 주어 지붕강성을 크게 하는 보강을 필요로 한다.

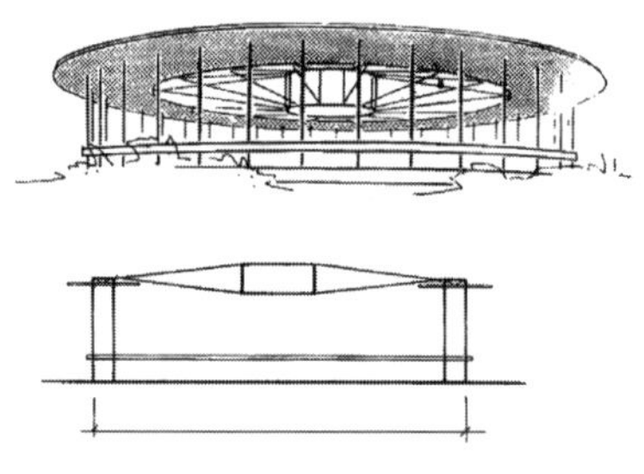

그림 13-27 봉과 케이블조합구조

13.6.4 텐트구조(Tent structure)

텐트구조는 인장력만을 갖는 재료를 이용하여 하중을 지지시켜 공간을 만드는 형태로 아주 오랜 옛날부터 사용되어 왔다. 이 텐트구조의 기술적인 문제와 개념, 텐트건축의 기하학적인 형태미를 프라이오토에 의해 새롭게 재구성되어졌다.

텐트의 구조 형태는 텐트뼈대골조형태가 구조를 직접 보여준다. 텐트는 프리스트레스트된 천으로 이루어지며, 이 천의 면에 응력이 주어진 상태로 서로 역방향의 이중곡면을 갖는 역방향으로 휘어진 망구조와 같다. 텐트구조의 모양과 형태는 다양하며 이 새로운 모양과 형태는 모형을 만들고 연구하는 방법이 가장 좋다고 생각된다. 예일대학의 하키장은 텐트구조의 형상을 하고 있다. 이 하키장은 중앙부에 철근콘크리트의 아치뼈대가 길이방향으로 105m 스팬이며, 이 아치뼈대와 직각방향으로 텐트의 지붕이 덮혀 있다.

지붕의 느슨한 현수케이블 위에 장방향으로 걸쳐 놓은 누름케이블들에 의해 장력이 생겨 역방향 곡률을 가진 이중곡선에 의해 필요한 강성을 얻게 된다.

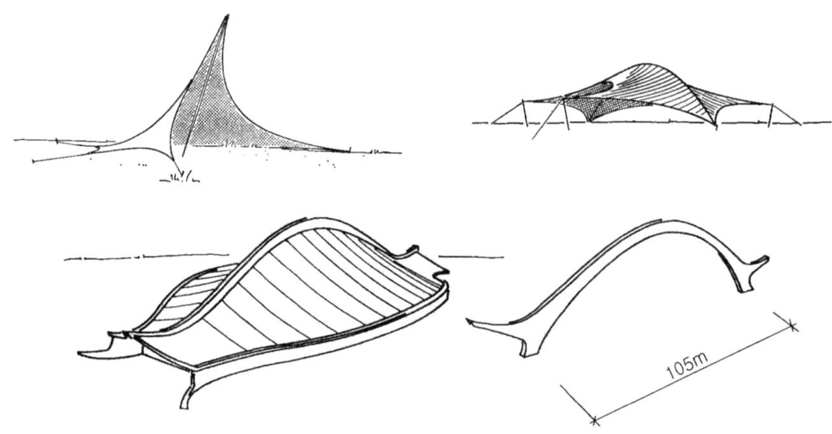

그림 13-28 텐트구조

14장

방수 · 방습 · 배수

14장 방수 · 방습 · 배수

건축물에 방수(防水), 방습(防濕)공사를 하는 이유는 외부로부터 빗물이나 습기, 지하수가 건축물 안으로 침입하는 것을 방지하여 건축물을 사용하는데 불편함이나 내구성에 지장이 없도록 하기 위해서이다.

비바람을 막기 위해 건물 외곽에는 외벽과 지붕을 설치한다. 외벽과 지붕은 빗물이 스며들지 않고 건조한 상태를 유지해야 건축물 사용시 비위생적이고 불쾌감을 주지 않는다.

건축물에 사용되는 재료들은 벽돌, 철근콘크리트, 강재 등이 대표적으로 사용된다. 이들 건축자재의 대부분은 습기를 빨아들이거나 습기에 의해 부식되는 것들이기 때문에 사용재료 자체가 방수성능을 갖기가 어렵다. 그러므로 방수 · 방습공사를 통해서 건축물의 사용성이나 구조체 재료의 내구성을 갖도록 해야 한다.

배수(排水)는 지하수와 빗물, 하수(下水)를 구별하여 배수시켜야 한다. 지하수와 빗물, 하수처리의 배수공법은 일반적으로 중력식 배수와 강제식 배수를 사용한다. 건축물의 지하나 실내의 배수는 물매를 잘 잡아서 배수가 잘되고, 기능적으로 설계되어야 한다.

14.1 건축물의 방수법

14.1.1 지하실 방수

지하실 방수법은 바깥방수법과 안방수법으로 구분하여 사용한다. 건축물의 지하구조가 땅속으로 깊게 있으면 지하실 벽에 작용되는 수압이 매우 크므로 방수층은 작용되는 압력에 충분히 견딜 수 있는 내력을 가져야 방수가 가능하게 된다.

이 경우에는 바깥방수법으로 하면 방수층을 구조체가 지지하고 있으므로 큰 수압도 견딜 수 있지만 건축물의 지하구조 외벽 전체에 방수층을 만들어야 하므로 시공하기가 매우 까다로운 단점이 있다. 이 공법은 방수층의 방수효과는 매우 좋지만 건축물의 준공 후에는 방수층의 보수가 거의 불가능하다.

안방수법은 건축물의 지하구조체가 완성된 후 내부에 방수층을 설치하는 방법이다. 지하실 바닥에는 방수층 위에 수압에 견딜 수 있게 콘크리트를 치고, 벽체는 벽돌이나 콘크리트로 방수층 누름벽을 만들고, 외부에 면한 실내의 기둥, 계단 등도 방수처리를 해야 한다.

바깥방수법은 기초공사와 지하구조체의 외벽에 공사와 동시에 방수층도 형성하고, 서둘러 되묻기를 해야만 하므로 공사기일에 제약을 받게 되므로 공사비가 증대되지만 수압이 큰 깊은 지하실공사에 매우 효과적이고 안정적이므로 많이 사용된다.

안방수법은 건축물의 내부 유효면적이 감소되는 점은 있으나 시공이 용이하며, 시간제약을 받지 않고 유지 보수가 가능하므로 수압이 작은 얕은 지하실 방수 공사에 적합하다.

14.1.2 옥상방수

평지붕이나 채양 등의 옥상방수의 바탕은 물흘림 경사를 30/1,000 이상으로 하고 방수층 시공을 한다.

방수는 주로 아스팔트방수 또는 시멘트 방수로 하고, 이 재료로 방수공사가 되지 않는 곳은 함석, 동판, 알루미늄 등의 수밀판을 방수층에 깊게 물리게 하여 연결하여 사용하기도 한다.

옥상 방수층에는 아스팔트의 침입도가 큰 것을 사용하고 옥상 모서리 부위, 가장자리 치켜올림, 끝마무리 등에 부착이 잘 되고 손상되지 않게 주의하고, 물이 빨리 흘러내리도록 물흘림 경사도 주고, 낙수구(落水口)에는 루프 드레인(Roof drain)을 설치하고 물이 스며들지 않도록

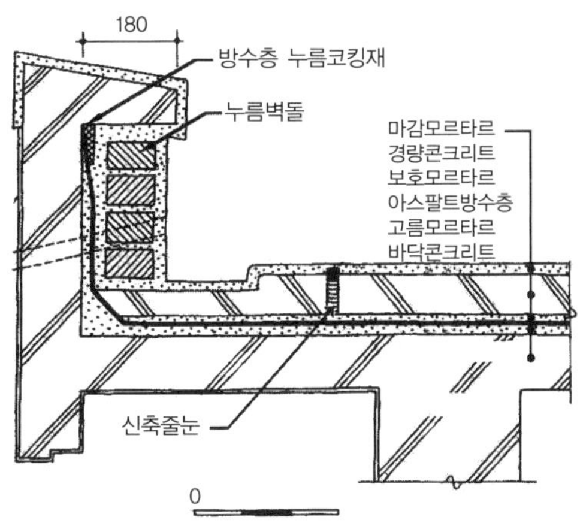

그림 14-1 옥상방수

방수층의 접착을 잘 해주어야 한다.

옥상의 난간벽은 방수층의 온도변화에 대한 신축성을 고려하여 철근콘크리트로 바닥과 일체식 구조로 하면 좋다.

지붕면의 방수층은 실내와 외기온도의 변화, 태양 빛 등에 의해 방수층에 신축과 박리 등의 영향에 견딜 수 있는 방수재료를 사용하고, 방수층에는 보호누름 모르타르를 하여 신축, 마모, 파손 등이 생기지 않도록 보호해야 한다.

난간벽에 방수층의 치켜올림은 난간벽의 끝단 턱 밑까지 치켜 올려서 난간벽체의 턱 안쪽으로 빗물이 스며드는 것을 막아야 한다. 난간벽의 방수층 치켜올림은 일반적으로 30~40cm 이상으로 해야 좋다. 지붕의 배수는 지붕면의 물흘림경사에 맞게 낙수구인 루프드레인을 두어 빗물이 이를 통해 선홈통으로 흘러내리도록 한다.

루프드레인은 낙엽이나 먼지 등에 의해 메이지 않게 하고, 양지 바른 곳에 두어서 겨울철에 눈이 얼고 녹으면서도 흘러내릴 수 있도록 해야 한다.

14.1.3 외벽 방수

(1) 바깥방수법

건축물의 지하층 구조인 바닥 밑면과 지하 외벽 바깥면인 지하 건축물 전체를 방수층으로 감싼 것을 바깥방수법이라 한다.

건축물의 기초를 만들기 위해 잡석이나 자갈다짐한 지정 위에 밑창 콘크리트를 친 후 완전히 건조된 후 방수층을 시공하고, 기초를 포함한 지하구조물을 완성한 후에 흙막이의 버팀대 등 방수층을 시공할 때 지장이 되는 것들을 제거하고, 면을 보강한 후 방수층을 설치한다. 방수층의 보호를 필요로 할 때는 벽돌 또는 콘크리트로 방수층 보호 누름벽을 만든다.

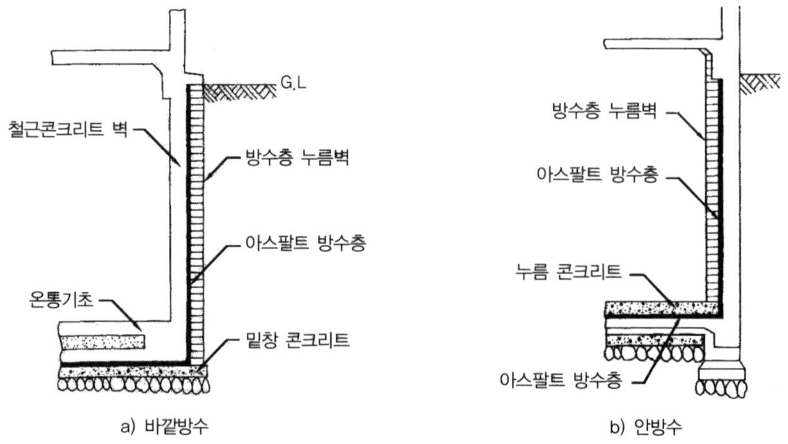

그림 14-2 바깥방수 · 안방수

지하층 벽체 방수는 건축물의 대지가 넓어 여유가 있거나 지하 되묻기 등 건축물의 시공상 지장이 없는 경우에는 구조체를 완성한 후에 행하고, 도심지의 좁은 대지에서 시급을 요하는 공사에서는 방수층을 먼저 설치하고 구조체를 나중에 완성하기도 한다.

(2) 안방수법

지하층의 바탕실 등이 만들어지면 실내의 결함 부위를 보수하고 건조시킨 후 바닥, 벽체, 계단실 등에 방수층을 설치한다. 지하층의 바닥과 벽체에는 수압에 견딜 수 있게 바닥에는 누름 콘크리트로 보호하고, 벽체에는 벽돌을 쌓아 누름벽을 만들어 방수층을 보호한다.

안방수는 바탕실 내부에 접속되는 모든 실 부위에 연속되고 일관성 있게 방수층을 감싸주어야만 완벽한 방수층을 만들 수 있다. 이 안방수법은 방수층의 수리가 가능하고, 바깥방수에 비해 공사비도 저렴하지만 수압에 의해 방수층이 찢어질 우려가 있으므로 지하층의 수압이 큰 바닥이나 벽체 등은 방수층의 보호누름 콘크리트를 두껍게 타설하거나 이중바닥구조, 이중벽구조 등으로 방수하여야 하므로 안방수법은 실내 유효면적이 감소되는 결점이 있다. 이 안방수법은 치밀한 방수법이 아니기 때문에 지하실 내에 배수관로를 통해 집수정에 누수와 온도차에 의한 이슬 등을 모아 펌프로 배수할 수 있도록 집수정을 미리 준비해두면 추가 방수공사나 지하수 배수처리에 매우 좋다.

14.1.4 실내방수

건축물 실내의 지하층 부분 또는 물을 자주 사용하는 부엌, 화장실, 목욕실, 세탁실 등의 바닥이나 벽체 등은 방수층을 설치하여 물이 건축물에 스며들지 않게 하여야 한다.

실내방수는 수압, 온도, 기후 등의 영향도 받지 않으므로 모르타르 방수바름이나 수밀제 붙임 등을 사용하여 방수시공하여도 되지만 항상 물이 고여 있어 흐르거나 부분적으로 습기 차는 곳 등은 방수가 완전히 되도록 해야 한다.

일반적으로 방수성능이 충분히 인정된 것이라도 강수기의 지하수위 상승이나 바닥, 벽체의 파이프 관통 개소, 바닥 매설물 주위의 방수, 배수불량 등 수밀제 붙임 줄눈틈 등에서 방수처리에 신중을 기하지 않으면 안 된다.

14.2 아스팔트방수공법

콘크리트구조물은 균열을 피할 수 없고, 또 시공상의 결함부분 등에 의해서도 균열이 생기므로 구조물의 외부 또는 내부에 아스팔트 피막을 형성하여 균열이나 결함에 의해 침투되는 물 또는 습기를 차단하는 방법을 아스팔트 피막식 방수공법이라 한다.

아스팔트방수공법은 아스팔트를 벽체 또는 바닥면에 도포하거나 아스팔트 펠트, 아스팔트 루핑지를 아스팔트로 붙여 피막을 형성하여 방수하는 방법이다.

이 아스팔트방수공법은 구조체의 방수가 거의 완벽하고, 피막을 보호처리하면 공사비가 저렴하고 내구적이므로 일반적으로 가장 많이 사용되는 방수공법이다.

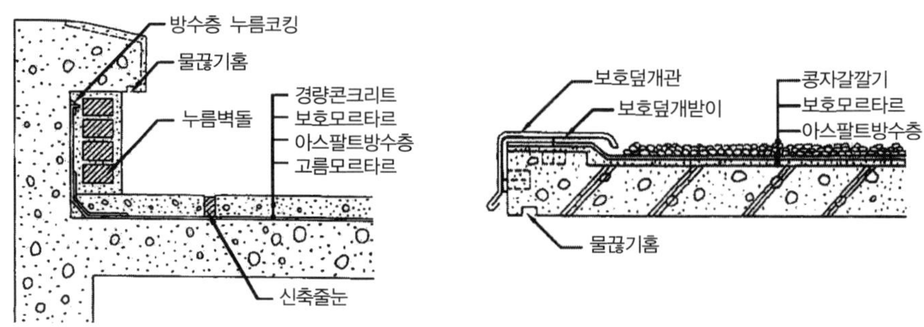

그림 14-3 아스팔트방수공법

14.2.1 아스팔트(Asphalt)

아스팔트는 천연아스팔트와 석유아스팔트가 있으며, 원유를 정제한 다음 아스팔트 제조공정에 따라 아스팔트는 스트레이트 아스팔트와 블로운 아스팔트로 구분된다.

(1) 스트레이트 아스팔트(Straight asphalt)

스트레이트 아스팔트는 원유를 정제한 후 생긴 반액체 상태로서 신도가 크고 교착력이 좋지만 용해점이 낮고 온도에 대한 변화가 커서 지하실공사에 사용하고, 아스팔트 펠트와 아스팔트 루핑지를 만들 때 사용한다.

(2) 블로운 아스팔트(Blown asphalt)

스트레이트 아스팔트에 공기를 흡입하고 탄화수소 성분을 변화시킨 것을 블로운 아스팔트라 하고, 이것은 반교체이다. 이 블로운 아스팔트는 온도에 대한 변화가 적고 응집력이 크고 용해점이 높아서 건축물의 방수공사에 사용한다.

(3) 아스팔트 프라이머(Asphalt primer)

블로운 아스팔트를 용제인 솔벤트나프타와 휘발유로 용해한 액상의 재료를 아스팔트 프라이머라 한다. 콘크리트 또는 모르타르면에 이 프라이머를 도표하면 용제는 휘발하고 아스팔트 피막만 남는다. 이 피막 위에 녹인 아스팔트를 바르면 바탕면에 잘 달라붙고 방수층이 바탕면에서 떨어져 부풀어 오르는 현상이 생기는 것을 방지할 수 있다.

(4) 아스팔트 펠트(Asphalt felt)

동 · 식물성의 섬유인 목면, 마사, 양모 등의 원지에 스트레이트 아스팔트를 침투 가공한 두루마리의 방수지를 아스팔트 펠트라 한다. 지붕이나 벽체면의 방수층 깔기에 사용한다.

(5) 아스팔트 루핑(Asphalt roofing)

아스팔트 펠트에 블로운 아스팔트를 양면에 피복하고 루핑이 밀착되는 것을 방지할 목적으로 활석이나 규조토, 운모 등의 광물질 분말을 살포한 방수지를 아스팔트 루핑지라 한다. 방수층 깔기에 가장 많이 사용한다.

14.2.2 아스팔트방수층 시공법

방수공사는 기후와 온도가 영향을 주므로 습한 날씨와 한랭(寒冷), 서열(暑熱)한 시기를 피하여 공사를 한다.

(1) 모르타르 바탕면

방수층의 바탕면은 청소하고 깨끗하게 정리한 후 부실한 부분, 결손 부분 등을 보수한 다음 1 : 3 배합비의 시멘트 모르타르를 두께 15mm 이상이 되도록 바탕면에 요철이 없도록 쇠흙손으로 평탄하게 바르고, 방수층의 치켜올림 부분이나 모서리, 구석은 둥근면으로 접어 바른다. 방수 바탕면은 충분히 건조시켜야 한다.

(2) 아스팔트 프라이머 바름질

방수층의 바탕면이 충분히 건조된 후에는 깨끗이 청소하고, 아스팔트 프라이머를 솔질이나 뿜칠로 바탕면에 골고루 침투되도록 도포한다.

(3) 아스팔트 바름질

아스팔트를 적당한 온도로 가열하여 용융시킨 것을 각층마다 사용량에 따라 일정한 두께로 바름한다. 아스팔트는 바탕층의 접합부, 방습층 또는 기타 다른 부위에 침투되지 않게 하여야 한다.

(4) 아스팔트 용해

아스팔트를 녹이는 솥은 시공 장소와 최대한 가까운 곳에 설치하고, 콘크리트 슬래브나 완성된 방수층 위에 설치할 때는 벽돌이나 자갈 등을 30cm 이상의 두께로 하여 열이 전달되지 않게 하고, 3시간 이상 가열로 인해 최종 증류온도를 초과하는 것은 폐기처분하여야 한다.

(5) 아스팔트 루핑 붙이기

아스팔트 루핑은 사용하기 전에 루핑에 묻은 먼지, 석분, 흙 등을 비로 깨끗이 쓸고, 아스팔트를 바른 위에 기포 또는 주름 없이 붙여 댄다.

루핑 이음새는 엇갈리게 하고 가로 세로 각각 9cm 이상 겹쳐 포개어 붙인다. 모서리나 구석, 치켜 올림부분은 루핑이 30cm 이상이 되도록 덧붙인다. 이 방법으로 설계도서에 지시된 층수로 시공한 후 마감한다.

(6) 방수층 누름

아스팔트 방수층은 내구력이 적고 온도변화에 의해 파손되기 쉬우므로 모르타르나 경량 콘크리트로 보호누름을 하여 방수층을 보호해야 한다. 이 방수층 위의 보호누름을 방수층 누름이라 한다. 치켜올림 부위의 방수층 누름은 2cm 이상 방수층에서 띠어 벽돌 반장 쌓기를 하고 벽돌과 방수층 사이에 1 : 3 시멘트 모르타르를 빈틈없이 채워 마감한다.

방수층을 모르타르, 경량 콘크리트 등으로 방수층 누름을 하면 누름면 온도 차이에 의한 균열 등에 대해 미리 신축줄눈을 두고 균열에 의해 생길 수 있는 파괴현상을 방지해야 한다. 신축줄눈은 단조로운 형태, 단순한 구조체, 응력분산이 되는 곳에 설치하며 가로, 세로 3~5m로 나누고, 줄눈 폭은 1~1.5cm 정도로 하고, 방수층 누름은 자르고 줄눈에 유연성이 좋은 재료인 아스팔트를 용해하여 주입한다.

14.3 피막(Membrane)방수공법

건축물은 사용 재료, 시공상의 결함 등에 의한 균열이 생기므로 구조물의 외부나 내부에 피막을 부착하여 물이나 습기를 차단하는 방법을 피막(Membrane)방수공법이라 한다.

14.3.1 시트(Sheet)방수공법

(1) 시트재료

시트 방수는 고분자 루핑을 접착제로 바탕면에 붙여 방수층을 이룬 것으로 합성고분자 시트 방수 또는 시트 방수라 한다. 시트 방수층은 도포하는 시트 방수재료에 따라 3종류의 방법으로 합성고무계 시트, 합성수지계 시트, 합성수지계 시트의 고정철물에 의한 부착이다.

시트 방수재는 KS합성 고분자 루핑 시트에 적합해야 하고, 시공은 각기 시방에 따른다. 시트 방수재의 종류는 클로로프렌 고무시트, 염화비닐시트, 폴리에틸렌시트, 아스팔트 폴리에틸렌 합성시트, 아스팔트 폴리에틸렌 섬유시트, EPDM시트, 부틸시트 등이 있다.

(2) 시트방수시공법

방수시공을 행할 부위는 방수층에 흠이 생기지 않도록 물흘림과 시트방수를 연장하여 행하고 접착 부위와 방수막 사이는 실링재를 주입하여 접착시킨다.

사용 접착제는 시트방수 접착시공에 접합하고 바탕면이나 시트방수의 품질을 저하하지 않는 재료를 사용하여야 한다. 프라이머는 솔이나 뿜칠로 도포하는데 지장이 없어야 하고, 건조는 20±3℃ 범위에서 3시간 정도에 건조되는 것으로 한다. 접착용 테이프는 접착시공에 사용하는데 지장이 없도록 하고, 충분한 접착력과 내구성을 가져야 하며, 실링재는 주걱이나 건으로 시공하는데 지장이 없어야 한다.

시트 방수재는 기포 또는 주름이 생기지 않도록 하고 시트 방수재를 붙인 후에는 홀러 등을 사용하여 압착 · 압밀시켜야 한다. 접합부 또는 붙임 마감부는 실험재나 덧붙임용 테이프로 잘 누름하여 수밀하게 시공하고 루프드레인, 홈통과 치켜올림부의 구석 부위, 모서리 등은 필요에 의해 테이프로 덧붙임한다.

방수 누름층 시공은 방수층이 손상되지 않도록 주의해야 하고 방수층 상부에 폴리에틸렌 필름 등을 주름지거나 처짐이 생기지 않도록 균일하게 깔고 그 상부에 보호누름층을 시공하게 된다. 방수누름층의 신축줄눈 간격은 가로 세로 4m 정도로 하고 너비는 20mm, 깊이는 누름층의 바탕면까지 하며 줄눈에는 방수용 아스팔트를 채운다.

파라펫이나 옥탑 등의 모서리에는 치켜올림면을 1m 이상이 되도록 치켜올린다.

14.3.2 도막(Coating)방수공법

(1) 도막재료

도막방수재는 우레탄 수지계, 아크릴 고무계, 클로로프렌 고무계, 아크릴 수지계, 고무 아스팔트계, 유기 · 무기질 혼합계 등으로 구분된다. 도막방수는 관통공사 등의 시공이 끝난 바탕면에 행하며 실내에서는 방수제에서 나오는 유독가스를 외부로 배출하기 위해 환기시키고, 코팅면이 완전 건조되어 피막을 형성할 때까지 계속 환기를 하여야 한다.

우레탄 수지계는 폴리우레탄 성분을 주 원료로 하는 주제와 가교제, 충진제 등을 주원료로 하는 경화제이고, 아크릴 고무계는 아크릴레이트를 주원료로 하는 아크릴 고무에 충전제를 혼합한 아크릴 고무에멀션 방수재이다. 클로로프렌 고무계는 클로로프렌을 주된 원료로 한 액체방수를 말하고, 아크릴 수지계는 아크릴 수지에멀션계 방수재이다. 고무 아스팔트계는 아스팔트와 고무를 주된 원료로 하는 방수재이고 유기 · 무기질 혼합제는 특수활성재의 분말재료와 고분자에멀션을 원료로 한 복합방수재를 말한다.

(2) 도막방수층 시공

방수 시공할 건물의 방수시공면이나 돌출부위 등은 깨끗이 청소하여 표면의 이물질을 제거하고, 경사 스터럽이나 도면에 표시된 부속물들을 설치하고, 면을 일매지게 메우고, 이음부는 충전한 후 바탕면을 도막방수 초벌칠한다. 도막방수의 코팅은 붓으로 칠하거나 건으로 분사한다. 일반적으로 코팅은 건으로 기계분사로 사용하고 특별한 경우에만 붓을 사용한다. 코팅처리가 끝난 도막은 사용재질의 종류에 따라 1~2mm 정도의 두께로 시공된다.

14.4 시멘트 액체방수

시멘트 액체방수는 콘크리트, 모르타르와 같은 재질의 표면에 시멘트 방수제를 도포하거나 침투시키고, 모르타르에 방수제를 혼합하여 덧발라서 방수한다. 시멘트 액체방수는 방수제를 시멘트, 모르타르, 콘크리트에 혼합하여 방수할 곳의 표면에 덧발라서 방수하는 방수공사이다. 방수제는 액체상태, 분말상태로 제조되고 각기 제조회사의 시방에 따라 혼합하여 사용한다. 이 방수법은 모체에 균열이 생기면 방수에 문제가 생길 수 있으므로 모체를 구성할 때 균열이 생기지 않게 주의하여 구축한다.

시멘트 액체방수의 방수층 시공은 방수할 표면의 바탕면을 불순물이 없게 깨끗이 청소하고 균열이나 콘크리트 불량 등은 보수한 후 완전히 건조시킨 후 방수공사를 한다. 방수용액을 도포할 때는 균일한 양과 속도로 도포시키고, 굴곡부, 모서리, 구석 등에도 빠짐없이 면밀히 도포한다. 시멘트 액체방수에서 방수제를 혼합한 모르타르를 덧발라서 방수하는 방법을 모르타르 방수라 한다. 모르타르 방수는 표면에 방수용액을 도포하여 침투시킨 후에 방수제를 혼합한 시멘트 페이스트를 덧바른다. 이 덧바른 곳에 방수모르타르를 균일한 두께로 평탄하게 발라 마무리한다. 모르타르방수시 방수모르타르 두께는 일반적으로 2~3cm로 하고 쇠흙손으로 치밀하게 눌러 마무리한다. 이 방수법은 시공이 쉽고 결함이 발생되면 보수하기가 용이하므로 많이 사용되고 있다.

14.5 실링(Sealing)방수

실링재는 방수할 면에 잘 접착되어 접착경계면에 수밀성과 기밀성을 유지할 수 있어야 한다. 일반적인 실링재는 프라이머를 사용하여 접착성을 가지고 있으며 환경요인의 침입 외에 기후변화의 변형이나 변위에 의한 변형이 생기지만 이런 것들에 의해 급격히 손상되거나 변형 및 변질이 있어서는 안 된다.

14.5.1 실링 방수재의 종류

건축물에 사용되는 실링(Sealing)재는 정형(定形)과 부정형(不定形)으로 구분할 수 있으며 탄성재와 비탄성재로 구분할 수 있다.

정형 실링재는 개스킷(Gasket)이나 끈 모양의 실링재와 같이 미리 공장에서 성형된 것으로 충진부의 단면이 일정할 때 눌러서 밀착시켜 사용한다.

부정형 실링재는 유성 코킹재, 탄성실링재와 같이 카트리지에 봉입된 페이스트 형태로 되어 있어, 충진부의 단면 형태와 치수가 고르지 않아도 시공 가능하며 방수기능을 할 수 있다.

탄성 실링재는 실리콘, 폴리우레탄 등의 액상고무에 광물질 충진제나 가소재 등을 균일하게 혼입한 것으로 경화 후에는 고무형태의 탄성을 나타내므로 움직임이 생기는 워킹 조인트에는 이 탄성실링재를 사용한다. 비탄성실링재는 유성 코킹제, 실리콘계 등이 있다.

14.5.2 실링 방수재의 시공

실링재 방수공사에서 일어나기 쉬운 문제는 실링재가 파단해 버리는 응집파괴와 부재의 접착면에서 분리되는 접착파괴, 도장의 변질, 접착부 줄눈 주변 부위의 오염 등이 있다. 그러므로 실링방수에서는 이런 현상이 생기지 않도록 재료 선정시 주의하여 설계시공해야 한다.

방수할 부위에 충진된 실링재가 장기간에 걸쳐 방수성능을 유지하고, 오염 등 미관상의 부적합함이 없게 하기 위해서는 조인트의 조건에 적합한 실링재를 선정해야 한다. 예를 들면 커튼월이나 금속재의 가로대 등과 같이 움직임이 큰 워킹조인트에 사용하는 실링재는 무브먼트에 대한 성능이 우수한 반응경화형 실링재를 사용하면 단기간에 피로해서 응집파괴되는 것을 방지할 수 있고, 석재나 세라믹타일과 같이 한 번 설치하면 오염물질을 세척하기가 쉽지 않을 때는 조인트 주변을 더럽히지 않는 실링재를 선정해야 한다.

이 외에 피착제의 재질과 표면강도, 실링재 표면의 도장 유무 등은 실링재를 선정하는데 주의해야 할 사항들이다. 실링재의 시공에서 가장 중요한 사항은 접합부의 형상과 치수 검토이다.

14.5.3 정형 실링재 개스킷(Gasket)의 종류

(1) 지퍼 개스킷

개스킷은 형상에 따라 H형, Y형, HC형, HF형 등이 있다. H형은 금속용, Y형은 프리캐스트 콘크리트판용, HC형과 HF형은 연속된 창문형으로 사용된다. 이 지퍼 개스킷들은 지퍼고무를 삽입하여 유리를 고정시키는 방식이다. 시공상 지퍼는 홈에 확실히 삽입하고 모서리 일부 끝부분에도 틈이 없이 시공하는 것이 매우 중요하다.

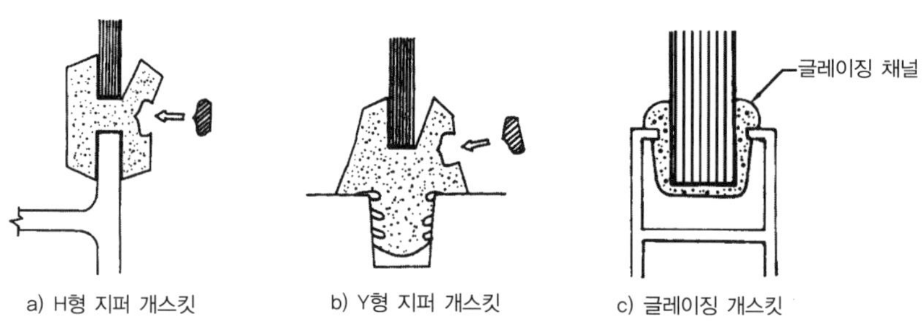

그림 14-4 지퍼 개스킷 · 글레이징 개스킷

(2) 글레이징 개스킷

글레이징 개스킷은 건축용 개스킷이라 하며 방수성능은 채널의 폭과 깊이, 새시와 유리 사이의 클리어런스에 의해 좌우되므로 이에 대한 규정을 따르는 것이 중요하고, 유리 폭의 두께에 따라 글레이징 채널의 새시폭과 깊이가 구분된다.

(3) 줄눈 개스킷

줄눈 개스킷은 줄눈구성, 부재간에 후 시공된 성형줄눈재로서 재질의 종류, 형상 등도 다양하다. 이 줄눈 개스킷은 PC판, 금속패널, 기타 각종 기성부재의 줄눈마감에 사용된다.

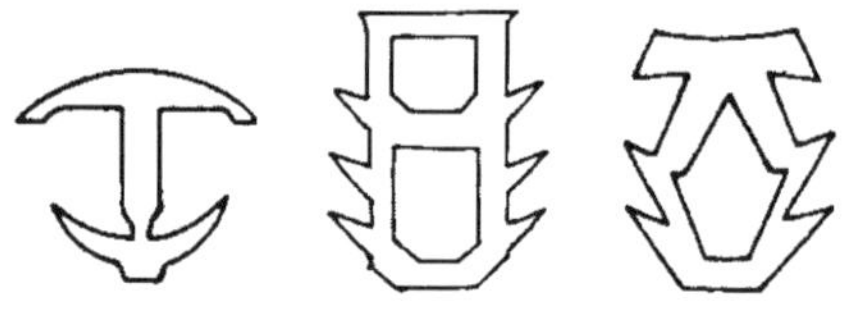

그림 14-5 솔리드 타입 줄눈 개스킷

14.6 방습(Dampproofing)

건축재료인 콘크리트, 벽돌, 블록, 목재 등은 지표면과 접하게 되면 지면 속의 습기나 우수(雨水) 또는 벽면에 들이치는 빗물을 흡수하여 부재의 단열성이 저하되고, 마감재를 부식시켜 부재의 내력감소를 가져오며, 주거공간의 거주성이 나빠진다. 이와 같이 지표면과 벽을 타고 흡수되는 습기를 막기 위해서는 적당한 위치에 방습층을 설치하여 습기를 차단해 주어야 한다.

14.6.1 바닥콘크리트 방습

건축물 내부의 모든 바닥면에 콘크리트를 치는 것을 바닥콘크리트(Surface concrete)라 한다. 이 바닥콘크리트는 지면에서 올라오는 습기 또는 결로현상에 의한 젖음을 방지하고 방온, 방충효과를 높여준다.

바닥콘크리트는 잡석지정을 150mm 깔고 모래를 덮고 물을 뿌려가며 잘 다진 후 50mm 두께의 콘크리트를 친다. 이 바닥콘크리트 위에는 방수층을 설치하여 습기를 차단해야 한다.

14.6.2 벽체의 방습

건축물의 벽체는 주거공간을 구성하며, 실내와 실외를 구분하고 차단시키는 목적으로 설치되므로 내수성, 단열성, 차음성, 방화성 등의 성질과 조건을 가져야 한다. 이런 여러 조건 중 건축물의 절대적 필수조건 중의 하나는 건축물이 건조상태를 유지해야 한다. 습한 건축물은 주거공간의 거주성이 나쁘고 비위생적이며 부재의 내력감소, 함수율에 의한 열손실 증가 등이 생기므로 건축물은 어떤 경우에도 건조상태를 유지해야 한다.

벽체는 지면과 접한 부분으로부터 습기가 공급되어 모세현상으로 젖어들거나 벽체의 벽면에 들이치는 비나 눈에 의해 젖으므로 지면과 접한 부분은 수평방습켜를 설치하여 습기가 올라오는 것을 차단하고, 벽면에 들이치는 비와 눈에 의한 벽체 습기 차단은 벽체 두께를 두껍게 하는 것, 방수피막을 벽면에 설치하는 것, 불침투성 재료인 타일 또는 대리석을 벽면에 붙이는 것, 벽체를 공간쌓기(겹벽)로 하는 방법 등이 있다.

14.6.3 벽돌구조의 방습

벽돌구조의 벽체 방습은 벽체를 공간쌓기(겹벽)로 하여 들이치는 비나 눈에 의해 벽체가 젖는 것을 방지하고, 지면에 접하여 올라오는 습기는 G.L에서 20~30cm 이내에 주 방습켜인 수평방습켜를 설치하여 땅에서 모세현상에 의해 스며드는 습기를 막아야 한다.

방습켜는 수평으로 깐 것을 수평방습켜, 수직으로 세워 넣은 것을 수직방습켜라 하고, 방습켜는 아스팔트 루핑지를 일반적으로 사용한다. 아스팔트 루핑지는 폭 90cm 두루마리로 서로 달라붙지 않게 1면은 활석가루, 다른 면은 모래가 입혀있어 먼저 모르타르를 펴고 루핑지를 놓은 다음 그 위에 모르타르를 펴서 벽돌쌓기를 한다.

수평방습켜는 공간쌓기(겹벽)의 외벽과 내벽을 따로 따로 설치하고, 겹새 밑바닥까지는 최소 15cm 이상이 되도록 한다. 또 수평방습켜는 2층 바닥슬래브를 감싸게 설치하고, 테두리보 밑, 깔도리 밑, 개구부의 상 · 하면 밑, 인방보 상 · 하부면, 개구부의 마구리에 수직방습켜 등을 깔아서 습기를 차단해야 한다.

14.6.4 결로현상

(1) 결로발생

공기 중의 습윤공기 포화절대습도(포화수증기압)는 온도가 낮을수록 작으므로 습윤공기가 차가워진 벽체면에 의해 온도는 내려가고 습도는 상승되어 결국 포화상태, 즉 습도가 100%로 된다. 공기가 포화상태(습도 100%)로 될 때의 온도를 그 공기의 응결온도(Dew point) 또는 노점이라 한다. 공기온도가 노점 이하로 되면 수증기를 그대로 포함할 수 없게 되어 여분의 수분이 응결하여 물방울이 되는 현상을 결로(Condensation)현상이라 한다.

여름철 장마 때 벽체면에 물방울이 붙는다든지, 겨울철 실내 측의 유리창에 물방울이 맺히는 것들은 결로 때문이다.

건물에 발생되는 결로는 벽체 표면에 발생되는 표면결로와 벽체의 사용재료 내부에서 발생되는 내부 결로가 있다.

① **표면결로**(Surface condensation)

공기의 노점온도보다 벽체의 표면 온도가 낮을 경우 공기 중에 포함되어 있는 수증기가 냉각되어서 표면에 응결되는 현상을 표면결로라 한다.

표면결로는 겨울철 실내의 외벽이나 창, 유리 등의 실내측 표면에 실내공기의 수증기가 응결하여 생기거나 여름철 장마 때 지하실의 실내측 표면에 생기는 결로현상 등을 말한다.

겨울철 결로는 일반적으로 단열성이 부족하여 생기는 것이 원인이므로 단열재로 벽체를 단열하면 대부분 결로현상을 방지할 수 있고, 여름철 결로는 고온다습한 공기가 낮은 온도의 공간으로 흘러들어 습도가 상승하므로 결로는 촉진되는 현상으로 부재의 열용량이 커서 단열성이 높은 구조에 발생 빈도가 많고 환기에 의해 결로 피해가 증가되므로 주의해야 한다.

② **내부결로**(Internal condensation)

열저항이 큰 벽체의 내부온도가 바깥쪽으로 갈수록 낮아지면 단열층의 온도구배가 커지므로 단열 벽체일수록 내부결로는 일어나기 쉽다,

공극을 가진 단열재료에 내부결로가 생기면 썩는다든지 단열성을 잃기 쉽다.

내부결로는 벽체의 다공질 재료에 함유된 공기의 수증기압이 그 온도에 대한 포화 수증기압 이상이 될 때 생기게 되므로 벽체의 내부 온도 분포를 구하고, 온도에 대응하는 포화 수증기압 분포를 구하면, 그 수증기압이 포화 수증기압을 초과하는 부분에서 결로가 발생되게 된다. 이 결로가 0℃ 이하가 되면 얼게 되어 부피가 팽창하므로 구조물에 균열이 생기고 이 균열에 의해 파괴될 수도 있다. 이 내부 결로를 방지하기 위해서는 실내부의 단열구법보다 실외부의 습기차단 단열구법이 효과가 크고 좋다.

14.6.5 건실(Dry area)

지하실 외벽에서 본 건물과 60~120cm 정도 떨어져 외벽에 지지시킨 옹벽을 구축하여 본 건물과 옹벽 사이에 공간을 두는 것을 건실(Dry area)라 하며 방수, 방습, 채광, 통풍의 목적으로 사용한다.

건실 벽의 습기를 막기 위해서는 건실 바닥면을 건축물의 주 방수층 또는 주 방습켜 위치

보다 낮게 하고, 스며나오는 물은 집수통에 모아 수중펌프를 사용하여 외부로 배출시킨다.

채광을 위해 설치한 건실은 건실의 상부를 유리블록으로 감싸고 통로로 이용하기도 한다.

14.7 배수(Drainage)

배수 방법은 물의 중력차에 의해 높은 곳에서 낮은 곳으로 흐르게 하는 중력식 배수방법과 모인 물을 펌프를 이용하여 강제로 배수하는 강제식 배수 방법이 있으나 일반적으로 중력배수를 이용하여 물을 집수정에 모아 펌프를 이용하여 모인 물을 처리하므로 2가지 방법이 동시에 사용된다.

건축물에 있어서 배수(排水)는 빗물이나 지하수와 하수를 구분하여 배수해야 한다.

건물에서 배수가 잘 되게 하기 위해서 배수관은 짧고 직선이 되도록 하며 중력배수가 되도록 구배를 가져야 한다.

배수구배는 급하게 잡아 배수관의 자체 청소가 잘 되도록 해야 한다. 배수관은 내구적인 것으로 견고하게 만들고, 배수관의 내부는 매끈하고 이음턱이 생기지 않는 구조로 물이 새지 않아야 한다.

배수관에는 반드시 맨홀을 만들어서 청소를 할 수 있게 하고, 배수 방향을 바꿀 때는 완만한 각도로 구부려 꺾어서 연결시키고, 배수관에 지관을 연결할 때도 직각 연결은 피해서 연결하여야 한다.

모든 하수는 냄새 침입을 막는 봉수((封水)구조로 해야 한다. 봉수의 꺾임 깊이는 최소 50mm 이상으로 하고, 봉수관에는 P형 트랩(Trap), S형 트랩 등이 있으며, 하수배수관에는 건물 내의 악취 침입을 막기 위해 반드시 배기관을 악취의 영향을 받지 않는 높이로 올려서 설치해야 한다.

14.7.1 배수관의 종류

배수관은 제품의 재료에 따라 오지관, 콘크리트관, 주철관, 플라스틱관 등이 있다.

(1) 오지관(Earthen ware pipe)

오지관은 토관에 유약이 골고루 잘 발라지고 잘 구워진 것으로 바르고 가지런하며, 내면이 매끄럽고 구멍이 바르며 깨진 곳이 없어야 한다.

오지관은 토관에 유약을 발라 구운 것이므로 불투수성이고 단단하다. 오지관의 형태는 지석관, 곡관, 연결관, 병목관 등이 있고, 이것들은 소켓(Socket)이 있는 것과 없는 민자관이 있으며, 민자관은 칼러(Coller)를 이용하여 연결시켜 하수 배수에 사용되며, 관경이 작은 것은 맞댐이음으로 연결하여 지하수 배수에도 많이 사용한다.

(2) 콘크리트 관(Concrete pipe)

공공하수관은 배수 용량이 매우 커서 기존의 관을 이용하기가 곤란하므로 콘크리트의 암거(Culvert)를 만들어 배수시킨다.

콘크리트 암거는 철근콘크리트로 현장치기를 하여 제작하였으나 최근에는 P.C기성제품이나 P.C흄관 등을 사용하여 조립식으로 암거를 만들어 사용하고 있다.

(3) 주철관(Cast-iron pipe)

건축물의 내부 하수관이나 건축물 하부를 통과하는 하수 배관 등은 주철관에 타르(Tar)칠만 하여 사용한다.

주철관 이음은 소켓으로 끼워 맞추고 납물 등을 부어 이음하여 사용하였으나, 최근에는 소켓이 없는 민자 주철관에 고무청과 칼러(Coller)를 끼워 볼트로 조이는 구부러지기 쉬운 플렉시블(Flexible)한 이음을 많이 사용하고 있다.

(4) 기타 관

플라스틱관, 역청 섬유관 등의 배수관은 제품의 종류에 따라 연결 방법들이 다양하다. 이 배수관들은 가벼워 다루기 좋고, 가요성(Flexible) 연결을 할 때 주로 사용된다.

앞에서 서술한 다른 관들에 비해 재질이 약하기 때문에 국부적인 큰 압력이 작용되는 곳은 피해 설치해야 한다.

14.7.2 배수관 설치와 이음

배수는 배수관경이 큰 배수관을 사용하는 것보다 사용구배를 급하게 잡아 주는 편이 배수에는 더 효과적이고 유리하다.

배수관의 구배는 배수용량에 따라 달리 해야 하지만 보통 지면구배와 같게 설치한다. 지름 100mm 관은 최소 1/60, 지름 150mm관은 최소 1/120 이상의 구배를 갖도록 설계하고 지반과 공공 하수관, 하천 등과의 고저차에 의해 자연배수가 이루어지도록 해야만 하지만 자연배수를 할 수 없을 때는 집수정(Pit)을 설치하여 펌프를 이용해 강제배수를 한다.

배수관 매설을 위한 굴착은 예정깊이보다 10cm 정도 깊게 파서 잔자갈을 깔아 바닥고르기를 쉽게 하여 배수관이 쉽게 바닥에 밀착되게 놓일 수 있게 하고, 배수관에 돌출된 소켓을 쉽게 안정시킬 수 있게 하기 위함이다.

배수관을 설치할 때는 낮은 곳에서부터 설치하고 소켓쪽이 높은 쪽에 놓이도록 해야 이음이 잘된다.

배수관의 연결은 하수가 새지 않아야 하고 반대로 지하수가 유입되어서도 안 된다.

하수가 새거나 지하수가 유입되면 흙이 유실되어 구조물의 부동침하나 도로 또는 지반이 함몰되는 원인이 되므로 배수관 연결은 시멘트 모르타르 이음이나 고무링 이음, 칼러이음을 하여 물이 새지 않도록 해야 한다.

시멘트 모르타르 이음은 일반적으로 많이 사용하고 있으나 강성이 커서 부동침하 등에 대한 적응성이 없어서 시공 시 주의해야 한다. 고무링 이음이나 칼러이음은 구부러지기 쉬운 플렉시블한 가요성 이음이어서 최근에 많이 사용되고 있다.

15장

계 단(Stairs)

15장 계단(Stairs)

건물의 수직공간을 연결시켜 주는 중요한 통로 역할을 하는 것이 계단이다. 계단은 지상 또는 지하의 여러 층 공간을 연결시켜 주어야 하며, 모든 층의 동일한 곳에 위치해서 모든 공간이 연결되어야 하고, 지상의 피난층으로도 연결되어야만 한다.

계단은 건축법규의 제한 사항에 맞게 설치해야 하고, 안전을 최우선으로 하여 설계되어야 하며, 피난에 지장이 없는 구조이어야 한다. 계단실은 일반적으로 약간 넓게 하고, 계단의 단높이는 낮게, 단너비는 넓게 하여 안정감을 주어야 한다.

계단은 출입구에 가까운 위치에 두어 피난에 지장이 없어야 하며, 화재시 피해를 막기 위해 계단실은 독립되게 하고, 문은 방화문으로 설치하고, 배연설비도 해야 한다.

15.1 계단의 종류와 구성

15.1.1 계단의 종류

계단은 건축물의 용도, 평면형태, 건축물의 규모, 층고 등에 따라 계단의 평면형태를 결정하게 된다.

계단의 종류는 일직선으로 올라가는 계단으로 계단길이가 길면 중간에 계단참을 두는 곧은 계단(Strainght flight stair), 계단을 꺾어 돌아가게 된 ㄱ자꺾임형, ㄷ자꺾임형 등의 꺾임계단(Quarter turn stair), 계단 중심점의 주위를 크게 돌아가게 된 돌음계단(Winders stair), 나선모양으로 계단 중심점을 회전식으로 돌아 오르는 나선계단(Spiral stair), 계단의 층단이 없이 낮은 경사로 이루어진 경사로(Ramp) 등이 있다.

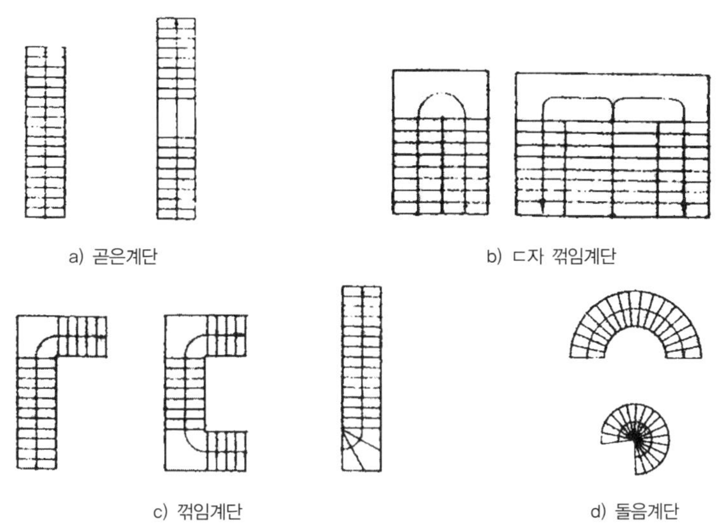

그림 15-1 계단의 평면방식

15.1.2 계단의 구성

계단은 건축물의 공간을 이용할 때 가장 짧은 동선으로 설계되어야 하고, 피난시설로 사용하는데 기능상 불편이 없게 해야 한다. 계단이 놓여 있는 공간을 계단실이라 하고 벽면에서 난간까지 거리를 계단폭이라 한다.

계단 한 단인 디딤면 단은 디딤바닥을 단너비, 계단 한 단의 높이를 단높이, 계단이 높으면 중간에 수평공간을 두는데 이것을 계단참이라 한다.

계단을 오르내릴 때 붙잡을 수 있게 댄 부재를 손잡이대(Hand rail)라 하고, 이 손잡이대를 받쳐 주며 사람이 계단을 오르내릴 때 보호할 목적으로 설치하는 것을 난간(Balustrade)이라 한다.

(1) 계단의 경사도 · 단너비 · 단높이

계단이 안전하고 편안하며 기능적이 되려면 사람의 표준 신체조건에 맞게 설계되어야 한다. 계단의 경사는 20°~50° 범위를 사용하지만 최소한 25° 이상의 경사를 가져야 한다. 25° 미만의 계단은 계단실의 면적이 너무 크고 비효율적이므로 경사로로 설계하는 편이 좋다.

계단의 이상적인 경사는 30°~35° 정도이다. 계단 설계는 최소 3단 이상으로 하고 최고 12단 이하로 하며, 12단 이상일 때는 계단 중간에 계단참을 설치해야 한다.

계단의 단너비와 단높이는 항상 일정한 치수로 해야 하고, 계단참의 위치는 가능하면 층고의 중간 위치에 설치할 때 안전하고 편안하게 사용할 수 있어 좋다.

계단의 단너비, 단높이 결정은 계단의 경사를 성하게 되므로 계단을 오르내리기 쉽고, 편

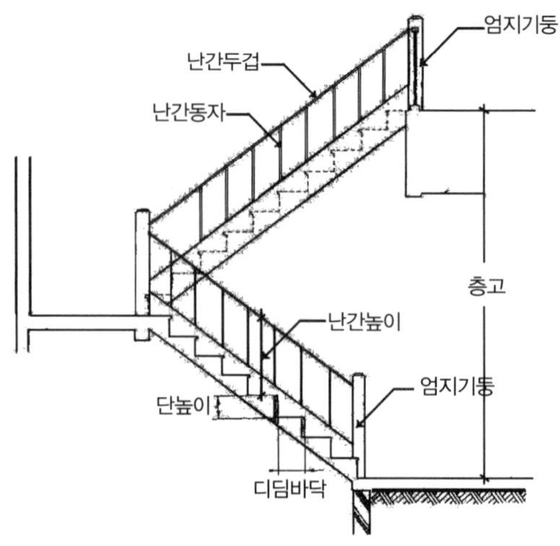

그림 15-2 계단의 각부 명칭

리하게 하기 위해서는 이 치수 결정이 매우 중요하다.

단너비와 단높이의 결정에 도움을 주기 위해 각국의 치수표를 보면 독일은 단너비+단높이=47cm, 프랑스는 단너비+단높이의 2배≒63cm, 미국은 단너비×단높이=182cm (72inch)의 값을 사용하고 있다.

일반적으로 이상적인 단너비와 단높이는 단너비+2배의 단높이=60cm~68cm 정도이다.

개인용도로 사용하는 계단의 단너비는 25cm, 단높이는 16.5cm~18.0cm이고, 공공건물의 계단은 단너비 30cm, 단높이 15cm~18cm로 하면 적합하다. 그러나 사람의 이동 빈도가 많은 곳은 디딤판의 폭 단너비를 31cm~32cm, 단높이를 15cm로 하고, 외부에 설치하는 계단은 단너비를 33cm~36cm, 단높이를 15cm 정도로 하여 주위환경에 맞게 설계한다.

(2) 계단폭

계단폭은 일반적으로 90cm 이상이 좋다. 계단폭이 좁으면 마주보고 오르내릴 수 없고 큰 가구를 운반하기 어렵다. 개인주택의 최소 계단폭은 80cm, 공공건물의 최소 계단폭은 90cm~100cm로 하면 좋다. 여기에서 계단폭은 안치수 순폭을 말한다. 계단폭이 3m 이상일 때는 계단폭 중간에 난간을 설치하게 건축법에 규정되어 있으므로 이에 준하여 설계하면 된다.

(3) 계단참

계단은 최소 3단 이상 최고 12단 이하로 하여 계단을 오르내릴 때 잠시 쉬거나 방향을 바꿀 수 있게 계단참을 설치해야 한다.

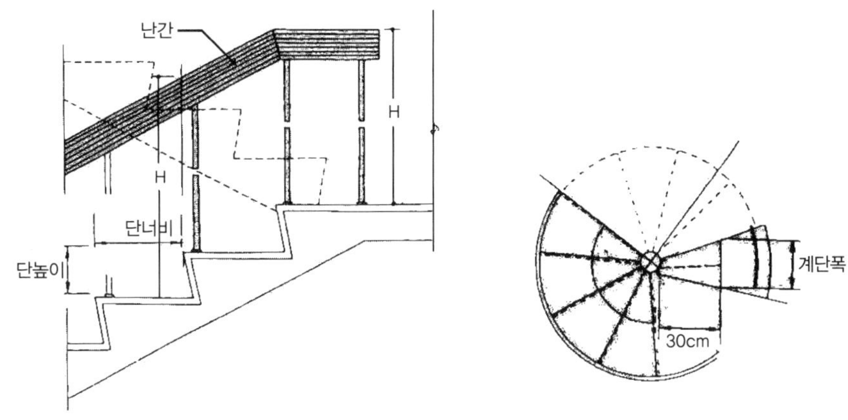

그림 15-3 계단의 단너비 · 단높이

계단참의 폭은 계단의 폭과 같이 해야 폭이 동일한 통로를 이동하는 느낌을 가질 수 있으므로 계단폭에 맞추는 것이 좋다. 계단참의 위치는 한층의 계단 시작과 끝의 중간 위치에 설치하고 모든 층의 계단참이 동일한 위치에 놓이도록 설계하는 것이 좋다.

(4) 계단실

건축물의 층고를 예정 단높이로 나누어 나온 계단수 값이 소수점 값인 경우에는 올림하여 역으로 층높이에 계단수를 나누어서 계단 단높이를 다시 결정하고, 정수일 때는 단높이를 그대로 사용한다. 이 계단수에 1을 뺀 값이 계단의 디딤판수가 된다.

이 디딤판수에 단너비 치수값을 곱하면 계단의 수평길이가 되고, 180° 꺾임계단일 때는 계단수를 2로 나누고, 이 값에 단너비 치수값을 곱하면 계단수의 수평길이가 된다.

계단 수평길이에 계단참의 폭을 더해주고 여기에 계단의 전실 길이를 더해주면 계단실의 크기가 산출된다. 계단의 천장고는 최소 2.1m 이상이 되도록 한다.

(5) 난간

일반적인 계단은 한 쪽 면은 벽면이고 다른 면은 계단의 끝단이 그대로 노출되어 있어 위험하므로 난간을 설치하여 보호해야 한다. 난간 손잡이대까지의 높이는 디딤판에서 수직높이를 80cm로 하고 계단참에서는 90cm로 하며, 공공건물의 외부계단에서 난간을 1.1m 이상으로 한다.

이 난간의 손잡이대는 수평력에 대하여 일정한 값으로 견딜 수 있어야 한다. 개인주택인 경우는 1m당 36kg(≒0.36kN), 공공건축물일 때는 1m당 74kg(≒0.74kN) 값의 수평력에 견딜 수 있는 구조로 되어야 안전하다.

난간동자의 순간격은 10cm 이하가 되게 해야 하고, 계단에서 모든 문은 최소 40cm 이상 떨어져 있어야 한다.

15.2 재료에 의한 계단 종류

15.2.1 목조계단

목조계단은 일반적으로 목조주택에서 사용되며 구조가 간단한 틀계단과 정식계단이 있고, 디딤판을 통해 하중을 옆판이 지지하는 구조이다.

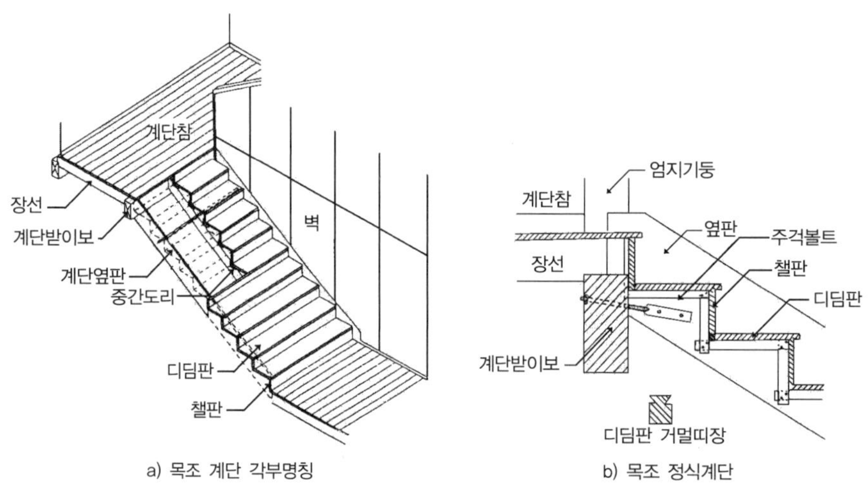

그림 15-4 목조계단

(1) 틀계단

틀계단은 주로 곧은 계단으로 계단폭은 1m 이내로 사용한다. 이 계단은 옆판에 디딤판을 통넣고 긴 쌍장부로 맞춤하고 쐐기치기를 하여 고정시킨다. 뒷면에는 계단 경사에 맞게 널판을 대고 못질하여 마감한다.

디딤판은 두께 2.5~2.5cm, 너비 15~25cm의 것을 사용하고, 옆판은 두께 3.5~4.5cm, 너비 20~30cm의 것으로 한다.

(2) 목조 정식 계단

계단의 양 옆판을 상부와 하부의 계단받이보에 걸쳐대고, 디딤판과 챌판을 옆에 끼워 넣고 계단멍에, 엄지기둥, 난간 등으로 마감한다.

① 디딤판(Tread)

계단을 밟고 올라 갈 수 있게 올려놓은 수평발판 부재를 말한다. 이 디딤판은 두께 3.0~4.0cm 널재를 사용하고, 우그러짐을 방지할 목적으로 뒷면에 5cm 각재의 거멀띠장을 댄다. 디딤판은 계단 옆판에 통으로 파넣고 밑에서 쐐기치기를 하고 못박아 고정시킨다. 계단의 폭이 넓으면 계단폭 중간에 계단멍에를 대고, 계단멍에는 디딤판 맞이 따내기를 하여 디딤판을 받치고 못박아 고정시킨다. 디딤판코(Nosing)에는 논슬립(Nonslip)을 대어 미끄러짐을 방지한다.

② 챌판(Rise)

디딤판과 디딤판을 수직으로 연결하는 챌판은 널재 두께 1.5~2.5cm을 사용한다. 챌판은 계단 옆판에는 통넣고 쐐기치기를 하여 못박아 고정시키고, 상부는 디딤판에 홈을 파서 끼워 넣고, 밑면은 디딤판에 옆대고 못박아 고정시킨다.

③ 계단 옆판(String)

챌판 또는 디딤판을 받쳐주기 위해 계단의 양쪽 옆면에 대는 부재이다. 계단 옆 안의 두께는 5~10cm로 하고 너비는 25~40cm의 널재를 이용한다. 이 계단 옆판에는 디딤판과 챌판을 끼울 홈을 파 넣고 윗면에는 난간동자의 장부 구멍을 판다.

계단 옆판의 상부는 계단받이보, 하부는 멍에에 통넣고 주먹장걸침을 하고 주걱볼트로 조임하거나 못박기를 하고, 엄지기둥은 주먹장부 넣기로 마감한다.

④ 계단 멍에(Rough string)

계단폭이 1.2m 이상이면 사용상의 보행신동과 소음, 디딤판의 휨을 방지할 목적으로 계단폭의 중간에 계단멍에를 대어 보강한다. 계단멍에는 계단의 뒷면 중간에 12cm 각재를 계단경사에 맞게 댄 보강보재이다. 계단멍에에는 디딤판에 맞게 단따내기를 하고 받침판을 옆대고 못질한다.

계단멍에 상부는 계단 받이보에, 하부는 멍에 등에 주먹장걸침이나 장부꽂기로 하고 볼트로 조임하여 고정시킨다.

⑤ 엄지기둥(Newel post)

계단의 난간을 지지해 줄 목적으로 계단의 시작부와 끝에 엄지기둥을 설치한다. 엄지기둥은 10~20cm 각재를 사용하고 상부는 둥글게 마감하여 손잡기 편하게 한다. 엄지기둥의 하부는 멍에나 계단받이보에 긴장부 산지치기로 맞춤하고 못박기를 하거나 볼트로 조임한다.

⑥ 난간(Balustrade)

난간은 손잡이대와 손잡이대를 받치는 기둥인 난간동자로 구성되며 계단을 오르내릴 때 사람을 보호하는 역할을 한다. 이 난간은 보기 좋고 편리하게 설치되어야 한다.

⑦ 난간동자(Baluster)

손잡이대를 받치는 기둥으로 정사각형이나 원형으로 의장이나 조각을 하고, 난간동자 상부와 하부는 짧은 장부로 통넣고 맞추고, 2~3개 걸름으로 긴장부 산지치기를 하여 못으로 고정한다.

⑧ 손잡이대(Hand rail)

계단을 오르내릴 때 사람을 보호할 목적으로 설치한 손잡이대는 모양이 부드럽고 의장의 효과가 있는 형태로 쇠시리(Moulding)하여 사용하고, 이음은 반턱턱솔로 하고 볼트나 나사못으로 조임한다. 손잡이대는 엄지기둥에 통넣고 장부산지치기하고 보강철물을 보이지 않게 파서 넣고 나사못이나 못을 사용하여 고정한다. 돌음이나 굽은 부분의 부재는 큰 부재에서 단일 부재로 오려내어 직선 부재에 이음하여 마감한다.

15.2.2 철근콘크리트 계단

철근콘크리트 계단은 내화적, 내구적, 자유로운 형태와 의장이 용이하여 타 구조체와 결합하여 많이 사용되고 있다.

철근콘크리트 계단은 슬래브식 계단과 캔틸레버보식 계단으로 크게 구분할 수 있다.

이 철근콘크리트 계단의 기본구조와 철근배근에 대해서는 앞서 철근콘크리트 부문에서 설명하였으므로 철근콘크리트 계단의 디딤판, 챌판과 난간에 대해 설명하고자 한다.

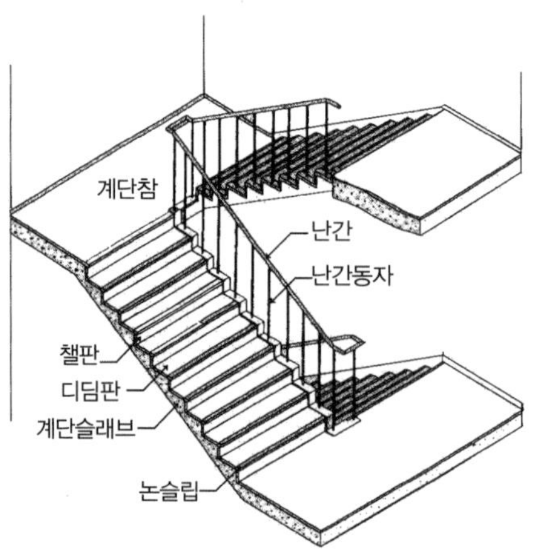

그림 15-5 철근콘크리트 계단

(1) 디딤판, 챌판

철근콘크리트 디딤판과 챌판의 마무리는 모르타르 바름, 인조석 깔기 등으로 하거나 화강석판, 대리석판의 돌붙임이나 테라조판을 모르타르를 깔고 설치한다. 계단의 디딤판과 코 부위에는 논슬립(Nonslip)을 만들어 미끄러짐을 방지해야 한다. 논슬립에는 금속제, 경질도기타일, 카버런덤타일 등을 사용하여 마감한다.

(2) 난간

난간은 손잡이대와 난간동자로 이루어지며 일반적으로 동일한 재료로 마감하는 경우가 많다.

손잡이대는 목재나 금속재의 파이프를 사용하여 부드러운 모양과 편리하게 만든다.

난간동자는 일정한 등간격으로 세워 디딤판에 미리 묻어놓은 토막파이프에 끼워 보강철물로 고정시키고, 손잡이대에는 난간동자를 보강잡이쇠에 끼워 고정시켜 마감한다.

15.2.3 철제계단

철제계단은 과거에는 공장, 창고 등의 계단 또는 비상계단이나 옥외계단 등으로 사용되었지만, 최근에는 철골구조의 기본계단으로 사용된다.

철제계단의 종류는 사다리와 같은 약식 계단, 나선계단, 정식 옆판계단 등이 있다.

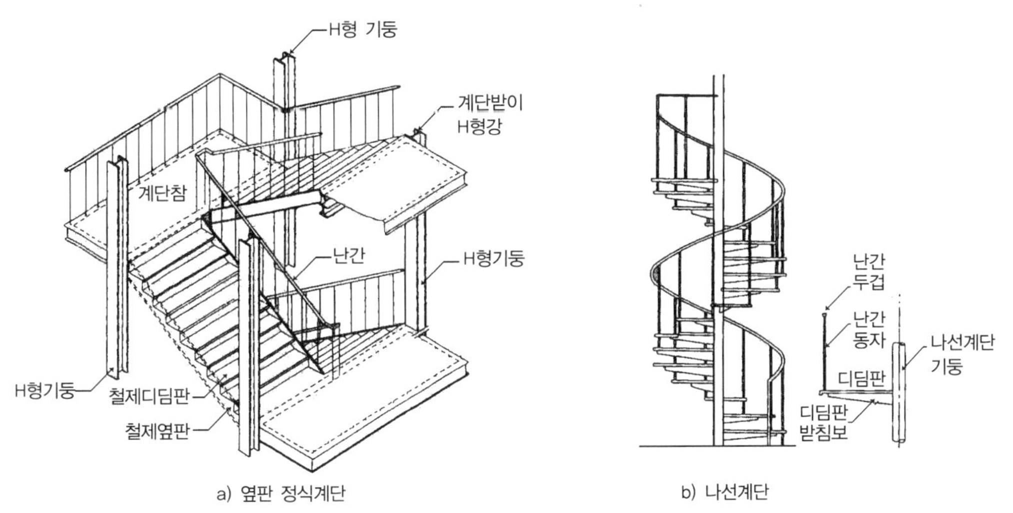

a) 옆판 정식계단

b) 나선계단

그림 15-6 철제계단

(1) 사다리(Ladder)

앵글(Angle, ㄱ형강)을 옆판으로 하고, 원형강을 디딤판으로 대어 용접하여 사다리 계단을 만들고, 벽체에 미리 묻어둔 철근과 용접하여 고정시킨 계단이다.

이 형태는 굴뚝, 고가수조 등과 같이 벽체에 붙어 있는 계단으로 필요에 의해서만 사용이 제한되는 계단이다.

(2) 나선계단(Spiral stair)

원형 철재 기둥을 중심으로 돌아 오르게 된 회전계단으로 사람의 통행이 적은 곳에 비상시 사용되는 계단이다. 나선계단은 지름이 15cm 정도의 강관을 계단의 중심부에 세우고, 각 단마다 디딤판을 붙인 브래킷을 일정한 높이의 등간격으로 용접접합하여 계단을 만든 것이다. 디딤판을 중심기둥이 붙잡고 있는 캔틸레버식 보와 외벽과 중심기둥이 붙잡고 있는 형식이 있다.

(3) 옆판 정식계단(Steel string stair)

철재 정식계단은 목조 정식계단과 모양이 거의 같다. 철재 옆판은 찬넬(Channel, ㄷ형강)을 사용하거나 강판을 접어서 사용하며 디딤판과 챌판은 일체로 접어 옆판에 용접접합한다.

디딤판 위에는 소음과 미끄러짐을 방지할 목적으로 석재, 테라조 블록 등을 모르타르로 채워 붙인다.

15.2.4 벽돌계단, 석조계단

벽돌계단, 석조계단은 건축물에 진입하기 위한 외부계단이나 외부 출입구에 사용한다. 이들 계단을 쌓을 때는 계단 하부의 지정이 안정되어야 침하가 생기지 않으므로 지정을 잘 다져놓고, 콘크리트나 모르타르를 깐 후 벽돌 또는 석조판을 올려놓아 계단을 만든다.

벽돌계단에서 벽돌쌓기는 일반벽돌쌓기와 벽돌 옆세워쌓기를 한다.

석조계단은 겹쳐쌓거나 턱맞춤, 턱맞댄맞춤으로 계단쌓기를 하고 필요에 의해서는 철근을 사용하여 보강하기도 한다.

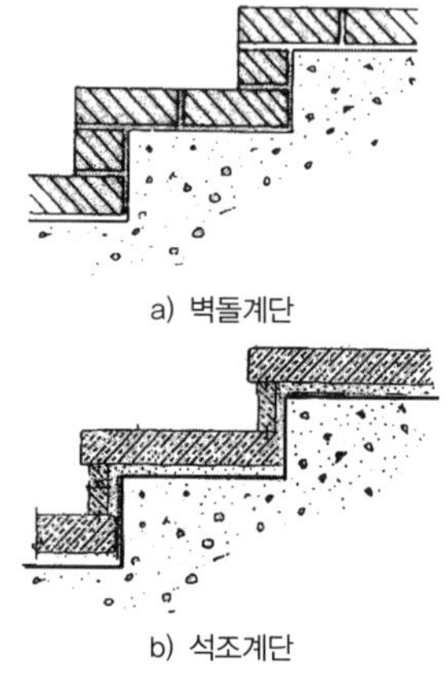
a) 벽돌계단

b) 석조계단

그림 15-7 벽돌 · 석조계단

15.3 경사로(Ramp)

경사로는 계단의 층단이 없이 낮은 경사로 이루어져 있으며, 보행경사로 물매는 실외 경사로는 1 : 10(≒6°), 실내 경사로는 1 : 8(≒7°) 이하로 하면 경사로 이용이 편안하고 안전하다.

경사로 물매는 1 : 3(≒18°) 이상으로 설계해서는 안 된다.

경사로의 표면은 미끄러지지 않게 홈을 파서 설치하고, 경사로의 물매가 1 : 6(≒9°) 이상일 경우에는 경사로 표면에 미끄럼막이를 설치해야만 한다.

장

온돌 · 벽난로 · 굴뚝

건 축 구 조 학

Building Construction

16장 온돌 · 벽난로 · 굴뚝

16.1 온돌

온돌은 구들로 만들어진 우리나라 고유의 난방구조이다. 온돌은 아궁이에 불을 넣어 방바닥인 구들장을 가열하여 난방하는 방법이다.

구들장을 데워서 난방을 하면 구들장돌에서 원적외선이 나와 건강에도 좋고, 습기가 차지 않고 보온적이지만 실내공기를 간접적으로 데우므로 실내에서의 온도차이 때문에 대류현상이 생긴다. 온돌을 축조한 것을 구들이라 하고, 구들구조는 고래, 고래둑, 구들장으로 이루어진다.

온돌은 아궁이, 구들, 굴뚝으로 구성되고 추운지역에서부터 발달되어 우리나라 한옥에 정착된 난방구조이다. 온돌의 구들은 불이 잘 들고 열기를 잘 받아들이며, 연기 및 가스가 잘 배출되는 구조로 해야 하고, 온기가 오래 유지될 수 있도록 건축물이 보온성과 방풍성을 가져야 한다.

16.1.1 온돌구조

온돌구조는 아궁이, 구들, 굴뚝으로 이루어진다.

아궁이와 굴뚝은 직선거리로 먼 위치에 배치하는 것이 효율적이고, 구들과 굴뚝을 연결하는 연도는 짧게 연결하면 좋다. 아궁이는 실의 짧은 방향의 벽체 중간부에 위치되게 하여 연도를 길게 하여 열을 충분히 받을 수 있는 시간을 갖게 설계되면 좋다. 아궁이에서의 위치와 장소를 잘 선정하여 연기, 화염, 가스가 굴뚝을 통해 잘 배출되도록 해야 한다.

굴뚝을 아궁이보다 높은 곳에 설치하는 이유는 공기의 밀도 차이인 기압 차이에 의한 상승기류가 발생되어 불이 내지 않고 잘 타고 연기와 가스가 잘 배출되기 위해 설치한다.

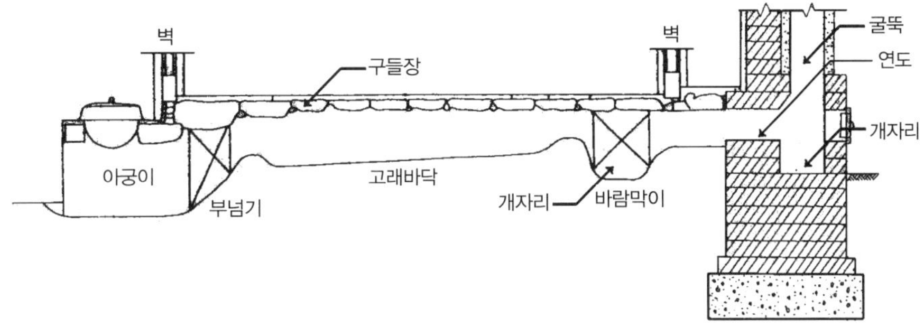

그림 16-1 온돌구조

(1) 아궁이

아궁이는 고래에 불을 넣는 구멍으로 화구(火口)라 한다. 아궁이는 온돌을 데우기 위한 노(爐)인 함실아궁이와 취사를 위한 부뚜막으로 나눈다.

① 함실아궁이(爐)

벽체에 구멍을 내어 아궁이를 만들고 좌우에 돌을 세우고 위에 걸쳐 놓은 것을 함실아궁이라 한다.

함실이란 바로 불을 지핀다는 의미로 사용하고, 함실은 고래가 시작되는 부넘기 앞에 만든 불을 지피는 공간을 말한다. 함실아궁이의 폭은 40~50cm, 높이는 40~60cm이다. 아궁이 불목 바닥은 구들장 밑보다 60cm 이상 낮게 하고, 넓이는 60cm로 하여 불을 지피고 남은 재를 처리하기 좋게 해야 한다. 아궁이에서 구들 시작 부위에는 정삼각형 모양의 부넘기를 설치하여 불이 잘 피고 연기가 잘 흐르게 하고 굴뚝으로부터 들어오는 바람을 막기 위해 부넘기를 만든다. 함실아궁이는 부엌이 필요 없는 방이나 서원, 향교 등에서 많이 볼 수 있다.

② 부뚜막

난방을 위한 아궁이(爐)와 취사를 위한 공간을 겸하게 된 곳을 부뚜막이라 한다.

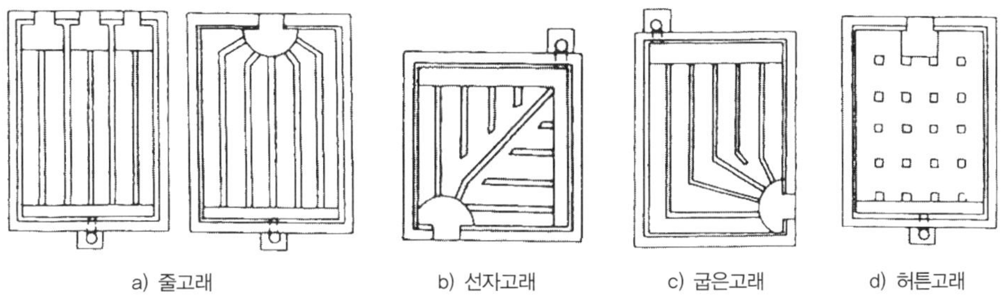

그림 16-2 구들고래의 종류

아궁이에 불을 지피고, 그 불 지피는 곳 위에 솥을 걸어 취사를 겸하는 형태에서 점점 취사가 확대되고 분할되어 아궁이와 부뚜막이 나누어져 있는 공간을 부엌이라 한다. 부뚜막은 온돌 바닥면 보다 30cm 정도 낮은 위치에 설치하고 솥을 걸거나 부뚜막의 외벽은 벽돌로 쌓고 부뚜막 아궁이는 주철제로 뚜껑을 만들어 마감한다.

(2) 고래

아궁이에서 굴뚝까지 지펴진 불길과 연기를 유도하는 도랑과 같은 통로를 고래라 한다.

고래는 고래바닥, 고래둑, 구들장으로 구성된다. 고래 바닥은 고래를 만드는 바닥을 말하며 아궁이에서 윗목으로 경사지게 하고, 습기가 차지 않게 하여 불길이 잘 들도록 한다. 고래는 얕은 고래 보다 깊은 고래가 찬공기의 영향을 덜 받으므로 열 효율성이 좋고, 배출되지 않고 떨어지는 재 등에 의해 골이 쉽게 막히지도 않는다. 고래 바닥에는 골을 만들기 위해 둑을 쌓는데 이것을 고래둑이라 한다. 이 고래둑은 고래의 양측벽이 되며 일반적으로 잔돌은 진흙과 이겨서 틈 없이 쌓아주지만, 간혹 불길이 고래를 넘나들도록 터주기도 한다.

구들고래는 줄고래, 선자(부채)고래, 굽은고래, 허튼고래 등이 있다. 이 여러 종류의 구들고래 형태들은 아궁이와 굴뚝의 위치, 고래둑의 배열에 따라 다르다.

줄고래는 아궁이와 굴뚝이 반대로 놓이고 고래둑의 배열이 직선으로 놓인 것이고, 선자(부채)고래는 아궁이와 굴뚝이 반대로 놓이고 고래를 부챗살처럼 배열하거나 아궁이와 굴뚝을 모서리에 놓고 대각선으로 관통하며 부챗살처럼 배열된 고래를 말한다. 굽은고래는 아궁이와 굴뚝이 측면이나 동일 위치의 옆면에 있어 고래둑 배열이 ㄱ자, ㄷ자로 꺾여 있어 불길이 굽은 고래를 따라 반바퀴 또는 한 바퀴 돌아 나오도록 된 형태로 이를 되돈고래라고도 한다. 허튼고래는 고래둑을 불길이 서로 드나들고 넘나들 수 있도록 터져 있는 형상을 하고 있다. 고래 깊이는 불목 위치에서는 40~50cm, 윗목 위치에서는 20~30cm로 하고, 폭은 구들장의 크기에 맞추어 정한다.

(3) 구들장

고래둑을 쌓고 위에 판석을 윗면이 평탄하게 납작한 작은 돌멩이를 굄하여 잡으며 깔아서 구들을 완성하는데 이를 구들장이라 한다. 구들장은 불길이나 연기가 새어 나오지 못하도록 진흙을 개어서 빈틈없이 마감하고, 진흙 바름은 3cm 정도의 두께로 면을 수평잡은 후에 모르타르를 깐 후 장판지를 바르고 마감하면 방바닥을 이루게 된다.

구들은 아궁이에 불을 지펴서 구들장 돌판을 데워 난방하는 방식이므로 아궁이쪽의 구들은 불이 직접 닿는 곳으로 매우 뜨거우므로 구들장이 크고 두꺼운 것을 사용하거나 일반 구들장을 두 겹으로 사용하고 진흙을 발라 불을 지펴서 말린 후 방바닥을 구성한다.

이 아궁이쪽의 구들을 불목돌이라 한다.

(4) 불목 · 부넘기

아궁이 안에서 불을 지피는 곳을 불목이라 한다. 불목은 불길이 집중되는 곳이므로 내화성을 가지며 열전도율이 낮은 재료로 마감해야 한다. 아궁이와 고래 바닥 경계에는 둑처럼 약간 높여 고래둑 1/2 높이 정도의 정삼각형 부넘기를 설치하여 화기와 연기가 잘 흐르게 하고 굴뚝에서 들어오는 한기를 막기 위한 것이다.

(5) 바람막이 · 개자리

고래에서 개자리를 넘어가는 경계에도 둑처럼 솟아오른 정삼각형의 바람막이를 설치하여 굴뚝으로부터 들어오는 한기를 막는다. 고래가 모아지는 윗목의 굴뚝에 면한 벽체에 고래 바닥보다 20~30cm깊이로 줄 웅덩이를 만든 것을 개자리라 한다. 개자리는 뜨거운 공기가 고래를 통과하면서 식어 공기중의 그을음들을 떨어뜨리는 곳이므로 정기적으로 개자리의 재 등을 제거해 주어야 할 청소구멍을 만들고 뚜껑을 설치해야 한다.

(6) 고막이

목조건축물의 토대 또는 하부인방 밑의 온돌구조 벽체를 고막이라 한다. 이 고막이는 벽돌이나 돌을 모르타르로 쌓고 외벽은 치장면으로 하고 내부는 턱을 만들고 구들장을 올려놓는다. 고막이는 고래 바닥면보다 깊게 만들고, 모르타르를 사용하여 틈이 없고 균열이 생기지 않게 기밀하게 채워 넣어야 한다.

(7) 연도 · 굴뚝

고래를 지나 개자리를 통과한 연기는 굴뚝을 통해 외부로 배출된다. 이 개자리에서 굴뚝 사이를 연결하는 통로를 연도라 한다. 연도는 개자리에서 단거리로 굴뚝에 직통되게 하는 편이 연도를 꺾어 돌리는 것보다 좋다. 연도 길이는 가능하면 짧은 것이 좋으나 자유롭게 길이를 정할 수 있으므로 굴뚝의 위치도 자유롭다. 연도는 땅속에 있으므로 연도에 물이 스며들거나 스며든 물이 고여 있어서도 안 되게 설계되어야 한다. 아궁이에서 불을 지필 때 발생된 열기와 연기는 굴뚝을 통해서 외부로 배출시킨다. 굴뚝은 아궁이의 불을 고래를 통해 빨아들이는 역할을 하므로 빈틈없이 잘 만들어져야 불이 잘 든다.

굴뚝 높이는 추운지방이 높고, 남쪽지방으로 갈수록 낮아진다. 추운지방의 굴뚝은 높게 하여야 불을 강하게 빨아들여 구들이 빨리 따뜻해지고 불이 잘 든다. 굴뚝의 안지름은 15~20cm의 원형 또는 정사각형 단면이 좋고, 길고 좁은 직사각형 단면은 피하는 것이 좋으며 굴뚝 끝은 지붕면이나 처마변에서 60cm 이상 내밀어야 한다. 굴뚝의 목부와 굴뚝 주위에 화재의 우려가 있을 때는 충분한 거리만큼 떨어지게 하고 연소되지 않게 피복해야 한다.

온돌구조의 굴뚝은 사용재료와 모양에 따라 매우 다양하고 지역적인 특징을 가지고 있다.

굴뚝은 사용재료에 따라 흙과 돌을 섞어 쌓은 토출굴뚝, 와편을 이용한 와편굴뚝, 전벽돌로 쌓은 전축굴뚝, 원통모양의 오지로 만든 오지굴뚝 등이 있다.

16.1.2 온수온돌구조

아궁이에 불을 넣어 구들장을 가열하는 난방 대신 보일러로 물을 가열하여 방바닥에 물을 온수관을 통해 뜨거운 온수를 통하게 하여 난방하는 온수온돌 방법을 최근에는 대부분 난방 방법으로 취하고 있다. 이를 온수온돌난방이라 한다.

(1) 온수배관

온돌에 온수배관을 설치할 때는 온수배관 물매를 온수가 들어가는 입구에서 온수가 빠져나가는 출구쪽으로 점차적으로 계속 올라가는 오름물매로 잡는 것이 열효율성상 매우 중요하다. 이 물매를 유지하면 물순환이 잘 되어서 방이 쉽게 잘 데워진다. 그러나 온수배관물매가 내려가는 내림물매 또는 올라갔다 내려가거나 내려갔다 올라가는 물매는 관속 높은 물매 위치에서 공기기포가 차서 물의 순환을 막으므로 강제순환펌프를 이용해야 물이 순환되는 것이다.

온수관은 ϕ15~ϕ25mm의 강관, 동관, 합성수지관 등으로 사용하고 온수관 배열은 바깥벽면 쪽을 온수관 입구로 하여 15~20cm 간격으로 지그재그로 배열하고, 방이 넓을 때는 온수배관 영역을 2개소 또는 2 이상으로 나누어서 오름물매 배관으로 배열해야 한다. 오름물매를 잡을 때는 미리 물매를 잡고 방부처리한 높이 10cm 정도의 받침목을 방습처리된 바닥콘크리트 면에 받쳐놓고 그 위에 배관을 고정시키면 오름물매를 쉽고 정확하게 잡을 수 있다.

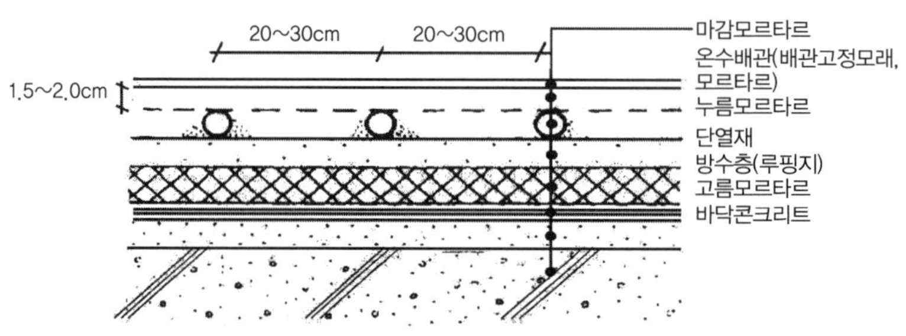

그림 16-3 온수온돌 단면

(2) 단열 · 마감

최하층 바닥은 지반을 다져 지정을 만들고 지정 위에 밑창콘크리트를 깔고 면을 고르기 위해 고름 모르타르를 깐 다음 방습을 위해 아스팔트 루핑을 한 후 그 윗면에 단열재를 깐다.

콘크리트 바닥층에서도 단열을 위해 단열재를 깔아 아래층으로 손실되는 열을 차단해야 한다. 배관은 단열재 위에 빈 모르타르를 3cm 정도 깔고 물매 받침목을 대고 배관을 한다. 배관은 관의 직경에 맞추어 일정한 등간격으로 나누어 배관을 배근하고 모르타르나 못으로 고정시킨 다음 잘 건조된 잔자갈과 왕모래를 배관 사이에 배관 높이만큼 채우고 방습막이 상하지 않게 잘 다져준다. 공기는 높은 곳에 모이게 되므로 관속에 생기는 공기를 수시로 빼낼 수 있게 배기마개를 온수배출구에 달고, 배기마개를 오르막구배로 하여 가까운 욕실이나 다용도실까지 연장하여 이곳에서 쉽게 공기를 빼내도록 한다. 온수관의 피복두께는 얇으면 균열이 생기고, 두꺼우면 난방효과가 낮아지므로 온수온돌 바탕마감은 두께 25~30mm 시멘트 모르타르로 미장바름하여 마감한다.

16.2 벽난로(Fire place)

벽난로는 일반적으로 주택의 벽체에 붙여 설치한 난로로 벽아궁이에 장작이나 석탄 등을 때어서 이 복사열에 의해 실내를 데우는 난방이다.

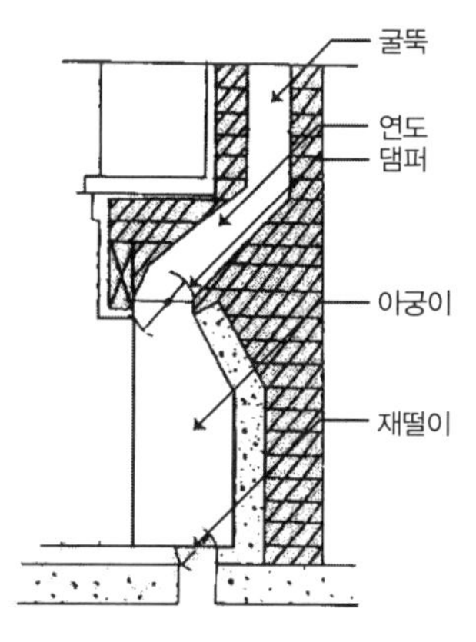

그림 16-4 벽난로

벽난로는 아궁이, 재아궁이, 불목, 연도, 굴뚝의 각 부위로 이루어진다. 개개 난로마다 연도는 반드시 독립시켜야 하고, 연기목구조, 연도높이, 청도구멍, 연기되돌림 등의 구성은 충분히 고려하여 벽난로가 설치되어야 한다. 벽난로는 아궁이가 개방되어 있으므로 연소된 재의 흐트러짐을 막기 위해서 바닥에 재받이를 설치하고 갓돌림돌을 주위에 둘러쌓고, 굴뚝은 사각형 또는 원형으로 하고 굴뚝 단면 크기는 아궁이 크기의 1/8~1/12 정도로 하면 좋다.

불목은 여러 형태의 모양이 있지만 연기가 되나오지 않고 잘 빠져나가는 구조형태이어야 하며, 불목과 연도의 연결 부위에는 댐퍼(Damper)를 설치하여 연기 배출과 연도의 공기 흐름을 조절할 수 있게 한다. 벽난로의 열효율은 20% 내외로 복사열을 주로 이용하므로 난방의 쾌적범위는 난로 부위로 제한되므로 실내의 주 난방보다는 장식적인 의미로 설치하고, 계절이 변하는 시기에 실내온도와 건조 등을 쉽게 조절할 수 있는 장점을 가지고 있다.

16.3 굴뚝(Chimney)

아궁이에서 지핀 불의 열기와 연기는 연도와 굴뚝을 통해 외부로 배출된다. 굴뚝은 연소에 필요한 공기를 유입 · 유도하고, 연소도중 발생된 연기를 실외로 쉽게 배출시킬 수 있어야 한다. 굴뚝은 아궁이마다 1개씩 개별 굴뚝으로 설계되어야 하며, 2 이상의 아궁이에 1개의 굴뚝을 설치하면 대류작용에 의해 굴뚝의 흡인력이 작아져서 연기가 다른 아궁이로 역류되므로 주의해야 한다.

아궁이에서 굴뚝의 수직높이는 4m 이상일 때 효과적인 굴뚝기능을 가지게 되고, 굴뚝의 내경은 위로 올라가면서 점점 좁아지는 내경형상을 하고 있어야, 대류작용에 가속이 붙어 굴뚝으로 들어오는 차갑고 무거운 공기를 밀어내는 힘이 커지게 된다.

굴뚝의 단면 크기는 사용하는 연료의 종류와 배출되는 열량에 따라 각기 다르고 원형단면일 때 최소지름은 20cm 이상, 정사각형 단면일 때 한 변을 18.5cm 이상으로 하고, 직사각형일 때는 단변 길이의 1.5배 이하로 장변길이를 택한다. 단독주택일 때 1변의 최소굴뚝길이 15cm 이상이 되게 하고, 동일한 굴뚝단면적이라도 원형단면이 다른 단면형태보다 굴뚝의 효율성이 좋다.

아궁이에서 굴뚝을 연결하는 연도는 직선으로 연결되어야 효율성이 좋지만 부득이하게 구부려서 연결할 때는 수평에 대해 60% 이상이 되도록 구부리고, 이 구부림은 배출구 위치에서 해야 배출가속력을 크게 증가시킬 수 있다. 굴뚝을 아궁이 위에 설치하지 않고 연도를 통해 배출할 때는 굴뚝 밑을 깊게 하여 청소할 수 있게 개자리통(Sootbox)을 만들어 굴뚝으로 배출되지 못하고 떨어지는 연소물질을 모아 제거할 수 있게 해야 한다.

굴뚝의 연도가 젖어 있으면 연도 속의 공기 습하고 무거워져서 아궁이의 열기가 습한 공기를 배출시킬 수 있는 온도에 이르기까지 역대류현상이 생겨서 연기를 내는 아궁이가 되므로 굴뚝에는 고깔을 얹어서 굴뚝의 연도에 빗물이 들이치지 않고 마른상태로 유지되게 해야 한다. 굴뚝의 높이는 지붕의 가장 높은 용마루에서 60cm 이내에 있으면 용마루 높이보다 60cm 이상 높아야 하고, 용마루에서 60cm 이상 떨어져 있으면 지붕면보다 1m 이상 높게 세워져야 한다.

단열, 방음

17장 단열, 방음

17.1 단열

17.1.1 단열재의 종류

단열재는 열이 통과하기 어려운 재료이기 때문에 열용량과 관계가 있으므로 열전도율이 작은 재료이다. 단열재의 열전도율은 일반적으로 단열재의 밀도가 낮을수록 열전도율이 작지만 유리면이나 암면에서와 같이 밀도가 너무 낮으면 충전재는 벽체, 바닥, 천장 등의 중공부에 충전하거나 수평면에 까는 단열재로 유리와 암면 등과 같은 섬유질 단열재료, 탄각, 톱밥, 팽창질석 등과 같은 입상 단열재료, 규조토, 탄산마그네슘 등과 같은 분상단열재가 있다.

판상단열재는 연질재와 경질재가 있다. 연질단열재는 암면, 펠트, 석면판 발포스티렌수지판 등이 있고, 경질단열재는 기포유리판, 경질염화비닐판 등이 있다.

반사단열재는 복사열의 반사성을 이용하는 것으로 반사거울 등을 사용하고, 재료는 스테인리스나 알루미늄 등의 박판재로 한다. 반사단열재는 공기층의 편측이나 양면에 부착하거나 공기층 칸막이를 만들어 이용한다.

17.1.2 단열재의 단열효과

공기 중의 열이 이동하는 전열(Heat transfer, 傳熱)은 물체를 통해 이동하는 전도와 물체로부터 나오는 열에너지인 복사, 공기의 순환에 의한 대류에 의해 이루어진다.

단열재는 작은 기포를 많이 가지고 있어 중·고층의 방열판과 같이 작용하는 것들이 나열되어 있으므로 복사와 대류에 의한 전열을 무시할 수 있으므로 단열재의 정지공기 열전도와 사용재료의 열전도에 의한 값에 의해 설계된다.

구획된 공간의 정지공기의 열전도율은 일반적인 물질 중 가장 작은 값이다. 물의 열전도율은 공기의 열전도율보다 약 25배 크므로 단열재에 수분 침투는 단열재의 단열성능을 매우 저하시킨다.

단열재로 사용하는 재료의 종류에 따라 단열재료의 온도상승 비율은 다르다. 이는 재료의 비열(Specific heat)이 각기 다르기 때문이다.

비열이란 어떤 물질 1kg을 1℃ 상승시키는데 필요한 열량을 말한다. 물을 기준값 1로 하고 이 물에 대한 각 재료들의 열량비율을 각 재료의 비열이라 한다.

건축재료 중 콘크리트 비열은 0.21, 아연도금철판 비열은 0.11이다. 콘크리트 비열값은 크지 않지만 건물에 사용되는 콘크리트량이 많으므로 콘크리트 건물의 열용량은 매우 크고, 벽 또는 지붕마감에 아연도금철판을 사용한 건물은 열용량이 작다.

콘크리트와 같은 열용량이 큰 재료로 된 건축물은 온도의 편차가 완만하지만 아연도금철판을 사용한 건물은 열용량이 작으므로 온도변화의 폭이 크다.

열용량이 큰 물체의 온도를 올리는 데는 많은 열량이 필요하고, 온도를 올리거나 내리기가 어렵다.

표 17-1 재료의 비열[kcal/kg℃]

재 료	비 열	재 료	비 열	재 료	비 열
동	0.094	콘크리트	0.21	석고보드	0.26
아연도금철판	0.11	경량콘크리트	0.24	석면시멘트판	0.19
대리석	0.21	모르타르	0.27	암면	0.20
화강암	0.19	벽돌	0.32	유리면	0.20
토벽(마감)	0.21	타일	0.20	우모멘트	0.39
사질벽(마감)	0.21	판유리	0.19	물	1.00
회반죽	0.20	콘크리트블록	0.22		
플라스터	0.20	하드텍스	0.44		

17.1.3 단열재 재료

건축물의 단열 및 보온을 위해서는 단열재의 선택이 매우 중요하다.

단열재는 습기가 침투하면 열전도율이 높아져 단열성능이 저하되므로 구조체에 단열시공을 할 때는 방습층, 방수층을 설치하여 단열성능을 저하시키지 않게 해야 한다. 단열재는 사용재료에 따라 열전도율이 달라지므로 사용개소에 알맞은 단열재료를 선택해야 한다. 단열재는 열전율과 흡수율이 낮아야 하고 비중이 작으며 내화성과 시공성이 좋아야 한다.

(1) 석면(Asbertos)

석면은 회백색이나 녹색, 갈색의 천연섬유질의 결정성 광물분말을 솜처럼 만든 것으로 섬유모양의 조직을 하는 복합재료의 형태로 불연성 경량 단열재로 많이 사용되어 왔으며 일반적으로 석면이라 한다.

석면은 화학적으로 안정되어 있으며 내화성, 보온성, 절연성이 우수하지만 습기를 흡수하는 결점이 있다. 최근에는 석면공해 문제가 제기되어 우리나라에서도 석면의 사용을 규제하고 있다. 석면을 주원료로 하여 접착제를 가미하여 여러 형태로 성형한 석면제품은 석면 보온판, 통, 석면슬레이트 등이 있다.

(2) 유리섬유(Glass fiber)

유리섬유는 유리를 녹인 액에 압축공기를 불어넣어 가는 섬유질 모양으로 만든 것으로 단열성, 흡음성, 내수성, 내식성, 전기절연성 등이 우수하고 경량이지만 유리섬유를 다발로 묶어 사용하면 모세관 현상에 의해 흡수성이 생긴다. 유리섬유는 단열재, 방음재, 보온재 등으로 사용된다.

(3) 발포폴리스티렌(Foam polystyrene)

발포폴리스티렌은 폴리스티렌수지에 발포제를 넣어 다공질의 기포 플라스틱으로 스티로폴(Styropor)이라고도 한다. 발포폴리스티렌은 미세한 독립된 기포들로 구성되며 체적의 약 95% 이상이 공기이므로 열의 차단효과가 매우 크다.

발포스티렌은 다른 단열재에 비해 단열효과가 비교적 크고 흡수율, 비중이 작으며 시공성이 좋아서 단열재로 가장 많이 사용되고 있다.

(4) 규산칼슘 보온재

규산칼슘은 규산석회를 물속에서 처리할 때 만들어지는 규산칼슘산화물에 의해 얻어진다. 규산칼슘제품은 경량이고 강도가 높으며 내열, 내수성이 우수하여 철골구조의 내화(耐火)피복재로 많이 사용된다.

(5) 코르크판(cork board)

코르크판은 코르크나무 껍질을 주원료로 톱밥, 섬유질 등을 혼합하여 가열, 가압, 성형한 판재이다. 코르크판은 단열재, 불연재료로 사용되며, 유공질로 탄성과 흡음성이 있어 흡음판으로도 사용된다.

17.2 방음(防音)

음(Sound, 音)은 탄성체에 전해지는 파(Wave)로 음파(Sound wave)에 의해 전해진다.

소음(Noise)은 일반적으로 바람직하지 않은 음을 말하고, 공기 중에 전파되는 공기전파음뿐만 아니라 구조체에 전파된 진동이 공기 중의 음으로 재방사되기도 한다.

소음 발생은 생활소음, 도로교통소음, 공장, 건설현장, 항공기 등이 있으며 소음방지는 소음음원에서 거리를 확보하거나 차음이나 흡음방법에 의해 방음을 한다.

17.2.1 차음과 흡음

차음(Noise insulation)은 공기전파음이 벽을 통해 전달되는 전파를 끊어주는 것을 말하고, 흡음(Sound sorption)은 음을 재료에 흡수시켜 반사음을 감소시키는 것을 말한다.

- 차음(Noise insulation, 遮音)에는 공기 중에서 발생하는 소음을 차단하는 공기의 소음 차단과 충격에 의한 소음을 차단하는 충격음 차단이 있다. 차음성능은 인접된 그 공간의 경계벽을 통해 소음이 투과되고 전달되는 것을 저지하는 성능을 말한다.
- 흡음효율은 재료가 음에너지의 일부를 흡수하여 반사음을 감소시키는 재료의 흡음률을 말한다.

건축음향계획에서 흡음률을 측정할 때는 재료 표면에 부딪치는 음파가 여러 방향으로 입사되는 것에 대해 검토한 값에 의해 설계한다. 재료의 흡음률은 재료면에 음파가 수직으로 입사하는 수직입사 흡음률과 재료면에 음파입사가 여러 방향으로 입사되는 잔향실법흡음률이 있으며 건축음향 설계 시 잔향실법흡음률에 의해 설계된다.

차음과 흡음의 관계는 서로 상대적인 개념이다. 일반적으로 차음성능이 좋은 재료는 흡음성이 좋지 않은 경우가 많다. 재료에 연속된 작은 기포구멍이 많으면 입사된 음에너지가 다른 공간으로 쉽게 전달되기 때문에 흡음성은 좋지만 차음성은 좋지 않다.

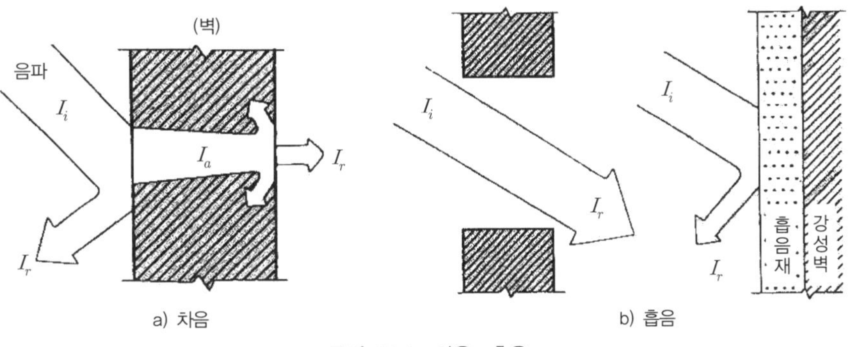

a) 차음　　b) 흡음

그림 17-1 차음 · 흡음

17.2.2 차음구조와 재료

차음(Noise insulation)은 인접된 그 공간의 경계에 단일벽구조나 2중벽구조를 사용하여 차음구조를 만들게 된다.

단일벽 평균 차음량은 벽의 단위면적 중량에 의해 결정되며, 이것을 차음의 질량법칙(Mass law)이라 한다. 2중벽구조에서 2중벽 사이에 공기층을 두면 고주파수음에 대한 차음성능을 좋게 한다. 2중벽 사이에 차단재(遮斷材)를 삽입하여 차음을 강화하고자 할 때는 그 재료의 사용방법을 검토하여 선택하는 것이 매우 중요하다.

고주파수의 음은 탄력성을 가진 차음재가 효과가 좋으며, 중간음과 저주파수음은 음의 전달을 방해하는 구조단면 변경이 가장 효과적이다. 건축물의 차음성능을 좋게 하는 것은 음의 통로를 차단시키는 것이다. 건물에서 음의 통로차단은 벽체나 바닥, 천장 등의 균열이나 작은 구멍, 기공 등을 최소한으로 줄여서 차음성능을 향상시키는 것이다.

표 17-2 차음구조

종 류	단면구조
일체진동계	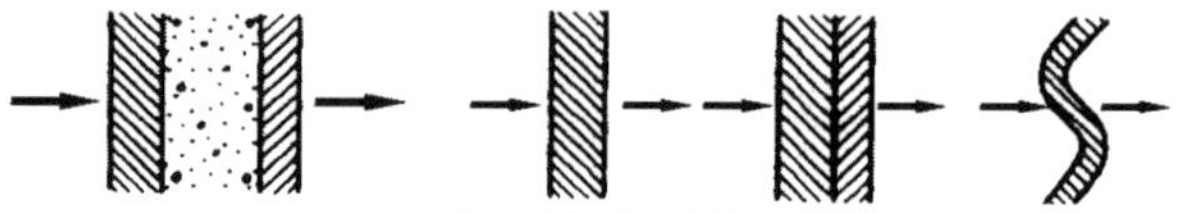 (강성재 샌드위치)
공명진동계	 (탄성재 샌드위치)
저항감쇠계	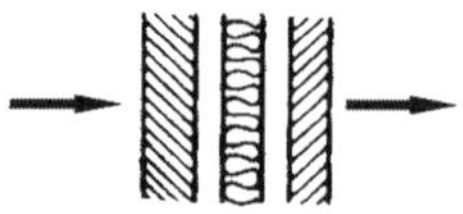 (다공질재 삽입)

17.2.3 흡음재료

음파가 실의 마감재 표면에 부딪쳐 반사될 때 벽에 입사한 음에너지(진동에너지)의 일부는 마감재에 흡수, 투과되고, 나머지는 마감재에 반사하게 되는데, 이 입사된 음에너지가 흡음, 투과, 반사되는 비율은 재료의 표면구조와 특성에 따라 서로 다르게 나타나게 된다. 음에너지(진동에너지)는 실의 마감재에 흡수되는 과정에서 열에너지로 변환되게 된다.

흡음(Sound sorption)이란 재료 표면에 입사하는 음에너지의 일부를 흡수하여 반사음을 감소시키는 것을 말하고, 흡음효율은 재료의 흡음률로 표시하고, 0에서 1 사이의 값으로 표현

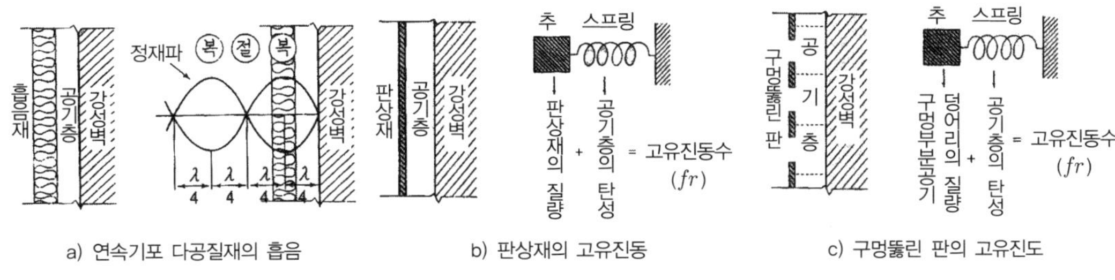

a) 연속기포 다공질재의 흡음　b) 판상재의 고유진동　c) 구멍뚫린 판의 고유진도

그림 17-2 판상재 · 구멍 뚫린 판의 흡음

한다. 흡음률 '0'은 입사음에너지의 전부를 반사시키는 것이고, 흡음률 '1'은 입사음에너지를 반사 없이 모두 흡수와 투과시킨다는 값이다. 흡음재료는 실내에서 음을 흡수시킬 목적으로 사용하는 마감재이다. 흡음재료는 다공질흡음재, 판상흡음재, 특수흡음재로 나누어서 생각할 수 있다.

(1) 다공질 흡음재

다공질 흡음재는 재료의 표면과 내부에 소기포와 미세공극들이 많이 분류되어 있는 조직 형상을 가지고 있는 다공질재료이므로 통기성이 있기 때문에 이 재료면에 음파가 입사되면 재료의 다공질 내에 있는 공기가 진동되고, 재료의 재질과 마찰에 의한 공기의 진동은 열에너지로 치환되어 흡음현상이 생기게 된다.

다공질의 흡음성능은 다공질과 사용재료의 두께에 영향을 받게 되고, 재료의 재질에 따라 공기유동저항성에 의한 흡음성능은 각기 다르게 나타난다. 다공질 흡음재의 다공성은 재료의 80~90% 정도이고, 공기유동저항성은 재료의 재질에 따라 큰 차이를 보여주므로 다공질흡음재는 각종 섬유질재료가 많이 사용된다.

(2) 판상 흡음재

바탕 마감면에 판상이나 얇은 막 형상의 흡음판재를 공기중 공간을 두고 설치하면, 판상 표면에 입사된 음파에 의해 흡음판재는 내부마찰에 의해 음에너지(진동에너지)가 흡수된다. 판상흡음재의 특성은 저음 부분에서 흡음성능은 좋지만 중음과 고음부분에서는 흡음성능이 떨어진다. 판상흡음재로는 합판, 섬유판, 석면판, 석고보드 등이 사용되며, 음이 판을 진동시킬 때 음에너지(진동에너지)가 소모되어 흡음된다.

(3) 특수 흡음재

① 구멍 뚫린 흡음재

구멍 뚫린 흡음재 설치는 바탕 마감면에 공기와 층을 두고 구멍 뚫린 판상 흡음재를 부착

마감한 구조형상이다. 이 구멍 뚫린 판은 판상흡음재나 금속판에 일정한 등간격으로 관통구멍을 내어 사용한다.

흡음기구 형상은 판의 질량과 공기층이나 실의 탄성에 의한 고유진동과 같은 공명주파수에 의해 진동되어 음파에너지는 이 진동에 의해 소멸되는 흡음방식이다.

구멍 뚫린 흡음재는 일반적으로 중음역과 저음역에서 흡음성능이 매우 우수하여 많이 사용된다.

② 헬름홀츠 공명 흡음재

헬름홀츠 공명 흡음재는 바탕 마감면에 다공질의 흡음재인 섬유류 펠트를 깔고 마사포로 마감한 후 다양한 크기의 작은 여러 목재를 일정한 등간격으로 배열하여 실내를 마감한 형태이다.

표 17-3 건축마감재의 흡음률(B.R.E. Digest 36)

재 료		흡음률 개략치(sone)		
		소리 진동수(Hz)		
		125	500	2000
바 닥	펠트 위에 깐 양탄자 두께 모두 6mm	0.07	0.5	0.65
	널마루	0.2	0.1	0.1
	쪽매널 마루		0.05	
	콘크리트나 미장마루		0.02	
	인조석	0.02	0.02	0.09
유리창	4mm 두께까지	0.3	0.1	0.05
	6mm 이상	0.1	0.04	0.02
벽 및 천장	50mm 두께 글라스울	0.35	0.8	0.85
	커튼(보통 무게)	0.05	0.3	0.5
	10% 유공텍스판	0.15	0.75	0.75
	합판벽	0.3	0.15	0.1
	벽돌벽	0.05	0.02	0.05
	콘크리트벽	0.02	0.02	0.05
	타일이나 대리석벽	0.01	0.01	0.02
	25mm 코르크타일	0.05	0.2	0.6
	플라스터 보드 천장	0.2	0.1	0.04
	25mm 폭모판	0.1	0.4	0.6
	커튼(직선형)	0.05	0.15	0.25
	커튼(주름)	0.05	0.35	0.5

흡음률 0.1sones이란 소리가 10% 줄어든다는 것이다.

공명 흡음재는 공동부분과 공기가 통하는 작은 구멍으로 만들어져서 공동에 들어온 음파는 공명을 일으켜 음에너지를 흡수하게 만든 것으로 1862년 헬름홀츠에 의해 알려진 흡음구조이며, 실의 평균잔향시간에 영향을 주지 않고, 그 공명음만을 흡음하는 방법으로 많이 사용된다.

③ 단위 흡음재

단위 흡음재는 실내공간에 흡음재료를 구형, 원통형, 사각입체형, 쐐기형 등의 모양으로 성형한 것을 실내에 붙이거나 공간에 달아매어 반사음을 효율적으로 흡음하도록 만든 것으로 큰 공장이나 기계실 같이 공간이 너무 넓거나 소음이 커서 벽면만의 흡음마감에 의해 해결할 수 없는 경우에 사용된다.

17.2.4 방음구조(Sound-proof construction)

공기 중에 전파되는 공기전파음과 구조체에 전파된 진동이 공기음으로 재방사되는 충격음 등은 차음(Noise insulation)이나 흡음(Sound sorption)에 의해 방음(Sound-proof)을 해야 한다.

차음과 흡음은 서로 상대적인 개념으로 생각할 수도 있다. 사용재료가 흡음성능이 좋은 것은 차음성능이 나쁜 경우가 많다. 이는 대부분 작고 많은 공기구멍을 통해 음파에너지가 다른 공간으로 쉽게 전달될 수 있기 때문이다.

소음(Noise)이 많은 곳의 방음은 차음과 흡음관계를 고려하여 설계해야 한다. 차음이나 흡음에 의한 방음효과는 사용재료가 적당한 자중을 가지고 있어야 음을 끊을 수 있으며, 충격음 방지효과는 충격을 받는 부재를 구조물에서 분리시켜야 좋은 방음효과를 기대할 수 있다.

상부층 천장에서 전파되어 전달되는 소음의 영향을 받지 않게 하려면 음(Sound, 音)을 끊어줄 수 있는 바닥콘크리트의 두께는 최소 15cm 이상으로 해야 하고, 구조물에서 바닥에 방음재를 깔고 위에 마감 바닥면을 분리시키는 구조로 하면 방음효과를 크게 기대할 수 있다.

구조물의 마감

건 축 구 조 학

Building Construction

18장 구조물의 마감

건축물의 주요구조부인 벽체, 기둥, 보, 바닥, 슬래브, 지붕 등이 구축되고 나면 개구부인 문, 창 등을 설치하고, 건축물의 외부와 내부를 기능에 적합한 마감재로 치장하여 사용상에 지장이 없도록 건축물을 마감해야 한다. 건축물의 외부마감을 외장공사, 내부마감을 내장공사라 한다.

18.1 벽마감

벽의 종류와 기능을 보면 건물의 외부를 둘러쌓고 비바람이나 외부에서 침입을 막는 벽체를 외벽(外壁, External wall)이라 하고, 건물의 내부공간을 구획하고 분할하는 벽체를 내벽(內壁, Internal wall)이라 한다.

벽은 구조에 따라 내력벽과 비내력벽으로 구분한다. 내력벽(耐力壁, Load bearing wall)은 벽에 작용되는 수직하중과 수평하중 등 모든 하중을 지지하여 기초에 전달하는 벽체를 말하고, 비내력벽(非耐力壁, Non load bearing wall)은 힘을 받아주지 않고 공간구획만을 위한 칸막이벽체(Partition wall)이다. 모든 외벽은 거의 내력벽이고, 내벽은 내력벽과 칸막이벽으로 구성된다.

벽체의 구축형태로 조적식, 일체식, 가구식, 피막식 벽 등이 있다. 조적식벽(Masonry wall)은 벽돌, 블록 또는 돌과 같이 작은 것들을 쌓아서 만든 벽이고, 일체식벽(Monolithic wall)은 거푸집을 만들고 기둥, 보, 바닥판에 철근을 배근하고 콘크리트를 한 번에 타설하여 만든 벽이다.

가구식벽(Framed wall)은 비교적 작은 목재부재나 철재부재로 수직과 수평으로 틀을 짜서 만든 벽이고, 피막식벽(Curtain wall)은 그 자체의 무게 이외에 하중을 받지 않는 비내력벽으로 콘크리트조 또는 철골조 등과 같이 강구조체의 외벽에 붙인다든가 뼈대 사이에 공간을 구획할 목적으로 끼우는 형태로 만든 커튼월(Curtain wall)을 말한다.

18.1.1 목조벽 마감

(1) 심 벽(Core wall)

목구조 벽체에서 기둥과 기둥 사이의 기둥 중심부에 벽을 만들어 벽면에 기둥이 돌출된 형태의 벽을 심벽이라 한다. 심벽의 바탕재에는 꿸대를 사용한다. 이 꿸대는 심벽의 뒤틀림이나 처짐 등 벽체의 변형을 방지할 목적으로 심벽에 삽입하여 사용한다.

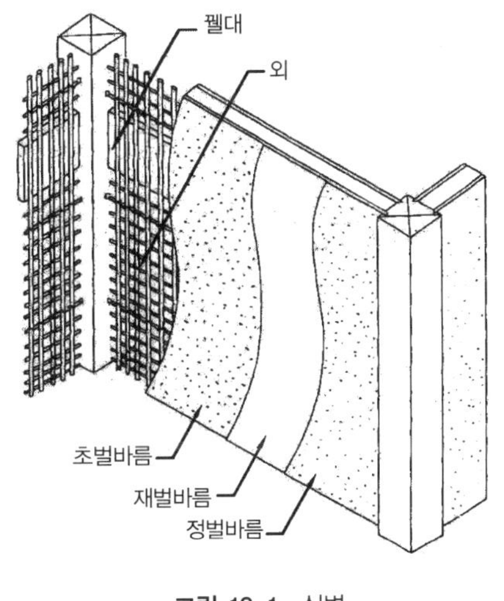

그림 18-1 심벽

(2) 평 벽

기둥의 바깥면에 덧대어 벽체를 만들어 벽체 속에 기둥이 삽입된 형태의 평평한 벽을 평벽이라 한다.

(3) 판 벽(Wood siding wall)

목조의 벽면 보호, 장식을 목적으로 널을 포개지 않고 맞대어 못박아 붙인 벽을 판벽이라 한다. 널재를 가로로 댄 것을 가로판벽, 세로로 댄 것을 세로판벽, 세로판벽에 평평하게 널을 붙인 평판붙이기, 틀을 짜고 그 사이에 판을 끼운 양판벽붙이기 등이 있고 징두리판을 붙이고 벽면의 상부와 하부에 두겁대와 걸레받이를 대어 마감한다.

① 가로판벽(Sheathing)

기둥, 샛기둥에 수평으로 널을 댄 것으로 널을 포개대는 비늘판벽, 영식 비늘판벽 형식과 턱져 물리게 대는 턱솔판벽 형식이 있다.

비늘판벽은 널너비 20cm, 두께 12mm 정도의 얇은 널을 위 아래로 1.5cm 겹쳐 물리게 기둥이나 샛기둥에 못박아 대고, 모서리나 구석 등은 비늘턱 누름대나 규준대를 기둥에 대고 못질하여 마감한다. 벽 상부 마감은 윗막이대를 대고, 벽 하부에는 빗물의 침입을 막기 위해 붙임토대에 비흘림을 대어 마감한다. 영식 비늘판벽은 널너비 20cm, 윗면두께 10mm, 밑면두께 20mm 정도의 한 면 빗처리한 널재에 밑면은 반턱지게 하여 아래 널에 15mm 정도 겹

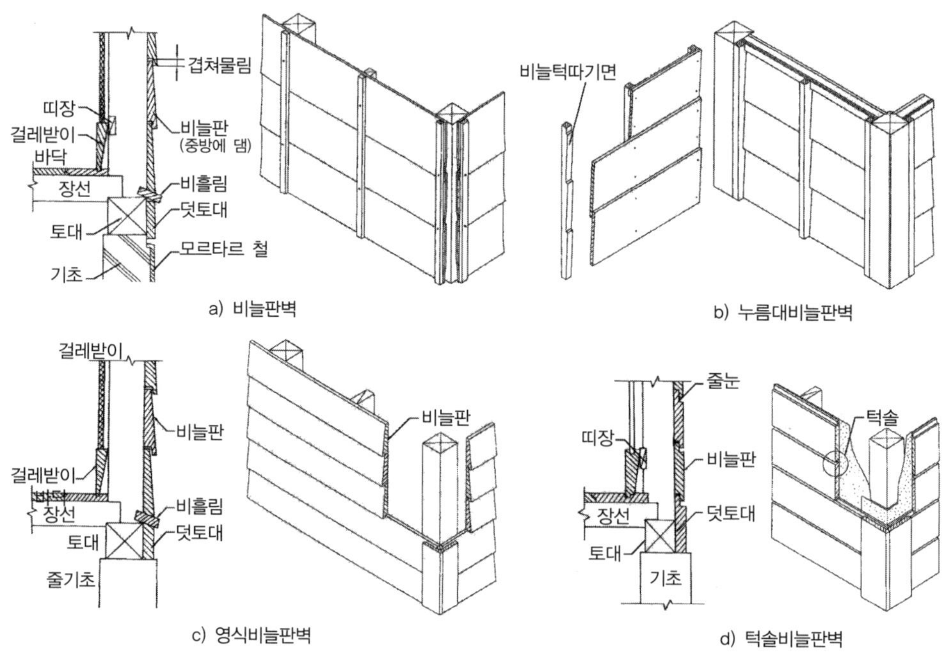

그림 18-2 가로판벽

쳐 물려지게 대고 기둥과 샛기둥에 못박아 고정시킨다.

턱솔판벽은 널너비 20cm, 두께 20mm 정도의 판재를 윗면과 아랫면을 깊이가 다르고 형상이 반대인 반턱으로 하여 기둥이나 샛기둥에 겹쳐대고 못박아 고정시키며, 널재와 널재 이음 사이에 줄눈을 가지게 하고 벽면선을 수직되게 한다.

② 세로판벽(Lining)

기둥이나 샛기둥에 가로로 띠장을 대고 널너비 20cm, 두께 20mm 정도의 널판재를 반턱지게 하여 수직으로 겹쳐대고 못박아 고정시킨다. 벽면의 상부는 윗막이대를 대고 하부에는 붙임토대에 비흘림점을 대어 마감한다.

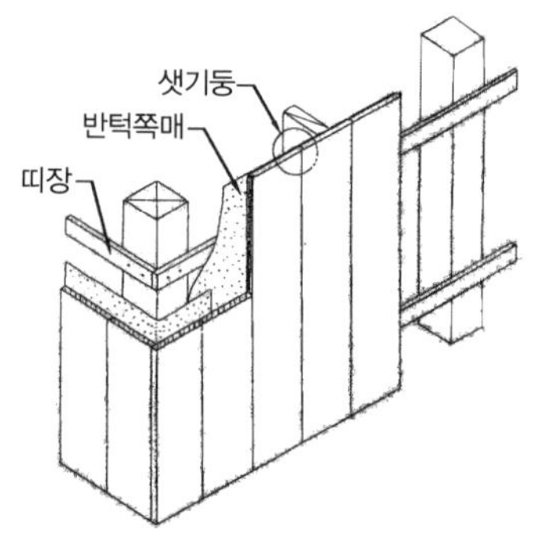

그림 18-3 세로판벽

③ 징두리판벽(Wains coating)

실내부 벽면 하부에 바닥면에서 1.5m 정도의 높이에 널을 댄 판벽을 징두리라 한다.

④ 걸레받이(Skirting)

벽면과 바닥면이 접하는 곳에 수평지게 널재를 댄 것을 걸레받이라 한다.

벽면 밑과 바닥면이 접하는 곳은 더러워지기 쉽고, 벽면과 바닥면의 마감을 기밀하게 하고, 장식할 목적으로 두께 25mm~30mm, 너비 25cm 정도의 널재를 밑부분은 바닥면에 홈파서 끼워 넣고, 윗면은 홈이나 턱솔을 만들어서 벽마감재를 물리게 하여 벽면보다 1~2cm 정도 돌출되게 설치한다.

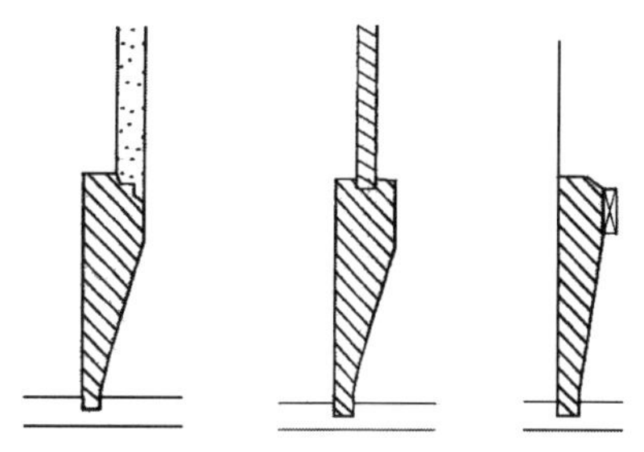

그림 18-4 걸레받이 종류

걸레받이이음은 받이재가 있는 곳에서 턱솔이음으로 하고, 모서리에서는 연귀맞춤으로 하여 마감하며 기둥이나 샛기둥에 숨은 못치기를 하여 마감한다.

⑤ 두겁대

벽면 상부와 천장이 접하는 곳에는 수평가로재를 대어 경계를 구획하고 디자인이나 장식을 목적으로 두겁대를 설치한다. 두겁대의 이음, 맞춤, 설치 등은 걸레받이와 같다.

(4) 합판벽(Plywood wall)

목구조에서 기둥과 기둥 사이의 벽마감은 두 기둥 사이에 일정한 등간격으로 샛기둥을 세우고 작은 가새를 끼워 넣고 기둥과 기둥 사이의 벽체 양 옆면을 합판으로 마감한 벽체를 말한다.

합판은 원목을 얇은 판으로 절개하여 목재의 섬유방향이 서로 직교되도록 접착제로 붙여 가열 가압하여 만든 넓은 판재이다.

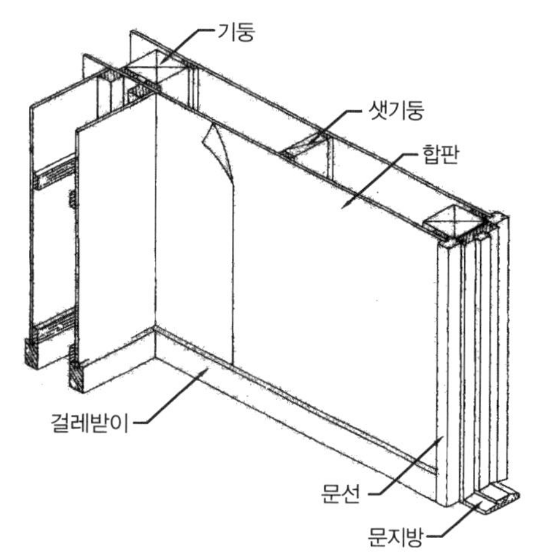

그림 18-5 합판벽

(5) 판붙임벽

목조벽체에 판붙임은 합판, 섬유판, 목모시멘트판, 석고판, 금속판 등을 사용하여 마감한다.

이 판재를 벽체에 붙임하기 위한 바탕면은 기둥이나 샛기둥의 면이 일치되게 띠장을 45~60cm 간격으로 3~4.5cm 각재를 모서리 기둥에는 파넣고 샛기둥에는 반턱지게 하여 못박아 대어 목제 벽체에 판붙임할 수 있게 띠장 바탕을 한 후 판재를 붙여 마감한다.

(6) 시멘트 모르타르벽

시멘트 모르타르 벽면마감은 외벽의 바깥면이나 물을 사용하는 내벽마감에 사용된다.

모르타르는 라스바탕면에 바름한다. 라스바탕면에 사용되는 라스(Lath)의 종류는 철사를 마름모 형태로 꼬아 만든 와이어라스(Wire lath)와 철판에 칼집을 넣고 잡아당겨서 만든 메탈라스(Metal lath) 등을 사용한다.

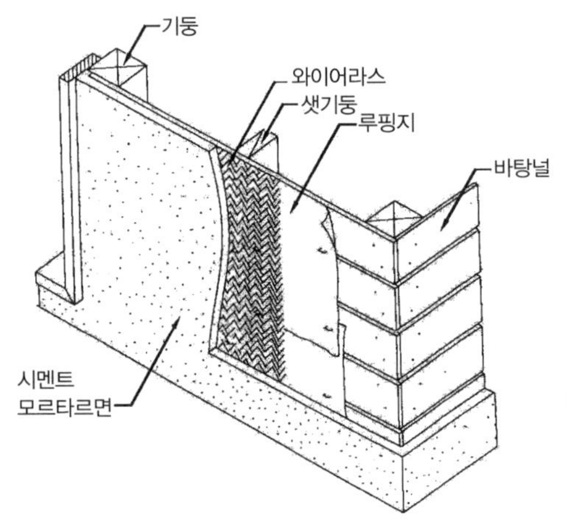

그림 18-6 시멘트 모르타르 벽마감

목조의 라스바탕면은 기둥과 샛기둥에 두께 12~15mm 정도의 널재를 수평이나 경사지게 3cm 정도의 간격으로 띄워서 못박아 대고, 이음은 서로 엇갈리게 배열한다. 바탕널면에는 방수지를 붙이고 라스를 갈구리 못으로 박아 붙여 시멘트 모르타르 바르기면을 만든다.

모르타르는 시멘트에 모래를 섞어 물로 반죽한 것을 말하며, 시멘트와 모래 배합비는 1 : 2, 1 : 3를 사용한다. 이렇게 배합된 모르타르를 라스바탕면에 잘 바르고 겉마른 상태에서 일매지게 덧바르기하여 마무리한다.

모르타르의 바름면은 흙손, 뿜칠, 긁어내기 등을 사용하여 마감한다. 흙손 마감에서 나무흙손을 사용하면 모르타르 표면마감은 거칠지만 흙손자국이 잘 나타나지 않으나 쇠흙손을 사용하면 표면마감은 미끈하지만 흙손자국의 얼룩이 잘 나타나므로 주의해야 한다.

뿜칠마감에는 시멘트 페이스트(Cement paste), 묽은 모르타르 등을 적당한 기구를 사용하여 벽면에 뿜칠하고 흙손으로 가볍게 눌러 벽 표면에 요철이 생기게 마감하며, 긁어내기는 된비빔을 한 모르타르를 일반 마감두께보다 두껍게 바르고 적당한 기구로 긁거나 눌러서 벽 표면을 마감하는 방법이다.

(7) 회반죽벽

벽을 회반죽 바름으로 마감할 때는 졸대바탕이나 흙벽바탕에 바르기를 한다. 졸대는 기둥과 샛기둥에 7mm 정도의 간격으로 사이를 띄어서 못박아 대고, 졸대의 이음자리는 서로 엇갈리게 배열한다.

졸대면에는 마감면의 균열과 벗겨져서 떨어지는 것을 방지하려고 졸대면에 작은 못들을 박고 삼줄 등을 두 가닥으로 꼬아 마름모형태로 맨 염을 만들고, 회반죽을 바른다.

회반죽은 석회와 모래를 건비빔하여 여물을 풀어 넣고 해초풀을 끓여서 놓은 물로 반죽한 것이다. 회반죽면은 초벌바름, 재벌바름, 정벌바름하여 마감한다.

초벌바름은 바탕면에 잘 부착되게 하고 졸대 사이에 잘 먹어들게 하고, 표면을 거칠게 마무리하여 재벌바름이 쉽게 부착되게 한다. 재벌바름면이 겉마른상태에서 밑바르기를 하고, 정벌바르기를 마무리한다.

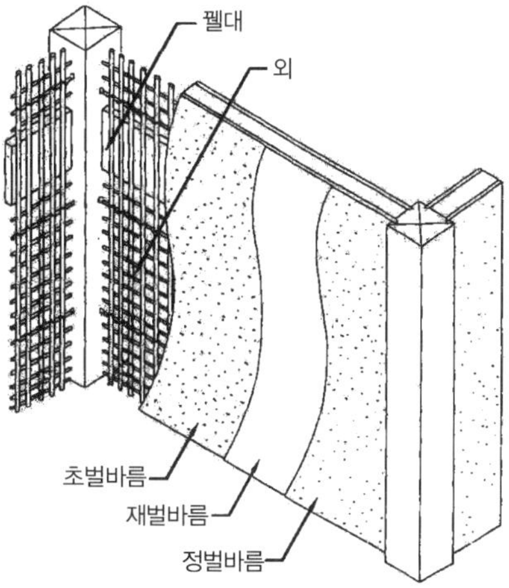

그림 18–7 회반죽 벽마감

(8) 흙벽

흙벽 바르기로 벽면 마감은 외(Lath, 椳)를 새끼로 꼬아 엮어 만든 바탕면에 차지게 반죽한 진흙을 이겨 바른 벽이다. 흙벽 바탕면은 한식 외바탕면과 절충식 외바탕면이 있다.

한식 외바탕면은 토대, 바닥보, 층도리, 처마도리, 인방보 등에 30~40cm 간격으로 3cm 정도의 각재인 중깃을 홈을 파 끼우고 못질하여 세우고 여기에 외(Lath, 椳)를 엮어 댄다.

외는 대나무를 쪼갠 댓개비, 수수깡, 겨흡대(삼대), 갈대 등을 말하며, 이것을 3cm 간격으로 힘살이 되게 중깃에 새끼로 감아 엮은 눌외를 설치하고, 가로외에 직각으로 3cm 간격으로 세로외 인 설외를 설치하여 흙을 바를 벽의 외바탕면을 만든다.

절충식 외바탕면은 토대, 바닥보, 층도리, 처마도리, 인방보 등에 30~40 간격으로 대나무를 쪼갠 너비 2cm 정도의 굵은 댓개비의 힘살을 홈을 파끼우고 못질하여 세우고 펠대에 못질하여 고정시킨다. 이 힘살과 펠대면에 가로외인 눌외와 세로외인 설외를 3cm 간격으로 엮어 외바탕면을 만든다.

이 바탕면이 만들어지면 흙벽 바르기를 한다. 차지게 반죽한 진흙을 홑벽바름, 맞벽바름, 펠대, 중깃, 틀받이 바름, 재벌바름, 정벌바름을 하여 마감한다.

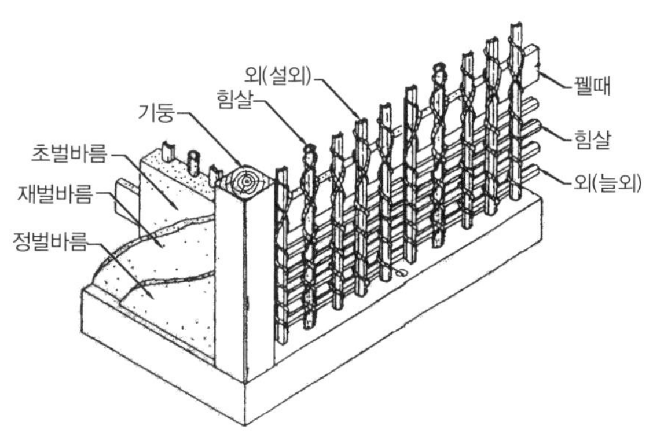

그림 18–8 흙벽마감

흙벽 바르기에 사용하는 재료는 진흙, 모래, 짚여물 등을 물로 이겨 반죽하여 사용한다. 진흙은 물을 부어 이겨서 3일 정도 충분히 풍화시켜 사용해야 갈라지지 않고 단단해진다.

① 홑벽바름은 외한쪽바탕면에 차지게 반죽한 진흙을 잘 발라 붙이고 뒷면으로 충분히 밀려 나오도록 눌러바름한 후 뒷면에 두드러진 면을 외에 이겨 눌러바름하여 마감한다.

② 맞벽바름은 홑벽바름이 끝나고 홑벽 진흙면이 건조하면 홑벽바름 뒷면을 진흙바름하여 마감하는 것을 말하고, 홑벽바름과 맞벽바름을 하여 흙벽을 마감하는 것을 초벌바름이라 한다.

③ 꿸대, 중깃, 틀받이바름은 초벌바름을 하고 꿸대와 중깃을 덮어 씌워 마감하기 위해 진흙을 바른 꿸대, 중깃과 초벌벽 위에 지푸라기, 헝겊 등을 올려놓고 차지게 반죽한 진흙으로 덮어 마감해야 이 부위의 균열을 방지할 수 있다. 또 개구부인 문틀이나 창틀의 틀받이 주위에도 헝겊 등을 걸쳐 놓은 위에 진흙마감을 해야 균열을 방지할 수 있다.

④ 재벌바름은 초벌바름면이 건조한 뒤에 벽면의 틈이나 균열, 면고르기 등을 한 고름질이 끝나고 적당히 건조한 후에 재벌 흙 반죽을 면이 고르게 바름한다.

⑤ 정벌바름은 재벌바름면이 건조한 후에 고운 여물에 흙을 물반죽한 정벌 등 흙반죽이나 회반죽을 사용하여 벽면을 곱게 마감한다.

18.1.2 벽돌, 블록벽 마감

(1) 벽돌

벽돌은 만드는 재료에 따라 시멘트벽돌, 붉은벽돌, 내화벽돌 등으로 구분한다. 시멘트벽돌은 시멘트와 왕모래를 1 : 6~8로 하여 물과 혼합해서 압축기로 찍어낸 후 30일 정도(최소15일) 양생시켜 만든 벽돌로 KS 규격에서는 50kg/cm^2(≒5N/mm^2) 이상의 압축강도를 가지고 있어야 한다.

붉은벽돌은 적벽돌이라고도 하며, 고운 진흙을 잘 이겨서 생벽돌을 만들어 건조시킨 후 가마에 넣고 900℃~1,200℃로 구워서 만든다. 고온으로 굽는 이유는 내구성이 크도록 화학적인 변화를 주기 위함이다.

좋은 벽돌은 잘 구워져서 강도가 크고 흡수율이 적은 벽돌로 벽돌 모서리들이 바르고 면과 치수가 균등하며 깨지거나 틈이 없어야 한다.

붉은벽돌의 종류는 일반적으로 흔히 사용하는 보통벽돌, 열을 많이 받아 검보라색을 띠는 변색벽돌, 열을 적게 받은 검은색을 띠는 전벽돌, 보통벽돌에 구멍이 뚫려 있어 가벼운 유공벽돌, 벽돌면에 유약을 바르고 색상과 문양을 넣어 구운 오지벽돌, 치장벽돌, 열을 너무 많이 받아 모양이 일그러지고 찢어진 형상을 가지는 과소벽돌, 문등 벽돌 등이 있다.

내화벽돌은 규조토로 만든 벽돌로 색상은 연탄재와 비슷하다. 이 내화벽돌은 강도는 높지 않으나 600℃~2,000℃의 고온에 견디는 벽돌로 굴뚝, 벽난로, 보일러 내부 등에 사용된다.

이외에도 보통벽돌과 다른 형상으로 제작하여 건물의 출입구, 창 등에 사용하는 이형벽돌, 경량, 방음, 방열 등의 목적으로 만든 경량벽돌, 여러 문장이 있는 무늬벽돌, 오목벽돌, 아치벽돌 등이 있다.

(2) 블록

블록은 시멘트 벽돌과 같이 시멘트, 왕모래, 물을 혼합하여 압축기로 찍어내어 양생한 후 사용한다.

블록의 치수는 390×190×100, 120, 150, 190 단위는 mm이다. 블록은 두께 치수가 4종류로 많은 편이다. 블록의 길이는 390mm로 벽돌길이 치수 2장에 줄눈 10mm와 같고, 블록의 높이 190mm는 벽돌 3켜에 줄눈 2개 20mm 더한 값과 같으므로 블록을 벽돌과 혼용하여 쌓을 수 있도록 치수를 정하고 있다.

블록의 압축강도는 28kg/cm^2(≒2.8N/mm^2) 이상으로 해야 하며, 우리 KS 규격 규준에는 1급블록 80kg/cm^2(≒8.0N/mm^2), 2급블록 60kg/cm^2(≒6.0N/mm^2), 3급블록 40kg/cm^2(≒4.0N/mm^2)로 규정하고 있다. 블록은 이외에도 거푸집블록, 마구리블록, 장식블록 등 여러 용도에 사용되는 것들이 있다.

블록은 비내력벽인 칸막이벽, 공간쌓기의 실내측벽, 담장쌓기 등에 일반적으로 사용되고, 창고, 축사 등에서 내력벽 쌓기에 사용할 때는 철근과 콘크리트, 모르타르로 보강하여 사용해야 한다.

(3) 쌓기

① 벽돌쌓기

벽돌쌓기는 벽돌을 일정한 크기로 깨어서 토막내어 쌓기는 어떤 벽돌쌓기 방법이든 비슷하나 가능하면 최소로 토막내어 사용하고, 쌓을 때는 미리 적당히 물축임을 한 것을 사용하는 것이 원칙이지만 젖은 벽돌로 쌓으면 손이 상하기 때문에 일반적으로 마른상태의 벽돌을 쌓게 된다. 이때는 쌓은 직후 모르타르가 흘러내리지 않도록 하여 쌓은 벽에 물을 뿌려주어야 한다.

벽돌쌓기를 할 때는 수평으로 10mm 두께로 모르타르를 펴서 발라 수평줄눈을 만들고 쌓을 벽돌 하나마다 수직줄눈이 되는 벽돌면, 일반적으로 벽돌 길이면과 마구리면인 2면에 모르타르를 10mm 두께가 될 수 있도록 손으로 들고 바른 후, 쌓아 놓은 벽돌에 잘 붙여쌓기를 해야만 수직줄눈에 빈 공간이 생기지 않게 된다.

조적용 모르타르의 F_{28}(압축강도)는 30kg/cm^2(≒3N/mm^2) 이상의 강도값을 가져야 하고, 모르다르 배합비는 시멘트 1 : 모래 3 정도를 가장 많이 사용한다.

벽돌쌓기 방법들은 벽체 입면의 벽돌배열 상태에 따라 쌓기 방법을 구분하여 말한다. 벽돌길이면만 보이도록 쌓는 방법을 길이쌓기, 벽돌의 마구리만 보이도록 쌓는 방법을 마구리쌓기라 하며, 이 벽쌓기에서는 막힌 줄눈이 되도록 양 모서리 끝단에서 두 번째에는 반절을 놓아야 수직줄눈이 물림줄눈이 된다. 벽체를 쌓는 벽돌쌓기 방법에는 영식쌓기, 화란식쌓기, 불식쌓기, 미식쌓기 등이 있으며 치장이나 공간을 구획할 목적으로는 모쌓기, 세워쌓기, 영롱쌓기, 무늬쌓기 등을 한다.

② 블록쌓기

한 장의 블록은 표준벽돌 6장과 같은 면적이므로 블록쌓기는 벽돌쌓기에 비해 시간과 공사량이 절감된다. 블록쌓기의 주의사항은 벽돌쌓기 주의사항과 거의 같다.

블록은 건조수축이 심하므로 내력벽의 모퉁이를 제외하고는 벽과 벽의 교차부에서는 물림을 두지 않고 맞댄식으로 쌓아 수직줄눈이 신축을 수용할 수 있게 하고, 벽체길이는 6m 이하, 양생이 잘된 블록을 사용하여 신축에 의한 틈새가 생기지 않게 해야 한다.

벽체 쌓기는 모두 길이쌓기가 되게 하고 막힌(물림)길이는 블록 길이의 절반이 되게 하는 것이 일반적이지만 모퉁이나 벽이 교차하는 곳에는 블록 길이의 1/4의 막힌 길이로도 할 수 있다.

블록의 살두께는 높이방향 상하가 5mm 정도 두께 차이가 있고, 쌓을 때는 살이 두꺼운 쪽이 상부로 오게 한다. 블록쌓기에 사용되는 모르타르는 시멘트, 석회, 모래 1 : 2 : 9로 강도를 약하게 배합하여 사용하는 것이 좋다. 이는 수축에 의해 생기는 응력을 줄눈에 분포시켜서 벽체의 갈라짐을 막기 위해서이다.

모르타르는 블록살 전체가 잘 물리도록 수평과 수직에 깔아서 쌓고, 벽의 하중이 달라지는 개구부의 모서리에는 철근이나 앵글로 보강하여 블록벽이 갈라지고 틈이 생기는 것을 방지해야 한다.

벽체의 모서리와 T형부는 블록과 마주치는 블록면의 면살을 따내고 모르타르와 콘크리트로 사춤을 한다. 또 이 부분에는 미리 기초에 묻어둔 철근과 연결한 세로근을 넣어 보강하면 더욱 더 튼튼한 구조로 할 수 있다.

사춤용 모르타르의 배합비는 1 : 3~1 : 5 정도, 사춤용 콘크리트는 1 : 2 : 4 로 하고 사춤은 블록 3켜마다 잘 충진되도록 다지면서 채워 넣는다. 블록 내력벽의 상부 윗켜는 블록 밑에 철망을 깔고 된비빔 콘크리트를 블록구멍에 채워 넣어 하중이 벽체 전체로 분산될 수 있도록 해야 한다.

블록에 배관 등을 벽체에 묻기 위해서는 수평홈 깊이는 벽두께의 1/6 이하, 수직홈 깊이는 벽두께의 1/4 이하가 되게 해야 한다.

18.1.3 돌 · 타일 · 테라코타마감

(1) 돌

돌의 종류는 화성암(Igneous rocks, 火成岩), 수성암(Sedimentary rocks, 水成岩), 변성암(Metamorphic rocks, 變成岩)으로 나누어진다. 화성암은 용암이나 마그마가 식어서 된 돌로 화성암에서 가장 많이 사용되는 돌은 화강암(Granite)이다. 수성암은 용해나 풍화작용에 의해 물 속에 오랜 세월동안 쌓여서 된 퇴적암으로 점판암(clay-slate stones), 석회암(lime stones) 등이 있고, 변성암은 기존의 암석이 매우 높은 열과 압력을 받아 조직이 변하여 된 것으로 대리석(Marble)을 들 수 있다.

이 돌의 종류는 동일 종류의 돌일지라도 산지(産地), 색상, 강도, 흡수율, 내구성 등이 각각 다르므로 잘 선택하여 사용해야 한다.

① 돌벽(Stone walling)쌓기

돌벽쌓기는 거친돌(막돌)쌓기와 다듬돌(마름돌)쌓기로 나누어 생각할 수 있다. 거친돌쌓기는 막줄눈쌓기와 켜줄눈쌓기로 구분한다. 막줄눈쌓기는 돌의 크기가 다른 것을 사용하여 벽체를 쌓았기 때문에 일정한 수평줄눈 없이 벽체를 쌓은 것이고, 켜줄눈쌓기는 수평줄눈이 벽체면에 일직선으로 보이게 쌓는 방법이다.

다듬돌쌓기는 돌의 귀와 모서리나 맞댐면을 일매지게 일정하게 다듬어 벽체를 쌓는 방법으로 석재의 표면 가공 정도와는 관계가 없다. 이 다듬돌 쌓기는 벽체가 튼튼하고, 외관도 보기 좋아 대부분의 돌벽쌓기에 사용된다.

다듬돌쌓기는 다각형 돌쌓기, 마름돌쌓기, 사각형 조화 돌쌓기가 있다. 다각형 돌쌓기는 막돌을 다듬어서 줄눈폭이 고르게 되도록 벽체 쌓기 방법이고, 마름돌쌓기는 돌을 원하는 크기와 형태로 잘라 벽돌쌓기와 같이 쌓는 방법이며, 줄눈은 3mm 이하가 되게 한다.

사각형 조화 돌쌓기는 크기가 다른 사각형의 돌을 막줄눈쌓기 형태가 되풀이되도록 쌓는 방법으로 받침돌(Snecks), 수평돌(Levellers), 돋움돌(Risers)과 같이 크기가 서로 다른 돌을 1조로 하여 쌓기하는 방법이다. 쌓기 1조는 받침돌 1개, 돋음돌 1개, 수평돌 2개이다. 받침돌, 수평돌, 돋움돌의 크기비는 높이비가 1 : 2 : 3이고, 길이비는 1 : 2 : 2로 하며 돋움돌은 정사각형으로 한다.

돌벽쌓기는 벽체의 모퉁이와 벽 마구리에 큰돌로 쌓고 벽두께 전체에 걸쳐지는 큰돌을 온물림돌(Throughs), 벽두께에 반절 이상이 걸쳐지는 반물림돌(Headers)을 벽체 구축에 많이 사용해야 벽체가 안전해진다.

돌벽쌓기를 할 때는 벽체 속에 스며든 물이 밖으로 흘러내리도록 쌓는 돌을 약간씩 기울여 속물매(Water shot)를 두고 벽체를 쌓는다.

② 돌붙임벽(Stone facing) 쌓기

돌붙임벽은 시멘트벽돌이나 철근콘크리트 벽체에 얇게 켠 돌판을 벽체에 붙여 마감하는 쌓기 방법이다. 고정용 철물은 필요한 간격으로 드릴로 구멍을 파고, 이 구멍에 앵커볼트를 끼우고 머리를 타격하여 고정시킨 후, $\phi 9$ 원형철근을 세로나 가로줄눈에 맞추어 묶고, 돌판 연결에 꽂은 촉과 연결철물로 결속하고 모르타르나 콘크리트로 사춤하여 고정시킨다.

돌붙임벽 쌓기는 습식돌쌓기와 건식돌쌓기가 있다.

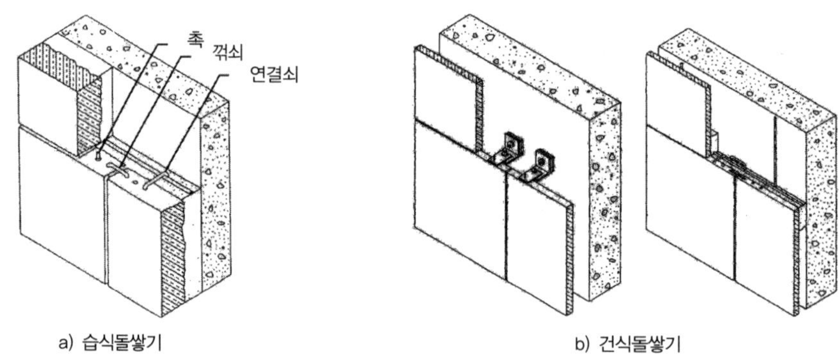

a) 습식돌쌓기　　b) 건식돌쌓기

그림 18-9 돌붙임벽 쌓기

습식돌쌓기는 고정철물에 $\phi 9$ 원형철근을 세로나 가로줄눈에 맞게 묶어 붙임돌판 연결에 꽂은 촉에 연결철물로 결속시킨 후 고정시킨다. 석재 사이에는 판상쐐기를 끼우고 플라스틱재 등으로 된 줄눈막이를 줄눈에 끼운 후 사춤모르타르를 채운다. 사춤모르타르가 굳으면 줄눈따기를 하고 물씻기를 한 후 치장용 모르타르나 실링재로 마감한다.

건식돌쌓기는 타 벽체면에 돌판붙이기를 앵커볼트, 연결철물인 파스너(Fastener), 촉(Dowel), 꺾쇠(Clamp) 등을 사용하여 돌판을 벽면에 연결시켜 고정하고, 구조체와 돌판붙임에 사춤모르타르를 사용하지 않고 줄눈을 실링재로 마감한 쌓기 방법이다.

연결철물인 파스너는 돌판의 상부와 하부에 좌, 우 2개씩 설치하여 고정시킨다. 상부 연결철물은 고정시킬 목적으로 설치하고, 하부 연결철물은 지지시킬 목적으로 사용한다.

돌판 윗면의 꽂임촉과 연결철물 사이에는 거리조절을 할 수 있게 구멍을 타원형으로 크게 뚫은 브래킷을 설치한다. 돌판재와 철재가 연결된 부분은 완충재를 사용하고 줄눈은 뒷받침막이를 대고 실링재를 충전한 후 줄눈누름을 한다.

(2) 타일

타일은 무늬와 색깔이 다양하고 고급스런 질감을 줄 수 있고 흡수율이 낮으며 시공하기 쉽기 때문에 뛰어난 의장재이며, 내구성, 내화성이 뛰어나 건축물의 내·외장 마감재료로 사용된다. 타일은 사용 재료, 크기, 유약의 유무 등에 따라 분류하고, 사용용도에 따라 내장타일, 외장타일, 바닥타일 등으로 구분하며 소지질(素地質)에 의해 도기질, 석기질, 자기질로 구분한다.

① 타일나누기

타일을 벽면에 붙이기 전에 미리 시공 부위에 줄눈형식, 줄눈폭, 절단타일의 치수와 배치까지 배치시키는 시공도를 타일나누기라 한다.

타일을 타일치수와 줄눈치수를 합하여 한 장의 기준치수를 정하고, 타일 붙임벽면에 가로와 세로로 나누어 배치시킨 후 치수가 조금 남는 경우에는 줄눈을 조절하여 맞추고, 그래도 맞추기 힘든 경우에는 절단타일을 사용하여 마감한다.

표 18-1 줄눈폭의 표준 (단위 : mm)

타일구분	대형 벽돌형(외부)	대형(내부일반)	소형	모자이크
줄눈폭	9	6	3	2

② 타일 바탕면

타일을 붙일 벽면 바탕은 조적조, 콘크리트에 모르타르를 발라 타일붙임면을 만들고 타일을 붙이는 방법이 가장 많이 사용된다. 모르타르 바탕면은 모르타르를 2회로 나누어 바름한다. 바름두께가 10mm 이상일 때는 1회의 바름두께를 총 두께의 반 정도로 나누어서 나무흙손으로 눌러 바르고, 타일바탕면 모르타르를 바른 후 1주일 이상 양생한 후 타일붙임을 해야 한다.

여름철 외장타일을 붙일 때는 붙이기 하루 전날에 티일붙임 바탕면에 충분히 물을 뿌려두어 모르타르가 잘 양생할 수 있도록 해야 한다.

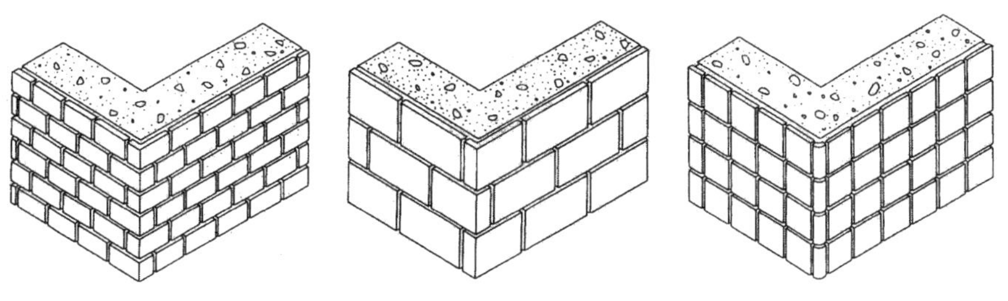

그림 18-10 타일벽 종류

③ 타일붙이기

타일붙이기는 타일나누기에 의해 벽 모서리나 구석, 창문틀 주위 등에 주의하면서 수평실에 맞추어 아래부터 위로 올라가며 붙인다. 타일이 대형 벽돌형일 때는 줄눈폭을 9mm로 가로·세로 줄바르게 하고 개구부 주위면 붙임에 주의해야 한다.

타일붙이기 방법은 떠붙이기, 압착붙이기, 접착붙이기, 동시줄눈 붙이기, 먼저 붙이기가 있다.

㉠ 떠붙이기 : 타일 뒷면에 붙임 모르타르를 두껍게 얹어 바탕면에 빈틈이 생기지 않게 눌러 붙이는 공법이다. 이 떠붙이기는 타일 사이에 뒷공간이 생겨 스며든 빗물에 안벽이 젖을 수 있으므로 주의해야 한다. 붙임 모르타르 배합비는 1 : 3~4로 하고, 모르타르 두께는 12~24mm 정도로 한다.

㉡ 압착 붙이기 : 타일 붙임면에 붙임모르타르를 바르고 이 면에 타일을 두드려 눌러 압착하여 붙이는 공법이다. 압착붙이기는 타일 사이에 공극이 생기지 않고 시공이 양호하지만 붙임모르타르를 먼저 바른 후 타일을 붙이므로 처음과 마지막에 붙이는 타일의 접착강도가 다르고 시공 불량에 의해 타일이 떨어지는 것에 주의해야 한다. 붙임모르타르 배합비는 1 : 1~2로 하고, 모르타르의 두께는 타일두께의 1/2 이상 바탕면 바르기를 하고 자막대로 누르면서 표면 고르기를 한다. 타일을 한 장씩 압밀해서 붙이고 붙임모르타르에 타일이 박혀 줄눈 모르타르가 타일두께 1/3 이상 올라오게 해야 한다. 압착타일붙임 1회의 면적은 1.2m^2, 붙임시간은 15분 이내로 한다.

㉢ 접착 붙이기 : 타일붙임에 모르타르 대신 유기질 접착제를 사용하여 압착타일 붙이기와 같은 방법으로 타일을 눌러 붙이는 공법으로 내벽에 사용한다. 접착 붙이기는 시공이 용이하고 작업성이 좋아 적용 가능한 타일붙임 바탕면이 많아 내벽에 주로 사용하고 외벽에는 사용하지 않다. 접착타일 붙이기의 1회 면적은 2m^2 이하로 바르고, 접착제의 접착성, 경화 정도를 확인한 후 타일을 붙인다. 타일을 붙인 후에는 꼭 환기를 시켜야 하고 여름철에는 1주 이상, 여름 이외의 계절에는 2주 이상 충분히 건조시켜야 한다.

㉣ 동시줄눈 붙이기 : 동시줄눈 붙이기는 밀착공법이라고도 하며 붙임방법은 압착붙이기와 같이 붙임모르타르를 5~8mm 정도 두께로 바르고 1회 바름면적은 1.2m^2 이하, 붙임시간은 15분 이내로 한다. 타일은 한 장씩 붙이고 반드시 타일면에 수직으로 전동공구로 충격을 주어 붙임 모르타르에 타일이 박히도록 하고, 타일줄눈이 2/3 이상 올라오도록 한다. 타일줄눈은 붙임모르타르의 경화 정도를 보아 줄눈흙손으로 빈틈이 생기지 않게 눌러서 줄눈을 만들고 줄눈수정은 타일붙임을 한 후 15분 이내에 하도록 한다.

㉤ 먼저 붙이기를 만들 때 : 콘크리트를 타설하여 벽체를 만들 경우 타일 붙임면의 외부거푸집 내측에 타일을 미리 줄맞추어 배열하고 고정시켜 붙여놓은 후에 내부측 거푸집을 조립하고 콘크리트를 부어넣어 일체화 벽체를 만들면 콘크리트로 타일을 접착시키므로

접착력이 확실하고 공기가 단축된다. 이 먼저붙이기 공법은 손붙임 공법에 비해 타일붙임면의 타일나누기 등을 고려하여 콘크리트 타설 이전에 충분한 사전검토가 이루어져야 한다.

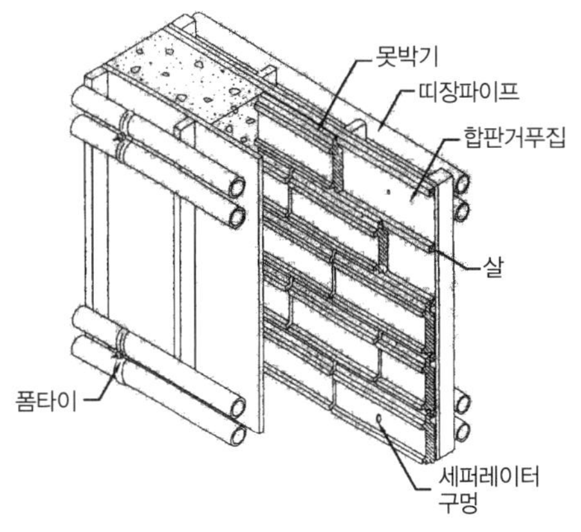

그림 18-11 타일먼저붙이기공법

④ 타일건식공법

타일건식공법은 붙임모르타르 또는 콘크리트 등을 사용하지 않고 타일붙임면에 건식바탕을 만들어서 접착제 등으로 타일을 붙이거나 공장에서 타일을 미리 붙여서 만든 타일패널을 구조체에 설치하는 방법들을 말한다. 타일건식 공법은 접착제 붙임공법, 타일패널 공법 등이 사용되고 있다.

(3) 테라코타

테라코타는 진흙으로 구어서 만든 공동(空胴)의 대형 경량 점토제품을 말한다. 테라코타는 구조용과 장식용이 있으나 대부분 장식용으로 사용된다. 이 테라코타는 치수가 크므로 건축물에 맞게 설계하여 주문 생산한다. 장식용으로 사용되는 테라코타는 색상과 모양, 형태 등을 자유롭게 할 수 있고, 흡수율이 낮고, 공동제품이라 가벼워서 건축물의 장식에 많이 사용한다. 테라코타 쌓기와 붙임은 벽돌쌓기, 돌쌓기, 타일붙이기와 같이 시공한다.

18.1.4 인조석 · 테라조 · 금속판 마감

(1) 인조석판

인조석판은 시멘트와 일반 쇄석을 종석으로 하고 안료를 혼합하여 잘 섞은 후 물과 배합하여 판상형태로 성형한 마감재이다. 인조석 판은 천연석재처럼 두께 2cm 이상의 평판형태 모조석판으로 사용 종석의 종류에 따라 색상이 다양하다.

인조석판 붙이기는 외벽과 내벽에 습식공법이나 건식공법 모두 사용할 수 있으며, 돌판붙임과 동일하게 시공한다.

(2) 테라조판 타일

테라조는 대리석이나 사문석, 석회석, 화상석 등을 부순 쇄석으로 만든 종석을 백색포틀랜드 시멘트와 안료, 물을 잘 배합한 후 형틀을 사용하여 양생한 후 가공하여 미려한 무늬와 광택이 나도록 마무리한 것으로 테라조 판재와 테라조 타일이 있다. 테라조는 시멘트와 모래를 1 : 3의 용적비로 하여 배합하여 형틀에 부어넣고 테라조 밑바탕을 만들고, 종석의 입도는 크고 작은 크기가 알맞게 서로 잘 혼합된 알맹이의 최대크기 12mm 이하인 것을 사용하여 백색시멘트(안료 포함)와 종석의 배합비를 1 : 2.5~2.7의 용적비로 배합하여 두께 15mm 정도로 테라조 밑바탕 위에 잘다져 발라 종석이 잘 밀착되도록 한 후 표면을 고르게 흙손으로 마무리한다.

양생은 형틀에 넣은 상태로 습윤 양생하고 형틀을 떼어낸 후에도 5일 이상 수중양생시킨 후 직사광선을 피하여 충분히 건조시킨 후 물갈기하여 마무리한다. 테라조는 내벽과 바닥판에 일반적으로 사용하고, 붙임은 돌판붙이기, 타일 붙이기와 동일하게 시공한다.

(3) 금속판

벽체면 마감 금속판에는 아연도금강판, 스테인리스강판, 법랑강판, 알루미늄판 등을 건축물의 외장재와 내장재로 사용한다. 마감재로 금속판 붙이기는 시공이 용이하고 외관성상이 우수하여 많이 사용되고 있다.

금속판붙임 바탕은 경량 ㄷ형강 또는 경량 ㅁ형강의 샛기둥을 벽면에 60~90cm 간격으로 기존에 설치한 앵커볼트에 용접하여 벽면에 세워 붙이고 띠장을 30~45cm 간격으로 가로로 붙인 바탕면에 마감금속판을 붙여 벽면을 마감한다.

내벽 또는 천장의 금속판 마감재는 여러 무늬모양이나 형상, 의장한 것 등 매우 다양하다. 벽판은 벽돌형이나 타일형의 각종 형태에 줄눈을 넣은 모양으로 하고, 이음과 맞춤이 쪽매로 된 것과 공조·조명설비 등이 된 것도 있다.

18.1.5 커튼월(Curtain wall)

커튼월은 하중을 지지하지 않는 피막식 벽체로 건축물의 기둥뼈대에 금속제 또는 철근콘크리트제의 기성제품 등을 부착한 비내력벽의 외벽이다. 커튼월은 건물 외벽이므로 내구성, 내충격성, 내풍성, 내진성을 갖고 있어야 하고, 비바람에 의한 누수방지와 기밀성, 차음성, 단열성 등을 가져야 한다.

커튼월은 건물의 외부 모양과 형태를 직접 보여주므로 설계 시 부재형상, 색채, 운반과 조립, 설치 방법 등을 고려하여 제작되어야 한다. 이 커튼월공사는 대부분의 공사가 공장제작에 의해 현장에서 조립되어 설치되므로 건설현장의 공정을 크게 단축할 수 있는 공법이다. 건물 구조체에 부착하는 커튼월은 조립구조로 하므로 작업량이 작고, 반복작업을 행하고 비계가 필요 없으며 외부제작에 의한 현장조립이므로 공기가 짧게 되므로 커튼월은 공장에서 생산하는 제품이기 때문에 성능과 품질을 항상 일정하게 안정시킬 수 있다.

(1) 커튼월의 종류

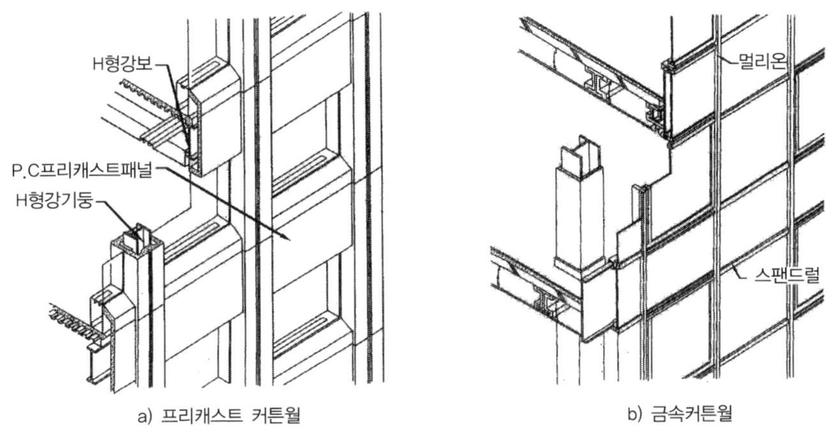

a) 프리캐스트 커튼월　　b) 금속커튼월

그림 18-12 커튼월의 종류

① 금속커튼월

금속커튼월의 재료는 알루미늄합금, 스테인리스강, 내후성고장력강, 동합금, 강판 등을 사용하여 제작하고 표면처리는 합성수지도료를 도포하거나 전착도장이나 산화처리한다.

금속재 커튼월은 단열, 방음, 방화 등의 성능이 우수한 심재를 패널 안쪽에 넣고 양면을 금속재로 감싼 샌드위치 패널이 일반적으로 사용된다. 이 금속 커튼월은 치수 정밀도가 높고 뒤틀림이 없어 복잡한 단면형상도 제작 가능하여 기밀하고 수밀한 시공이 가능하다.

② 프리캐스트 커튼월

커튼월은 힘을 받지 않는 비내력벽이므로 경량콘크리트를 사용하여 공장에서 생산하는 프리캐스트 콘크리트(Precast concrete)판을 제작하고, P.C판의 표면처리는 일반적으로 제치장으로 하고 필요에 의해 줄눈이나 문양 등 다양하게 마무리한다. P.C커튼월판은 단열, 차음, 내구성, 내충격성 등이 좋고 외관상 중량감을 주어 많이 사용되고 있다.

(2) 커튼월(Curtain wall)의 구조형식

커튼월(Curtain wall) 구조형식은 멀리언(Mullion)방식, 패널(Panel)방식, 커버(Cover)방식으로 구분할 수 있다.

멀리언(Mullion)방식은 세로방향에 긴 선대를 일정한 등간격으로 구조체의 기둥, 보, 슬래브에 접합시켜 놓고 이 선대에 금속제 커튼월 패널은 부착하여 외벽을 구성하는 방식이다. 패널(Panel)방식은 구조체의 한 층 높이 이상으로 된 대형패널 부재를 슬래브 또는 보에 접합하여 외벽을 구성하는 방식이다. 이 패널은 프리캐스트 커튼월이 주로 사용되지만 금속제 커튼월 패널도 있다. 패널의 길이는 한 층 높이 또는 2개 층이나 3개 층 높이의 길이로 하며, 패널의 폭은 2.0m 이내이고 커튼월 패널은 창을 포함한 외벽 마감까지를 단일 유닛화한 것이 일반적으로 사용된다.

커버(Cover)방식은 구조체의 기둥부재, 보부재 등 부재 부위별로 커버를 만들어 부착하고 새시 유닛(Sash unit)을 끼워 외부벽체를 구성하는 방식이다.

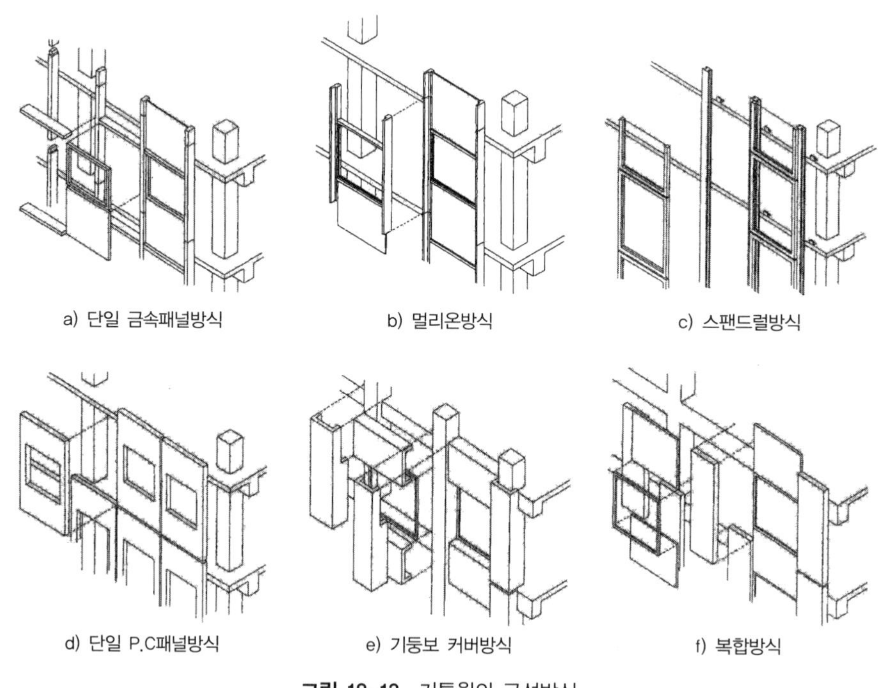

그림 18-13 커튼월의 구성방식

(3) 커튼월 구성부재

커튼월은 금속재 또는 P.C패널을 구조체에 고정시켜 설치되므로 커튼월 패널과 고정시키기 위해 사용하는 철물류인 파스너와 부착된 커튼월 패널들의 수밀성이나 기밀성을 갖기 위해 실링재, 가스 등을 이용하여 마감한다.

① 커튼월(Curtain wall)

커튼월은 내구성, 내풍성, 내충격성 등과 비바람에 의한 누수방지, 차음성, 단열성 등을 가진 재료로 설계·제작되어 사용상 문제가 발생되지 않도록 충분한 검토와 실험을 거친 금속재 패널이나 P.C패널 제품을 사용해야 한다.

② 파스너(Fastner)

커튼월 패널 부재를 구조체에 고정시키기 위해 사용되는 철물류들을 파스너(Fastner)라 한다. 파스너는 주로 강재를 사용하고, 구조체에 매달기 위해 먼저 앵커볼트를 구조체에 매입하고 위치 조정이 가능한 부착철물을 끼우고 고정시킨 후 커튼월 패널판에 매입한 볼트를 위치조정 가능 부착철물에 끼우고 받침철물을 대고 너트로 고정시키는 방법이 주로 사용된다.

구조체에 설치되는 앵커볼트를 1차 파스너, 조절 가능한 부착철물을 2차 파스너라고 한다.

③ 이음부 마감

외벽에 설치된 커튼월 패널들은 비바람에 의한 누수방지와 차음성, 단열성 등을 갖기 위해서는 이음줄눈에 실링재나 개스킷을 사용하여 마감하게 된다. 이음부는 수밀성, 기밀성을 갖기 위해 실링재를 잘 접착시켜야 하고 서로 접합되는 면에 틈이 생기지 않도록 해야 한다. 실링재는 프라이머를 사용하여 접착성을 좋게 하면 부재의 변형이나 외력작용에 의해서도 쉽게 손상되지 않는다.

개스킷(Gasket)은 줄눈에 사용하는 성형개스킷을 사용하고, 줄눈개스킷은 패널이 설치된 면의 줄눈에 후시공되므로 개스킷의 재질이나 종류, 형상 등이 사용된 커튼월의 종류에 맞게 선택되어야 한다.

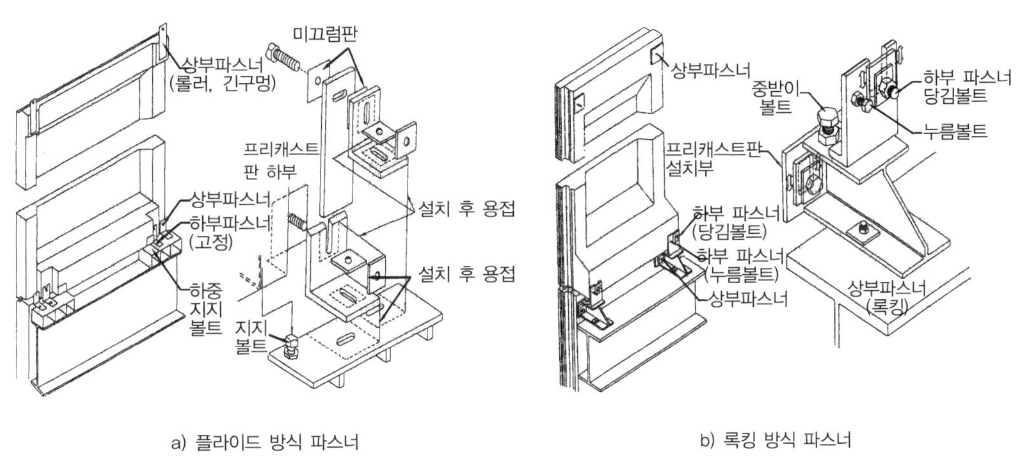

a) 플라이드 방식 파스너

b) 록킹 방식 파스너

그림 18-14 커튼월 패널 설치 방식

(4) 커튼월 시공

커튼월 성능은 설계, 제작도 중요하지만 여러 요구 성능을 만족시킬 정확한 커튼월 설치 공사가 되어야 한다. 공장에서 제작된 커튼월 부재는 구조체 설치공사의 진척 상황에 의해 설치 현장에 반입된다.

커튼월 부재의 현장까지 반입은 운송수단, 운송경로 등에 대해 사전검토하고, 운반시 제품 보호를 위해 포장해야 한다. 현장에 반입된 커튼월은 반입된 날에 설치될 수 있도록 하여 가능한 현장에서 보관하는 일이 없도록 해야 좋다.

커튼월 설치 시 양중에는 롱리프트, 크레인 등 현장설치 양중기계를 사용한다. 커튼월의 부착은 각층의 실내측에서 행하는 외부비계가 없는 공법이 일반적으로 사용된다.

① 구조체 먹매김

커튼월 설치 시 구조체에는 설치공사의 기준점이 되는 먹매김을 하여 설치 위치에 정확히 고정시켜야 한다. 커튼월 부착에는 구조체의 면내 또는 면외방향의 상부, 하부 줄눈이 매우 중요하므로 수직방향 계측(計測)을 기준으로 커튼월의 부착 위치점을 정한다.

부착 위치점의 먹매김은 기준층을 정하고 기준층에 설치된 커튼월 마감공사 기준먹선을 중심으로 하여 상하로 5층 정도마다 기준층에서 설정한 커튼월 부착용 기준먹선을 표시하고, 이 기준먹선을 기준으로 각층마다 설치 기준먹선을 매겨 커튼월 부착시 사용한다. 또, 기준층과 기준층 사이 층에서는 커튼월 위치 결정을 쉽게 하기 위해 구조체 외부로 수평방향과 수직방향으로 피아노선을 설치하여 커튼월 설치 시 기준으로 삼기로 한다.

② 파스너 부착

커튼월 패널을 구조체에 고정시키는데 사용하는 철물을 파스너라고 한다. 파스너는 구조체에 설치되는 앵커볼트와 위치 조절 가능한 부착철물로 구성된다.

구조체에 앵커철물의 설치는 구조체의 철근배근시 철근에 미리 용접하여 두고 구조체의 콘크리트 타설에 의해 매입 고정하는 선부착 방식과 구조체공사가 끝난 후에 홀인앵커, 스터드 볼트 용접 등에 의해 행하는 후 부착방식이 있으나 연결용 철물에 부착하는 방식이 일반적으로 사용된다. 위치조절 가능 철물은 앵커볼트에 끼워 넣고 철물의 루즈홀을 이용하여 위치 조정을 하고 위치가 결정되면 각부를 볼트조임이나 용접하여 고정시킨다.

③ 커튼월 설치

현장에 반입된 커튼월은 반입된 날짜에 전부 설치될 수 있도록 설치층에 작업원과 기계 배치를 하여 반입된 커튼월이 모두 부착 · 설치되어 현장에서 보관하는 일이 없도록 해야 좋다. 부착 설치하는 개소로 반입된 커튼월은 롱리프트, 크레인 등 현장설치 양중기에 의해 양중되어 구조체에 미리 설치된 파스너에 끼워져 고정된다.

현장 사정이나 커튼월 반입의 문제로 인해 부득이 현장에 보관해야 할 때는 지상보관장소 또는 커튼월 설치 층의 중간층 위치에 보관장소를 만들어 커튼월을 보관장소로부터 크레인 등 양중시설에 의해 작업하기 편한 곳에 둔다.

커튼월 설치는 조절 가능한 파스너에 가조립하고 기준점이 되는 먹매김점에 정확하게 부착점을 정하고 볼트 본조임을 하거나 용접하여 고정시킨다. 커튼월 부착이 완료되면 유리를 끼워 넣고 실내부의 부속부재들을 부착하고 마감하게 된다.

④ 이음부의 실링 · 개스킷 마감

접합부의 수밀성, 기밀성, 차음성, 단열성 등을 갖기 위해서는 이음줄눈에 실링재 또는 개스킷을 사용하여 마감한다. 실링공사는 커튼월의 부착 조립시에도 실링공사를 하므로 커튼월 이음부는 실링작업에 따라 이음부의 성능이 결정되므로 세심한 시공을 필요로 한다. 개스킷, 정형 실링재는 커튼월 부재단부에 미리 설치하여 타부재에 밀어 넣는 압밀방식과 줄눈에 삽입시키는 줄눈삽입방식이 있다.

부정형 실링재는 충전할 줄눈 부위를 깨끗하게 청소하고 줄눈에 맞게 코킹건으로 충전하고 비계는 곤돌라 등을 이용한다.

(5) 커튼월 공사 주의사항

건축물 외벽에 설치되는 커튼월은 수밀성, 기밀성, 차음성, 단열성, 내풍압성 등을 가져야 한다. 커튼월의 기본 설계 시에는 커튼월이 충분히 제 성능을 가질 수 있도록 설계, 제작, 시공되어야 하며 커튼월 제품 성능은 실물시험에 의해 확인된 값이나 각 재료 성능에 따른 소정의 계산 등에 의한 값으로 검증해야 한다.

커튼월의 설치공사는 크레인 등 양중시설을 사용하여 지상보다 높은 곳에서 공사가 진행되므로 커튼월의 설치방법, 작업환경 등을 고려한 안전대책을 세우고, 커튼월의 설계와 구법 등을 사전협의하여 공사계획, 공사관리해야 한다.

18.1.6 유리블록

유리블록은 벽체로부터 빛을 통과시키기 위해 비내력벽으로 사용한다. 유리블록은 상자모양의 유리 두 짝을 0.7기압의 건조기층을 두고 봉합성형한 제품으로 크기가 146×146(mm), 197×197(mm) 등이 있고 두께는 98mm이다. 이 유리블록은 불투명하며 보온, 채광, 의장의 효과가 있으며 광선투과는 유리블록 표면의 무늬에 따라 여러 종류가 있다.

유리블록 쌓기는 높이나 길이가 6m 미만이 되도록 하고 쌓는 면적이 11m^2 미만이 되도록 쌓아야 한다. 쌓는 면적이 11m^2 이상일 때는 11m^{2}마다 나누어 보강하여 쌓아야 안전하다.

유리블록은 모르타르 접촉면에 염화비닐계 합성수지도료를 칠한 후에 모래를 뿌려 부착시킨다. 모르타르 배합비는 시멘트 1 : 석회 1 : 모래 4가 적당하고, 줄눈두께는 6~10mm 정도로 한다.

유리블록쌓기 보강은 유리블록 3~5개 단마다 지름 6mm 철근을 격자모양으로 짜서 용접하여 맞추고, 보강철근의 끝단들은 모두 틀재에 고정 · 정착시킨다.

줄눈마무리는 굳기 전에 줄눈파기를 하고 백색시멘트 모르타르로 치장줄눈하며, 외벽의 경우에는 방수제를 모르타르에 첨가하여 사용하고 줄눈을 빈틈없이 채워 마무리한다. 유리블록벽이 주구조체에 접하게 되는 곳은 신축을 고려하여 신축줄눈을 두어야 한다.

18.1.7 흡음판

흡음판은 음향을 조절하기 위해 가공된 판재를 말한다. 흡음재료의 흡음특성은 주파수에 따라 현저하게 달라지므로 흡음재의 설치 위치, 표면마감상태 등을 고려하여 음원의 특성을 충분히 고려한 흡음재료와 구성 등의 선택이 매우 중요하다.

흡음재료는 다공질 재료, 판상재료, 유공판재료로 구분할 수 있다.

다공질 재료 또는 섬유질 재료와 같이 통기성이 있는 재료는 고음역인 주파수가 큰 영역에서 효과가 매우 크다.

판상재료는 음압에 의해 판 전체가 강제진동이 생겨 흡음되는 구조로 흡음은 판의 질량, 강성, 뒷면의 공기층 등에 의해 흡음효과도 각기 다르다. 이 판상재는 저음역에서 20~30% 정도의 흡음효과만을 기대할 수 있는 구조이다.

유공판 재료는 음의 입사에 대해 단일공진계를 형성하여 음파가 서로 공명하여 음에너지를 흡수하는 구조로 흡음하는 음의 주파수 및 그 범위 정도도 조절할 수 있다. 이 유공판은 재료가 흡음성을 요구하는 것이 아니고 판에 만든 구멍의 지름과 간격, 판재의 두께, 판재를 구성하는 흡음재료의 종류에 따라 흡음하는 음을 조절하여 설계할 수 있다.

흡음판은 판재의 뒷면에 있는 공기층에 의해 흡음효과가 크므로 벽체에 직접 붙여대면 흡음효과는 흡음재가 가진 흡음률을 충분히 가질 수 없으므로 흡음재에 다공질 재료를 겹쳐대고 마감하면 흡음률을 더 높일 수 있다.

18.1.8 코펜하겐리브

목재 오림목을 특수한 단면모양으로 가공하여 벽에 붙여대어 음향효과를 내기 위해 코펜하겐 방송국에서 처음 사용된 것이지만, 요즈음에는 의장효과가 있어 일반건물의 내장재료로도 많이 사용되고 있다.

코펜하겐 리브는 목제 루버(Louver)라 하고 리브(Rib) 부재에 생기는 빈공간과 부재 뒷면 띠장 부위의 빈공간 공기층이 높은 음을 처리하여 음향 효과가 매우 좋다. 리브벽은 띠장을 대고 흡음재를 댄 바탕에 수직방향으로 리브를 맞대어 마감한다.

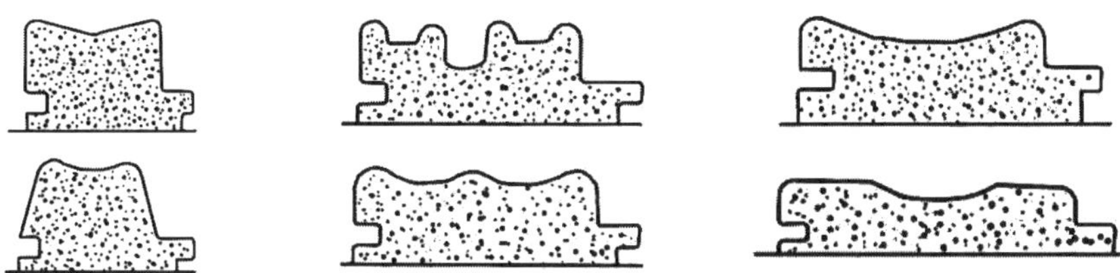

그림 18-15 코펜하겐 리브

리브의 요철(凹凸)은 벽면 전체를 파형곡선으로 처리할 수 있어 장식적인 효과도 매우 좋아 벽면 장식에도 많이 사용된다.

띠장은 30×60 정도의 각재를 45~60cm(1자반~2자) 간격으로 벽면에 설치하고 합판이나 흡음재 판을 대고 수직방향으로 리브를 못박아댄다. 리브의 상부와 하부의 끝단은 턱따기를 하여 반자돌림띠와 걸레받이에 끼우고 쭈그린 못을 박고 퍼티(Putty)로 메우기하여 마감한다.

18.1.9 칸막이벽

건물 내부를 필요에 따라 공간을 구획할 목적으로 설치하는 벽을 칸막이벽이라 한다. 칸막이벽은 사용용도에 따라 고정식과 이동식이 있으며 모두 경량재를 사용하여 설치와 이동이 쉽다.

고정식 칸막이벽은 천장과 바닥에 레일과 비스를 설치하고 칸막이 패널을 끼워 넣어 벽체를 구성한다. 이동식 칸막이벽은 공간을 칸막이벽으로 구획했고 필요에 따라 공간을 열 수 있는 접이문과 같은 형식의 구조로 된 칸막이벽을 말한다.

칸막이벽은 공장에서 생산된 경량패널제품을 현장에서 조립하여 사용한다. 경량패널제품

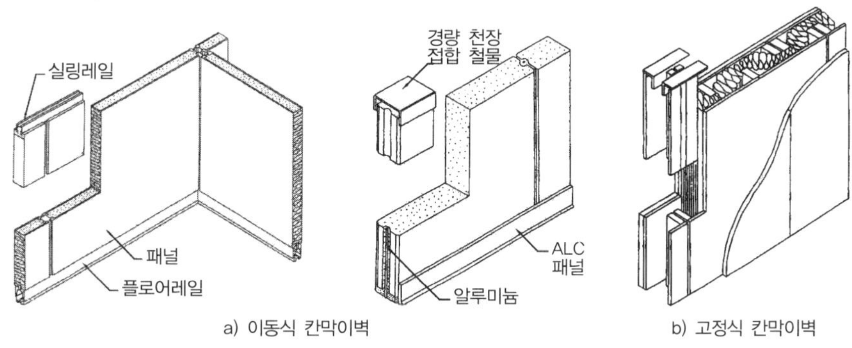

그림 18-16 칸막이벽

칸막이는 ALC패널 칸막이를 사용하고 유리섬유, 압면 등을 심재로 사용하거나 시멘트판, 석면판, 합판 등을 사용한 칸막이도 있다.

18.1.10 모서리벽 보호대(Corner bead)

건물의 벽, 기둥 등의 모서리가 외부충격에 의해 손상될 수 있으므로 모서리를 보호하기 위해 모서리보호대(Corner bead)를 설치한다. 모서리보호대는 미장바름할 때 붙여대는 철물로 아연도금철제, 황동제, 스테인리스 철제 제품을 사용한다. 모서리 보호대는 모서리의 중심 위치를 정하고 다림추에 의해 기준 위치를 정하여 상하 양끝 단이 줄바르게 놓이게 하여 설치한다.

벽돌, 시멘트블록, 콘크리트면에 설치 고정시킬 때는 시멘트, 모래 1 : 2 배합의 된비빔 모르타르를 발라 마감한다.

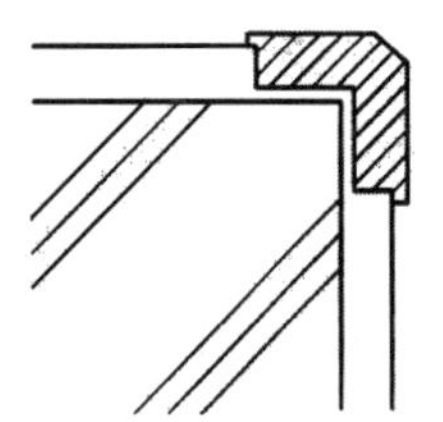
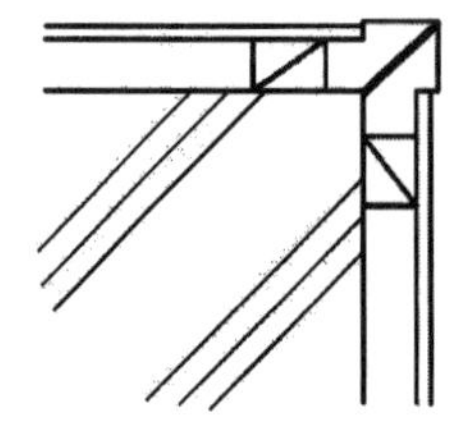
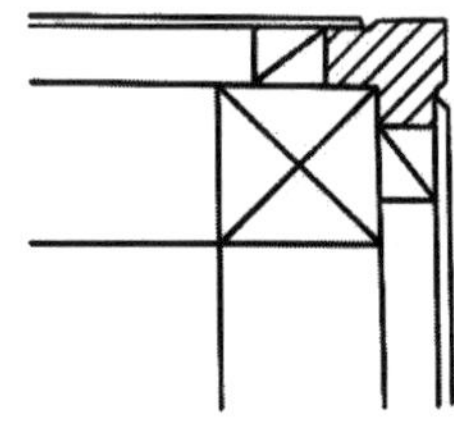

그림 18-17 모서리벽 보호대의 종류

18.2 바닥마감

건축물의 바닥판은 사용상의 하중인 적재하중을 지지해주고 있는 중요한 부재로 내구성, 내화성, 차단성을 가지고 있어야 하고, 구획되는 내부공간의 크기와 사용용도에 맞게 마무리 재료들로 마감하게 된다.

바닥은 목조 마룻널, 콘크리트 슬래브, 모르타르 바름 등의 바탕에 구획된 공간의 사용용도에 따라 마무리 재료들은 각기 다르다. 바닥마감은 공간에 잘 조화되어 흡음성과 탄성이 있고 유지관리가 편리한 재료로 되어야 한다.

18.2.1 목재마루바닥

마루는 일반적으로 습기가 많고 더운 지방에서 사용된 것으로 아주 오래된 바닥마감재이다. 마루는 견고하고 잘 고정되어 안정적이어야 하고, 목재의 수축변형이나 시공 잘못 등에 의한 요철이나 기울임이 없는 평면을 유지해야 하며, 방습기능과 방음기능도 있어야 한다.

마루의 종류는 널마루, 플로어링보드·블록마루, 무늬목 합판마루가 있고, 우리 한옥마루는 장마루와 우물마루 구조로 나누어 생각할 수 있다.

(1) 널마루

① 마룻널의 이음

마룻널의 이음은 맞댄이음, 빗댄이음, 제혀이음, 딴혀이음이 있다.

맞댄이음은 목재의 수축에 의해 틈이 벌어지게 되므로 창고마루 또는 맞댄이음마루 위에 다른 널마루를 깔 때 사용되고, 빗댄이음은 널의 마구리, 널 옆면의 이음방식으로 마루의 틈새와 못머리를 감추기 위한 이음, 제혀이음은 마루의 틈새와 뒤틀림을 방지하고 못머리를 감추는 이음, 딴혀이음은 널이 두껍고 비싼 목재마루에서 재료의 손실을 줄이고자 굳고 단단한 딴혀를 만들어 끼우는 이음방식이다.

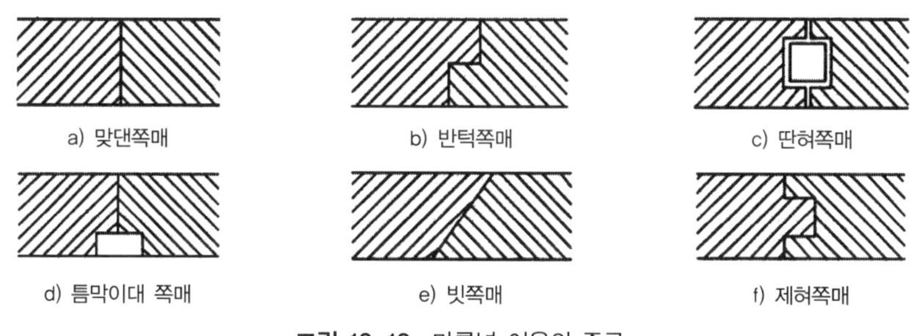

그림 18-18 마룻널 이음의 종류

② 널마루

기둥과 기둥 사이에 일정한 등간격(90cm)으로 멍에를 걸고 그 위에 장선을 45cm 간격으로 직각되게 걸치고 그 위에 폭이 좁고 길이가 긴 마룻널을 깔아 만든 마루를 널마루, 장마루라 한다.

멍에의 지지를 위해 동바리를 사용할 때는 멍에와 같은 치수의 각재를 사용하고 동바리받침은 동바리돌이나 사각뿔형의 주춧돌 위에 세우며 멍에의 간격에 따라 90cm~150cm로 한다.

(2) 한옥의 널마루 종류

한옥구조에서 마루의 종류는 널마루와 우물마루로 구분되고, 마루는 위치와 크기에 따라 대청마루, 툇마루, 쪽마루, 누마루 등이 있다.

널마루는 멍에 위에 장선을 깔고 그 위에 폭이 좁고 긴 마루를 깐 것이고, 우물마루는 멍에를 보내고 장선을 깐 후에 장선 사이에 턱진 짧은 장선을 일정한 간격으로 끼워 넣고 여기에 마룻널재를 끼워 넣은 마루구조이다.

- 대청마루 : 한옥에서 안방과 건넌방 사이에 놓이는 마루로 가장 넓은 마루이다. 대청은 안방과 건넌방의 복도 역할을 하며 거실의 목적으로도 사용되어왔다. 대청은 주로 우물마루형태이다.
- 툇마루 : 안방과 건넌방, 부엌 등을 연결하는 복도 역할과 실내와 실외공간을 연결해주는 마루를 툇마루라 한다.
- 쪽마루 : 쪽마루와 툇마루는 사용용도와 기능은 같으나 쪽마루는 실내공간의 외부에 덧달아낸 구조형태의 마루이고, 툇마루는 기둥과 기둥 사이에 놓인 마루이다. 쪽마루는 툇마루에 비해 폭이 좁고, 개구부가 있는 곳에 부분적으로 설치되어 있는 구조이다.
- 누마루 : 마루의 높이를 지표면에서 높게 올려 통풍이 잘되게 하여 습기를 피한 마루구조형태를 누마루라 한다. 누마루는 정자, 누각, 한옥에서 사랑채의 한 부분 등에서 사용되는 마루구조형태이다.

(3) 쪽매널마루

맞댄이음을 한 널마루 또는 다른 재료의 미장바름 바탕면 위에 목재의 무늬가 좋고 재질이 굳은 널재를 문양에 맞추어 길이 30cm 정도 자른 널토막을 가로, 세로, 빗살방향으로 접착제로 눌러 붙인 마루를 쪽매널마루라 한다. 쪽매널은 폭이 50~60mm, 두께가 12~25mm, 길이가 300mm 정도의 것을 여러 문양으로 붙여 만든 마루이다.

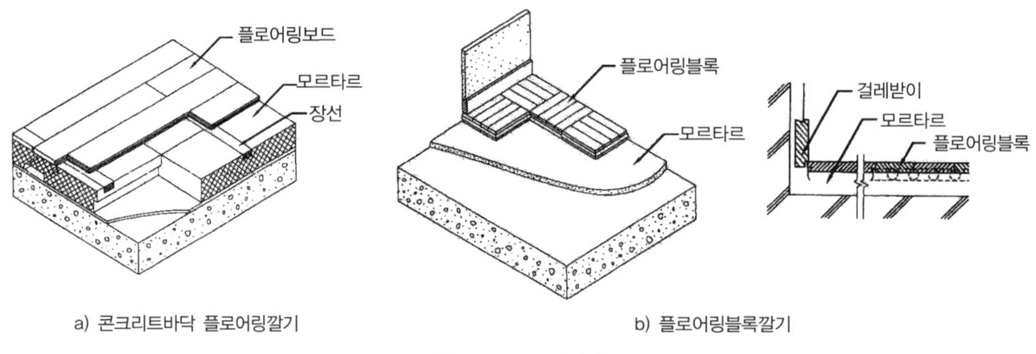

a) 콘크리트바닥 플로어링깔기　　b) 플로어링블록깔기

그림 18-19 쪽매널마루

(4) 무늬목마루

일정한 규격으로 공장에서 생산된 합판에 붙인 무늬목으로 쪽매널로 된 것과 쪽매널을 여러 장 붙여놓은 것 등 여러 규격으로 생산되고 있다. 합판에 붙이는 무늬목은 0.5~1.0mm 이상은 되어야 한다.

쪽매널이음은 제혀쪽매로 서로 다른 이음위치에서 엇갈리게 하고 다른 재료의 미장바름 바탕면에 접착제를 이용하여 부착시켜 사용한다.

쪽매널무늬목 문양은 널무늬, 오늬무늬, 직조무늬, 빗살무늬 등이 있고, 마루의 가장자리 테두리에는 진띠모양의 널재를 깔고 직교되는 부위는 연귀맞춤을 한다.

18.2.2 각종 바닥 마무리재

(1) 벽돌깔기바닥

바닥깔기 바닥면을 평평하게 고른 다음 두께 15cm 정도의 잡석다짐을 한 위에 고름모르타르로 면바르게 펴 바르고, 벽돌을 옆세우거나 수직세우기로 줄바르게 깔거나 一자 엇갈림 문양, 빗살문양으로 줄눈이 일정하게 배열하여 벽돌바닥깔기를 한다.

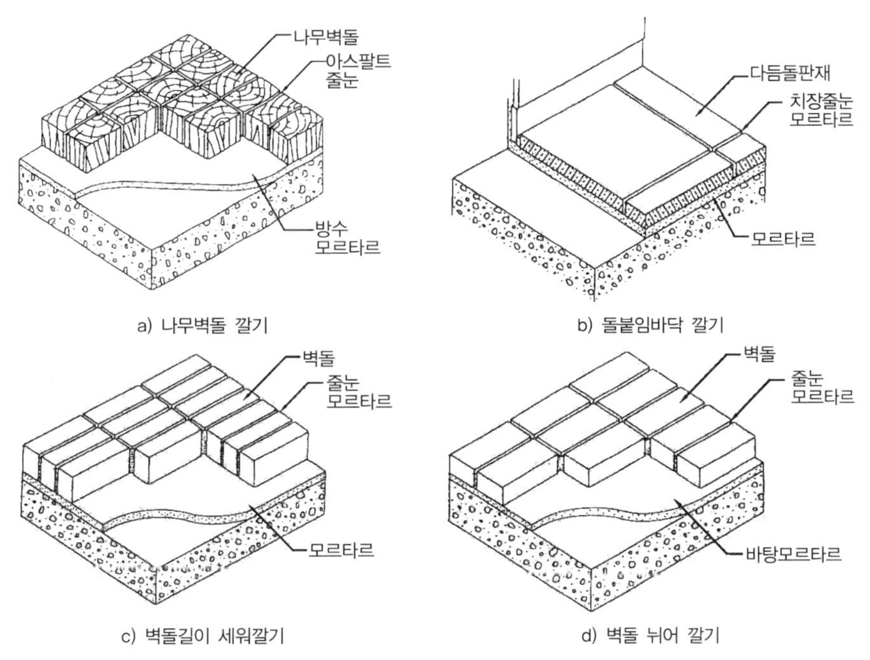

그림 18-20 벽돌바닥깔기

(2) 돌붙임바닥

구조물의 내·외부의 바닥면을 일정한 규격으로 켠 돌판재로 마감하여 바닥면의 보호와 장식을 할 목적으로 사용한다.

석재의 표면 마무리는 잔다듬이나 물갈기로 마감한다. 일반적으로 실내 부분은 물갈기 표면으로 하고 실외 부분은 잔다듬으로 마무리한 것을 사용한다. 실내에서 돌붙임 바닥면은 된비빔의 모르타르를 면바르게 펴 바르고, 실외에서는 두께 15cm 정도의 잡석다짐을 한 후 실내와 같이 모르타르를 펴바른 후, 석재를 줄눈바르고 턱지지 않고 수평되게 바닥에 붙인 후 줄눈 모르타르가 굳기 전에 줄눈파기를 하고, 석재면을 물씻기한 후 치장줄눈용 모르타르를 속빔 없이 잘 다져넣어 면바르게 마무리한다.

(3) 타일붙임바닥

타일은 바닥이나 벽면을 보호하고 방수, 표면수장의 의장적 효과가 뛰어나고 고급스러운 질감을 가지고 있어 의장재료로도 많이 사용된다. 타일은 일반타일, 구성타일, 모자이크타일 등으로 분류하며 바닥에 사용되는 타일은 표면에 미끄럼처리를 한 것만을 사용해야 한다.

타일붙임은 마감바탕면에 2회에 걸쳐 모르타르를 10mm 두께가 되도록 나누어 펴바르고 타일붙이는 면에는 모르타르를 3mm 정도 발라 붙이고 가볍게 두들겨서 면바르고 수평지게 깔아 붙인다. 붙임모르타르의 1회 깔기 면적은 6~8m^2로 하고, 치장줄눈은 타일을 붙인 후 3시간 경과 후에 줄눈파기를 한 후 청소하고 모르타르가 충분히 경화된 후에 치장모르타르를 줄눈에 빈틈이 생기지 않게 충분히 눌러 2회에 걸쳐 채워 마감한 후 깨끗이 청소하고 닦아 내어 마감한다.

타일의 종류는 사용용도와 색상, 치수, 재료의 질, 유약의 유무 등 여러 기준에 의해 분류하고, 사용용도에 따라 내장타일, 외장타일, 바닥타일 등으로 구분하며, 재료의 질에 의한 분류는 도기질, 자기질, 석기질로 구분하고 바닥용 타일로는 흡수율이 낮은 자기질과 석기질타일을 주로 사용한다.

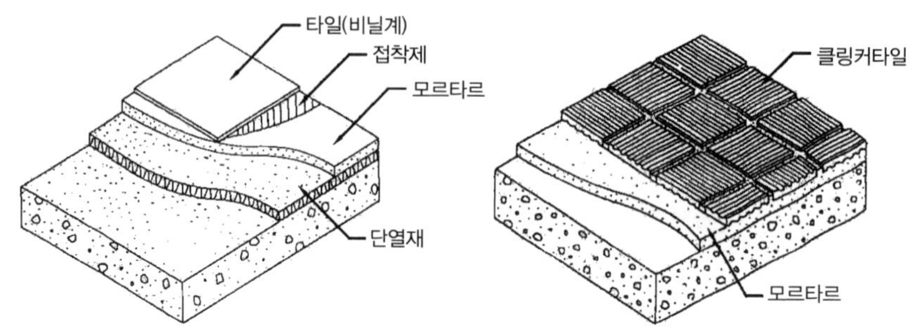

그림 18-21 타일붙임바닥

① 도자기타일

도자기타일은 내마모성을 가지고 있어 미관과 청결을 요하는 곳에 사용한다. 제품의 종류에 따라 색상과 치수가 다르므로 붙임방법, 색상 등을 고려하여 사용타일을 결정하고, 사용바닥은 현관, 홀, 주방, 화장실 등에 주로 사용한다.

② 연질타일

연질타일의 바닥재료는 색상이나 형상에 따라 여러 종류가 있으나 일반적으로 아스팔트계 타일, 고무계타일, 비닐계타일 등이 있다.

- 아스팔트계타일 : 아스팔트와 수지, 안료 등을 혼합하여 열을 가하고 압을 주어 성형한 타일로 탄력이 있고 색상이 미려해서 바닥마감재로 많이 사용한다.
- 고무계타일 : 합성고무를 주원료로 하여 성형한 타일로 탄성의 성질을 가지고 있어서 보행감, 보온성 등을 요하는 사무실, 병원 등의 바닥재로 많이 사용된다.
- 비닐계타일 : 합성수지를 원료로 하여 성형한 타일로 비닐타일과 아스타일 등이 있고 타일의 색상과 무늬, 광택, 내수성이 좋아 바닥수장재로 많이 사용된다.

(4) 시멘트 모르타르바닥

시멘트 모르타르는 시멘트와 모래를 1 : 3의 용적배합비로 배합기계를 사용하여 비빔하는 것을 원칙으로 하고, 혼화재료를 섞어 사용할 때 분말 혼화재는 시멘트와 모래를 섞을 때와 같이 혼입하여 사용하고, 합성수지계 혼화제나 방수제 등과 같은 액상의 것은 물에 미리 섞어 놓고 사용한다.

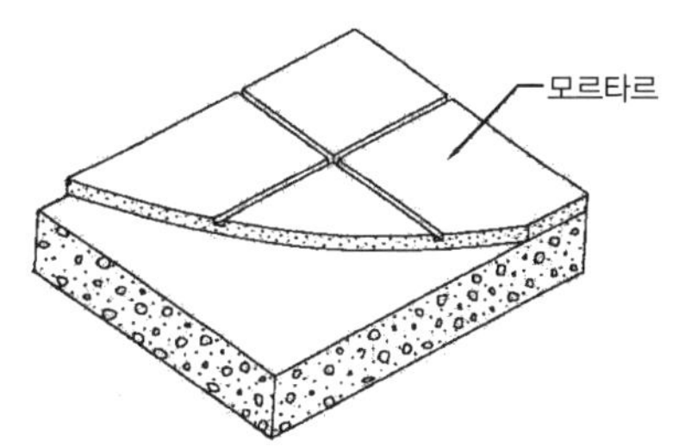

그림 18-22 시멘트 모르타르바닥

물을 섞어 비빔한 모르타르는 1시간 후부터 경화하기 시작하므로 경화 전에 바닥면을 마무리해야 한다. 콘크리트 바닥면에 모르타르로 마감할 때는 콘크리트 바탕면의 레이턴스와 오물 등을 제거하고 잘 청소한 후, 바름 바닥면에 시멘트풀로 잘 고른 다음 된비빔 모르타르를 바닥물매에 맞게 나무흙손으로 고르게 펴 바르고 쇠흙손으로 마무리한다.

모르타르 바닥면의 수축에 따른 갈라짐과 흠을 고려하여 일정면적마다 줄눈을 설치한다. 줄눈대를 끼워 넣고 모르타르 바닥면을 마무리한 후에 목재줄눈대를 빼내고 마감줄눈대를 시멘트 페이스트를 충진시키며 끼워 넣어 마감한다.

(5) 콘크리트바닥

콘크리트를 사용하여 바닥마감을 할 때는 표토를 걷어내고 두께 15cm 이상이 되도록 잡석지정을 한 후 두께 5cm 정도의 밑창 콘크리트를 깔고, #8철선이나 15cm 와이어메시(Wire mesh), D8, D10을 가로, 세로 30cm 간격으로 깔고 두께 10~15cm 정도로 콘크리트를 부어 넣고 잘 다진다.

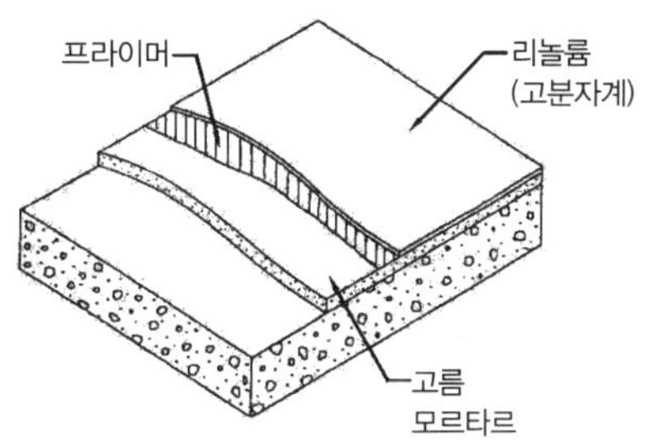

그림 18-23 콘크리트바닥

표면은 제물치장으로 하거나 모르타르로 마감하고, 바닥면적이 넓은 경우에는 신축줄눈을 설치하여 균열을 방지하고, 사용상의 균열이나 파손이 생길 때도 신축줄눈에 의해 구획되어 보수가 쉽다.

콘크리트바닥이 실내에 있어 습기를 차단하기 위한 밑창 콘크리트 윗면에 아스팔트루핑지와 같은 방습지를 펴고 콘크리트를 타설하기도 한다.

(6) 인조석 · 테라조바닥

인조석바닥은 백색시멘트, 종석, 돌가루, 안료 등을 혼합하여 물로 잘 비빔하여 모르타르바름 위에 바닥바름한 후 경화되면 씻어내기와 갈기, 잔다듬 등으로 마무리한 바닥재이고, 테라조바닥은 인조석의 종석보다 큰 대리석 조각들을 사용하여 인조석과 같이 미장바름한 다음 갈아낸 것이다.

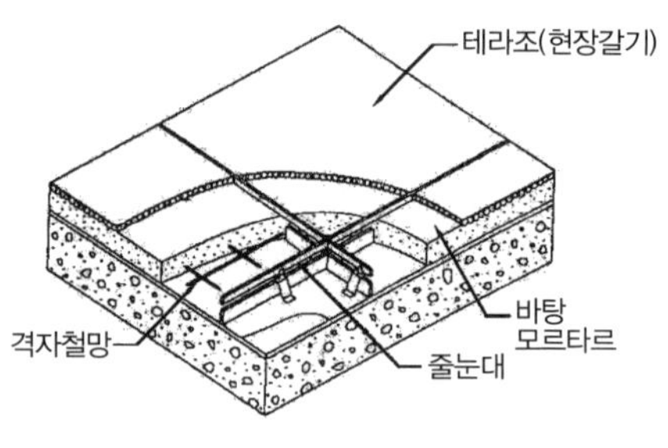

그림 18-24 인조석 · 테라조 바닥

바탕바닥면에 초벌바름 모르타르로 수평잡기를 하고, 바탕면을 긁어 놓고 잘 경화된 후에 인조석이나 테라조바름하기 전에 물청소를 하여 바탕면을 깨끗이 하고 인조석은 두께 1.5cm 정도, 테라조는 3.5cm 정도로 한 후, 된비빔으로 잘 혼합하여 사용하며, 테라조는 바닥에 쌓아놓아도 흘러내림이 없을 정도로 배합해야 한다.

인조석이나 테라조 바름바닥 마감을 씻어내기, 갈아내기로 할 때는 정벌바름에서 종석이나 대리석 조각의 입자, 색상 등의 배열이 보기 좋게 균일하게 되도록 조정하면서 흙손으로 틈 없이 마감한다. 인조석과 테라조의 마감은 일반적으로 갈아내기 마감방법을 가장 많이 사용한다. 마감 후 경화 정도를 확인한 다음에 갈기를 한다. 광내기 마감갈기를 할 때는 금강석 숫돌로 마감한 후 왁스 등으로 면을 광낸다.

18.2.3 특수구조바닥

(1) 프리즘유리(Prism glass)바닥

바닥용 유리블록은 덱유리라 하며 벽체용 유리블록과 구분하기 위해 프리즘유리라 한다. 프리즘유리는 지하실 천장이나 바닥 등에 설치하여 채광이나 실내를 밝힐 목적으로 사용한다.

프리즘유리를 바닥에 설치할 때는 콘크리트바닥면에 직접 묻거나 철재로 격자틀을 짠 형틀을 바닥면에 설치하고 끼워 넣는 방법이 있으나 바닥의 처짐이나 변형, 외부충격 등에 의해 프리즘유리가 파손될 때 교환하기 쉬운 철재 격자형틀을 대부분 사용한다. 프리즘유리를 콘크리트면에 직접 묻을 때는 바닥의 마감높이와 유리면이 동일한 위치에 놓이도록 맞추어 설계하고, 콘크리트에 묻히는 유리면의 부착성능을 좋게 하기 위해 프리즘유리 블록의 옆면을 거친면이 되도록 염화비닐계의 합성수지칠을 하고, 설치할 위치의 거푸집 위에 유리블록을 정확한 위치에 배열할 수 있도록 먹매김하여 유리블록을 배열하고, D10철근을 유리블록 사이에 가로, 세로로 격자로 배근한 다음 콘크리트를 타설한 후, 백색 시멘트와 소석회의 모르타르로 줄눈을 채워 마무리한다.

철재격자형틀을 사용할 때는 바닥마감높이와 블록높이가 같도록 고려하여 철재격자형틀을 바닥철근에 고정시키고 콘크리트를 타설하여 경화된 후에 철재격자형틀 위에 퍼티를 깔고 주위에 쐐기를 끼워 부착성능을 좋게 처리한 다음 유리블록을 고정시킨 후 방수 모르타르를 다져넣고 백색 시멘트와 소석회의 모르타르로 줄눈마감한다.

(2) 전도바닥

가연성 가스를 사용하는 병원이나 공장 등에서는 정전기에 의한 폭발을 방지할 목적으로 바닥을 전도성 바닥으로 설계한다. 이 가연성 가스를 사용하는 곳에서는 정전기의 축적을 막기 위해 정전기의 흡수성 재료를 사용한 전도비닐타일, 전도테라조, 전도자기질타일, 전도모르타르 등이 사용된다.

전도비닐타일은 비닐타일에 아세틸렌과 카본을 혼합하여 만든 비닐타일을 아스틸렌, 카본을 섞은 전도모르타르를 사용하여 바닥에 붙여 마감한다. 전도테라조는 전도모르타르로 밑바르기 할 때 동선으로 된 망을 삽입하여 어스하고, 면바르게 전도모르타르를 깔고 위에 테라조를 시공한 것이며, 전도자기질타일은 자기질에 아스틸렌과 카본을 섞어 만든 타일을 전도모르타르로 붙여 마감한 것이다.

(3) 방진바닥

건축물의 용도를 공장이나 운동시설 등으로 사용하면 바닥면에는 기계의 진동과 충격이나 운동경기의 충격 등에 의해 진동과 소음이 발생되어 거주성이 좋지 않고, 구조체에 균열이 발생되기 쉬우므로 진동과 충격을 흡수하여 완화시킬 목적으로 방진바닥을 설치해야 한다.

방진바닥이란 진동이나 충격이 작용되는 바닥판을 구조체와 분리하거나 차단하는 법이다. 바닥에 작용되는 진동과 충격을 흡수하여 완화하기 위해 구조체의 바닥면 위에 방진고무, 코일스프링, 판스프링, 공기스프링 등을 깔거나 설치한 윗면에 구조체와 연결되지 않은 바닥판을 놓은 뜬구조바닥판 구조로 하여 진동과 충격을 흡수하거나 완화시킬 수 있다.

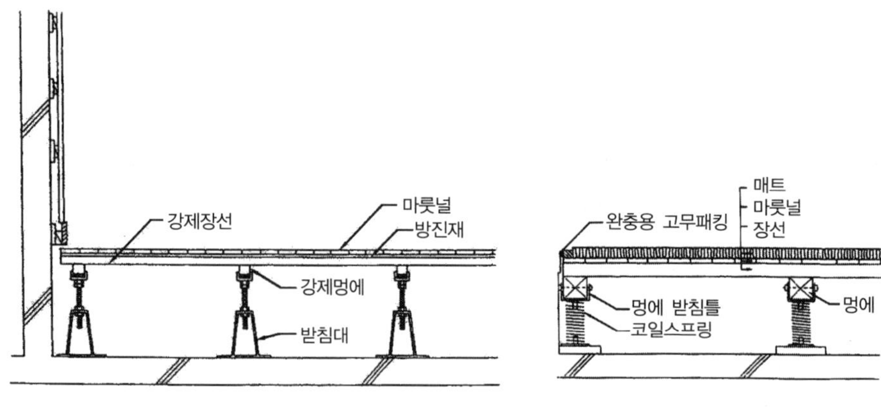

그림 18-25 방진바닥

18.3 천장마감

건축물의 실내 상부공간을 구획한 칸막이를 천장이라 하며, 천장의 역할은 방한, 방진, 보온, 차음, 흡음 등의 성능을 가지고 있다. 천장은 반자라 하며, 건축물의 지붕틀 부재들이 보이지 않도록 하고, 실내공간의 상부마감 형태로 의장적 효과로 사용된다. 천장을 구성하고 있는 틀을 반자틀이라 한다. 반자틀을 지붕틀이나 상부층 바닥틀에 달아 매단 것을 달반자라 하고, 철근콘크리트 바닥판을 제물마무리하거나 바닥판 밑을 마무리한 것을 제물반자라 한다.

18.3.1 반자틀

반자틀은 목재로 짠 목재반자틀구조와 강재로 결합한 강제반자틀구조로 이루어진다.

(1) 목재 반자틀

목재 반자틀구조는 지붕평보, 바닥보 등에 달대 받침대를 설치하고 달대받이를 달대받침대에 고정시킨 후 달대받이에 달대를 매달아 고정시키고, 달대 끝단에 반자틀받이를 90cm 간격으로 달아 고정시키고, 이 반자틀받이에 45cm 간격으로 반자틀을 설치하고 벽과 맞닿는 반자는 반자돌림대로 마감한 후 널재나 판재로 반자를 마감한다.

① 달대 받침대

달대 받침대는 지붕보다 바닥보에 달대받이를 고정시키기 위해 설치되는 받침대를 말한다.

② 달대받이

달대받이는 달대를 메달아 고정시키기 위해 지붕평보, 바닥보 등에 90cm 정도의 간격으로

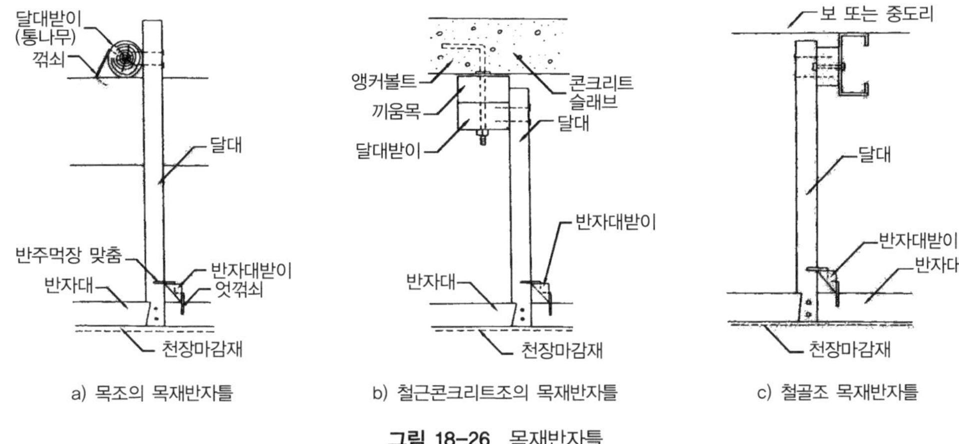

그림 18-26 목재반자틀

걸쳐대고 달대받침대로 고정시킨 부재로 통나무를 쓸 때는 물림자리 따기를 하여 엇갈리게 걸쳐대고 큰 못이나 꺾쇠치기를 한다. 통나무 달대받이로 사용할 때는 끝마무리 지름9cm 정도로 하고 각재는 4.5×9.0cm 각을 쓴다. 콘크리트 바닥판에는 미리 묻어둔 앵커볼트, 인서트 등에 달대받이를 매달아 고정시키기도 한다.

③ 달대

달대는 90cm 간격으로 달대받이에 고정시켜 설치하고 달대하부는 반자틀과 반자틀받이를 주먹턱맞춤으로 끼우고, 달대 상부는 달대받이에 옆대어서 못을 박는다.

④ 반자틀받이

반자틀받이는 달대 끝단에 90cm 간격으로 매달아 고정시키고, 반자틀받이 이음은 동일 선상의 위치에 한곳에 모이지 않게 하고, 이음은 엇빗이음에 못을 박는다.

⑤ 반자틀

반자틀은 반자 마감재의 널재와 판재를 붙잡아주는 것으로 45cm 간격으로 반자틀받이에 직각되게 설치하고, 반자틀받이 밑면에 못박아댄다. 반자틀의 이음은 엇빗이음을 하고 못을 박는다. 반자 마감재로 판재를 사용할 때는 반자틀에 반턱따기를 하여 격자로 짠 후 못질을 하여 마감한다.

⑥ 반자돌림대

벽과 반자가 만나는 외곽부의 마감은 마감재 처리와 미관을 위해 반자돌림대를 설치한다. 반자돌림대와 빗닿는 벽 얇은 홈을 파서 벽아무림을 콘크리트벽이나 조적벽에는 미리 묻어

둔 나무벽돌에 대고 움직이지 않게 큰 못박아 고정시킨다. 이음은 턱솔이음을 하고, 맞춤은 연귀맞춤으로 한다.

(2) 강제 반자틀

강제 반자틀구조는 철근콘크리트구조의 슬래브와 철골구조의 데크플레이트 슬래브 등에 설치된다. 철근콘크리트구조에서는 슬래브 콘크리트를 치기 전에 인서트(Insert), 앵커볼트 등을 가로, 세로 1~2m 간격으로 배치하고, 움직이지 않게 고정시킨 다음 콘크리트를 타설하여 슬래브가 경화한 후, 철재 달대와 경량형강의 반자틀받이와 반자틀을 설치하고, 보드류의 판재를 반자틀에 끼워 넣어 반자를 마감한다.

철골구조 강제 반자틀은 데크플레이트 하부에 철재 달대를 매달 수 있도록 철재 받침대를 설치하고 강제 반자틀을 매단다.

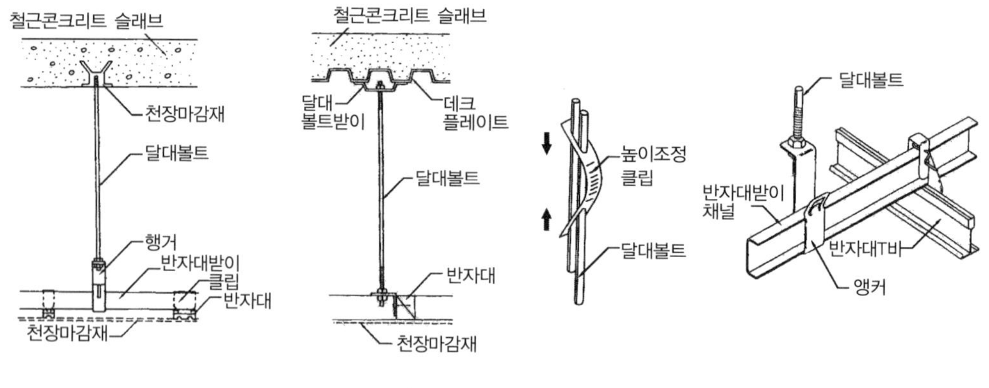

그림 18-27 강제 반자틀

① 인서트(Insert)

끝단이 볼트인 철재 달대를 매달기 위해 철근콘크리트 슬래브에 콘크리트 타설 전에 인서트를 가로와 세로로 1~2m 간격으로 배치하고 고정시킨 다음 콘크리트를 타설하여 슬래브를 만든다.

② 철재 받침대

데크플레이트 하부의 요철 부위에 끝단이 볼트인 철재달대를 매달기 위해 설치하는 받침대이다.

③ 철재 달대

인서트(Insert)나 철재 받침대의 너트에 끼워 넣을 수 있도록 철재 달대의 양 끝단에는 볼트로 만들어서 상부는 인서트나 철재 받침대의 너트에 끼워 고정시키고, 하부는 반자틀받이에 끼워 넣고 너트로 고정시키는 구조이다.

④ 철재 반자틀받이

철재 반자틀받이는 경량C형강 높이가 40mm 정도의 채널(Channel)을 90cm 간격으로 매달아 고정시킨다.

⑤ 철재 반자틀

철재 반자틀은 경량C형강이나 경량T형강을 사용하고 철재 반자틀받이에 직각으로 30cm, 45cm의 간격으로 설치하고 나사못이나 용접으로 고정시킨 후 보드류 등으로 반자를 마감한다.

18.3.2 반자구조의 종류

반자는 사용재료와 구조형태 차이로 제물반자, 널반자, 판반자, 구성반자 등이 있다. 제물반자는 회반죽바탕면, 모르타르바탕면 등이 있고, 널반자는 우물반자, 치반이 널반자, 살대반자, 판반자는 합판이나 금속판, 구성반자 등이 있다.

(1) 제물 바름반자

구조체의 바탕면에 직접 회반죽이나 모르타르로 바탕마감한 천장구조 형태를 제물바름반자라 한다.

(2) 널반자

① 우물반자

반자틀을 격자모양으로 짜고 격자로 만나는 곳의 맞춤은 연귀턱맞춤으로 하며, 반자틀의 이음은 턱솔 또는 주먹장으로 한다. 이 격자모양이 우물정(井)자 모양이라 하여 우물반자라 하고, 달대는 그 윗면에서 주먹장맞춤을 박아 달아맨다. 널은 반자틀 속에 덮어 대거나 반자틀에 턱솔을 파서 들어가게 하여 반자를 마감한다.

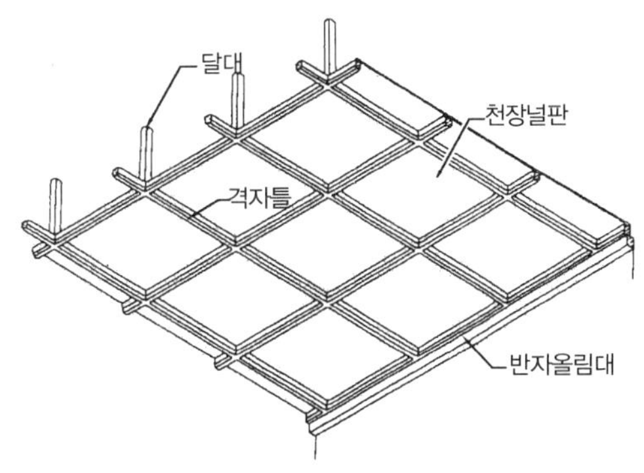

그림 18-28 우물반자

② 치받이 널반자

치받이 널반자는 목재 반자틀구조를 짜고 반자틀 밑에 널을 올려 대고 못박아 붙여대는

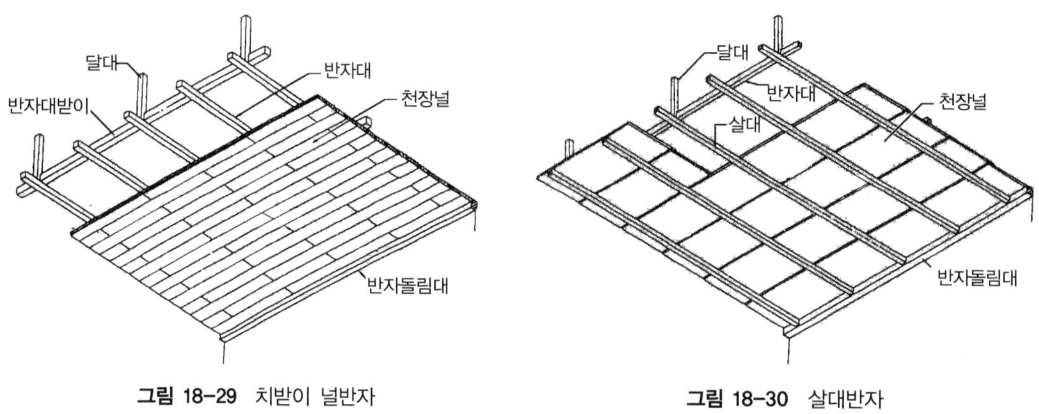

그림 18-29 치받이 널반자

그림 18-30 살대반자

널반자이다. 널은 반턱, 빗턱, 쪽매로 하고, 널이음은 반자틀 한 곳에 집중되지 않게 잘려 있도록 배열하고 벽에 맞닿는 부위는 반자돌림 위에 걸쳐댄다.

③ 살대 반자

살대 반자는 목재반자틀 구조를 짜고 반자틀에 두께 6~9mm의 넓은 널재나 합판 등을 올려대고 못박아 붙여대고, 3cm각 정도의 오림목을 표면가공하고 각 접기를 하여 30cm, 45cm 간격으로 천정에 돌출되게 붙여대는 반자를 말한다.

(3) 판반자

① 합판반자

반자틀은 실의 크기에 따라 일정한 간격으로 나누어 격자모양으로 짜거나 가장자리 주위의 격자를 균등하게 줄여 방 전체가 균형 있고 모양 좋게 맞추어 댄다. 판은 반자틀에 줄 바르게 못박기는 간격이 일정하게 하여 옆판의 못과 나란히 병렬되게 박고, 줄눈은 판과 판 사이에 두께를 일정하게 하여 띠우고, 반자 바닥면보다 짙은색으로 마감하거나 줄눈대를 댄다.

② 보드류 판반자

보드류 판반자에는 섬유질 보드류, 석면시멘트판, 석고판, 목모(木毛)시멘트판 등을 붙인 반자를 말하며, 보드류 판의 크기는 30cm각을 사용한다. 보드류 판은 섬유질판으로 음향 효과를 내기 위해 작은 잔구멍을 뚫은 것을 사용한다.

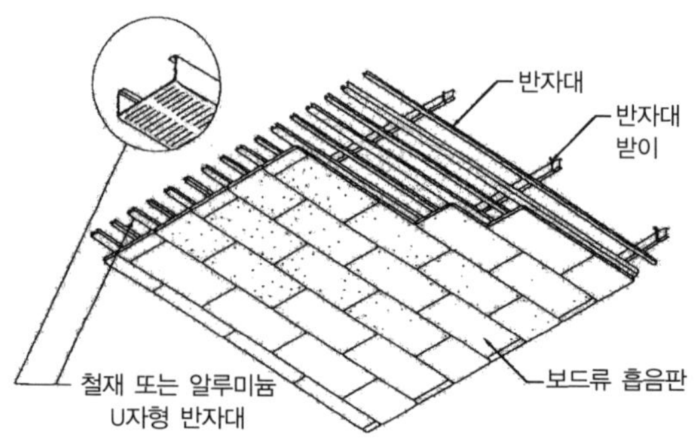

그림 18-31 보드류판 반자

③ 금속판 반자

금속판 반자에 사용되는 반자용 금속판에는 함석판, 알루미늄판, 강판 등이 있다. 금속판은 대형 패널과 좁고 긴 성형판, 30cm 각의 타일형이나 잔구멍을 뚫고 뒷면에 흡음재를 붙임한 것도 사용한다. 금속판은 철재반자틀에 대고 나사로 조임하여 마감한다.

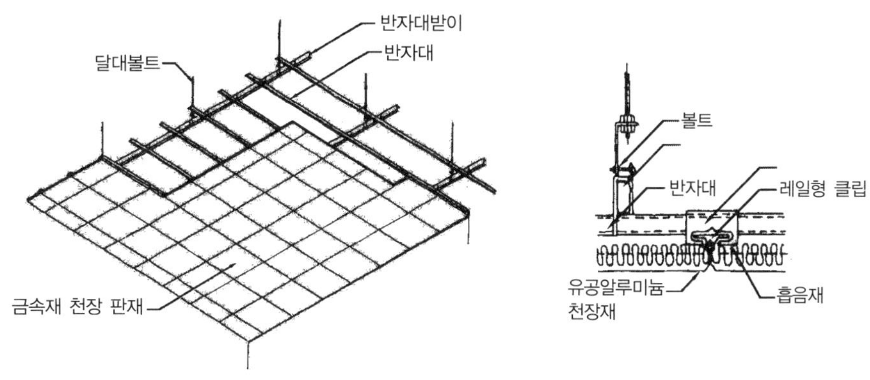

그림 18-32 금속판 반자

(4) 구성반자

구성반자는 목재반자틀구조, 강제반자틀구조의 반자틀을 이용하여 실의 반자를 여러 층으로 돌출시키거나 반자 속으로 여러 층 삽입하여 반자모양이 실의 디자인에도 영향을 주고, 음향효과, 간접조명 등 여러 가지 효과를 가지고 있으므로 건축물의 코어 중심부, 층고가 높은 모든 실들은 이 구성반자로 실을 디자인하고 많이 사용되는 반자 마감 방법이다.

18.3.3 반자의 단열 · 방음

실의 반자는 건축물의 지붕틀 부재, 상부층의 바닥판을 보이지 않도록 하고 실내공간의 의장적인 효과뿐만 아니라 반자를 차음효과가 큰 재료로 사용하고, 단열재를 반자에 뒷붙임하여 사용하면 단열과 방음효과가 매우 큰 반자를 구성할 수 있다.

19장 건축물의 보수 · 보강

19장 건축물의 보수 · 보강

건물은 시간경과에 따라 노후화되므로 건물을 사용하는 동안에는 사용성과 내구성을 갖게 하기 위해 유지 · 보수를 해야 한다.

건물의 내구성능은 설계 시 결정되지만 사용조건과 유지관리에 따라 내구성능은 크게 달라지므로 건물을 일정한 기간마다 주기적으로 점검하여 결함을 조기에 발견하고 원인을 찾아 보수 · 보강하여 건물의 내구성능을 향상시킬 유지관리를 해야만 한다.

건물의 유지관리를 위한 점검은 건물의 구조적 안전, 사용성의 적합, 결함의 조기발견 등으로 건물의 보수 · 보강을 위해서 점검해야 한다.

건물의 점검은 기능적인 상태를 판단하고 사용성을 만족시키는가를 확인하는 정기점검과 건물 설계 시 사용조건에서 현재에 이르기까지의 사용조건변화와 건물의 변형 여부 등을 육안과 간단한 측정기구를 사용한 정밀점검으로 나누어 실시하고, 정밀점검 결과, 건물의 손상정도에 따라 보수 · 보강을 위한 기초자료를 활용한다. 정밀점검 결과에 의해 건물의 안전성을 파악하기 위해 장비점검, 재하시험 등에 의한 안전진단을 실시하여 건물의 사용성에 대한 상태파악, 주요 구조부재 등의 성능저하 부분, 안전도 평가 등에 의한 건물의 보수 · 보강 방법 등을 계획하게 된다.

건물의 보수 · 보강이란 건물이 안전상 매우 중대한 결함을 가지지 않는 한 건물의 결함을 보수 · 보강한다면 건물의 손상이나 사용성, 내구성을 향상시켜 사용상 안전한 건물로 활용할 수 있는 방법을 말한다.

보수란 손상된 건물의 내구성, 안전성, 사용성, 미관 등의 기능을 회복시키는 행위를 말하고, 보강이란 건물이 손상되어 저하된 내력을 복원시키는 행위를 말한다.

건물의 안전점검과 안전진단에 의해 보수만으로 강도와 내구성, 사용성을 가질 수 있다면 보강할 필요 없이 보수만으로도 가능하지만 보수만으로 안전성과 사용성을 가질 수 없다면 적절한 재료와 공법들을 사용하여 건축물을 보강하여야 한다.

19.1 건축물의 보수 · 보강재료

건축물의 보수 · 보강 효과는 공사조건에 적합한 보수재료를 선택하는 것이 매우 중요하다. 보수 · 보강재료는 기본적인 부대사항과 접착강도, 압축강도 등을 가져야 한다.

19.1.1 보수 · 보강재료의 기본 사항

기존 건축물의 재료와 안정되고 확실하게 밀착접합되기 위해서는 경화되어 수축변화를 일으키지 않는 치수안전성이 매우 중요하므로 안정된 재료가 필요하고, 기존 건축물의 재료와 거의 가까운 열팽창계수와 탄성계수를 가진 보수 · 보강재료를 선정하여 사용해야만 온도변화에 따른 보수 · 보강재료의 용적변화 차이에 의한 접착계면이나 강도가 작은 재료가 분리되거나 파괴를 미리 막을 수 있다.

표면피복제, 큰 단면복구재에는 투과성이 없는 재료를 사용하면 기존 콘크리트로부터 발생된 수분이 접착을 저하시켜 분리시키게 되고, 노출철근 등을 보수할 때는 전도성을 가지는 재료로 보수 · 보강해야 부식을 방지할 수 있다.

19.1.2 보수 · 보강 재료

보수 · 보강 재료는 에폭시수지계, 폴리에스테르수지계, 시멘트계, 폴리머시멘트계 등이 있다. 에폭시수지계, 폴리에스테르수지계인 재료는 시멘트계, 폴리머시멘트계보다 경화속도와

표 19-1 콘크리트 보수재료의 물리적 성능

항 목	에폭시수지	폴리에스테르수지	시멘트그라우트	폴리머시멘트계
압축강도(kg/cm^2)	561~1122	561~1122	204~714	102~816
압축탄성계수(×10^{5}kg/cm^2)	0.05~2	0.2~1	2~3	0.1~3
휨강도(kg/cm^2)	225~510	255~306	20~51	61~153
인장강도(kg/cm^2)	92~204	82~173	15~36	20~82
파괴시 신장률(%)	0~15	0~2	0	0~5
열팽창계수(×10^6/℃)	25~30	25~35	7~12	8~20
흡수율 25℃에서 7일간(%)	0~1	0.2~0.5	5~15	0.1~0.5

접착성, 내균열성 등에서 우수한 성능을 가지고 있고, 시멘트계, 폴리머시멘트계는 재료의 성상이 기존 콘크리트와 같아서 건축물의 보수·보강에 유리하므로 건축물의 보수·보강에는 사용목적에 맞는 재료 선택이 매우 중요하다.

(1) 보수재료

보수공사는 보수공사의 작업조건을 철저히 검토한 후에 보수방법을 결정해야 한다. 보수재료는 보수조건에 맞는 재료와 시공성, 노무의 숙련도, 기계설비 등을 고려하여 선정되어야 한다. 보수재료는 수지계와 시멘트계로 대별된다.

보수에 사용되는 공법과 보수재료는 표면처리공법일 때 수지계인 탄성실링재, 도막탄성 방수재와 시멘트계인 폴리머시멘트, 시멘트 필러 등을 사용한다.

주입공법일 때는 수지계인 에폭시수지와 시멘트계인 폴리머시멘트, 팽창시멘트, 그라우트, 충전공법은 수지계 레진모르타르, 에폭시수지, 탄성실링재와 시멘트계인 폴리머시멘트, 시멘트 필러 등을 사용한다.

① 시멘트계 재료

시멘트계는 수지계에 비해 콘크리트 건축물의 성능저하된 콘크리트 부위를 개선시킬 수 있는 장점을 가지고 있다. 시멘트계 중에서는 보수재료로 가장 많이 사용되는 재료로는 폴리머시멘트이다. 폴리머시멘트는 모르타르나 콘크리트의 유동성을 향상시키고, 시멘트가 수화되는 과정에서 폴리머와 강한 복합체를 형성하고, 중성화 억제 효과를 기대할 수 있어 많이 사용된다.

② 수지계 재료

수지계 재료의 종류는 에폭시계, 폴리에스테르계, 폴리우레탄계, 고무 아스팔트계와 불소수지계가 있으나 보수재료로는 에폭시수지가 일반적으로 가장 많이 사용된다.

에폭시수지는 경화제에 의한 가교반응에 의해 3차원 망상구조로 변환된 열경화성 수지이고, 사용하는 경화제 종류, 조합방법 등에 따라 점도, 경화시간, 경화물의 성능이 다르게 되므로 사용목적에 맞게 선택하여 사용되어야 한다. 이 수지계의 사용용도로는 보강재인 강판이나 탄소섬유시트의 접착제, 균열을 보수하는 주입제, 콘크리트의 성능저하를 방지하기 위한 표면피복제 등으로 사용한다.

표 19-2 시멘트계 보수재료의 특성

재 료	장 점	단 점	적 용
실리카흄	강도, 수밀성, 내구성 향상	고가, 단위수량, 점성 증가	고품질 뿜칠, 내마모성
뿜칠콘크리트	부착력이 크고, 수축이 적고 시공 용이	품질이 기능공에 의존	
섬유보강콘크리트	균열저항성이 크고, 피로저항 향상	표면부 섬유 부식, 섬유의 분산이 곤란	균열제어, 뿜칠, 프리캐스트
폴리머	부착성이 크고, 양생 1일 이내, 투수 · 투기성이 적고, 내화학저항성이 큼	가사시간이 짧음, 혼합 · 취급이 특수, 기능공 필요	포장, 충전, 화학적 침식 개소
팽창시멘트계	취급 용이, 동결융해저항성 증가, 거푸집 불필요, 블리딩 적음	배합이 시멘트 성분이나 비빔온도에 영향을 줌, 거푸집 필요, 습윤양생이 필요	공극충전, 균열충전, 볼트고정, 작은 공극의 충전, 포스트텐션의 텐돈의 충전
석고계(무수축, 팽창성 그라우트)	취급용이, 경화가 빠름, 공기양생	습윤상태에서 불안정, 경화가 빠름, 물에 용해되기 쉬움	건조조건에서 볼트 · 파이프 고정
산화금속계	고강도, 피로성상 양호 내충격성 양호	견습조건 하에서 불안정, 녹에 의한 오염	볼트 고정, 크레인 레일의 설치, 중량물이 필요한 경우
칼슘 · 알루미네이트계	경화가 매우 빠름, 내산 · 내황산염, 내열	가사시간 짧음, 경화온도 높음, 강도저하를 일으키는 경우 있음	지수용의 충전
마그네슘 인산염	취급 용이, 경화 빠름, 부착력이 큼, 동결온도하에서 사용 가	가사시간 짧음, 표면요철의 처리 필요, 암모니아 냄새가 심함	저온 하에서의 보수
프리팩트 라텍스모르타르	취급 용이, 부착력이 큼, 내마모 · 내화학저항성	가사시간 짧음, 수축, 비교적 고가	얇은 마감, 불투수 마감, 치장 마감
프리팩트 · 셀프마감재	취급 용이, 부착력 큼, 펌프압송가능, 마감 불필요	옥외 사용 불가, 동결융해저항성 없음	바닥이나 바닥마감재
프리팩트 · 개량포틀랜드시멘트혼합물	취급 용이, 특성 포틀랜드시멘트에 가까움	경화가 늦음, 저온에서 사용불가	포장 보수, 구조물의 국부적인 보수

(2) 보강재료

보강재료는 강재와 탄소섬유를 가장 많이 사용하고 있다. 강재는 강도가 크고 인성과 용접성, 내구성 등 사용성이 매우 좋은 재료로 앵커볼트, 에폭시수지로 강판이나 형강을 접착하여 기존 구조물에 일체화시켜 내력을 향상시키는 보강재로 사용되고, 탄소섬유는 판, 시트(Sheet), 근(Rod)의 형태로 가공하여 접착이나 부착, 매입 등의 공법으로 구조물 보강에 많이 사용되고 있다.

강재와 탄소섬유를 비교하면 시공성은 탄소섬유가 좋고, 재료비는 강재가 저렴하지만 내화학성, 내부식성은 강재가 나쁘며, 유지보수는 탄소섬유가 좋다.

① 강재

보강제로 사용되는 강재는 일반구조용 강재로 강판, 형강, PS강재, 철근 등이 있으며, 강재는 재질에 따라 일반구조용 압연강재, 용접구조용 압연강재 등이 있다. 철근콘크리트 구조물의 보강 강재료는 3.0mm 이상의 강판과 H형강, ㄱ형강(Angle), ㄷ형강(Channel) 등이 사용된다.

② 탄소섬유

탄소섬유는 매우 가벼우면서도 인장강도가 강재의 10배 정도 높은 고강도재이고, 내구성과 시공성이 좋아 보수·보강용으로 많이 사용되고 있다. 탄소섬유보강은 섬유의 종류와 사용 적층수, 사용하는 에폭시수지 종류에 따라 보강효과도 매우 다르게 나타난다. 탄소섬유시트는 섬유방향에 따라 1방향, 2방향 탄소섬유시트로 구분한다.

19.2 건축물의 보수

건축물에 과다한 외력이 작용하여 변형과 변위 등이 발생되거나 시간경과에 따른 내구성 저하로 성능이 저하될 때는 건축물의 안전성을 확보하고 사용성능을 회복시키기 위해 부재의 내력, 건축물의 내구성, 거주성, 사용성 등과 건축물의 안전성에 유의하여 조사와 진단에 따른 성능저하 부위 부재들에 대해 기능회복을 위해서 보수·보강해야 한다.

19.2.1 건축물의 보수대상

건축물은 손상 정도에 따라 어떤 재료, 시공 방법, 기존 구조물의 변형, 보수 후의 미관, 경제성이 있는가 등을 판단하여 설계되어야 한다.

(1) 균열(Crack)

구조체에 균열이 발생되면 발생된 균열이 구조체에 있는 균열인지 비구조체에 있는 균열인지, 균열 발생 부위를 확인하여야 한다.

건축물에 사용상 문제가 될 수 있는 균열이 발생되면 구조물에 손상이 발생될 수 있으므로 발생된 균열은 반드시 보수가 필요하다. 보수의 필요에 따른 균열은 내력과 내구성, 방수성, 안전성 등으로 생각해 볼 수 있다.

건축물의 내력과 내구성에 영향을 주는 것은 피복콘크리트의 박리, 주철근의 녹 발생으로 인한 단면적 감소, 철근과 콘크리트와의 부착력 감소, 콘크리트의 균열 등을 보수함으로써 내력을 회복시키는 것이 가능하다. 건축물에 균열이 발생되면, 철근과 콘크리트가 들뜨고 박리되어 부식이 진행되면서 녹팽창에 의해 균열은 더욱 더 커지고 부식도 심화되므로 초기균열에 대해 보수를 해야 한다.

철근콘크리트 건축물은 블리딩(Bleeding)공극에 의한 다공질화와 골재와 철근표면에 생기는 공극 등에 의해 수밀성에 영향을 주어 구조체에 균열과 박리가 생겨서 부분적인 누수에 의해 방수성 문제가 발생되기도 한다.

건축물에 균열은 내력과 내구성, 방수성 등의 문제가 생기게 되어 건축물의 마감재 등에 박리와 탈착에 의해 사용자들의 안전성에 문제가 생기므로 이러한 위험이 발생되지 않도록 균열은 보수되어야 한다.

(2) 중성화(Neutralization)

철근콘크리트 건축물에서 콘크리트 중성화는 공기 중의 탄산가스에 의해 영향을 받는다. 콘크리트의 수산화칼슘($Ca(OH)_2$)이 탄산가스(CO_2)에 의해 탄산칼슘($CaCO_3$)과 물(H_2O)로 변화하면서 콘크리트가 알칼리성을 잃고 중성화되고, 중성화과정에서 생성된 탄산칼슘과 물의 영향으로 철근이 부식되고 콘크리트의 균열, 박리 등에 의해 내력과 내구성에 매우 큰 영향을 주기 때문에 보수해야만 한다.

(3) 염해

콘크리트를 배합할 때 바다모래를 사용하거나 바닷가에 가까운 곳의 지하수를 사용하게 되면 콘크리트에 염분이 혼입되게 된다.

염분이 혼입된 철근콘크리트는 공기 중의 산소와 염소이온이 결합하여 철근을 부식시키고, 부식된 철근의 녹($Fe(OH)_2$)은 수분 중의 용존산소에 의해 더욱 빠른 속도로 부식되어 콘크리트의 피복 부분에 균열이 생기거나 떨어져나가서 내력과 내구성에 영향을 주기 때문에 보수해야 한다.

(4) 동결융해

콘크리트는 습기나 수분을 잘 흡수하므로 겨울철에 얼면 물은 부피가 팽창되기 때문에 이 팽창압력에 의해 콘크리트에 균열이 생기게 되고, 이 균열 부위에 얼었다 녹았다를 반복하게 되면 균열이 더욱 더 깊어지고, 박리현상이 생겨 내력과 내구성에 영향을 주므로 보수를 해야 한다. 동결융해를 방지하기 위해서는 양질의 골재를 사용하고, 물 · 시멘트비를 작게 하며 AE제나 감수제를 사용하여 단위수량을 적게 한 수밀콘크리트로 타설해야 한다.

(5) 화재에 의한 부재 손상

철근콘크리트 건축물에 화재가 발생되면 화재열에 의한 내력과 내구성이 현저하게 저하된다. 콘크리트는 화재열을 받으면 부재의 부피 변화가 생기고, 뒤틀림과 좌굴에 의해 균열이 생기고, 콘크리트 내부 수분은 증기로 변환되어 국부적인 박리현상과 콘크리트의 분해현상이 생긴다.

철근은 온도상승에 의해 강도가 감소하고, 600℃에서는 강도가 절반 이상 감소되므로 철근의 좌굴현상과 부착력이 감소되어 보수 · 보강해야 한다.

19.2.2 보수공법

철근콘크리트 건축물의 균열이나 손상에 대한 보수공법은 표면처리공법, 주입공법, 충전공법, 기타 공법 등으로 손상 부위를 보수한다.

(1) 표면처리공법

표면처리공법은 콘크리트의 표면균열을 따라 피막을 만드는 방법과 표면균열보다 넓은 범위로 전체 피복하는 방법으로 나누어 생각할 수 있다. 피막을 만드는 방법은 균열폭 0.2mm 이하의 미세한 균열에 대해 방수성과 내구성을 갖기 위해 실시하며, 구조성능, 미관성 확보는 기대할 수 없다.

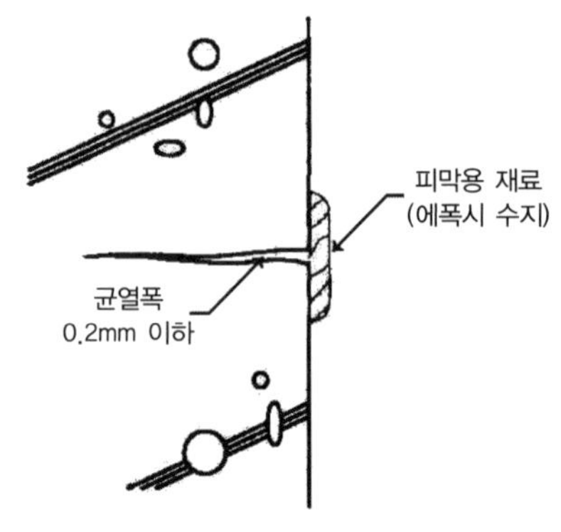

그림 19-1 표면처리공법

전체 피복하는 방법은 콘크리트의 내구성, 방수성, 미관성을 가질 수 있는 마감공법이나 구조성능을 증진시킬 목적으로는 효과가 거의 없다. 이 공법들은 균열 내부의 처리가 가능하지 않고 균열이 계속 진행될 때 균열의 흐름을 추적하기 어렵다는 점이 있다. 그러므로 균열폭 변동에 따라 탄력성 있는 재료를 선택하여 사용해야 한다.

표면처리공법에 이용되는 재료는 보수목적과 그 구조물의 환경 등에 따라 도막탄성방수재, 폴리머시멘트 페이스트, 시멘트 충전재 등을 일반적으로 사용하며, 사전에 충분한 실험과 검토를 통해 모재와의 충분한 부착력을 갖는 재료를 선택하여 시공되어야 한다.

표면처리공법으로 시공할 때는 콘크리트 표면을 와이어브러시 등으로 문질러서 표면부착물 등을 제거하고 거칠게 하여 물청소를 한 후 표면을 건조시킨 다음 콘크리트 표면의 기공 등을 수지로 메우고 적절한 보수재료를 선정하여 균열을 피복한다. 이 공법은 균열표면에 대한 보수로 피복재 두께가 얇기 때문에 사용년수에 따른 열화에 주의해야 하고, 마감재와 부착력이 작은 것, 색상 차이, 얼룩 등이 생기기 쉬우므로 주의해야 한다.

표면처리공법은 균열폭의 크기와 변동 유무에 따라 보수공법의 선택이 중요하다. 표면처리보수공법에 사용되는 재료는 에폭시수지, 폴리머시멘트, 모르타르 등을 사용한다. 균열폭의 변동이 적을 때는 에폭시수지를 사용하고, 균열폭 변동이 클 때는 폴리시멘트, 폴리우레탄, 간단한 균열보수 등에는 시멘트 모르타르, 아스팔트 등을 사용하여 마감한다.

(2) 주입공법

주입공법은 균열폭이 0.2mm 이상일 때 사용하는 공법으로 발생된 균열에 수지계나 시멘트계의 재료를 주입하여 더 이상 균열이 발생되지 않고 방수성과 내구성을 향상시키는 공법으로 마감재가 콘크리트 구조체에서 들 떠 있을 때도 보수작업에 사용가능하다.

주입공법에는 압입식과 흡입식이 있고 압입식에는 수동식과 자동저압저속식이 있다.

① 수동식 주입공법

수동식 주입공법은 주입시 소형펌프를 사용하는 주입건을 사용하여 주입을 비교적 다량으로 주입하는 방식으로 철근콘크리트 구조체의 표면 균열폭이 0.2mm 이상일 때 균열부에 에폭시수지를 주입하는 방식이다.

균열에 에폭시수지는 균열의 변동이 적은 것은 에폭시수지, 균열의 변동이 큰 것은 유연에폭시수지를 사용한다.

표 19-3 수동식 주입공법의 장 · 단점

장 점	단 점
• 다량의 수지를 단시간에 주입할 수 있다. • 주입용 수지의 점도를 제약받지 않는다. • 벽, 바닥, 천장 등의 부위에 제약이 없다. • 주입구 1개소에서 넓은 면적을 주입할 수 있다. • 들뜸이 매우 적은 부위, 모재와 접착되어 있지 않은 부위, 박리 직전의 부위에도 주입이 가능하다. • 주입량을 정확하게 할 수 있다. • 주입압과 속도를 조절할 수 있다.	• 균열폭 0.5mm 이하의 경우에는 주입이 곤란하다. • 공극에 압력이 가해진다. • 주입시 압력펌프가 필요하다. • 압착양생이 필요할 때도 있다. • 주입조작이나 기기 취급 시 숙련도가 필요하고 관리상의 문제가 있다.

② 자동저압 주입공법

자동저압 주입공법은 구조체 표면 균열 부위에 주입수지가 들어 있는 용기를 설치하고 고무, 용수철, 공기압 등으로 천천히 주입하는 방식이다. 수지가 들어 있는 용기는 저압력에 의해 자동으로 주입되므로 균열부의 파손도 적고 시공관리도 용이할 뿐만 아니라 주입압력에 의한 균열이나 들뜸이 발생되지 않아 많이 사용되고 있으며, 주입수지용기의 주입압력은 $4kg/cm^2$ 이하로 규정하고 있다.

철근콘크리트 표면의 균열폭이 0.5mm 이하인 균열에 자동저압 주입식에 의해 균열변동이 적을 때는 에폭시수지를 사용하고, 균열변동이 클 때는 유연에폭시 수지를 사용한다.

표 19-4 자동저압주입 압입방식에 따른 용기형태

자동저압주입 압입방식	용기의 형태
압축용기에서의 압축공기로 주입	플라스틱제의 실린더
압력탱크 내의 압축된 압력으로 주입	플라스틱제의 압력탱크
고무시트의 복원력으로 주입	플라스틱 틀에 고무시트를 고정
고무풍선압으로 주입	고무풍선
고무밴드의 복원력으로 주입	플라스틱제 실린더와 피스톤
캡슐 내의 용수철로 주입	플라스틱제 캡슐 탱크

③ 주입공법의 보수방법

수동주입공법의 보수방법은 보수범위를 확인하고 균열의 상황을 확인하며 보수범위를 결정한다. 균열부는 청소하고 균열부를 중심으로부터 폭 5mm 정도의 표면을 와이어브러시 등으로 청소하며 주입구멍 위치를 측정하여, 분필 등으로 마킹하고 주입구멍의 위치를 결정한다.

표준 주입구멍의 간격은 균열폭 0.3mm 이하 주입 구멍간격은 50~100mm, 균열폭 0.3~0.5mm에서 주입구멍간격은 100~200mm, 균열폭 0.5~1.0mm에서 주입구멍간격은 150~250mm, 균열폭 1.0mm 이상에서 주입구멍간격은 200~300mm로 한다. 주입구멍의 위치에는 전동드릴로 15~30mm 깊이로 가는 구멍을 내고, 구멍 내의 부스러기를 브러시와 압축공기 등으로 깨끗이 청소하고, 주제와 경화제를 규정대로 정확히 계량하여 균일하게 될 때까지 충분히 섞는다.

주입구멍에 주입파이프를 퍼티용 에폭시수지로 설치하고, 수동식 주입은 소형펌프를 사용하여 주입구 1개소에서 넓은 면적을 주입하고, 자동저압주입식은 에폭시수지를 주입기구에 넣어 고무, 공기압 등으로 주입한다. 자동저압주입식은 균열폭 0.2mm 이하일 때 주입구멍간격은 200~250mm, 0.2mm 이상일 때 주입구멍간격은 300~350mm로 하고 주입된 에폭시수지가 경화 양생할 수 있도록 보호막을 하고, 경화 후에는 마무리정리하고 주입상태 등을 확인한다.

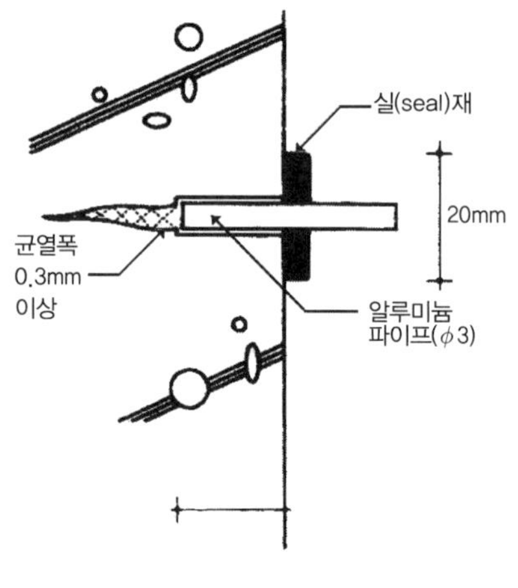

그림 19-2 주입공법

(3) 충전공법

충전공법은 0.5mm 이상의 비교적 큰 폭의 균열보수에 적용하는 공법으로 균열을 따라

균열 부위의 콘크리트를 U형, V형으로 잘라내고 그 부분에 보수재를 충전하는 방법으로, 철근이 부식되지 않은 경우와 철근이 부식되어 있는 경우, 균열변동이 적거나 큰 경우에 따라 보수하는 방법은 다르다.

① 철근이 부식되어 있지 않을 경우

균열 부위에 철근이 부식되어 있지 않을 경우에는 균열을 따라 약 10mm의 폭으로 균열 부위의 콘크리트를 U형 또는 V형으로 잘라내고, 브러시와 압축공기 등으로 깨끗이 청소한 후 잘라낸 부위에는 실재, 탄성형 에폭시수지, 폴리머시멘트 모르타르 등을 충전하고 균열을 보수한다.

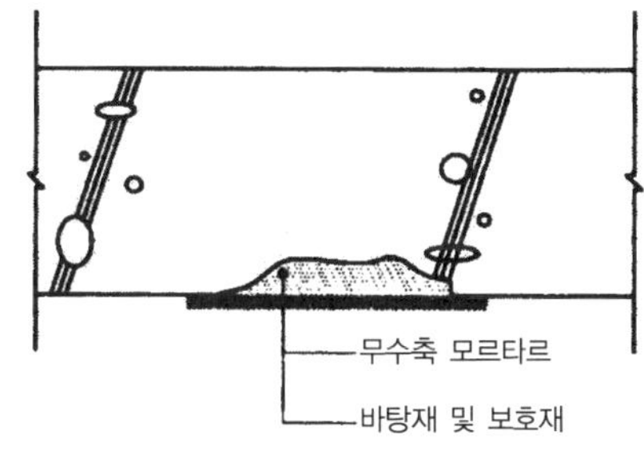

그림 19-3 충전공법 (철근이 부식되지 않는 경우)

U형으로 잘라내는 경우는 균열을 따라서 양측면을 커터로 절단한 후 그 사이의 콘크리트를 깨내는 방법으로 실시한다. 이에 비해 V자형으로 잘라내는 경우에는 전동드릴 끝에 원추형 다이아몬드 비트를 부착하여 균열을 따라 잘라내는 방법으로 하고, 폴리머시멘트 모르타르를 충전할 때는 충전한 모르타르의 박리, 박락이 일어나기 쉽기 때문에 U형을 채용하는 것이 바람직하다.

② 철근이 부식되어 있는 경우

균열 속에 철근이 부식되어 있는 경우에는 부식되어 있는 부분을 충분히 처리할 수 있을 정도로 콘크리트를 깨내고, 철근의 녹을 제거하고 방청처리한 후, 콘크리트에 프라이머도포를 행한 후에 폴리머 시멘트 모르타르와 에폭시수지 모르타르 등의 재료를 충전하는 방법으로 실시한다.

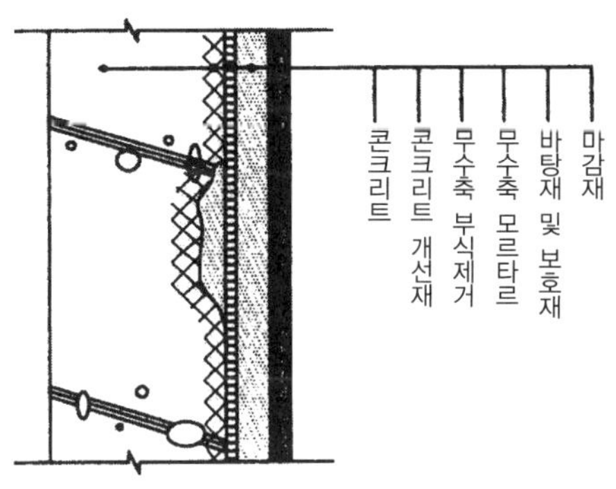

그림 19-4 충전공법 (철근이 부식된 경우)

이 방법은 철근이 부식되어 있는 경우 콘크리트 구조물의 내력과 내구성 회복을 목표로 한 균열보수방법으로 재료와 공법에 따라 나누면 보수재료에 의해 물리적으로 부식을 방지하는 방법, 콘크리트에 알칼리성을 부여하여 화학적으로 부식을 억제하는 방법, 물리적, 화학적으로 부식을 억제하는 방법 등이 있다.

③ 균열변동이 있을 경우

철근콘크리트의 균열선을 따라 10mm를 한 변으로 하는 정삼각형으로 절단하여 완전히 제거하고 브러시와 압축공기 등으로 깨끗이 청소한 후 겔 상태의 수지를 주입한다. 겔 상태의 수지란 에폭시 수지 1에 대해 규석분 2.5~3.5를 중량비로 혼합한 것이다. 바닥 슬래브의 경우는 V형으로 절단한 후 저점도의 에폭시 수지를 주입하여 충전한 후 마감한다.

④ 중성화 보수

콘크리트 중성화(Neutralization)는 공기 중의 탄산가스에 의해 콘크리트의 수산화칼슘이 탄산칼슘과 물로 변해 알칼리성을 잃고 물에 의해 철근이 부식되므로 기본보수는 염해보수와 같다. 철근에 산소와 물의 접촉을 차단하는 것이 보수방법이며 열화부분의 콘크리트를 깨낸 후 철근의 녹을 제거하고 방청처리하여 단면을 충전하여 보수한다. 중성화의 보수방법으로서는 콘크리트에 알칼리성을 재부여하는 방법으로 콘크리트 표면에서 내부로 확산속도가 큰 리튬염 등을 도포하는 방법을 사용한다.

⑤ 염해의 보수

철근콘크리트가 염해에 의해 철근이 부식되면 이에 따라 균열이 발생하게 되고 이 보수는 충전공법과 같은 방법을 사용하여 보수하게 된다.

철근콘크리트의 염화물이 해사에서 도입된 것일 때는 균열 부분을 철근이 부식되어 있는 경우와 같은 방법에 따라 보수한 후, 콘크리트 표면에 수지 라이닝 등을 행하여 철근 부식이 진행되는 조건인 물과 산소의 공급을 차단해야 한다. 또 염화물이 대량으로 콘크리트 중에 도입되고 있을 때는 철근의 뒷면까지 콘크리트를 깨낸 후 충전공법을 실시함과 함께 염분, 물, 산소의 공급을 차단하기 위해 수지 라이닝 등을 할 필요가 있다.

⑥ 동결융해의 보수

동결융해를 받은 콘크리트 구조물의 기능 회복을 위한 보수는 비교적 적으므로 보강을 하면서 보수하는 방법이 주로 사용된다. 철근콘크리트 구조물에서는 설계기준 강도 210kg/cm^2 이상, 물시멘트비 55% 이하의 콘크리트가 이용되고 있기 때문에 동결융해도 미약하다.

동결융해 보수시 구조물의 보강기능을 더하여 보수·보강한다. 동결융해는 콘크리트의 표면에서 진행하기 때문에 보수면이 넓은 면에 얇은 층으로 시공되는 것이 일반적이다. 동결융해의 보수재료로는 동결융해저항성이 높은 것과 콘크리트와의 접착이 좋고 열팽창률이 비슷하고 건조수축이 적은 것이 좋으며 공법은 충전공법과 같다.

⑦ 화재에 의한 부재손상 보수

철근콘크리트 건축물에 화재가 발생되어 직접적인 화재의 열응력과 폭열을 받게 되면 철근콘크리트 부재가 파괴되므로 구조계산에 의해 구조적인 보강이 절대 필요하다. 그러나 화재열의 간접적인 영향을 받게 되면 콘크리트 부재의 내부온도를 예측하여 콘크리트의 중성화 깊이를 구하여 내력과 내구성능 향상을 위해 콘크리트를 깨내고 새로운 콘크리트를 다시 충전하여야 한다. 철근은 온도가 700℃를 넘으면 그 철근은 재사용하는 것이 불가능하므로 새로운 철근을 직접적인 화재열의 영향을 적게 받은(700℃가 넘지 않은) 철근과 연결하거나 새롭게 재배치하고 잘 정착시킨 후 콘크리트를 충전하는 보수 · 보강해야 한다.

19.3 건축물의 보강

철근콘크리트 구조물의 보강은 내력저하를 처음 설계와 같거나 크게 회복시키는 것과 구조내력을 크게 증가시키는 것으로 생각할 수 있다. 각각의 구조체를 보강하기 위해서는 내력저하의 원인을 파악하고 보완할 수 있는 적합한 보강공법을 선정해야 한다.

구조체 보강은 사용 목적에 맞게 보강 후의 내력과 내구성, 사용성 등에 대해서도 충분한 고려가 있어야 한다. 구조물을 보강할 경우 균열의 원인과 하중조건, 내력, 내구성, 보강의 범위와 규모, 사용성, 경제성, 유지관리 등을 고려하여 보강목적에 맞게 보강방법, 보강재료를 선정하고 설계해야 한다. 보강할 경우에는 구조형태, 하중상태 등의 변화에 의한 안전성을 검토해야 하고, 시공순서 등을 확인하여 시공시 발생할 수 있는 안전사고를 사전에 방지해야 한다.

보강방법에는 단면을 증가시키는 콘크리트 단면증대공법, 철골부재로 보강하는 철골부재 매입공법, 강판보강법, 섬유보강법, 프리스트레스에 의한 보강방법 등이 있으며 내진보강을 위해 강도 증진이나 연성 증진 방법 등이 사용되고 있다.

(1) 단면증대공법

보, 슬래브와 같은 휨부재의 상부 철근량 부족으로 처짐이 과도하여 사용성에 문제가 있을 때나 기둥, 벽, 벽체와 같은 수직부재의 내력이 부족한 경우에는 기존 부재에 철근콘크리트나 폴리머 모르타르 등을 증타하여 단면을 증대시키고 내력을 증대시켜 구조성능을 개선하는 보강방법이다.

단면증대공법은 신 · 구 콘크리트의 확실한 일체화가 가장 중요하며, 접착제를 사용할 경우 접착제의 성능에 유의하고, 앵커나 스터드 볼트(Stud bolt) 사용 때에는 모재의 균열상태를 충분히 고려하고, 천공이나 스터드 볼트에 의해 균열이 진진되지 않도록 주의해야 한다.

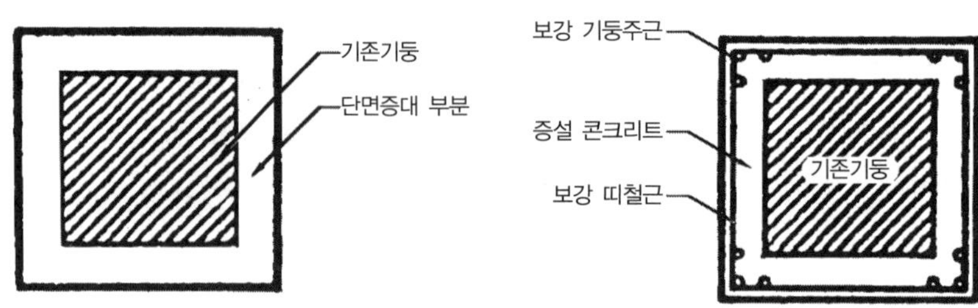

그림 19-5 단면증대공법

콘크리트 성능을 증가시키기 위해서는 단면증타에 앞서 부재에 발생된 균열을 먼저 보수하고 철근을 배근한 후 콘크리트는 건조수축이 적은 것을 사용하는 것이 좋다.

시공은 그라우트 방법과 숏크리트 분사방식으로 접착시키는 방법이 있고, 부재 하부단면 증대에는 프리팩트공법을 사용한다. 증타로 인해 고정하중이 증가하므로 구조물 전체를 다시 해석하고 증타 부위와 연결된 보, 기둥, 기초 부재에 대해서는 내력을 재검토해야 한다.

(2) 철근, 철골 부재 매입, 증설공법

① 철근매입공법

철근매입공법은 보강할 부위가 넓지 않을 때에 적용하는 방법으로 철근량이 부족하여 철근을 배근하여 보강할 필요가 있을 때 사용한다.

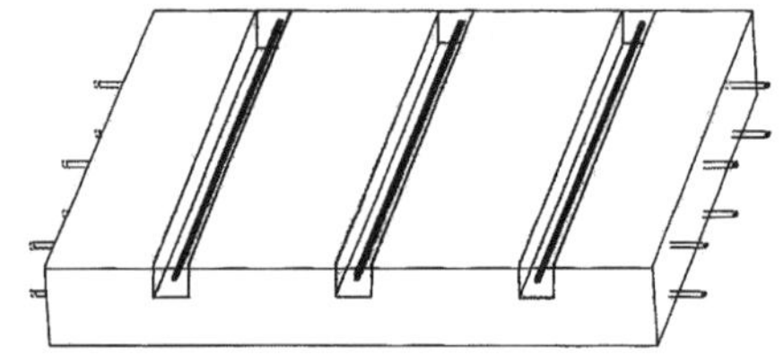

그림 19-6 철물매입 공법의 개념

슬래브의 상부면을 철근이 매입될 수 있을 정도의 U형 모양으로 제거하여 철근을 매입한 후 홈에 에폭시수지 접착제를 사용, 철근을 고정시키는 공법이며 보강 부위 주변의 균열도 에폭시수지로 보수해야 한다. 철근(혹은 강판)매입공법의 보수방법은 철근매입공법으로 보강해야 할 보강 부위 주변은 깨끗이 청소한 후 에폭시 주입공법으로 균열을 보수한 후 보강 부위, 철근 매입 부위에 폭 25mm, 깊이 25mm U모양으로 콘크리트 모재를 제거하고, 양단부에는 철근의 정착을 위해 천공하고 미장 부분은 완전히 제거한다.

U형태로 제거된 홈 내부면이나 철근 표면에는 프라이머를 도포하고 기존 철근의 녹은 완전히 제거한 후 에폭시 접착제로 철근을 접착, 고정시킨 후 수지를 양생시킨다. 양생시간은 20℃ 이상에서 24시간 이상으로 하고 72시간 동안은 하중이나 진동을 주어서는 안 된다. 에폭시수지가 양생된 후에는 작업 부위를 에폭시수지 라이닝하고 마감한다.

② 철골증설공법

철골증설공법은 일반적으로 슬래브 하부에 작은 철골보를 설치하는 것으로, 보에 하중으로 작용되는 슬래브의 면적을 감소시켜 슬래브의 휨모멘트값과 처짐을 감소시키는 방법이다.

철골보 증설공법은 공정이 단순하고 경제적이나 신설된 철골보와 기존의 보와의 접합부나 슬래브와 신설된 철골보와의 접합 등이 어렵다.

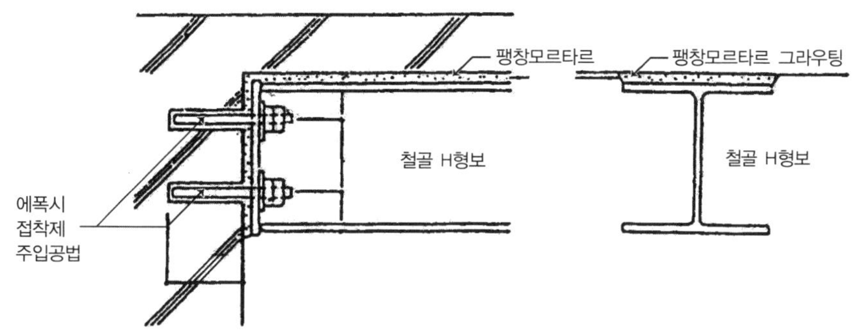

그림 19-7 철골보강보의 상세

(3) 손상된 부재 치환공법

손상된 부재 치환공법은 손상된 부재만을 제거하고, 그 자리에 새로운 부재를 만들어서 내력을 회복시키는 부분치환공법과 손상된 부재를 모두 제거하고 새로운 부재로 치환하는 전면치환공법이 있다. 치환공법은 시공이 비교적 간단하고, 치환부재들의 내력 향상이 신뢰할 수 있으며, 공사비도 비교적 저렴하다는 장점을 가지고 있다. 기존 부재들과 신설 부재의 연결부나 접합부는 서로 잘 정착시켜야 보강효과를 충분히 기대할 수 있다.

(4) 강판접착공법

① 강판주입공법

강판주입공법은 슬래브의 상하부에 적용할 수 있는 방법으로 강판을 철근콘크리트 구조물의 표면에 앵커볼트를 이용하여 고정시키고, 콘크리트와 강판 사이에 에폭시 접착제를 주입하여 기존 건축물과 일체화시켜서 내력을 향상시키는 공법이다.

이 강판주입공법은 부재의 균열로 인한 강성저하, 진동장애, 철근배근량 부족 등에 사용 가능하므로 널리 사용되는 공법이다. 그러나 에폭시 접착제의 선택에 따라 구조적 성능과 내구성이 달라지므로 에폭시 접착제의 선택에 주의해야 한다. 또 강판의 두께가 두꺼울 경우에는 강판이 단부에서 탈락하기 쉽고, 설비나 전기배관 등의 장애물이 많을 때는 적용이 곤란하며, 보강 후 보강면이 노출되는 경우 미관상 문제가 될 수 있으므로 유의해야 한다. 부재에 균열이 많을 경우 균열의 보수를 먼저 한 후에 강판주입공법을 행해야 한다.

강판주입공법으로 보강할 때는 보강강판이 부착될 위치의 손상된 콘크리트는 에폭시에 의한 보수공법에 의해 보수하고 이물질들을 전부 제거하고 그라인더로 갈아 평탄하게 만든 후 브러시나 흡입기 등을 사용하여 깨끗하게 청소한다.

요철이 있을 때는 규사 등의 골재로 혼합된 에폭시 수지 모르타르를 강판이 부착될 위치면에 두께 5mm 정도로 충전하여 평탄하게 만들고 에폭시 프라이머를 콘크리트면에 충분히 도포한다.

접착될 강판의 재질을 확인하고 설계도면에 요구된 것과 같이 가공하여 강판의 표면을 샌드블라스팅 등의 방법으로 녹을 완전히 제거한 후 보강면에 강판을 고정용 앵커볼트를 사용하여 고정시킨 후 에폭시수지 퍼티로 강판 주변을 면밀히 실링하여 수지가 새어 나오지 않도록 하고, 공기 배출구에 플라스틱 용기를 달아 놓고 강판접착용 에폭시수지를 주입한다.

주입은 강판 1쪽당 시행하고 최종 공기배출구에 달아놓은 용기에 주입수지의 누출을 확인한다. 주입압력으로 용기에 누출된 에폭시 수지가 자연압력에 의하여 다시 주입되게 함으로써 콘크리트 내부로 함침 또는 기포발생으로 발생된 미충전 부위를 완전하게 채워줄 수 있다. 수지 주입구 및 공기 배출구는 1m 간격으로 설치하고 주입된 수지두께는 5mm로 한다. 에폭시 수지 주입이 끝나면 접착된 철판을 타격한 소리에 의해 수지의 주입을 확인하고 미충전 부위에는 다시 시공한다. 양방향으로 부착된 강판의 겹친 면은 강판두께의 1.25배 정도 목두께로 모살용접하고 같은 부재방향의 이음은 피하는 것이 좋으나 부득이 사용될 때는 접합면에 V형 글로브(Groove)로 가공한 후 맞댐용접을 한다.

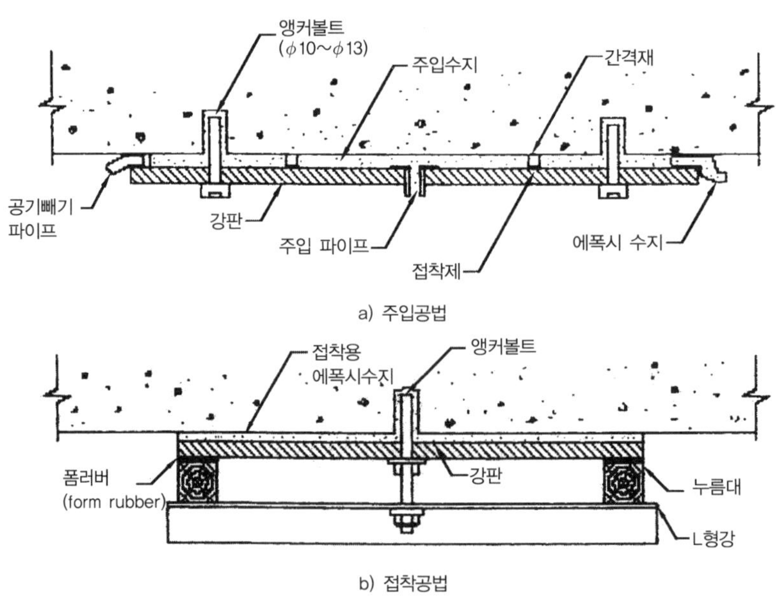

그림 19-8 강판접착공법

② 강판압착공법

강판을 접착해야 할 철근콘크리트 표면이 평탄하여 요철이 없을 때는 보강해야 할 표면에 압착용 앵커볼트를 설치하고, 강판의 천공은 앵커볼트와 정확히 맞도록 주의해야 한다.

강판표면은 녹이나 이물질이 없도록 깨끗이 청소한 후 보강할 콘크리트면과 강판접착면에 1~2mm 두께로 균등하게 도포한다. 강판의 압착은 압착용 앵커볼트를 이용하여 압착시키고 철판의 중앙부면에서 외부면으로 가능한 균등한 압착력이 주어질 수 있도록 하여 에폭시 수지와 공기를 밀어내게 된다. 압착력은 접착제의 점도에 따라 약간의 차이가 있으나 강판 $1m^2$당 5t이 되게 해야 한다.

(5) 섬유보강공법

섬유보강공법에 사용되는 재료로는 기존의 유리섬유와 무기계의 탄소섬유, 유기계 고분자 화합물인 아라미드섬유 등의 보강섬유를 판(Plate), 시트(Sheet), 막대(Rod) 형태의 것들이 구조물 보강에 많이 사용되고 있으며 섬유의 가공형태 및 사용하는 접착제에 따라 여러 공법들이 사용된다. 보강섬유를 이용한 구조물보강공법들을 보강재의 형태, 보강재의 사용방법에 의해 섬유판, 접착공법, 섬유시트 부착공법, 섬유로드 매입공법 등으로 구분할 수 있다.

표 19-5 섬유보강재의 특성

섬유 종류 / 재료의 특성		유리섬유 복합재	탄소섬유시트		아라미드섬유시트	
			FTS-C1-20	FTS-C1-30	Kevlar	Technora
단위 중량	g/m^2	920	200	300	415	350
두께	mm	1.3	0.11	0.165	0.286	0.252
설계인장강도	kg/cm^2	5000	35500	35500	21000	24000
	kg/cm	728	390	590	600	600
설계부착강도	kg/cm^2	14	6		7	7
인장탄성계수	kg/cm^2	0.25×10^6	2.35×10^6		1.2×10^5	0.8×10^5
신장률	%	2.0	1.5		1.8	3.0
열팽창계수	/℃	5.5×10^{-6}	0		0	
연성 / 취성		연성이 큼	취성이 큼		비교적 연성이 큼	
전기 전도성		비전도체	전도체		비전도체	

① 섬유판 접착공법

보강섬유를 에폭시 수지 등에 혼합하여 판 형태로 성형한 섬유판(Fiber Reinforced Plastics)을 강판접착공법과 같이 구조체에 접착시공하는 방법이다. 판의 단부는 경사면으로 하여 접합이음한다.

② 섬유시트공법

섬유보강공법 중 가장 일반적으로 사용되는 방법으로 섬유시트를 에폭시 접착제로 구조체에 직접 부착시키는 방법으로 판 접착공법에 비해 형상이 복잡한 부위에도 시공하기 용이하고 보강에 따른 단면 증가는 2~3mm 정도에 불과하여 사용상의 지장이나 미관에 영향을 주지 않는다.

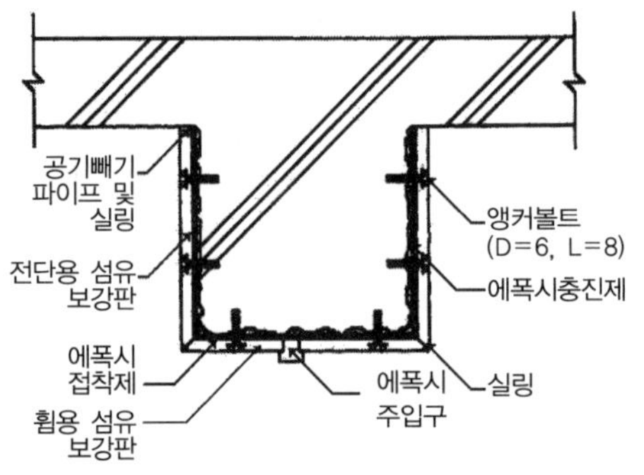

그림 19-9 섬유보강판 접착공법의 예

섬유시트의 종류로는 보강섬유를 수지에 함침시킨 수지침투 가공재인 프리프레그(Pre-preg) 형태와 섬유만으로 직조된 직물(Febric) 형태로 가공된 것을 주로 사용한다. 섬유의 배열방향에 따라 1방향섬유와 2방향섬유로 구분하고 이 두 종류의 보강섬유가 혼합된 복합섬유재(Hybrid Fabric)도 있다.

③ 격자탄소섬유판 매입공법

보강섬유를 격자망 형태의 판 형상으로 성형하여 철판 보강방법과 같이 보강재의 표면에 앵커볼트를 이용하여 격자탄소섬유판을 고정시키고 에폭시 모르타르를 이용하여 부착시켜 단면을 마감하면 단면의 내력 증가를 크게 얻을 수 있는 매입공법이다.

(6) PSC 포스트텐션법

프리스트레스를 기존 철근콘크리트 구조물에 도입하여 보강효과를 얻는 방법으로 프리스트레스에 의해 철근콘크리트 구조물의 처짐이나 균열을 해결할 수 있는 공법이다.

슬래브, 보 등에 균열이 많이 발생한 경우에는 미리 균열을 보수하고 케이블의 정착구 위치에 주의해야 한다. 일반적인 프리스트레스트 콘크리트와 같이 보강 정도를 계산하고 긴장재의 위치, 긴장 정도를 계산하여 케이블에 긴장을 준 후 케이블 정착구 주변에서 발생되는 응력에 대해서도 충분히 검토하여 설계되어야 한다.

단위 환산표

1-1 길이

m	in	ft	yd	치(寸)	척(尺)	칸(間)
1.0	39.3701	3.28084	1.09361	33.0	3.3	0.55
0.02540	1.0	0.08333	0.02778	0.8382	0.08382	0.01397
0.30480	12.0	1.0	0.3333	10.0584	1.00584	0.16764
0.91440	36.0	3.0	1.0	30.1752	3.01752	0.50292
0.03030	1.19303	0.09942	0.03314	1.0	0.1	0.01667
0.30303	11.9303	0.99419	0.33140	10.0	1.0	0.16667
1.81818	71.5820	5.96516	1.98839	60.0	6.0	1.0

1-2 면적

m^2	in^2	ft^2	yd^2	평방치(寸)^2	평방척(尺)^2	평(坪)
1.0	1550.0	10.7639	1.19599	1089.0	10.89	0.3025
0.000645	1.0	0.00694	0.000772	0.70258	0.00703	0.000195
0.09290	144.0	1.0	0.11111	101.171	1.01171	0.02810
0.83613	1296.0	9.0	1.0	910.543	9.10543	0.25293
0.000918	1.42333	0.00988	0.00110	1.0	0.01	0.000278
0.09183	142.333	0.98842	0.10983	100.0	1.0	0.02778
3.30579	5123.98	35.5832	3.95369	3600.0	36.0	1.0

1-3 체적

m^3	l	ft^3	yd^3	갈론	입방척	되
1.0	1000.0	35.3147	1.30795	219.98	35.937	554.35
0.001	1.0	0.035315	0.001308	0.21998	0.03594	0.55435
0.02832	28.3168	1.0	0.03704	6.22902	1.01762	15.6975
0.76455	764.55	27.0	1.0	168.183	27.4758	423.833
0.004546	4.54596	0.16054	0.005946	1.0	0.16337	2.52006
0.02783	27.8265	0.98268	0.03640	6.12114	1.0	15.4257
0.001804	1.80391	0.06370	0.002359	0.396814	0.06482	1.0

1-4 힘

N	g_f	kg_f	ton	ounce	lb
1.0	101.97	0.10197	0.000102	3.596886	0.22481
0.009807	1.0	0.001	0.000001	0.03527	0.00220
9.80665	10^3	1.0	0.001	35.2734	2.20459
9806.65	10^6	10^3	1.0	35273.4	2204.59
0.2708018	28.34592	0.02835	0.000028	1.0	0.0625
4.44822	453.59	0.45360	0.00045	16.0	1.0

1-5 단위 길이당 힘

N/m	kg_f/m	ton/m	lb/in	lb/ft	lb/yd
1.0	0.10197	0.000102	0.0057101	0.068522	0.205565
9.80665	1.0	0.001	0.0560	0.67195	2.0159
9806.65	10^3	1.0	55.996	671.95	2015.9
175.127	17.858	0.01786	1.0	12.0	36.0
14.5943	1.4882	0.001488	0.08333	1.0	3.0
4.86469	0.49606	0.000496	0.02778	0.3333	1.0

1-6 단위 면적당 힘

N/m^2(Pa)	kg_f/cm^2	ton/m^2	lb/in^2(psi)	lb/ft^2
1.0	0.0000102	0.000102	0.000145	0.020885
98066.5	1 0	10.0	14.2230	2048.1
9806.65	0.1	1.0	1.42230	204.81
6894.86	0.070308	0.70308	1.0	144.0
47.8803	0.000488	0.00488	0.006944	1.0

1-7 모멘트

N · m	kg_f · cm	kg_f · m	ton · m	lb · in	lb · ft
1.0	10.1972	0.10197	0.0001020	8.850627	0.737552
0.098067	1.0	0.01	0.00001	0.86795	0.072329
9.80665	100.0	1.0	0.001	86.795	7.2329
9806.65	10^5	10^3	1.0	86795	7232.9
0.112987	1.15214	0.011521	0.0000115	1.0	0.08333
1.35584	13.8257	0.13826	0.000138	12.0	1.0

찾아보기

【ㄱ】

【ㄴ】

【ㄷ】

【ㄹ】

【ㅁ】

【ㅅ】

【ㅊ】

【ㅋ】

【ㅌ】

【ㅍ】

【ㅎ】

【기타】

건축구조학

2016년 3월 5일 개정판 1쇄 발행
2021년 2월 25일 개정판 3쇄 발행

저　　자　신 창 훈
발 행 인　강 해 작
발 행 처　기 문 당
주　　소　서울시 성동구 무학봉 28길 4-1
전　　화　02) 2295-6171(代)~5
팩　　스　02) 2296-8188
홈페이지　http://기문당
　　　　　http://www.kimoondang.com
출판등록　1976. 10. 7(1-44)
I S B N　978-89-6225-683-3　93540